"十二五"普通高等教育本科国家级规划教材

教育部高等学校电子信息类专业教学指导委员会规划教材
高等学校电子信息类专业系列教材

Analog Electronic Technology, 2nd Edition

模拟电子技术

（第二版）

郭业才　黄友锐　主编
Guo Yecai　Huang Yourui

吴昭方　李秀娟　李良光　张宏群　副主编
Wu Zhaofang　Li Xiujuan　Li Liangguang　Zhang Hongqun

清华大学出版社
北京

内 容 简 介

本书为"十二五"普通高等教育本科国家级规划教材及教育部高等学校电子信息类专业教学指导委员会规划教材。

本书以模拟电子技术最基础、最经典的部分为基本内容,注重课堂教学的基础性,突出基本内容;根据"精讲多练,启发引导,留有余地,注重创新"的原则编排教学内容,突出了"基础性和普遍性""工程性和实践性""系统性与先进性"的统一。

本书的主要内容包括二极管及其电路、双极型晶体管及其放大电路、场效应管及其放大电路、晶闸管与可控型器件、集成运算放大电路、负反馈放大电路、信号运算与处理电路、信号产生电路、功率放大电路、直流稳压电源、电子线路识图、模拟电子线路的 Multisim 仿真、基于模拟器件的电子电路设计等。

本书可作为高等学校电子信息类、自动化类、电气工程类各专业的教科书,也可供其他相关专业选用和社会读者阅读。

本书封面贴有清华大学出版社防伪标签,无标签者不得销售。
版权所有,侵权必究。举报: 010-62782989, beiqinquan@tup.tsinghua.edu.cn。

图书在版编目(CIP)数据

模拟电子技术/郭业才,黄友锐主编. —2 版. —北京:清华大学出版社,2018(2023.9重印)
(高等学校电子信息类专业系列教材)
ISBN 978-7-302-48987-0

Ⅰ. ①模… Ⅱ. ①郭… ②黄… Ⅲ. ①模拟电路—电子技术—高等学校—教材 Ⅳ. ①TN710

中国版本图书馆 CIP 数据核字(2017)第 293350 号

责任编辑: 梁 颖 赵晓宁
封面设计: 李召霞
责任校对: 李建庄
责任印制: 宋 林

出版发行: 清华大学出版社
网 址: http://www.tup.com.cn, http://www.wqbook.com
地 址: 北京清华大学学研大厦 A 座
邮 编: 100084
社 总 机: 010-83470000
邮 购: 010-62786544
投稿与读者服务: 010-62776969, c-service@tup.tsinghua.edu.cn
质量反馈: 010-62772015, zhiliang@tup.tsinghua.edu.cn
课件下载: http://www.tup.com.cn, 010-83470236

印 装 者: 三河市龙大印装有限公司
经 销: 全国新华书店
开 本: 185mm×260mm 印 张: 29.75 字 数: 719 千字
版 次: 2011 年 6 月第 1 版 2018 年 7 月第 2 版 印 次: 2023 年 9 月第 7 次印刷
定 价: 78.00 元

产品编号: 076466-03

高等学校电子信息类专业系列教材

顾问委员会

谈振辉	北京交通大学（教指委高级顾问）	郁道银	天津大学（教指委高级顾问）
廖延彪	清华大学　　（特约高级顾问）	胡广书	清华大学（特约高级顾问）
华成英	清华大学　　（国家级教学名师）	于洪珍	中国矿业大学（国家级教学名师）
彭启琮	电子科技大学（国家级教学名师）	孙肖子	西安电子科技大学（国家级教学名师）
邹逢兴	国防科技大学（国家级教学名师）	严国萍	华中科技大学（国家级教学名师）

编审委员会

主　任	吕志伟	哈尔滨工业大学		
副主任	刘　旭	浙江大学	王志军	北京大学
	隆克平	北京科技大学	葛宝臻	天津大学
	秦石乔	国防科技大学	何伟明	哈尔滨工业大学
	刘向东	浙江大学		
委　员	王志华	清华大学	宋　梅	北京邮电大学
	韩　焱	中北大学	张雪英	太原理工大学
	殷福亮	大连理工大学	赵晓晖	吉林大学
	张朝柱	哈尔滨工程大学	刘兴钊	上海交通大学
	洪　伟	东南大学	陈鹤鸣	南京邮电大学
	杨明武	合肥工业大学	袁东风	山东大学
	王忠勇	郑州大学	程文青	华中科技大学
	曾　云	湖南大学	李思敏	桂林电子科技大学
	陈前斌	重庆邮电大学	张怀武	电子科技大学
	谢　泉	贵州大学	卞树檀	火箭军工程大学
	吴　瑛	信息工程大学	刘纯亮	西安交通大学
	金伟其	北京理工大学	毕卫红	燕山大学
	胡秀珍	内蒙古工业大学	付跃刚	长春理工大学
	贾宏志	上海理工大学	顾济华	苏州大学
	李振华	南京理工大学	韩正甫	中国科学技术大学
	李　晖	福建师范大学	何兴道	南昌航空大学
	何平安	武汉大学	张新亮	华中科技大学
	郭永彩	重庆大学	曹益平	四川大学
	刘缠牢	西安工业大学	李儒新	中国科学院上海光学精密机械研究所
	赵尚弘	空军工程大学	董友梅	京东方科技集团股份有限公司
	蒋晓瑜	陆军装甲兵学院	蔡　毅	中国兵器科学研究院
	仲顺安	北京理工大学	冯其波	北京交通大学
	黄翊东	清华大学	张有光	北京航空航天大学
	李勇朝	西安电子科技大学	江　毅	北京理工大学
	章毓晋	清华大学	张伟刚	南开大学
	刘铁根	天津大学	宋　峰	南开大学
	王艳芬	中国矿业大学	靳　伟	香港理工大学
	苑立波	哈尔滨工程大学		
丛书责任编辑	盛东亮	清华大学出版社		

序
FOREWORD

我国电子信息产业销售收入总规模在2013年已经突破12万亿元,行业收入占工业总体比例已经超过9%。电子信息产业在工业经济中的支撑作用凸显,更加促进了信息化和工业化的高层次深度融合。随着移动互联网、云计算、物联网、大数据和石墨烯等新兴产业的爆发式增长,电子信息产业的发展呈现了新的特点,电子信息产业的人才培养面临着新的挑战。

(1) 随着控制、通信、人机交互和网络互联等新兴电子信息技术的不断发展,传统工业设备融合了大量最新的电子信息技术,它们一起构成了庞大而复杂的系统,派生出大量新兴的电子信息技术应用需求。这些"系统级"的应用需求,迫切要求具有系统级设计能力的电子信息技术人才。

(2) 电子信息系统设备的功能越来越复杂,系统的集成度越来越高。因此,要求未来的设计者应该具备更扎实的理论基础知识和更宽广的专业视野。未来电子信息系统的设计越来越要求软件和硬件的协同规划、协同设计和协同调试。

(3) 新兴电子信息技术的发展依赖于半导体产业的不断推动,半导体厂商为设计者提供了越来越丰富的生态资源,系统集成厂商的全方位配合又加速了这种生态资源的进一步完善。半导体厂商和系统集成厂商所建立的这种生态系统,为未来的设计者提供了更加便捷而又必须依赖的设计资源。

教育部2012年颁布了新版《高等学校本科专业目录》,将电子信息类专业进行了整合,为各高校建立系统化的人才培养体系,培养具有扎实理论基础和宽广专业技能的、兼顾"基础"和"系统"的高层次电子信息人才给出了指引。

传统的电子信息学科专业课程体系呈现"自底向上"的特点,这种课程体系偏重对底层元器件的分析与设计,较少涉及系统级的集成与设计。近年来,国内很多高校对电子信息类专业课程体系进行了大力度的改革,这些改革顺应时代潮流,从系统集成的角度,更加科学合理地构建了课程体系。

为了进一步提高普通高校电子信息类专业教育与教学质量,贯彻落实《国家中长期教育改革和发展规划纲要(2010—2020年)》和《教育部关于全面提高高等教育质量若干意见》(教高【2012】4号)的精神,教育部高等学校电子信息类专业教学指导委员会开展了"高等学校电子信息类专业课程体系"的立项研究工作,并于2014年5月启动了《高等学校电子信息类专业系列教材》(教育部高等学校电子信息类专业教学指导委员会规划教材)的建设工作。其目的是为推进高等教育内涵式发展,提高教学水平,满足高等学校对电子信息类专业人才培养、教学改革与课程改革的需要。

本系列教材定位于高等学校电子信息类专业的专业课程,适用于电子信息类的电子信息工程、电子科学与技术、通信工程、微电子科学与工程、光电信息科学与工程、信息工程及其相近专业。经过编审委员会与众多高校多次沟通,初步拟定分批次(2014—2017年)建设约100门课程教材。本系列教材将力求在保证基础的前提下,突出技术的先进性和科学的前沿性,体现创新教学和工程实践教学;将重视系统集成思想在教学中的体现,鼓励推陈出新,采用"自顶向下"的方法编写教材;将注重反映优秀的教学改革成果,推广优秀的教学经验与理念。

为了保证本系列教材的科学性、系统性及编写质量,本系列教材设立顾问委员会及编审委员会。顾问委员会由教指委高级顾问、特约高级顾问和国家级教学名师担任,编审委员会由教育部高等学校电子信息类专业教学指导委员会委员和一线教学名师组成。同时,清华大学出版社为本系列教材配置优秀的编辑团队,力求高水准出版。本系列教材的建设,不仅有众多高校教师参与,也有大量知名的电子信息类企业支持。在此,谨向参与本系列教材策划、组织、编写与出版的广大教师、企业代表及出版人员致以诚挚的感谢,并殷切希望本系列教材在我国高等学校电子信息类专业人才培养与课程体系建设中发挥切实的作用。

吕志伟 教授

第二版前言
PREFACE

《模拟电子技术》自2011年出版以来,得到了各兄弟院校师生和广大读者的关注,多次重印。由于本教材良好的基础和本课程的重要性,本教材于2014年获批为"十二五"普通高等教育本科国家级规划教材。

本教材出版以来,我们一方面收到了许多批评和建议,另一方面,通过几年的教学实践,认识到教材要更好地适应"新工科"背景下培养工程实践能力和创新能力强的高素质复合型"新工科"人才的需要。为此在修订时,编者在总结经验、改正错误的基础上,着重突出了工程实践环节,进行了必要的内容调整、补充或延展。主要表现在以下几个方面。

(1) 保持了第一版以模拟电子技术最基础、最经典的部分为基本内容;坚持了"精讲多练,启发引导,留有余地,注重创新"的原则编排教材内容;突出了"基础性和普遍性""工程性和实践性""系统性与先进性"的统一。

(2) 保持了第一版按照由特殊到一般的思维方式进行教材内容组织,在将定性与定量分析方法相结合的基础上,进一步体现了模拟电子电路识别与设计的融合,强化了模拟电子电路设计思想与仿真方法的结合,有利于提高学生分析问题、解决问题及工程实践能力。

(3) 保持了原书循序渐进、适合于教学和自学提高等优点,对教材内容进行了大幅度拓展和延伸,形成了有利于扩展知识面、开阔视野的完备知识体系。在保留原教材内容的基础上,将达林顿管和可控器件及基于模拟器件的电子电路设计等纳入了教材内容,构成了从半导体器件(晶体二极管、晶体三极管、达林顿管、场效应管、晶闸管等)→模拟电子电路(放大电路、集成运算放大电路、负反馈放大电路、信号运算与处理电路、功率放大电路、直流稳压电源等)→模拟电子电路识别→模拟电子电路设计与Multisim仿真的完备知识体系。这一知识体系,有利于强化基础,培养学生的模拟电子电路识别、设计、仿真和调试能力。

本教材第二版由郭业才教授和黄友锐教授主编,由郭业才教授执笔对全书内容进行了全面修订、补充、统稿与定稿。与本教材第一版相比,第二版增加了两章内容,全书共14章。第1章、第5章、第7章和第14章由南京信息工程大学郭业才编写;第2章由南京晓庄学院武英编写;第3章由安庆师范大学吴昭方和夏强胜合作编写;第4章由南京晓庄学院李秀娟编写;第6章与第12章由安徽理工大学李良光编写;第8章由南京信息工程大学张宏群编写;第9章由南京信息工程大学冒晓莉编写;第10章由南京晓庄学院金彩虹编写;第11章由安庆师范大学吴昭方和王陈宁合作编写;第13章由安徽理工大学黄友锐编写。

本教材第二版在修订与编写过程中,参阅了大量文献,还引用了其中的部分内容并对其进行了吸收与消化,书后所列参考文献为本教材编写提供了极好的素材,在此谨向相关作者表示由衷的谢意!同时,本教材出版还得到了江苏省高校自然科学研究重大项目(No.13KJA510001)、南京信息工程大学教材建设基金立项项目(No.17JCLX006)、江苏省高校品牌专业一期建设项目(No. PPZY2015B134)及清华大学出版社的大力支持,在此一并表示衷心的感谢!

  由于编者的水平所限,本书中或存在不宜之处,诚请广大读者给予批评指正,帮助我们不断加以改进。

郭业才

2018 年 4 月

第一版前言
PREFACE

本书是根据教育部高等学校电子信息与电气学科教学指导委员会公布的电子信息科学与电气信息类平台课程教学基本要求(Ⅱ)中"模拟电子技术基础"课程教学基本要求(2009)编写的。编写时坚持"重视基础、强调应用,理论与实践相结合,以能力培养为目标"的原则。

本书编写的思路如下。

(1) 以模拟电子技术最基础、最经典的部分作为基本内容,加强课堂教学的基础性,突出基本内容;根据"精讲多练,启发引导,留有余地,注重创新"的原则编排教学内容,突出课程的工程性;将电子电路识图和电子电路设计自动化(EDA)软件应用的内容纳入课程,突出课程的实践性和先进性。

(2) 在内容编写上力求深入浅出,按照由特殊到一般的思维方法组织教材内容,突出了模拟电子技术中的基本概念、原理与分析方法,以适应实践教学环节和工程实践的需求;通过将定性与定量分析方法相结合、半导体器件原理介绍与电路实例相结合、电子电路识图与电子电路设计自动化软件融入教学内容中,以提高学生分析问题与解决问题及工程实践能力。

本书的主要内容包括二极管及其电路、双极型晶体管及其放大电路、场效应管及其放大电路、集成运算放大电路、负反馈放大电路、信号运算与处理电路、信号产生电路、功率放大电路、直流稳压电源、电子线路识图和模拟电子线路的 Multisim 仿真等。

本书编写单位为南京信息工程大学、安徽理工大学、安庆师范学院和南京晓庄学院。全书共 12 章,第 1 章和第 6 章由郭业才教授编写;第 2 章由武英副教授编写;第 3 章由吴昭方副教授和夏强胜讲师合作编写;第 4 章由李秀娟副教授编写;第 5 章与第 11 章由李良光副教授编写;第 7 章由张宏群副教授编写;第 8 章由冒晓莉讲师编写;第 9 章由金彩虹副教授编写;第 10 章由吴昭方副教授和王陈宁讲师合作编写;第 12 章由黄友锐教授编写。由郭业才教授和黄友锐教授两位主编对全书进行了统稿与定稿。

本书的出版得到了南京信息工程大学教材建设基金、精品课程《模拟电子线路》建设基金和安徽省省级精品课程《模拟电子技术》建设基金的支持;同时,清华大学出版社给予了大力的帮助,在此表示由衷的感谢!

由于编者的水平所限,本书中一定有不少错误和缺点,诚请广大读者给予批评指正,帮助我们不断加以改进。

编 者

2011 年 1 月

目录
CONTENTS

第1章 绪论 1
  1.1 电子技术对人类的影响 1
  1.2 电子技术的发展 3
    1.2.1 电子管阶段 3
    1.2.2 晶体管阶段 5
    1.2.3 集成电路阶段 6
  1.3 模拟电子技术课程的内容、特点与基本要求 8
  1.4 学习模拟电子技术的方法 9

第2章 二极管及其应用 11
  2.1 半导体及PN结 11
    2.1.1 半导体的基本知识 11
    2.1.2 PN结 14
  2.2 二极管 16
    2.2.1 二极管的结构与类型 16
    2.2.2 二极管的伏安特性 17
    2.2.3 二极管的主要参数 19
  2.3 二极管基本电路 20
    2.3.1 二极管的等效电路 20
    2.3.2 二极管的应用 23
  2.4 特殊二极管 26
    2.4.1 稳压二极管 26
    2.4.2 光电二极管 28
    2.4.3 发光二极管 29
    2.4.4 变容二极管 31
  小结 31
  习题 32

第3章 双极型三极管及其放大电路 35
  3.1 双极型三极管 35
    3.1.1 三极管的结构与符号 35
    3.1.2 三极管的工作原理 36
    3.1.3 三极管的特性曲线 38
    3.1.4 三极管的主要参数 39
  3.2 双极型三极管基本放大电路 41

		3.2.1	放大电路的基本概念及性能指标	41

- 3.2.1 放大电路的基本概念及性能指标 … 41
- 3.2.2 基本共射极放大电路的组成与放大原理 … 43
- 3.2.3 静态工作点 … 44
- 3.3 放大电路的图解分析法 … 45
  - 3.3.1 静态分析 … 45
  - 3.3.2 动态分析 … 47
  - 3.3.3 电路参数改变对静态工作点的影响 … 48
  - 3.3.4 静态工作点对波形失真的影响 … 49
- 3.4 放大电路的微变等效电路分析法 … 50
  - 3.4.1 三极管的微变等效电路 … 51
  - 3.4.2 用微变等效电路法分析放大电路 … 52
- 3.5 稳定静态工作点的方法 … 54
  - 3.5.1 影响静态工作点的因素 … 54
  - 3.5.2 静态工作点的稳定电路 … 54
- 3.6 共集电极和共基极电路 … 57
  - 3.6.1 共集电极电路 … 57
  - 3.6.2 共基极电路 … 59
- 3.7 差分放大电路 … 61
  - 3.7.1 零点漂移 … 61
  - 3.7.2 差分放大电路 … 62
  - 3.7.3 差分放大电路的四种接法 … 68
- 3.8 多级放大电路 … 70
  - 3.8.1 多级放大电路的耦合方式 … 70
  - 3.8.2 多级放大电路的动态分析 … 72
- 3.9 放大电路的频率特性 … 73
  - 3.9.1 频率特性的基本概念 … 73
  - 3.9.2 单级放大电路的频率特性 … 78
  - 3.9.3 多级放大电路的频率特性 … 84
- 小结 … 85
- 习题 … 86

第 4 章 场效应管及其放大电路 … 94

- 4.1 结型场效应管 … 94
  - 4.1.1 JFET 的结构与工作原理 … 94
  - 4.1.2 JFET 的特性曲线 … 97
  - 4.1.3 JFET 的主要参数 … 99
- 4.2 金属-氧化物-半导体场效应管 … 101
  - 4.2.1 增强型 MOSFET … 101
  - 4.2.2 耗尽型 MOSFET … 103
  - 4.2.3 MOSFET 的主要参数 … 104
  - 4.2.4 FET 使用注意事项 … 105
  - 4.2.5 FET 与 BJT 的比较 … 105
- 4.3 场效应管放大电路 … 105
  - 4.3.1 场效应管放大电路组成 … 105

  4.3.2 场效应管放大电路的静态分析 ·· 106
  4.3.3 场效应管放大电路的动态分析 ·· 108
小结 ··· 112
习题 ··· 113

第5章 达林顿管与可控型器件 ·· 118
5.1 达林顿管及其电路 ·· 118
  5.1.1 达林顿管及其接法 ··· 118
  5.1.2 达林顿管电路直流特性 ··· 120
  5.1.3 达林顿管电路交流特性 ··· 121
5.2 普通晶闸管及其电路 ··· 122
  5.2.1 普通晶闸管的结构和工作原理 ·· 123
  5.2.2 晶闸管的基本特性 ··· 127
  5.2.3 晶闸管的主要参数 ··· 129
  5.2.4 晶闸管的派生器件 ··· 132
  5.2.5 晶闸管的保护电路 ··· 134
5.3 全控型器件 ·· 137
  5.3.1 门极可关断晶闸管 ··· 138
  5.3.2 电力晶体管 ··· 140
  5.3.3 电力场效应管 ·· 142
  5.3.4 绝缘栅双极型晶体管 ··· 146
小结 ··· 150
习题 ··· 151

第6章 集成运算放大电路 ·· 152
6.1 集成电路概述 ··· 152
  6.1.1 集成电路分类 ·· 152
  6.1.2 集成电路的工艺特点 ··· 152
  6.1.3 集成运算放大器的组成 ·· 153
6.2 电流源偏置电路 ·· 153
6.3 典型集成运算放大器 ·· 156
  6.3.1 常用双极型集成运放 F007 ·· 157
  6.3.2 典型 CMOS 集成运放 ··· 159
6.4 集成运放的主要性能指标 ·· 160
6.5 集成运放的使用与注意事项 ··· 164
  6.5.1 集成运放分类与选用 ··· 164
  6.5.2 集成电路引脚识别 ··· 164
  6.5.3 运放电路的调零与消振 ·· 165
  6.5.4 集成运放的保护 ··· 165
  6.5.5 集成运放的供电问题 ··· 166
  6.5.6 集成运放应用电路中外围元件参数的选择 ······························· 167
小结 ··· 167
习题 ··· 168

第 7 章　负反馈放大电路 ... 171

7.1　概述 ... 171
7.1.1　反馈的基本概念 ... 171
7.1.2　反馈的分类及判断 ... 172
7.1.3　负反馈的四种组态 ... 174

7.2　负反馈放大电路的框图和一般关系式 ... 176
7.2.1　负反馈的框图 ... 176
7.2.2　负反馈放大电路增益 ... 177
7.2.3　四种反馈组态电路的框图 ... 178
7.2.4　负反馈电路放大倍数计算 ... 179

7.3　负反馈对放大电路性能的影响 ... 182
7.3.1　提高放大倍数的稳定性 ... 182
7.3.2　减小非线性失真和抑制干扰 ... 183
7.3.3　提高反馈环内信噪比 ... 184
7.3.4　改善放大电路的频率特性 ... 185
7.3.5　改变输入电阻和输出电阻 ... 186

7.4　负反馈放大电路的稳定性 ... 191
7.4.1　影响负反馈放大电路工作的因素 ... 191
7.4.2　负反馈放大电路的稳定性 ... 193
7.4.3　负反馈放大电路的自励消除 ... 195

小结 ... 197
习题 ... 198

第 8 章　信号运算与处理电路 ... 205

8.1　基本运算电路 ... 205
8.1.1　比例运算电路 ... 205
8.1.2　求和电路 ... 208
8.1.3　积分与微分运算电路 ... 209
8.1.4　对数和反对数电路 ... 211

8.2　有源滤波器 ... 213
8.2.1　滤波器概述 ... 213
8.2.2　一阶有源滤波器 ... 215
8.2.3　二阶有源滤波电路 ... 217

8.3　电压比较器 ... 219
8.3.1　单门限比较器 ... 220
8.3.2　滞回比较器 ... 222
8.3.3　窗口比较器 ... 223
8.3.4　集成电压比较器 ... 224

小结 ... 224
习题 ... 225

第 9 章　信号产生电路 ... 229

9.1　正弦波产生电路 ... 229
9.1.1　振荡电路 ... 229

9.1.2 RC 正弦波振荡电路 ································· 231
9.1.3 LC 正弦波振荡电路 ································· 235
9.1.4 石英晶体振荡电路 ·································· 240
9.2 非正弦信号产生电路 ·· 242
9.2.1 矩形波发生电路 ····································· 242
9.2.2 锯齿波发生电路 ····································· 244
9.2.3 集成函数发生器简介 ······························· 247
小结 ··· 249
习题 ··· 250

第 10 章 功率放大电路 ·· 255
10.1 功率放大电路概述 ·· 255
10.1.1 功率放大电路的特点和分类 ················· 256
10.1.2 功率放大电路的主要指标 ····················· 258
10.2 互补对称功率放大电路 ································· 260
10.2.1 OCL 功率放大电路 ······························ 260
10.2.2 OTL 功率放大电路 ······························ 266
10.3 功率放大电路的使用 ···································· 267
10.4 集成功率放大电路 ·· 270
小结 ··· 272
习题 ··· 273

第 11 章 直流稳压电源 ·· 276
11.1 直流稳压电源概述 ·· 276
11.1.1 直流稳压电源的组成 ···························· 276
11.1.2 直流稳压电源的主要指标 ····················· 277
11.2 整流电路 ··· 278
11.3 滤波电路 ··· 283
11.4 稳压管稳压电路 ·· 287
11.4.1 稳压管稳压电路及稳压原理 ················· 287
11.4.2 性能指标与参数选择 ···························· 288
11.4.3 稳压管稳压电路的特点 ························ 290
11.5 串联型稳压电路 ·· 290
11.5.1 电路组成 ·· 290
11.5.2 电路分析 ·· 290
11.6 集成三端稳压电路及应用 ····························· 291
11.6.1 集成三端稳压器 ··································· 291
11.6.2 集成三端稳压器的应用 ························ 293
11.7 开关式稳压电路 ·· 295
11.7.1 开关稳压电路的特点和分类 ················· 295
11.7.2 开关稳压电路的工作原理 ····················· 296
小结 ··· 297
习题 ··· 298

第 12 章　电子电路识图 · · · · · · 301

12.1　半导体分立元器件的识别与检测 · · · · · · 301
12.1.1　半导体二极管的检测与识别 · · · · · · 301
12.1.2　半导体三极管的检测与识别 · · · · · · 303
12.1.3　功率 MOS 场效应管的检测与识别 · · · · · · 305
12.1.4　晶闸管的检测 · · · · · · 305
12.1.5　半导体器件检测注意事项 · · · · · · 306

12.2　电子线路识图方法 · · · · · · 307

12.3　识图举例 · · · · · · 308
12.3.1　简易信号发生器 · · · · · · 308
12.3.2　某品牌 2.1 声道多媒体有源音箱电路分析 · · · · · · 311
12.3.3　触摸路灯开关 · · · · · · 317

小结 · · · · · · 319
习题 · · · · · · 320

第 13 章　模拟电子线路的 Multisim 仿真 · · · · · · 322

13.1　Multisim 10 简介 · · · · · · 322
13.1.1　Multisim 10 主界面 · · · · · · 322
13.1.2　Multisim 10 环境参数设定 · · · · · · 328
13.1.3　Multisim 10 元器件库 · · · · · · 334
13.1.4　Multisim 10 虚拟仪表 · · · · · · 335
13.1.5　Multisim 10 分析工具 · · · · · · 335
13.1.6　Multisim 10 的基本操作 · · · · · · 336

13.2　基于 Multisim 的电子线路仿真 · · · · · · 340
13.2.1　半导体二极管 Multisim 仿真实例 · · · · · · 340
13.2.2　半导体三极管及其放大电路 Multisim 仿真实例 · · · · · · 341
13.2.3　场效应管及其放大电路 Multisim 仿真实例 · · · · · · 353
13.2.4　负反馈放大电路 Multisim 仿真实例 · · · · · · 357
13.2.5　信号运算与处理电路 Multisim 仿真实例 · · · · · · 362
13.2.6　信号产生电路 Multisim 仿真实例 · · · · · · 373
13.2.7　功率放大电路 Multisim 仿真实例 · · · · · · 377
13.2.8　直流稳压电路 Multisim 仿真实例 · · · · · · 381

小结 · · · · · · 384

第 14 章　基于模拟器件的电子电路设计 · · · · · · 386

14.1　基于模拟器件的电子系统设计概述 · · · · · · 386
14.1.1　基于模拟器件的电子系统设计流程 · · · · · · 386
14.1.2　通用型电子系统的安装和调试 · · · · · · 388

14.2　晶体管开关电路设计及其应用 · · · · · · 389
14.2.1　晶体管的开关 · · · · · · 389
14.2.2　发射极接地型开关电路的设计 · · · · · · 392
14.2.3　射极跟随器开关的设计 · · · · · · 398
14.2.4　晶体管开关电路的应用 · · · · · · 400

14.3　场效应管延时开关应用电路设计 · · · · · · 404

          14.3.1 场效应管延时开关 ··· 404
          14.3.2 场效应管延时开关应用电路 ·· 405
     14.4 偏置电路设计与其应用 ·· 412
          14.4.1 分压偏置电路 ··· 412
          14.4.2 集电极负反馈偏置电路 ·· 413
          14.4.3 热敏电阻分压式偏置电路 ··· 416
          14.4.4 基于偏置电路的昆虫搜索器 ··· 417
     14.5 达林顿管射极跟随器实现阻抗匹配电路 ··· 418
     14.6 功率放大器设计及其应用 ·· 420
          14.6.1 达林顿管甲乙类功率放大器 ··· 420
          14.6.2 乙类推挽功率放大器设计 ··· 425
     14.7 自举电路设计及其应用 ··· 431
          14.7.1 自举电路 ··· 431
          14.7.2 三级直接耦合反馈放大器设计 ·· 432
     14.8 直流稳定电源设计与应用 ·· 436
          14.8.1 稳定电源结构 ··· 436
          14.8.2 可变电压电源的设计 ·· 438
          14.8.3 可变电压电源的性能 ·· 442
          14.8.4 直流稳定电源应用电路 ·· 445
     小结 ··· 448
附录 A 半导体分立器件命名规则 ·· 450
附录 B 典型集成运算放大器参数表 ··· 453
附录 C 几种国产 KP 型晶闸管元件主要额定值 ·· 455
参考文献 ··· 456

第 1 章 绪 论

CHAPTER 1

电子技术是当今世界科学技术领域中一颗耀眼的明星,它使整个科学技术插上了翅膀,有力地加快了世界前进的步伐。由于它是研究电子器件、电子电路和电子系统及其应用的科学技术,几乎随处伴随人们,为人类的发展带来了深远影响,也使人们对未来充满了幻想和希冀。在本书的开始,先介绍电子技术对人类社会的影响,回顾它的发展历程,并了解本课程的研究对象及主要内容。最后介绍本课程的学习方法。

1.1 电子技术对人类的影响

19世纪末,著名的科学家麦克斯韦、赫兹和汤姆逊相继发现了电磁波和电子,使得科学技术领域出现了一个极具生命力的新兴分支——电子技术。

电子技术直接而现实地影响着每个人的生活。在20世纪50年代,我国第一台全国产化收音机问世。图1.1所示为1958年专门为国庆10周年献礼特制的"熊猫1501型特级三用落地式联合机"。它是一台高1m、宽1.5m的"庞然大物",是当时体形最大、功能最全的收音机,象征着当时国内民用电子音响的最高水平。它现被收藏于广东省中山市的中国收音机博物馆里,并被视为"镇馆之宝"。我国第一台电视机是北京牌电视机,于1958年3月试制成功,如图1.2所示。到了20世纪80年代初期,黑白电视机成了城市中的时尚;1970年12月26日,我国第一台彩色电视机(简称彩电)在天津无线电厂诞生(如图1.3所示),从此拉开了中国彩电生产的序幕。至今,我国彩电产业的发展经历了三个历史时期,即20世纪70年代中期至80年代初期的导入期;80年代中期至90年代初期的成长期;开始于90年代中后期至今的成熟期。进入20世纪90年代后,彩电逐渐变为大多数家庭必备的家用电器;现在计算机已进入了普通百姓家庭。与我们日常生活密切相关的这些家用电器的发展,都是基于现代电子技术的快速发展。现代电子技术对人类的生活产生着巨大的影响。

图 1.1　国产熊猫 1501 型特级
三用落地式联合机

图 1.2　国产第一台北京牌
14 英寸黑白电视机

图 1.3　我国第一台彩色电视机

电子技术的出现使人类许多的幻想和神话成为现实。例如，美国 1969 年 7 月 20 日 22 时 56 分(美国东部时间)，阿波罗 11 号的太空人阿姆斯壮的左脚踏上月球，实现了人类登月的梦想(如图 1.4 所示)，写下了人类探索太空的新篇章；2007 年 10 月 24 日 18 时许，中国第一颗月球探测卫星"嫦娥一号"在西昌卫星发射中心由"长征三号甲"运载火箭发射升空，如图 1.5 所示。"嫦娥一号"月球卫星顺利发射并进入了月球轨道，在轨飞行一年时间，这是电子技术出现以前人类对月球可望而不可即的憧憬。2016 年 9 月 15 日 22 时 04 分 09 秒在酒泉卫星发射中心发射成功天宫二号空间实验室(如图 1.6 所示)，2016 年 10 月 19 日 3 时 31 分，神舟十一号飞船与天宫二号自动交会对接成功；2016 年 10 月 23 日 7 时 31 分，天宫二号的伴随卫星从天宫二号上成功释放。天宫二号空间实验室，是继天宫一号后中国自主研发的第二个空间实验室，也是中国第一个真正意义上的空间实验室，将用于进一步验证空间交会对接技术及进行一系列空间试验。2017 年 4 月 20 日 19 时 41 分 35 秒在文昌航天发射中心由长征七号遥二运载火箭成功发射中国首个货运飞船——天舟一号货运飞船(如图 1.7 所示)，并于 4 月 27 日成功完成与天宫二号空间实验室的首次推进剂在轨补加试验，之后又实现了交会对接、空间科学试验和技术试验等功能。天舟一号为全密封货运飞船，采用两舱构型，由货物舱和推进舱组成。全长 10.6m，最大直径 3.35m，起飞质量为 12.91t，太阳帆板展开后最大宽度 14.9m，运输物资能力约 6.5t，推进剂补加能力约为 2t，具备独立飞行 3 个月的能力。

图1.4　阿波罗11号

图1.5　"嫦娥一号"升空

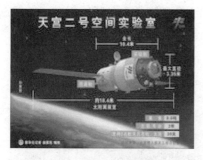
图1.6　天宫二号

图1.7　天舟一号

电子技术深刻地改变着整个世界。现代电子技术的应用概括为通信、控制、计算机和文化生活等方面。在科学研究中，先进的仪器设备离不开电子技术，如医疗设备中的B超、心电图机、脑电图机等，使现代医疗水平显著提高；在传统的机械行业，先进的数控机床、自动化生产线离不开电子技术；在以通信、广播、电视、医疗设备、新型武器、交通、电力、航空、技术为基础发展起来的电子计算机及信息技术，对当今世界的发展起到了极大的推动作用；现代国防技术无疑要靠电子技术显示威力，如导弹、雷达、坦克、潜艇、战斗机、军事联络等领域离开电子技术将成为聋子和瞎子，现代战争无处不闪现着电子技术的神通。计算机及信息技术的迅速发展和广泛应用，正深刻地改变着整个世界。

1.2　电子技术的发展

随着电子元器件的不断更新换代，现代电子技术的发展可分为电子管阶段和晶体管阶段，而晶体管阶段又可分为分立元件阶段和集成电路阶段(中小规模集成电路、大规模集成电路、超大特大规模集成电路)。

1.2.1　电子管阶段

电子管是一种在气密性封闭容器(一般为玻璃管)中产生电流传导，利用电场对真空中的电子流的作用以获得信号放大或振荡的电子器件。早期应用于电视机、收音机、扩音机等电子产品中，近年来逐渐被晶体管和集成电路所取代，但目前在一些高保真音响器材中，仍然使用电子管作为音频功率放大器件。

图1.8　英国物理学家弗莱明

19世纪中后期和20世纪初,著名的科学家麦克斯韦预言了电磁波的存在,赫兹实验证实了电磁波的存在,汤姆逊用实验找出了电子。1904年,世界上第一只电子管在英国物理学家弗莱明(图1.8)的手下诞生了。弗莱明为此获得了这项发明的专利权。人类第一只电子管的诞生,标志着人类驯服电子和控制电子的开始,它是现代各种真空电子器件的先声,也为真空三极管的发明创造了技术条件,同时拉开了人类进入电子时代的序幕。1904年,弗莱明发明了真空电子二极管,并将其应用于他的无线电波检测中。1906年,德福雷斯特(图1.9)在二极管中安上了第三个电极(栅极),发明了具有放大作用的电子三极管,这是电子学早期历史中最重要的里程碑。同年,美国的费森登开始用电子管调制无线电收、发音乐和演讲系统,出现了最早的电子管收音机,电子管的外形结构主要是真空玻璃管,如图1.10所示。

图1.9　美国科学家李·德福雷斯特

图1.10　真空电子管

它们是第一代电子产品的核心,是现代电子技术的基础。

在20世纪前期,电子管电路在军事、通信、交通等社会领域中,独领风骚、无比神通。1915年,阿诺德和朗缪尔研制出高真空电子管;1920年,美国建成了世界上第一座无线电台,定时广播娱乐节目;1925年,英国人贝尔德发明了电视机;1931年,英国的伦敦出现了一个爆炸性的新闻,将在伦敦大剧院进行电视公开试验;1946年,在美国诞生了第一台电子管电子计算机,取

图1.11　第一台电子管电子计算机ENIAC

名为ENIAC,如图1.11所示。这台计算机使用了18800个电子管,占地170m²、重达30t、耗电140kW、价格40多万美元,是一个昂贵、耗电的"庞然大物"。由于它采用了电子线路来执行算术运算、逻辑运算和存储信息,从而大大提高了运算速度。ENIAC每秒可进行5000次加法和减法运算,把计算一条弹道的时间缩短为30s。它最初被专门用于弹道计算,后来经过多次改进而成为能进行各种科学计算的通用电子计算机。从1946年2月交付使用,到1955年10月最后切断电源,ENIAC服役长达9年。

可见,自从弗莱明和德福雷斯特发明了电子管以后,电子管就一直活跃在电子技术的各个领域里。但电子管在实际应用中逐渐暴露出许多难以克服的弱点。电子管的第一个缺陷是使用寿命短,一般为几千小时到一万小时,在电报、收音机、电视机上还可使用,但在电子

计算机里情况就完全不同了,要用上成千上万个电子管,而且其中只要有一个电子管出了问题,机器就要"犯病";电子管的第二个缺陷是耗电多,大量使用电子管的计算机是一个"电老虎",耗电多使电子管计算机难以离开家门一步,要想在野外使用电子计算机是很困难的事;电子管的第三个缺陷是它的体积和重量都太大,这就使得电子计算机身体庞大臃肿,笨重不堪,行动十分不便;第四个缺陷是它过于脆弱,一旦有大的冲击就会"稀里哗啦"散了架。电子计算机神机妙算的优势,不幸被它的心脏部件——电子管的缺陷大大削弱,它的进一步发展受到严重制约。因此,就导致了晶体管的诞生,而晶体管的发明人就是贝尔实验室的三位著名科学家——肖克利、巴丁和布拉顿。

1.2.2 晶体管阶段

1947年,贝尔实验室的肖克利(如图1.12所示)、巴丁和布拉顿在研究半导体材料锗的表面态过程中,"偶然"发现了"晶体管效应",并发明了第一个点接触型晶体管,其各种性能显然远远超过了真空玻璃管,但性能不稳定。晶体管的诞生标志一个新时代的开始,引起全球科学界的极大兴趣,从而对材料制备和工艺技术方面进行深入细致的研究,发展速度日新月异,它使电子技术有了根本性的技术突破,世界科学技术也随之发生了巨变。1948年初,肖克利提出了结型管理论,并于1950年成功地制造出结型晶体管。与点接触型晶体管相比,结型晶体管有结构简单、性能好、可靠性高等优点,特别适合于大批量生产,因此很快得到广泛应用。1953年研制成表面势垒晶体管,晶体管收音机问世;1954年贝尔实验室研制太阳能电池和单晶硅;1955年研制成扩散基区晶体管;1956年第二代计算机——晶体管计算机诞生,即IBM7090,如图1.13所示。它的基本电子元件是晶体管,内存储器大量使用磁性材料制成的磁芯存储器。与第一代电子管计算机相比,晶体管计算机体积小、耗电少、成本低、逻辑功能强、使用方便、可靠性高。1957年苏联采用晶体管自动控制设备,发射第一颗人造地球卫星,晶体管也使电视接收技术更加成熟实用;1958年美国研制成第一块集成电路;1959年研制成平面晶体管,由平面晶体管步入集成电路,这一发展趋势是始料未及的。

图1.12 威廉·肖克利(William Shockley,1910—1989)——晶体管之父、诺贝尔奖获得者

图1.13 第二代计算机——IBM7090晶体管计算机

1.2.3 集成电路阶段

集成电路(Integrated Circuit,IC)是一种微型电子器件或部件。采用一定的工艺,把一个电路中所需的二极管、三极管、电阻、电容和电感等元件及布线互连在一起,制作在一小块或几小块半导体晶片或介质基片上,然后封装在一个管壳内,成为具有所需电路功能的微型结构,其中的所有元件在结构上已组成一个整体。这样,整个电路的体积大大缩小,且引出线和焊接点的数目也大为减少,从而使电子元件向着微小型化、低功耗和高可靠性方面迈进了一大步。

晶体管发明不到5年,英国皇家做雷达研究的G. W. A. Dummer于1952年5月在美国工程师协会举办的一次座谈会上发表的论文中第一次提出了关于集成电路的设想,又经过5年的努力,随着工艺水平的提高,1958年美国德克萨斯公司的杰克·基尔比(图1.14)发明了世界上第一块集成电路。杰克·基尔比因发明集成电路,于2000年获诺贝尔物理学奖。杰克·基尔比的发明是锗晶片上的相移振荡器,如图1.15所示,当基尔比接通电源,紧张地旋动同步调节旋钮时,在示波器上终于出现了漂亮的正弦波形。它能把一个完整功能的电子电路做在一块小晶片上,使电子电路的体积大大缩小、功能大大增强、成本大大降低。集成电路的发明使电子技术发生了又一次巨大的突破和变革。

图1.14 杰克·基尔比(Jack Kilby)

图1.15 锗晶片上的相移振荡器

自1958年第一块集成元件问世以来,集成电路的发展共经历了以下几个阶段。

① 小/中规模集成(SSI/MSI)电路阶段,集成度为$10^2 \sim 10^3$,1964年出现了集成运算放大器,同时诞生了由中小规模集成电路制造的电子计算机,即IBM360计算机,如图1.16所示,使计算机的功能、体积、速度、成本都有了重大突破,这是第三代电子计算机的创始。由于计算机的心脏都集成在一块小小的硅片上,使得电子计算机发生了深刻的变化,这标志着大规模集成电路时代的到来。

② 大规模集成(LSI)电路阶段,集成度为$10^3 \sim 10^5$,这个时代的主流是MOS。DRAM、MPU、按比例缩小理论、RISC、摩尔定律等理论的提出,为IC的发展奠定了基础;HMOS、VMOS、CMOS相继诞生,进一步加快了IC的迅速发展,1972—1976年,NMOS工艺从单

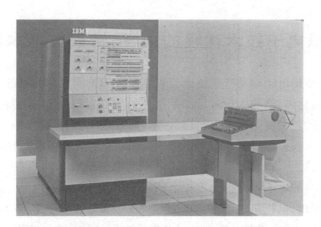

图 1.16　第三代计算机——IBM360 集成电路计算机

层多晶硅发展到双层多晶硅,并结合局部氧化等平面隔离及 E/D 来提高性能,从而形成了标准的 N 沟道硅栅工艺(典型代表产品有 6800、8080、Z80 及 2115 等),此工艺为 $6\mu m$ 工艺。Intel 公司于 1976 年末到 1977 年初开始由标准 N 沟道硅栅工艺转变到按比例缩小的均匀短沟道 NMOS 工艺,从而使 LSI 集成度及其性能方面有了重大突破。其代表产品为集成度超过 10 万管的 64KB DRAM、16KB SRAM 以及 16 位 MPU,从此拉开了 VLSI 序幕。

③ 超大规模集成(VLSI)电路阶段,集成度为 $10^5 \sim 10^7$,这个时代的 IC 工艺从 $3\mu m$ NMOS 发展到了 $0.18\mu m$ 和 $1\mu m$ CMOS。自 20 世纪 80 年代中期之后,IC 的主流工艺已从 NMOS 转为 CMOS,IC 工艺开始进入 150nm 及亚微米阶段,DRAM 进入兆(M)位时代,MPU 进入 32 位时代,微型计算机开始进入家庭等明显地加快了信息化进程。

④ 特大规模集成(ULSI)电路阶段,集成度为 $10^7 \sim 10^9$。这个时代的 IC 工艺从 $0.18\mu m$ 发展到 $0.15\mu m$,从亚微米进入到深亚微米,从 CMOS 转向 BiCMOS,使用硅圆的直径达到 200mm。300mm 的硅单晶及其生产设备进入开发阶段,IC 技术得到了空前发展。这个时代是 DRAM 的 M 位时代,又是微型计算机进入家庭的时代。

⑤ 片上系统(System on Chip,SoC)、片上网络(Network on Chip,NoC)及片上实验室(Lab-on-a-Chip,LoC)。SoC 即是在一个硅片上实现的一个具有复杂功能的系统,一个完整的单芯片系统,在芯片上还包括了其他类型的电子功能部件,如模拟部件、信号采集/转换电路、存储部件等。SoC 的关键在于 IP(Intellectual Property)复用的思想,按照这种思想可以有效提高设计能力、节省设计人员,给 SoC 带来了很大的灵活性;缩短产品上市的周期;能够充分利用现有的资源,降低产品成本。由于 SoC 在速度、功耗和成本方面与多芯片系统相比占较大的优势,加上现在对专用领域电路系统的需求越来越多,性能要求越来越高,所以,SoC 逐渐成为 IC 设计技术的主流,在未来的集成电路设计技术中将占重要的地位。

可见,电子管的发展为晶体管的发明提供了技术手段;而晶体管的发明是集成电路的发展基础与前提,集成电路的发展推动了电子计算机的发展;而电子计算机的发展推动了集成电路的发展,从而形成了良性发展循环。

1.3 模拟电子技术课程的内容、特点与基本要求

电子技术主要是把电子运动产生的电流和电磁波等物理量作为一种信息来进行传输和处理,而携带信息的载体,就称为信号。如果这种信号在时间上和幅度上均具有连续性,称之为模拟信号,如压力、温度及转速等物理量都是时间连续、数值连续的变量,而且通过相应的传感器都可转换为模拟信号并在电子系统中传输;如果信号在幅度和时间上具有不连续性或离散性,称之为数字信号,如电报码和用电平的高与低表示的二值逻辑信号等。产生、发送和处理模拟信号的电子电路称为模拟电路,如放大电路、滤波电路、电压/电流变换电路等,典型设备有收音机、电视机、扩音机等。产生、发送和处理数字信号的电子电路称为数字电路,典型设备是电子计算机等。模拟电路和数字电路统称为电子电路。目前,模拟电路和数字电路的结合越来越广泛,在技术上正趋向于把模拟信号数字化,以获取更好的效果,如数码相机、数码电视机等。研究模拟电路的电子技术就是模拟电子技术,研究数字电路的电子技术就是数字电子技术。

尽管信号可分为模拟信号和数字信号,但是任何模拟信号都要经过采样与量化变为数字信号,再在电子系统中进行传输,在模拟终端前再将数字信号通过重建变为模拟信号,才能被模拟终端接收。因此,本课程将讨论各种模拟电子电路的基本概念、基本原理、基本分析方法及基本应用。

1. 课程任务与内容

本课程研究的对象是模拟电子电路(简称模拟电路)。模拟电路最主要的任务之一是对微弱的电信号进行模拟放大。本课程的任务是在介绍常用半导体器件的基础上,重点介绍常用功能电路的基本概念、基本原理和基本分析方法,并着力培养学生分析问题和解决问题的发展性能力和创造性能力。本课程的主要内容有半导体器件(二极管、晶体三极管、场效应管、达林顿管及晶闸管等)的结构与原理、基本放大电路、负反馈放大电路、集成运算放大器、集成功率放大器、信号产生与处理器、直流电压源和可控整流电路等。电子技术是一门实用性很强的技术理论课,为此本书通过 Multisim 电子仿真、电子线路识图、基于模拟器件的电子电路设计等内容,来加强对学生实践能力的培养,各校可根据自己的实际对此内容的教学做出安排。

2. 课程特点

首先,模拟电子技术是一门应用很广、实践性很强的技术科学,强调理论与实践的密切结合。在教学中以定性分析为主,并通过必要的简略估算进行定量分析,加强实验调整和技能训练分析的方法。

其次,模拟电子技术主要与非线性器件打交道,而模拟电子电路却几乎是交、直流共存于同一电路之中,既有直流通路又有交流通路,它们既互相联系又互相区别,这增加了分析问题的复杂性。实际的电子电路几乎都引入了这样或那样的反馈,从而构成了学习中的又一个难点。

最后,由于电子技术发展迅速、应用广泛、内容庞杂繁多。具体表现:器件种类多、电路形式多、概念方法多,初学者普遍会感到难以抓住重点、难以突破难点。

3. 基本要求

本课程通过各个教学环节,要求学生达到以下四个方面的要求。

1) 器件方面

掌握常用半导体器件的基本工作原理、特性和主要参数,并能合理选择和正确使用。

2) 电路方面

(1) 熟练掌握晶体管三种组态放大电路、场效应管放大电路及基本运算放大电路的结构、工作原理和性能,并能进行定性和定量分析。

(2) 掌握功率放大器、振荡器、整流器、滤波器、稳压器以及由集成运算放大器组成的某些功能电路的工作原理、性能和工程应用。

(3) 掌握放大器中的负反馈、振荡器中的正反馈,会判别交流负反馈的组态并定性分析它对放大器性能的影响,能定量估算深度负反馈放大器的放大倍数等性能。

(4) 熟悉多级放大器的组成、级间耦合方式及多级阻容耦合放大电路的静态、动态计算,了解阻容耦合放大器的频率响应。

3) 分析方法方面

(1) 掌握放大电路的近似计算法,能估算静态工作点。

(2) 掌握微变等效电路分析法,能求放大倍数、输入电阻和输出电阻。

(3) 理解放大电路的图解分析法,能用图解分析法确定静态工作点、分析波形失真,估算放大器的最大不失真输出幅值。

4) 基本技能方面

(1) 初步具有识图能力。能看懂由所学模拟器件和基本电路组成的简单的典型设备的电子电路原理图,并能了解各部分组成及功能。

(2) 初步具有组成简单电子电路的能力。能根据功能需要,从手册中选择合适的元器件,选定适当的基本电路组成简单的电子系统,必要时会引入适当的反馈。

(3) 具有对小型电子电路进行设计、制作和调试的能力。

(4) 具有正确连接实验电路、处理实验数据、分析实验误差的能力。

(5) 具有对实验结果进行综合分析和按一定规格撰写实验报告的能力。

(6) 具有初步使用 Multisim 软件进行电子线路仿真的能力。

1.4 学习模拟电子技术的方法

针对电子技术的课程特点,要学好模拟电子技术,应改进学习方法,注意把握以下几个环节。

(1) 提高对本课程重要性的认识,做到主动学习。本课程在理工科电类专业人才培养过程中具有十分重要的地位和作用。

① 本课程为后续课程的学习打基础,为学生走上工作岗位后的再学习做准备。

② 本课程旨在培养学生的电子技术应用能力,此能力是电类专业人才所必备的。

③ 本课程所学的元器件和基本电路在工程实践中具有广泛的实用价值,学好它可直接为形成专业能力、适应工作岗位要求服务。

本课程是电类专业的主干课程,应提高认识、认真学习。

(2) 理解基本概念是分析问题的前提、学好课程内容的关键。

弄清基本概念是进行定性分析、定量估算和实验实训的前提,是学好本课程的关键。要重点学会定性分析与近似计算,切忌用繁杂的数学推导掩盖问题的物理本质。

(3) 弄清规律、理清思路、抓住相互联系。

电子技术内容繁多,要学会归纳与总结。对于每个章节的学习,都要基于"提出问题、分析问题、解决问题、解决效果"这一脉络。在头脑中形成一条清晰的线索,掌握解决问题的一般方法和彼此的内在联系,而不是各种电路的简单罗列。唯此,才能举一反三、触类旁通、灵活运用。

(4) 掌握模拟电子电路的基本分析方法。

模拟电路是以模拟器件为核心的电子电路,对模拟器件侧重讨论它们的外特性及其功能,对它们的内部导电机理不做深入研究,而把重点放在模拟器件的应用和选用上。对电子电路着重介绍基本单元电路的特性、应用和基本分析方法等。

① 近似估算法。半导体器件的物理特性十分复杂,需要进行十分复杂的分析,且其性能参数有很大的不同,电子器件的允许误差范围较宽,同一类标称值的元器件有着较大的变化范围。同时,在实际电路中存在着各种寄生参数的影响,如分布电容、分布电感等。因此,在模拟电路的分析过程中,要从实际情况出发,突出主要矛盾,忽略次要因素,采用工程经验公式与近似估算的方法。如果不采用近似估算的方法,一味追求数学上的严谨,一定会使问题复杂化,甚至无从解决。

② 微变等效电路法。电子器件是非线性器件,即其伏安特性曲线是非线性的,不能应用欧姆定律和叠加定理进行分析。为使问题简单化,在一定的条件下,用微变等效电路法将非线性电路等效为线性电路,再用线性电路的分析方法进行分析。

③ 图解法。伏安特性曲线能准确地反映非线性电子器件的性能,在非线性器件和线性元器件(特性曲线为直线)组成的电子电路中,用伏安特性曲线(图)代替元器件,用图解的方法直观地进行分析,以确定电子电路的工作状态或研究电路特性和变化趋势。

④ 实验调整的方法。由于实际电子器件性能参数的分散性和寄生因素的影响,不能单靠理论分析来解决问题,电子电路一般需要经过调整才能投入实际应用。

(5) 注重理论联系实际、重视实践动手能力的培养。学习的目的在于应用,理论学习要为培养应用电子技术的能力服务。本课程是实践性很强的课程,强调理论联系实际显得尤为重要。在学好基本实验方法的基础上,要加强提高解决实际问题能力和创新能力的训练。例如,可通过自己动手设计电路、调整参数、测试性能和改进电路来提高设计性实验的能力;通过课程设计、课外科技创新活动和大学生电子设计竞赛等来激动创新思维、培养能力,实现知识向能力转化的重要途径。

(6) 做好课外练习。对于巩固概念、启发思考、熟练分析、暴露学习中的问题和不足,做习题是不可缺少的重要环节,切忌抱着任务观点,为做习题而做习题,做完了事,因为这是达不到预期效果的。

以上只是原则性的学习方法。各人应根据各自的基础和条件,不断探索适合自己的学习方法。

第 2 章 二极管及其应用
CHAPTER 2

晶体二极管广泛地应用于各种电子设备中,它是一种由 PN 结构成的电子器件。本章以半导体的基本知识为起点,引入本征半导体、杂质半导体的概念,然后详细讨论 PN 结、晶体二极管的基本结构、工作原理、参数,并在此基础上介绍了晶体二极管模型、分析方法及其典型应用电路。本章还介绍常用的特殊二极管,为以后电子技术学习打下基础。

2.1 半导体及 PN 结

半导体器件是现代电子技术的重要组成部分,具有体积小、重量轻、使用寿命长、可靠性高、输入功率小和功率转换效率高等优点,因而在现代电子技术中得以广泛应用。

2.1.1 半导体的基本知识

在自然界中存在着许多不同的物质,根据其导电性能的不同,大体可分为导体、绝缘体和半导体三大类。通常将很容易导电、电阻率小于 $10^{-4}\Omega\cdot cm$ 的物质,称为导体,如铜、铝、银等金属材料;将很难导电、电阻率大于 $10^{10}\Omega\cdot cm$ 的物质,称为绝缘体,如塑料、橡胶、陶瓷等材料;将导电能力介于导体和绝缘体之间、电阻率在 $10^{-3}\sim10^{9}\Omega\cdot cm$ 范围内的物质,称为半导体,常用的半导体材料是硅(Si)、锗(Ge)和砷化镓(GaAs)。

用半导体材料制作电子元器件,不是因为它的导电能力介于导体和绝缘体之间,而是由于其导电能力会随着温度的变化、光照或掺入杂质的多少发生显著的变化,这就是半导体的热敏性、光敏性和杂敏性。

热敏性就是半导体的导电能力随着温度的升高而迅速增加。半导体的电阻率对温度的变化十分敏感。例如,纯净的锗从 20℃ 升高到 30℃ 时,它的电阻率几乎减小为原来的一半。

半导体的导电能力随光照的变化而显著改变的特性叫作光敏性。例如,一种硫化镉薄膜,在暗处其电阻为几十兆欧姆;受光照后,电阻可以下降到几十千欧姆,只有原来的千分之一。自动控制中用的光电二极管和光敏电阻,就是利用光敏特性制成的。

杂敏性就是半导体的导电能力会因掺入适量杂质而发生很大的变化。在半导体硅中只要掺入亿分之一的硼,电阻率就会下降到原来的几万分之一。

所以,利用半导体材料的这些特性,可以制造出不同性能、不同用途的半导体器件。

半导体之所以具有上述特性,根本原因在于其特殊的原子结构和导电机理。

1. 本征半导体

本征半导体是指纯净的、不含杂质的半导体晶体结构。在近代电子学中,最常用的半导体材料就是硅(Si)和锗(Ge),下面以它们为例,介绍半导体的一些基本知识。

图 2.1 硅和锗原子最外层结构示意图

硅原子和锗原子的电子数分别为 32 和 14,所以它们最外层的电子都是四个,是四价元素。最外层电子受原子核的束缚力最小,称为价电子。其原子结构可以表示成如图 2.1 所示的简化模型。

在实际应用中,必须将半导体提炼成单晶体,使它的原子排列由杂乱无章的状态变成有一定规律、整齐排列的晶体结构,如图 2.2 所示。通常把纯净的不含任何杂质的半导体称为本征半导体。从图 2.2 可以看出,硅和锗原子组成单晶的组合方式是共价键结构。每个价电子都要受到相邻两个原子核的束缚,每个原子的最外层就有了八个价电子而形成了四对共价键结构,从而使每个硅或锗原子最外层拥有八个电子。因此,本征半导体是稳定的。

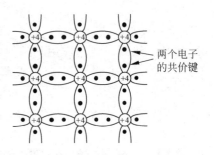

图 2.2 本征半导体结构

在温度为 0K(−273℃),同时又无外部激发时,半导体中的价电子没有办法脱离共价键的束缚,所以半导体中没有可以自由运动的带电粒子——载流子,因此,即使有外电场作用,也不能产生电流,此时的半导体相当于绝缘体。

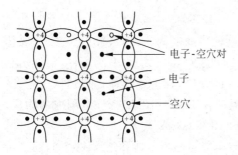

图 2.3 本征激发产生电子-空穴对

但是当有外部激发,如温度逐渐升高或在一定强度的光照下,本征硅或锗中的一些价电子获得了足够的能量,挣脱共价键的束缚而成为自由电子。同时,在原来的共价键位置上留下一个相当于带有单位正电荷电量的空位,称之为空穴。这种现象叫作本征激发。在本征激发中,带一个单位负电荷的自由电子和带一个单位正电荷的空穴总是成对出现的,所以称之为自由电子-空穴对,如图 2.3 所示。空穴又很容易被附近从另一共价键挣脱出来的电子填充,于是电子与空穴又成对消失,叫作复合。本征激发和复合总是同时存在、同时进行的,这是半导体内部进行的一对矛盾运动,在温度一定的情况下,本征激发和复合达到动态平衡,单位时间本征激发出的自由电子-空穴对数目正好等于复合消失的数目,这样在整块半导体内,自由电子和空穴的数目保持一定。一般在室温时,纯硅中的自由电子浓度 n_i 和空穴浓度 p_i 为

$$n_i = p_i \approx 1.5 \times 10^{10}/\text{cm}^3 \tag{2.1.1}$$

对于纯锗来说,这个数据约为 $2.5 \times 10^{13}/\text{cm}^3$,而金属导体中的自由电子浓度约为 $10^{22}/\text{cm}^3$。从数字上可以看出,本征半导体的导电能力是较差的。温度越高,本征激发越激烈,产生的自由电子—空穴对越多,即 n_i、p_i 随温度的增加而显著增加,当半导体重新达到动态平衡时的自由电子或空穴的浓度就升高,导电能力就增强,这实际上就是半导体材料具有热敏性和

光敏性的本质原因。

由此可见,本征半导体中带负电的自由电子和带正电的空穴数是成对出现的,由于二者电荷量相等,极性相反,所以整块半导体是呈电中性的。

在外加电场的作用下,邻近原子带负电的价电子很容易跳过来填补这个空位,这相当于此处的空穴消失了,但却转移到相邻的那个原子处去了,如价电子由位置 A 到位置 B 的运动,就相当于空穴从位置 B 移动到位置 A。而新形成的这个空位,又会被其他相邻原子的价电子填补,这样依次递补就形成了空穴的相对运动。所以空穴运动的实质就是价电子依次填补空位的运动,就像一个带正电的空穴在价电子移动的相反方向上运动一样。这样,可以把空穴看成是一种可以运动的带正电荷的粒子,它和价电子一样都是可以运动的、带电荷的粒子。所以称这两种粒子都是载流子。因此,半导体中有两种载流子:一种是带负电荷的自由电子;另一种是带正电荷的空穴。它们在外加电场的作用下都会出现定向移动。微观上载流子的定向运动,在宏观上就形成了电流。

同时有两种载流子参与导电是半导体所独有的。

2. 杂质半导体

由于半导体具有杂敏性,因此利用掺杂可以改善半导体材料的导电性能。根据掺入杂质的不同,又可分为 N 型(电子型)半导体和 P 型(空穴型)半导体。

1) N 型半导体

在四价的本征硅(或锗)中,掺入微量的五价杂质元素,如磷(P)。磷原子最外层有五个价电子,因此用四个价电子与和它相邻的四个硅原子构成共价键后,多余的一个价电子很容易受激发脱离原子核的束缚成为自由电子;同时,磷原子由于失去一个电子,而成为带正电的离子,如图 2.4 所示。因此,每掺入一个杂质原子,就相当于掺入了一个自由电子,而掺入杂质的浓度越高,提供的自由电子浓度就越高。

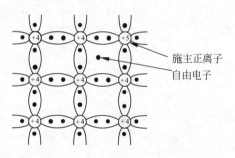

图 2.4 N 型半导体

由于磷元素杂质可以提供自由电子,故称之为施主杂质。在这种掺杂半导体中自由电子数远远大于空穴数,因此称自由电子为多数载流子,简称多子;本征激发产生的空穴为少数载流子,简称少子。这种掺杂半导体称为 N 型或电子型半导体。

2) P 型半导体

在本征四价的本征硅(或锗)中掺入微量的三价元素,如硼(B)。三价硼原子的最外层只有三个价电子,和相邻的三个硅原子组成共价键后,尚缺一个价电子不能组成共价键,因此出现了一个空位,即空穴。这样邻近原子的价电子就可以跳过来填补这个空位。所以硼原子掺入后,一方面提供了一个带正电荷的空穴,另一方面自己成为带负电的离子,即掺入一个硼原子就相当于掺入了一个能接受电子的空穴,如图 2.5 所示,所以称三价元素硼为受主杂质,此时杂质半导体

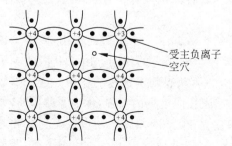

图 2.5 P 型半导体

中的空穴浓度约等于掺杂浓度,远远大于自由电子浓度,称空穴为多子、自由电子为少子。这种杂质半导体叫作 P 型或空穴型半导体。

杂质半导体中多子的浓度取决于掺杂浓度,而少子是由热激发产生的,其数量随温度上升而增加,杂质原子电离成一个电子和一个正离子(N 型)或一个空穴和一个负离子(P 型),整个半导体对外呈电中性。

2.1.2 PN 结

几乎所有的半导体器件都是由不同数量和结构的 PN 结构成的。

1. PN 结的形成

在一块本征导体上通过某种掺杂工艺,使其形成 N 型区和 P 型区,在它们的交界处就形成了一个特殊薄层,这就是 PN 结。

如图 2.6(a)所示,在 P 型半导体中多子是空穴,在 N 型半导体中多子是自由电子,因此在 P 区和 N 区的交界处多子的浓度存在很大差异,电子和空穴都要从高浓度处向低浓度处扩散。

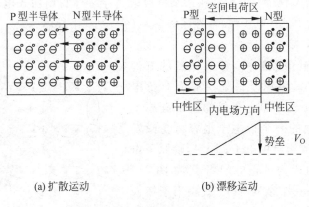

(a) 扩散运动　　　　(b) 漂移运动

图 2.6　PN 结的形成

这种载流子在浓度差作用下的定向运动,叫作扩散运动。多子扩散到对方区域后,和对方区域的多子产生复合,所以 P 区和 N 区的交界处就只剩下了不能移动的带电施主和受主离子,N 区形成正离子区,P 区形成负离子区,形成一个电场方向从 N 区指向 P 区的空间电荷区。由于这个电场是由载流子扩散运动形成的,所以这个电场称为内建电场,简称内电场。它所产生的电位差(称为势垒电位差或接触电位差)使 N 区的电位高于 P 区电位(一般小于 1V)。在这个区域内,因为多子已扩散到对方,因复合而消耗掉了,所以这个区域也称为耗尽层。在耗尽层以外的区域仍呈电中性。

由于内电场的方向是从 N 区指向 P 区,对多子的扩散起了一个阻碍的作用,使多子扩散运动逐渐减弱。内电场对 P 区和 N 区的少子同样产生电场力的作用。由于 P 区的少子是自由电子,N 区的少子是空穴,因此内电场对少子的运动起到了加速的作用。这种少数载流子在电场力作用下做定向移动,使空间电荷减少,阻止内电场的增强,称为漂移运动,如图 2.6(b)所示。随着内电场从无到有、从弱到强的建立,少子的漂移运动也从无到有并逐渐增强。随着扩散运动的逐渐减弱、漂移运动的逐渐增强,最后形成了一种动态平衡,即单位时间内 P 区和 N 区交界处的少子漂移数目和多子扩散数目相等。这样空间电荷区的厚度、内电场的大小都不再发生变化，宏观上 N 区和 P 区的交界面上没有电流流过，这个空间电荷区就称为 PN 结，也称平衡 PN 结，其厚度约为几微米，其接触电位差的大小与半导体材料、掺杂浓度和环境温度有关。在常温下温度每升高 1℃，硅材料 PN 结电位差降低约 2mV。

2. PN 结的单向导电性

未加外电压时，因为动态平衡，PN 结内无宏观电流，只有外加电压时 PN 结才显示出单向导电性。

1) 外加正偏电压时 PN 结正向导通

将 PN 结的 P 区接较高电位（电源正极），N 区接较低电位（电源负极），称为给 PN 结加正向偏置电压，简称正偏，如图 2.7 所示。由于外加电压的极性与内电场的极性相反，P 区的多子（空穴）在外加电场的驱动下进入 PN 结；N 区的多子（电子）在外加电场的驱动下也进入 PN 结，这将使 PN 结的部分正、负离子被中和，导致 PN 结变窄，内电场被削弱，有利于多数载流子的扩散运动，形成较大的扩散电流。同时这种偏压将不利于少子的漂移运动，致使漂移电流可以忽略不计。在外加正向电压

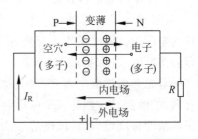

图 2.7 PN 结外加正向电压

下形成的电流称为正向电流，由上分析可知，正向电流主要由多子的扩散电流构成，它随着正向电压的增加而迅速增加，PN 结在正向偏置时呈现一个很小的电阻，将这种状态称为 PN 结处于正向导通状态。

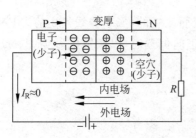

图 2.8 PN 结外加反向电压

2) 外加反向电压时 PN 结反向截止

如果将外加电压的负端接 P 区，正端接 N 区，称为外加反向电压，或称反向偏置（简称反偏），如图 2.8 所示。由于外加电压的极性与内电场极性相同，P 区的空穴将离开 PN 结向电源负极运动；N 区电子也将离开 PN 结向电源正极运动，于是在 PN 结就出现了更多的正、负离子，使 PN 结展宽，内电场增强，这有利于少子的漂移运动，不利于多子的扩散运动。由于少子是由热激发产生的，浓度很低，当反向电压还不是很高时，几乎所有的少子均参

与了导电，反向电流已几乎不再增加，相当于饱和了，所以 PN 结反偏时，流过的反向电流很小，它是由少子的漂移运动形成的，称为反向饱和电流。因此，当 PN 结反向偏置时，常温下，由于反向电流很小，PN 结呈现高阻状态，一般可近似认为 PN 结处于反向截止状态。

综上所述，PN 结外加正向电压时，处于导通状态，流过 PN 结的电流数值较大，电流方向从 P 区到 N 区；而外加反向电压时，呈现高阻状态，仅有很小的电流流过，电流方向从 N 区到 P 区。因此，PN 结具有单向导电性。

3) PN 结电流方程（伏安特性）

根据理论分析，PN 结的伏安特性可用方程表示，即

$$i = I_\text{S}\left(e^{\frac{v_\text{D}}{V_\text{T}}} - 1\right) \tag{2.1.2}$$

式中，I_S 为反向饱和电流；v_D 为外加电压；V_T 为温度电压当量，$V_\text{T}=kT/q$，其值与 PN 结的热力学温度 T 和玻耳兹曼常数 k 成正比，与电子电量 q 成反比，始终为正数。在室温（$T=300\text{K}$）时，$V_\text{T}\approx 26\text{mV}$。由式（2.1.2）可知，当外加正向电压，且 $v_\text{D}\gg V_\text{T}$ 时，故可得 $i\approx I_\text{S}e^{\frac{v_\text{D}}{V_\text{T}}}$；所以当 PN 结正向偏置时，$i$ 和 v_D 基本上呈指数关系。当 v_D 为 0 时，由式（2.1.2）可知，$i=0$。当外加反向电压，且 $|v_\text{D}|\gg V_\text{T}$ 时，因 $e^{\frac{v_\text{D}}{V_\text{T}}}\ll 1$，故可得 $i\approx -I_\text{S}$，即反向电流的大小与反向电压的大小几乎无关，PN 结反向截止。

3. PN 结的电容效应

PN 结除了具有单向导电性以外，当加在 PN 结上的电压发生变化时，由于 PN 结中储存的电荷量也随之发生了变化，因此它还具有一定的电容效应。PN 结的电容包括两部分，即势垒电容 C_B 和扩散电容 C_D。

首先考虑扩散电容 C_D 和外加电压变化关系的作用。当 PN 结正向偏置时，对多子扩散有利，扩散到另一侧的多子可称为非平衡少数载流子。当正向电流增大时，非平衡少数载流子的浓度梯度增大，扩散电容变大；当正向电流减小时，非平衡少数载流子的浓度梯度减小，扩散电容变小。即 PN 结正向偏置时，非平衡载流子随外加电压增大而增大得快，扩散电容增大；而反向偏置时，少数载流子本身的数量就少，相应扩散电容很小，一般可以忽略。

其次考虑电压变化对势垒电容 C_B 的影响。当 PN 结两端的电压发生变化时，会使空间电荷区宽度发生变化，当 PN 结正偏电压增大时，PN 结变窄，电量减少，势垒电容 C_B 减小；PN 结正向偏置电压降低时，PN 结变宽，电量增加，C_B 增大。势垒电容 C_B 的大小与 PN 结的面积成正比，与空间电荷层的宽度成反比。

势垒电容 C_B 和扩散电容 C_D 都是随外加电压的改变而改变的，属于非线性电容。PN 结的结电容是势垒电容 C_B 和扩散电容 C_D 之和。PN 结正向偏置时，以扩散电容为主；反向偏置时，以势垒电容为主。

2.2 二极管

2.2.1 二极管的结构与类型

PN 结是构成半导体二极管的基础。半导体二极管是在 PN 结的两端各引出一个电极并加管壳封装而构成的。PN 结的 P 型半导体一端引出的电极为阳极（或称为正极），PN 结的 N 型半导体一端引出的电极为阴极（或称为负极），如图 2.9 所示。按材料来分类，常用的有硅管和锗管两种；按其工艺结构来分类，有点接触型、面接触型和平面型几种，如图 2.10 所示。

点接触型二极管是由一根很细的金属触丝和一块半导体的表面接触，然后通过很大的瞬时电流，使触丝和半导体牢固地熔接在一起而构成的 PN 结。由于点接触型二极管的金属丝较细，形成的 PN 结面积很小，因此其结电容也很小，不能承受高的反向电压和大的电流，而它的高频性能较好，适用于高频检波、混频，也可以用作小电流整流管。

面接触型二极管的 PN 结结面积较大，能通过较大的正向电流，同时结电容也大，但其

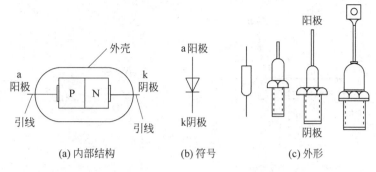

图 2.9　半导体二极管的符号和外形

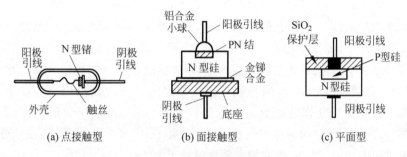

图 2.10　半导体二极管的分类

工作频率较低,所以适合用于低频、大电流电路中,如大电流的整流管。面接触二极管耐高温,如硅合金整流二极管,工作温度可为 150～200℃。

平面型二极管中二氧化硅是绝缘体,它相当于一保护层,用于保护 PN 结不受外界沾污,使二极管漏电流小,工作稳定。可以根据窗口的大小选择结面积的大小。当结面积大时,可以通过较大的电流,适用于大功率整流;而结面积较小时,PN 结电容也较小,适用于在脉冲数字电路中作开关管。

2.2.2　二极管的伏安特性

半导体二极管两端电压与流过的电流之间的关系称为伏安特性。半导体二极管的伏安特性与 PN 结的伏安特性略有差别。虽然半导体二极管的核心是 PN 结,但在半导体二极管中,还有电极的引线电阻、管外电极间的漏电阻、PN 结两侧中性区的体电阻,都会对伏安特性有所影响。引线电阻及体电阻与 PN 结串联,主要影响半导体二极管正向偏置时伏安特性;漏电阻较大,与管子并联,主要影响半导体二极管反向偏置时的伏安特性。

二极管的伏安特性曲线如图 2.11 所示,下面对硅二极管的伏安特性曲线进行分析。

1. 正向特性

整个正向特性曲线近似地呈现为指数曲线。由于二极管的引线电阻、体电阻很小,电极间的漏电阻又很大,对二极管伏安特性的影响均不大,故可以用式(2.2.1)来近似描述,即

$$i_D = I_S \left(e^{\frac{v_D}{V_T}} - 1 \right) \tag{2.2.1}$$

式中,I_S 为反向饱和电流;v_D 为外加电压;V_T 为温度电压当量,常温下约为 26mV。

当外加正向电压 v_D 为 0 时,PN 结处于平衡状态,即图中的坐标原点。当 v_D 开始增加

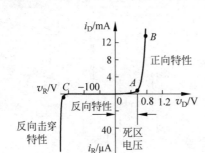
(a) 硅二极管的伏安特性曲线

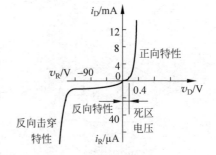
(b) 锗二极管的伏安特性曲线

图 2.11 半导体二极管的伏安特性

时,即正向特性的起始部分。由于此时 v_D 较小,外电场还不足以克服 PN 结的内电场,正向扩散电流仍几乎为零,如图 2.11(a) 中 OA 段所示。只有当 v_D 大于死区电压：锗管约 0.1V,硅管约 0.5V,外加电场才足以克服内电场,使扩散运动迅速增加,才开始产生正向电流,并且只要 v_D 有微小的增加,i_D 就急剧地以指数规律上升,如图 2.11(a) 中 AB 段所示,二极管导通。导通后二极管的电流呈指数规律增长,而正向压降却很小,硅管为 0.6~0.7V,锗管为 0.2~0.3V。因为二极管正向导通电阻极小,所以在使用时,必须外加限流电阻,以免增加正向电压 v_D 时,i_D 急剧增大而烧坏管子。

2. 反向特性

当外加反向偏置电压时,反向电流由少数载流子的漂移运动形成。当反向电压 v_R 在一定范围内变化时,反向电流几乎不变,所以又称为反向饱和电流 I_S。当温度升高时,少子数量增加,所以 I_S 增加。室温下一般硅管的反向饱和电流小于 $1\mu A$,锗管为几十到几百微安,如图 2.11(a) 中 OC 段所示,这时二极管处于反向截止状态。当外加反压增大到一定程度,反向电流也急剧增加,二极管发生反向击穿。二极管发生反向击穿后,当反向电流还不太大时,二极管的功耗不大,PN 结的温度还不会超过允许的最高温度(硅管为 150~200℃,锗管为 75~100℃),二极管仍不会被损坏,一旦降低反向电压,二极管仍能正常工作,这种击穿是可逆的,称为电击穿。当发生电击穿后,若仍继续增加反向电压,反向电流也随之增大,管子会因功耗过大而使 PN 结的温度超过允许温度而烧坏,这种击穿是不可逆的,称为热击穿。

电击穿主要分为齐纳击穿和雪崩击穿。在高浓度掺杂的情况下,空间电荷区的宽度很薄,在较低的反向电压下,空间电荷区就有较强的电场,足以把空间电荷区里的半导体原子的价电子从共价键中激发出来,使反向电流突然增加,出现击穿,这种击穿称为齐纳击穿。击穿电压低于 4V 时,主要是齐纳击穿。对于掺杂浓度较低的 PN 结,空间电荷区较宽,需要更高的电压才能在空间电荷区中产生较强的电场,使少子加速,能量增大,当它们与共价键中的价电子发生碰撞时,会产生新的载流子,这一现象称为碰撞电离。碰撞电离产生的新的载流子又被加速进行碰撞,产生更多的载流子,出现雪崩式的连锁反应,反向电流剧增,二极管被击穿。这种现象称为雪崩击穿,击穿电压一般大于 6V。

无论哪种击穿,根本原因是共价键中的价电子在高的反向电压作用下获得足够大的能量而从共价键中释放出来,或者是被其他高能量载流子撞击出来,又或者是被强电场直接拉出来,从而产生大量的电子-空穴对,形成很大的反向电流。

3. 温度对半导体性能的影响

二极管的伏安特性还与 PN 结的温度有关。当温度上升时,二极管的死区缩小,死区电压和正向电压将降低,即二极管的正向特性曲线左移。在同样电流下,温度每升高 1℃,二极管的正向电压将降低 2~2.5mV,即具有负的温度系数。同时由于二极管的反向电流由少子漂移形成,少子浓度又受温度的影响,所以二极管的反向特性也与温度有关。一般来说,当温度每升高 10℃,反向饱和电流将增大一倍,由式(2.2.2)表示,当温度上升到 T 时,其反向饱和电流 $I_{S(T)}$ 近似为

$$I_{S(T)} = I_{S(T_0)} 2^{\frac{T-T_0}{10}} \tag{2.2.2}$$

式中,T_0 为初始温度。

2.2.3 二极管的主要参数

为了正确选用及判断二极管的好坏,必须对其主要参数有所了解。二极管参数分为直流参数、交流参数等。

1. 直流参数

1) 最大整流电流 I_F

它指二极管在一定温度下,长期允许通过的最大正向平均电流,由 PN 结的结面积和外界散热条件所决定。半导体器件手册上提供的 I_F 是在一定的散热条件下得到的,因此使用时必须满足一定的散热条件,并使流过管子的正向平均电流不超过此值;否则会使二极管因过热而损坏。不同型号二极管的 I_F 是不同的,根据 I_F 的数值大小,二极管有大功率管和小功率管之分,对于大功率二极管,必须加装散热装置。

2) 反向击穿电压 V_{BR}

它指管子反向击穿时所能承受的最高反向电压值。这一值与温度有关。一般手册上给出的最高反向工作电压 V_R 约为反向击穿电压 V_{BR} 的一半,以保证二极管正常工作。

3) 反向电流 I_R(反向饱和电流 I_S)

它指在室温和规定的反向工作电压下(管子未击穿时)的反向电流。这个值越小,管子的单向导电性就越好,它随温度的增加而呈指数上升。

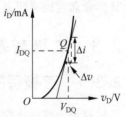

图 2.12 二极管直流电阻和交流电阻

4) 直流电阻 R_D

它是指二极管两端所加直流电压 v_D 与流过它的直流电流 I_D 之比。如图 2.12 所示,二极管工作在 Q 点时的直流电阻 R_{DQ} 为 Q 点直流电压 V_{DQ} 和直流电流 I_{DQ} 的比值。

2. 交流参数

1) 最高工作频率 f_M

最高工作频率 f_M 是指二极管仍能保持单向导电性时外加交流电压的最高频率。这个参数主要由 PN 结的结电容决定,它反映了二极管高频性能的好坏。结电容越大,二极管的高频单向导电性越差。点接触型二极管结电容较小,f_M 可达几百兆赫兹。面接触型二极管结电容较大,f_M 只能达到几十兆赫兹。

2) 交流电阻 r_d

在工作点 Q 附近,电压微变量与电流微变量之比,称为二极管的交流电阻(又称微变电阻),即

$$r_d = \frac{\Delta v}{\Delta i}\bigg|_Q = \frac{dv}{di}\bigg|_Q \tag{2.2.3}$$

图 2.12 表明,Q 点位置不同,则微变电阻不同。其几何意义就是二极管伏安特性曲线上 Q 点切线的斜率的倒数。二极管的低频小信号模型就是交流电阻 r_d,它反映了在工作点 Q 处,二极管的微变电流与微变电压之间的关系。

交流电阻是动态电阻,不能用万用表测量。用万用表电阻挡测出的正、反向电阻是二极管的直流电阻。

二极管手册上给出的参数是在一定测试条件下测得的数值。如果条件发生变化,相应参数也会发生变化。因此,在选择使用二极管时注意留有余量。

选用二极管的一般原则是:若要求管压降小,则选锗管;若要求反向电流小,则选硅管;若要求导通电流大,则选平面型;若要求工作频率高,则选点接触型;若要求反向击穿电压高,则选硅管;若要求耐高温,则选硅管等。

二极管阳极、阴极一般在二极管管壳上都注有识别标记,有的印有二极管电路符号。对于玻璃或塑料封装外壳的二极管,有色点或黑环一端为阴;对于极性不明的二极管,可用万用表电阻挡测二极管正、反向电阻,加以判断。

根据国家标准《半导体分立器件型号的命名方法》(GB 249—89),半导体器件的型号由以下五个部分组成。

第一部分:器件的电极数目,用阿拉伯数字表示。

第二部分:材料和极性,用字母表示。

第三部分:类别,用字母表示。

第四部分:序号,用数字表示。

第五部分:规格号,用字母表示。

具体命名规则见附录 A。

2.3 二极管基本电路

2.3.1 二极管的等效电路

二极管是一种非线性元件,为了分析计算方便,可以采用两种方法进行分析,即图解分析法和等效模型分析法。

1. 图解分析法

由于二极管是一种非线性器件,因此对比较简单的二极管电路,图解法是分析方法之一。其步骤为:先把电路分成两个部分,一部分是由二极管组成的非线性电路,另一部分则是电源、电阻等线性元件组成的线性部分;其次分别画出非线性部分(二极管)的伏安特性和线性部分的特性曲线,两条特性曲线的交点即为电路的工作电压和电流。

二极管电路及其伏安特性曲线如图 2.13 所示,用图解法对其进行分析,分析当 $V_{DD}=1.5V$ 和 $3V$ 时,二极管两端的电压和电路中的电流。根据电路的 KVL 方程,可得

$$i_D = \frac{V_{DD} - v_D}{R} \tag{2.3.1}$$

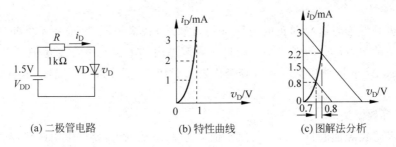

图 2.13 图解法分析二极管简单电路

在图 2.13(b)中,二极管的正向特性曲线中作斜率为 $-1/R$ 的直线,该直线与特性曲线的交点即为所求的电压和电流值。如图 2.13(c)所示,当 $V_{DD}=1.5\text{V}$ 时,$v_D=0.7\text{V}$,$i_D=0.8\text{mA}$;当 $V_{DD}=3\text{V}$ 时,$v_D=0.8\text{V}$,$i_D=2.2\text{mA}$。可以看出,二极管工作在正向特性区时,直流电压的变化只改变了二极管的电流,而对其电压影响不大。

2. 等效模型分析法

二极管是非线性元件,除了图解法外,还有等效模型分析法。等效模型分析法是根据二极管在电路中的实际工作状态,以及分析精度的要求,用一个线性电路模型代替实际的二极管。常用的有理想、恒压降、折线和微变等效模型四种二极管模型,其中理想、恒压源模型和折线模型是二极管工作在低频大信号下的等效模型,如果二极管工作在低频小信号情况下,则采用微变等效模型。

1) 理想模型

理想模型就是将二极管的单向导电特性理想化,认为正偏时二极管的管压降为 0V,而二极管处于反偏状态时,认为二极管的等效电阻为无穷大,即反向偏置时电流为 0,如图 2.14 所示。一般在电源电压远大于二极管的导通压降时,就可以利用理想模型来分析。

2) 恒压降模型

如果考虑二极管的两端电压,恒压降模型的伏安特性曲线如图 2.15 所示,当正向电压超过导通电压时,认为二极管正偏导通的管压降是一个恒定值,对于硅管和锗管来说,分别取 0.7V 和 0.3V,而其反偏模型还是理想的,电流为 0。这个模型比理想模型更接近实际情况,因此应用比较广泛,一般在二极管电流大于 1mA 时,恒压降模型的近似精度还是相当高的。

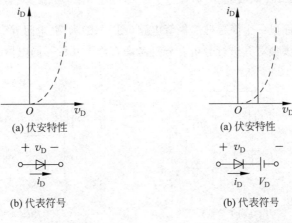

图 2.14 理想模型　　　　图 2.15 恒压降模型

3) 折线模型

如果二极管导通时电压和正向电阻都不可忽略，就采用图 2.16 所示的折线模型来等效。这条折线的斜线部分的斜率是二极管导通范围内的电流与电压的比值，其倒数为等效电阻 $r_D = \Delta v_D / \Delta i_D$；这种模型可在信号变化较大时使用，更接近实际曲线，其近似程度比前两种都好。

4) 微变等效模型

如果二极管在导通后只工作在某固定值 Q 点的小范围内，就可以用该固定值 Q 点处的切线来近似表示二极管工作的特性曲线，如图 2.17 所示，过 Q 点的切线可以等效成一个微变电阻，根据 $i_D = I_S \left(e^{\frac{v_D}{V_T}} - 1 \right)$，得 Q 点处的微变电导为

$$g_d = \frac{di_D}{dv_D}\bigg|_Q = \frac{I_S}{V_T} e^{v_D/V_T} \bigg|_Q \approx \frac{i_D}{V_T}\bigg|_Q = \frac{I_D}{V_T} \tag{2.3.2}$$

则 $r_d = \dfrac{1}{g_d} = \dfrac{V_T}{I_D}$，常温下 ($T = 300\text{K}$)，有

$$r_d = \frac{V_T}{I_D} = \frac{26(\text{mV})}{I_D(\text{mA})} \tag{2.3.3}$$

微变等效模型只适用于小信号工作情况。

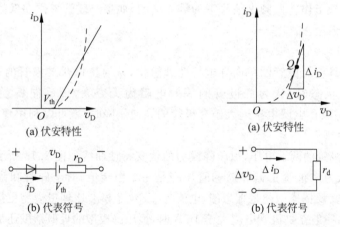

图 2.16　折线模型　　　　图 2.17　微变等效模型

【例 2.3.1】　下面以一个简单硅二极管电路(图 2.18)为例，电阻 $R = 10\text{k}\Omega$，分别用理想模型、恒压降模型、折线模型对其进行分析。分别考虑在以下几种不同电压时的工作情况。

(1) $V_{DD} = 10\text{V}$；(2) $V_{DD} = 1\text{V}$。

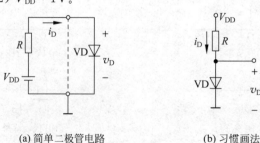

图 2.18　二极管简单电路

解：二极管的理想模型、恒压降模型、折线模型等效电路，如图2.19所示。

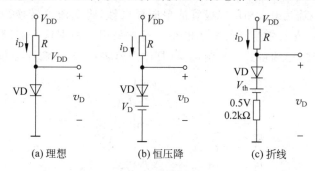

图2.19 二极管等效电路

（1）当 $V_{DD}=10V$ 时，如果使用理想模型，可得

$$v_D = 0V, \quad I_D = \frac{V_{DD}}{R} = 1mA$$

如果使用恒压降模型，硅二极管的导通压降为

$$v_D = 0.7V, \quad I_D = \frac{V_{DD}-V_D}{R} = 0.93mA$$

如果使用折线模型，设 $r_D=0.2k\Omega$，$V_{th}=0.5V$，可得

$$I_D = \frac{V_{DD}-V_{th}}{R+r_D} = 0.931mA, \quad v_D = V_{th}+r_D I_D = 0.69V$$

（2）当 $V_{DD}=1V$ 时，如果使用理想模型，可得

$$v_D = 0V, \quad I_D = \frac{V_{DD}}{R} = 0.1mA$$

如果使用恒压降模型，可得

$$v_D = 0.7V, \quad I_D = \frac{V_{DD}-V_D}{R} = 0.03mA$$

如果使用折线模型，设 $r_D=0.2k\Omega$，$V_{th}=0.5V$，可得

$$I_D = \frac{V_{DD}-V_{th}}{R+r_D} = 0.049mA, \quad v_D = V_{th}+r_D I_D = 0.51V$$

可知，当外加电压远大于导通压降时，利用三种不同模型对电路分析，结果接近，尤其是恒压降模型和折线模型，结果几乎相同；而当外加电压接近导通电压时，三种模型的处理效果会产生较大的差异。

2.3.2 二极管的应用

半导体二极管的单向导电性使它在电子电路中得到广泛的应用，可用于整流、限幅、检波、开关及保护电路中。

1. 整流与检波电路

利用半导体的单向导电性，可以将大小和方向都变化的正弦交流电变成单向脉动直流电，完成整流功能。完成整流功能的电路称为整流电路。

图2.20所示为半波整流电路，v_i 为正弦交流电，二极管为理想模型。当 v_i 为正半周时，二极管导通，电流由上至下流过 R，因为二极管采用理想模型，正向导通电压为0，所以

在 R 上获得的电压波形和输入一致；当 v_i 为负半周时,二极管反向截止,表现为电阻为无穷大,流过 R 中的电流为 0。利用二极管的单向导电性,将交流电转换为单向脉动直流电,这种方法简单、经济,在日常生活及电子电路中经常采用。根据这个原理,还可以构成整流效果更好的单相全波、单相桥式等整流电路(具体内容将在第 11 章详细介绍)。

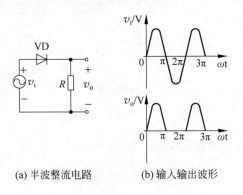

(a) 半波整流电路　　　(b) 输入输出波形

图 2.20　二极管的整流应用

2. 限幅电路

在电子电路中,为了降低信号的幅度以满足电路工作的需要,或为了保护某些器件不受大的信号电压作用而损坏,往往利用二极管的导通和截止限制信号的幅度,这就是限幅。

【例 2.3.2】　电路如图 2.21 所示,$R=1\mathrm{k}\Omega$,$V_{REF}=3V$,二极管为硅二极管。用恒压降模型对电路进行分析。

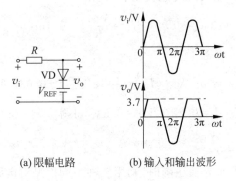

(a) 限幅电路　　　(b) 输入和输出波形

图 2.21　二极管限幅电路与波形

解：当 $v_i=6\sin\omega t$ V 时,由二极管的恒压降模型可知,硅二极管的导通压降为 0.7V,当 $v_i \geqslant V_{REF}+V_F=3.7V$ 时,二极管导通,$v_o=3.7V$,即将输出电压钳制在 3.7V；当 $v_i<3.7V$ 时,二极管截止,相当于开路,此时输出 $v_o=v_i$,如图 2.21(b)所示。

利用这个简单的限幅电路,可以把输入电压的幅度加以限制,所以限幅电路又称为削波电路。把电路稍加变化,还可以得到双向限幅等各种不同的限幅应用。

3. 开关电路

在数字电路中经常将半导体二极管作为开关元件来使用,因为二极管具有单向导电性,在由二极管组成的开关电路中,把二极管处于导通状态看成开关闭合,把二极管处于截止状态看成是开关断开,这在数字电路中得到广泛应用。图 2.22 所示电路是由二极管、电阻组成的电路。假定二极管为理想模型。当 $V_{I1}=0V$,$V_{I2}=5V$ 时,VD_1 为正向偏置,VD_1 导通,$V_O=0V$,此时 VD_2 的阴极电位为 5V,阳极为 0V,处于反向偏置,故 VD_2 截止。以此类推,将 V_{I1} 和 V_{I2} 的其余几种组合及输出电压列于表 2.1 中。由表中输入和输出关系可以看出,图 2.22 所示电路为一"与门"电路。将电路形式做改动,还可以组成其他门电路。

表 2.1　二极管门电路的输入与输出

V_{I1}/V	V_{I2}/V	VD_1	VD_2	V_O/V
0	0	导通	导通	0
0	5	导通	截止	0
5	0	截止	导通	0
5	5	截止	截止	5

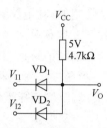

图 2.22　二极管门电路

【例 2.3.3】　电路如图 2.23 所示,设图示电路中的二极管性能均为理想。试判断各电路中的二极管是导通还是截止,并求出 A、B 两点之间的电压 V_{AB} 值。

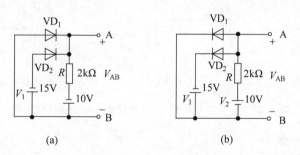

图 2.23　二极管电路

解:首先要判断电路中二极管的工作状态。在分析这种电路时,即判断电路中二极管处于导通状态还是截止状态时,应掌握以下基本原则。

(1) 断开二极管,设定参考零电位点,分析电路断开点的开路电压。如果该电压能使二极管正偏,且大于二极管的死区电压,二极管导通;否则二极管截止。

(2) 如果电路中有多个二极管,利用方法(1)分别判断各个二极管两端的开路电压,开路电压高的二极管优先导通;当此二极管导通后,再根据电路的约束条件,判断其他二极管的工作状态。

设参考零电位点为 B 点,对于图 2.23(a),经判断知,VD_1、VD_2 两端的开路电压分别为 10V 和 $-5V$;所以 VD_1 管优先导通;因此 AB 两点间电位为 0V,所以 VD_2 管处于截止状态。

对于图 2.23(b),经判断知,VD_1、VD_2 两端的开路电压分别为 10V 和 25V,所以 VD_2 管优先导通;因此 AB 两点间电位为 $-15V$,所以 VD_1 管处于截止状态。

2.4 特殊二极管

除了前面讨论的普通二极管,还有一些特殊二极管,它们也以 PN 结为核心,但是由于使用的材料和工艺特殊,使它们还具有特殊功能和用途,如稳压二极管、变容二极管、光电子器件(包括光电二极管、发光二极管)等。

2.4.1 稳压二极管

稳压二极管简称稳压管,是一种用特殊工艺制造的面结型半导体二极管,可以稳定地工作于击穿区而不损坏。由于硅半导体的温度特性好,通常稳压管是由硅材料制成的。稳压二极管的外形、内部结构均与普通二极管相似,其电路符号、伏安特性曲线如图 2.24 所示。从伏安特性曲线上可以看出,稳压二极管也具有单向导电性,硅稳压管在正向偏置时,等效于普通二极管,区别仅在于这种管子具有很陡的反向击穿特性,当反向电流有很大变化时,稳压二极管两端的电压几乎保持不变。稳压二极管正是工作在反向击穿区内,所以具有稳压作用。稳压二极管反向击穿后的曲线越陡,则稳压性能越好。在稳压时,反向电流应限制在一定的范围内,以免过热损坏管子。

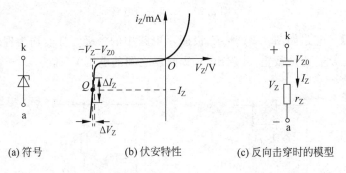

(a) 符号　　　　(b) 伏安特性　　　　(c) 反向击穿时的模型

图 2.24　稳压管的符号、伏安特性及反向击穿时的模型

1. 稳压管主要参数

1) 稳定电压 V_Z

V_Z 是指稳压管中电流为规定值 I_Z 时,稳压管两端的反向击穿电压。

2) 最大允许工作电流 I_{ZMAX}

I_{ZMAX} 是指稳压管允许流过的最大工作电流,超过 I_{ZMAX} 时,管子会从电击穿过渡到热击穿而损坏。

3) 最大耗散功率 P_M

P_M 为稳压管所允许的最大功率,有 $P_M = V_Z I_{ZMAX}$。

4) 动态内阻 r_Z

r_Z 也称作交流电阻,是指在稳压范围内,稳压管两端电压变化量 ΔV_Z 与相应电流变化量 ΔI_Z 之比值。它反映管子的稳压性能,r_Z 越小,稳压性能越好。

5) 稳定电压的温度系数 α

稳压管中流过的电流为 I_Z 时,环境温度每变化 1℃,产生的稳定电压相对变化量(用百

分数表示)称为稳定电压的温度系数。它表示温度变化对稳定电压 V_Z 的影响程度,有

$$\alpha = \frac{\Delta V_Z / V_Z}{\Delta T}$$

通常 $V_Z > 6V$ 的稳压管工作于稳压状态,管子出现的是雪崩击穿,具有正温度系数,$V_Z < 4V$ 的稳压管工作于稳压状态,管子出现的是齐纳击穿,具有负温度系数。如果 V_Z 介于 4～6V,则温度系数可能为正,也可能为负。

把一只稳定电压温度系数为正的管子和一只稳定电压温度系数为负的管子串联,可以互相补偿温度对 V_Z 的影响,这时总的稳定电压为两只管子稳定电压之和。如图 2.25 所示,无论外加电压极性如何,两只管子中总有一只工作在正向,其电压降具有负的温度系数,能补偿另一只稳压管的正温度系数,使整个管子的稳定电压温度系数较小,这种管子称为具有温度补偿的硅稳压管,2CW7 型稳压管即属于这种稳压管。

2. 稳压管稳压电路

稳压管组成的电路如图 2.26 所示,其中 V_I 为输入电压,R 为限流电阻,R_L 为负载电阻,V_O 为稳压电路的输出电压。因负载与稳压管并联连接,所以又称为并联式稳压电路。电路中限流电阻为 R,其作用是限制电路的工作电流及进行电压调节。

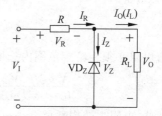

图 2.25 具有温度补偿的稳压管　　　图 2.26 稳压管稳压电路

使输出电压不稳定的因素主要有两个,一是输入电压 V_I 的波动,另一个是负载电阻 R_L 的变化。根据稳压管的伏安特性曲线,V_Z 的微小变化,将会使流过稳压管的电流发生剧烈的变化,通过限流电阻两端电压的变化来补偿输入电压或负载的变化,从而达到稳定输出电压的目的。

首先讨论负载电阻不变而输入电压 V_I 变化时对输出电压的影响:当 V_I 升高,会使得输出电压 $V_O = V_Z$ 有随之增大的趋势。由稳压管的伏安特性可知,V_I 的微小增加会引起流过稳压管的电流显著上升,从而使流过限流电阻 R 的电流增加,限流电阻 R 上的电压增加,使得输入电压 V_I 的变化大部分落在 R 上,V_O 保持基本稳定。同理,当 V_I 降低而引起 V_O 减小时,也会因为电流的减小,使限流电阻 R 上的压降减小,从而使 V_O 保持稳定。

另一种情况,当 V_I 不变而 R_L 变化时:R_L 减小,会使得输出电流 I_O 随之增大、输出电压 $V_O = V_Z$ 减小,而 V_Z 的微小减小会引起流过稳压管的电流有较大减小,使流过限流电阻 R 的电流不变,以保持 V_O 稳定,同理可以分析 R_L 增大的情况。

总之,稳压管稳定电路的稳压功能,是靠稳压管稳压特性和限流电阻的电压调节作用相互配合来实现的。在工作中,当 V_I 和 R_L 变化时,为了保证稳压管正常稳压,必须保证稳压管电流 I_Z 在 $I_{ZMIN} \sim I_{ZMAX}$ 的范围内。因此,必须合理选择限流电阻 R。

稳压管稳压电路如图 2.26 所示。

$$V_O = V_Z \tag{2.4.1}$$

$$I_O = V_O/R_L = V_Z/R_L \tag{2.4.2}$$

$$I_O = I_R - I_Z \tag{2.4.3}$$

$$I_R = (V_I - V_O)/R = (V_I - V_Z)/R_L \tag{2.4.4}$$

因为稳压管稳定工作时,稳压管电流 I_Z 在 $I_{ZMIN} \sim I_{ZMAX}$ 之间。当 V_I 为最大值时,I_R 值最大,此时当 I_O 为最小值时,I_Z 值最大。为保证管子安全工作,应使

$$\frac{V_{IMAX} - V_Z}{R} - I_{OMIN} \leqslant I_{ZMAX} \tag{2.4.5}$$

由式(2.4.5)得

$$R \geqslant \frac{V_{IMAX} - V_Z}{I_{OMIN} + I_{ZMAX}} \tag{2.4.6}$$

当 V_I 为最小值时,I_R 值最小,此时当 I_O 为最大值时,I_Z 值最小。为保证管子安全工作,应使

$$\frac{V_{IMIN} - V_Z}{R} - I_{OMAX} \geqslant I_{ZMIN} \tag{2.4.7}$$

由式(2.4.7)得

$$R \leqslant \frac{V_{IMIN} - V_Z}{I_{OMAX} + I_{ZMIN}} \tag{2.4.8}$$

所以限流电阻必须在给定范围内选取,即

$$\frac{V_{IMAX} - V_Z}{I_{OMIN} + I_{ZMAX}} \leqslant R \leqslant \frac{V_{IMIN} - V_Z}{I_{OMAX} + I_{ZMIN}} \tag{2.4.9}$$

R 值选得小一些,电阻上的损耗就会小一些;R 值选得大一些,电路的稳压性能就好一些。

稳压管稳压电路的电路结构简单,但性能指标较低,输出电压不能调节。输出电流受稳压管最大稳压电流的限制,所以这种稳压电路只能用在输出电压固定、输出电流变化不大的场合。

2.4.2 光电二极管

光电二极管也叫光敏二极管,它的结构和一般二极管相似,也具有单向导电性。光电二极管的 PN 结被封装在透明玻璃外壳中,其 PN 结装在管子的顶部,面积较大,可以直接受到光的照射。光电二极管的符号、特性曲线和电路模型如图 2.27 所示。它是利用 PN 结在施加反向电压时,反向电流的大小随光照强度增加而上升进行工作的。

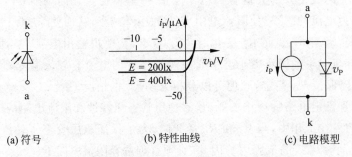

(a) 符号　　　　　　(b) 特性曲线　　　　　(c) 电路模型

图 2.27　光电二极管的符号、特性曲线和电路模型

正偏时光电二极管的光敏特性不明显,所以光电二极管在电路中一般是处于反向偏置状态。在没有光照射时,反向电阻很大,反向电流很小,处于截止状态;当光照射在 PN 结上时,PN 结附近产生光生电子和光生空穴对,它们在偏置电压的作用下做定向运动,宏观上就形成了光电流,处于导通状态。光的照度越大,光照产生的光电流就越大。

光电二极管的材料几乎都是硅,有单个封装的,也有在一片基片上有两个以上的光电管。光电二极管可用于光测量、光电控制等方面,如遥控接收器、光纤通信、激光头中都用到光电二极管,也可以作为将光信号转换成电信号的传感器,大面积的光电二极管可用来作为能源,即光电池。

2.4.3 发光二极管

发光二极管属于电光转换器件的一种,是可以将电能直接转换成光能的半导体器件,简称"LED",其电路符号如图 2.28 所示。

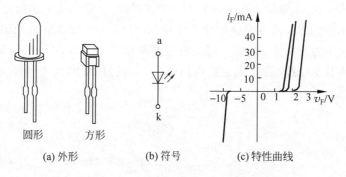

(a) 外形　　　　(b) 符号　　　(c) 特性曲线

图 2.28　发光二极管的外形、符号和特性曲线

发光二极管也具有单向导电性。当外加反偏电压时,二极管截止,不发光;当外加正偏电压导通时,二极管因流过正向电流而发光。其发光机理是由于正偏时电子与空穴复合并释放出能量所致,其亮度随正向电流的增大而提高。一般用几个毫安的电流足以得到清晰的显示,因此,在发光二极管电路中需加接限流电阻。而颜色与发光二极管的材料和掺杂元素有关。发光二极管可以分为发不可见光和发可见光两种。前者有发红外光的砷化镓发光二极管等;后者有发红光、黄光、绿光以及蓝光和紫光的发光二极管等。

发光二极管是一种电流控制器件,工作电流一般约为几至几十毫安,正偏电压比普通二极管要高,为 1.5~3V,具有功耗小、体积小、可直接与集成电路连接使用等特点。并且稳定、可靠、寿命长、光输出响应速度快(1~100MHz),应用十分方便和广泛,除应用于信号灯指示(仪器仪表、家电等)、数字和字符指示(接成七段显示数码管)等发光显示方式以外,另一种重要应用是将电信号转换为光信号,通过光缆传输,接收端配合光电转换器件再现电信号,实现光电耦合、光纤通信等应用。

发光二极管在正向偏置,且 I_F 在正向工作电流所规定的范围之内就能发光。其供电电源既可以是直流的也可以是交流的。发光二极管的直流电源驱动电路如图 2.29 所示。图 2.29(a)采用直流电源驱动,限流电阻 R 的估算式为 $R = \dfrac{V_{CC} - V_F}{I_F}$;图 2.29(b)采用晶体管驱动,流过发光二极管的正向工作电流 I_F 受到晶体管外加电压 V 控制,使 LED 的工作处于可控状态。

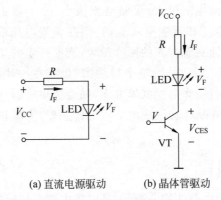

(a) 直流电源驱动　　(b) 晶体管驱动

图 2.29　常见的发光二极管驱动电路

发光二极管输出的光强度在很宽的电流范围内与流过它的 PN 结的正向电流成正比，故可利用交流驱动对 LED 的发光强度作线性调制，且常用于光通信及光耦合隔离电路中。为使 LED 输出较大的光功率，必须采用交流电源来驱动。交流驱动电路如图 2.30 所示。图 2.30(a) 中的 VD 对 LED 起反向保护作用，图 2.30(b) 所示的接法可提高电源的利用率，限流电阻估算式为

$$R = \frac{v_i - v_f}{2 i_f}$$

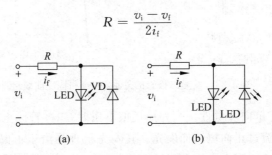

(a)　　　　　　(b)

图 2.30　发光二极管的交流驱动电路

光电二极管经常和发光二极管一起组成光电耦合器件。将发光二极管和光电二极管封装在一起的光电耦合器，可以实现电—光—电的传输和转换。例如，鼠标就是采用光耦合器来对鼠标中滚轮的移动进行定位的。发光和受光器件也可以不是一体的，其间距离很远，中间靠光缆连接。图 2.31 是常见的利用光信号来远距离传输电信号的原理示意图。

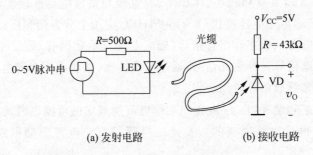

(a) 发射电路　　　　(b) 接收电路

图 2.31　远距离光电传输原理

2.4.4 变容二极管

由二极管的参数可知,二极管在高频应用时,必须要考虑到结电容的影响,而变容二极管就是利用外加电压可以改变二极管的空间电荷区宽度,从而改变电容量大小的特性而制成的非线性电容元件。图 2.32 所示为变容二极管的符号和特性曲线。

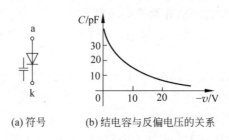

(a) 符号　　(b) 结电容与反偏电压的关系

图 2.32　变容二极管

变容二极管在高频技术中应用较多,广泛地应用在通信、电视等设备中。当二极管反向偏置时,因反向电阻很大,可作电容使用。由图 2.32(b)可知,变容二极管的电容与外加电压有关,是一压控电容,常常在调谐回路中代替可变电容器。目前,广泛应用于 LC 调谐电路、RC 滤波电路、电子调谐、自动频率控制、调幅、调相、调频以及微波参量放大器、倍频器、变频器等电路中。

小结

本章首先介绍了半导体的导电性能和特点,进而从原子结构进行解释。先讨论了 PN 结的形成和 PN 结的特性,然后介绍了半导体二极管特性曲线、主要参数及二极管等效电路。分析了二极管组成的几种简单的应用电路,最后简单介绍了几种特殊二极管的原理及应用。

(1) 硅和锗是两种常用的制造半导体器件的材料。在半导体中,有两种粒子,即电子和空穴同时参与导电。在纯净的本征半导体中掺入 5 价和 3 价元素,分别可以形成 N 型和 P 型杂质半导体。它们的多数载流子分别是电子和空穴。PN 结是半导体二极管的核心,当多数载流子的扩散运动和少数载流子的漂移运动达到动态平衡时,PN 结形成。PN 结具有单向导电性,当外加正向电压时,PN 结导通,呈现低电阻;当 PN 结反向偏置时,呈现高电阻,反向截止。PN 结的单向导电性可用其伏安特性曲线 $i = I_S \left(e^{\frac{v_D}{V_T}} - 1 \right)$ 来描述。PN 结有两种结电容,即扩散电容和势垒电容。

(2) 半导体二极管是由 PN 结加上引出线和管壳而构成,二极管伏安特性与 PN 结的理想伏安特性大体相同,一般在定量计算时,仍可用 PN 结的伏安方程来近似描述二极管,有正向导通和反向截止两个方面,当外加反向电压继续增加时,会产生反向击穿。二极管的性能受温度影响。反映二极管的主要参数有最大整流电流、反向击穿电压、反向电流等。二极管电路的简化模型分析方法有理想模型、恒压降模型、折线模型和微变等效模型。在模拟电路中二极管常用来组成整流、限幅和开关电路。

(3) 特殊二极管中的稳压二极管工作在反向击穿区,用来稳定直流电压。

习题

2.1 在 $T=300\text{K}$ 时,某硅管和锗管的反向饱和电流分别是 $0.05\mu\text{A}$ 和 $10\mu\text{A}$。两管按图 2.33 所示的方式串联,且回路中电流为 1mA。试用二极管伏安特性方程估算两管的端电压。

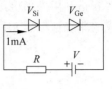

图 2.33 习题 2.1

2.2 在 $T=300\text{K}$ 时,对于某一二极管,利用 PN 结伏安方程作以下的估算:

(1) 若反向饱和电流 $I_\text{S}=0.01\mu\text{A}$,求正向电压为 0.1V、0.2V 和 0.3V 时的电流。

(2) 当反向电流达到反向饱和电流的 90% 时,反向电压为多少?

(3) 若正反向电压均为 0.05V,求正向电流与反向电流比值的绝对值。

2.3 写出图 2.34 所示各电路的输出电压值,设二极管导通电压 V_D 为 0.7V。

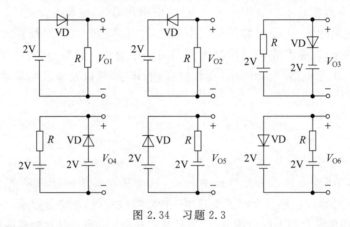

图 2.34 习题 2.3

2.4 试分析图 2.35 所示电路中的二极管 VD 的工作状态(是导通还是截止)。

2.5 试判断图 2.36 所示电路中二极管 VD_1 和 VD_2 是导通状态还是截止状态。设二极管的正向导通压降为 0.7V。

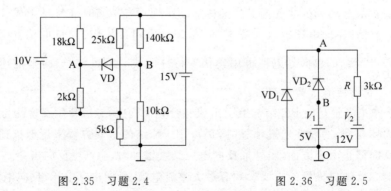

图 2.35 习题 2.4   图 2.36 习题 2.5

2.6 电路如图 2.37 所示,二极管导通电压 V_D 为 0.7V,常温下 $V_\text{T}\approx 26\text{mV}$,电容 C 对交流信号可视为短路;v_i 为正弦波,有效值为 10mV。试问二极管中流过的交流电流有效

值为多少？

2.7 电路如图 2.38 所示，假设二极管是理想开关，试画出图示并联型双向限幅器的输出电压 v_o 的波形。图中 v_i 是振幅为 12V 的正弦电压。并试总结：要使上限幅电压为 V_{MAX} 和下限幅电压为 V_{MIN} 的电路构成原则以及对输入电压的要求。

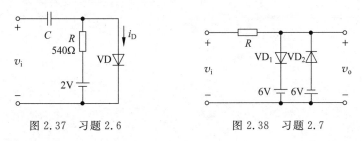

图 2.37　习题 2.6　　　　　图 2.38　习题 2.7

2.8 电路如图 2.39(a)所示，其输入电压 v_{I1} 和 v_{I2} 的波形如图 2.39(b)所示，二极管导通电压 V_D 为 0.7V。试画出输出电压 v_o 的波形，并标出幅值。

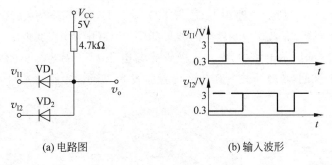

(a) 电路图　　　　　　　(b) 输入波形

图 2.39　习题 2.8

2.9 在图 2.40 所示电路中，v_i 是振幅为 10V 的低频正弦电压，二极管视为恒压器件，正向导通压降为 0.7V。试画出 v_O 的波形。

2.10 由稳压管 2DW12D 构成的稳压电路如图 2.41 所示。已知 2DW12D 的参数为：$V_Z=9V$，$I_{ZMIN}=2mA$，$P_{ZMAX}=250mW$。输入直流电压 V_I 变化范围为 12～15V，负载电阻 $R_L=1k\Omega$。试正确选取限流电阻 R 的值，并要求 R_L 开路时不会烧坏管子。

2.11 在图 2.42 所示电路中，低频正弦电压 $v_i=15\sin\omega t$ V，硅稳压管 $V_Z=8V$。试画出稳压管两端的电压 v_o 的波形。

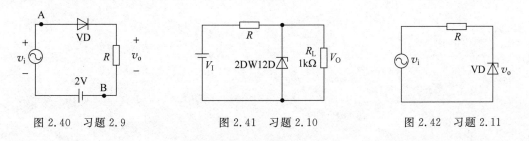

图 2.40　习题 2.9　　　　图 2.41　习题 2.10　　　　图 2.42　习题 2.11

2.12 分析图 2.43 所示二极管钳位电路，画出输出电压 v_o 的近似波形。图中 v_i 是振幅为 5V 的正弦电压。试总结：要使底部电压钳位于 V_{MIN} 和顶部电压钳位于 V_{MAX} 的原则以及对输入电压的要求。设二极管为理想二极管。

2.13 图 2.44 所示为串联型二极管双向限幅电路。假设 VD_1 和 VD_2 为理想开关,试分析画出 v_O 对 v_I 的电压关系曲线。

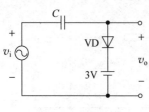

图 2.43 习题 2.12　　　　　图 2.44 习题 2.13

2.14 Si 稳压管 2CW15 的 $V_Z=8V$,2CW17 的 $V_Z=10V$。正向导通电压为 0.7V。试问:(1)若将它们串联相接,则可得到几种稳压值?各为多少?

(2)若将它们并联相接,则又可得到几种稳压值?各为多少?

2.15 在图 2.45(a)所示电路中,稳压管 VD_{Z1} 和 VD_{Z2} 的稳压值分别为 $V_{Z1}=5V,V_{Z2}=7V$,正向导通压降为 0.7V,输入电压 v_i 的波形如图 2.45(b)所示,试画出 v_o 的波形。

2.16 在图 2.46 所示电路中,发光二极管导通电压 $V_D=1.8V$,正向电流在 5~15mA 时才能正常工作。试问:(1)开关 S 在什么位置时发光二极管才能发光?(2)R 的取值范围是多少?

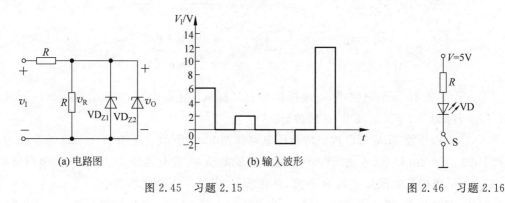

图 2.45 习题 2.15　　　　　图 2.46 习题 2.16

第 3 章 双极型三极管及其放大电路

CHAPTER 3

本章首先介绍三极管的结构、放大原理、输入和输出特性以及主要电学参数。接着以共发射极基本放大电路为例,介绍放大电路的静态分析和动态分析(图解法和微变等效电路法)。然后重点介绍共发射极、共集电极、共基极三种放大电路和差分放大电路,分析、计算这些电路的增益、输入电阻、输出电阻和频率响应,并对它们的性能特点给出总结。

3.1 双极型三极管

双极型三极管(Bipolar Junction Transition,BJT)又称晶体三极管,以下简称三极管。它是由两个 PN 结构成的具有放大作用的半导体器件,因其参与导电的有空穴和自由电子两种极性的载流子而得名。

三极管的种类很多,按构成材料分,有硅管、锗管等;按工作频率分,有高频管、低频管等;按功率分,有大、中、小功率管等。

常见的三极管外形如图 3.1 所示。

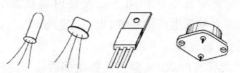

图 3.1 常见三极管外形

3.1.1 三极管的结构与符号

三极管结构示意图如图 3.2 所示。

在一个硅(或锗)片上生成三个掺杂区,一个 P 区(或 N 区)夹在两个 N 区(或 P 区)中间,分别形成两种类型的三极管,即 NPN 型和 PNP 型。从三个杂质区域各引出一个电极,分别叫作发射极 e、集电极 c、基极 b,它们对应的掺杂区分别称为发射区、集电区和基区。一般来说,基区很薄(微米数量级),且低掺杂;发射区高掺杂,其掺杂浓度远远高于基区和集电区,因此双极型三极管是不对称的。三个掺杂区间形成两个 PN 结,发射区与基区间的 PN 结称为发射结,集电区与基区间的 PN 结称为集电结。

图 3.2 分别是 NPN 型和 PNP 型双极型三极管的符号,其中发射极上的箭头表示发射结加正向偏置电压时,发射极电流的实际方向。

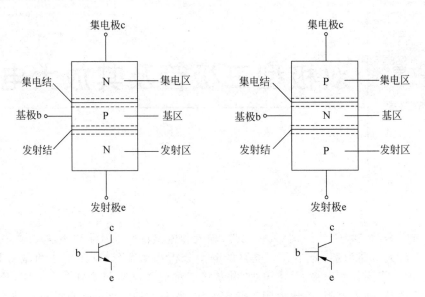

图 3.2 两种类型三极管结构示意图和电路符号

本章主要讨论 NPN 型三极管及其电路,但结论对 PNP 型同样适用。所不同的是,PNP 型三极管发射结和集电结所需偏置电压的极性和 NPN 型三极管相反,三个电极的电流方向也与前者相反。

3.1.2 三极管的工作原理

根据三极管集电结和发射结所加偏置电压的不同,可以有三种工作状态(放大、截止和饱和)。每种工作状态仅与 PN 结的偏置状态有关,而与 NPN 型或者 PNP 型管型无关。下面以 NPN 型管为例,分析在偏置电压作用下三极管内部载流子的传输过程。其结论对 PNP 型管同样适用,只是两者偏置电压的极性、电流方向相反。

1. 三极管中载流子的传输过程

图 3.3 所示为处于放大状态的 NPN 型三极管内部载流子的传输过程。

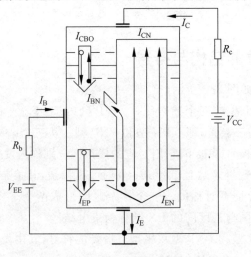

图 3.3 放大状态下三极管中载流子的传输

(1) 发射结正向偏置,载流子扩散形成发射极电流。

由于发射结外加正向偏置电压,发射区的多子电子将不断通过发射结扩散到基区,形成发射结电子扩散电流 I_{EN},其方向与电子扩散方向相反。同时,基区的多子空穴也扩散到发射区,形成空穴扩散电流 I_{EP},方向与 I_{EN} 相同。I_{EN} 与 I_{EP} 一起构成受发射结正向电压 v_{BE} 控制的发射结电流(也就是发射极电流) I_E,即 $I_E = I_{EN} + I_{EP}$。

由于基区掺杂浓度很低,所以 I_{EP} 很小,可以认为

$$I_E = I_{EN} + I_{EP} \approx I_{EN} \tag{3.1.1}$$

(2) 载流子在基区扩散与复合,形成复合电流。

由发射区扩散到基区的电子,在发射结边界附近浓度最高,离发射结越远浓度越低,形成了一定浓度梯度。浓度梯度使得扩散到基区的电子继续向集电结方向扩散。在扩散过程中,有一部分电子与基区的空穴复合,形成基区复合电流 I_{BN}。由于基区很薄,且掺杂浓度很低,因此电子与空穴复合机会少,I_{BN} 很小,大多数电子继续扩散到集电结边界。基区被复合掉的空穴由电源 V_{EE} 从基区拉走电子,等效于向基区提供空穴来补充,使得基区的空穴浓度基本保持不变。

(3) 集电结反向偏置,收集载流子形成集电极电流。

由于集电结上外加反向偏置电压,集电结的内电场被加强,不能形成多子的扩散。但对基区扩散到集电结边缘的载流子电子有很强的吸引力,使它们很快漂移过集电结,被集电区收集,形成电子漂移电流 I_{CN},其方向与电子漂移方向相反。显然有 $I_{CN} = I_{EN} - I_{BN}$。同时,基区自身的少子电子和集电区的少子空穴也要在集电结的反向偏置电压作用下产生漂移运动,形成集电结反向漂移电流,通常称为反向饱和电流 I_{CBO},其方向与 I_{CN} 方向一致。I_{CN} 和 I_{CBO} 一起构成集电极电流 I_C,即

$$I_C = I_{CN} + I_{CBO} \tag{3.1.2}$$

I_{CBO} 很小,对三极管的放大作用没有贡献,且受温度影响很大,所以在制作三极管时应尽量减小 I_{CBO}。

由图 3.3 可以看出,基极电流为

$$I_B = I_{EP} + I_{BN} - I_{CBO} \tag{3.1.3}$$

综合式(3.1.1)和式(3.1.2),三极管三个电极电流满足

$$I_B = I_{EP} + I_{EN} - I_{CN} - I_{CBO} = I_E - I_C \tag{3.1.4}$$

2. 三极管的电流分配关系

基于三极管结构上的特点,从载流子的传输过程可知,确保在发射结正向偏置、集电结反向偏置的共同作用下,由发射区扩散到基区的载流子绝大部分能被集电区收集,形成电流 I_{CN},小部分在基区被复合,形成电流 I_{BN}。通常把 I_{CN} 与发射极电流 I_E 的比,定义为三极管共基极直流电流放大倍数 α_0,即

$$\alpha_0 = \frac{I_{CN}}{I_E} \tag{3.1.5}$$

α_0 表达了 I_E 转化为 I_{CN} 的能力。显然 $\alpha_0 < 1$,但接近于 1,典型值为 0.95~0.995。为了使 $\alpha_0 \rightarrow 1$,要求发射区的掺杂浓度远高于基区的掺杂浓度。

将式(3.1.5)代入式(3.1.2),结合式(3.1.4),得

$$I_C = \alpha_0 (I_C + I_B) + I_{CBO} \tag{3.1.6}$$

整理式(3.1.6),得

$$I_C = \frac{\alpha_0}{1-\alpha_0} I_B + \frac{1}{1-\alpha_0} I_{CBO} \tag{3.1.7}$$

令

$$\beta_0 = \frac{\alpha_0}{1-\alpha_0} \tag{3.1.8}$$

则式(3.1.7)为

$$I_C = \beta_0 I_B + (1+\beta_0) I_{CBO} \tag{3.1.9}$$

β_0 称为共射直流电流放大倍数。式(3.1.9)中最后一项常用符号 I_{CEO} 表示,称为穿透电流,即

$$I_{CEO} = (1+\beta_0) I_{CBO} \tag{3.1.10}$$

当穿透电流 $I_{CEO} \ll I_C$ 时,由式(3.1.9)得

$$\beta_0 \approx \frac{I_C}{I_B} \tag{3.1.11}$$

即 β_0 近似等于 I_C 与 I_B 之比。一般三极管的 β_0 值为几十至几百。

3.1.3 三极管的特性曲线

三极管的特性曲线能直观地描述各极间电压与各极电流之间的关系。要完整地描述三极管的伏安特性,必须选用两组表示不同端变量(即输入电压和输入电流、输出电压和输出电流)之间的特性关系曲线,即输入特性和输出特性曲线。特性曲线主要用于对三极管的性能、参数和三极管电路的分析估算。

1. 输入特性曲线

输入特性曲线描述了当集电极与发射极之间电压 v_{CE} 为某一数值(即以 v_{CE} 为参数变量)时,输入电流 i_B 与输入电压 v_{BE} 之间的关系,其函数表达式为

$$i_B = f(v_{BE})\big|_{v_{CE}=\text{常数}} \tag{3.1.12}$$

图 3.4 所示为 NPN 型三极管的输入特性曲线。图中展示出了 v_{CE} 分别为 0V、1V、10V 三种情况下的输入特性曲线。因为发射结正偏,所以三极管的输入特性曲线与半导体二极管的正向特性曲线相似,但还与参数变量 v_{CE} 有关。

当 $v_{CE}=0$ 时,相当于集电极与发射极短路,即发射结与集电结并联。此时集电极无收集电子的能力,基区的复合作用最强。所以在 v_{BE} 相同的情况下,i_B 较大。所以 $v_{CE}=0$ 的那条曲线位于最左边。

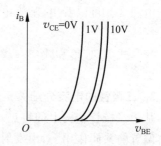

图 3.4 NPN 型三极管的输入特性曲线

当 $v_{CE}=1$ 时,三极管的集电结已加上反向偏置电压,三极管工作于放大状态,集电极收集电子的能力加强,由发射区注入基区的电子更多地流向了集电区。所以在 v_{BE} 相同的情况下,i_B 较 $v_{CE}=0$ 时减小了,特性曲线也就相应地向右移了。

当 $v_{CE}>1$ 时,i_B 随 v_{CE} 增加而略有减小,特性曲线也略向右移。但由图 3.4 可见,$v_{CE}=10V$ 时的输入特性曲线与 $v_{CE}=1V$ 时的输入特性曲线非常接近。这是因为只要保持 v_{BE} 不变,从发射区扩散到基区的电子数目不变,而 v_{CE} 增大到 1V 以后,集电极收集电子的能力已

足够强,已能把发射到基区的电子中的绝大部分收集到集电区,以至于 v_{CE} 再增加,i_B 也不再明显减小。因此,可近似认为三极管在 $v_{CE} > 1$ 以后的所有输入特性曲线基本上是重合的。

2. 输出特性曲线

输出特性曲线描述了当基极电流 i_B 为某一数值(即以 i_B 为参数变量)时,集电极电流 i_C 与集电极-发射极电压 v_{CE} 之间的关系。其函数表达式为

$$i_C = f(v_{CE})\big|_{i_B = 常数} \tag{3.1.13}$$

图 3.5 所示为 NPN 型三极管的输出特性曲线。由图 3.5 可以看出,三极管有三个工作区域,即放大区、饱和区和截止区。

1) 放大区

放大区的特征是发射结正向偏置且集电结反向偏置,对于 NPN 型三极管来说,$v_{BE} > 0$,$v_{BC} < 0$。由图 3.5 可知,工作在放大区三极管的输出特性曲线近似为水平直线,表示 i_B 一定时,i_C 基本上不随 v_{CE} 变化。但当基极电流有一个微小的变化量 Δi_B 时,相应的集电极电流将产生一个较大的变化量 Δi_C。可见,三极管具有电流放大作用。

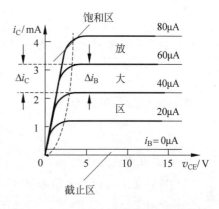

图 3.5 NPN 型三极管的输出特性曲线

将集电极与基极电流的变化量之比定义为三极管的共射电流放大倍数,用 β 表示,即

$$\beta = \frac{\Delta i_C}{\Delta i_B} \tag{3.1.14}$$

2) 饱和区

饱和区的特征是发射结和集电结均正向偏置,对于 NPN 型三极管来说,$v_{BE} > 0$,$v_{BC} > 0$。由图 3.5 可知,对于工作在饱和区的三极管,其不同 i_B 值的各条特性曲线几乎重叠在一起,十分密集。也就是说,三极管的集电极电流 i_C 基本上不随基极电流 i_B 变化。此时,三极管失去了放大作用,不能再用放大区的 β 来描述 i_C 与 i_B 间的关系。

同时,由图 3.5 可知,在饱和区,三极管的管压降 v_{CE} 很小。三极管饱和时的管压降常用 v_{CES} 表示,其大小与 i_B 及 i_C 无关,对于一般小功率的硅三极管,有 $v_{CES} < 0.4\text{V}$。一般认为,当 $v_{CE} < v_{BE}$ 时,三极管达到饱和状态;当 $v_{CE} = v_{BE}$(即 $v_{BC} = 0$)时,三极管处于临界饱和(或临界放大)状态。

3) 截止区

截止区的特征是发射结和集电结均反向偏置,对于 NPN 型三极管来说,$v_{BE} < 0$,$v_{BC} < 0$。由图 3.5 可知,工作在截止区的三极管各极的电流都近似为零。

实际上,当 $i_B = 0$ 时,集电极电流 i_C 并不等于零,而是有一个比较小的穿透电流 I_{CEO}。可以认为,当发射结反向偏置时,发射区不能再向基区发射电子,则三极管真正处于截止状态,失去了放大作用,同样不能再用放大区的 β 来描述 i_C 与 i_B 间的关系。

3.1.4 三极管的主要参数

三极管的参数可用来表征管子性能的优劣和适用范围,是合理选择和正确使用三极管的重要依据。现介绍一些最常见的参数,还有一些参数将在分析具体电路时再分别引出。

1. 电流放大倍数

1) 直流电流放大倍数

(1) 共射直流电流放大倍数 β_0,即

$$\beta_0 = \frac{I_C - I_{CEO}}{I_B} \tag{3.1.15}$$

当 $I_C \gg I_{CEO}$ 时,β_0 可近似表示为

$$\beta_0 = \frac{I_C}{I_B} \tag{3.1.16}$$

(2) 共基直流电流放大倍数 α_0,即

$$\alpha_0 = \frac{I_C - I_{CEO}}{I_E} \tag{3.1.17}$$

当 $I_C \gg I_{CBO}$ 时,可认为

$$\alpha_0 \approx \frac{I_C}{I_E} \tag{3.1.18}$$

2) 交流电流放大倍数

(1) 共射交流电流放大倍数 β,即

$$\beta = \frac{\Delta i_C}{\Delta i_B} \Big|_{v_{CE}=常数} \tag{3.1.19}$$

选用管子时,β 应适中,太小则放大能力不强,太大则稳定性差。显然,β 与 β_0 的含义不同,β_0 反映静态(直流工作状态)时的电流放大特性,β 反映动态(交流工作状态)时的电流放大特性。但在近似计算中,可以认为 $\beta_0 \approx \beta$。同时,严格说来,β_0 和 β 都不恒定,仅在 i_C 的一定范围内可近似认为是常数。

(2) 共基交流电流放大倍数 α,即

$$\alpha = \frac{\Delta i_C}{\Delta i_E} \Big|_{v_{CB}=常数} \tag{3.1.20}$$

同样,α_0 和 α 含义不同,在近似计算中,可以认为 $\alpha \approx \alpha_0$。

2. 极间反向电流

I_{CBO} 是发射极开路时集电结的反向饱和电流。I_{CEO} 是基极开路时集电极和发射极间的穿透电流,$I_{CEO}=(1+\beta_0)I_{CBO}$。对三极管而言,反向电流越小,性能越稳定。所以,在选用管子时,I_{CBO} 与 I_{CEO} 应尽量小。

3. 极限参数

1) $V_{(BR)EBO}$

$V_{(BR)EBO}$ 是指集电极开路时,发射极-基极间反向击穿电压。这是发射结所允许的最大反向电压,超过这一参数,管子的发射结有可能被击穿。

2) $V_{(BR)CBO}$

$V_{(BR)CBO}$ 是指发射极开路时,集电极-基极间的反向击穿电压。这是集电结所允许的最大反向电压,超过这一参数,管子的集电结有可能被击穿。

3) $V_{(BR)CEO}$

$V_{(BR)CEO}$ 是指基极开路时,集电极-发射极间的反向击穿电压。这个电压大小与穿透电流 I_{CEO} 直接联系,当 V_{CE} 增加,使得 I_{CEO} 明显增加时,导致集电结出现雪崩击穿。

4)集电极最大允许电流 I_{CM}

当集电极电流过大时,三极管的 β 值就会减小。当 $i_C = I_{CM}$ 时,管子的 β 值可下降到额定值的 2/3,导致放大能力减弱。

5)集电极最大允许耗散功率 P_{CM}

当三极管工作时,管子两端的管压降为 v_{CE},集电极流过的电流为 i_C,因此损耗功率为 $P_C = i_C v_{CE}$。集电极的功率损耗将电能转化为热能,使得管子的温度上升。如果温度过高,可使得管子的性能恶化甚至烧毁。所以集电极的损耗必须在一定范围内。图 3.6 所示为三极管的安全工作区域。

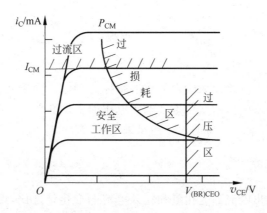

图 3.6 三极管的安全工作区

3.2 双极型三极管基本放大电路

三极管的重要特性之一是具有电流放大作用,利用这一特性可组成各种放大电路。放大电路是模拟电子电路中最基本、最常用的一种典型电路。无论日常使用的电视机、收音机,还是精密的测量仪器和复杂的自动控制系统,都涉及各种不同类型的放大电路。

3.2.1 放大电路的基本概念及性能指标

1. 放大电路的基本概念

从表面上看,"放大"似乎是将信号的幅度由小变大。但是,在电子技术中,"放大"的本质首先是能量的控制和转换。即用能量比较小的输入信号来控制另一个能源,使输出端的负载得到能量比较大的信号。因此,放大的基本特征是功率放大,即负载上总是获得比输入信号大得多的电压或电流,有时兼而有之。能够控制能量的元件称为有源元件,因而在放大电路中必须存在有源元件,如三极管等。

另外,放大作用是针对变化量而言的。放大是指当输入信号有一个比较小的变化量时,在输出端的负载上得到一个比较大的变化量。而放大电路的放大倍数也是输出信号和输入信号的变化量之比。由此可见,放大的对象是变化量。

放大的前提是不失真,只有在不失真的前提下放大才有意义。三极管是放大电路的核心元件,只有它工作在合适的区域,才能使得输出量和输入量始终保持线性关系,电路才不会失真。

2. 放大电路的性能指标

放大电路的技术指标用以定量地描述电路的有关技术性能。测试时常在放大电路的输入端加上一个正弦测试电压,然后测试电路中的其他有关量。图 3.7 所示为放大电路的示意图。放大电路的主要技术指标简要介绍如下。

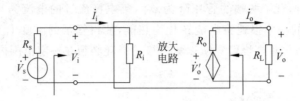

图 3.7 放大电路示意图

1) 放大倍数

放大倍数是衡量放大电路放大能力的重要指标。

电压放大倍数是输出电压的变化量和输入电压的变化量之比;当输入一个正弦测试电压时,也可用输出电压和输入电压的正弦相量来表示,有

$$\dot{A}_V = \frac{\dot{V}_o}{\dot{V}_i} \tag{3.2.1}$$

电流放大倍数是输出电流的变化量和输入电流的变化量之比,用输出电流和输入电流的正弦相量表示为

$$\dot{A}_I = \frac{\dot{I}_o}{\dot{I}_i} \tag{3.2.2}$$

2) 输入电阻

从放大电路输入端看进去的等效电阻称为放大电路的输入电阻 R_i,如图 3.7 所示。此处只考虑中频段的情况,故从放大电路的输入端看,等效为一纯电阻 R_i,输入电阻 R_i 的大小等于外加正弦电压与相应的输入电流之比,即

$$R_i = \frac{\dot{V}_i}{\dot{I}_i} \tag{3.2.3}$$

R_i 描述放大电路对信号源索取电流的能力。R_i 越大,放大电路从信号源索取的电流越小,放大电路所得到的输入电压 $\dot{V}_i$ 越接近信号源电压 $\dot{V}_s$;换言之,信号源内阻上压降越小,信号电压损失越小。

3) 输出电阻

从放大电路输出端看进去的等效电阻称为放大电路的输出电阻 R_o,如图 3.7 所示。$\dot{V}_o$ 为空载时电压有效值,$\dot{V}_o'$ 为带负载后输出电压的有效值,因此有

$$\dot{V}_o = \frac{R_L}{R_o + R_L} \dot{V}_o' \tag{3.2.4}$$

输出电阻为

$$R_o = \left(\frac{\dot{V}_o'}{\dot{V}_o} - 1\right) R_L \tag{3.2.5}$$

R_o描述放大电路带负载的能力。通常希望放大电路的R_o越小越好。R_o越小,说明放大电路带负载能力越强。

4) 最大不失真输出电压

最大不失真输出电压是指在输出波形不失真的情况下,放大电路可提供给负载的最大输出电压。一般用有效值V_{om}表示。

5) 最大输出功率和效率

最大输出功率是指在输出信号不失真的情况下,负载上能获得的最大功率,记为P_{om}。在放大电路中,输入信号的功率通常较小,经放大电路放大器件的控制作用将直流电源的功率转换为交流功率,使负载上得到较大的输出功率。通常将最大输出功率P_{om}与直流电源消耗的功率P_V之比称为效率η,即

$$\eta = \frac{P_{om}}{P_V} \tag{3.2.6}$$

6) 通频带

通频带描述放大电路对不同频率信号的放大能力。一般情况下,放大电路对某一频率范围内信号的放大倍数基本保持不变,称之为中频放大倍数$\dot{A}_{VM}$。由于放大电路中存在电容、电感及半导体器件的结电容,在输入信号频率较高或较低时,放大倍数会下降并产生相移。在信号频率下降到一定程度时,放大倍数明显下降,当放大倍数下降到$0.707|\dot{A}_{VM}|$时的频率称为下限截止频率f_L。在信号频率上升到一定程度时,放大倍数也明显下降,当放大倍数下降到$0.707|\dot{A}_{VM}|$时的频率称为上限截止频率f_H。信号频率f处于f_L与f_H之间形成的频带称为中频带,也称为放大电路的通频带,用符号BW表示,且

$$BW = f_H - f_L \tag{3.2.7}$$

图3.8所示为放大电路的放大倍数与信号频率的关系曲线,称为幅频特性曲线。显然,通频带越宽,放大电路对信号频率的变化具有越强的适应能力。

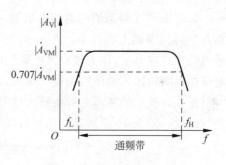

图3.8 放大电路的通频带

3.2.2 基本共射极放大电路的组成与放大原理

1. 放大电路的基本组成

图3.9所示是基本共射极放大电路的原理电路。在该电路中,三极管的发射极是输入回路与输出回路的共同端,所以称为共射极放大电路。

放大电路中三极管是核心元件,起放大作用。直流电源V_{BB}通过基极电阻R_b给三极管发射结提供正向偏置电压,并产生基极直流电流I_B。直流电源V_{CC}通过集电极电阻R_c,并与V_{BB}和R_b配合,给集电结提供反向偏置电压,使得三极管工作在放大状态。电阻R_c的另一个作用是将集电极电流的变化转换为电压的变化,再送到放大电路的输出端。v_s是待放大的时变输入信号,加在基极与发射极间的输入回路中,输出信号从集电极-发射极间输出。

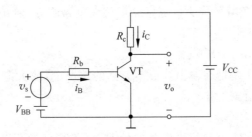

图 3.9 基本共射极放大电路的原理电路

2. 放大电路的放大原理

设图 3.9 中的时变信号 v_s 为正弦信号。显然,放大电路中的电压或电流既含有直流成分又含有交流成分,称为交、直流共存。交流信号叠加在直流量上。分析计算设计时,常将直流和交流分开进行,即分析直流时可将交流源置零(即电压源短路,电流源开路),分析交流时可将直流置零,总的影响是两个单独影响的叠加。

图 3.9 中输入正弦信号 v_s 后,电路将处于动态工作情况。此时,三极管各极电流及电压都将在静态值的基础上随输入信号作相应的变化。基极-发射极间的电压 $v_{BE}=V_{BEQ}+v_{be}$,v_{be} 是 v_s 在发射结上产生的交流电压。当 v_{be} 的幅值小于 V_{BEQ},且使发射结上所加正向电压仍然大于 V_{th} 时,v_{BE} 随 v_s 的变化必然导致受其控制的基极电流 i_B、集电极电流 i_C 产生相应变化,即 $i_B=I_{BQ}+i_b$,$i_C=I_{CQ}+i_c$,其中 $i_c=\beta i_b$ 是交流电流。与此同时,集电极-发射极间的电压 v_{CE} 也将发生变化,$v_{CE}=V_{CC}-i_C R_c=V_{CEQ}+v_{ce}$。需要说明的是,在 v_s 的正半周,v_{BE}、i_B、i_C 都将在静态值的基础上增加,电阻 R_c 上的电压降也在增加,因此,电路电压 v_{CE} 在静态 V_{CEQ} 的基础上将减小。在 v_s 的负半周,情况则相反,于是 v_{ce} 与 v_s 是相反的。将 v_{ce} 用适当的方式取出来,作为该放大电路的输出电压。只要选择合适的电路参数,就可以使输出电压的幅度比输入电压的幅度大得多,实现电压放大作用。

图 3.9 所示的基本共射极放大电路只是一个原理性电路,若付诸实际应用还需对电路进行改进。图 3.10 所示是实用性的基本共射极放大电路。

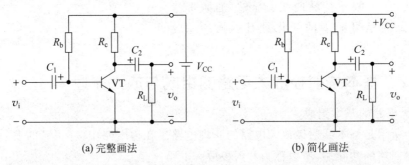

(a) 完整画法　　　　　　　　　(b) 简化画法

图 3.10 基本共射极放大电路

3.2.3 静态工作点

当外加输入信号为零时,在直流电源 V_{CC} 的作用下,三极管的基极和集电极回路均存在着直流电流和直流电压,这些直流量在三极管的输入、输出特性上各自对应一个点,称为静态工作点 Q。静态工作点 Q 处的基极电流、基极-发射极之间的电压、集电极电流和集电极-发射极之间的电压分别用符号 I_{BQ}、V_{BEQ}、I_{CQ} 和 V_{CEQ} 表示。

在放大电路中设置静态工作点是必不可少的。因为放大电路的作用是将微弱的输入信号进行不失真的放大,为此,电路中的三极管必须始终工作在放大区域。如果没有直流电压和电流,如设图 3.9 中的 $V_{BB}=0$,当输入电压 v_s 的幅值小于发射极的阈值电压 V_{th}(硅管为 0.5V、锗管为 0.1V)时,则在输入信号的整个周期内三极管始终是截止的,因而输出电压没有变化量。即使输入电压的幅值足够大,三极管也只能在输入信号正半周大于 V_{th} 的时间内导通,这必然是输出电压出现严重失真。所以必须要给放大电路设置合适的静态工作点。静态工作点可由放大电路的直流通路用近似计算法求得。

这种方法比较简便,具体步骤如下。
(1) 画出放大电路的直流通路,标出各支路的电流。
令图 3.10 中的 $v_i=0$,则其直流通路如图 3.11 所示。
(2) 由基极-发射极回路求 I_{BQ}。由图 3.11 可知,有

$$I_{BQ} = \frac{V_{CC} - V_{BEQ}}{R_b} \qquad (3.2.8)$$

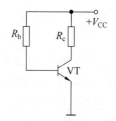

图 3.11 基本共射极放大电路的直流通路

式中,V_{BEQ} 常被认为是已知量,硅管为 0.6~0.7V,锗管为 0.2~0.3V。
(3) 由三极管的电流分配关系求 I_{CQ},即

$$I_{CQ} = \beta I_{BQ} + I_{CEQ} \approx \beta I_{BQ} \qquad (3.2.9)$$

(4) 由集电极-发射极回路求 V_{CEQ},即

$$V_{CEQ} = V_{CC} - I_{CQ} R_c \qquad (3.2.10)$$

静态工作点也可以用图解法求得,这在后面介绍。

【例 3.2.1】 在图 3.10(b)所示的基本共射放大电路中,已知 $R_b=280\text{k}\Omega$,$R_c=R_L=3\text{k}\Omega$,$V_{CC}=12\text{V}$,三极管的 $\beta=50$,试估算放大电路的静态工作点。

解:设三极管的 $V_{BEQ}=0.7\text{V}$,根据式(3.2.8),得

$$I_{BQ} = \frac{V_{CC} - V_{BEQ}}{R_b} = \frac{12 - 0.7}{280}\text{mA} = 0.04\text{mA} = 40\mu\text{A}$$

$$I_{CQ} \approx \beta I_{BQ} = 50 \times 0.04\text{mA} = 2\text{mA}$$

$$V_{CEQ} = V_{CC} - I_{CQ} R_c = 12 - 2 \times 3 = 6\text{V}$$

3.3 放大电路的图解分析法

了解放大电路的工作原理之后,就要进一步分析放大电路的工作情况,本节介绍放大电路的图解分析法。图解分析法是利用三极管的 V-I 特性曲线及管外电路的特性,通过作图的方法对放大电路的静态及动态工作情况进行分析。现以基本共射极放大电路为例,对图解分析法加以讨论。

3.3.1 静态分析

图解法静态分析的目的就是确定静态工作点,求出三极管各极的直流电压和直流电流,分析对象是直流通路,分析的关键是作直流负载线。

由分析可知,静态工作点既在输入、输出特性曲线上,又在电路直流通路的输入回路、输出回路上。将图 3.9 所示电路改画成图 3.12 所示的形式,并用虚线把电路分成三部分,即三极管、输入端管外电路、输出端管外电路。

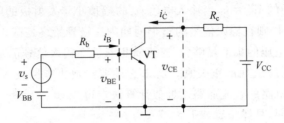

图 3.12　基本共射极放大电路原理电路

静态分析步骤如下。

(1) 在输入特性曲线上画出直流通路输入回路方程所确定的直线,即输入回路负载线,二者的交点即为静态工作点 Q,读出 I_{BQ} 和 V_{BEQ}。

静态时,令图 3.12 中 $v_s=0$ 即得该电路的直流通路。在输入回路中,静态工作点 (I_{BQ}、V_{BEQ}) 既应在三极管的输入特性曲线上,又应满足外电路的回路方程 $v_{BE}=V_{BB}-i_B R_b$,显然,由此回路方程可作出一条斜率为 $-1/R_b$ 的直线,称其为输入回路负载线。为此,可在三极管的输入特性曲线图上作出这条输入回路负载线,即在横坐标轴上取一点 (V_{BB},0),在纵坐标轴上取一点 (0,V_{BB}/R_b),并连接这两点成直线,如图 3.13(a) 所示。该输入回路负载线与输入特性曲线的交点就是所求的静态工作点 Q,其横坐标值为 V_{BEQ},纵坐标值为 I_{BQ}。

(2) 在输出特性曲线上画出直流通路输出回路方程所确定的直线,即输出回路负载线;输出回路负载线与 I_{BQ} 那条曲线的交点即为静态工作点在输出特性曲线上的位置,读出 I_{CQ} 和 V_{CEQ}。

在输出回路中,静态工作点既应在 $i_B=I_{BQ}$ 的那条输出特性曲线上,又应满足外电路回路方程 $v_{CE}=V_{CC}-i_C R_c$ 所对应的直线,即输出回路负载线,斜率为 $-1/R_c$。在三极管的输出特性曲线图上作出这条直线,即连接横轴上的点 (V_{CC},0) 和纵轴上的点 (0,V_{CC}/R_c) 成直线,如图 3.13(b) 所示。该直线与曲线 $i_C=f(v_{CE})|_{i_B=I_{BQ}}$ 的交点就是要求的静态工作点 Q,其横坐标值为 V_{CEQ},纵坐标值为 I_{CQ}。

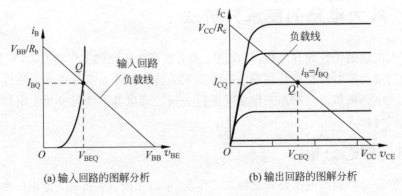

(a) 输入回路的图解分析　　(b) 输出回路的图解分析

图 3.13　静态工作点的图解分析

3.3.2 动态分析

图解法动态分析的目的是观察放大电路的工作情况,研究放大电路的非线性失真并求解最大不失真输出电压幅值。动态分析的对象是交流通路,分析的关键是作交流负载线。图解法动态分析是在静态分析的基础上进行的,分析步骤如下。

(1) 根据 v_s 的波形,在三极管的输入特性曲线图上画出 v_{BE}-i_B 的波形。

设图 3.12 中的输入信号 $v_s = V_{sm}\sin\omega t$。在 V_{BB} 及 v_s 共同作用下,输入回路方程变为 $v_{BE} = V_{BB} + v_s - i_B R_b$,相应的输入回路负载线是一组斜率为 $-1/R_b$,且随 v_s 变化而平行移动的直线。图 3.14(a) 中虚线①、②是 $v_s = \pm V_{sm}$ 时的输入回路负载线。根据它们与输入特性曲线的相交点的移动,便可画出 v_{BE}-i_B 的波形。

(2) 根据 i_B 的变化范围,在输出特性曲线图上画出 v_{CE}-i_C 的波形。

由图 3.14(a) 可见,加上输出信号 v_s 后,在静态工作点的基础上,基极电流 i_B 将随着 v_s 的变化规律,在 i_{B1} 和 i_{B2} 之间变化。而从图 3.14(a) 还可知,加上输入信号后,输出回路的方

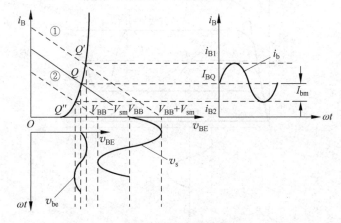

(a) 输入回路的图解分析

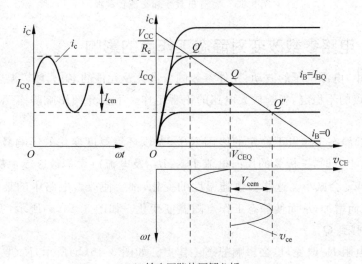

(b) 输出回路的图解分析

图 3.14 动态工作情况的图解分析

程仍为 $v_{CE}=V_{CC}-i_C R_c$，即输出回路负载线不变。因此，由 i_B 的变化范围及输出负载线可共同确定 i_C 和 v_{CE} 的变化范围，即在 Q' 和 Q'' 之间，由此便可画出 i_C 及 v_{CE} 的波形，如图 3.14(b) 所示。v_{CE} 中的交流量 v_{ce} 就是输出电压 v_o，它与 v_s 是同频率的正弦波，但二者的相位相反，这是共射极放大电路的一个重要特点。

在图 3.12 所示电路中，当电路带上负载 R_L 时，输出电压是集电极动态电流 i_c 在集电极电阻 R_c 和负载电阻 R_L 并联总电阻($R_c \parallel R_L$)上所产生的电压。因此，直流通路所确定的负载线 $v_{CE}=V_{CC}-i_C R_c$，称为直流负载线，而动态信号所遵循的负载线称为交流负载线。

交流负载线应具备以下两个特征：第一，由于输入电压 $v_i=0$ 时，三极管的集电极电流应为 I_{CQ}，管压降应为 v_{CEQ}，所以它必须过静态工作点；第二，由于集电极动态电流 i_c 仅取决于基极的动态电流 i_b，而管压降 $v_{ce}=-i_c(R_c \parallel R_L)$，所以它的斜率为 $-1/(R_c \parallel R_L)$。根据以上特征，只要过静态工作点作一条斜率为 $-1/(R_c \parallel R_L)$ 的直线，就是交流负载线。直流负载线和交流负载线如图 3.15 所示。

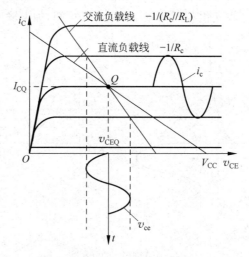

图 3.15 直流负载线和交流负载线

3.3.3 电路参数改变对静态工作点的影响

实际应用中，电源电压的波动、元件参数的分散性及元件的老化、环境温度变化等，都会引起静态工作点的不稳定，影响放大电路的正常工作。下面介绍影响静态工作点的一些主要因素。

(1) 在引起静态工作点不稳定的诸因素中，尤以环境温度变化的影响最大。由前面的知识知道，温度上升时，三极管的反向电流 I_{CBO}、I_{CEO} 及电流放大倍数 β 或 α 都会增大，而发射结正向压降 V_{BE} 会减小。这些参数随温度的变化，都会使放大电路中的集电极静态电流 I_{CQ} 随温度升高而增加，从而使静态工作点随温度变化。如图 3.16(a) 所示，温度上升，静态工作点由 Q 上移到 Q'。

(2) 基极电阻 R_b 改变，也会影响静态工作点。如图 3.16(b) 所示，R_b 增加，导致 I_{BQ} 减小，进而静态工作点由 Q 下移到 Q''；反之，就由 Q 上移到 Q'。

(3) 集电极电阻 R_c 改变，通过改变直流负载线的斜率影响静态工作点。如图 3.16(c)

所示，R_c增加，静态工作点由Q向饱和区移动到Q'。

(4) 电源电压V_{CC}波动，导致I_{BQ}波动，影响静态工作点，同时改变了动态信号的工作范围。如图3.16(d)所示，V_{CC}上升，静态工作点由Q上移到Q'，动态工作范围也随之增加。

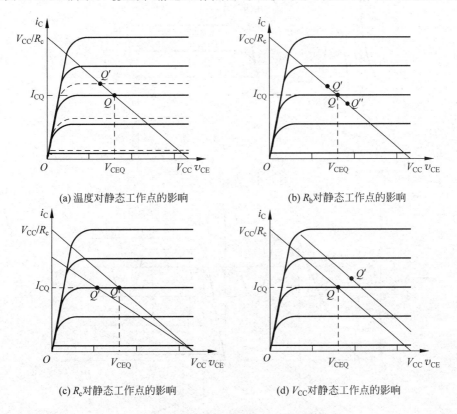

(a) 温度对静态工作点的影响　　(b) R_b对静态工作点的影响

(c) R_c对静态工作点的影响　　(d) V_{CC}对静态工作点的影响

图 3.16　电路参数改变对静态工作点的影响

3.3.4　静态工作点对波形失真的影响

通过上述图解分析可知，要使信号既能被放大又不失真，则必须设置合适的静态工作点Q。对于小信号线性放大电路来说，为保证在交流信号的整个周期内，三极管都处于放大区域内（即不能进入截止区和饱和区），静止工作点Q的必须同时满足两个条件，即

$$I_{CQ} > I_{cm} + I_{CEO} \tag{3.3.1}$$

$$V_{CEQ} > V_{cem} + V_{CES} \tag{3.3.2}$$

如果Q点选择得过低，V_{BEQ}、I_{BQ}过小，则三极管会在交流信号v_{be}负半周的峰值附近的部分时间内进入截止区，使i_B、i_C、v_{CE}及v_{ce}的波形失真，如图3.17所示。这种因静态工作点Q选择偏低而产生的失真称为截止失真，因此种失真处于波形的顶部，所以又称之为顶部失真。

如果静态工作点Q过高，V_{BEQ}、I_{BQ}过大，则三极管会在交流信号v_{be}正半周的峰值附近的部分时间内进入饱和区，引起i_C、v_{CE}及v_{ce}的波形失真，如图3.18所示。这种因静态工作点Q选择偏高而产生的失真称为饱和失真。因此种失真处于波形的底部，所以又称之为底部失真。

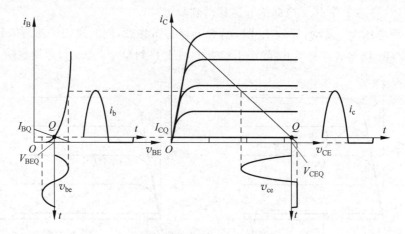

图 3.17 截止失真波形

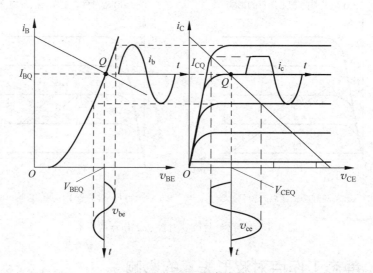

图 3.18 饱和失真波形

图解法是分析放大电路的最基本的方法之一,特别适用于分析信号幅度较大而工作频率不太高的情况。它直观、形象,有助于一些重要概念的建立和理解,如交直流共存、静态和动态的概念等。能全面地分析放大电路的静态、动态工作情况,有助于理解正确选择电路参数、合理设置静态工作点的重要性。

3.4 放大电路的微变等效电路分析法

图解法作为分析放大电路的最基本的方法之一,既有优越性的一面,也有局限性的一面。例如,图解法不能分析信号幅值太小或工作频率较高时的电路工作状态,也不能用来分析放大电路的输入电阻、输出电阻等动态性能指标。为此需要介绍放大电路的另一种基本分析方法。

3.4.1 三极管的微变等效电路

三极管特性的非线性使其放大电路的分析变得复杂,不能直接采用线性电路原理来分析计算。但在输入信号电压幅值比较小的条件下,可以把三极管在静态工作点附近小范围内的特性曲线近似地用直线代替,这时可把三极管用小信号线性模型代替,从而将由三极管组成的放大电路当成线性电路来处理,这就是小信号模型分析法。要强调的是,使用这种分析方法的条件是放大电路的输入信号为小信号。

1. 三极管的微变等效电路

从图 3.19(a)所示三极管输入特性曲线可知,在 Q 点附近,特性曲线基本上是一段直线,即可认为 v_{be} 与 i_b 之比是一个常数,因而可用一个等效电阻 r_{be} 来描述 v_{be} 与 i_b 之间的关系,即

$$r_{be} = \frac{v_{be}}{i_b} \tag{3.4.1}$$

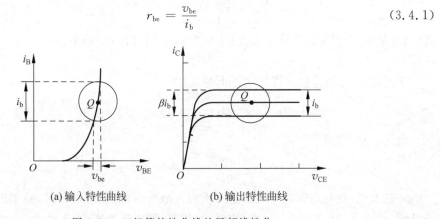

(a) 输入特性曲线   (b) 输出特性曲线

图 3.19 三极管特性曲线的局部线性化

从图 3.19(b)所示三极管输出特性曲线可知,在 Q 点附近,特性曲线基本上是水平的,即 i_c 与 v_{ce} 无关,而只取决于 i_b,在数量关系上,i_c 是 i_b 的 β 倍,所以从输出端看进去,可以用一个大小为 βi_b 的恒流源来代替三极管。这个电流源是一个受控电流源,而非独立电流源。受控源实质上体现了基极电流 i_b 对集电极电流 i_c 的控制作用。这样,就得到了图 3.20 所示的三极管的微变等效电路。在这个等效电路中,忽略了 v_{CE} 对 i_C 的影响,也没有考虑 v_{CE} 对输入特性的影响,该等效电路也被称为简化的 h 参数微变等效电路。

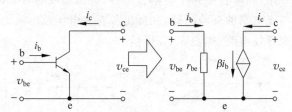

图 3.20 三极管的微变等效电路

2. r_{be} 的近似估算公式

图 3.21 所示为三极管的结构示意图。由图可知,三极管 b、e 之间的电阻由三部分组成:基区体电阻 $r_{bb'}$,发射结结电阻 $r_{b'e}$,发射区体电阻 $r_{e'}$。其中,对于不同类型的三极管,$r_{bb'}$ 的数值有所不同,一般低频小功率三极管约为几百欧;由于发射区高掺杂,因此其体电

阻 $r_{e'}$ 较小,约为几欧,与 $r_{b'e'}$ 相比,一般可以忽略。所以主要应寻找发射结结电阻 $r_{b'e'}$ 的近似估算公式。

由 PN 结的伏安特性关系 $i_D = I_s(e^{v_D/V_T} - 1)$,可知
$$i_E \approx I_s e^{v_{BE}/V_T} \tag{3.4.2}$$

式中,I_s 为反向饱和电流;V_T 为温度的电压当量,常温时 $V_T \approx 26\text{mV}$。将式(3.4.2)对 v_{BE} 求导数,可得
$$\frac{1}{r_{b'e'}} = \frac{di_E}{dv_{BE}} \approx \frac{I_s}{V_T} e^{v_{BE}/V_T} \approx \frac{i_E}{V_T} \tag{3.4.3}$$

在静态工作点附近一个比较小的变化范围内,可认为 $i_E = I_{EQ}$,则可得
$$r_{b'e'} = \frac{V_T}{I_{EQ}} \approx \frac{26\text{mV}}{I_{EQ}} \tag{3.4.4}$$

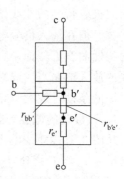

图 3.21 三极管结构示意图

式中,分子为 26mV,如果分母 I_{EQ} 的单位为 mA,则求得 $r_{b'e'}$ 的单位是 Ω。

下面推导 r_{be} 的近似估算公式。由图 3.21 可得
$$v_{BE} \approx i_B r_{bb'} + i_E r_{b'e'} = i_B r_{bb'} + (1+\beta) i_B \frac{26\text{mV}}{I_{EQ}} \tag{3.4.5}$$

由式(3.4.5),可得
$$r_{be} = \frac{dv_{BE}}{di_B} \approx r_{bb'} + (1+\beta) \frac{26\text{mV}}{I_{EQ}} \tag{3.4.6}$$

一般来说,在利用微变等效电路分析放大电路时,都采用式(3.4.6)来近似估算 r_{be}。对于低频、小功率三极管而言,如果没有特别说明,可以认为式中 $r_{bb'}$ 约为 300Ω。

3.4.2 用微变等效电路法分析放大电路

以图 3.22 所示的基本共射极放大电路为例,用微变等效电路分析其动态性能指标,具体步骤如下。

(1) 画放大电路的小信号等效电路。

首先画出三极管的微变等效电路,然后按照画交流通路的原则(将放大电路中的直流电压源对交流信号视为短路,同时若电路中有耦合电容,也把它视为对交流信号短路),分别画出与三极管三个电极相连支路的交流通路,并标出各有关电压及电流的假定正方向,就能得到整个放大电路的微变等效电路,如图 3.23 所示。

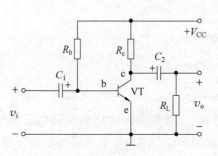

图 3.22 基本共射极放大电路

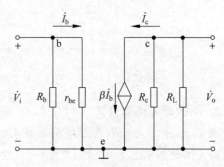

图 3.23 基本共射极放大电路的微变等效电路

(2) 估算 r_{be}。

按式(3.4.6)估算 r_{be}，为此还要求得静态电流 I_{EQ}。

(3) 求电压增益 $\dot{A}_V$。

由图 3.23，可知

$$\dot{V}_i = \dot{I}_b r_{be} \tag{3.4.7}$$

$$\dot{V}_o = -\dot{I}_c(R_c \parallel R_L) = -\beta \dot{I}_b R'_L \tag{3.4.8}$$

根据电压增益的定义，有

$$\dot{A}_V = \frac{\dot{V}_o}{\dot{V}_i} = \frac{-\beta \dot{I}_b R'_L}{\dot{I}_b r_{be}} = -\frac{\beta R'_L}{r_{be}} \tag{3.4.9}$$

式中，负号表示共射极放大电路的输出电压与输入电压相位相反，即输出电压滞后输入电压 $180°$，同时只要选择适当的电路参数，就会实现电压放大作用。

(4) 计算输入电阻 R_i。

根据 3.2 节所介绍的放大电路输入电阻的概念，可求出图 3.22 所示电路的输入电阻为

$$R_i = \frac{\dot{V}_i}{\dot{I}_i} = R_b \parallel r_{be} \approx r_{be} \tag{3.4.10}$$

(5) 计算输出电阻 R_o。

根据 3.2 节所介绍的放大电路输出电阻的概念，可求出图 3.22 所示电路的输出电阻为

$$R_o = R_c \tag{3.4.11}$$

输入、输出电阻是放大电路性能的重要衡量指标之一，对于共射极放大电路，R_i 越大，放大电路从信号源吸取的电流越小，输入端得到的电压 v_i 越大。而 R_o 越小，负载电阻 R_L 的变化对输出电压 v_o 的影响越小，放大电路带负载的能力越强。

微变等效电路分析法对于在放大电路的输入信号幅度较小时，分析放大电路的动态性能指标($\dot{A}_V$、R_i 和 R_o 等)非常方便，计算结果误差也不大。即使在输入信号频率较高的情况下，三极管的放大性能也仍然可以在微变等效电路的基础上引入某些元件来反映(详见本章频率特性的有关内容)，这是图解分析法所无法做到的。在三极管与放大电路的微变等效电路中，电压、电流等均是针对变化量(交流量)的，不能用来分析计算静态工作点。但是，动态参数又是在静态工作点基础上求得的。所以，放大电路的动态性能与静态工作点参数值的大小及稳定性密切相关。

【例 3.4.1】 设图 3.22 所示电路中三极管的 $\beta = 40$，$r_{bb'} = 200\Omega$，$V_{BEQ} = 0.7V$，$V_{CC} = 12V$，$R_b = 300k\Omega$，$R_c = R_L = 4k\Omega$，$C_1 = C_2 = 20\mu F$。试求该电路的 $\dot{A}_V$、R_i 和 R_o。

解：(1) 首先画出图 3.22 所示电路的微变等效电路，如图 3.23 所示。

(2) 估算 r_{be}，有

$$I_{EQ} = (1+\beta)I_{BQ} = (1+\beta)\frac{V_{CC} - V_{BEQ}}{R_b} = 41 \times \frac{11.3V}{300k\Omega} \approx 1.54mA$$

$$r_{be} = r_{bb'} + (1+\beta)\frac{V_T}{I_{EQ}} = 200\Omega + (1+40)\frac{26mV}{1.54mA} \approx 892\Omega$$

(3) 求 $\dot{A}_\mathrm{V}$、R_i 和 R_o，有

$$\dot{A}_\mathrm{V} = \frac{\dot{V}_\mathrm{o}}{\dot{V}_\mathrm{i}} = \frac{-\beta \dot{I}_\mathrm{b} R'_\mathrm{L}}{\dot{I}_\mathrm{b} r_\mathrm{be}} = -\frac{\beta R'_\mathrm{L}}{r_\mathrm{be}} \approx -89.7$$

$$R_\mathrm{i} = R_\mathrm{b} \parallel r_\mathrm{be} \approx 0.892\mathrm{k}\Omega$$

$$R_\mathrm{o} = R_\mathrm{c} = 4\mathrm{k}\Omega$$

3.5 稳定静态工作点的方法

放大电路的多项技术指标均与电路静态工作点的位置密切相关。如果静态工作点不稳定，则放大电路的某些性能也将发生波动。因此，如何使静态工作点保持稳定，是一个十分重要的问题。

3.5.1 影响静态工作点的因素

在实际电路中，影响静态工作点的因素很多（详见 3.3.3 节），其中，以温度的影响最为显著，而三极管是一种对温度十分敏感的元件。温度对三极管参数的影响主要表现在以下三个方面。

首先，从输入特性看，当温度升高时，为了得到同样的 I_B，所需 V_BE 的值将减小。在基本共射极放大电路中，已知 $I_\mathrm{B} = \dfrac{V_\mathrm{CC} - V_\mathrm{BEQ}}{R_\mathrm{b}}$，因此，当 V_BEQ 减小时，I_BQ 将增大。但一般情况下 $V_\mathrm{CC} \gg V_\mathrm{BEQ}$，所以，因 V_BEQ 减小而引起的 I_BQ 增加并不明显。三极管的温度系数约为 $-2\mathrm{mV}/℃$，即温度每升高 $1℃$，V_BE 约下降 $2\mathrm{mV}$。

其次，温度升高时，三极管 β 值也将增加，使输出特性之间的间距增大。一般来说，温度每上升 $1℃$，β 值增加 $0.5\% \sim 1\%$。

最后，温度升高时，三极管的反向饱和电流 I_CBO 将急剧增加。这是因为反向饱和电流是由少子的漂移运动形成的，而少子数量受温度影响比较严重。一般来说，温度每升高 $10℃$，I_CBO 大致增加一倍。

所以，温度对三极管的各种参数的影响将导致电路静态工作点 Q 的波动。为了抑制这种波动，以保持放大电路技术性能的稳定，需要从电路结构上采取适当的措施，使其在环境温度变化时电路仍能保持必要的稳定。例如，分压式静态工作点稳定电路就是一种结构简单，成本低廉，并能有效地保持静态工作点稳定的电路。

3.5.2 静态工作点的稳定电路

1. 电路组成及工作原理

图 3.24(a)所示为最常用的稳定静态工作点的共射极放大电路。此电路与基本共射极放大电路的差别在于有发射极电阻 R_e 和旁路电容 C_e。另外，直流电源 V_CC 经电阻 R_b1、R_b2 分压后接到三极管的基极，所以该电路又常称为分压式工作点稳定电路。

电路的直流通路如图 3.24(b)所示。当 R_b1、R_b2 的阻值大小选择适当，能满足 $I_1 \gg I_\mathrm{BQ}$，使 $I_2 \approx I_1$ 时，可认为基极直流电位基本上为一固定值，即 $V_\mathrm{BQ} \approx R_\mathrm{b2} V_\mathrm{CC}/(R_\mathrm{b1} + R_\mathrm{b2})$，与环境

温度几乎无关。在此条件下,当温度升高引起静态电流 I_{CQ} 增加时,发射极直流电位 V_{EQ} 也增加。由于基极电位 V_{BQ} 基本固定不变,因此外加在发射结上的电压 $V_{BEQ}=V_{BQ}-V_{EQ}$ 将自动减小,使 I_{EQ} 跟着减小,结果抑制了 I_{CQ} 的增加,使 I_{CQ} 基本维持不变,达到自动稳定静态工作点的目的。当温度降低时,各电流向相反方向变化,Q 点也能稳定。这种利用 I_{CQ} 的变化,通过电阻 R_e 取样反过来控制 V_{BEQ},使 I_{EQ}、I_{CQ} 基本保持不变的自动调节作用称为负反馈。详见第 7 章的讨论。

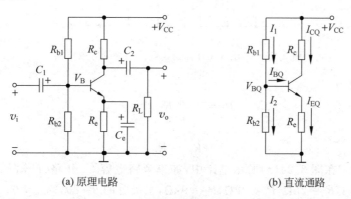

(a) 原理电路　　　　　　(b) 直流通路

图 3.24　分压式工作点稳定电路

2. 静态分析

由图 3.24(b)所示直流通路求 Q 点的值。在 $I_1 \gg I_{BQ}$ 的条件下,有

$$V_{BQ} \approx \frac{R_{b2}}{R_{b1}+R_{b2}} V_{CC} \tag{3.5.1}$$

集电极电流为

$$I_{CQ} \approx I_{EQ} = \frac{V_{BQ}-V_{BEQ}}{R_e} \tag{3.5.2}$$

由式(3.5.2)可见,该电路中集电极静态电流 I_{CQ} 仅与直流电压及电阻 R_e 有关,因此 β 随温度变化时,I_{CQ} 基本不变。

基极电流为

$$I_{BQ} = \frac{I_{CQ}}{\beta} \tag{3.5.3}$$

集电极-发射极电压为

$$V_{CEQ} = V_{CC} - I_{CQ}(R_c + R_e) \tag{3.5.4}$$

3. 动态分析

当旁路电容 C_e 足够大时,在分压式工作点稳定电路的交流通路中,三极管的发射极可视为接地。此时电路实际上是一个共射极放大电路,故可以用微变等效电路法来分析其动态工作情况。画出其微变等效电路,如图 3.25 所示。

经过分析,分压式工作点稳定电路的电压放大倍数与基本共射极放大电路相同,即

$$\dot{A}_V = -\frac{\beta R'_L}{r_{be}} \tag{3.5.5}$$

式中

$$R'_L = R_c \parallel R_L \tag{3.5.6}$$

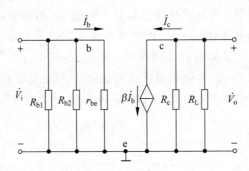

图 3.25 分压式工作点稳定电路的微变等效电路

电路的输入电阻为

$$R_i = r_{be} \| R_{b1} \| R_{b2} \tag{3.5.7}$$

输出电阻为

$$R_o = R_c \tag{3.5.8}$$

【例 3.5.1】 在图 3.24(a)所示电路中,如果旁路电容 C_e 开路,已知 $V_{CC}=12\text{V}$,$R_{b1}=56\text{k}\Omega$,$R_{b2}=20\text{k}\Omega$,$R_e=2\text{k}\Omega$,$R_c=3\text{k}\Omega$,$R_L=9\text{k}\Omega$,三极管的 $\beta=80$,$V_{BEQ}=0.7\text{V}$,$r_{bb'}=300\Omega$。试求:

(1) 估算静态电流 I_{CQ}、I_{BQ} 和 V_{CEQ}。

(2) 计算 $\dot{A}_V$、R_i 和 R_o。

解:(1) 求 I_{CQ}、I_{BQ} 和 V_{CEQ},因为 $I_1 \gg I_{BQ}$,有

$$V_{BQ} \approx \frac{R_{b2}}{R_{b1}+R_{b2}} V_{CC} = \frac{20\text{k}\Omega}{(56+20)\text{k}\Omega} \times 12\text{V} \approx 3.16\text{V}$$

$$I_{CQ} \approx I_{EQ} = \frac{V_{BQ}-V_{BEQ}}{R_e} = \frac{(3.16-0.7)\text{V}}{2\text{k}\Omega} \approx 1.23\text{mA}$$

$$I_{BQ} = I_{CQ}/\beta = 1.23\text{mA}/80 \approx 15\mu\text{A}$$

$$V_{CEQ} = V_{CC} - I_{CQ}(R_c+R_e) = 12\text{V} - 1.23\text{mA} \times (3+2)\text{k}\Omega \approx 5.85\text{V}$$

(2) 求 $\dot{A}_V$、R_i 和 R_o。

画出微变等效电路如图 3.26 所示。

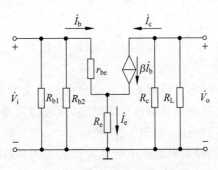

图 3.26 例 3.5.1 的微变等效电路

$$r_{be} = r_{bb'} + (1+\beta)\frac{26\text{mV}}{I_{EQ}} = 300\Omega + (1+80)\frac{26\text{mV}}{1.23\text{mA}} \approx 2\text{k}\Omega$$

所以
$$\dot{A}_V = \frac{-\beta R_L'}{r_{be}+(1+\beta)R_e} \approx -1.1$$
$$R_i = R_{b1} \| R_{b2} \| [r_{be}+(1+\beta)R_e] \approx 13.52\text{k}\Omega$$
$$R_o = R_c = 3\text{k}\Omega$$

3.6 共集电极和共基极电路

三极管构成的基本放大电路除了前面所介绍的共射放大电路外，还有以集电极为公共端的共集放大电路和以基极为公共端的共基放大电路。它们的组成原则和分析方法完全相同，但动态参数具有不同特点，使用时要根据需求合理选择。

3.6.1 共集电极电路

图3.27(a)是共集放大电路的原理图，图3.27(b)和图3.27(c)分别是它的直流通路和交流通路。由交流通路可见，输入电压 v_i 加在基极和集电极（地）之间，而输出电压 v_o 从发射极和集电极之间取出，集电极是输入、输出回路的共同端，所以该电路属于共集组态。

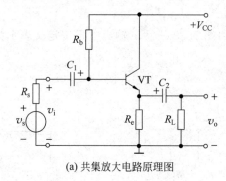

(a) 共集放大电路原理图

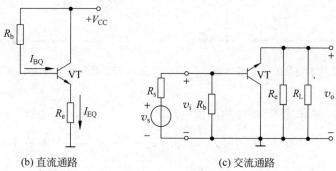

(b) 直流通路　　　　　　　　(c) 交流通路

图 3.27　共集放大电路

1. 静态分析

根据图3.27(b)所示电路的直流通路可知

$$I_{BQ} = \frac{V_{CC}-V_{BEQ}}{R_b+(1+\beta)R_e} \tag{3.6.1}$$

则

$$I_{EQ} \approx I_{CQ} = \beta I_{BQ} \tag{3.6.2}$$

$$V_{CEQ} = V_{CC} - I_{EQ}R_e \approx V_{CC} - I_{CQ}R_e \tag{3.6.3}$$

2. 动态分析

基于图 3.27(c)所示的交流通路,画出共集放大电路的微变等效电路,如图 3.28 所示。根据电压增益 $\dot{A}_V$、输入电阻 R_i 的定义,由图 3.28 可分别得到 $\dot{A}_V$、R_i 的表达式为

$$\dot{A}_V = \frac{\dot{V}_o}{\dot{V}_i} = \frac{(1+\beta)\dot{I}_b R'_e}{\dot{I}_b(r_{be} + (1+\beta)R'_e)} = \frac{(1+\beta)R'_e}{r_{be} + (1+\beta)R'_e} \tag{3.6.4}$$

式中,$R'_e = R_e \parallel R_L$。式(3.6.4)表明,共集电极放大电路的电压增益 $|\dot{A}_V| < 1$,没有电压放大作用。输出电压 $\dot{V}_o$ 和输入电压 $\dot{V}_i$ 相位相同。当 $(1+\beta)R'_L \gg r_{be}$ 时,$|\dot{A}_V| \approx 1$,即输出电压 $\dot{V}_o$ 与输入电压 $\dot{V}_i$ 大小接近相等。因此,共集电极放大电路又称为射极跟随器。

$$R_i = \frac{\dot{V}_i}{\dot{I}_i} = \frac{\dot{V}_i}{\dfrac{\dot{V}_i}{R_b} + \dfrac{\dot{V}_i}{r_{be} + (1+\beta)R'_e}} = R_b \parallel [r_{be} + (1+\beta)R'_e] \tag{3.6.5}$$

共集电极放大电路的输入电阻较高,而且和负载电阻 R_L 或后一级放大电路的输入电阻的大小有关。

计算输出电阻的电路如图 3.29 所示。输出电阻按定义表示为

$$R_o = \left.\frac{\dot{V}_t}{\dot{I}_t}\right|_{\dot{V}_s=0, R_L=\infty} \tag{3.6.6}$$

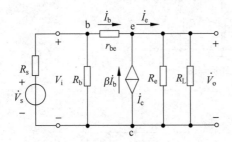
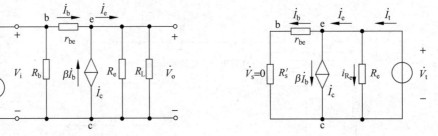

图 3.28 共集放大电路的微变等效电路　　图 3.29 计算共集放大电路 R_o 的等效电路

在测试电压 $\dot{V}_t$ 的作用下,相应的测试电流为

$$\dot{I}_t = \dot{I}_b + \beta \dot{I}_b + \dot{I}_{R_e} = \dot{V}_t \left(\frac{1}{R'_s + r_{be}} + \beta \frac{1}{R'_s + r_{be}} + \frac{1}{R_e} \right) \tag{3.6.7}$$

式中,$R'_s = R_s \parallel R_b$。

由此可得输出电阻为

$$R_o = R_e \parallel \frac{R'_s + r_{be}}{1+\beta} \tag{3.6.8}$$

综上分析说明,共集放大电路的特点是:电压增益小于 1 而接近于 1,输出电压与输入电压同相;输入电阻高,输出电阻低。正因为这些特点的存在,使得它在电子电路中应用极为广泛。例如,利用它输入电阻高,从信号源吸取电流小的特点,将它作为多级放大电路的

输入级;利用它输出电阻小、带负载能力强的特点,又可将它作为多级放大电路的输出级;同时利用它的输入电阻高、输出电阻低的特点,将它作为多级放大电路的中间级,以隔离前后级之间的相互影响,在电路中起阻抗变换的作用,这时可称其为缓冲级。

【例 3.6.1】 在图 3.27(a)所示的共集放大电路中,已知 $V_{CC}=10V, R_b=240k\Omega, R_s=10k\Omega, R_e=R_L=5.6k\Omega$,三极管的 $\beta=40, V_{BEQ}=0.7V, r_{bb'}=300\Omega$。试:

(1) 估算放大电路的静态工作点。

(2) 估算放大电路的 $\dot{A}_V$、$\dot{A}_{VS}$、R_i 和 R_o。

解:(1) 由图 3.27(b)所示的该电路的直流通路可得

$$I_{BQ} = \frac{V_{CC} - V_{BEQ}}{R_b + (1+\beta)R_e} = \frac{10 - 0.7}{240 + 41 \times 5.6}\text{mA} = 19.8\mu\text{A}$$

$$I_{EQ} \approx I_{CQ} = \beta I_{BQ} = 40 \times 0.0198\text{mA} = 0.792\text{mA}$$

$$V_{CEQ} = V_{CC} - I_{EQ}R_e = (10 - 0.792 \times 5.6)\text{V} = 5.56\text{V}$$

(2) 由动态计算公式(3.4.6),可得

$$r_{be} = r_{bb'} + (1+\beta)\frac{26\text{mV}}{I_{EQ}} = 300\Omega + (1+40)\frac{26\text{mV}}{0.792\text{mA}} \approx 1.65\text{k}\Omega$$

$$R'_e = R_e \| R_L = 2.8\text{k}\Omega$$

所以

$$\dot{A}_V = \frac{(1+\beta)R'_e}{r_{be} + (1+\beta)R'_e} = \frac{41 \times 2.8}{1.65 + 41 \times 2.8} = 0.968$$

$$R_i = R_b \| [r_{be} + (1+\beta)R'_e] = \frac{(1.65 + 41 \times 2.8) \times 240}{(1.65 + 41 \times 2.8) + 240}\text{k}\Omega = 78.4\text{k}\Omega$$

则

$$\dot{A}_{VS} = \frac{\dot{V}_o}{\dot{V}_s} = \frac{\dot{V}_o}{\dot{V}_i} \cdot \frac{\dot{V}_i}{\dot{V}_s} = \frac{R_i}{R_i + R_s}\dot{A}_V = \frac{78.4}{78.4 + 10} \times 0.986 = 0.874$$

已知

$$R_o = R_e \| \frac{R'_s + r_{be}}{1+\beta}$$

式中

$$R'_s = R_s \| R_b = \frac{10 \times 240}{10 + 240}\text{k}\Omega = 9.6\text{k}\Omega$$

$$\frac{R'_s + r_{be}}{1+\beta} = \frac{1.65 + 9.6}{41}\text{k}\Omega = 0.274\text{k}\Omega$$

所以

$$R_o = \frac{0.274 \times 5.6}{0.274 + 5.6}\text{k}\Omega = 0.261\text{k}\Omega$$

3.6.2 共基极电路

图 3.30 所示是共基极放大电路。由图可见,输入信号 v_i 加在发射极和基极之间,输出信号 v_o 由集电极和基极之间引出,基极是输入、输出回路的共同端,因此,该电路属共基组态。

1. 静态分析

因为静态基极电流很小,相对于 R_{b1}、R_{b2} 分压回路中的电流可以忽略不计,由图 3.30 可知

$$I_{EQ} = \frac{V_{BQ} - V_{BEQ}}{R_e} \approx \frac{1}{R_e}\left(\frac{R_{b1}}{R_{b1} + R_{b2}}V_{CC} - V_{BEQ}\right) \tag{3.6.9}$$

$$I_{BQ} = \frac{I_{EQ}}{1 + \beta} \tag{3.6.10}$$

$$V_{CEQ} = V_{CC} - I_{CQ}R_c - I_{EQ}R_e \approx V_{CC} - I_{CQ}(R_c + R_e) \tag{3.6.11}$$

2. 动态分析

将图 3.30 所示的共基极放大电路用微变等效电路替代,如图 3.31 所示。

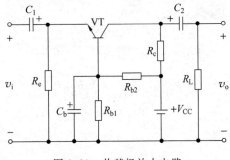
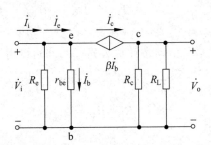

图 3.30 共基极放大电路　　　　图 3.31 共基极放大电路的微变等效电路

1) 电压放大倍数 $\dot{A}_V$

由图 3.31 可知

$$\dot{A}_V = \frac{\dot{V}_o}{\dot{V}_i} = \frac{-\beta \dot{I}_b R'_L}{-\dot{I}_b r_{be}} = \frac{\beta R'_L}{r_{be}} \tag{3.6.12}$$

式中,$R'_L = R_c \parallel R_L$。

式(3.6.12)说明,只要电路参数选择恰当,共基极放大电路也具有电压放大作用,而且输出电压和输入电压相位相同。

2) 输入电阻 R_i

如果先不考虑 R_e 的作用,由图 3.31 可知

$$R'_i = \frac{\dot{V}_i}{\dot{I}_i} = \frac{-\dot{I}_b r_{be}}{-(1 + \beta)\dot{I}_b} = \frac{r_{be}}{1 + \beta} \tag{3.6.13}$$

如果考虑 R_e,则

$$R_i = R_e \parallel \frac{r_{be}}{1 + \beta} \tag{3.6.14}$$

3) 输出电阻 R_o

由图 3.31 可知,共基极放大电路的输出电阻为

$$R_o \approx R_c \tag{3.6.15}$$

式(3.6.15)说明共基极放大电路的输出电阻与共射极放大电路的输出电阻相同,近似等于集电极电阻 R_c。

【例 3.6.2】 在图 3.30 所示电路中,已知 $V_{CC}=15\text{V}, R_c=2.1\text{k}\Omega, R_e=2.9\text{k}\Omega, R_{b1}=R_{b2}=60\text{k}\Omega, R_L=1\text{k}\Omega$,三极管的 $\beta=100, V_{BEQ}=0.7\text{V}, r_{bb'}=200\Omega$。试求:

(1) 该电路的静态工作点。

(2) 电压放大倍数 $\dot{A}_V$、输入电阻 R_i 和输出电阻 R_o。

解:(1) 由图 3.30 可知

$$V_{BQ} = \frac{R_{b1}}{R_{b1}+R_{b2}}V_{CC} = \frac{60\text{k}\Omega}{(60+60)\text{k}\Omega} \times 15\text{V} = 7.5\text{V}$$

$$I_{CQ} \approx I_{EQ} = \frac{V_{BQ}-V_{BEQ}}{R_e} = \frac{(7.5-0.7)\text{V}}{2.9\text{k}\Omega} \approx 2.34\text{mA}$$

$$I_{BQ} = \frac{I_{CQ}}{\beta} = \frac{2.34\text{mA}}{100} = 0.0234\text{mA} = 32.4\mu\text{A}$$

(2) 求 $\dot{A}_V$、R_i 和 R_o。

$$r_{be} = 200\Omega + (1+\beta)\frac{26\text{mV}}{I_{EQ}} = \left(200 + 101 \times \frac{26}{2.35}\right)\Omega \approx 1317.45\Omega \approx 1.32\text{k}\Omega$$

由共基极放大电路结论得

$$\dot{A}_V = \frac{\beta R_L'}{r_{be}} \approx 51.32$$

$$R_i = R_e \parallel \frac{r_{be}}{1+\beta} \approx 13\Omega$$

$$R_o \approx R_c = 2.1\text{k}\Omega$$

3.7 差分放大电路

差分放大电路在性能上有许多优点,是模拟集成电路的又一重要组成单元。本节主要介绍差分电路的一般结构以及动态和静态分析方法。

3.7.1 零点漂移

人们在实验中发现,在直接耦合的多级放大电路中,即使将输入端短路,用灵敏的直流表测量输出端,也会有变化缓慢的输出电压。这种输入电压为零,而输出电压的变化不为零的现象称为零点漂移。

在放大电路中,任何元件参数的变化,如电源电压的波动、元件的老化、半导体器件参数随温度的变化而产生的变化,都将导致输出电压的漂移。尤其在直接耦合的多级放大电路中,由于前后级直接相连,前一级的漂移电压会和有用信号一起被送到下一级,而且逐级放大,以至于有时在输出端很难区分什么是有用信号、什么是漂移电压,最终导致放大电路不能正常工作。

采用高质量的稳压电源和使用经过老化实验的元件就可以大大减小零点漂移现象的产生。这样,由温度引起的半导体器件参数的变化就成为产生零点漂移现象的主要原因。因此,也称零点漂移为温度漂移,简称温漂。

在 3.5 节曾经讲到稳定静态工作点的方法,这些方法也是抑制温度漂移的方法。因为在一定意义上,零点漂移就是静态工作点的漂移,所以,抑制温度漂移的方法如下。

(1) 在电路中引入直流负反馈,如典型的静态工作点稳定电路(图 3.23)中的 R_e 所起的作用。

(2) 采用温度补偿的方法,利用热敏元件来抵消放电管的变化。

(3) 采用特性相同的管子,使它们的温漂相互抵消,构成差分放大电路。

3.7.2 差分放大电路

差分放大电路的常见形式有三种,即基本形式、长尾式和恒流源式。

1. 基本形式差分放大电路

1) 电路组成

将两个电路结构、参数均相同的共射极放大电路组合在一起,就构成差分放大电路的基本形式,如图 3.32 所示。输入电压 v_{i1} 和 v_{i2} 分别加在两管的基极,输出电压等于两管的集电极电压之差。

在理想情况下,电路中左右两部分三极管的特性和电阻的参数均完全相同,则当输入电压等于零时,$V_{CQ1}=V_{CQ2}$,故输出电压 $V_o=0$。如果温度升高使 I_{CQ1} 增大,V_{CQ1} 减小,则 I_{CQ2} 也将增大,V_{CQ2} 也将减小,而且两管变化的幅度相等,结果 VT_1 和 VT_2 输出端的零点漂移将互相抵消。

2) 差模输入和共模输入

差分放大电路有两个输入端,可以分别加上两个输入电压 v_{i1} 和 v_{i2}。如果两个输入电压大小相等,而且极性相反,这样的输入方式称为差模输入,如图 3.33 所示。差模输入电压用符号 v_{id} 表示。

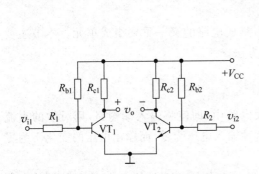

图 3.32 差分放大电路的基本形式

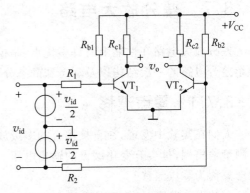

图 3.33 差模输入

如果两个输入信号不仅大小相等,而且极性也相同,这样的输入电方式称为共模输入,如图 3.34 所示。共模输入电压用符号 v_{ic} 表示。

实际上,在差分放大电路的两个输入端加上任意大小、任意极性的输入电压 v_{i1} 和 v_{i2},都可以将它们认为是某个差模输入电压与某个共模输入电压的组合。其中,差模输入电压 v_{id} 和共模输入电压 v_{ic} 的值分别为

$$v_{id} = v_{i1} - v_{i2} \tag{3.7.1}$$

$$v_{ic} = \frac{1}{2}(v_{i1} + v_{i2}) \tag{3.7.2}$$

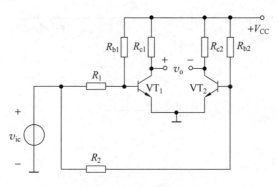

图 3.34 共模输入

因此,只要分析清楚差分放大电路对差模输入信号和共模输入信号的响应,利用叠加定理即可完整地描述差分放大电路对所有各种输入信号的响应。

通常情况下,认为差模输入电压反映了有效的信号,而共模输入电压可能反映了由于温度变化而产生的漂移信号,或者是随着有效信号一起进入放大电路的某种干扰信号。

3) 差模电压放大倍数、共模电压放大倍数和共模抑制比

放大电路对差模输入电压的放大倍数称为差模电压放大倍数,用 A_{VD} 表示,即

$$A_{VD} = \frac{v_o}{v_{id}} \tag{3.7.3}$$

而放大电路对共模输入电压的放大倍数称为共模电压放大倍数,用 A_{VC} 表示,即

$$A_{VC} = \frac{v_o}{v_{ic}} \tag{3.7.4}$$

通常希望差分放大电路的差模电压放大倍数越大越好,而共模电压放大倍数越小越好。差分放大电路的共模抑制比用符号 K_{CMR} 表示,它定义为差模电压放大倍数与共模电压放大倍数之比,一般用对数表示,单位为 dB,即

$$K_{CMR} = 20\lg\left|\frac{A_{VD}}{A_{VC}}\right| \tag{3.7.5}$$

共模抑制比能够描述差分放大电路对零漂的抑制能力。K_{CMR} 越大,说明抑制零漂的能力越强。

在图 3.34 中,如为理想情况,即差分放大电路左右两部分的参数完全对称,则加上共模输入信号时,VT_1 和 VT_2 的集电极电压完全相等,输出电压等于 0,则共模电压放大倍数 $A_{VC}=0$,共模抑制比 $K_{CMR}=\infty$。

实际上,由于电路内部参数不可能绝对匹配,因此加上共模输入电压时,存在一定的输出电压,共模电压放大倍数 $A_{VC}\neq 0$。对于这种基本形式的差分放大电路来说,从每个三极管的集电极对地电压来看,其温度漂移与单管放大电路相同,丝毫没有改善。因此,在实际工作中一般不采用这种基本形式的差分放大电路。

2. 长尾式差分放大电路

1) 电路组成

基于图 3.32 所示的基本差分电路,在两个放大管的发射极接入一个发射极电阻 R_e,形成图 3.35 所示电路。由于 R_e 接负电源 $-V_{EE}$,拖了一个长尾巴,所以此电路称为长尾式差分放大电路。

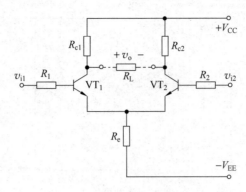

图 3.35 长尾式差分放大电路

发射极电阻,即长尾电阻 R_e 的作用是引入一个共模负反馈,也就是说,R_e 对共模信号有负反馈作用,而对差模信号没有影响。假设在电路输入端加上正的共模信号,则两个管子的集电极电流 i_{C1}、i_{C2} 同时增加,使流过发射极电阻 R_e 的电流 i_E 增加,于是发射极电位 v_E 升高,反馈到两管的基极回路中,使 v_{BE1}、v_{BE2} 降低,从而限制了 i_{C1}、i_{C2} 的增加。

但是对于差模输入信号,由于两管的输入信号幅度相等而极性相反,所以 i_{C1} 增加多少,i_{C2} 就减少同样的数量,因而流过 R_e 的电流总量保持不变,则 $v_E=0$,所以对于差模信号没有反馈作用。

R_e 引入的共模负反馈使共模放大倍数 A_{VC} 减小,降低了每个管子的零点漂移。但对差模放大倍数 A_{VD} 没有影响,因此提高了电路的共模抑制比。

R_e 越大,共模负反馈越强,则抑制零漂的效果越好。但是,随着 R_e 的增大,R_e 上的直流压降将越来越大。为此,在电路中引入一个负电源 $-V_{EE}$ 来补偿 R_e 上的直流压降,以免输出电压变化范围太小。

2) 静态分析

当输入电压等于零时,由于电路结构对称,即 $\beta_1=\beta_2=\beta$,$r_{be1}=r_{be2}=r_{be}$,$R_{c1}=R_{c2}=R_c$,$R_1=R_2=R$,有 $I_{BQ1}=I_{BQ2}=I_{BQ}$,$I_{CQ1}=I_{CQ2}=I_{CQ}$,$V_{BEQ1}=V_{BEQ2}=V_{BEQ}$,$V_{CQ1}=V_{CQ2}=V_{CQ}$,由三极管基极回路可得

$$I_{BQ}R + V_{BEQ} + 2I_{EQ}R_e = V_{EE} \tag{3.7.6}$$

则静态基极电流为

$$I_{BQ} = \frac{V_{EE} - V_{BEQ}}{R + 2(1+\beta)R_e} \tag{3.7.7}$$

有

$$I_{CQ} \approx \beta I_{BQ} \tag{3.7.8}$$

$$V_{CQ} = V_{CC} - I_{CQ}R_c \tag{3.7.9}$$

$$V_{BQ} = -I_{BQ}R \tag{3.7.10}$$

3) 动态分析

在图 3.35 所示的差分放大电路中,当输入差模信号时,流过长尾电阻 R_e 的电流不变,v_E 相当于一个固定电位,在交流通路中可将 R_e 视为短路,因此长尾式差分放大电路的微变等效电路如图 3.36 所示。图中 R_L 为接在两个三极管集电极之间的负载电阻。当输入差模信号时,一管集电极电位降低,另一管集电极电位升高,可以认为 R_L 中点处的电位保持

不变，也就是说，在 $R_L/2$ 处相当于交流接地。

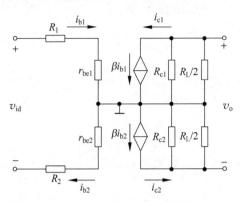

图 3.36　差分放大电路的微变等效电路

根据微变等效电路可得

$$A_{VD} = \frac{v_o}{v_i} = -\frac{\beta\left(R_c \parallel \dfrac{R_L}{2}\right)}{R + r_{be}} \qquad (3.7.11)$$

差模输入电阻为

$$R_{id} = 2(R + r_{be}) \qquad (3.7.12)$$

差模输出电阻为

$$R_o = 2R_c \qquad (3.7.13)$$

在长尾式差分放大电路中，为了在两侧参数不完全对称的情况下能使静态时 V_o 为零，常常接入调零电位器 R_W，如图 3.37 所示。

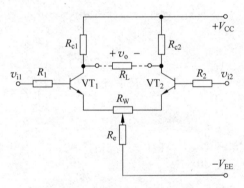

图 3.37　带调零电阻的长尾式差分放大电路

【例 3.7.1】　在图 3.37 所示的放大电路中，已知 $V_{CC}=V_{EE}=12V$，$R_{c1}=R_{c2}=R_c=30k\Omega$，$R_e=27k\Omega$，$R_1=R_2=R=10k\Omega$，$R_L=20k\Omega$，$R_W=500k\Omega$，且设 R_W 的滑动端调在中点位置，三极管的 $\beta_1=\beta_2=\beta=50$，$V_{BEQ1}=V_{BEQ2}=V_{BEQ}=0.7V$，$r_{bb'1}=r_{bb'2}=r_{bb'}=300\Omega$。

(1) 估计放大电路的静态工作站点。
(2) 估算差模电压放大数 A_{VD}。
(3) 估算差模输入电阻 R_{id} 和输出电阻 R_o。

解：(1) 当输入信号为零时，由基极回路可得

$$I_{BQ} = \frac{V_{EE} - V_{BEQ}}{R + (1+\beta)(2R_e + 0.5R_W)}$$

$$= \frac{12 - 0.7}{10 + 51 \times (2 \times 27 + 0.5 \times 0.5)} \text{mA} \approx 0.004 \text{mA} = 4\mu\text{A}$$

则

$$I_{CQ} \approx \beta I_{BQ} = 50 \times 0.004 \text{mA} = 0.2 \text{mA}$$

$$V_{CQ} = V_{CC} - I_{CQ}R_c = (12 - 0.2 \times 30)\text{V} = 6\text{V}$$

$$V_{EQ} \approx -V_{BEQ} = -0.7\text{V}$$

$$V_{CEQ} = V_{BQ} - V_{EQ} = 6 - (-0.7)\text{V} = 6.7\text{V}$$

(2) 为了估算 A_{VD},需先画出放大电路的微变等效电路,如图 3.38 所示。

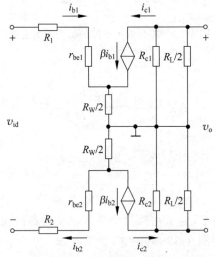

图 3.38 图 3.37 电路的微变等效电路

由图可知

$$A_{VD} = \frac{v_o}{v_{id}} = -\frac{\beta R'_L}{R + r_{be} + (1+\beta)\frac{R_W}{2}}$$

式中

$$R'_L = R_c \parallel \frac{R_L}{2} = \frac{30 \times \frac{20}{2}}{30 + \frac{20}{2}} \text{k}\Omega = 7.5 \text{k}\Omega$$

$$r_{be} = r_{bb'} + (1+\beta)\frac{26}{I_{EQ}} = \left(300 + 51 \times \frac{26}{0.2}\right) = 6930\Omega = 6.93\text{k}\Omega$$

$$A_{VD} = -\frac{50 \times 7.5}{10 + 6.93 + 51 \times 0.5 \times 0.5} = -12.6$$

(3) 差模输入电阻为

$$R_{id} = 2\left[R + r_{be} + (1+\beta)\frac{R_W}{2}\right]$$

$$= 2(10 + 6.93 + 51 \times 0.5 \times 0.5)\text{k}\Omega \approx 59.4\text{k}\Omega$$

差模输出电阻为

$$R_o = 2R_c = 2 \times 30\text{k}\Omega = 60\text{k}\Omega$$

3. 恒流源式差分放大电路

在长尾式差分放大电路中,长尾电阻 R_e 越大,则共模负反馈越强,抑制零漂的效果越好。但是,R_e 越大,为了得到同样的工作电流所需的负电源 V_{EE} 的值越高。既希望抑制零漂的效果比较好,同时又不要求过高的 V_{EE} 值。为此,可采用一个电流源代替原来的长尾电阻 R_e。

恒流源式差分放大电路,如图 3.39 所示。由图可见,恒流管 VT_3 的基极电位由电阻 R_{b1}、R_{b2} 分压后得到,可认为基本不受温度变化的影响,则当温度变化时,VT_3 的发射极电位和发射极电流也基本保持稳定,而两个三极管的集电极电流 i_{C1} 和 i_{C2} 之和近似等于 i_{C3},所以 i_{C1} 和 i_{C2} 将不会因温度的变化而同时增大或减小。可见,接入恒流三极管后,抑制了共模信号的变化。

估算恒流源式差分放大电路的静态工作点时,通常可从恒流三极管的电流开始。由图 3.39 可知,当忽略 VT_3 的基流时,R_{b1} 上的电压为

$$V_{BQ3} = \frac{R_{b1}}{R_{b1}+R_{b2}}(V_{CC}+V_{EE}) \tag{3.7.14}$$

则恒流管 VT_3 的静态电流为

$$I_{CQ3} \approx I_{EQ3} = \frac{V_{BQ3}-V_{BEQ3}}{R_e} \tag{3.7.15}$$

于是得到两个三极管的静态电流和电压为

$$I_{CQ1} = I_{CQ2} = \frac{1}{2}I_{CQ3} \tag{3.7.16}$$

$$I_{BQ1} = I_{BQ2} = \frac{I_{CQ1}}{\beta_1} \tag{3.7.17}$$

$$V_{CQ1} = V_{CQ2} = V_{CC} - I_{CQ1}R_c \tag{3.7.18}$$

$$V_{BQ1} = V_{BQ2} = -I_{BQ1}R_1 \tag{3.7.19}$$

由于恒流三极管相当于一个阻值很大的长尾电阻,它的作用也相当于引入一个共模负反馈,对差模电压放大倍数没有影响,所以恒流源式差分放大电路的微变等效电路与长尾式电路的相同,如图 3.36 所示。因而,二者的差模电压放大倍数 A_{VD}、差模输入电阻 R_{id} 和输出电阻 R_o 均相同,读者可自行分析。

有时为了简化起见,常常不把恒流源式差分放大电路的恒流管 VT_3 的具体电路画出,而采用一个简化的恒流符号来表示,如图 3.40 所示。

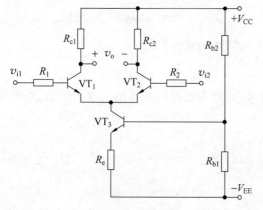
图 3.39 恒流源式差分放大电路

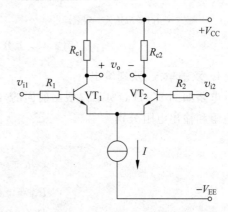
图 3.40 恒流源式差分放大电路的简化表示法

3.7.3 差分放大电路的四种接法

差分放大电路有两个三极管,它们的基极和集电极可以分别成为放大电路的两个输入端和两个输出端。差分放大电路的输入、输出端可以有四种不同的接法,即双端输入、双端输出,双端输入、单端输出,单端输入、双端输出,单端输入、单端输出,如图 3.41 所示。当输入、输出端的接法不同时,放大电路的某些性能指标和电路的特点也有差别,下面分别进行介绍。

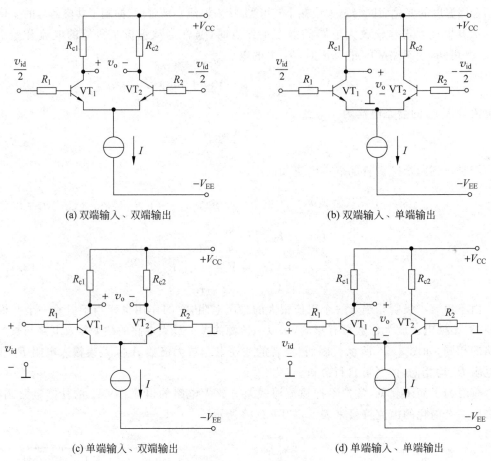

(a) 双端输入、双端输出   (b) 双端输入、单端输出

(c) 单端输入、双端输出   (d) 单端输入、单端输出

图 3.41 差分放大电路的四种接法

1. 双端输入、双端输出

电路如图 3.41(a)所示。根据前面的分析可知,放大电路的差模电压放大倍数、差模输入电阻和输出电阻分别为

$$A_{VD} = -\frac{\beta\left(R_c \parallel \dfrac{R_L}{2}\right)}{R + r_{be}} \quad (3.7.20)$$

$$R_{id} = 2(R + r_{be}) \quad (3.7.21)$$

$$R_o = 2R_c \quad (3.7.22)$$

由前面的分析还可知,由于差分放大电路中两个三极管的集电极电压的温度漂移互相

抵消,因而抑制温漂的能力很强,理想情况下共模抑制比 K_{CMR} 为无穷大。

2. 双端输入、单端输出

电路如图 3.41(b)所示。由于只从一个三极管的集电极输出,而另一个三极管的集电极电压变化没有输出,因而 v_o 约为双端输出时的一半,所以差模电压放大倍数为

$$A_{VD} = -\frac{1}{2}\frac{\beta(R_c \parallel R_L)}{R + r_{be}} \tag{3.7.23}$$

差模输入电阻和输出电阻为

$$R_{id} = 2(R + r_{be}) \tag{3.7.24}$$
$$R_o = R_c \tag{3.7.25}$$

这种接法常用于将差分信号转换为单端信号,以便与后面的放大级实现共地。

3. 单端输入、双端输出

在单端输入情况下,输入电压只加在某一个三极管的基极与公共端之间,另一管的基极接地,如图 3.41(c)所示。现在来分析一下单端输入时两个三极管的工作情况。

由前面的分析可知,在差分放大电路的两个输入端加上任意大小、任意极性的输入电压 v_{i1} 和 v_{i2},可以被认为是某个差模输入电压与某个共模输入电压的组合,其中差模输入电压 v_{id} 和共模输入电压 v_{ic} 的值分别为 $v_{id} = v_{i1} - v_{i2}$ 和 $v_{ic} = \frac{1}{2}(v_{i1} + v_{i2})$。对于从 v_{i1} 输入信号、v_{i2} 接地的情形,可知 $v_{id} = v_{i1}$, $v_{ic} = \frac{1}{2}v_{i1}$,即 $v_{i1} = v_{ic} + v_{id}/2$, $v_{i2} = v_{ic} - v_{id}/2$。由于差分放大电路已知共模信号,所以可认为 $v_{i1} = v_{id}/2$ 和 $v_{i2} = -v_{id}/2$,仍然相当于分别从两端输入一对共模信号。所以,单端输入、双端输出时的差模电压放大倍数为

$$A_{VD} = -\frac{\beta\left(R_c \parallel \dfrac{R_L}{2}\right)}{R + r_{be}} \tag{3.7.26}$$

差模输入电阻和输出电阻为

$$R_{id} \approx 2(R + r_{be}) \tag{3.7.27}$$
$$R_o = 2R_c \tag{3.7.28}$$

这种接法主要用于将单端信号转换为双端输出,以便作为下一级的差分输入信号。

4. 单端输入、单端输出

电路如图 3.41(d)所示。由于从单端输出,所以其差模电压放大倍数约为双端输出时的一半,即

$$A_{VD} = -\frac{1}{2}\frac{\beta(R_c \parallel R_L)}{R + r_{be}} \tag{3.7.29}$$

差模输入电阻和输出电阻为

$$R_{id} \approx 2(R + r_{be}) \tag{3.7.30}$$
$$R_o = R_c \tag{3.7.31}$$

这种接法的特点是在单端输入和单端输出的情况下,比一般的单管放大电路具有较强的抑制零漂的能力。另外,通过从不同的三极管集电极输出,可使输出电压与输入电压成为反相或同相关系。

总之,根据以上对差分放大电路输入、输出端4种不同接法的分析,可以得出以下几点结论。

(1) 双端输出时,差模电压放大倍数基本上与单管放大电路的电压放大倍数相同;双端输出时,A_{VD}约为单端输出时的两倍。

(2) 双端输出时,输出电阻 $R_o=2R_c$;单端输出时 $R_o=R_c$。

(3) 双端输出时,因为两管集电极电压的温漂互相抵消,所以在理想情况下共模抑制比 $K_{CMR}=\infty$;单端输出时,由于通过长尾电阻或恒流三极管引入了很强的共模负反馈,因此仍能得到较高的共模抑制比,当然不如双端输出时高。

(4) 单端输出时,可以选择从不同的三极管输出,而使得输出电压与输入电压反相或同相。

(5) 单端输入时,由于引入了很强的共模负反馈,两个三极管仍基本上工作在差分状态。

(6) 单端输入时,从一个三极管到公共端之间的差模输入电阻 $R_{id} \approx 2(R+r_{be})$。

3.8 多级放大电路

一般情况下,单级放大电路的电压放大倍数只能达到几十倍,其他技术指标也很难达到实际工作中提出的要求,因此,在实际电子设备中,大都采用各种各样的多级放大电路。

本节主要介绍多级放大电路的耦合方式,以及多级放大电路的电压放大倍数、输入电阻和输出电阻的分析方法。

3.8.1 多级放大电路的耦合方式

多级放大电路内部各级之间的链接方式称为耦合方式。通常的耦合方式有阻容耦合、直接耦合和变压器耦合。

1. 阻容耦合

将放大电路的前级输出端通过电容接到后级输入端,称为阻容耦合方式。图 3.42 所示为两级阻容耦合放大电路,每一级均为共射极放大电路。

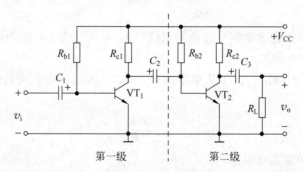

图 3.42 阻容耦合放大电路

阻容耦合的主要特点是,由于前后级之间通过电容相连,故级与级之间的直流通路是断开的,因此,各级的静态工作点相互独立、互不影响。这样给分析、设计和调试工作带来很大的方便。而且,在耦合电容足够大的情况下,就可以做到在一定频率范围内,前一级的输出信号几乎不衰减地传送到后一级的输入端,使信号得到充分的利用。

但是,阻容耦合也有明显的缺点。首先,缓慢变化的信号通过电容将被严重地衰减。其次,直流成分的变化不能通过电容。更重要的是,由于集成电路工艺很难制作大电容,因此,阻容耦合方式在集成电路中无法采用。

2. 直接耦合

直接耦合是将前级的输出端直接或通过电阻接到后一级的输入端。直接耦合放大电路既能放大交流信号,又能放大缓慢变化信号和直流信号。更重要的是,直接耦合方式便于实现集成化,因此,实际的集成运算放大电路,通常都是直接耦合多级放大电路。

但是,直接耦合并不是简单地将两单管放大电路直接连在一起,因为直接连接有可能使放大电路不能正常工作。例如,在图3.43(a)中,由于三极管VT_1的集电极电位与VT_2的基极电位相等,约为0.7V,因此VT_1的静态工作点接近饱和区,无法正常进行放大。

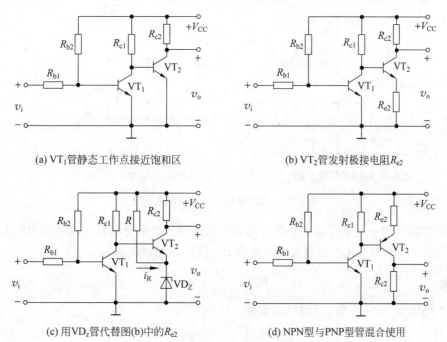

图 3.43 直接耦合放大电路

为了使直接耦合的两个放大级各自都有合适的静态工作点,图3.43给出了几种解决的途径。在图3.43(b)中,VT_2的发射极接入一个电阻R_{e2},提高了第二级的发射极电位V_{E2}和基极电位V_{B2},从而使第一级的集电极具有较高的静态电位,避免工作在饱和区。但是,接入R_{e2}后,将使第二级的放大倍数下降。

在图3.43(c)中,用稳压管VD_Z替代图3.43(b)中的R_{e2}。因为稳压管的动态内阻通常很小,一般为几十欧。因此,第二级的放大倍数不致下降很多。但是,接入稳压管相当于接入一个固定电压,将使VT_2集电极的有效电压变化范围减小。

图3.43(b)(c)所示电路还存在一个共同的问题,那就是当耦合的级数更多时,为了继续保证三极管工作在放大区,即使发射结正向偏置,集电结反向偏置,集电极的电位将越来越高,以至于接近电源电压,势必使后级的静态工作点不合适。因此,直接耦合多级放大电路常采用NPN型和PNP型管混合使用的方法解决上述问题,如图3.43(d)所示。

直接耦合电路的突出优点是具有良好的低频特性,可以放大变化缓慢的信号;并且由于没有大电容,易于实现集成。

直接耦合电路的缺点是各级之间直流通路相连,因而静态工作点相互影响,会给电路的分析、设计和调试带来一定的困难。关于直接耦合放大电路因各级静态工作点相互影响而产生的零点漂移现象以及为克服这种现象而采用的差分放大电路,在3.7节中已经讲过。

3. 变压器耦合

因为变压器耦合能通过耦合的磁路将一次侧(原边)的交流信号传送到二次侧(副边),所以也可以作为多级放大电路的耦合元件。

图3.44(a)所示为变压器耦合共射极放大电路,T_r表示变压器,R_L既可以表示负载,也可以表示后级放大电路,图3.44(b)是它的微变等效电路。

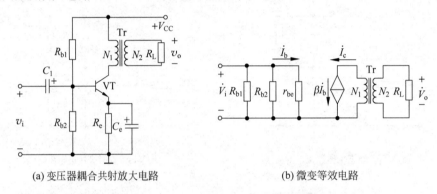

(a) 变压器耦合共射放大电路　　　　　　(b) 微变等效电路

图3.44　变压器耦合共射极放大电路

变压器耦合的一个重要优点是具有阻抗变换作用。如果变压器一次绕组和二次绕组的匝数分别为N_1和N_2,在二次侧接有一负载R_L,则折合到原边的等效电阻为

$$R_L' = \left(\frac{N_1}{N_2}\right)^2 R_L \tag{3.8.1}$$

对于图3.44所示电路,可得到电压放大倍数为

$$A_V = -\frac{\beta R_L'}{r_{be}} \tag{3.8.2}$$

根据所需的电压放大倍数,可以选择合适的匝数比,使负载电阻上获得足够大的电压,并且当匹配得当时,负载可以获得足够大的功率。在集成功率放大电路产生之前,几乎所有的功率放大电路都是采用变压器耦合的形式。

变压器耦合的另一个优点是前后级直流通路互相隔离,因此各级静态工作点互相独立。

变压器耦合方式的主要缺点是变压器比较笨重,无法集成化。另外,缓慢变化和直流信号也不能通过变压器。目前,即使是功率放大电路也较少采用变压器耦合方式。

3.8.2　多级放大电路的动态分析

1. 电压放大倍数

在多级放大电路中,由于各级是互相串联起来的,前一级的输出就是后一级的输入,所以多级放大电路的总的电压放大倍数等于各级电压放大倍数的乘积,即

$$\dot{A}_V = \dot{A}_{V1} \cdot \dot{A}_{V2} \cdot \cdots \cdot \dot{A}_{Vn} \tag{3.8.3}$$

式中，n 为多级放大电路的级数。

但是，在分别计算每一级的电压放大倍数时，必须考虑前后级之间的相互影响。例如，可把后一级的输入电阻看作前一级的负载电阻，或把前一级的输出电阻作为后一级的信号源内阻。

2. 输入电阻和输出电阻

一般来说，多级放大电路的输入电阻就是输入级的输入电阻；而多级放大电路的输出电阻就是输出级的电阻。

在具体计算输入电阻或输出电阻时，它们有时不仅决定于本级的参数，也与后级或前级的参数有关。

【例 3.8.1】 根据图 3.42 中的阻容耦合放大电路，写出静态工作点，$\dot{A}_V$、R_i 和 R_o 的表达式。

解：静态工作点为

$$\begin{cases} I_{BQ1} = \dfrac{V_{CC} - V_{BEQ1}}{R_{b1}} \\ I_{CQ1} = \beta_1 I_{BQ1} \\ V_{CEQ1} = V_{CC} - I_{CQ1} R_{c1} \end{cases} \text{和} \begin{cases} I_{BQ2} = \dfrac{V_{CC} - V_{BEQ2}}{R_{b2}} \\ I_{CQ2} = \beta_2 I_{BQ2} \\ V_{CEQ2} = V_{CC} - I_{CQ2} R_{c2} \end{cases}$$

图 3.44 所示放大电路的微变等效电路如图 3.45 所示。

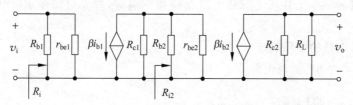

图 3.45 图 3.42 所示放大电路的微变等效电路

由图可知

$$\dot{A}_V = \dot{A}_{V1} \cdot \dot{A}_{V2} = -\frac{\beta_1 R_{c1} \parallel R_{i2}}{r_{be1}} \cdot \left(-\frac{\beta_2 R_{c2} \parallel R_L}{r_{be2}}\right)$$

$$= \frac{\beta_1 R_{c1} \parallel r_{be2} \parallel R_{b2}}{r_{be1}} \cdot \frac{\beta_2 R_{c2} \parallel R_L}{r_{be2}}$$

$$R_i = R_{i1} = r_{be1} \parallel R_{b1}$$

$$R_o = R_{o2} = R_{c2}$$

3.9 放大电路的频率特性

在放大电路中，由于放大器件本身极间电容和电抗性元件的存在，所以，当放大电路输入不同频率的正弦波信号时，电路的放大倍数将不再是不变的常数，而成为频率的函数。这种函数关系称为放大电路的频率响应。

3.9.1 频率特性的基本概念

由于电抗性元件的作用，使正弦波信号通过放大电路时，不仅信号的幅度得到放大，而且还将产生一个相位移。此时，电压放大倍数 $\dot{A}_V$ 可表示为

$$\dot{A}_V = |\dot{A}_V(f)| \angle \varphi(f) \qquad (3.9.1)$$

式(3.9.1)表示,电压放大倍数的幅度$|\dot{A}_V(f)|$和相角$\varphi(f)$都是频率f的函数。其中,$|\dot{A}_V(f)|$称为幅频特性,$\varphi(f)$称为相频特性。

阻容耦合单管基本共射极放大电路的幅频特性和相频特性如图 3.46 所示。其中,图 3.46(a)是幅频特性曲线,图 3.46(b)是相频特性曲线。通常,在分析放大电路的频率影响时,可将信号频率划分为三个区域,即低频区、中频区和高频区。

在中频区($f_L \sim f_H$ 之间的通带内),耦合电容和旁路电容可视为交流信号短路,而三极管的极间电容和电路中的分布电容可视为开路,此时的增益基本上为常数,输出与输入信号间的相位差也为常数。在 $f < f_L$ 的低频区,耦合电容和旁路电容不能再被视为对交流信号短路,此时的增益随信号频率的降低而减小、相移减小。在 $f > f_H$ 的高频区,三极管的极间电容很小,电路中分布电容不能视为对交流信号开路,此时的增益随信号频率的增加而减小、相移增大。在 $f = f_L$ 和 $f = f_H$ 处,增益下降为中频增益的 0.707 倍,即比中频增益下降了 3dB。

由上可知,利用三个频段的等效电路和近似技术便可得到放大电路的频率响应,从而避免了利用一个完整电路(即包含所有电容)求解复杂的函数。

为了便于理解和手工分析实际放大电路的频率响应,首先对简单 RC 电路的频率响应加以分析。

1. RC 低通电路的频率响应

图 3.47 所示为 RC 低通电路。

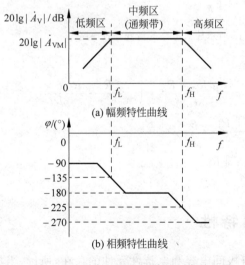

图 3.46　基本共射极放大电路的频率特性　　图 3.47　RC 低通电路

由图可得

$$\dot{A}_{VH} = \frac{\dot{V}_o}{\dot{V}_i} = \frac{\dfrac{1}{j\omega C}}{R + \dfrac{1}{j\omega C}} = \frac{1}{1 + j\omega RC} \qquad (3.9.2)$$

令
$$f_H = \frac{1}{2\pi RC} \tag{3.9.3}$$

可得
$$\dot{A}_{VH} = \frac{1}{1+\mathrm{j}(f/f_H)} \tag{3.9.4}$$

将式(3.9.4)用模和相角表示,分别为
$$|\dot{A}_{VH}| = \frac{1}{\sqrt{1+(f/f_H)^2}} \tag{3.9.5}$$

$$\varphi_H = -\arctan(f/f_H) \tag{3.9.6}$$

幅频响应曲线可由式(3.9.5)按下列步骤绘出。

(1) 当 $f \ll f_H$ 时,有
$$|\dot{A}_{VH}| = 1/\sqrt{1+(f/f_H)^2} \approx 1 \tag{3.9.7}$$

用分贝(dB)表示,有
$$20\lg|\dot{A}_{VH}| \approx 20\lg 1 = 0\mathrm{dB} \tag{3.9.8}$$

这是一条与横轴平行的零分贝线。

(2) $f \gg f_H$ 时,有
$$|\dot{A}_{VH}| = 1/\sqrt{1+(f/f_H)^2} \approx f_H/f \tag{3.9.9}$$

用分贝表示则有
$$20\lg|\dot{A}_{VH}| \approx 20\lg(f_H/f) \tag{3.9.10}$$

这是一条斜率为 $-20\mathrm{dB}$/十倍频程的直线,与零分贝线在 $f=f_H$ 处相交。

由以上两条直线构成的折线,就是近似的幅频响应,如图 3.48(a)所示。f_H 对应于两条直线的交点,所以 f_H 称为转折频率。由式(3.9.9)可知,当 $f=f_H$ 时,$|\dot{A}_{VH}|=1/\sqrt{2}=0.707$,即在 f_H 处,电压传输系数下降为中频值的 0.707 倍,用分贝表示时,下降了 3dB,所以 f_H 又称为上限截止频率,简称上限频率。

这种用折线表示的幅频响应与实际的幅频响应存在一定误差,如图 3.48(a)中的虚线所示。作为一种近似方式,在工程上是允许的。

相频响应曲线可用三条直线来近似描述。
(1) 当 $f \ll f_H$ 时,$\varphi_H \rightarrow 0°$,得到一条 $\varphi_H = 0°$ 的直线。
(2) 当 $f \gg f_H$ 时,$\varphi_H \rightarrow -90°$,得到一条 $\varphi_H = -90°$ 的直线。
(3) 当 $f = f_H$ 时,$\varphi_H = -45°$。

由于当 $f/f_H = 0.1$ 和 $f/f_H = 10$ 时,相应地可近似得 $\varphi_H = 0°$ 和 $\varphi_H = -90°$,故在 $0.1f_H$ 和 $10f_H$ 之间,可用一条斜率为 $-45°$/十倍频程的直线来表示,于是可画出相频响应曲线如图 3.48(b)所示。图中也用虚线画出了实际的相频响应。同样,作为一种工程近似方法,存在一定的相位误差也是允许的。

由上述分析可知,当输入信号的频率 $f < f_H$ 时,RC 低通电路的电压放大倍数 A_{VH} 最大,而且不随信号频率而变化,即低频信号能够不衰减地传输到输出端,也不产生相移。$f = f_H$ 时,A_{VH} 下降了 3dB,而且产生 $-45°$ 相移。$f > f_H$ 后,随着 f 的增加,A_{VH} 按一定的规

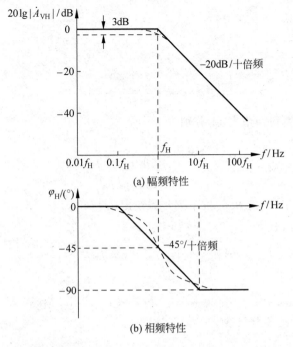

图 3.48 RC 低通电路的频率响应

律衰减,且相移增大,最终趋于 $-90°$,必须指出,这里的负号表示输出电压滞后于输入电压。

2. RC 高通电路的频率响应

图 3.49 所示为 RC 高通电路,由图可得

$$\dot{A}_{VL} = \frac{\dot{V}_o}{\dot{V}_i} = \frac{R}{R + \frac{1}{j\omega C}} = \frac{1}{1 + \frac{1}{j\omega RC}} \quad (3.9.11)$$

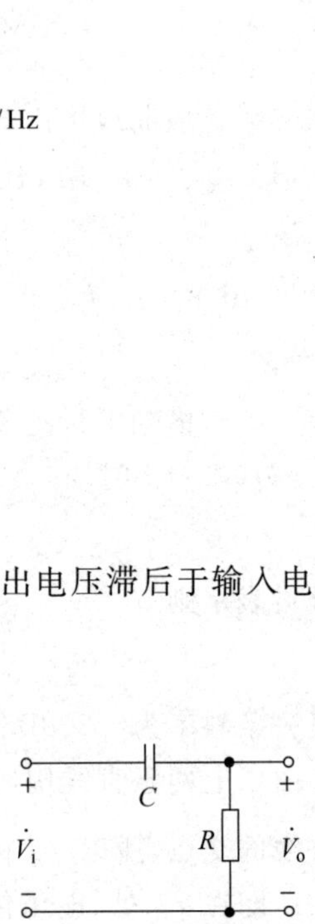

图 3.49 RC 高通电路

令

$$f_L = \frac{1}{2\pi RC} \quad (3.9.12)$$

可得

$$\dot{A}_{VL} = \frac{1}{1 - j\left(\dfrac{f_L}{f}\right)} \quad (3.9.13)$$

将式(3.9.13)用模和相角表示,分别为

$$|\dot{A}_{VL}| = \frac{1}{\sqrt{1 + \left(\dfrac{f_L}{f}\right)^2}} \quad (3.9.14)$$

$$\varphi_L = -\arctan\left(\frac{f_L}{f}\right) \quad (3.9.15)$$

幅频响应曲线可由式(3.9.14)按下列步骤绘出。

(1) 当 $f \ll f_L$ 时,有

$$|\dot{A}_{VL}| = \frac{1}{\sqrt{1+\left(\frac{f_L}{f}\right)^2}} \approx \frac{f}{f_L} \tag{3.9.16}$$

用分贝(dB)表示则有

$$20\lg|\dot{A}_{VL}| \approx 20\lg\left(\frac{f}{f_L}\right) \tag{3.9.17}$$

这是一条斜率为20dB/十倍频程的直线。

(2) $f \gg f_L$ 时,有

$$|\dot{A}_{VL}| = \frac{1}{\sqrt{1+\left(\frac{f_L}{f}\right)^2}} \approx 1 \tag{3.9.18}$$

用分贝表示则有

$$20\lg|\dot{A}_{VL}| \approx 20\lg\left(\frac{f_L}{f}\right) = 0\text{dB} \tag{3.9.19}$$

这是一条与横轴平行的零分贝线。

由以上两条直线构成的折线,就是近似的幅频响应,如图3.50(a)所示。f_L 对应于两条直线的交点,所以 f_L 称为转折频率。由式(3.9.18)可知,当 $f = f_L$ 时,$|\dot{A}_{VL}| = 1/\sqrt{2} = 0.707$,即在 f_L 处,电压传输系数下降为中频值的 0.707 倍,用分贝表示时,下降了 3dB,所以 f_L 又称为下限截止频率,简称下限频率。

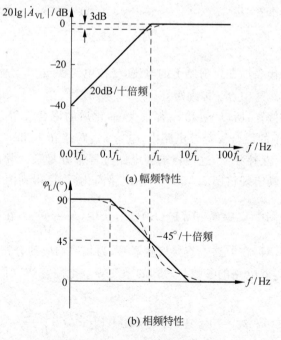

图 3.50 RC高通电路的频率响应

类似于RC低通电路,可画出高通电路的相频响应曲线,如图3.50(b)所示。

3.9.2 单级放大电路的频率特性

研究放大电路的频率响应,对于模拟集成电路和分立元件电路都是必要的,而影响放大电路频率响应的主要原因之一是三极管的极间电容。下面讨论三极管的混合 π 等效模型,并利用这一模型分析三极管的频率特性和频率参数。

1. 混合 π 等效电路

考虑了三极管的极间电容后,三极管的结构如图 3.51(a)所示。其中,$C_{b'e}$ 为发射结等效电容,$C_{b'c}$ 为集电结等效电容。根据考虑了极间电容的三极管结构示意图,可得到三极管的混合 π 等效电路,如图 3.51(b)所示。

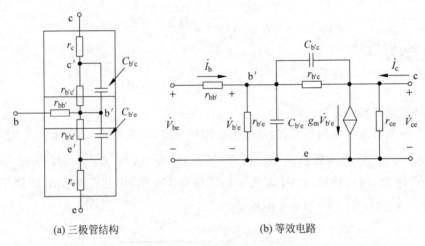

(a) 三极管结构   (b) 等效电路

图 3.51 混合 π 等效电路

等效电路中,$\dot{V}_{b'e}$ 代表加在发射结上的电压,受控电流源 $g_m \dot{V}_{b'e}$ 体现了发射结电压对集电极电流的控制作用。其中,g_m 称为跨导。

由于集电结反向偏置,所以 $r_{b'c}$ 和 r_{ce} 都很大,简化后的混合 π 等效电路如图 3.52(a)所示。在图 3.52(a)所示的混合 π 等效电路中,电容 $C_{b'c}$ 跨接在 b' 和 c 之间,将输入回路和输出回路直接联系起来,互补独立,这使得求解电路过程十分复杂。为此,可以利用米勒定理将问题简化。利用米勒定理将图 3.52(a)所示电路简化后,可得到图 3.52(b)所示的单向化的混合 π 等效电路。图中 $C' = C_{b'e} + (1-\dot{K})C_{b'c}$,式中,$\dot{K} = \dfrac{\dot{V}_{ce}}{\dot{V}_{b'e}}$。在单向化的等效电路中,输入回路和输出回路不再在电路上直接发生联系,为频率响应的分析带来很大的方便。

实际上,混合 π 等效电路的参数和熟知的微变等效电路参数之间有确定的关系。由微变等效电路可知

$$r_{be} = r_{bb'} + r_{b'e} = r_{bb'} + (1+\beta)\frac{26\text{mV}}{I_{EQ}} \qquad (3.9.20)$$

式中,β 为低频段三极管的电流放大倍数。虽然用 β 和 g_m 表述的受控关系不同,但它们所要表述的却是同一个物理量,即

$$\dot{I}_c = g_m \dot{V}_{b'e} = \beta \dot{I}_b \qquad (3.9.21)$$

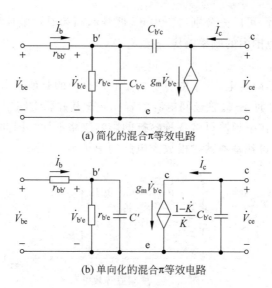

(a) 简化的混合π等效电路

(b) 单向化的混合π等效电路

图 3.52 混合 π 等效电路的简化

由于 $\dot{V}_{b'e} = \dot{I}_b r_{b'e}$，所以有

$$g_m = \frac{\beta}{r_{b'e}} \approx \frac{I_{EQ}}{26\text{mV}} \qquad (3.9.22)$$

2. 基本共射极放大电路的频率响应

在图 3.53(a)所示的基本共射极放大电路中，可将 C_2 和 R_L 看成是下一级的输入端耦合电容和输入电阻，所以在分析本级的频率响应时，可以暂不把它们考虑在内。得到的混合 π 等效电路如图 3.53(b)所示。

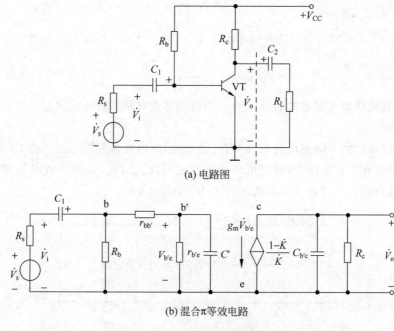

(a) 电路图

(b) 混合π等效电路

图 3.53 基本共射极放大电路

为了简化分析过程,可以先分别讨论中频、低频和高频时的响应频率,然后再综合得到放大电路在全部频率范围内的频率响应。

1) 中频段

在中频段,一方面,隔直电容 C_1 的容抗比串联回路中的其他电阻值小得多,因此可以认为其交流短路;另一方面,三极管极间电容的容抗又比其并联支路中的电阻值大得多,可以视为交流开路。总之,在中频段可将各种容抗的影响忽略不计。因此,将图 3.53(b)中各种电容的作用忽略,即可得到基本共射极放大电路的中频等效电路,如图 3.54 所示。

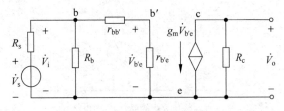

图 3.54　中频段等效电路

由图 3.54 可得

$$\dot{V}_{b'e} = \frac{R_i}{R_s + R_i} \cdot \frac{r_{b'e}}{r_{be}} \dot{V}_s \tag{3.9.23}$$

式中,$R_i = R_b \parallel r_{be}$,而

$$\dot{V}_o = -g_m \dot{V}_{b'e} R_c = -\frac{R_i}{R_s + R_i} \cdot \frac{r_{b'e}}{r_{be}} g_m R_c \dot{V}_s \tag{3.9.24}$$

则中频电压放大倍数为

$$\dot{A}_{VSM} = \frac{\dot{V}_o}{\dot{V}_s} = -\frac{R_i}{R_s + R_i} \cdot \frac{r_{b'e}}{r_{be}} g_m R_c \tag{3.9.25}$$

已知 $g_m = \dfrac{\beta}{r_{b'e}}$,代入式(3.9.25)后可得

$$\dot{A}_{VSM} = -\frac{R_i}{R_s + R_i} \cdot \frac{\beta R_c}{r_{be}} \tag{3.9.26}$$

可见,以上中频电压放大倍数的表达式与利用微变等效电路的分析结果是一致的。

2) 低频段

当频率下降时,由于隔直电容 C_1 的容抗将增大,所以在低频段必须考虑 C_1 的作用。而三极管极间电容并联在电路中,此时可以认为交流开路。因此,低频等效电路如图 3.55 所示。由图可见,电容 C_1 与输入电阻构成一个 RC 高通电路。

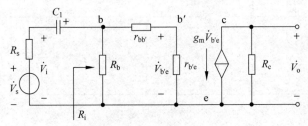

图 3.55　低频等效电路

由图 3.55 可得

$$\dot{V}_{b'e} = \frac{R_i}{R_s + R_i + \dfrac{1}{j\omega C_1}} \cdot \frac{r_{b'e}}{r_{be}} \dot{V}_s \tag{3.9.27}$$

$$\dot{V}_o = -g_m \dot{V}_{b'e} R_c = -\frac{R_i}{R_s + R_i} \cdot \frac{r_{b'e}}{r_{be}} g_m R_c \frac{1}{1 + \dfrac{1}{j\omega(R_s + R_i)C_1}} \dot{V}_s \tag{3.9.28}$$

则低频电压放大倍数为

$$\dot{A}_{VSL} = \frac{\dot{V}_o}{\dot{V}_s} = \dot{A}_{VSM} \frac{1}{1 + \dfrac{1}{j\omega(R_s + R_i)C_1}} \tag{3.9.29}$$

将此式与 RC 高通电路 $\dot{A}_{VL}$ 的表达式比较,则可知低频等效电路电压放大倍数可表示为

$$\dot{A}_{VSL} = \dot{A}_{VSM} \frac{1}{1 - j\dfrac{f_L}{f}} \tag{3.9.30}$$

式中,$f_L = \dfrac{1}{2\pi(R_s + R_i)C_1}$。可知基本共射极放大电路的下限频率 f_L 主要取决于 C_1 与 $(R_s + R_i)$ 的乘积,此值越大,则 f_L 越小,即放大电路的低频响应越好。

3) 高频段

当频率升高时,电容的容抗变小,则隔直电容 C_1 上的压降可以忽略不计,但此时并联在极间电容的影响必须予以考虑。一般情况下,输出回路的电容 $\dfrac{1-\dot{K}}{\dot{K}} C_{b'c}$ 可忽略。因此,可以得到高频等效电路如图 3.56 所示。

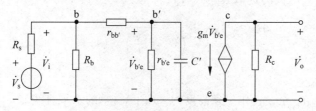

图 3.56 高频段等效电路

利用戴维宁定理,可将图 3.56 所示的输入回路简化,得到高频等效电路的简化图如图 3.57 所示。由图可以清楚地看出,电容 C' 与电阻 R' 构成一个 RC 低通电路。图中各量分别为

$$\dot{V}'_s = \frac{R_i}{R_i + R_s} \cdot \frac{r_{b'e}}{r_{be}} \dot{V}_s \tag{3.9.31}$$

$$R' = r_{b'e} \parallel [r_{bb'} + (R_s \parallel R_b)] \tag{3.9.32}$$

$$C' = C_{b'e} + (1 - \dot{K})C_{b'c} = C_{b'e} + (1 + g_m R_c)C_{b'c} \tag{3.9.33}$$

由图 3.57 可得

$$\dot{V}_{b'e} = \frac{\dfrac{1}{j\omega C'}}{R' + \dfrac{1}{j\omega C'}} \dot{V}'_s = \frac{1}{1 + j\omega R'C'} \dot{V}'_s \tag{3.9.34}$$

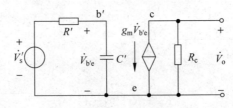

图 3.57 高频等效电路简化图

$$\dot{V}_o = -g_m \dot{V}_{b'c} R_c = -\frac{R_i}{R_s + R_i} \cdot \frac{r_{b'e}}{r_{be}} g_m R_c \frac{1}{1 + j\omega R'C'} \dot{V}_s \quad (3.9.35)$$

则高频电压放大倍数为

$$\dot{A}_{VSH} = \frac{\dot{V}_o}{\dot{V}_s} = \dot{A}_{VSM} \frac{1}{1 + j\omega R'C'} \quad (3.9.36)$$

将式(3.9.36)与 RC 低通电路 $\dot{A}_{VH}$ 的表达式比较,则可知高频等效电路电压放大倍数可表示为

$$\dot{A}_{VSH} = \dot{A}_{VSM} \frac{1}{1 + j\dfrac{f}{f_H}} \quad (3.9.37)$$

式中,$f_H = \dfrac{1}{2\pi R'C'}$。可见基本共射极放大电路的上限频率 f_H 主要取决于 C' 与 R' 的乘积,此量越小,则 f_H 越大,即放大电路的高频响应越好。

4) 完整的频率响应曲线

根据以上对于低频、中频和高频段的讨论,综合起来可得到基本共射极放大电路在全部频率范围内电压放大倍数的近似表达式,即

$$\dot{A}_{VS} \approx \dot{A}_{VSM} \cdot \frac{1}{\left(1 - j\dfrac{f_L}{f}\right)} \cdot \frac{1}{\left(1 + j\dfrac{f}{f_H}\right)} \quad (3.9.38)$$

(1) 幅频特性。

① 中频区:从 f_L 至 f_H,作一条高度为 $20\lg|\dot{A}_{VSM}|$ 的水平直线。
② 低频区:从 f_L 开始,向左下方作一条斜率为 20dB/十倍频的直线。
③ 高频区:从 f_H 开始,向右下方作一条斜率为 −20dB/十倍频的直线。

(2) 相频特性。

① 中频区:从 $10f_L$ 至 $0.1f_H$,作一条 $\varphi = -180°$ 的水平直线。
② 低频区:当 $f < 0.1f_L$ 时,$\varphi = -90°$;在 $0.1f_L \sim 10f_L$ 之间作一条斜率为 −45°/十倍频的直线。
③ 高频区:当 $f > 10f_H$ 时,$\varphi = -270°$;在 $0.1f_H \sim 10f_H$ 之间作一条斜率为 −45°/十倍频的直线。

最终得到全频段频率响应曲线如图 3.58 所示。

【例 3.9.1】 在图 3.53(a)所示的基本共射极放大电路中,已知 $R_s = 2\text{k}\Omega$, $R_b = 220\text{k}\Omega$, $R_c = 2\text{k}\Omega$, $C_1 = 0.1\mu\text{F}$, $V_{CC} = 5\text{V}$,三极管的 $\beta = 50$, $r_{bb'} = 300\Omega$, $V_{BEQ} = 0.6\text{V}$, $C_{b'c} = 4\text{pF}$, $C_{b'e} = 40\text{pF}$。试估算:

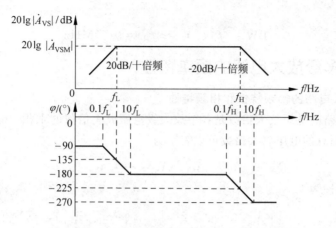

图 3.58 基本共射极放大电路的频率响应曲线

(1) 静态工作点。
(2) 中频电压放大倍数。
(3) 通频带。

解：(1) 静态工作点：

$$I_{BQ} = \frac{V_{CC} - V_{BEQ}}{R_b} = \left(\frac{5 - 0.6}{220}\right)\text{mA} = 0.02\text{mA}$$

$$I_{CQ} \approx \beta I_{BQ} = (50 \times 0.02)\text{mA} = 1\text{mA} \approx I_{EQ}$$

$$V_{CEQ} = V_{CC} - I_{CQ}R_c = (5 - 1 \times 2)\text{V} = 3\text{V}$$

(2) 中频电压放大倍数：

$$r_{b'e} = (1+\beta)\frac{26\text{mA}}{I_{EQ}} = \left(\frac{51 \times 26}{1}\right)\Omega \approx 1.3\text{k}\Omega$$

$$r_{be} = r_{bb'} + r_{b'e} \approx 1.6\text{k}\Omega$$

$$R_i = R_b \parallel r_{be} \approx r_{be} = 1.6\text{k}\Omega$$

$$g_m \approx \frac{I_{EQ}}{26\text{mA}} = \left(\frac{1}{26}\right)\text{S} = 38.5\text{mS}$$

$$\dot{A}_{VSM} = -\frac{R_i}{R_s + R_i} \cdot \frac{r_{b'e}}{r_{be}}g_m R_c = -\frac{1.6}{2+1.6} \times \frac{1.3}{1.6} \times 38.5 \times 2 \approx -27.8$$

(3) 下限频率：

$$f_L = \frac{1}{2\pi(R_s + R_i)C_1} = \left[\frac{1}{2\pi \times (2+1.6) \times 10^3 \times 0.1 \times 10^{-6}}\right]\text{Hz} = 442\text{Hz}$$

上限频率：

$$C' = C_{b'e} + (1 + g_m R_c)C_{b'c} = [40 + (1 + 38.5 \times 2) \times 4]\text{pF} = 352\text{pF}$$

$$R'_s = R_s \parallel R_b \approx 2\text{k}\Omega$$

$$R' = r_{b'e} \parallel [r_{bb'} + (R_s \parallel R_b)] = \left[\frac{1.3 \times (0.3+2)}{1.3 + (0.3+2)}\right]\text{k}\Omega = 0.83\text{k}\Omega$$

则得

$$f_H = \frac{1}{2\pi R'C'} = \left(\frac{1}{2\pi \times 830 \times 352 \times 10^{-12}}\right)\text{Hz} = 0.54 \times 10^6\text{Hz} = 0.54\text{MHz}$$

通频带：
$$BW = f_H - f_L \approx f_H = 0.54 \text{MHz}$$

3.9.3 多级放大电路的频率特性

1. 多级放大电路的幅频特性和相频特性

多级放大电路的电压放大倍数是各个放大级电压放大倍数的乘积。假设放大电路由 n 级放大级组成，则总的电压放大倍数可以表示为

$$\dot{A}_V = \dot{A}_{V1} \cdot \dot{A}_{V2} \cdot \cdots \cdot \dot{A}_{Vn} \tag{3.9.39}$$

对数幅频特性为

$$20\lg|\dot{A}_V| = 20\lg|\dot{A}_{V1}| + 20\lg|\dot{A}_{V2}| + \cdots + 20\lg|\dot{A}_{Vn}| = \sum_{k=1}^{n} 20\lg|\dot{A}_{Vk}| \tag{3.9.40}$$

总的相移为

$$\varphi = \varphi_1 + \varphi_2 + \cdots + \varphi_n = \sum_{k=1}^{n} \varphi_k \tag{3.9.41}$$

即多级放大电路对数增益等于各级增益之和，相移为各级放大电路相移之和。

例如，把两个完全相同的放大级串联组成一个两级放大电路，则只需分别将原来单级放大电路的对数幅频特性和相频特性上的每一个点的纵坐标增大一倍，即可得到两级放大电路总的对数幅频特性和相频特性，如图 3.59 所示。

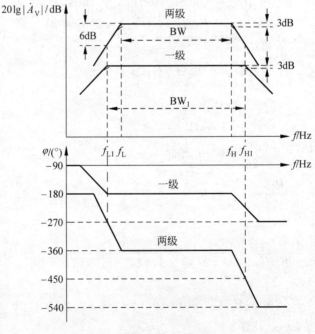

图 3.59　两级放大电路的频率响应

由图 3.59 可见，对应于单级放大电路的下限频率 f_{L1} 和上限频率 f_{H1} 处，原来单级放大电路的对数幅频特性将下降 3dB，但经过叠加以后，两级放大电路的对数幅频特性在该频率处将下降 6dB。因此，两级放大电路的下限频率 f_L 和上限频率 f_H，分别与单级放大电路的

f_{L1} 和 f_{H1} 相比较,显然 $f_L > f_{L1}$、$f_H < f_{H1}$。由此得出结论,多级放大电路的通频带总是比组成它的每一级的通频带更窄。

2. 多级放大电路的上限频率和下限频率

多级放大电路的上限频率与组成它的各放大级的上限频率之间,存在以下近似关系,即

$$\frac{1}{f_H} \approx 1.1 \sqrt{\frac{1}{f_{H1}^2} + \frac{1}{f_{H2}^2} + \cdots + \frac{1}{f_{Hn}^2}} \qquad (3.9.42)$$

多级放大电路的下限频率与组成它的各放大级的下限频率之间,存在以下近似关系,即

$$f_L \approx 1.1 \sqrt{f_{L1}^2 + f_{L2}^2 + \cdots + f_{Ln}^2} \qquad (3.9.43)$$

如果将两个频率特性相同的放大级串联组成两级放大电路,其中每一级的上限频率为 f_{H1},下限频率为 f_{L1},则两级放大电路总的上限频率 f_H 和下限频率 f_L 分别为

$$f_H \approx 0.64 f_{H1} \qquad (3.9.44)$$

$$f_L \approx 1.56 f_{L1} \qquad (3.9.45)$$

对于三个频率特性相同的放大级串联组成三级放大电路,则三级放大电路总的上限频率 f_H 和下限频率 f_L 分别为

$$f_H \approx 0.52 f_{H1} \qquad (3.9.46)$$

$$f_L \approx 1.91 f_{L1} \qquad (3.9.47)$$

可见,三级放大电路的通频带几乎为单级放大电路的一半,放大电路的级数越多,通频带越窄。

小结

(1) 三极管由两个 PN 结组成,分为 NPN 和 PNP 两种类型,它的三个端分别为发射极 e、基极 b 和集电极 c。常用的三极管由于使用的半导体材料不同,又分为硅管和锗管两类。

(2) 给三极管两个 PN 加上适当的偏置电压,可使其工作在放大、饱和、截止三种状态。

(3) 三极管的 V-I 特性有输入特性和输出特性,反映了三极管是一个电流控制器件。

(4) 三极管的电学参数分为直流参数、交流参数和极限参数。反映其放大能力的参数是 α 和 β。温度对三极管参数的影响是:温度升高时,β 和 I_{CEO} 增大。

(5) 三极管构成的放大电路有三种组态,即共发射极、共集电极和共基极。共射极放大电路有电压放大能力,v_o 与 v_i 反相。共集电极放大电路又称为射极跟随器,$|\dot{A}_V|$ 小于且接近于 1。共基极放大电路有电压放大能力,v_o 与 v_i 同相。

(6) 放大电路的静态可通过直流通路进行分析,分析方法有图解法和估算法。放大电路静态分析的目的是计算放大电路的静态工作点。

(7) 放大电路的动态可通过交流通路进行分析,分析方法有图解法和微变等效电路法。图解法对放大原理给出了定性的说明,微变等效电路法对放大的性能参数给出了定量的计算。其中,微变等效电路法只适用于小信号的分析。放大电路动态分析的目的是求解放大电路的主要性能指标,如放大倍数、输入电阻、输出电阻等。

(8) 静态工作点的不稳定因素很多,主要因素是温度,它通过影响三极管参数来影响放大电路的静态工作点。常采用负反馈来稳定静态工作点。

(9) 差分放大电路主要利用电路的对称性克服零点漂移，它对差模信号有较大的放大能力，而对共模信号有较强的抑制能力。差分放大电路可以等效为两个对称的共发射极放大电路，利用半边等效电路来估算静态工作点以及各种动态指标。

(10) 多级放大电路的级与级之间常用的耦合方式有直接耦合、变压器耦合和阻容耦合。变压器耦合和阻容耦合放大电路的各级静态工作点相互独立，但不能放大直流信号和低频信号；直接耦合放大电路能放大各种信号，但存在零点漂移，可采用差分电路来抑制零点漂移。

(11) 频率响应和带宽是放大电路的重要指标之一。采用混合 π 等效电路来分析频率响应的基础是 RC 低通电路和 RC 高通电路。

习题

3.1 已知某三极管的 $I_{CQ}=1.02\text{mA}$，$I_{EQ}=1.05\text{mA}$，I_{CEO} 可以忽略。试估算该三极管的 α_0 和 β_0 值。

3.2 设某三极管在 10℃ 时的反向饱和电流 $I_{CBO}=1\mu\text{A}$，$\beta=30$；试估算 40℃ 时的 I_{CBO} 和穿透电路 I_{CEO} 大致是多少？已知温度每升高 10℃，I_{CBO} 大约增大一倍，而温度每升高 1℃，β 大约增大 1%。

3.3 测得某些电路中几个三极管各极的电位如图 3.60 所示，试判断三极管分别工作在截止区、放大区还是饱和区。

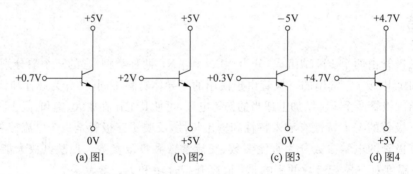

图 3.60　习题 3.3

3.4 测得放大电路中几个三极管的直流电位如图 3.61 所示，在圆圈中画出管子，并分别说明它们是硅管还是锗管。

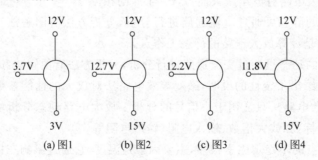

图 3.61　习题 3.4

3.5 有两只三极管,现测得它们两个电极的电流方向和大小如图 3.62(a)、(b)所示。(1)试求另一电极的电流大小,并标出该电流的实际流向;(2)判断两个三极管的三个电极各是什么电极;(3)若 I_{CEO} 均为零,试求各管的 α_0 和 β_0 值。

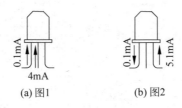

图 3.62 习题 3.5

3.6 电路如图 3.63 所示,各三极管的 β 均为 50,$V_{BE}=0.7\text{V}$。试分别估算各电路中三极管的 i_C 和 V_{CE},并判断它们各自工作在哪个区(截止区、放大区和饱和区)。

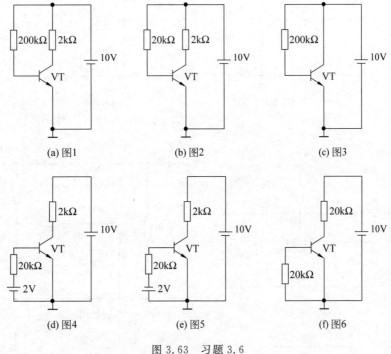

图 3.63 习题 3.6

3.7 分别改正图 3.64 所示各电路的错误,使它们可以放大正弦波信号。要求保留电路原有的共射接法和耦合方式。

3.8 在 NPN 型三极管所组成的单管共射放大电路中,假设电路的其他参数不变,分别改变以下某一项参数时,试定性说明放大电路的 I_{BQ}、I_{CQ} 和 V_{CEQ} 将增大、减小还是不变。(1)增大 R_b;(2)增大 V_{CC};(3)增大 β。

3.9 画出图 3.65 所示各电路的直流通路和交流通路。设所有电容对交流信号均可视为短路。

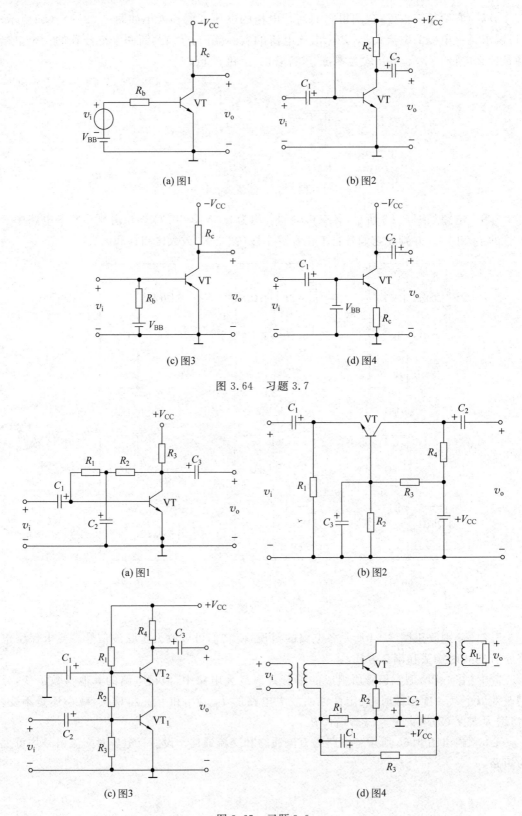

图 3.64 习题 3.7

图 3.65 习题 3.9

3.10 电路如图 3.66(a)所示,图 3.66(b)是三极管的输出特性,静态时 $V_{BEQ}=0.7\text{V}$。利用图解法分别求出 $R_L=\infty$ 和 $R_L=3\text{k}\Omega$ 时的静态工作点和最大不失真输出电压 V_{om}。

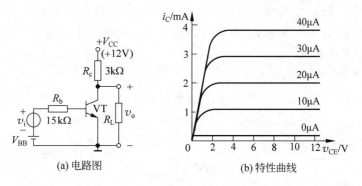

图 3.66 习题 3.10

3.11 电路如图 3.67 所示,已知晶体管 $\beta=50$,在下列情况下,用直流电压表测晶体管的集电极电位,应分别为多少? 设 $V_{CC}=12\text{V}$,晶体管饱和管压降 $V_{CES}=0.5\text{V}$。

(1) 正常情况;(2) R_{b1} 短路;(3) R_{b1} 开路;(4) R_{b2} 开路;(5) R_c 短路。

3.12 电路如图 3.68 所示,晶体管的 $\beta=80$,$r_{bb'}=100\Omega$。分别计算 $R_L=\infty$ 和 $R_L=3\text{k}\Omega$ 时的静态工作点、$\dot{A}_V$、R_i 和 R_o。

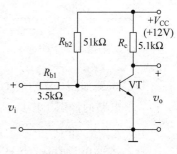

图 3.67 习题 3.11

3.13 上题中,如 $R_s=3\text{k}\Omega$,则电压放大倍数 $\dot{A}_{VS}=\dfrac{\dot{V}_o}{\dot{V}_s}=?$

3.14 电路如图 3.69(a)所示,由于电路参数不同,在信号源电压为正弦波时,测得输出波形如图 3.69(b)~图 3.69(d)所示,试说明电路分别产生了什么失真? 如何消除?

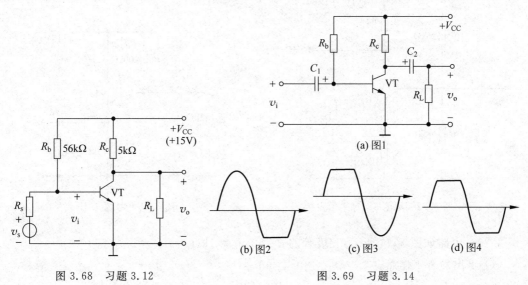

图 3.68 习题 3.12

图 3.69 习题 3.14

3.15 电路如图 3.70 所示，三极管的 $\beta=100$，$r_{be}=1\text{k}\Omega$。

(1) 现已测得静态管压降 $V_{CEQ}=6\text{V}$，估算 R_b 约为多少千欧。

(2) 若测得 v_i 和 v_o 的有效值分别为 1mV 和 100mV，则负载电阻 R_L 为多少千欧？

3.16 电路如图 3.71 所示，三极管的 $\beta=100$，$r_{bb'}=200\Omega$，$V_{BEQ}=-0.2\text{V}$。

(1) 试求静态工作点。

(2) 画出微变等效电路。

(3) 求电压放大倍数 $\dot{A}_V$、输入电阻 R_i 和输出电阻 R_o。

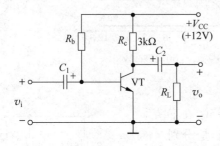

图 3.70 习题 3.15

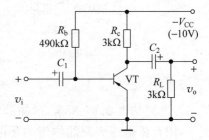

图 3.71 习题 3.16

3.17 电路如图 3.72 所示，晶体管的 $\beta=80$，$r_{bb'}=100\Omega$。

(1) 求电路的静态工作点。

(2) 求 $\dot{A}_V$、R_i 和 R_o。

3.18 上题中，如果电容 C_e 开路，则将引起电路的哪些动态参数发生变化？如何变化？

3.19 电路如图 3.73 所示，三极管的 $\beta=80$，$r_{be}=1\text{k}\Omega$。

(1) 求出静态工作点。

(2) 分别求出 $R_L=\infty$ 和 $R_L=3\text{k}\Omega$ 时电路的 $\dot{A}_V$、R_i 和 R_o。

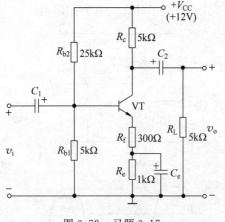

图 3.72 习题 3.17

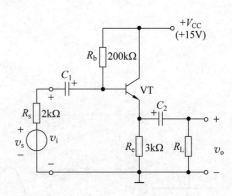

图 3.73 习题 3.19

3.20 电路如图 3.74 所示，三极管的 $\beta=50$，$r_{be}=1\text{k}\Omega$。

(1) 求出静态工作点。

(2) 求出 $\dot{A}_V$、R_i 和 R_o。

3.21 电路如图 3.75 所示,已知 $V_{CC}=12\text{V}, R_c=5.1\text{k}\Omega, R_e=2\text{k}\Omega, R_{b1}=3\text{k}\Omega, R_{b2}=10\text{k}\Omega, R_L=5.1\text{k}\Omega$,三极管的 $\beta=50, V_{BEQ}=0.7\text{V}, r_{bb'}=300\Omega$。试求:

(1) 该电路的静态工作点。

(2) 电压放大倍数 $\dot{A}_V$、输入电阻 R_i 和输出电阻 R_o。

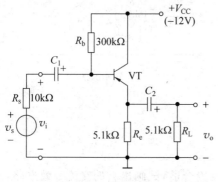

图 3.74 习题 3.20

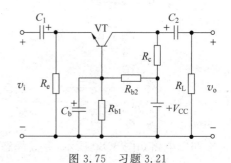

图 3.75 习题 3.21

3.22 如图 3.76 所示,电路参数理想对称,$\beta_1=\beta_2=\beta, r_{be1}=r_{be2}=r_{be}$。

(1) 写出 R_W 的滑动端在中点时 A_{VD} 的表达式。

(2) 写出 R_W 的滑动端在最右端时 A_{VD} 的表达式,比较两个结果有什么不同。

3.23 如图 3.77 所示,电路参数理想对称,三极管的 β 均为 50,$r_{bb'}=100\Omega, V_{BEQ}=0.7\text{V}$。试计算 R_W 滑动端在中点时 VT_1 管和 VT_2 管的静态工作点,以及动态参数 A_{VD} 和 R_i。

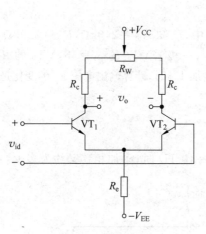

图 3.76 习题 3.22

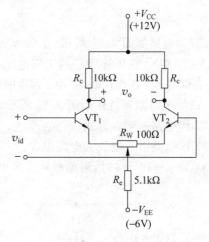

图 3.77 习题 3.23

3.24 电路如图 3.78 所示,VT_1 管和 VT_2 管的 β 均为 40,r_{be} 均为 $3\text{k}\Omega$。试问:若输入直流信号 $v_{i1}=20\text{mV}$、$v_{i2}=10\text{mV}$,则电路的共模输入电压 $v_{ic}=?$ 差模输入电压 $v_{id}=?$ 输出动态电压 $\Delta v_o=?$

3.25 电路如图 3.79 所示,晶体管的 $\beta=50, r_{bb'}=100\Omega$。

(1) 计算静态时 VT_1 管和 VT_2 管的集电极电流和集电极电位。

(2) 用直流表测得 $v_o=2V, v_i=?$ 若 $v_i=10mV$，则 $v_o=?$

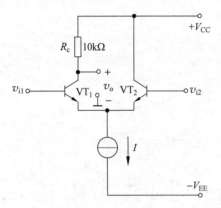

图 3.78 习题 3.24

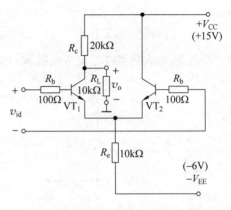

图 3.79 习题 3.25

3.26 电路如图 3.80 所示，令其静态工作点设置合适，试画出它的交流等效电路，并写出 $\dot{A}_v$、R_i 和 R_o 的表达式。

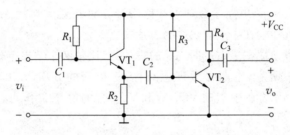

图 3.80 习题 3.26

3.27 电路如图 3.81 所示，在两级放大电路中，已知 $R_{b1}=240k\Omega$，$R_{c1}=3.9k\Omega$，$R_{c2}=500\Omega$，$V_{CC}=24V$，稳压管 VD_Z 的工作电压 $V_Z=4V$，三极管 VT_1 的 $\beta_1=45$，VT_2 的 $\beta_2=40$。试计算各级静态工作点；如 I_{CQ1} 由于温度的升高而增加 1% 时，计算输出电压 V_o 的变化是多少。

3.28 电路幅频特性如图 3.82 所示，试问：
(1) 该电路的耦合方式。
(2) 该电路由几级放大电路组成。
(3) 当 $f=10^4 Hz$ 时，附加相移为多少？当 $f=10^5 Hz$ 时，附加相移又约为多少？

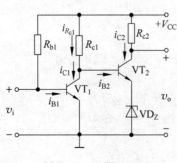

图 3.81 习题 3.27

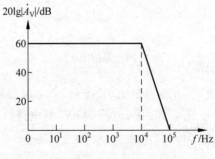

图 3.82 习题 3.28

3.29 已知某电路电压放大倍数为

$$\dot{A}_V = \frac{-10 \cdot jf}{\left(1+j\dfrac{f}{10}\right)\left(1+j\dfrac{f}{10^5}\right)}$$

试求解：

(1) $\dot{A}_{VM}$、f_L 和 f_H。

(2) 画出频率响应曲线。

3.30 已知某共射极放大电路的频率响应曲线如图 3.83 所示，试写出 $\dot{A}_V$ 的表达式。

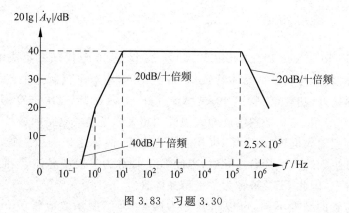

图 3.83 习题 3.30

第 4 章 场效应管及其放大电路
CHAPTER 4

场效应管(Field Effect Transistor,FET)是 20 世纪 60 年代随着集成电路的发展而出现的一种半导体器件,与双极型晶体管(BJT)相比,场效应管不仅制造工艺简单、集成度高,而且具有输入阻抗高、功耗低、噪声小、热稳定性好、寿命长、无二次击穿、开关速度高等优点,因而得到广泛应用,尤其是它已成为大规模和超大规模集成电路的最基本单元。

场效应管利用输入电压(即电场)来控制输出电流,故称之为场效应管。由前所知 BJT 中多数载流子和少数载流子都参与导电,因此 BJT 被称为双极型晶体管,而 FET 中只有多数载流子参与导电,因此 FET 被称为单极型晶体管。

根据场效应管的结构不同,可以将其分为两类,即结型场效应管(Junction type Field Effect Transistor,JFET)和金属氧化物场效应管(Metal-Oxide-Semiconductor type Field Effect Transistor,MOSFET)。MOSFET 又可分为增强型和耗尽型两小类。每一类型 FET 都分为 N 沟道管和 P 沟道管两种。

本章首先介绍 JFET 和 MOSFET 的结构、工作原理、特性曲线及主要参数;然后介绍场效应管组成的基本放大电路;最后利用小信号模型分析放大电路的主要性能指标。

4.1 结型场效应管

4.1.1 JFET 的结构与工作原理

N 沟道和 P 沟道 JFET 只是导电沟道不同而已,结构和工作原理是类似的,本节主要以 N 沟道 JFET 为例,介绍 JFET 的工作原理、特性曲线及主要参数。

1. 结构

图 4.1 是 N 沟道 JFET 结构示意图,在一块 N 型半导体材料两边扩散高浓度的 P 区(用 P^+ 表示),形成两个 PN 结(耗尽层)。从两侧的 P^+ 区引出两个接触电极,并连在一起称为栅极 g,在 N 型半导体材料的上下两端各引出一个接触电极,分别称为源极 s 和漏极 d。与 BJT 的三个电极相比,FET 的栅极 g、源极 s 和漏极 d 分别相当于 BJT 的基极 b、发射极 e 和集电极 c。两个 PN 结中间的 N 型区域是多数载流子流动的通道(电流的通道),称此通道为 N 型导电沟道,这种结构的 FET 称为 N 沟道 JFET。若将中间的 N 型半导体改为 P 型半导体,两侧半导体改为 N^+ 半导体,这种管子就是 P 沟道 JFET。图 4.2(a)所示为 N 沟道 JFET 的表示符号,符号中的短竖线代表沟道,栅极箭头指向沟道;P 沟道管符号如

图 4.2(b)所示,栅极箭头指出沟道,箭头方向代表 PN 结的方向(由 P 区指向 N 区)。在识别管子时,可根据箭头方向判别管子是 N 沟道管还是 P 沟道管。

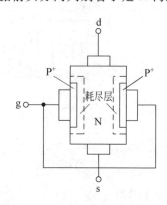

图 4.1 N 沟道 JFET 结构示意图

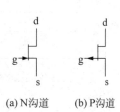

(a) N 沟道　　(b) P 沟道

图 4.2 JFET 符号

2. 工作原理

双极型晶体管(BJT)处于放大状态时,发射结需正偏置,因此存在至少 μA 级以上的输入电流,使得放大电路的输入电阻(kΩ 级)不可能很高。在此情况下,若信号源内阻较高,那么放大电路从信号源得到的输入电压将会减小,因此会削弱放大电路的放大能力。因此需要提高放大电路的输入电阻。

为了提高输入电阻,在 N 沟道 JFET 栅极与源极间加一负电压($v_{GS}<0$),偏置电路如图 4.3 所示,从而使 PN 结反偏,栅极输入电流约为 0,这样可以使场效应管的输入电阻高达 $10^6 \sim 10^9 \Omega$ 以上。在漏极与源极间加一正电压($v_{DS}>0$),使 N 沟道中的多数载流子(电子)在 v_{DS} 的作用下由源极向漏极运动,形成流入漏极的电流 i_D。

下面讨论 JFET 的工作原理,即讨论 v_{GS} 对 i_D 的控制和 v_{DS} 对 i_D 的影响。

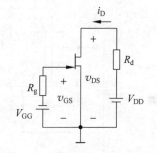

图 4.3 N 沟道结型场效应管的偏置

1) v_{GS} 对 i_D 的控制

先设 $v_{DS}=0$,当反偏电压 v_{GS} 由零向负值增大时,两个 PN 结的耗尽层将加宽,使导电沟道变窄,沟道电阻增大,如图 4.4(a)所示。当 $|v_{GS}|$ 进一步增大到某一值时,两耗尽层将在中间合拢,沟道全部被夹断,如图 4.4(b)所示,沟道电阻趋于无穷大,此时的栅源电压称为夹断电压,用 V_P 表示。可见,改变 $|v_{GS}|$ 的大小,可以有效地控制沟道宽度及沟道电阻的大小。若在漏极、源极间加上固定的电压 v_{DS},则漏极电流 i_D 将受 v_{GS} 的控制,$|v_{GS}|$ 增大时,沟道宽度变窄,沟道电阻增大,使 i_D 减小。

2) v_{DS} 对 i_D 的影响

显然,当 $v_{DS}=0$ 时,$i_D=0$。随着 v_{DS} 逐渐增加,一方面,沟道电场强度加大,有利于漏极电流 i_D 的增加;另一方面,由于导电沟道存在电阻,i_D 流经沟道产生压降,使得沟道中各点的电位不再相等,于是沟道中各点与栅极间的电位差不再相等,也就是加在 PN 结两端的反向偏置电压不再相等,靠近源端 PN 结上的反向电压最小,靠近漏端的反向电压最大,结果

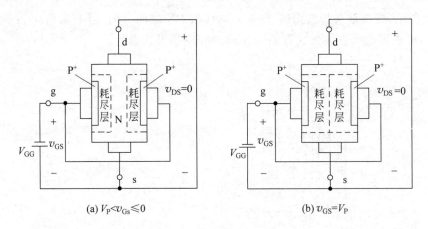

图 4.4 v_{GS} 对 i_D 的控制

使耗尽层从漏极到源极逐渐变窄,导电沟道从上到下不等宽,呈楔形状,如图 4.5(a)所示。可见,增加 v_{DS} 又阻碍了漏极电流 i_D 的提高,但在 v_{DS} 较小时,靠近漏极的导电沟道仍较宽,这时阻碍是次要的,i_D 随 v_{DS} 几乎成正比地升高。

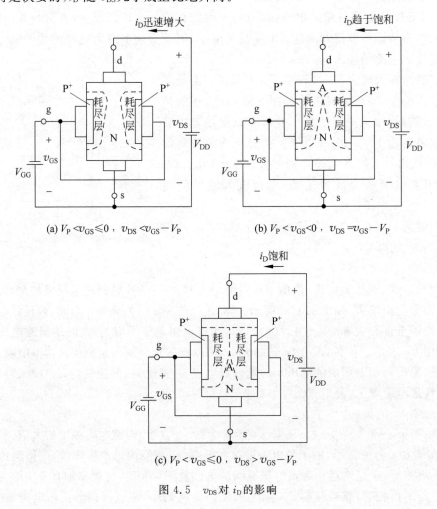

图 4.5 v_{DS} 对 i_D 的影响

当 v_{DS} 继续增大,使漏栅间的电位差加大,耗尽层增宽。当两耗尽层在 A 点相遇时,即出现在一点相遇的现象,称为预夹断,如图 4.5(b)所示。此时,A 点耗尽层两边的电位差为夹断电压 V_P。经推导可得出现预夹断时 v_{DS} 与 v_{GS} 之间有关系为

$$v_{DS} = v_{GS} - V_P \tag{4.1.1}$$

沟道预夹断后,随着 v_{DS} 的增加,夹断长度不断增加,即自 A 点向源极方向延伸,如图 4.5(c)所示。但由于夹断处电场很强,仍能将电子拉过夹断区形成漏极电流。而在源极到夹断点之间的沟道上,电场基本上不随 v_{DS} 改变而变化,因此 i_D 基本上不随 v_{DS} 增加而增大,因此夹断后漏极电流 i_D 趋于饱和。

综上分析可知:

(1) JFET 工作时,应使 PN 结反偏置,这样才能利用栅源电压来控制漏极电流,而且 PN 结反偏置使栅极电流近似为零,故而有高的输入电阻。

(2) i_D 受 v_{GS} 控制,因此 JFET 是电压控制电流器件。

(3) i_D 受 v_{DS} 影响。预夹断前($v_{DS} < v_{GS} - V_P$),i_D 与 v_{DS} 呈近似线性关系,预夹断后($v_{DS} > v_{GS} - V_P$),i_D 趋于饱和。

(4) 对于 N 沟道 JFET,v_{GS} 负极性电压,$V_P < v_{GS} \leqslant 0$,v_{DS} 是正极性电压,V_P 为负值,i_D 是流入漏极的电流。

4.1.2 JFET 的特性曲线

电流控制型器件 BJT 的工作性能主要由其输入特性、输出特性及一些参数来反映。对于 FET,由于栅极基本上无输入电流,所以讨论它的输入特性是没有意义的。由前所知,FET 是电压控制器件,漏极电流 i_D 受栅源电压 v_{GS} 的控制。当漏源电压 v_{DS} 一定时,i_D 与 v_{GS} 之间的关系被称为转移特性。因此,FET 的工作性能可用输出特性和转移特性曲线及一些参数来描述。

1. 输出特性曲线

输出特性曲线描述当栅源电压 v_{GS} 一定时漏极电流 i_D 与漏源电压 v_{DS} 的关系,即

$$i_D = f(v_{DS})\big|_{v_{GS}=常}$$

图 4.6 所示为 N 沟道 JFET 的输出特性曲线。输出特性曲线的参变量为 v_{GS},即对应每一个 v_{GS},都存在一条曲线,因此输出特性为一簇形状相近的曲线。

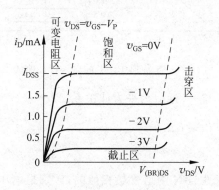

图 4.6 N 沟道 JFET 的输出特性曲线

根据输出特性曲线可将管子工作情况分为三个区域。

(1) 可变电阻区。这是预夹断前的工作区域，即 $v_{DS} < v_{GS} - V_P$ 所对应的区域。如前所述，v_{DS} 较小时场效应管的沟道宽度较为均匀，当 v_{GS} 为一定值时，i_D 与漏源电压 v_{DS} 近似成线性关系，相应曲线上升段的斜率受 v_{GS} 控制，这时场效应管 d、s 间相当于一个受电压 v_{GS} 控制的可变电阻，其电阻值为相应曲线上升段斜率的倒数。v_{GS} 不同，上升段斜率不同，体现的电阻不同，故名可变电阻区。

(2) 饱和区（恒流区、放大区）。这是预夹断之后、全夹断之前的工作区域，即 $v_{DS} > v_{GS} - V_P$ 所对应的区域。其特点是：曲线近似为平行于横轴的直线簇，i_D 仅受 v_{GS} 控制而与 v_{DS} 基本无关。由于 i_D 不随 v_{DS} 变化趋于饱和，因此把该区域称为饱和区。在此区域，场效应管的 d、s 间相当于一个受电压 v_{GS} 控制的电流源，故也称之为恒流区。另外，场效应管用于放大时，就工作在该区域，所以饱和区也称为放大区。

(3) 截止区。它是全夹断 $v_{GS} < V_P$ 的区域，这时导电沟道消失，漏极电流 $i_D \approx 0$，管子处于截止状态。

另外，当 v_{DS} 超过一定值时，沟道发生雪崩击穿，i_D 急剧增大，如果不加以限制，管子会很快被烧毁。所以，不允许管子会工作在击穿区。

2. 转移特性曲线

转移特性曲线是在漏源电压 v_{DS} 一定时，漏极电流 i_D 与栅源电压 v_{GS} 的关系曲线，它反映的是 v_{GS} 对 i_D 的控制作用，即

$$i_D = f(v_{GS})|_{v_{DS}=常}$$

由于输出特性与转移特性都是反映 FET 工作时的同一物理过程，所以转移特性可以直接由输出特性曲线用作图法求出。例如，在图 4.6 所示的输出特性中，作 $v_{DS} = 10V$ 的一条垂线，此垂线与各条输出特性曲线的交点分别为 a、b、c、d，读出各点对应的 i_D 与 v_{GS} 值，每一组值都能在 i_D-v_{GS} 的直角坐标系中确定一点，分别为 a'、b'、c'、d'，连接各点便可得到转移特性曲线，如图 4.7 所示。

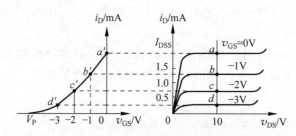

图 4.7　N 沟道 JFET 的输入特性曲线

实验表明，在饱和区 i_D 与 v_{GS} 近似为平方律关系，即

$$i_D = I_{DSS}\left(1 - \frac{v_{GS}}{V_P}\right)^2 \quad V_P < v_{GS} \leq 0 \tag{4.1.2}$$

式中，I_{DSS} 为漏极饱和电流。

P 沟道管工作原理和特性与 N 沟道管是相似的，区别是电压（v_{GS}、v_{DS}、V_P）极性与 N 沟道管的相反。当 $0 \leq v_{GS} < V_P$ 时，有沟道存在。漏极电流 i_D 的方向也与 N 沟道管的相反，其特性曲线如表 4.1 所示。

表 4.1 场效应管符号和特性曲线

分类		符号	转移特性曲线	输出特性曲线	电压极性 V_P/V_T	v_{GS}	v_{DS}
JFET	N沟道				−	−	+
JFET	P沟道	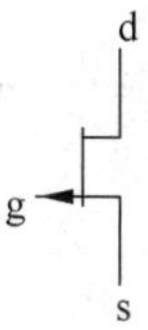	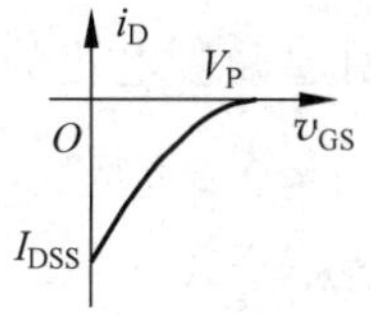	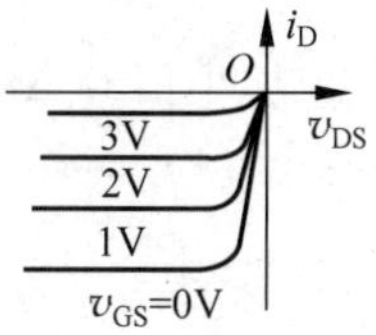	+	+	−
增强型MOSFET	N沟道				−	−	+
增强型MOSFET	P沟道	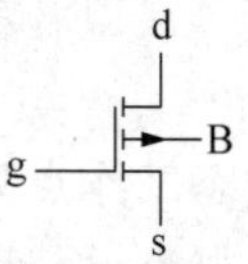	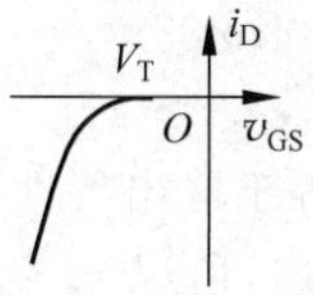	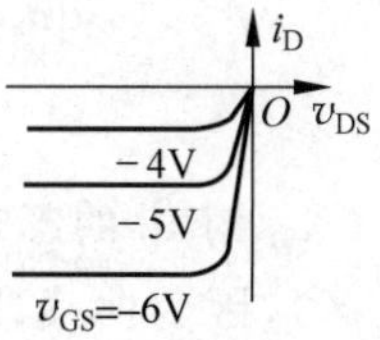	+	+	−
耗尽型MOSFET	N沟道				−	∓	+
耗尽型MOSFET	P沟道	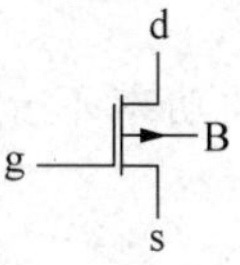	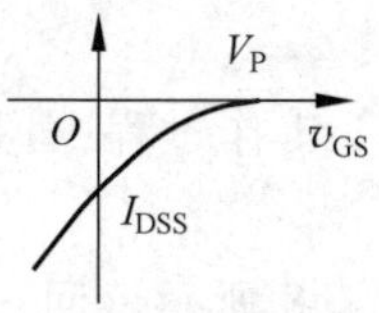	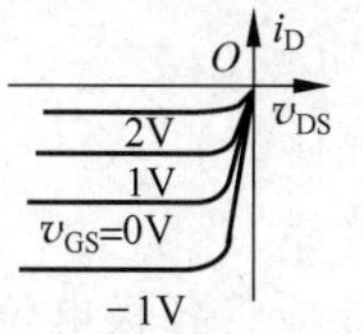	+	±	−

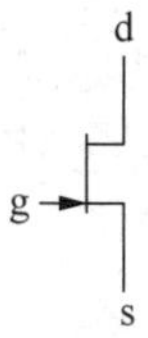

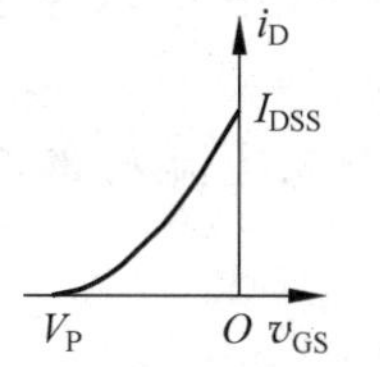

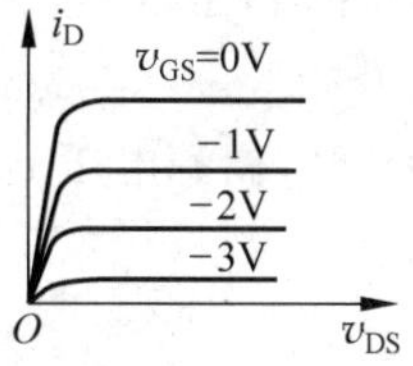

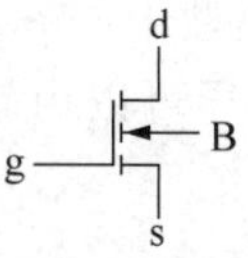

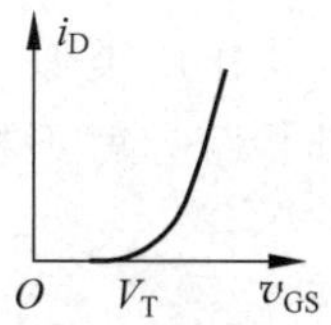

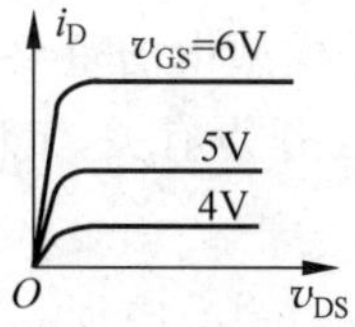

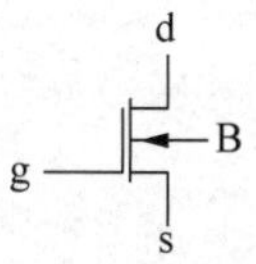

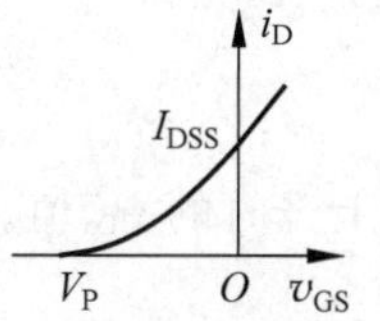

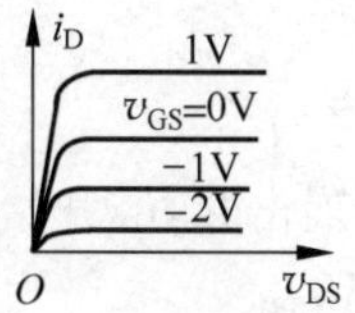

4.1.3 JFET 的主要参数

1. 直流参数

1) 夹断电压 V_P

V_P 是 $i_D = 0$ 所对应的 v_{GS} 值。实际测量时,常取 v_{DS} 为常值(如 10V),改变 v_{GS},使 i_D 很

小(如 $20\mu A$),则认为此时 $v_{GS}=V_P$。

2) 漏极饱和电流 I_{DSS}

当管子工作在饱和区时,$v_{GS}=0$ 时的漏极电流 i_D 被定义为 I_{DSS}。I_{DSS} 就是 JFET 所能输出的最大电流。实际测量时,常取 $v_{DS}=10V$、$v_{GS}=0$,认为这时的 $i_D=I_{DSS}$。

3) 直流输入电阻 R_{GS}

当漏源短路 $v_{DS}=0$ 时,栅源电压 v_{GS} 与栅极电流 i_G 的比值即为 R_{GS}。JFFT 直流输入电阻 R_{GS} 一般大于 $10^7\Omega$。

2. 交流参数

1) 低频跨导 g_m

在 v_{DS} 等于常数时,施加小信号 Δv_{GS} 会引起漏极电流的变化 Δi_D,Δi_D 与 Δv_{GS} 之比称为跨导,即

$$g_m = \frac{\partial i_D}{\partial v_{GS}}\bigg|_Q \tag{4.1.3}$$

跨导等于转移特性曲线上静态工作点处切线的斜率。它是反映 FET 放大能力的一个重要参数(JFET 小信号模型中的重要参数),其作用类似于 BJT 模型中的 β。值得注意的是,跨导与管子的静态工作点有关,工作点不同,跨导就不相同。跨导可以由转移特性表达式(4.1.2)求出,即

$$g_m = \frac{d\left[I_{DSS}\left(1-\frac{v_{GS}}{V_P}\right)^2\right]}{dv_{GS}}\bigg|_Q = -\frac{2I_{DSS}\left(1-\frac{V_{GS}}{V_P}\right)}{V_P} \tag{4.1.4}$$

2) 输出电阻 r_d

输出电阻 r_d 反映了 v_{DS} 对 i_D 的影响,它等于输出特性曲线上静态工作点处切线斜率的倒数。在饱和区(放大区),因为曲线比较平坦,所以 r_d 随 v_{DS} 改变很小,而且 r_d 的数值很大,一般在几十千欧到几百千欧之间。

3. 极限参数

1) 最大漏源电压 $V_{(BR)DS}$

$V_{(BR)DS}$ 是指发生雪崩击穿,i_D 开始急剧上升时的 v_{DS} 值。

2) 最大栅源电压 $V_{(BR)GS}$

$V_{(BR)GS}$ 是指 PN 结被击穿,反向电流开始急剧增加时的 v_{GS} 值。

3) 最大允许耗散功率 P_{DM}

它相当于双极型晶体管的 P_{CM}。在 FET 工作过程中,其消耗的功率不允许超过此值;否则管子会因过热而烧坏。

【例 4.1.1】 场效应管各极电位如图 4.8 所示。问 JFET 各工作在什么区?

解:图 4.8(a)中的 FET 为 N 沟道 JFET。

因为 $v_{GS}=-5V<V_P$,所以沟道全夹断,FET 处于截止区。

图 4.8(b)中的 FET 为 N 沟道 JFET。因为 $v_{GS}=-2V$,所以 $V_P<v_{GS}<0$,沟道存在,管子导通。

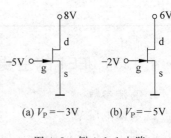

图 4.8 例 4.1.1 电路

又因为 $v_{DS}=6V, v_{GS}-V_P=3V$,所以 $v_{DS}>v_{GS}-V_P$,FET 处于饱和区(放大区、恒流区)。

4.2 金属-氧化物-半导体场效应管

金属-氧化物-场效应管(MOSFET),顾名思义,是由金属(铝)、氧化物(二氧化硅)以及半导体材料构成的,简称 MOS 管。栅极与半导体之间存在着氧化物绝缘层,因此栅极不取电流,称其为绝缘栅,故也称 MOSFET 为绝缘栅场效应管。

由 4.1 节可知,JFET 工作时 PN 结处于反偏置,反向输入电流很小,因此输入电阻很大,可达 $10^6 \sim 10^9 \Omega$。对于 MOSFET,由于栅极与半导体绝缘,因此 MOSFET 的输入电阻更大,可达 $10^{12}\Omega$ 以上。

MOS 管分为增强型和耗尽型两类,每类又分为 P 沟道和 N 沟道两种。耗尽型是指常态下($v_{GS}=0$ 时)管子中存在导电沟道,在 v_{DS} 的作用下能够产生电流 i_D;而增强型是指常态下不存在导电沟道,只有当$|v_{GS}|$大于某值以后才能形成沟道。

本节主要以 N 沟道为例,分别介绍增强型和耗尽型 MOSFET 的结构、工作原理、特性曲线及主要参数。

4.2.1 增强型 MOSFET

1. 结构

图 4.9 所示为 N 沟道增强型 MOS 管的结构。它是在一块低掺杂的 P 型硅片上扩散出两个高掺杂的 N 型区(N^+ 区),然后在两个 N^+ 区之间的半导体表面覆盖一层很薄的二氧化硅绝缘层。从两个 N^+ 区及它们之间的二氧化硅层表面分别用金属铝引出三个电极,即源极 s、漏极 d 和栅极 g,通常单个器件的源极 s 与衬底 B 连在一起。从结构可以看出,它是由金属铝、二氧化硅以及半导体材料构成的,故简称 MOS 管。

N 沟道增强型 MOS 管的符号如图 4.10(a)所示。符号中的三根短的竖线代表沟道,这三根线的"断开"表示常态下导电沟道不存在。由于栅极 g 与漏、源两个电极是绝缘的,因此符号中的栅极与沟道之间没有连接,栅极 g 又被称为绝缘栅。

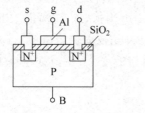

图 4.9 N 沟道增强型 MOS 管结构

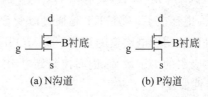

(a) N 沟道 (b) P 沟道

图 4.10 增强型 MOS 管符号

2. 工作原理

增强型 MOS 管的工作原理可以通过图 4.11 所示的三个图来说明。在图 4.11(a)中,$0<v_{GS}<V_T, v_{DS}=0$。在这种情况下,除了两个 N^+ 区与 P 型半导体形成的 PN 结(即耗尽层)外,由于栅极电位高于源极及衬底电位,v_{GS} 产生向下的电场排斥栅极下方 P 区的多子(空穴),形成耗尽层。

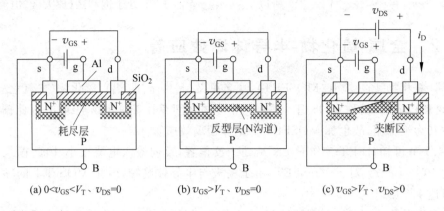

(a) $0<v_{GS}<V_T$、$v_{DS}=0$　　(b) $v_{GS}>V_T$、$v_{DS}=0$　　(c) $v_{GS}>V_T$、$v_{DS}>0$

图 4.11　增强型 MOS 管的工作原理

在图 4.11(b)中，$v_{GS}>V_T$，$v_{DS}=0$。这时，由于栅极电位已增加到足够高，v_{GS} 产生的电场很强，已能吸引足够多的 P 型半导体中的少子（自由电子）来到二氧化硅层下方，因此将二氧化硅层下方的 P 区转化成了有大量自由电子的 N 型半导体。通常将 P 区内形成的 N 区称为反型层，它将两个 N^+ 区贯通，成为导电沟道。V_T 称为开启电压。显然，栅源电压 v_{GS} 越大，则产生的电场就越强，吸引到半导体表面的电子就越多，反型层越厚，沟道电阻越小。可见 v_{GS} 对沟道宽度具有控制作用。只是由于 $v_{DS}=0$，沟道中才没有电流。

当 $v_{GS}>V_T$、$v_{DS}>0$ 时，在 v_{DS} 作用下产生流过导电沟道的电流 i_D，如图 4.11(c)所示。因为 v_{DS} 在沟道内引起的电位从右到左逐渐降低，从而使绝缘层两侧的电位差从右到左逐渐增大，电场从右到左逐渐增强，沟道的截面积从右到左逐渐变大。当 $v_{DS}<v_{GS}-V_T$ 时，沟道的截面积不均匀性表现得不明显，沟道截面呈梯形状，电流 i_D 随 v_{DS} 的增加而近似线性增大。当 $v_{DS}=v_{GS}-V_T$ 时，在沟道的右端靠近漏极处出现预夹断，沟道截面呈三角状。当 $v_{DS}>v_{GS}-V_T$ 时，夹断点向左延伸，出现夹断区，管子工作在恒流区，电流 i_D 几乎不随 v_{DS} 的增加而增大。

由以上分析可知，增强型 MOS 管也可以通过改变 v_{GS} 和 v_{DS} 来改变导电沟道的宽度及漏极电流 i_D，这与 JFET 的工作特性相似。但就工作机理而言，二者的区别表现在：①对于增强型的 N 沟道 MOS 管，只有当 $v_{GS}>V_T$ 时才出现导电沟道，而 N 沟道 JFET，当 $v_{GS}=0$ 就已经有沟道存在了；②JFET 是通过改变管子内部 PN 结反向偏置电压 v_{GS} 来改变耗尽层的宽度，进而控制导电沟道的宽窄；而 MOSFET 是通过改变 v_{GS} 来改变栅极下方的电场强度，控制被吸引的少子数量，进而控制导电沟道（反型层）的厚度。

3. 特性曲线

N 沟道增强型 MOSFET 的特性曲线如图 4.12 所示。图 4.12(a)所示为它的转移特性，图 4.12(b)所示为其输出特性。与 JFET 一样，输出特性同样可分为四个不同的区域，即可变电阻区、饱和区、截止区和击穿区。

在饱和区内，N 沟道增强型 MOSFET 的电流 i_D 可近似地表示为

$$i_D = I_{D0}\left(\frac{v_{GS}}{V_T}-1\right)^2, \quad v_{GS}>V_T \quad (4.2.1)$$

式中，I_{D0} 是 $v_{GS}=2V_T$ 时的 i_D 值。

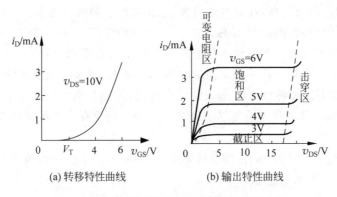

(a) 转移特性曲线　　　(b) 输出特性曲线

图 4.12　N 沟道增强型 MOSFET 的特性曲线

综上分析并由特性曲线可知：

(1) MOSFET 栅极与半导体（漏极、源极）绝缘，栅极电流为零，输入电阻高达 $10^{12}\,\Omega$ 以上。

(2) i_D 受 v_{GS} 控制。对于 N 沟道增强管，当 $v_{GS} > V_T$ 时，形成了导电沟道，其开启电压 $V_T > 0$。

(3) i_D 受 v_{DS} 影响。预夹断前（$v_{DS} < v_{GS} - V_T$），i_D 与 v_{DS} 呈近似线性关系，预夹断后（$v_{DS} > v_{GS} - V_T$），i_D 趋于饱和。

(4) 对于 N 沟道增强管，v_{GS}、v_{DS} 都是正极性电压，V_T 为正值，i_D 是流入漏极的电流。

P 沟道管工作原理和特性与 N 沟道管是相似的，区别是电压（v_{GS}、v_{DS}、V_T）极性与 N 沟道管的相反，当 $v_{GS} < V_T$ 时，有沟道存在；漏极电流 i_D 的方向也与 N 沟道管的相反，其特性曲线如表 4.1 所示。

4.2.2　耗尽型 MOSFET

由前已知，对于 N 沟道增强型 MOSFET，必须在 $v_{GS} > V_T$ 时才在源极与漏极之间存在导电沟道（反型层）。N 沟道耗尽型 MOSFET 的结构与增强型基本相同。二者在结构上的唯一区别是制造耗尽型管时，要在二氧化硅绝缘层中掺入大量的正离子。大量正离子的作用相当于增强型管接入栅源电压，并使 $v_{GS} > V_T$。因此，对于耗尽型管，即使 $v_{GS} = 0$，也能在两个 N^+ 区间感应出自由电子，形成 N 型沟道，将源极和漏极连通，如图 4.13 所示。

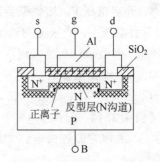

图 4.13　N 沟道耗尽型 MOS 管结构

若栅源电压 $v_{GS} < 0$，则 v_{GS} 产生的反向电场（从下至上）抵消一部分由正离子产生的电场（从上至下），因此吸引的自由电子数量减少，从而使反型层变薄，沟道变窄。直至 $v_{GS} = V_P$（N 沟道耗尽型管 $V_P < 0$）时，沟道消失，这一点与 JFET 相类似。反之，若栅源电压 $v_{GS} > 0$，则加强了吸引自由电子的电场，使自由电子数量增多，沟道变厚。因此耗尽型 MOS 管的 v_{GS} 可正可负。这一点与 JFET 不同，JFET 也属于耗尽型管，但为了保证耗尽层反偏置，N 沟道 JFET 的 v_{GS} 只能取负值，而 P 沟道 JFET 的 v_{GS} 只能取正值。

当 $v_{GS} > V_P$ 时,沟道存在,在漏源之间加 v_{DS} 就会产生漏极电流 i_D。

因为 $v_{GS} = 0$ 时沟道存在,因此称之为耗尽型 MOSFET。耗尽型 MOSFET 的符号如图 4.14 所示,漏极与源极之间的竖线代表沟道。由于常态下沟道存在,因此不能像增强型管那样用"断线"表示沟道。箭头指向沟道的为 N 沟道管,箭头指出沟道的为 P 沟道管。

P 沟道管工作原理和特性与 N 沟道管是相似的,区别是电压(v_{GS}、v_{DS}、V_P)极性与 N 沟道管的相反。当 $v_{GS} < V_P$(P 沟道耗尽型管 $V_P > 0$)时,沟道存在。漏极电流 i_D 的方向也与 N 沟道管的相反,其特性曲线如表 4.1 所示。

N 沟道耗尽型 MOSFET 的特性曲线如图 4.15 所示。工作在恒流区时,电流表达式与 JFET 的相同,见式(4.2.1)。

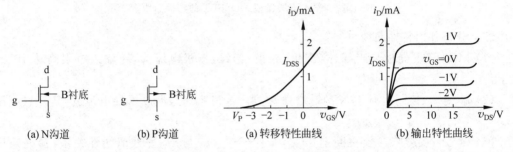

(a) N沟道   (b) P沟道   (a) 转移特性曲线   (b) 输出特性曲线

图 4.14 耗尽型 MOS 管的符号   图 4.15 N 沟道耗尽型 MOSFET 的特性曲线

4.2.3 MOSFET 的主要参数

耗尽型 MOSFET 的参数与 JFET 的相同。增强型 MOSFET 的大部分参数与 JFET 的相同。增强型 MOSFET 参数中没有夹断电压 V_P 和漏极饱和电流 I_{DSS},取而代之的是开启电压 V_T 和 I_{D0}。

1. 开启电压 V_T(增强型参数)

开启电压 V_T 是导电沟道形成时的最小 v_{GS}。实测时,常取 v_{DS} 为常数(如 10V),改变 v_{GS},使 i_D 很小(如 50μA),则认为此时 $v_{GS} = V_T$。

2. I_{D0}(增强型参数)

I_{D0} 是 $v_{GS} = 2V_T$ 时的 i_D 值。

【例 4.2.1】 设图 4.16 中 MOSFET 的 V_T 或 V_P 的绝对值均为 1V,测得它们各极电位如图 4.16 所示,问它们各工作于什么区?

解:因为图 4.16(a)所示的 FET 为 N 沟道耗尽型 MOSFET,所以 $V_P = -1V$。由图 4.16(a)可知,$v_{GS} = 2V$,$v_{DS} = 6V$。可见,$v_{GS} > V_P$,沟道没有全夹断,管子导通。又因 $v_{GS} - V_P = 3V$,$v_{DS} > v_{GS} - V_P$,所以图 4.16(a)中的 FET 工作在饱和区。

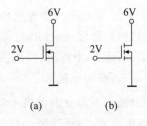

图 4.16 例 4.2.1 图

因为图 4.16(b)所示的 FET 为 N 沟道增强型 MOSFET,所以 $V_T = 1V$。由图 4.16(b)可知,$v_{GS} = 2V$,$v_{DS} = 6V$。可见,$v_{GS} > V_T$,沟道存在,管子导通。又因为 $v_{GS} - V_T = 1V$,$v_{DS} > v_{GS} - V_T$,所以图 4.16(b)中的 FET 工作在饱和区(放大区)。

4.2.4 FET 使用注意事项

（1）在 MOS 管中，某些产品的衬底引线可让使用者根据电路的需要而连接。一般来说，P 衬底接低电位，N 衬底接高电位。但在某些特殊的电路中，当源极的电位很高或很低时，为了减轻源衬间电压对管子导电性能的影响，可将源极与衬底连在一起。

（2）通常漏极与源极可以互换，而其伏安特性没有明显的变化。但有些产品在出厂时已将源极与衬底连在一起，这时源极与漏极不能对调。

（3）使用时 JFET 的栅源电压不能接反，不使用时三个电极可以开路存放。对于 MOSFET，由于它的输入电阻非常高，一旦有感应电荷就难以释放，因此存放时须将三电极短接，以免外电场作用而损坏管子。

（4）焊接时，电烙铁必须有接地线，以防漏电。特别是焊接 MOSFET 时，最好断电后进行。

4.2.5 FET 与 BJT 的比较

（1）虽然场效应管和晶体管放大电路工作原理不同，但两种器件之间存在电极对应关系，即栅极 g 对应基极 b，源极 s 对应发射极 e，漏极 d 对应集电极 c。

（2）FET 和 BJT 二者均是放大器件，场效应管是电压控制器件，而晶体三极管是电流控制器件。FET 通过栅源电压控制漏极电流，BJT 通过基极电流控制集电极电流。二者区别的具体表现为输出特性曲线上参变量的不同，场效应管的参变量是栅源电压，而晶体三极管的参变量是基极电流。

（3）因为 FET 的输入电流为零，所以其输入电阻比 BJT 的大得多。

（4）FET 是单极型器件，只有多数载流子参与导电，而 BJT 是双极型器件，多数载流子和少数载流子都参与导电。因为少数载流子的数量受温度等外界因素的影响，所以 BJT 的热稳定性不如 FET。

（5）β 是反映 BJT 放大作用的参数，g_m 是反映 FET 放大作用的参数。

（6）N 沟道管类似 NPN 管，而 P 沟道管类似 PNP 管。

4.3 场效应管放大电路

双极型晶体管（BJT）是电流控制器件，而场效应管（FET）是电压控制器件。双极型晶体管通过基极电流 i_B 来控制集电极电流 i_C，从其输出特性可见，各条特性曲线的参变量是 i_B，在放大区 i_C 的值主要取决于 i_B，而基本上与 v_{CE} 无关，因此，通常用电流放大倍数 β 来描述双极型晶体管的放大作用。场效应管的栅极电流近似为零，因此它是通过栅源电压 v_{GS} 来控制漏极电流 i_D，从其输出特性可见，各条特性曲线的参变量是 v_{GS}，在恒流区（放大区），i_D 的值主要取决于 v_{GS}，而基本上与 v_{DS} 无关，并通过跨导 g_m 来描述场效应管的放大作用。本节将对场效应管放大电路的组成、场效应管放大电路的静态和动态分析加以介绍。

4.3.1 场效应管放大电路组成

与双极型晶体管相似，场效应管有三个电极，可接成三种基本放大电路，即共源极、共漏极和共栅极放大电路。它们分别与双极型晶体管的共发射极、共集电极和共基极放大电路相对应。

图 4.17 所示为共源极放大电路,信号输入到栅极,被放大后从漏极输出。FET 作为放大电路的核心器件,起着能量转换的作用,外围电阻 R_g、R 为放大电路的偏置电阻,外围电容起隔直/耦合或旁路作用。

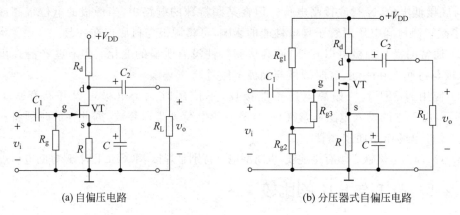

(a) 自偏压电路   (b) 分压器式自偏压电路

图 4.17 共源极放大电路

图 4.18 所示为共漏极放大电路,信号输入到栅极,被放大后从源极输出。共漏极放大电路相当于电压跟随器。

图 4.19 所示为共栅极放大电路,信号输入到源极,被放大后从漏极输出。

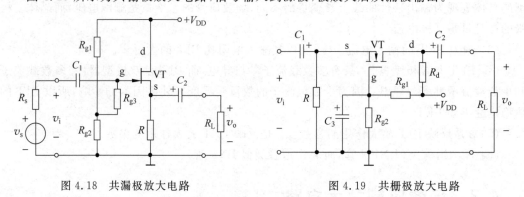

图 4.18 共漏极放大电路   图 4.19 共栅极放大电路

4.3.2 场效应管放大电路的静态分析

1. 直流偏置电路

由 FET 组成的放大电路和 BJT 的一样,为了对小信号进行线性放大,必须采用适当的偏置电路,使管子工作在放大区,因此都需为管子建立合适的 Q 点。所不同的是,FET 是电压控制器件,因此它需要有合适的栅极电压。通常 FET 放大电路有两种形式的偏置电路,现以 N 沟道 FET 为例加以说明。

1) 自偏压电路

与 BJT 的射极偏置电路相似,通常在源极接入电阻 R,就可组成图 4.20(a)所示的自偏压电路,它是图 4.17(a)所示的共源电路的直流通路。对于耗尽型 FET,即使在 $v_{GS}=0$ 时,也有漏极电流 i_D 流过 R,所以 R_S 上存在压降,即 $I_D R$。栅极是经电阻 R_g 接地的,由于栅极电流 $i_G=0$,R_g 上的压降为零,所以在静态时栅源之间将有负栅压 $V_{GS}=-I_D R$。图 4.17 中

电容 C 对 R 起旁路作用,称为源极旁路电容。这样,电路自行产生了一个负的偏置电压,刚好满足电路中 N 沟道耗尽型场效应管工作于放大区时对 V_{GS} 的要求。

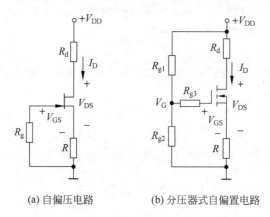

(a) 自偏压电路　　　　(b) 分压器式自偏置电路

图 4.20　共源极放大电路

对于增强型 MOS 场效应管,只有当栅极与源极之间的电压达到开启电压 V_T 时才有漏极电流,而自偏压电路栅源电压($V_{GS}=-I_D R$)的极性又刚好与管子的 V_T 极性相反,故自偏压方式不适用于增强型 FET 组成的放大电路。

2) 分压器式自偏压电路

图 4.20(b)所示的分压器式自偏压电路是在自偏置电路的基础上增加了分压电阻,该电路是图 4.17(b)所示的共源电路及图 4.18 所示的共漏电路的直流通路。R_{g1}、R_{g2} 组成串联分压电路。V_{DD} 经分压后通过 R_{g3} 供给栅极电压 V_G,漏极电流在 R 上压降 $V_S=I_D R$,栅源之间电压 $V_{GS}=V_G-I_D R$。可见,设置不同的分压电阻,既可以使 V_{GS} 为正值,也可以使 V_{GS} 为负值,因此分压器式自偏压电路适用于任何类型 FET 组成的放大电路。因为流过 R_{g3} 的栅极电流为零,所以 R_{g3} 上没有压降,串入 R_{g3} 的目的是提高输入电阻。

2. 静态工作点的确定

静态分析的主要目的是要求出 FET 的静态工作点,即确定 $Q(I_D,V_{GS},V_{DS})$。与 BJT 类似,静态工作点的确定也有图解法和估算法两种,图解法的过程与 BJT 相似,这里略去。下面用估算法求解 FET 的静态工作点。

图 4.20(a)所示电路中的 FET 为耗尽型管,由式(4.1.2),有

$$I_D = I_{DSS}\left(1-\frac{V_{GS}}{V_P}\right)^2 \tag{4.3.1}$$

由图 4.20(a)所示电路可得

$$V_{GS} = -I_D R \tag{4.3.2}$$

联立式(4.3.1)和式(4.3.2),解方程组可求出图 4.20(a)所示电路中 FET 的 I_D 和 V_{GS}。

图 4.20(b)所示电路中的 FET 为增强型管,由式(4.2.1),有

$$I_D = I_{D0}\left(\frac{V_{GS}}{V_T}-1\right)^2 \tag{4.3.3}$$

由图 4.20(b)所示电路可得

$$V_{GS} = \frac{R_{g2}}{R_{g1}+R_{g2}}V_{DD} - I_D R \tag{4.3.4}$$

同样地，联立式(4.3.3)和式(4.3.4)，解方程组可求出图 4.20(b)所示电路中 FET 的 I_D 和 V_{GS}。图 4.20(a)、(b)所示的两电路均有

$$V_{DS} = V_{DD} - I_D(R_d + R) \tag{4.3.5}$$

将解方程组得到的 I_D 代入式(4.3.5)中，可计算出 V_{DS}。至此，便得到了 FET 的静态工作点 Q。

【例 4.3.1】 共源放大电路如图 4.17(a)所示。已知 $V_{DD}=30\text{V}$、$R_d=3\text{k}\Omega$、$R_g=1\text{M}\Omega$、$R=1\text{k}\Omega$、FET 的 $I_{DSS}=7\text{mA}$、$V_P=-8\text{V}$。求 I_D、V_{GS} 和 V_{DS}。

解：联立式(4.3.1)和式(4.3.2)，并将相应的已知条件代入方程组中，得

$$\begin{cases} I_D = 7\text{mA} \times \left(1 - \frac{V_{GS}}{-8\text{V}}\right)^2 \\ V_{GS} = -I_D \times 1\text{k}\Omega \end{cases}$$

解上述二次方程组可得

$$I_D = \begin{cases} 2.9\text{mA} \\ 22.4\text{mA} \end{cases}$$

因为 $I_D = 22.4\text{mA} > I_{DSS}$，所以舍去此根，得

$$I_D = 2.9\text{mA}$$
$$V_{GS} = -2.9\text{V}$$

再将 I_D 的值代入式(4.3.5)，计算得

$$V_{DS} = 18.4\text{V}$$

4.3.3 场效应管放大电路的动态分析

动态分析是利用 FET 小信号模型求 FET 放大电路的主要性能指标。

1. FET 的小信号模型

FET 的静态工作点设置在放大区后，如果输入小信号，则 FET 对信号进行线性放大，此时，可以将 FET 等效为一个两端口的线性网络，这个线性网络就是它的小信号模型。与 BJT 的做法类似，可以推导出 FET 共源接法的低频小信号模型，如图 4.21(b)所示。

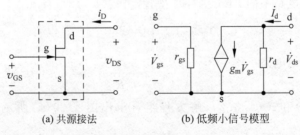

(a) 共源接法　　　　(b) 低频小信号模型

图 4.21　FET 的低频小信号模型

模型中 g_m 为 FET 的跨导，单位为 mS。

对于耗尽型管，g_m 的值可以利用式(4.1.4)直接求出。

增强型管可以利用式(4.2.1)推导出 g_m 的公式,即

$$g_m = \frac{2}{V_T}\sqrt{I_{D0}I_D} \tag{4.3.6}$$

可见,跨导 g_m 的值与静态工作点 Q 有关。对于同一 FET,Q 点不同,对应的跨导值不同,Q 点越高,跨导值越大。g_m 一般在 $0.1\sim 20\mathrm{mS}$ 的范围内。

由于 r_{gs}、r_{ds} 很大,数量级为几百千欧以上,因此通常将模型中的 r_{gs} 视为开路,并且当放大电路中的漏极电阻 R_d 远远小于 r_d 时,模型中的 r_d 也可以视为开路。

2. 动态分析

下面对 FET 放大电路三种组态中的共源极放大电路、共漏极放大电路进行分析,略去共栅极放大电路的分析。

(1) 共源极放大电路的动态分析。

以图 4.22(a)所示的分压器式共源电路为例进行分析。图 4.22(b)所示为电路的小信号等效电路。

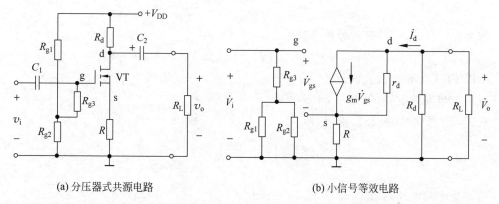

(a) 分压器式共源电路　　　　　　　(b) 小信号等效电路

图 4.22　分压器式共源电路及其小信号等效电路

由等效电路可以进行以下推导,即

$$\dot{V}_i = \dot{V}_{gs} + g_m \dot{V}_{gs} R = \dot{V}_{gs}(1 + g_m R)$$

$$\dot{V}_o = -g_m \dot{V}_{gs}(R_d \parallel R_L)$$

$$\dot{A}_V = \frac{\dot{V}_o}{\dot{V}_i} = -\frac{g_m(R_d \parallel R_L)}{1 + g_m R} \tag{4.3.7}$$

式(4.3.7)中的"−"号表示输出电压与输入电压相位相反。

$$R_i = \frac{\dot{V}_i}{\dot{I}_i} = R_{g3} + R_{g1} \parallel R_{g2} \tag{4.3.8}$$

$$R_o \approx R_d \tag{4.3.9}$$

若在图 4.22(a)所示电路中增加旁路电容 C,并与 R 并联,则等效电路中的 R 被旁路电容短路,此时

$$\dot{A}_V = -g_m(R_d \parallel R_L)$$

【例 4.3.2】 电路及已知条件与例 4.3.1 的相同,即电路如图 4.23(a)所示,且已知

$V_{DD}=30\text{V}$、$R_d=3\text{k}\Omega$、$R_g=1\text{M}\Omega$、$R=1\text{k}\Omega$、$R_L=5\text{k}\Omega$，FET 的 $I_{DSS}=7\text{mA}$、$V_P=-8\text{V}$。求放大电路的电压增益 $\dot{A}_V$、输入电阻 R_i 和输出电阻 R_o。

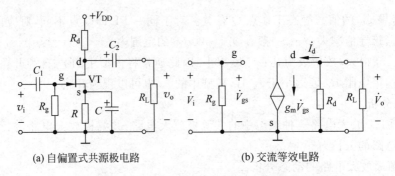

(a) 自偏置式共源极电路 (b) 交流等效电路

图 4.23 自偏置式共源极电路及其小信号等效电路

解：由例 4.3.1 的解可知

$$I_D = 2.9\text{mA}、\quad V_{GS} = -2.9\text{V},\quad V_{DS} = 18.4\text{V}$$

因为 $V_{GS} > V_P$，所以管子导通。又因

$$V_{GS} - V_P = 5.1\text{V},\quad V_{DS} > V_{GS} - V_P$$

所以 FET 工作在放大区。

画出交流等效电路，如图 4.23(b) 所示。

式中，g_m 可由式(4.1.4)求得，即

$$g_m = -\frac{2 I_{DSS}\left(1 - \dfrac{V_{GS}}{V_P}\right)}{V_P} = 1.13\text{mS}$$

由交流等效电路可得

$$\dot{V}_i = \dot{V}_{gs}$$

$$\dot{V}_o = -g_m \dot{V}_{gs}(R_d \parallel R_L)$$

$$\dot{A}_V = \frac{\dot{V}_o}{\dot{V}_i} = -g_m(R_d \parallel R_L) = -2.1\text{mA}$$

$$R_i = \frac{\dot{V}_i}{\dot{I}_i} = R_g = 1\text{M}\Omega$$

$$R_o \approx R_d = 3\text{k}\Omega$$

从例 4.3.2 可见，场效应管共源极放大电路与晶体管共射极放大电路的性能相似：有电压放大能力；输出电压与输入电压的相位相反；输出电阻较高。但共源极放大电路的电压放大能力通常低于共射极放大电路；而共源极放大电路的输入电阻高于共射极放大电路的输入电阻。

(2) 共漏极放大电路的动态分析。

图 4.24(a) 所示为共漏极放大电路，图 4.24(b) 所示为其小信号等效电路，由等效电路可以进行以下推导，即

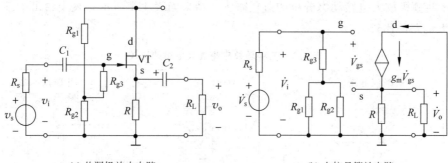

(a) 共漏极放大电路　　　　　　(b) 小信号等效电路

图 4.24　共漏极放大电路及其等效电路

$$\dot{V}_i = \dot{V}_{gs} + g_m \dot{V}_{gs}(R \parallel R_L)$$

$$\dot{V}_o = g_m \dot{V}_{gs}(R \parallel R_L)$$

$$\dot{A}_V = \frac{\dot{V}_o}{\dot{V}_i} = \frac{g_m(R \parallel R_L)}{1 + g_m(R \parallel R_L)} \tag{4.3.10}$$

可见,当 $g_m(R \parallel R_L) \gg 1$ 时,$\dot{A}_V \approx 1$,共漏极电路属于电压跟随器。

$$R_i = \frac{\dot{V}_i}{\dot{I}_i} = R_{g3} + R_{g1} \parallel R_{g2} \tag{4.3.11}$$

令 $\dot{V}_s = 0$,保留其内阻 R_s,将 R_L 开路,在输出端加一测试电压 $\dot{V}_T$,将引起流入输出端的电流 $\dot{I}_T$。画出求共漏电路输出电阻 R_o 的电路,如图 4.25 所示。

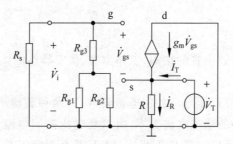

图 4.25　求共漏极放大电路输出电阻的电路

由图 4.25 可得

$$\dot{I}_T = \dot{I}_R - g_m \dot{V}_{gs}$$

$$\dot{V}_{gs} = -\dot{V}_T$$

由上述两式可以求出

$$R_o = \frac{\dot{V}_T}{\dot{I}_T} = R \parallel \frac{1}{g_m} \tag{4.3.12}$$

可见,共漏极放大电路与晶体管共集电极放大电路相似,$\dot{A}_V < 1$,没有电压放大能力;输出电压与输入电压的相位相同;输入电阻高(高于共集电极放大电路的输入电阻);输出电阻低。

(3) 共栅极放大电路动态分析的过程略去。结果如表4.2所示。表中给出了三种场效应管放大电路的比较。

表 4.2　三种场效应管放大电路的比较

	共源极电路	共漏极电路	共栅极电路
电路			
$\dot{A}_V$	$-g_m(R_d \parallel R_L)$	$\dfrac{g_m(R \parallel R_L)}{1+g_m(R \parallel R_L)}$	$g_m(R_d \parallel R_L)$
R_i	R_g	$R_{g3}+R_{g1} \parallel R_{g2}$	$R \parallel \dfrac{1}{g_m}$
R_o	R_d	$R \parallel \dfrac{1}{g_m}$	R_d
特点	反相放大器 $\|\dot{A}_V\|>1$，$\|\dot{A}_I\|>1$ R_i 很大，R_o 较大	同相放大器 $\|\dot{A}_V\|\leqslant 1$，$\|\dot{A}_I\|>1$ R_i 很大，R_o 较小	同相放大器 $\|\dot{A}_V\|>1$，$\|\dot{A}_I\|<1$ R_i 很小，R_o 较大
类比	共射极放大电路	共集电极放大电路	共基极放大电路

小结

本章主要讲述的是场效应管的结构、工作原理、伏安特性曲线和场效应管组成的基本放大电路及分析。

(1) 双极型晶体管(BJT)是电流控制电流器件，有两种载流子参与导电，属于双极型器件。因为场效应管(FET)的输入电流为零，所以是电压控制电流器件。它只依靠一种载流子导电，因而属于单极型器件。与 BJT 相比，FET 具有制造工艺简单、集成度高、输入阻抗高、功耗低、噪声小、热稳定性好等优点。

(2) FET 有结型场效应管(JFET)和金属氧化物半导体场效应管(MOSFET)两大类，MOSFET 又分为增强型和耗尽型场效应管。每一类 FET 都有两种，即 N 沟道管和 P 沟道管。

(3) FET 的伏安特性可用输出特性曲线表示，它有三个工作区域，即可变电阻区、饱和区(恒流区、放大区)和截止区。在放大区，栅源电压对漏极电流具有控制作用，常用转移特性表示二者的关系，转移特性可以由输出特性曲线通过作图得到。

(4) FET 的直流参数有：耗尽型 FET 的漏极饱和电流 I_{DSS} 和夹断电压 V_P，增强型 FET 的开启电压 V_T 和 I_{D0}。交流参数主要是跨导 g_m，跨导与管子静态工作点有关。

(5) 工作在放大区时，N 沟道 FET 的 v_{DS} 为正极性、P 沟道的 v_{DS} 为负极性。JFET 的

v_{GS} 与 v_{DS} 极性相反,增强型 MOSFET 的 v_{GS} 与 v_{DS} 极性相同;耗尽型 MOSFET 的 v_{GS} 可正可负。N 沟道漏极电流流入漏极,P 沟道漏极电流流出漏极。

(6) FET 常用的直流偏置方式有自给偏压电路和分压式自偏压电路。前者只适用于耗尽型 FET,后者适合任何类型的 FET。静态工作点可以通过图解法或估算法计算。

(7) 与 BJT 相对应,FET 也有三种基本放大电路。放大电路的动态特性常用小信号模型法分析。共源极放大电路有电压放大能力、输入和输出电阻大、输出电压与输入电压反相的特点;共漏极放大电路又称为源极输出器,特点为电压增益小于1、输入电阻大、输出电阻小、输出电压与输入电压同相。

习题

4.1 一个 JFET 的转移特性曲线如图 4.26 所示。试问:
(1) 它是 N 沟道还是 P 沟道 FET?
(2) 它的夹断电压 V_P 和漏极饱和电流 I_{DSS} 各是多少?

4.2 图 4.27 中的 FET 其 $V_P=4V$,问 FET 工作在什么区?

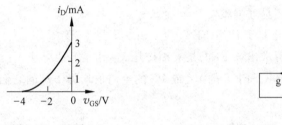

图 4.26 习题 4.1　　　　图 4.27 习题 4.2

4.3 写出 FET 各个工作区域对应的沟道状态,填入表 4.3 中。

表 4.3 沟道状态

工作区域	可变电阻区	放大区	截止区
沟道状态			

4.4 已知 FET 的输出特性,如图 4.28 所示,i_D 的方向为实际电流方向。(1)判断该管类型,并确定 V_P 和 I_{DSS} 的值,(2)求 $V_{DS}=10V$,$I_D=2mA$ 处的跨导 g_m。

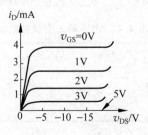

图 4.28 习题 4.4

4.5 若某 P 沟道 JFET 的 $I_{DSS}=-6\text{mA}$、$V_P=4\text{V}$,画出该管的转移特性曲线。

4.6 一只 P 沟道耗尽型 MOSFET 的 $I_{DSS}=-6\text{mA}$、$V_P=4\text{V}$,另一只 P 沟道增强型 MOSFET 的 $V_T=-4\text{V}$。试分别粗略画出它们的输出特性曲线,标明电阻区和恒流区以及它们的分界线(即预夹断轨迹)。

4.7 图 4.29 中 JFET 的 I_{DSS} 的绝对值都等于 4mA,且沟道部分夹断,求输出端的直流电压 V_O。

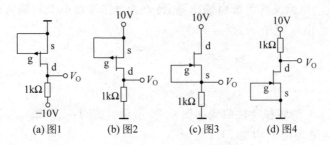

图 4.29 习题 4.7

4.8 一个 MOSFET 的转移特性如图 4.30 所示。试问:
(1) 该管是耗尽型还是增强型?
(2) 该管是 N 沟道还是 P 沟道 FET?
(3) 从转移特性上可求出该 FET 是夹断电压 V_P 还是开启电压 V_T?其值等于多少?

4.9 图 4.31 中的 MOSFET 的 V_T 或 V_P 的绝对值均为 1V,问它们各工作于什么区?

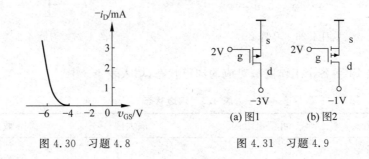

图 4.30 习题 4.8　　　图 4.31 习题 4.9

4.10 增强型 FET 能否用自偏压的方法来设置静态工作点?试说明理由。

4.11 测得某放大电路中三个增强型 MOS 管的三个电极的电位如表 4.4 所示,它们的开启电压也列在表中。试分析各管的工作状态(截止区、恒流区、可变电阻区),并填入表内。

表 4.4 MOS 管三个极的电位

管 号	V_T/V	V_S/V	V_G/V	V_D/V	工作状态
VT_1	4	-5	1	3	
VT_2	-4	3	3	10	
VT_3	-4	6	0	5	

4.12 已知场效应管的输出特性曲线如图 4.32 所示,画出它在恒流区的转移特性曲线。

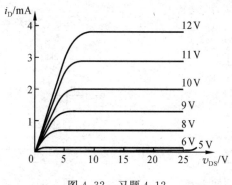

图 4.32 习题 4.12

4.13 分别判断图 4.33 所示各电路中场效应管是否有可能工作在恒流区。

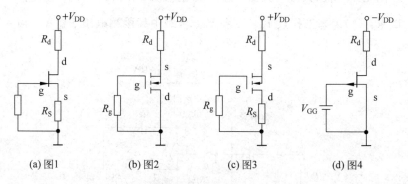

图 4.33 习题 4.13

4.14 JFET 自偏压放大器如图 4.34 所示。设 $R_d=12\text{k}\Omega, R_g=1\text{M}\Omega, R=470\Omega$，电源电压 $V_{DD}=30\text{V}$。FET 的参数：$I_{DSS}=3\text{mA}, V_P=-2.4\text{V}$。

(1) 求静态工作点 I_D、V_{GS} 和 V_{DS}。

(2) 当漏极电阻 R_d 超过何值时 FET 会进入可变电阻区？

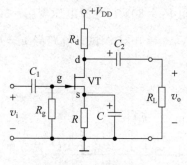

图 4.34 习题 4.14

4.15 在图 4.35 所示电路中,已知 JFET 的 $I_{DSS}=1\text{mA}, V_P=-1\text{V}$。如果要求漏极直流电位 $V_D=10\text{V}$，求电阻 R_1 的阻值。

4.16 FET 放大电路如图 4.36 所示。FET 参数为：$I_{DSS}=2\text{mA}, V_P=-4\text{V}, r_{ds}$ 可忽略不计。试估算静态工作点,并求中频段端电压增益 $\dot{A}_V$、输入电阻 R_i 和输出电阻 R_o。

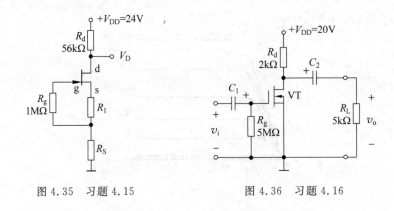

图 4.35　习题 4.15　　　　　图 4.36　习题 4.16

4.17　在图 4.37 所示共源放大器中，JFET 的参数为：$I_{DSS}=4.5\text{mA}$，$V_P=-3\text{V}$，r_{ds} 可忽略不计。试求：(1)静态工作点 I_D、V_{GS} 和 V_{DS}；(2)中频段端电压增益 $\dot{A}_V$、输入电阻 R_i 和输出电阻 R_o。

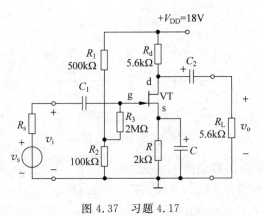

图 4.37　习题 4.17

4.18　N 沟道 JFET 共漏放大器如图 4.38 所示，电路参数为：$R_1=40\text{k}\Omega$，$R_2=60\text{k}\Omega$，$R_3=2\text{M}\Omega$，$R_4=20\text{k}\Omega$，负载电阻 $R_L=80\text{k}\Omega$，电源电压 $V_{DD}=30\text{V}$，信号源内阻 $R_S=200\text{k}\Omega$。JFET 的 $I_{DSS}=4\text{mA}$，$V_P=-4\text{V}$，$r_{ds}=40\text{k}\Omega$。试计算跨导 g_m，并求端电压增益 $\dot{A}_V$、电流增益 $\dot{A}_I$、输入电阻 R_i 和输出电阻 R_o。

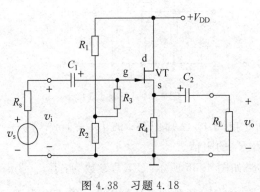

图 4.38　习题 4.18

4.19 电路如图 4.39 所示,已知场效应管的低频跨导为 g_m,试写出 $\dot{A}_V$、R_i 和 R_o 的表达式。

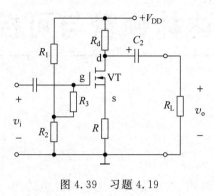

图 4.39 习题 4.19

第 5 章 达林顿管与可控型器件
CHAPTER 5

本章首先介绍达林顿管结构、连接方式及达林顿管电路的直流交流特性；然后介绍以晶闸管为代表的半控型电力电子器件，以门极可关断晶闸管、电力晶体管、电力场效应管和绝缘栅双极型晶体管等为代表的典型全控型电力电子器件。

5.1 达林顿管及其电路

由 3.5.3 小节知，三极管基极-发射极之间的输入阻抗由直流增益 β_0 和发射极上电阻 R_E 的乘积决定（$R_{IN(base)} \approx \beta_0 R_E$）。在交流分析中，三极管基极-发射极之间的输入阻抗由交流增益 β 与 $(R_{E1}+r'_e)$ 的乘积决定 $[R_{IN(base)} \approx \beta \cdot (R_{E1}+r'_e)]$。可见，三极管的输入阻抗与 β_0 有很大的关系（把直流增益 β_0 和交流增益 β 看成相等）。前面把 β_0 都近似为 200，如果 β_0 可以更大一些，将直接提高三极管的输入阻抗，进而还可以提高电流的增益。

5.1.1 达林顿管及其接法

1. 达林顿管结构

1953 年，贝尔实验室的工程师达林顿（Sidney Darlington）灵机一动，把两个三极管按图 5.1(a) 所示的方式连接起来，VT_1 的基极作为两个三极管的基极，VT_1 的发射极与 VT_2 的基极相连，VT_2 的发射极作为两个三极管的发射极，同时 VT_1 和 VT_2 共用集电极，这样就形成了一个后来以他名字命名的新型半导体器件——达林顿管。

图 5.1(a) 把两个 NPN 三极管连起来形成达林顿管，可以提高直流电流增益 β_0。原因是电流经过 VT_1 放大之后，由 VT_2 再次放大，这就好比一个很小的基极电流 I_B，就可以"撬动"放大的集电极电流 I_C。用图 5.1(b) 所示的水槽来比喻，就好像一个大轮带动阀门，只要大轮转过一个很小的角度，就可以较大程度地打开阀门，水流就能从水箱泻下。

达林顿管的外观与一般三极管没有什么区别，如图 5.1(c) 所示，所不同的是达林顿管具有非常高的直流电流增益 β_0，可以近似看成是达林顿管内部两个三极管 β_0 的乘积，在 $I_C = 100\text{mA}$ 时，β_0 可达 25 000！所以，只要一个小小的 I_B，就可以"撬动"巨大的 I_C。

在获得高增益的同时，达林顿管也有以下不足之处。

第一个不足：正向偏置电压 V_{BE} 是普通三极管的 2 倍，这个问题是两个三极管基极-发射极串联结构所带来的，即

$$V_{BE(Dar)} \approx 1.4\text{V} \tag{5.1.1}$$

第5章 达林顿管与可控型器件

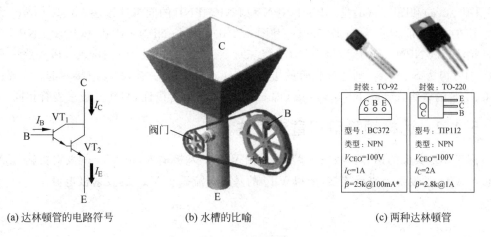

(a) 达林顿管的电路符号　　(b) 水槽的比喻　　(c) 两种达林顿管

图 5.1　达林顿管

注：β_0 是温度为25℃以下时的参数，k 表示 ×1000

第二个不足：达林顿管集电极-发射极之间的饱和电压 V_{CES} 高于三极管，带来的问题是功耗的增加，原因是功耗为 V_{CE} 和 I_C 的乘积。在图 5.1(a)所示电路中，三极管 VT_2 是不能达到饱和的，因为 VT_2 的基极-发射极间的电压 V_{CE2} 等于它自己的 V_{BE2} 和 VT_1 的集电极-发射极之间电压 V_{CE1} 之和，即

$$V_{CE2} = V_{BE2} + V_{CE1} \tag{5.1.2}$$

所以，V_{CE2} 一定会比 V_{CE1} 大 0.7V 左右。以达林顿管 BC372 为例，在 $I_C = 250\text{mA}$ 时，$V_{CES} = 1\text{V}$，明显高于普通三极管 0.2V 左右的电压，如 2N3904。

2. 达林顿管四种接法

图 5.1 表明，达林顿晶体管是复合晶体管。它是将两只或更多只晶体管的集电极连在一起，而将第一只晶体管的发射极直接耦合到第二只晶体管的基极，依次级联而成，最后引出 E、B、C 三个电极。根据两只或更多只晶体管间的连接方式，达林顿电路有四种接法，即 NPN+NPN、PNP+PNP、NPN+PNP、PNP+NPN，如图 5.2 所示。

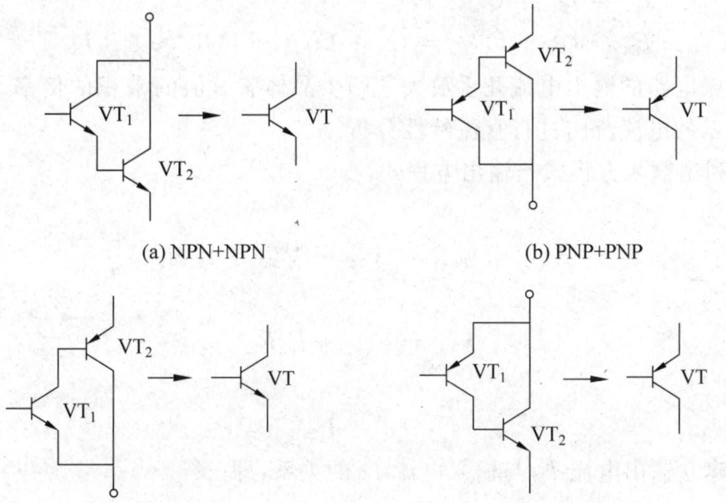

(a) NPN+NPN　　(b) PNP+PNP

(c) NPN+PNP　　(d) PNP+NPN

图 5.2　达林顿电路的四种接法

图5.2(a)和图5.2(b)是NPN+NPN和PNP+PNP的同极性接法：b_1为b，c_1c_2为c，e_1b_2接在一起，那么e_2为e；图5.2(c)和图5.2(d)分别是NPN+PNP和PNP+NPN的异极性接法；以NPN+PNP为例，设前一级三极管VT_1的三极为c_1、b_1、e_1，后一级三极管VT_2的三极为c_2、b_2、e_2，则达林顿管的接法应为：c_1b_2应接一起，e_1c_2应接一起；等效三极管C、B、E的管脚，$c=e_2$，$b=b_1$，$e=e_1$(即c_2)。等效三极管极性，与前一级三极管相同。

5.1.2 达林顿管电路直流特性

图5.3是典型的达林顿放大电路，信号由VT_1的基极输入，由VT_2的发射极输出，VT_2基极与VT_1的发射极直接连接，所以VT_2的基极电流等于VT_1的发射极电流。

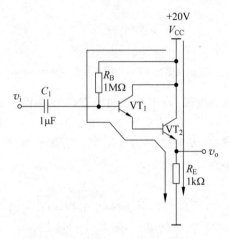

图5.3 典型的达林顿放大电路及电流走向示意图

两级放大器都采用共集极电路，以获得高电流增益。达林顿电路中，输入电流为VT_1的基极电流，输出电流为VT_2的发射极电流，可验证输入与输出间具有高倍率的电流放大作用，即

$$I_{B2} = I_{E1} = (\beta_1 + 1)I_{B1} \tag{5.1.3}$$

$$I_{E2} = (\beta_2 + 1)I_{B2} = (\beta_1 + 1)(\beta_2 + 1)I_{B1} \approx \beta_1\beta_2 I_{B1} \tag{5.1.4}$$

所以达林顿电路的输出电流几乎放大了两个晶体管β值的乘积的倍率，即$\beta_1\beta_2$倍。下面按图5.3所示的电流流向进行直流特性分析。

第一步：列出输入方程式与输出方程式。

输入方程为

$$V_{CC} = I_{B1}R_B + V_{BE1} + V_{BE2} + I_{E2}R_E \tag{5.1.5}$$

输出方程为

$$V_{CC} = V_{CE2} + I_{E2}R_E \tag{5.1.6}$$

另外

$$I_{E1} = I_{B2} \tag{5.1.7}$$

第二步：建立输出电流I_{E2}与输入电流I_{B1}的关系，即

$$I_{E2} = (\beta_1 + 1)(\beta_2 + 1)I_{B1} \approx \beta_1\beta_2 I_{B1} \tag{5.1.8}$$

第三步：将I_{E2}与I_{B1}的关系代回输入方程式，计算I_{B1}，即

$$V_{CC} = I_{B1}R_B + V_{BE1} + V_{BE2} + \beta_1\beta_2 R_E I_{B1} \tag{5.1.9}$$

$$I_{B1} = \frac{V_{CC} - V_{BE1} - V_{BE2}}{R_B + \beta_1\beta_2 R_E} \tag{5.1.10}$$

第四步:将 I_{B1} 代入输出方程式,求出 V_{CE2}。

将式(5.1.8)和式(5.1.10)代入式(5.1.6),得

$$V_{CE2} = \frac{V_{CC}R_B - \beta_1\beta_2 R_E(V_{BE1} + V_{BE2})}{R_B + \beta_1\beta_2 R_E} \tag{5.1.11}$$

需要说明的是,如果达林顿管由 N 只晶体管组成,每只晶体管的电流放大倍数分别为 $\beta_1,\beta_2,\cdots,\beta_N$,则总电流放大倍数约等于各管电流放大倍数的乘积,即

$$\beta \approx \beta_1\beta_2\cdots\beta_N \tag{5.1.12}$$

因此,达林顿管具有很高的放大倍数,值可以达到几千倍甚至几十万倍。利用它不仅能构成高增益放大器,还能提高驱动能力,获得大电流输出,构成达林顿功率开关管。在光耦合器中,也有用达林顿管作为接收管的。达林顿管产品大致分成两类:一类是普通型,内部无保护电路;另一类则带有保护电路。图 5.4 是带有保护电路的大功率达林顿管。

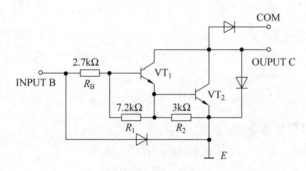

图 5.4 带有保护电路的大功率达林顿管

图 5.4 是同型 NPN 复合管,其电流放大倍数为 $\beta \approx \beta_1\beta_2$;$VT_1$ 管决定了此复合管为 NPN 管。电阻 $R_B = 2.7\text{k}\Omega$ 主要限流保护管子,并设置静态偏置电压;$R_1 = 7.2\text{k}\Omega$、$R_2 = 3\text{k}\Omega$,提供漏电流泄放回路。COM 是公共电源端。达林顿管多用在大功率输出电路中,由于功率增大,管子本身压降会造成温度上升,再加上前级三极管的漏电流(I_{CEO})也会被逐级放大,从而导致达林顿管整体热稳定性差。为了改变这种状况,在大功率达林顿管内部均设有均衡电阻 R_1 和 R_2,这样不但可以大大提高管子的热稳定性,还能有效地提高末级功率三极管的耐压。在末级三极管的集电极与发射极之间反向并联一只阻尼二极管,以防负载突然断电时三极管被击穿,因大多负载(如电动机)是感性的,断电后电流不会马上消失。前级晶体管的基极与后级晶体管的发射极间的二极管起到加速的作用,引入电流串联正反馈,VT_1 管基极漏电流较小,故 R_1 可适当大些。VT_1 管电流经过放大后加到 VT_2 管,另外 VT_2 管本身也有漏电流,故 VT_2 管基极电流较大,应降低 R_2 大小。

5.1.3 达林顿管电路交流特性

以达林顿管射极跟随器为例,分析交流特性。图 5.5 所示为由达林顿管构成的共集(CC)放大电路。

由直流通路可知

$$E - V_{BE1} - V_{BE2} = I_{R_L} R_L$$

$$I_{R_L} = \frac{E - V_{BE1} - V_{BE2}}{R_L} \tag{5.1.13}$$

$$I_{E1} = \frac{V_{BE2}}{R_{E1}} \tag{5.1.14}$$

$$I_{E2} = I_{R_L} - I_{E1} \tag{5.1.15}$$

图 5.5 所示的微变等效电路如图 5.6 所示。

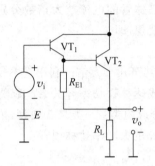

图 5.5 达林顿管射极跟随器

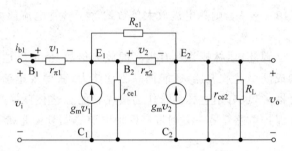

图 5.6 图 5.5 的微变等效电路

输入电阻为

$$R_i = \frac{v_i}{i_{b1}} = r_{\pi 1} + (1 + \beta_1) \parallel (1 + \beta_2)(r_{ce2} \parallel R_L)$$

由于是达林顿管射极跟随器,故有

$$A_V < 1, \quad 且 A_V \approx 1$$

5.2 普通晶闸管及其电路

晶闸管(Thyristor)是晶闸流管的简称,也称为可控硅整流管(Silicon Controlled Rectifier,SCR),具有体积小、重量轻、损耗小、控制特性好、电流容量大、耐压高(目前生产水平是 4500A/8000V)以及开通的可控性等特点,已被广泛应用于相控整流、逆变、交流调压、直流变换等领域,为特大功率低频(在 200Hz 以下)装置中的主要器件。

目前国内外生产的晶闸管的外形封装形式可分为小电流塑封式(额定电流在 10A 以下)、小电流螺旋式、大电流螺旋式和大电流平板式(额定电流在 200A 以上),如图 5.7 所示。

晶闸管有三个电极,它们是阳极 A、阴极 K 和门极(或称栅极)G,晶闸管符号如图 5.8(a)所示。

晶闸管是大功率器件,工作时由于器件损耗而产生大量的热,因此必须安装散热器,以降低管芯温度。器件外形是为了便于安装散热器而设计的。螺旋式晶闸管紧拴在铝制散热器上,采用自然散热冷却方式,如图 5.8(b)所示。平板式晶闸管由两个彼此绝缘的散热器紧夹在中间,散热方式可以采用风冷或水冷,以获得较好的散热效果,如图 5.8(c)、图 5.8(d)所示。

在性能上,晶闸管不仅具有单向导电性,而且还具有比硅整流元件更为可贵的可控性,它只有导通和关断两种状态。

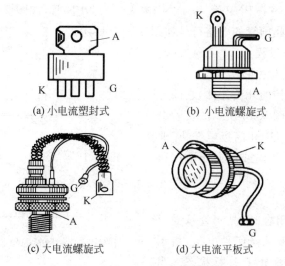

(a) 小电流塑封式　　(b) 小电流螺旋式

(c) 大电流螺旋式　　(d) 大电流平板式

图 5.7　晶闸管的外形封装形式

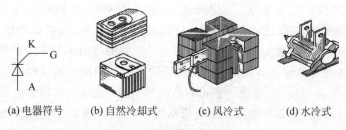

(a) 电器符号　(b) 自然冷却式　(c) 风冷式　(d) 水冷式

图 5.8　晶闸管形状及符号

5.2.1　普通晶闸管的结构和工作原理

晶闸管是 PNPN 四层三端器件,分别命名为 P_1、N_1、P_2、N_2 四个区,如图 5.9 所示,它有 J_1、J_2、J_3 三个 PN 结。

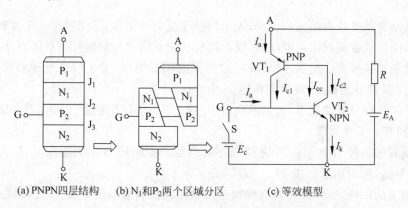

(a) PNPN四层结构　(b) N_1和P_2两个区域分区　(c) 等效模型

图 5.9　晶闸管结构与等效模型

在图 5.9(a) 中,P_1 区的引出线称为阳极 A,N_2 区的引出线称为阴极 K,P_2 区的引出线称为控制极 G。为了更好地理解晶闸管的工作原理,通常将 N_1 和 P_2 两个区域分成两个部分,使得 $P_1N_1P_2$ 构成一只 PNP 管,$N_1P_2N_2$ 构成一只 NPN 管,如图 5.9(b)所示;等效电路图如图 5.9(c)所示;晶闸管的电路符号如图 5.8(a)所示。

1. 晶闸管的工作过程

1) 晶闸管的导通与关断实验

晶闸管是单向可控的开关元件,它的导通和关断条件可通过图 5.10 所示的实验电路加以说明。主电源 E_A 和门极电源 E_G 通过双刀开关 K_1 和 K_2 正向或反向闭合接通晶闸管的有关电极,用灯泡和电流表观察晶闸管的通断情况。

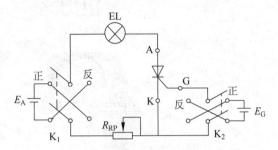

图 5.10 晶闸管的导通与关断实验电路

当 K_1 向右反向闭合时,晶闸管承受反向阳极电压,不论门极承受何种电压,指示灯都不亮,说明晶闸管处于关断状态。当 K_1 向左正向闭合,晶闸管承受正向阳极电压,仅当 K_2 正向闭合即门极也承受正向电压时指示灯才亮。晶闸管一旦导通,K_1 不论正接、反接或者断开,晶闸管保持导通状态不变,说明门极失去了控制作用。要使晶闸管关断,可以去掉阳极电压,或者给阳极加反压;也可以降低正向阳极电压数值或增大回路电阻,使流过晶闸管的电流小于一定数值。

实验表明,晶闸管的导通条件是:在晶闸管的阳极和阴极间加正向电压,同时在它的门极和阴极间也加正向电压,二者缺一不可;晶闸管一旦导通,门极将失去控制作用,因此门极所加的触发电压一般为脉冲电压。晶闸管从阻断变为导通的过程称为触发导通,门极触发电流一般为几十毫安到几百毫安,而晶闸管导通后,可以通过几百、几千安的电流。晶闸管的关断条件是:使流过晶闸管的阳极电流小于维持电流 I_H。维持电流 I_H 是保持晶闸管导通的最小电流。

2) 晶闸管的工作条件

由于晶闸管只有导通和关断两种工作状态,所以它具有开关特性,这种特性需要一定的条件才能转化。

(1) 晶闸管承受反向阳极电压时,无论门极承受何种电压,晶闸管都处于关断状态。

(2) 晶闸管承受正向阳极电压时,仅在门极承受正向电压的情况下晶闸管才导通。

(3) 晶闸管在导通情况下,只要有一定的正向阳极电压,无论门极电压如何,晶闸管保持导通,即晶闸管导通后,门极失去作用。

(4) 晶闸管在导通情况下,当主回路电压(或电流)减小到接近于零时,晶闸管关断。

2. 晶闸管的工作原理

当晶闸管的阳极 A 和阴极 K 之间加正向电压而控制极 G 不加电压时,J_2 处于反向偏置,管子不导通,称为阻断状态。

当晶闸管的阳极 A 和阴极 K 之间加正向电压且控制极 G 和阴极 K 之间也加正向电压时,如图 5.9(c)所示,J_3 处于导通状态。若 VT_2 管的基极电流为 I_{B2},则其集电极电流为

$$I_{C2} = \beta_2 I_{B2} \tag{5.2.1}$$

VT_1 管的基极电流就是 I_{C2},即

$$I_{B1} = I_{C2} = \beta_2 I_{B2} \tag{5.2.2}$$

因而，VT_1 管的集电极电流为

$$I_{C1} = \beta_1 \beta_2 I_{B2} \tag{5.2.3}$$

该电流又作为 VT_2 管的基极电流，再一次进行上述放大过程，形成正反馈，重复上述过程，即

$$I_G \rightarrow I_{B_2} \uparrow \rightarrow I_{C_2}(I_{B_1}) \uparrow \rightarrow I_{C_1} \uparrow \tag{5.2.4}$$

即晶闸管电流放大倍数为 $\beta_{12} = \beta_1 \beta_2$，要使晶闸管电流增加，必须使反馈信号不小于原始输入信号，因此，晶闸管的导通条件为

$$\beta_{12} = \beta_1 \beta_2 \geqslant 1 \tag{5.2.5}$$

如将 $\beta = \dfrac{\alpha}{1-\alpha}$ 代入，则用共基极电流放大倍数表示的导通条件为

$$\alpha_1 + \alpha_2 \geqslant 1 \tag{5.2.6}$$

在导通状态时，阳极与阴极之间的电压一般为 0.6～1.2V。电源几乎全部加在负载电阻上。阳极电流 I_A 因型号不同而异，可达几十至几千安。

晶闸管从导通变为阻断。如果使阳极电流 I_A 减小到小于一定值的维持电流 I_H，导致晶闸管不能维持正常反馈过程，管子将关断，这种关断称为正向阻断；如果在阳极和阴极之间加反向电压，晶闸管也将关断，这种关断称为反向阻断。因此，控制极只能通过正向电压控制晶闸管从阻断状态变为导通状态；而要使晶闸管从导通状态变为阻断状态，则必须通过减小阳极电流或改变交流电压极性的方法实现。

为使晶闸管导通，必须使承受反向电压的 PN 结 J_2 失去阻挡作用。每个晶体管的集电极电流同时就是另一个晶体管的基极电流。因此是两个互相复合的晶体管电路，当有足够的门极电流 I_G 流入时，就会形成强烈的正反馈，造成两晶体管饱和导通。

设 PNP 管和 NPN 管的集电极电流分别为 I_{C1} 和 I_{C2}，发射极电流相应为 I_A 和 I_K，电流放大倍数相应为 $\alpha_1 = I_{C1}/I_A$ 和 $\alpha_2 = I_{C2}/I_K$。设流过 J_2 结的反向漏电流为 I_{CO}，晶闸管的阳极电流等于两管的集电极电流和漏电流的总和，即

$$I_A = I_{C1} + I_{C2} + I_{CO} = \alpha_1 I_A + \alpha_2 I_K + I_{CO} \tag{5.2.7}$$

式中

$$I_{C1} = \alpha_1 I_A + I_{CBO1} \tag{5.2.8a}$$

$$I_{C2} = \alpha_2 I_E + I_{CBO2} \tag{5.2.8b}$$

$$I_{CO} = I_{CBO1} + I_{CBO2} \tag{5.2.8c}$$

式中，I_{CBO1} 与 I_{CBO2} 分别是 VT_1 与 VT_2 的共基极漏电流。

若门极电流为 I_G，则晶闸管阴极电流为

$$I_K = I_A + I_G \tag{5.2.9}$$

因此，晶闸管阳极电流为

$$I_A = \frac{I_{CO} + \alpha_2 I_G}{1 - (\alpha_1 + \alpha_2)} \tag{5.2.10}$$

式(5.2.10)称为晶闸管特性曲线方程。虽然电压在此方程中不直接出现，但隐含在漏电流 I_{CO} 和电流放大倍数 α_1、α_2 中，但它们与电压的关系相当复杂，如只考虑载流子倍增，并假设电子和空穴电离率相等，式中 I_{CO} 应该用 $M(V_2)I_{CO}$ 代替，$\alpha(I_E, V_2)$ 应该用 $\alpha(I_E)M(V_2)$

代替,M 是集电结势垒区中载流子倍增系数,一般有

$$M(V) = \frac{1}{1-\left(\dfrac{V}{V_B}\right)^n} \tag{5.2.11}$$

式中,V_B 为击穿电压;指数 $n=2\sim 7$。

在一般情况下,共基极电流放大倍数 α 与电流 I_E 关系可以不考虑,只在小电流和大电流时 α 将下降,则特性曲线方程为

$$I_A = \frac{M(I_{CO}+\alpha_2 I_G)}{1-M(\alpha_1+\alpha_2)} \tag{5.2.12}$$

下面分几种情况对式(5.2.12)进行讨论。

① 当 $I_G=0$,$\alpha_1+\alpha_2$ 为常数时,有

$$I_A = \frac{MI_{CO}}{1-(\alpha_1+\alpha_2)} \tag{5.2.13}$$

电流电压特性曲线如图 5.11 所示。

当 $\alpha_1=\alpha_2=0$ 时,有 $I_A=MI_{CO}$。当外加电压较小时,$V_2\ll V_{B2}$,$M=1$,则

$$I_A = \frac{I_{CO}}{1-(\alpha_1+\alpha_2)} \tag{5.2.14}$$

当 $\alpha_1=\alpha_2=0$ 时,则 $I_A=I_{CO}$。

随着外加电压增加,M 值增加,当 M 值增加到一定值时,I_A 开始迅速增加,当 $M(\alpha_1+\alpha_2)\rightarrow 1$ 时,$I_A\rightarrow \infty$,且随着 $\alpha_1+\alpha_2\rightarrow 1$,击穿电压越来越低,$V_A/V_{B2}\rightarrow 0$,即在很低的电压下就击穿了。

② $I_G=0$,$\alpha_1+\alpha_2$ 按图 5.12 所示变化。

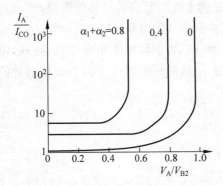

图 5.11 不同 $\alpha_1+\alpha_2$ 时正向阻断特性

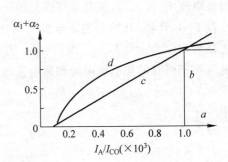

图 5.12 $\alpha_1+\alpha_2$ 随电流变化而变化的关系

在图 5.12 中,直线 a 即对应于 $\alpha_1+\alpha_2=0$ 的值,曲线 b 在 $I_A/I_{CO}\leqslant 10^3$ 之前,$\alpha_1+\alpha_2=0$ 即第一种情况,为正向阻断状态;$\alpha_1+\alpha_2$ 在 I_A/I_{CO} 为 10^3 时由 0 突变为 1,当 $I_A/I_{CO}>10^3$ 时,出现 $\alpha_1+\alpha_2=1$ 的极限情况,将在极小的电压下发生击穿,过渡到大电流、低电压的导通状态,期间没有稳定的中间状态,状态的变化过程呈现出无限大的负微分电阻,如图 5.13 的特性曲线 b 所示,电压降低很大,电流几乎不变。

对于 $\alpha_1+\alpha_2$ 随电流变化而变化的关系为线性关系(图 5.12 的 c 曲线)时,在 I_A/I_{CO} 小于 10^2 以下与 a 重合,从 $I_A/I_{CO}=10^2$ 开始,随着电流增加,$\alpha_1+\alpha_2$ 线性增加,而要保持电流增加,在 $\alpha_1+\alpha_2$ 增加时,M 必须以同等程度减小,电压 V_A/V_{B2} 下降,存在负电阻区,此时特性

曲线如图 5.13 的 c 所示。

如 $\alpha_1+\alpha_2$ 随电流变化而变化的曲线如图 5.12 中 d 所示，即随电流增加，$\alpha_1+\alpha_2$ 增加得更快，则 M 应减小得更快，电压也下降得更快，特性曲线如图 5.13 中 d 所示。

③ $I_G=100I_{CO}$，按图 5.12 中 d 所示变化。特性曲线方程为式(5.2.12)，即此时有控制极注入电流 I_G，经过放大，在阳极得到放大的电流 I_A，则 $\alpha_1+\alpha_2$ 增加得更快，使击穿电压降低，负阻区域减小，控制极电流的影响如图 5.14 所示。显然，足够大的控制极电流将使阻断特性曲线消失，成为正向导通状态，如图 5.14 中的虚线所示。

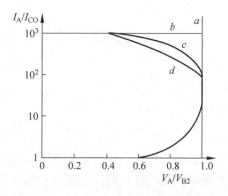
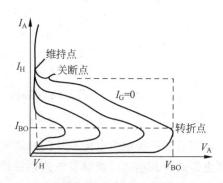

图 5.13　对应 $\alpha_1+\alpha_2$ 变化的正向特性曲线　　图 5.14　晶闸管正向特性曲线及其特征点

由以上分析可知，晶闸管的正向特性曲线与实际测量的结果完全符合，在特性曲线上有些点能很好地说明晶闸管的特性并容易进行测量，称为特性曲线上的特征点。转折点是特性曲线上电压下降段的起点，也即进入负电阻区的起点，转折电压 V_{BO} 是晶闸管上电压的最大值，其对应的电流为 I_{BO}。维持点是电压下降的终点，即负阻区的终点，维持电压 V_H 是晶闸管上电压的最小值，所对应的电流为 I_H，它是晶闸管处于正向导通状态所需的最小维持电流。关断点是指晶闸管由正向导通状态转变为阻断状态时所对应的特征点。此时，集电结势垒处于零偏，即由正向偏置转变为反向偏置，并且在此点，当 $I_G=0$ 时，$\alpha_1+\alpha_2=1$。测出这些特征点即可简单地作出晶闸管的正向特性曲线。

5.2.2　晶闸管的基本特性

1. 晶闸管的静态特性

晶闸管正常工作时的特性反映到晶闸管的伏安特性上，如图 5.15 所示。

在图 5.15 中，位于第 Ⅰ 象限的是正向特性，位于第 Ⅲ 象限的是反向特性。当 $I_G=0$ 时，如果器件两端施加正向电压，则晶闸管处于正向阻断状态，只有很小的正向漏电流流过。如果正向电压超过临界极限即正向转折电压 V_{BO}，则漏电流急剧增大，器件开通(由高阻区经虚线负阻区到低阻区)。随着门极电流幅值的增大，正向转折电压降低。导通后的晶闸管特性和二极管的正向特性相仿，即使通过较大的阳极电流，晶闸管本身的压降也很小，在 1V 左右。导通期间，如果门极电流为零，并且阳极电流降至接近于零的某一维持电流 I_H 以下，则晶闸管又回到正向阻断状态。当在晶闸管上施加反向电压时，其伏安特性类似二极管的反向特性。晶闸管处于反向阻断状态时，只有极小的反向漏电流通过。当反向电压超过一定限度，到反向击穿电压后，外电路如无限制措施，则反向漏电流急剧增大，导致晶闸管发热

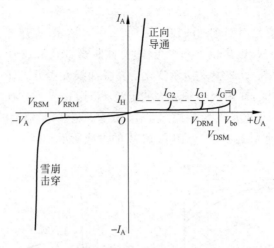

图 5.15　晶闸管的伏安特性（$I_{G2} > I_{G1} > I_G$）

损坏。

晶闸管的门极触发电流是从门极流入晶闸管，从阴极流出的。阴极是晶闸管主电路与控制电路的公共端。门极触发电流也往往是通过触发电路在门极和阴极之间施加触发电压而产生的。从晶闸管的结构图可以看出，门极和阴极之间是一个 PN 结 J_3，其伏安特性称为门极伏安特性。为了保证可靠安全地触发，门极触发电路所提供的触发电压、触发电流和功率都应限制在晶闸管门极伏安特性曲线中的可靠触发区内。

2. 晶闸管的动态特性

晶闸管开通和关断的动态过程的物理机理是很复杂的，这里只能对其过程做一简单介绍。图 5.16 给出了晶闸管开通和关断过程的波形。其开通过程描述的是使门极在坐标原点时刻开始受到理想阶跃电流触发的情况；而关断过程描述的是对已导通的晶闸管，外电路所加电压在某一时刻突然由正向变为反向（如图中点画线波形）的情况。

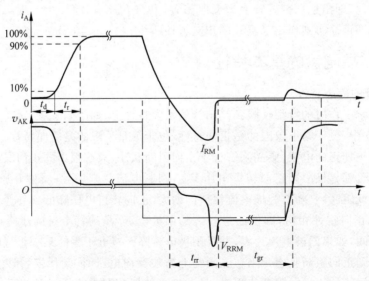

图 5.16　晶闸管开通和关断过程的波形

(1) 开通过程。由于晶闸管内部的正反馈过程需要时间,再加上外电路电感的限制,晶闸管受到触发后,其阳极电流的增长不可能是瞬时的。从门极电流阶跃时刻开始,到阳极电流上升到稳态值的 10%,这段时间称为延迟时间 t_d,与此同时,晶闸管的正向压降也在减小。阳极电流从 10% 上升到稳态的 90% 所需的时间称为上升时间 t_r,开通时间 t_{gt} 定义为两者之和,即

$$t_{gt} = t_d + t_r \tag{5.2.15}$$

普通晶闸管延迟时间为 $0.5\sim1.5\mu s$,上升时间为 $0.5\sim3\mu s$。其延迟时间随门极电流的增大而减小。上升时间除反映晶闸管本身特性外,还受到外电路电感的严重影响。延迟时间和上升时间还与阳极电压的大小有关。提高阳极电压可以增大晶体管 VT_2 的电流增益 α_2,从而使正反馈过程加速,延迟时间和上升时间都可显著缩短。

(2) 关断过程。由于外电路电感的存在,原处于导通状态的晶闸管当外加电压突然由正向变为反向时,其阳极电流在衰减时必然也是有过渡过程的。阳极电流将逐步衰减到零,然后在反方向会流过反向恢复电流,经过最大值 I_{RM} 后,再反方向衰减。同样,在恢复电流快速衰减时,由于外电路电感的作用,会在晶闸管两端引起反向的尖峰电压 V_{RRM}。最终反向恢复电流衰减至接近于零,晶闸管恢复其对反向电压的阻断能力。从正向电流降为零,到反向恢复电流衰减至接近于零的时间,就是晶闸管的反向阻断恢复时间 t_{rr}。反向恢复过程结束后,由于载流子复合过程比较慢,晶闸管要恢复其对正向电压的阻断能力还需要一段时间,这叫做正向阻断恢复时间 t_{gr}。在正向阻断恢复时间内,如果重新对晶闸管施加正向电压,晶闸管会重新正向导通,而不是受门极电流控制而导通。所以,在实际应用中,应对晶闸管施加足够长时间的反向电压,使晶闸管充分恢复其对正向电压的阻断能力,电路才能可靠工作。晶闸管的电路换向关断时间 t_q 定义为

$$t_q = t_{rr} + t_{gr} \tag{5.2.16}$$

晶闸管的电路换向关断时间约几百微秒。

5.2.3 晶闸管的主要参数

1. 电压定额

1) 断态重复峰值电压 V_{DRM}

其定义为门极开路而结温为额定值时,允许重复加在器件上的正向峰值电压。门极开路,重复率为每秒 50 次,每次持续时间不大于 10ms 的断态最大脉冲电压,$V_{DRM} = 90\% V_{DSM}$,V_{DSM} 为断态不重复峰值电压。V_{DRM} 应比 V_{BO} 小,所留裕量由生产厂家决定。

2) 反向重复峰值电压 V_{RRM}

其定义为门极开路而结温为额定值时,允许重复加在器件上的反向峰值电压。规定:$V_{RRM} = 90\% V_{RSM}$,V_{RSM} 为反向不重复峰值电压。反向不重复峰值电压应低于反向击穿电压,所留裕量由生产厂家决定。

3) 额定电压

选 V_{DRM} 和 V_{RRM} 中较小的值作为额定电压,选用时额定电压应为正常工作峰值电压的 $2\sim3$ 倍,应能承受经常出现的过电压。

4) 通态平均电压 $V_{T(AV)}$

晶闸管通过正弦半波的额定通态平均电流时,器件阳极 A 和阴极 K 间电压的平均值,称为通态平均电压(又称管压降),为 0.8～1V。额定电流大小相同而通态平均电压较小时,晶闸管耗散功率也较小,故该晶闸管的质量较好。其数值按表 5.1 分组。在实际使用中,从减小损耗和器件发热来看,应选择 $V_{T(AV)}$ 小的晶闸管。

表 5.1　晶闸管通态平均电压分组

组　　别	A	B	C
通态平均电压/V	$V_T \leqslant 0.4$	$0.4 < V_T \leqslant 0.5$	$0.5 < V_T \leqslant 0.6$
组　　别	D	E	F
通态平均电压/V	$0.6 < V_T \leqslant 0.7$	$0.7 < V_T \leqslant 0.8$	$0.8 < V_T \leqslant 0.9$
组　　别	G	H	I
通态平均电压/V	$0.9 < V_T \leqslant 1.0$	$1.0 < V_T \leqslant 1.1$	$1.1 < V_T \leqslant 1.2$

2. 电流定额

1) 通态平均电流 $I_{T(AV)}$(简写为 I_{Ta})

工频正弦半波的全导通电流在一个整周期内的平均值,是在环境温度为 40℃ 稳定结温情况下不超过额定值,所允许的最大平均电流作为该器件的额定电流。用最大通态平均电流标定晶闸管的额定电流是由于整流输出电流需用平均电流去衡量,但是器件的结温是由有效值决定的。对于同一个有效值,不同的电流波形,其平均值不一样,因此选用一个晶闸管,要根据使用的电流波形计算出允许使用的电流平均值。

设单相工频半波电流峰值为 I_M 时波形,如图 5.17 所示。通态平均电流为

$$I_{Ta} = \frac{1}{2\pi} \int_0^\pi I_M \sin\omega t\, d(\omega t) = \frac{I_M}{\pi} \quad (5.2.17)$$

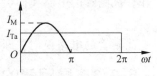

图 5.17　晶闸管通态平均电流

正弦半波电流有效值为

$$I = \sqrt{\frac{1}{2\pi} \int_0^\pi (I_M \sin\omega t)^2 d(\omega t)} = \frac{I_M}{2} \quad (5.2.18)$$

晶闸管有效值与通态平均电流比值为

$$\frac{I}{I_{Ta}} = \frac{\pi}{2} = 1.57 \quad (5.2.19)$$

晶闸管的额定电流用通态平均电流表示,是因为晶闸管是可控的单向导通器件。但是,决定晶闸管结温的是管子损耗的发热效应,表征发热效应的电流是以有效值表示的。不论流经晶闸管的电流波形如何,导通角有多大,只要电流有效值相同,发热就是相同的。由式(5.2.19)知,额定电流 $I_{Ta}(AV)=100A$ 的晶闸管,允许通过的电流有效值 $I_{Ta}=157A$。

对于不同电路、不同负载、不同导通角,流过晶闸管的电流波形不一样,导致其电流平均值和有效值的关系也不一样。选择晶闸管额定电流时,要根据实际波形的电流有效值等于按照规定通过工频正弦半波电流时的电流有效值原则(即管芯温升结温一样)进行换算。

由于晶闸管的电流过载能力比一般电机、电器要小得多,因此在选用晶闸管额定电流时,根据实际最大的电流计算后至少还要乘以 1.5～2 的安全系数,使其有一定的电流裕量。

2) 维持电流 I_H

在室温下门极断开时,器件从较大的通态电流降至刚好能保持导通的最小阳极电流称为维持电流 I_H。它一般为几毫安到几百毫安。维持电流与器件容量、结温等因素有关,同一型号元件的维持电流也不相同,器件的额定电流越大,维持电流也越大。通常在晶闸管的铭牌上标明常温下 I_H 的实测值。

3) 擎住电流 I_L

它是晶闸管刚从断态转入通态并移除触发信号后,能维持导通所需的最小电流。对同一晶闸管来说,擎住电流 I_L 要比维持电流 I_H 大 2～4 倍。欲使晶闸管触发导通,必须使触发脉冲保持到阳极电流上升到擎住电流以上;否则会造成晶闸管重新恢复阻断状态,因此触发脉冲必须具有一定的宽度。

4) 浪涌电流 I_{ISM}

它是指由于电路异常情况引起的,并使结温超过额定结温的不重复性最大正向过载电流。浪涌电流有上下两个级,这个参数可作为设计保护电路的依据。

3. 门极参数

门极参数包括门极触发电流 I_{GT} 和门极触发电压 V_{GT}。

在室温下,对晶闸管加上 6V 正向阳极电压时,使器件由断态转入通态所必需的最小门极电流,称为门极触发电流 I_{GT}。对应于门极触发电流的门极电压称为门极触发电压 V_{GT}。

触发电路供给的触发电流和电压比这个数值大,才能可靠触发。使用中不能超过门极的峰值电流、峰值电压、峰值功率和平均功率。

由于晶闸管门极特性的差异,触发电流、触发电压相差也很大。所以对不同系列的器件只规定了门极触发电流和门极触发电压的上、下限值。晶闸管的铭牌上都标明了触发电流和电压在常温下的实测值,但触发电流、电压受温度的影响很大。温度升高,V_{GT}、I_{GT} 值会显著降低;温度降低,V_{GT}、I_{GT} 值又会增大。为了保证晶闸管的可靠触发,在实际应用中,外加门极电压的幅值应比 V_{GT} 大几倍。

4. 动态参数

除了通时间 t_{gt} 和关断时间 t_q 外,还有以下几个参数。

(1) 断态电压临界上升率 dv/dt。它是指在额定结温和门极开路的情况下,不导致晶闸管从断态到通态转换的外加电压最大上升率。如果在阻断的晶闸管两端所施加的电压具有正向的上升率,则在阻断状态下相当于一个电容的 J_2 会有充电电流流过,称为位移电流。此电流流经 J_3 结时,起到类似门极触发电流的作用。如果电压上升率过大,使充电电流足够大,就会使晶闸管误导通。使用中实际电压上升率必须低于此临界值。

(2) 通态电流临界上升率 di/dt。它指在规定条件下,晶闸管能承受而无有害影响的最大通态电流上升率。如果电流上升太快,则晶闸管刚一开通,便会有很大的电流集中在门极附近的小区域内,从而造成局部过热而使晶闸管损坏。

晶闸管的型号种类繁多,了解它的特性与参数是正确使用晶闸管的前提。几种国产 KP 型晶闸管元件主要额定值见附录 C。

5. 额定结温 T_{JM}

器件正常工作时允许的最高结温,在此结温下,有关额定值和特性才能得以保证,因此晶闸管的散热器选择和冷却效果十分重要。

5.2.4 晶闸管的派生器件

在晶闸管家族中,除了最常用的普通晶闸管之外,根据不同的实际需要,还有一系列的派生器件,主要有双向晶闸管(TRIAC)(如图 5.18 所示)、快速晶闸管(FST)、逆导晶闸管(RCT)和光控晶闸管等。

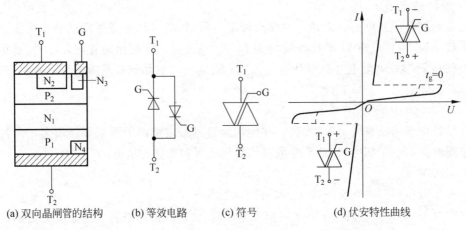

(a) 双向晶闸管的结构　　(b) 等效电路　　(c) 符号　　(d) 伏安特性曲线

图 5.18　双向晶闸管

1. 双向晶闸管

(1) Ⅰ+触发方式。主电极 T_1 为正,T_2 为负;门极 G 为正,T_2 为负。特性曲线在第Ⅰ象限。

(2) Ⅰ-触发方式。主电极 T_1 为正,T_2 为负;门极 G 为负,T_2 为正。特性曲线在第Ⅰ象限。

(3) Ⅲ+触发方式。主电极 T_1 为负,T_2 为正;门极 G 为正,T_2 为负。特性曲线在第Ⅲ象限。

(4) Ⅲ-触发方式。主电极 T_1 为负,T_2 为正;门极 G 为负,T_2 为正。特性曲线在第Ⅲ象限。

由于双向晶闸管的内部结构原因,4 种触发方式中灵敏度各不相同,以Ⅲ+触发方式灵敏度最低,使用时要尽量避开,常采用的触发方式为Ⅰ+和Ⅲ-。

双向晶闸管的常用控制方式有两种:第一种为移相触发,与普通晶闸管一样,是通过控制触发脉冲的相位达到调压的目的;第二种是过零触发,适用于调功电路及无触点开关电路。

2. 快速晶闸管

允许开关频率在 400Hz 以上工作的晶闸管称为快速晶闸管(Fast Switching Thyristor, FST),开关频率在 10kHz 以上的晶闸管称为高频晶闸管。为了提高开关速度,快速晶闸管硅片厚度做得比普通晶闸管薄,因此承受正反向阻断重复峰值电压较低,一般在 2000V 以下。快速晶闸管 dv/dt 的耐量较差,使用时必须注意产品铭牌上规定的额定开关频率下的 dv/dt。当开关频率升高时,dv/dt 耐量会下降。

3. 逆导晶闸管

逆导晶闸管是将晶闸管反并联一个二极管制作在同一管芯上的功率集成器件,如图 5.19

所示。与普通晶闸管相比,逆导晶闸管具有正向压降小、关断时间短、高温特性好、额定结温高等优点。由逆导晶闸管的伏安特性可知,它的反向击穿电压很低,因此只能适用于反向不需承受电压的场合。

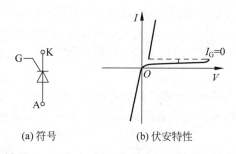

(a) 符号　　　　(b) 伏安特性

图 5.19　逆导晶闸管的电气图形符号和伏安特性

4. 光控晶闸管

光控晶闸管又称为光触发晶闸管,是利用一定波长的光照信号触发导通的晶闸管,如图 5.20 所示。小功率光控晶闸管只有阳极和阴极两个端子;大功率光控晶闸管则还带有光缆,光缆上装有作为触发光源的发光二极管或半导体激光器。光触发保证了主电路与控制电路之间的绝缘,可避免电磁干扰的影响,因此目前在高压大功率的场合,如高压直流输电和高压核聚变装置中占据重要的地位。

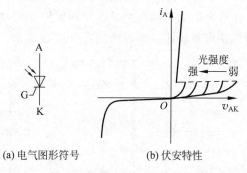

(a) 电气图形符号　　　　(b) 伏安特性

图 5.20　光控晶闸管的电气图形符号和伏安特性

光控晶闸管根据光照强度不同,其转折电压也不同,转折电压随光照强度的增大而降低。光触发与电触发相比,具有下列优点。

(1) 通过主电路与控制电路光耦合,可以抑制噪声干扰。

(2) 主电路与控制电路相互隔离,容易满足对高压绝缘的要求。

(3) 使用光控晶闸管,不需要门极触发脉冲变压器,从而使装置的体积缩小、重量减轻、可靠性提高。

根据光控晶闸管的特点,凡是应用普通晶闸管的场合,都可以使用光控晶闸管,但是只有用在高压交、直流系统或采用高压供电设备中的光控晶闸管,才能显示其优点。在这些使用场合,光控晶闸管可作为高压交、直流开关,用以控制或调节电力,或者在无功功率补偿装置中用作执行元件。

5.2.5 晶闸管的保护电路

晶闸管的保护电路大致可以分为两种情况：一是在适当的地方安装保护器件，如 RC 阻容吸收回路、限流电感、快速熔断器、压敏电阻或硒堆等；二是采用电子保护电路，检测设备的输出电压或输入电流，当输出电压或输入电流超过允许值时，借助整流触发控制系统使整流桥在短时间内工作于有源逆变工作状态，从而抑制过电压或过电流的数值。

1. 晶闸管过流保护

由于电力电子器件管芯体积小、热容量小，特别是在高电压、大电流应用时，结温必须受到严格控制。当晶闸管中流过大于额定值的电流时，热量来不及散发，使得结温迅速升高，最终将导致结层被烧毁。

晶闸管设备产生过电流的原因可以分为两类。一类是由于整流电路内部原因，如整流晶闸管损坏、触发电路或控制系统有故障等，其中整流桥晶闸管损坏较为严重，一般是由于晶闸管因过电压而击穿，造成无正、反向阻断能力，它相当于整流桥臂间发生了永久性短路，使在另外两桥臂间的晶闸管导通时无法正常换流，因而产生线间短路引起过电流。另一类则是整流桥负载外电路发生短路而引起的过电流，这类情况时有发生，因为整流桥的负载实质上是逆变桥，逆变电路换流失败，就相当于整流桥负载短路。另外，如整流变压器中心点接地，当逆变负载回路接触大地时，也会发生整流桥相对地来说就是短路。

（1）对于第一类过流，即整流桥内部原因引起的过流，以及逆变器负载回路接地时，可以采用第一种保护措施，最常见的就是接入快速熔断器保护方式，如图 5.21 所示，快速熔断器的接入方式共有三种，其特点和快速熔断器的额定电流如表 5.2 所示。

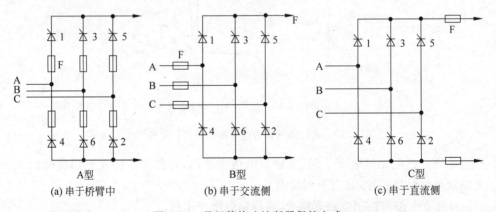

图 5.21　晶闸管快速熔断器保护方式

表 5.2　快速熔断器的接入方式、特点和额定电流

方式	特　　点	额定电流 I_{RN}	备　　注
A 型	熔断器与每一个元件串联，能可靠地保护每一个元件	$I_{RN} < 1.27 I_r$	I_r：晶闸管通态平均电流
B 型	能在交流、直流和器件短路时起保护作用，其可靠性稍有降低	$I_{RN} < K_C \times I_D$，系数 K_C 见表 5.4	K_C：交流侧线电流与 I_D 之比 I_D：整流输出电流
C 型	直流负载侧有故障时动作，器件内部短路时不能起保护作用	$I_{RN} < I_D$	I_D：整流输出电流

选择快速熔断器时要注意以下两点：

快速熔断器的额定电压应大于线路正常工作电压有效值。

快速熔断器的额定电流应大于或等于熔体的额定电流。

串于桥臂中快速熔断器熔体的额定电流有效值可按下式求取：

$$I_{TM} \leqslant I_{FV} \leqslant 1.57 I_{T(AV)} \tag{5.2.20}$$

式中，$I_{T(AV)}$ 为被保护晶闸管的额定电流；I_{FV} 为快速熔断器的熔体电流有效值；I_{TM} 为流过晶闸管电流的有效值。

（2）对于第二类过流，即整流桥负载外电路发生短路而引起的过电流，则应当采用电子电路进行保护。整流电路形式与系数 K_C 的关系如表 5.3 所示。常见的电子保护原理如图 5.22 所示。

表 5.3 整流电路形式与系数 K_C 的关系表

系数 K_C	单相全波	单相桥式	三相零式	三相桥式	六相零式 六相桥式	双 Y 带平衡电抗器
电感负载	0.707	1	0.577	0.816	0.108	0.289
电阻负载	0.785	1.9	0.578	0.818	0.409	0.290

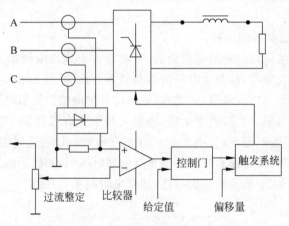

图 5.22 过流保护原理

2. 晶闸管过压保护

1）过电压产生原因及分类

过电压主要是由于供给的电功率或系统的储能发生了激烈变化，使得系统能量来不及转换或者系统中原来积聚的电磁能量不能及时消散而造成的。过电压主要表现为两种类型。一是开关的开、闭引起的冲击电压（也称为操作过电压）。由于晶闸管或者续流二极管在换相结束后不能立刻恢复阻断能力，因而有较大的反向电流，使残存的载流子恢复，而当恢复了阻断能力时，反向电流急剧减小，这样的电流突变会因线路电感而在晶闸管阴、阳极之间产生过电压，其值与换相结束后反向电压有关。反向电压越高，过电压值也越大，可达到工作电压峰值的 5~6 倍，如图 5.23 所示的尖峰电压。二是雷击或其他的外来冲击过电压。电力电子装置中可能发生的过电压分为外因过电压和内因过电压两类。

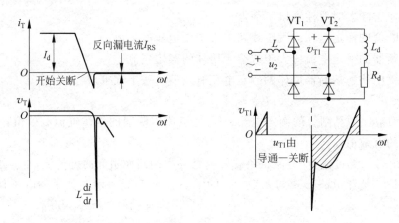

图 5.23　电力电子器件换相(关断)时的尖峰过电压波形

2) 过电压保护措施

(1) 操作过电压的保护。

对不同的过电压可以采取不同的抑制方法,如减少过电压源,使电压幅值衰减;抑制过电压能量上升的速率,延缓已产生的能量消散速度并增加其消散的途径,采用电子线路进行保护。最常用的是在回路中接入吸收能量的元件,称为吸收回路或缓冲回路,如阻容吸收电路,如图 5.24 所示。

(2) 浪涌(雷击)过电压的保护。

上述阻容吸收电路的时间常数是固定的,有时对雷击或从电网串入的时间短、峰值高、能量大的过电压来不及放电,抑制过电压的效果较差。此时,需要在变流装置的进、出端并接压敏电阻等非线性元件构成浪涌(雷击)过电压的保护电路。压敏电阻是以氧化锌为基体的金属氧化物非线性电阻。它有两个电极,电极之间填充有氧化铋等晶粒界层。在正常电压作用下,晶粒界层呈高阻态,仅有小于 $100\mu A$ 的漏电流。过电压时引起电子雪崩,晶粒界层迅速变成低阻抗,使电流迅速通过泄漏能量抑制过电压,起到保护晶闸管的作用。

压敏电阻具有图 5.25 所示的伏安特性,压敏电阻的主要参数如下。

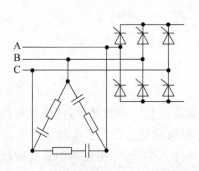

图 5.24　阻容三角抑制过电压

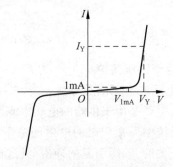

图 5.25　压敏电阻的伏安特性

① 标称电压 V_{1mA}。它是指流过 1mA 直流电流时压敏电阻两端的电压值。

② 残压比 V_Y/V_{1mA}。放电电流达到规定值 I_Y 时的电压 V_Y 与标称电压 V_{1mA} 之比。

③ 通流容量。它指在规定波形(冲击电流前沿 $8\mu s$、脉宽 $20\mu s$)下的冲击电流,每隔 5min 冲击一次,共冲击 10 次。选择压敏电阻的标称电压为

$$V_1 = 1.3\sqrt{2}V \tag{5.2.21}$$

式中,V 为压敏电阻两端正常工作时承受的电压有效值。

压敏电阻通流容量的选择原则是:允许通过的最大电流应大于泄放过电压时流过压敏电阻的实际浪涌电流峰值。图 5.26 所示为将压敏电阻接于交流输入侧的单相连接和三相星形接法。实用中还可将压敏电阻与桥臂晶闸管并联或在三相交流输入侧呈三角形连接及并联于整流输出端作为直流侧过电压保护,也可将上述三项措施同时采用。压敏电阻通流容量大、残压低、抑制过电压能力强、平时漏电流小,且放电后不会有续流,元件的标称电压数值范围宽,便于用户选择,伏安特性对称,对于交、直流或正、负浪涌电压均有较好的吸收效果,因此应用广泛。

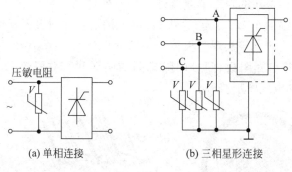

图 5.26 压敏电阻的连接

(a) 单相连接　(b) 三相星形连接

3) 电流上升率、电压上升率的抑制保护

(1) 电流上升率 di/dt 的抑制。晶闸管初开通时电流集中在靠近门极的阴极表面较小的区域,局部电流密度很大,然后以 $0.1\text{mm}/\mu\text{s}$ 的扩展速度将电流扩展到整个阴极面,若晶闸管开通时电流上升率 di/dt 过大,会导致 PN 结击穿,必须限制晶闸管的电流上升率,使其在合适的范围内,其有效办法是在晶闸管的阳极回路串入电感,如图 5.27 所示。

(2) 电压上升率 dv/dt 的抑制。加在晶闸管上的正向电压上升率 dv/dt 也应有所限制。如果 dv/dt 过大,由于晶闸管结电容的存在而产生较大的位移电流,该电流可以实际上起到触发电流的作用,使晶闸管正向阻断能力下降,严重时会引起晶闸管误导通。为抑制 dv/dt 的作用,可以在晶闸管两端并联 RC 阻容吸收回路,如图 5.28 所示。

图 5.27 串联电感抑制电路　　图 5.28 并联 RC 阻容吸收回路

5.3 全控型器件

在晶闸管问世后不久,门极可关断晶闸管就已经出现。门极可关断晶闸管、电力晶体管、电力场效应晶体管和绝缘栅双极晶体管就是全控型电力电子器件的典型代表。虽然目前门极可关断晶闸管和电力晶体管早已被性能更优越的电力场效应晶体管和绝缘栅双极晶体管所取代,但是简要学习门极可关断晶闸管和电力晶体管的基本知识,对掌握电力场效应晶体管和绝缘栅双极晶体管也会有所帮助。

5.3.1 门极可关断晶闸管

门极可关断晶闸管(Gate-Turn-Off Thyristor,GTO)严格地讲也是晶闸管的一种派生器件,但可以通过在门极施加负的脉冲电流使其关断,因而属于全控型器件。

1. GTO 的结构和工作原理

GTO 也是 PNPN 四层半导体结构,外部也是引出阳极、阴极和门极。但与普通晶闸管不同的是,GTO 是一种多元的功率集成器件。虽然外部同样引出三个极,但内部则包含数十个甚至数百个共阳极的小 GTO 元,这些 GTO 元的阴极和门极在器件内部是并联在一起的。这种特殊结构是为了便于实现门极控制关断而设计的。图 5.29(a)和图 5.29(b)分别给出了典型的 GTO 各单元阴极、门极间隔排列的图形和其并联单元结构的断面示意图,图 5.29(c)是 GTO 的电气图形符号。

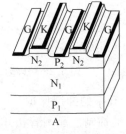

(a) 各单元的阴极、门极间隔排列　　(b) 单元并联结构断面图　　(c) 符号

图 5.29　GTO 内部结构和电气图形符号

与普通晶闸管一样,GTO 的工作原理仍然可以用图 5.9 所示的双晶体管模型来分析。由 $P_1N_1P_2$ 和 $N_1P_2N_2$ 构成的两个晶体管 VT_1、VT_2 分别具有共基极电流增益 α_1 和 α_2。由普通晶闸管的分析可以看出,$\alpha_1+\alpha_2=1$ 是器件临界导通的条件。当 $\alpha_1+\alpha_2>1$ 时,两个等效晶体管过饱和而使器件导通;当 $\alpha_1+\alpha_2<1$ 时,不能维持饱和导通而关断。GTO 与普通晶闸管不同点如下。

(1) 在设计器件时使 α_2 较大,这样晶体管 VT_2 控制灵敏,使 GTO 易于关断。

(2) 使导通时的 $\alpha_1+\alpha_2$ 更接近于 1。普通晶闸管设计为 $\alpha_1+\alpha_2 \geqslant 1.15$,而 GTO 设计为 $\alpha_1+\alpha_2 \approx 1.05$,这样使 GTO 导通时饱和程度不深,更接近于临界饱和,从而为门极控制关断提供了有利条件,但导通时管压降增大了。

(3) 多元集成结构使每个 GTO 单元阴极面积很小,门极和阴极间的距离大为缩短,使得 P_2 基区所谓的横向电阻很小,从而使从门极抽出较大的电流成为可能。

所以,GTO 的导通过程与普通晶闸管是一样的,有同样的正反馈过程,只不过导通时饱和程度较浅。而关断时,给门极加负脉冲,即从门极抽出电流,则晶体管 VT_2 的基极电流 I_{b2} 减小,使 I_K 和 I_{c2} 减小,I_{c2} 减小又使 I_A 和 I_{c1} 减小,又进一步减小 VT_2 的基极电流,如此也形成强烈的正反馈。当两个晶体管发射极电流 I_A 和 I_K 的减小使 $\alpha_1+\alpha_2<1$ 时,器件退出饱和而关断。

GTO的多元集成结构除了对关断有利外,也使得其比普通晶闸管开通过程更快,承受di/dt的能力更强。

2. GTO的动态特性

图5.30给出了GTO开通和关断过程中门极电流i_G和阳极电流i_A的波形。与普通晶闸管类似,开通过程中需要经过延迟时间t_d和上升时间t_r。关断过程有所不同,需要经历抽取饱和导通时储存的大量载流子的时间,即储存时间t_s,从而使等效晶体管退出饱和状态;然后则是等效晶体管从饱和区退至放大区,阳极电流逐渐减少时间即下降时间t_f;最后还有残存的载流子复合所需时间,即尾部时间t_t。

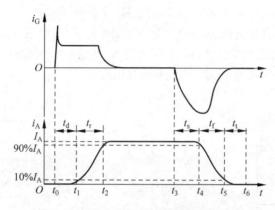

图5.30 GTO开通与关断过程电流波形

通常t_f比t_s小得多,而t_t比t_s要长。门极负脉冲电流幅值越大,前沿越陡,抽走储存载流子的速度越快,t_s就越短。使门极负脉冲的后沿缓慢衰减,在t_t阶段仍能保持适当的负电压,则可以缩短尾部时间。

3. GTO的主要参数

GTO的许多参数都和普通晶闸管相应的参数意义相同。这里只简单介绍一些意义不同的参数。

(1) 最大可关断阳极电流I_{ATO}。这也是用来标称GTO额定电流的参数。这一点与普通晶闸管用通态平均电流作为额定电流是不同的。

(2) 电流关断增益β_{off}。最大可关断阳极电流与门极负脉冲电流最大值I_{GM}之比称为电流关断增益,即

$$\beta_{off} = \frac{I_{ATO}}{I_{GM}} \tag{5.3.1}$$

β_{off}一般很小,只有5左右,这是GTO的一个主要缺点。一个1000A的GTO,关断时门极负脉冲电流的峰值达200A,这是一个相当大的数值。

(3) 开通时间t_{on}。开通时间是指延迟时间与上升时间之和。GTO的延迟时间一般为$1\sim 2\mu s$,上升时间则随通态阳极电流值的增大而增大。

(4) 关断时间t_{off}。关断时间一般指储存时间和下降时间之和,而不包括尾部时间。GTO储存时间随阳极电流的增大而增大,下降时间一般小于$2\mu s$。

另外需要指出的是,不少GTO都制造成逆导型,类似于逆导晶闸管。当需要承受反向电压时,应和电力二极管串联使用。

5.3.2 电力晶体管

电力晶体管(Giant TRansistor,GTR)按英文直译为巨型晶体管,是一种耐高电压、大电流的双极型晶体管(BJT),所以有时也称为 Power BJT。在电力电子技术的范围内,GTR 与 BJT 这两个名称是等效的。

1. GTR 的结构和工作原理

GTR 与普通的双极型晶体管基本原理是一样的,这里不再详述。但是对 GTR 来说,最主要的特性是耐压高、电流大、开关特性好。GTR 通常采用至少由两个晶体管按达林顿接法组成的单元结构,同 GTO 一样采用集成电路工艺将许多这种单元并联而成。单管的 GTR 结构与普通的双极结型晶体管是类似的。GTR 是由三层半导体(分别引出集电极、基极和发射极)形成的两个 PN 结(集电结和发射结)构成,多采用 NPN 结构。图 5.31(a)和图 5.31(b)分别给出了 NPN 型 GTR 的内部结构断面示意图和电气图形符号。

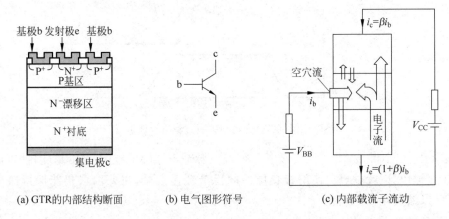

图 5.31 GTR 结构与载流子流动

可以看出,与信息电子电路中的普通双极型晶体管相比,GTR 多了一个 N⁻ 漂移区(低掺杂 N 区),是用来承受高电压的。而且,GTR 导通时也是靠从 P 区向 N⁻ 漂移区注入大量的少子形成的电导调制效应来减小通态电压和损耗的。

在应用中,GTR 一般采用共发射极接法,图 5.31(c)给出了在此接法下 GTR 内部主要载流子流动情况示意图。集电极电流 i_c 与基极电流 i_b 之比为

$$\beta = \frac{i_c}{i_b} \tag{5.3.2}$$

式中,β 称为 GTR 的电流放大倍数,它反映了基极电流对集电极电流的控制能力。当考虑到集电极和发射极间的漏电流 I_{CEO} 时,i_c 和 i_b 的关系为

$$i_c = \beta i_b + I_{CEO} \tag{5.3.3}$$

GTR 产品说明中通常给出的是直流电流增益 β_0,它是在直流工作的情况下,集电极电流与基极电流之比。一般可认为 $\beta \approx \beta_0$。单管 GTR 的 β 值比处理信息用的小功率晶体管小得多,通常为 10 左右,采用达林顿接法可以有效地增大电流增益。

2. GTR 的基本特性

(1) 静态特性。图 5.32 给出 GTR 在共发射极接法时的典型输出特性,明显地分为截

止区、放大区和饱和区。在电力电子电路中,GTR 工作在开关状态,即工作在截止区或饱和区。但在开关过程中,即在截止区和饱和区之间过渡时,一般经过放大区。

(2) 动态特性。GTR 是用基极电流来控制集电极电流的,图 5.33 给出了 GTR 开通和关断过程中基极电流和集电极电流波形的关系。

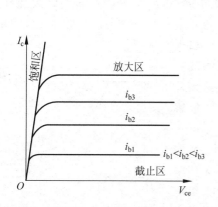

图 5.32 共发射极接法时 GTR 的输出特性

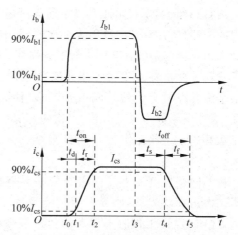

图 5.33 GTR 开通和关断过程中电流波形

与 GTO 类似,GTR 开通时需要经过延迟时间 t_d 和上升时间 t_r,二者之和为开通时间 t_{on};关断时需要经过存储时间 t_s 和下降时间 t_f,二者之和关断时间 t_{off}。延迟时间主要是由发射结和集电结势垒电容充电产生的。增大基极驱动电流 i_b 的幅值并增大 di_b/dt,可以缩短延迟时间,同时也可以缩短上升时间,从而加快开通过程。储存时间是用来除去饱和导通时储存在基区的载流子的,是关断时间的主要部分。减小导通时的饱和深度以减小存储的载流子,或者增大基极抽取负电流 I_{b2} 的幅值和负偏压,可以缩短储存时间,从而加快关断速度。当然,减小导通时的饱和深度的负面作用会使集电极和发射极间的饱和导通压降 V_{CES} 增加,从而增大通态损耗,这是一对矛盾。

GTR 的开关时间在几微秒以内,比晶闸管短很多,也短于 GTO。

3. GTR 主要参数

除了前面述及的一些参数,如电流放大倍数 β、直流电流增益 β_0、集电极与发射极间漏电流 I_{CEO}、集电极和发射极间饱和压降 V_{CES}、开通时间 t_{on} 和关断时间 t_{off} 以外,对 GTR 主要关心的参数还包括以下几个。

(1) 最高工作电压。GTR 上所加电压超过规定值时,就会发生击穿,击穿电压不仅和晶体管本身的特性有关,还与外电路的接法有关。有发射极开路时集电极和基极间的反向击穿电压 BV_{CBO};基极开路时集电极和发射极间的击穿电压 BV_{CEO};发射极与基极间用电阻连接或短路连接时集电极和发射极间的击穿电压 BV_{CER} 和 BV_{CES};以及发射结反向偏置时集电极和发射极间的击穿电压 BV_{CEX}。这些击穿电压之间的关系为

$$BV_{CBO} > BV_{CEX} > BV_{CES} > BV_{CER} > BV_{CEO} \tag{5.3.4}$$

实际使用 GTR 时,为了确保安全,最高工作电压要比 BV_{CEO} 低得多。

(2) 集电极最大允许电流 I_{cM}。通常规定直流电流放大倍数 β_0 下降到规定值 $1/3 \sim 1/2$ 时,所对应的 I_c 为集电极最大允许电流,实际使用时要留有较大裕量,只能用到 I_{cM} 的一半

或稍多一点。

(3) 集电极最大耗散功率 P_{cM}。这是指在最高工作温度下允许的耗散功率。产品说明书中在给出 P_{cM} 时总是同时给出壳温 T_c,间接表示了最高工作温度。

4. GTR 的二次击穿现象与安全工作区

当 GTR 的集电极电压升高至前面所述的击穿电压时,集电极电流迅速增大,这种首先出现的击穿是雪崩击穿,被称为一次击穿。出现一次击穿后,只要 I_c 不超过与最大允许耗散功率相对应的限度,GTR 一般不会损坏,工作特性也不会有什么变化。但是实际应用中,常常发现一次击穿发生时如果未有效地限制电流,I_c 增大到某个临界点时会突然急剧上升,同时伴随着电压的陡然下降,这种现象称为二次击穿,二次击穿常常立即导致器件的永久损坏,或者工作特性明显衰变,因为对 GTR 危害极大。

将不同基极电流下二次击穿的临界点连接起来,就构成了二次击穿临界线,临界线上的点反映了二次击穿功率 P_{SB}。这样 GTR 工作时不仅不能超过最高电压 V_{ceM}、集电极最大电流 I_{cM} 和最大耗能功率 P_{cM},也不能超过二次击穿临界线。这些限制条件就规定了 GTR 的安全工作区,如图 5.34 的阴影区所示。

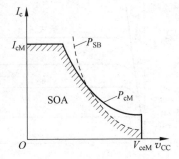

图 5.34　GTR 的安全工作区

5.3.3　电力场效应管

电力场效应晶体管也有结型和绝缘栅型两种类型,但通常主要指绝缘栅型中的 MOS 型,简称电力 MOSFET(Power MOSFET),或者更精炼地简称 MOS 管或 MOS。至于结型电力场效应晶体管则一般称为静电感应晶体管,这里主要讲述电力 MOSFET。

电力 MOSFET 是用栅极电压来控制漏极电流的。因此它的第一个显著特点是驱动电路简单,需要的驱动功率小;第二个显著特点是开关速度快、工作频率高。另外,电力 MOSFET 的热稳定性优于 GTR。但是电力 MOSFET 电流容量小,耐压低,多用于功率不超过 10kW 的电力电子装置。

1. 电力 MOSFET 的结构和工作原理

MOSFET 的种类和结构繁多,按导电沟道可分为 P 沟道和 N 沟道。当栅极电压为零时漏源极之间就存在导电沟道的称为耗尽型;对于 N(P) 沟道器件,栅极电压大于(小于)零时才存在导电沟道的称为增强型。在电力 MOSFET 中,主要是 N 沟道增强型。

电力 MOSFET 与小功率 MOS 管的相同点:在导通时只有一种极性的载流子(多子)参与导电,是单极型晶体管,导电机理相同;电力 MOSFET 与小功率 MOS 管在结构上有较大差别:小功率 MOS 管是一次扩散形成的器件,其导电沟道平行于芯片表面,是横向导电器件;而目前电力 MOSFET 大都采用垂直导电结构,所以又称为 VMOSFET(Vertical MOSFET),这大大提高了 MOSFET 器件的耐压和耐电流能力。按垂直导电结构的差异,电力 MOSFET 又分为利用 V 形槽实现垂直导电的 VVMOSFET(Vertical V-groove MOSFET) 和具有垂直导电双扩散 MOS 结构的 VDMOSFET(Vertical Double-diffused MOSFET)。这里主要以 VDMOS 器件进行讨论。

电力 MOSFET 也是多元集成结构,一个器件由许多个小 MOSFET 单元组成。每个单元的形状和排列方法,不同生产厂家采用不同的设计,甚至因此对其产品取了不同的名称。具体的单元形状有六边形、正方形等,也有矩阵单元按"品"字形排列的。

图 5.35(a)给出了 N 沟道增强型 VDMOS 中一个单元的截面图;电力 MOSFET 的电气图形符号如图 5.35(b)所示。

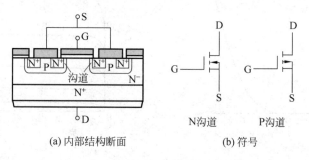

(a) 内部结构断面　　　　(b) 符号

图 5.35　电力 MOSFET 结构和符号

当漏极接电源正端、源极接电源负端、栅极和源极间电压为零时,P 基区与 N^- 漂移区之间形成的 PN 结 J_1 反偏,漏源极之间无电流通过。如果在栅极和源极之间加一个正电压 V_{GS},由于栅极是绝缘的,所以并不会有栅极电流流过。但栅极的正电压却会将其下面 P 区中的空穴推开,而将 P 区中的少子—电子吸引到栅极下面的 P 区表面。当 V_{GS} 大于某一电压值 V_T 时,栅极下 P 区表面的电子浓度将超过空穴浓度,从而使 P 型半导体反型而成 N 型半导体成为反型层,该反型层形成 N 沟道而使 PN 结 J_1 消失,漏极和源极导电。电压 V_T 称为开启电压(或阈值电压),V_{GS} 超过 V_T 越多,导电能力越强,漏极电流 I_D 越大。

与信息电子电路中的 MOSFET 相比,电力 MOSFET 多了一个 N^- 漂移区(低掺杂 N 区),这是用来承受高电压的。不过,电力 MOSFET 是多子导电器件,栅极和 P 区之间是绝缘的,无法像 GTR 那样在导通时靠从 P 区向 N^- 漂移区注入大量的少子形成的电导调制效应来减小通态电压和损耗。因此电力 MOSFET 虽然可以通过增加 N^- 漂移区的厚度来提高承受电压的能力,但是由此带来的通态电阻增大和损耗增加也是非常明显的。所以目前一般电力 MOSFET 产品设计的耐压能力都在 1000V 以下。

2. 电力 MOSFET 的基本特征

1) 静态特性

漏极直流电流 I_D 和栅源间电压 V_{GS} 的关系反映了输入电压和输出电流的关系,称为 MOSFET 的转移特性,如图 5.36(a)所示。从图中可知,I_D 较大时,I_D 和 V_{GS} 的关系近似线性,曲线的斜率被定义为 MOSFET 的跨导 G_{fs},即

$$G_{fs} = \frac{dI_D}{dV_{GS}} \tag{5.3.5}$$

MOSFET 是电压控制器,其输入阻抗极高,输入电流非常小。

图 5.36(b)是 MOSFET 的漏极伏安特性,即输出特性。显然有截止区(对应于 GTR 的截止区)、饱和区(对应于 GTR 的放大区)、非饱和区(对应于 GTR 的饱和区)三个区域。这里饱和与非饱和的概念与 GTR 不同。饱和是指漏源电压增加时漏极电流不再增加,非饱

和是指漏源电压增加时漏极电流相应增加。电力 MOSFET 工作在开关状态，即在截止区和非饱和区之间来回转换。

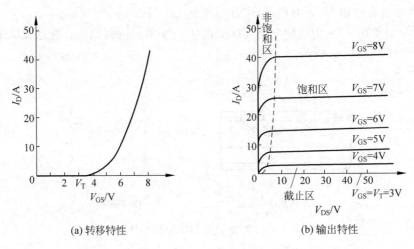

(a) 转移特性　　(b) 输出特性

图 5.36　电力 MOSFET 的转移特性和输出特性

由于电力 MOSFET 本身结构所致，其在漏极和源极之间由 P 区、N^- 漂移区和 N^+ 区形成了一个与 MOSFET 反向并联的寄生二极管，具有 PiN 结构。它与 MOSFET 构成了一个不可分割的整体，使得在漏、源极间加反向电压时器件导通。因此，使用电力 MOSFET 时应注意这个寄生二极管的影响。

电力 MOSFET 的通态电阻 R_{on} 具有正温度系数，这一点对器件并联时的均流有利。

2) 动态特性

图 5.37(a) 所示电路是用来测试电力 MOSFET 的开关特性的。图中 v_p 为矩形脉冲电压信号源（波形见图 5.37(b)），R_s 为信号源内阻，R_G 为栅极电阻，R_1 为漏极负载电阻，R_F 用于检测漏极电流。

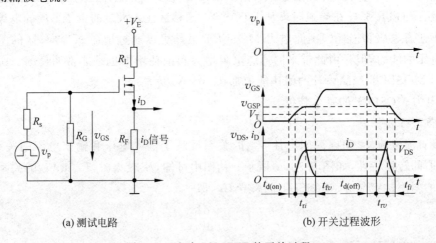

(a) 测试电路　　(b) 开关过程波形

图 5.37　电力 MOSFET 的开关过程

因为电力 MOSFET 存在输入电容 C_{in}，所以当脉冲电压 v_p 的前沿到来时，C_{in} 有充电过程，栅极电压 v_{GS} 呈指数曲线上升，如图 5.37(b) 所示。当 v_{GS} 上升到开启电压 V_T 时，开始出

现漏极电流 i_D。从 v_p 前沿时刻到 $v_{GS}=V_T$ 并开始出现 i_D 的时刻这段时间,称为开通延迟时间 $t_{d(on)}$。此后,i_D 随 v_{GS} 的上升而上升。漏极电流 i_D 从零上升到稳态值的时间,称为电流上升时间 t_{ri}。漏极电流 i_D 上升到稳态时,栅极电压 v_{GS} 上升到 V_{GSP},而漏极电压 v_{DS} 开始下降。漏极电压 v_{DS} 下降的时间称为电压下降时间 t_{fv}。在漏极电压下降的过程中,栅极电压 v_{GS} 将维持在 V_{GSP} 这个值并形成一个平台,直到电压下降时间结束才继续以指数曲线上升到其稳态值。实际上,电压下降时间具体的物理过程是连接在栅极的信号源给栅极和漏极之间的极间电容(又称密勒电容)反向充电,从而使漏极电压 v_{DS} 下降而栅极电压 v_{GS} 维持在 V_{GSP} 不变,V_{GSP} 的大小和 i_D 的稳态有关。v_{GS} 在这段时间内基本维持不变的波形又称为密勒平台。这里,电力 MOSFET 的开通时间 t_{on} 可以定义为开通延迟时间、电流上升时间及电压下降时间之和,即

$$t_{on} = t_{d(on)} + t_{ri} + t_{fv} \quad (5.3.6)$$

电力 MOSFET 的关断过程基本上是与其开通过程顺序相反而且电压和电流变化趋势也相反的过程,包括关断延迟时间 $t_{d(off)}$、电压上升时间 t_{rv} 和电流下降时间 t_{fi}。当脉冲电压 v_p 下降到零时,栅极输入电容 C_{in} 通过信号源内阻 R_s 和栅极电阻 R_G($\gg R_s$)开始放电,栅极电压 v_{GS} 按指数曲线下降,当下降到 V_{GSP} 时,漏极电压 v_{DS} 才开始上升,这段时间称为关断延迟时间 $t_{d(off)}$。此后,经过电压上升时间(栅极电压 v_{GS} 维持在 V_{GSP})和电流下降时间,直到 $v_{GS}<V_T$ 时沟道消失,i_D 下降到零。关断延迟时间、电压上升时间和电流下降时间之和定义为 MOSFET 的关断时间 t_{off},即

$$t_{off} = t_{d(off)} + t_{rv} + t_{fi} \quad (5.3.7)$$

为了能准确测量,严格来讲,开关过程中的各时间与其他器件一样通常是由电流或电压到达稳态值的 10%、90% 等定量大小的时刻来定义的,但是在很多情况下为了能简洁、定性地描述开关过程,也往往像图 5.37 那样用电压和电流到达绝对零电平或稳态值的时刻来示意。

从上面的开关过程可以看出,MOSFET 的开关速度和其输入电容的充放电有很大关系。使用者虽然无法降低 C_{in} 的值,但可以降低栅极驱动电路的内阻 R_s,从而减小栅极回路的充放电时间常数,提高开关速度。另外,这些开关过程的波形都是在一定的主电路结构、控制方式、缓冲电路以及主电路寄生参数等条件下形成的,一旦这些条件发生变化,开关过程的波形和时序的许多重要细节都会发生变化,如器件所受的电压和电流波形的最大值和暂态过程、电压和电流重叠时间的长短、能量耗损等,这些都要在设计采用这些器件的实际电路时加以注意。

通过以上讨论还可以看出,由于 MOSFET 只靠多子导电,不存在少子储存效应,因而其关断过程是非常迅速的。MOSFET 的开关时间在 10~100ns 之间,其工作频率可超过 100kHz,是主要电力电子器件中最高的。此外,虽然电力 MOSFET 是场控器件,在静态时几乎不需要输入电流,但是,在开关过程中需要对输入电容充放电,仍需要一定驱动功率。开关频率越高,需要的驱动功率越大。

3. 电力 MOSFET 的主要参数

除前面已涉及的跨导 G_{fs}、开启电压 V_T 以及开关过程中的各时间参数之外,电力 MOSFET 还有以下主要参数。

(1) 漏源电压 V_{DS}。这是标称电力 MOSFET 电压定额的参数。

(2) 漏极直流电流 I_D 和漏极脉冲电流幅值 I_{DM}。这是标称电力 MOSFET 电流定额的参数。

(3) 栅源电压 V_{GS}。栅源之间的绝缘层很薄，$|V_{GS}|>20\text{V}$ 将导致绝缘层击穿。

(4) 极间电容。MOSFET 的三个电极之间分别存在极间电容 C_{GS}、C_{GD} 和 C_{DS}。一般生产厂家提供的是漏源极短路时的输入电容 C_{iss}、共源极输出电容 C_{oss} 和反向转移电容 C_{rss}。它们时间的关系是

$$C_{iss} = C_{GS} + C_{GD} \tag{5.3.8}$$

$$C_{rss} = C_{GD} \tag{5.3.9}$$

$$C_{oss} = C_{DS} + C_{GD} \tag{5.3.10}$$

前面提到的输入电容可以近似用 C_{iss} 代替。这些电容都是非线性的。

漏源间的耐压、漏极最大允许电流和最大耗散功率决定了电力 MOSFET 的安全工作区。一般来说，电力 MOSFET 不存在二次击穿问题，这是它的一大优点。在实际使用中，仍应注意留适当的裕量。

5.3.4 绝缘栅双极型晶体管

GTR 和 GTO 是双极型电流驱动器件，由于具有电导调制效应，其通流能力很强，但开关速度较慢、所需驱动功率大、驱动电路复杂。而电力 MOSFET 是单极型电压驱动器件，开关速度快、输入阻抗高、热稳定性好，所需驱动功率小而且驱动电路简单，将这两类器件相互取长补短适当结合而成的复合器件，通常称为 Bi-MOS 器件。绝缘栅双极型晶体管 (Insulated-Gate Bipolar Transistor，IGBT 或 IGT) 综合了 GTR 和 MOSFET 的优点，因而具有良好的特性，是中、大功率电力电子设备的主导器件，并在继续努力提高电压和电流容量。

1. IGBT 的结构和工作原理

IGBT 也是三端器件，具有栅极 G、集电极 C 和发射极 E。图 5.38(a) 给出了一种 N 沟道 VDMOSFET 与双极型晶体管组合而成的 IGBT 的基本结构。与图 5.35(a) 对照可以看出，IGBT 比 VDMOSFET 多了层 P^+ 注入区，因而形成了一个大面积的 P^+N 结 J_1。这样使得 IGBT 导通时由 P^+ 注入区向 N^- 漂移区发射少子，从而实现对漂移区电导率进行调制，使得 IGBT 具有很强的通流能力，解决了在电力 MOSFET 中无法解决的 N^- 漂移区追求高耐压与追求低通态电阻之间的矛盾。其简化等效电路如图 5.38(b) 所示，其为双极型晶体管与 MOSFET 组成的达林顿结构，相当于一个有 MOSFET 驱动的厚基区 PNP 晶体管。图中 R_N 为晶体管基区内的调制电阻。因此，IGBT 的驱动原理与电力 MOSFET 基本相同，是一种场控器件。其开通和关断是由栅极和发射极间的电压 v_{GE} 决定的，当 v_{GE} 为正且大于开启电压 $V_{GE(th)}$ 时，MOSFET 内形成沟道，并为晶体管提供基极电流进而使 IGBT 导通。由于电导调制效应，使得电阻 R_N 减小，这样高耐压的 IGBT 也具有很小的通态压降。当栅极与发射极间施加反向电压或不加信号时，MOSFET 内的沟道消失，晶体管的基极电流被切断，使得 IGBT 关断。

以上所述 PNP 晶体管与 N 沟道 MOSFET 组合而成的 IGBT 称为 N 沟道 IGBT，记为 N-IGBT，其电气图形符号如图 5.38(c) 所示。相应的还有 P 沟道 IGBT，记为 P-IGBT，其电气图形符号与图 5.38(c) 箭头相反，实际当中 N 沟道 IGBT 应用较多，因此下面仍以其为例进行介绍。

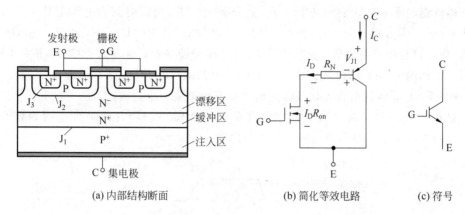

(a) 内部结构断面   (b) 简化等效电路   (c) 符号

图 5.38 IGBT 结构与符号

2. IGBT 的基本特性

1) 静态特性

图 5.39(a)所示为 IGBT 的转移特性,给出了集电极电流 I_c 与栅射电压 V_{GE} 之间的关系,与电力 MOSFET 的转移特性类似。开启电压 $V_{GE(th)}$ 是 IGBT 能实现电导调制而导通的最低栅射电压。$V_{GE(th)}$ 随温度升高而略有下降,温度每升高 1℃,其值下降 5mV 左右。在 +25℃ 左右,$V_{GE(th)}$ 值一般为 2～6V。

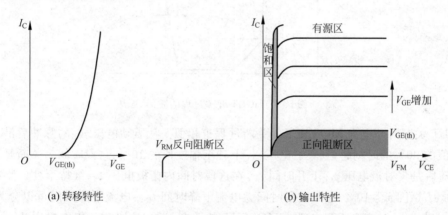

(a) 转移特性   (b) 输出特性

图 5.39 IGBT 的转移特性和输出特性

图 5.39(b)所示为 IGBT 的输出特性,也称伏安特性,给出了以栅射电压为参考变量时,集电极电流 I_c 与集射极间电压 V_{CE} 之间的关系。此特性与 GTR 的输出特性相似,不同的是参考变量,IGBT 为栅射电压 V_{GE},而 GTR 为基极电流 I_B。IGBT 的输出特性也分为三个区域,即正向阻断区、有源区和饱和区。这分别与 GTR 的截止区、放大区和饱和区相对应。此外,当 $V_{CE}<0$ 时,IGBT 为反向阻断工作状态。在电力电子电路中,IGBT 工作在开关状态,因而是在正向阻断区和饱和区之间来回转换。

2) 动态特性

图 5.40 给出了 IGBT 开关过程的波形。IGBT 的开通过程与电力 MOSFET 的开通过程很相似,这是因为 IGBT 在开通过程中大部分时间是作为 MOSFET 来运行的。从驱动电压 v_{GE} 的前沿上升至其幅值的 10% 的时刻,到集电极电流 i_c 上升至其幅值的 10% 时刻,这段时

间为开通延迟时间 $t_{d(on)}$。而 i_c 从 $10\%I_{CM}$ 上升至 $90\%I_{CM}$ 所需时间为电流上升时间 t_{ri}。集射电压 v_{CE} 的下降过程 t_{fv} 分为 t_{fv1} 和 t_{fv2} 两段。前者为 IGBT 中 MOSFET 单独工作的电压下降过程,在该过程中栅射电压 v_{GE} 维持不变,即处在密勒平台;后者为 MOSFET 和 PNP 晶体管同时工作的电压下降过程。由于 v_{CE} 下降时 IGBT 中 MOSFET 栅漏电容增加,而且 IGBT 中的 PNP 晶体管由放大状态转入饱和状态也需要一个过程,因此 t_{fv2} 段电压下降过程变缓。只有在 t_{fv2} 段结束时,IGBT 才完全进入饱和状态。同样,开通时间 t_{on} 可以定义为开通延迟时间与电流上升时间及电压下降时间之和。

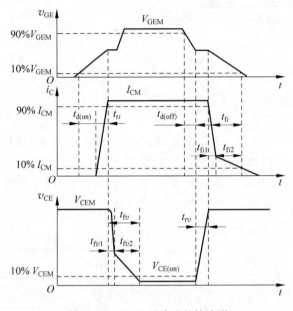

图 5.40　IGBT 开关过程的波形

IGBT 关断时与电力 MOSFET 的关断过程也相似。从驱动电压 v_{GE} 的脉冲后沿下降到其幅度值的 90% 的时刻起,到集射电压 v_{CE} 上升至幅度值的 10%,这段时间为关断延迟时间 $t_{d(off)}$。随后是集射极电压 v_{CE} 上升时间 t_{rv},在这段时间内栅极电压 v_{GE} 维持不变。集电极电流从 $90\%I_{CM}$ 下降至 $10\%I_{CM}$ 的这段时间为电流下降时间 t_{fi}。电流下降时间可以分为 t_{fi1} 和 t_{fi2} 两段。其中 t_{fi1} 对应 IGBT 内部的 MOSFET 的关断过程,这段时间集电极电流 i_c 下降较快;t_{fi2} 对应 IGBT 内部的 PNP 晶体管的关断过程,这段时间 MOSFET 已经关断,IGBT 又无反向电压,所以 N 基区内的少子复合缓慢,造成 i_c 下降较慢。t_{fi2} 对应的集电极电流被形象地称为拖尾电流。由于此时集射电压已经建立,较长的电流下降时间会产生较大的关断损耗。为解决这一问题,可以与 GTR 一样通过减轻饱和程度来缩短电流下降时间,不过同样需要与通态压降折中。关断延迟时间、电压上升时间和电流下降时间之和可以定义为关断时间 t_{off}。

可以看出,由于 IGBT 中双极型 PNP 晶体管的存在,虽然带来了电导调制效应的好处,但也引入了少子储存现象,因为 IGBT 的开关速度要低于电力 MOSFET。此外,IGBT 的击穿电压、通态压降和关断时间也是需要折中的参数。高压器件的 N 基区必须有足够宽度和较高电阻率,这会引起通态压降增大和关断短时间延长。

还应指出的是,同电力 MOSFET 一样,IGBT 的开关速度受其栅极驱动电路内阻的影响,其开关过程波形和时序的许多重要细节(如 IGBT 所承受的最大电压和电流、器件能量损耗等)也受到主电路结构、控制方式、缓冲电路以及主电路寄生参数等条件的影响,都应该在设计采用这些器件的实际电路时加以注意。

3. IGBT 的主要参数

除了前面提到的各参数以外,IGBT 的主要参数还包括以下几个。

(1) 最大集射间电压 V_{CES}。这是器件内部的 PNP 晶体管所能承受的击穿电压所确定的。

(2) 最大集电极电流。包括额定直流电流 I_C 和 1ms 脉宽最大电流 I_{CP}。

(3) 最大集电极功耗 P_{CM}。在正常工作温度下允许的最大耗散功率。

IGBT 的特性和参数特点可以总结如下。

(1) IGBT 开关速度高、开关损耗小。有关资料表明,在电压为 1000V 以上时,IGBT 的开关损耗只有 GTR 的 1/10,与电力 MOSFET 相当。

(2) 在相同电压和电流定额的情况下,IGBT 的安全工作区比 GTR 大,而且具有耐脉冲电流冲击能力。

(3) 高压时 IGBT 的通态压降比 VDMOSFET 低,特别是在电流较大的区域。

(4) IGBT 的输入阻抗很高,其输入特性与电力 MOSFET 类似。

(5) 与电力 MOSFET 和 GTR 相比,IGBT 的耐压和通流能力还可以进一步提高,同时可以保持开关频率高的特点。

4. IGBT 的擎住效应和安全工作区

由图 5.38 所示的 IGBT 结构可知,在 IGBT 内部寄生着一个 N^-PN^+ 晶体管和作为主开关器件 P^+N^-P 晶体管组成的寄生晶闸管。其中 NPN 晶体管的基极与发射极之间存在体区短路电阻,P 形体区的横向空穴电流会在该电阻上产生压降,相当于对 J_3 结施加一个正向偏压。在额定集电极电流范围内,这个偏压很小,不足以使 J_3 开通,然而一旦 J_3 开通,栅极就会失去对集电极电流的控制作用,导致集电极电流增大,造成器件功耗过高而损坏。这种电流失控的现象,就像普通晶闸管被触发以后,即使撤销触发信号晶闸管仍然因进入正反馈过程而维持导通的机理一样,因此被称为擎住效应或自锁效应。引发擎住效应的原因,可能是集电极电流过大(静态擎住效应),也可能是 dv_{CE}/dt 过大(动态擎住效应),温度升高也会加重发生擎住效应的危险。

动态擎住效应比静态擎住效应所允许的集电极电流还要小,因此所允许的最大集电极电流实际上是根据动态擎住效应而确定的。

根据最大集电极电流、最大集射极间电压和最大集电极功耗可以确定 IGBT 在导通工作状态的参数极限范围,即正向偏置安全工作区;根据最大集电极电流、最大集射极间电压和最大允许电压上升率 dv_{CE}/dt,可以确定 IGBT 在阻断工作状态下的参数极限范围,即反向偏置安全工作区。

擎住效应曾经是限制 IGBT 电流容量进一步提高的主要因素之一,但经过多年的努力,自 20 世纪 90 年代中后期开始,这个问题已得到了很好的解决。

此外,为满足实际电路的要求,IGBT 往往与反并联的快速二极管封装在一起,制成模块,称为逆导器件,选用时应加以注意。

小结

本章首先介绍达林顿管结构、连接方式及达林顿管电路的直流交流特性,然后介绍以晶闸管为代表的半控型电力电子器件,以门极可关断晶闸管、电力晶体管、电力场效应管和绝缘栅双极型晶体管等为代表的典型全控型电力电子器件。着重介绍了这些器件的结构、工作原理、伏安特性和主要参数。

1. 达林顿管

达林顿管是由两个或两个以上 NPN 或 PNP 三极管的集电极连在一起,而将第一只晶体管的发射极直接耦合到第二只晶体管的基极,依次级联而成,最后引出 e、b、c 三个电极。根据两只或更多只晶体管间的连接方式,达林顿电路有四种接法,即 NPN＋NPN、PNP＋PNP、NPN＋PNP、PNP＋NPN。如果达林顿管由 N 只晶体管组成,每只晶体管的电流放大倍数分别为 $\beta_1, \beta_2, \cdots, \beta_N$,则总电流放大倍数约等于各管电流放大倍数的乘积,即 $\beta \approx \beta_1 \beta_2 \cdots \beta_N$。因此,达林顿管具有很高的电流放大倍数,其值可以达到几千倍甚至几十万倍。利用它不仅能构成高增益放大器,还能提高驱动能力,获得大电流输出,构成达林顿功率开关管。在光耦合器中,也有用达林顿管作为接收管的。

2. 普通晶闸管

普通晶闸管也称为可控硅整流管,是大功率器件,为 PNPN 四层三端器件。

晶闸管只有导通和关断两种工作状态,所以它具有开关特性,这种特性需要一定的条件才能转化。

(1) 晶闸管承受反向阳极电压时,无论门极承受何种电压,晶闸管都处于关断状态。

(2) 晶闸管承受正向阳极电压时,仅在门极承受正向电压的情况下晶闸管才导通。

(3) 晶闸管在导通情况下,只要有一定的正向阳极电压,无论门极电压如何,晶闸管保持导通,即晶闸管导通后门极失去作用。

(4) 晶闸管在导通情况下,当主回路电压(或电流)减小到接近于零时,晶闸管关断。

晶闸管的特性由静态特性和动态特性构成。晶闸管的静态特性是指晶闸管处于开通和关断的状态。而动态特性是指晶闸管由导通到关断或由关断到导通的转换过程。

3. 门极可关断晶闸管

门极可关断晶闸管(GTO)严格地讲是晶闸管的一种派生器件,它可以通过在门极施加负的脉冲电流使其关断,因而属于全控型器件。GTO 也是 PNPN 四层半导体结构,外部也是引出阳极、阴极和门极。但与普通晶闸管不同的是,GTO 是一种多单元的功率集成器件。虽然外部同样引出三个极,但内部则包含数十个甚至数百个共阳极的小 GTO 单元,这些 GTO 单元的阴极和门极则在器件内部并联在一起。这种特殊结构是为了便于实现门极控制关断而设计的。

4. 电力晶体管

电力晶体管(GTR)与普通的双极型晶体管基本原理是一样。GTR 通常采用至少由两个晶体管按达林顿接法组成的单元结构,同 GTO 一样采用集成电路工艺将许多这种单元并联而成。单管的 GTR 结构与普通的双极型晶体管是类似的。GTR 是由三层半导体(分别引出集电极、基极和发射极)形成的两个 PN 结(集电结和发射结)构成,多采用 NPN 结构。

5. 电力场效应管

电力场效应管（MOSFET）也是多单元集成结构，由许多个小 MOSFET 单元组成。每个单元的形状和排列方法，不同生产厂家采用不同的设计，甚至因此对其产品取了不同的名称。具体的单元形状有六边形、正方形等，也有矩阵单元按"品"字形排列的。

6. 绝缘栅双极型晶体管

绝缘栅双极型晶体管是三端器件，具有栅极 G、集电极 C 和发射极 E。它综合了 GTR 和 MOSFET 的优点，是这两类器件相互取长补短适当结合而成的复合器件，通常称为 Bi-MOS 器件，因而具有良好的特性。

以上对可控型器件，包括普通晶闸管、门极可关断晶闸管、电力晶体管、电力场效应管、绝缘栅双极型晶体管等基本结构作了简单总结。这类器件只有导通和关断两种工作状态，都有静态特性和动态特性。

习题

5.1 如何判断达林顿管是属于 NPN 或 PNP 型？

5.2 达林顿管有几种连接方法？达林顿管的不足之处是什么？

5.3 画出达林顿管射极跟随器的直流通路和微变等效电路，并求出输入电阻。

5.4 使晶闸管导通的条件是什么？

5.5 维持晶闸管导通的条件是什么？怎样才能使晶闸管由导通变为关断？

5.6 图 5.41 中阴影部分为晶闸管处于通态区间的电流波形，各波形的电流最大值均为 I_m，试计算各波形的电流平均值 I_{d1}、I_{d2}、I_{d3} 与电流有效值 I_1、I_2、I_3。

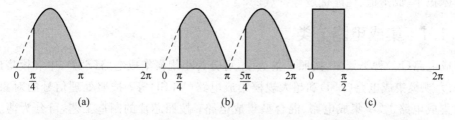

图 5.41 晶闸管导电波形

5.7 题 5.6 中如果不考虑安全裕量，问 100A 的晶闸管能送出平均电流 I_{d1}、I_{d2}、I_{d3} 各为多少？这时相应的电流最大值 I_{m1}、I_{m2}、I_{m3} 各为多少？

5.8 GTO 和普通晶闸管同为 PNPN 结构，为什么 GTO 能够自关断，而普通晶闸管不能？

5.9 与信息电子电路中的 MOSFET 相比，电力 MOSFET 具有怎样的结构特点才具有耐受高压和大电流的能力？

5.10 试分析 IGBT 和电力 MOSFET 在内部结构和开关特性上的相似与不同之处。

第 6 章 集成运算放大电路
CHAPTER 6

前面几章介绍的电子电路都是由单个晶体管、电阻、电容等元器件组装而成的,称为分立元件电路。这种电路的功能有限,指标也难以提高。例如,一台仅具有最基本功能的彩色电视机就需要 5000 多个元器件。集成电路的使用使得电子电路的结构大大简化,成本迅速降低,原本昂贵的电子产品才能够进入普通百姓家庭。因此,可以说集成电路的出现是现代电子技术飞跃的起点。

6.1 集成电路概述

将一个具有特定功能电子电路中的全部或绝大部分元器件制作在一个硅片上,做成一个独立的器件封装,称为集成电路(Integrated Circuits,IC)。相对于分立元件电路,集成电路具有体积小、成本低、性能优越等特点。

6.1.1 集成电路分类

集成电路(IC)种类繁多,按照其集成度,可分为小规模集成电路(SSI)、中规模集成电路(MSI)、大规模集成电路(LSI)和超大规模集成电路(VLSI)等;按照处理信号的对象,可分为模拟集成电路、数字集成电路、混合型集成电路;按照芯片的制造工艺,可分为薄膜集成电路、厚膜集成电路和混合型集成电路;按照内部有源器件的种类,可分为双极型集成电路(集成的晶体管为 BJT)和单极型集成电路(集成的晶体管为 MOSFET 或 JFET);按照其晶体管的工作状态可分为线性集成电路和非线性集成电路。数字集成电路属于非线性集成电路,将在数字电子技术基础部分介绍。

模拟集成电路包括线性集成电路和非线性集成电路。线性集成电路就是输入和输出的信号呈线性关系的电路,其晶体管一般工作在放大状态,而非线性集成电路中的晶体管通常工作在开关状态。模拟集成电路包括运算放大器、功率放大器、模拟乘法器、直流稳压器和其他专用集成电路等。本章所介绍的集成运算放大器属于线性集成电路,主要作为信号放大器使用。

6.1.2 集成电路的工艺特点

由于集成电路要将很多元器件做在一个很小的硅片上,其电路中的元器件种类、参数、性能和电路结构设计都将受到集成电路制作工艺的限制,具有以下特点。

(1) 元器件参数准确度不高,但具有良好的一致性和同向偏差,因而特别有利于实现需要对称结构的电路,如差分放大电路。

(2) 集成电路的芯片面积小,集成度高,因此功耗很小,一般在 mW 级以下。

(3) 不易制造大电阻,因为在集成电路中制作大电阻需要占用较大的芯片面积,而且电阻的精度和稳定性都不高。所以,在电路中需要大电阻时,往往使用有源器件的等效电阻替代或外接。

(4) 在集成电路中制作电容器是比较困难的,一般只能制作几十 pF 以下的小电容。因此,集成放大器内部一般都采用直接耦合方式。如需大电容,只能外接。

(5) 不能制造电感,如一定要用电感,也只能外接。

6.1.3 集成运算放大器的组成

集成运算放大器(简称集成运放,Integrated Operational Amplifier,IOA)是一种高增益、采用直接耦合方式连接的多级线性放大器芯片。早期的集成运放主要用来实现对模拟量进行数学运算的功能,随着器件性能的改进,它已成为一种通用的增益器件,就如同三极管一样,广泛应用于电子线路中的各个领域。

由于要求高增益和高稳定性,集成运放内部电路采用直接耦合的多级放大器结构,内部电路的结构框图如图 6.1 所示。

偏置电路为各放大级的晶体管提供静态偏置电流,保障各级晶体管工作在线性放大状态;差分输入级既可以获得一定的增益,又可以抑制直接耦合电路的零点漂移;电压放大级是整个电路中的核心放大部分,通常有 60dB 以上的增益;输出级主要是起阻抗匹配、增强负载能力以及输出端保护等作用。

图 6.2 是集成运放的电路符号,图 6.2(a)是现行国家标准规定的符号,图 6.2(b)是国内外常用符号,符号中有两个输入端和一个输出端。其中,v_- 称为反相(Inverting)输入端,因为,以同相(Noninverting)输入端 v_+ 为参考点,从 v_- 端输入信号,经放大后的输出信号与输入信号反相,在符号中标注"−"。同理,以 v_- 为参考点,从 v_+ 端输入信号,放大后的输出信号与输入信号同相,在符号中标注"+"(注:在本书中,两种符号通用)。

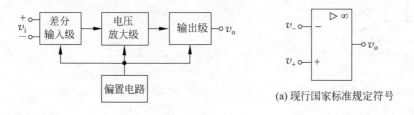

图 6.1 集成运放内部结构框图　　图 6.2 集成运放的电路符号

6.2 电流源偏置电路

集成运放中的偏置电路一般采用电流源偏置,这样可以保证当电源电压在较大范围内波动时放大电路的静态工作点基本稳定,增强电路的电源电压适用性。集成运算放大电路内部偏置电路中常用的电流源电路包括基本镜像电流源、微电流源、多路镜像电流源等几种结构。

1. 基本镜像电流源

图 6.3 所示为基本镜像电流源电路。图中,VT_1 和 VT_2 是制作在同一硅片上的两个性能一致的晶体三极管。其中 VT_1 的基极与集电极相连接成二极管,通过 R 连接到电源 V_{CC},则电阻 R 上的电流为 I_R。

由于 VT_1、VT_2 性能相同且发射结并联,即 $V_{BE1}=V_{BE2}=V_{BE}$。VT_1 虽然集电结零偏,但在小电流的条件下,仍然工作在线性放大状态,设 $\beta_1=\beta_2=\beta$,因此,在忽略基区宽度调制效应的条件下,有

$$I_{C1} = I_{C2} \tag{6.2.1}$$

$$I_R = \frac{V_{CC} - V_{BE}}{R} \tag{6.2.2}$$

$$I_O = I_{C2} = I_{C1} = I_R - 2I_B = I_R - \frac{2I_{C1}}{\beta} = I_R - \frac{2I_O}{\beta} \tag{6.2.3}$$

$$I_O = \frac{I_R}{1+\frac{2}{\beta}} \approx I_R\left(1-\frac{2}{\beta}\right) = \frac{V_{CC}-V_{BE}}{R}\left(1-\frac{2}{\beta}\right) \tag{6.2.4}$$

当 $\beta \gg 2$ 且 $V_{CC} \gg V_{BE}$ 时,从式(6.2.4)可以得出:$I_O \approx I_R$。可见当电源电压和电阻值确定以后,I_R 也就确定了,电流源的电流 I_O 始终与 I_R 一致,就像是 I_R 的镜像,所以这个电路被称为基本镜像电流源电路。

2. 减小 β 影响的镜像电流源

为了减小 β 和基区调宽效应对镜像电流源的影响,可采用图 6.4 所示电路。与图 6.3 相比,有两个方面的不同。

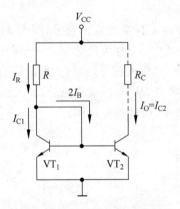

图 6.3 基本镜像电流源电路

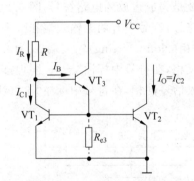

图 6.4 减小 β 影响的镜像电流源电路

(1) VT_1 集电结有了反偏电压,减小了基区调宽效应的影响。

(2) I_{C1} 更加接近 I_R,设三极管的 β 相同且 $\beta \gg 1$,有

$$I_B = I_{B3} \approx \frac{I_{E3}}{\beta} \approx \frac{2I_{B1}}{\beta} = \frac{2I_{C1}}{\beta^2} \approx 0 \tag{6.2.5}$$

图中 R_{e3} 的作用是消除 VT_3 的穿透电流 I_{CEO} 的影响,另外也可以适当提高 VT_3 的工作点电流,使 VT_3 不至于因为工作电流太小而影响其 β。

3. 微电流源

集成电路中有很多晶体管需要非常小（μA 级）的基极偏置电流，这样小的电流不能用前面所述的电流源电路产生，因为上述电流源电路中 I_O 与 I_R 的大小相当，要使 I_R 达到 μA 级，则电阻 R 要到达 MΩ 级，这在集成电路制作工艺中是难以实现的。

图 6.5 所示电路是可以提供 μA 级基极偏置电流的微电流源电路，与图 6.3 所示电路不同之处在于两个三极管的发射结电压不同。

$$V_{BE1} = V_{BE2} + I_{E2}R_e \approx V_{BE2} + I_O R_e \tag{6.2.6}$$

PN 结电流方程式：$I_D \approx I_S e^{V_D/V_T}$，在三极管中也有同样的关系式：$I_E \approx I_S e^{V_{BE}/V_T}$，得

$$V_{BE} = V_T \ln \frac{I_E}{I_S} \approx V_T \ln \frac{I_C}{I_S} \tag{6.2.7}$$

$$I_O = \frac{V_{BE1} - V_{BE2}}{R_e} = \frac{V_T}{R_e}\left(\ln \frac{I_{C1}}{I_S} - \ln \frac{I_{C2}}{I_S}\right) = \frac{V_T}{R_e} \ln \frac{I_{C1}}{I_{C2}} \tag{6.2.8}$$

式(6.2.8)中，$V_T \approx 26\mathrm{mV}$，可见由 kΩ 级的电阻 R_e 就可以得到 μA 级的电流 I_O。

4. 比例式镜像电流源

在集成运算放大器的电流源偏置电路中，有时需要提供与基准电流 I_R 成特定比例关系的偏置电流 I_O，图 6.6 所示电路就具有这样的功能。

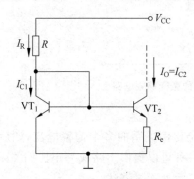
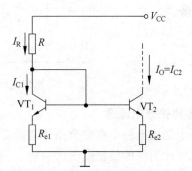

图 6.5　微电流源电路　　　　图 6.6　比例式镜像电流源电路

由图 6.6 可见

$$V_{BE1} + I_{E1}R_{e1} = V_{BE2} + I_{E2}R_{e2} \tag{6.2.9}$$

设 β 足够大，则 $I_E \approx I_C$，即

$$V_{BE1} + I_{C1}R_{e1} = V_{BE2} + I_{C2}R_{e2}$$

由式(6.2.7)得

$$V_{BE1} - V_{BE2} = V_T\left(\ln \frac{I_{C1}}{I_S} - \ln \frac{I_{C2}}{I_S}\right) = V_T \ln \frac{I_{C1}}{I_{C2}} \tag{6.2.10}$$

$$I_O = I_{C2} = \frac{1}{R_{e2}}[I_{C1}R_{e1} + (V_{BE1} - V_{BE2})]$$

$$= \frac{1}{R_{e2}}\left(I_{C1}R_{e1} + V_T \ln \frac{I_{C1}}{I_O}\right) \tag{6.2.11}$$

一般情况下，有 $I_{C1}R_{e1} \gg V_T \ln \frac{I_{C1}}{I_O}$，且 $\beta \gg 1, I_{C1} \approx I_R$，得

$$I_O = I_{C1}\frac{R_{e1}}{R_{e2}} \approx I_R \frac{R_{e1}}{R_{e2}} \tag{6.2.12}$$

可见，I_o 与 I_R 成比例关系。此外，接入电阻 R_{e1} 和 R_{e2} 后，还可以增大电流源的等效交流输出电阻 r_o，改进电流源电路的恒流特性。

图 6.7 是图 6.6 所示电路的小信号微变等效电路。从图 6.7 中可得

$$i_{ceo} = i_b + i_{e2} + \beta i_b \tag{6.2.13}$$

$$i = i_b + i_{e2} \tag{6.2.14}$$

$$v_{e2} = i_{e2} R_{e2} = i_b (r_{be2} + R') \tag{6.2.15}$$

$$i_{e2} = \frac{i_b}{R_{e2}} (r_{be2} + R') \tag{6.2.16}$$

$$r_o = \frac{v}{i} = \frac{i_{ceo} r_{ce2} + v_{e2}}{i_b + i_{e2}} \approx r_{ce2} \left[1 + \frac{\beta R_{e2}}{R_{e2} + r_{be2} + R'} \right] \tag{6.2.17}$$

式中，$R' = (r_{be1} + R_{e1}) \parallel R = \dfrac{(r_{be1} + R_{e1}) R}{r_{be1} + R_{e1} + R}$。

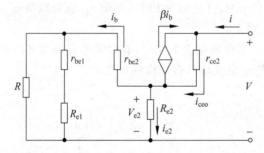

图 6.7 比例式镜像电流源的微变等效电路

5. 多路镜像电流源

在一个集成电路中有多个晶体管需要提供一定比例关系的多个偏置电流，如后级的偏置电流就要比前级的偏置电流大一些。图 6.8 是一种可以提供多路成一定比例关系的电流源偏置电路，其分析方法与比例式镜像电流源类似，此处不再赘述。

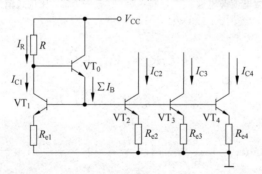

图 6.8 多路镜像电流源电路

6.3 典型集成运算放大器

集成运算放大器种类很多，本节介绍两个典型的集成运放内部电路，以便了解集成运放的内部结构、工作原理和分析方法。

6.3.1 常用双极型集成运放 F007

本小节以常用的第二代通用集成运算放大器 F007 为例,简要介绍运放内部电路的基本结构和工作原理,其内部原理电路如图 6.9 所示。值得注意的是,不同厂商或不同时期生产的同一型号器件内部电路可能不完全相同,但参数是基本一致的,可以通用。

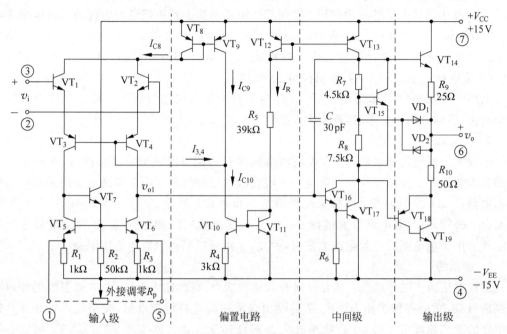

图 6.9 集成运放 F007 内部原理电路

整个电路可分为输入级、中间级、输出级和偏置电路四个部分,在图 6.9 中用虚线隔开。图中带圈的数字为集成电路引脚序号。图 6.10 是 F007 内部的简化等效电路。

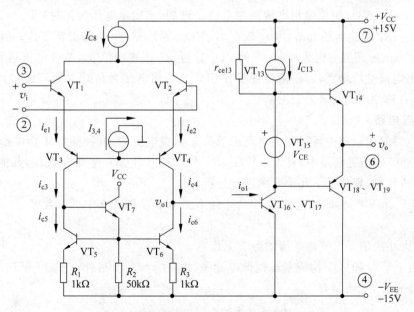

图 6.10 集成运放 F007 内部简化等效电路

1. 输入级

集成运放对输入级的要求是：电路具有很高的输入阻抗、较小的输入偏置电流、较强的静态工作点漂移抑制能力、很高的共模抑制比和一定的电压增益。

F007 的输入级由 VT_1 和 VT_3、VT_2 和 VT_4 构成共集—共基极复合差分放大电路，VT_5、VT_6 构成镜像电流源，分别作为 VT_3、VT_4 的集电极等效负载电阻。并且，VT_6 和 VT_7 在电路中还具有另外一个作用：实现信号由双端输出到单端输出的转换。具体原理如下：当双端输入信号接入②、③脚时，由于电路的对称性，各分得输入信号的一半，②脚信号经 VT_2 和 VT_4 放大直接到达输入级的输出端 v_{o1}。而③脚得到的输入信号经 VT_1、VT_3、VT_7（共集电极组态）和 VT_6（共发射极组态）到达 v_{o1}。

电路中①、⑤脚外接调零电位器 R_P 是为了补偿输入级差分放大电路中器件参数的不完全对称，当输入信号为零时，调节 R_P，使输出电压为零。

2. 中间级

运放对中间级的要求是：具有很高的电压增益和简单的频率响应特性，以保障整个运放的放大能力和工作稳定性。一般通用集成运放的中间级都采用单级高增益的共射（源）极放大电路，F007 的中间级也同样采用单级共射极电路。其中，VT_{16} 和 VT_{17} 构成等效 NPN 型复合三极管，其等效电流放大倍数 $\beta \approx \beta_{16}\beta_{17}$。三极管 VT_{13} 是电流源，作为集电极等效负载阻抗。由于电流源的等效阻抗非常高，因此，本级可以获得很高的电压增益。

3. 输出级

运放对输出级的要求是：具有较强的带负载能力、高的输入阻抗、大的动态范围和对输出端的过载、短路等保护能力。F007 的输出级采用准互补输出电路，关于复合管和互补输出电路的工作原理将在第 10 章功率放大器部分详细介绍。本级中 VT_{18} 和 VT_{19} 构成等效 PNP 型复合三极管，与 VT_{14} 一起构成互补输出级（晶体管的组态属于共集电极，本级无电压增益），因此，本级具有很高的输入阻抗和很强的带负载能力。

R_7、R_8 和 VT_{15} 构成恒压电路，给互补输出级提供静态电压偏置以避免失真。另外，R_7、R_8、R_9、R_{10}、VD_1、VD_2 构成输出电流限制电路。例如，当输出电压为正时 VT_{14} 导通，负载电流 i_o 经 VT_{14}、R_9 从输出端流出，当 i_o 较小时，VD_1、VD_2 截止，电路正常工作；当输出电流 i_o 过大，R_9 上电压达到一定大小时，导致 VD_1 通过 R_7 导通，对 VT_{14} 基极电流进行分流，从而限制输出电流继续增大，起到限流保护作用。当输出电压为负时的限流保护由 R_8、R_{10}、VD_2 完成，具体原理请读者自己分析。

4. 偏置电路

偏置电路是给运放中各级放大电路提供静态偏置电流的，其性能好坏直接影响运放各项参数。F007 的偏置电路中，首先由 VT_{12}、R_5、VT_{11} 产生主偏置基准电流 I_R，其他电流源电流都与 I_R 成比例，现从以下几个方面进行分析。

（1）VT_{10} 和 VT_{11} 构成微电流源 I_{C10}，并且 $I_{C10} \ll I_R$，从图 6.9 中可以看出

$$I_{3,4} = I_{C10} - I_{C9} \tag{6.3.1}$$

$I_{3,4}$ 的大小决定了差分输入级的静态工作点。

（2）由于 VT_8 和 VT_9 构成基本镜像电流源，即：$I_{C8} \approx I_{C9}$；另外，在忽略 VT_1、VT_2 的基极电流的条件下，很明显有

$$I_{C8} = (\beta_{1,2} + 1)I_{3,4} \approx \beta I_{3,4} \tag{6.3.2}$$

综合式(6.3.1)和式(6.3.2)可得

$$I_{C8} = \frac{\beta}{\beta+1} I_{C10} \tag{6.3.3}$$

因此从式(6.3.3)可以看出,虽然VT_8相当于二极管,但依然等效为电流源,这对提高输入级差分放大电路的共模抑制比大有好处。

(3) VT_{12}、VT_{13}构成镜像电流源I_{C13},为中间级和输出级提供静态偏置电流,同时VT_{13}作为中间级放大器的有源负载。

5. 关于运算放大器输入端的相位问题

为何运放的两个输入端分别称为同相端和反相端?现参考图 6.10 作以下说明:如果将运放②脚接地,从③脚输入信号,则信号经过VT_1(同相)、VT_3(同相)、VT_7(同相)、VT_6(反相)、VT_{16}、VT_{17}(反相)、VT_{14}、VT_{18}、VT_{19}(属于共集电极、同相)到达输出端,共经过两次反相放大,所以输出信号与输入信号依然同相。如果将③脚接地,从②脚输入信号,则信号经过VT_2(同相)、VT_4(同相)、VT_{16}、VT_{17}(反相)、VT_{14}、VT_{18}、VT_{19}(同相)到达输出端,只经过一次反相,因此输出信号与输入信号反相,这就是③脚称为同相输入端(简称同相端,用"+"表示),而②脚称为反相输入端(用"-"表示)的原因。

6.3.2 典型 CMOS 集成运放

本小节简要介绍 CMOS 集成四运放 C14573,它具有工作电源电压低、功耗小、输入阻抗高等特点。C14573 是在单一芯片中制作了四个参数相同的运放电路,图 6.11 所示为内部四个运放中的一个运放电路原理图。

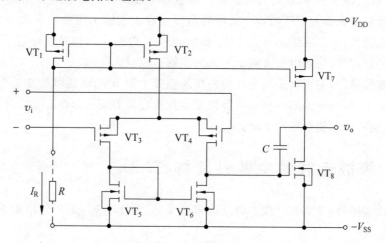

图 6.11 C14573 内部原理电路

电路是一个两级放大器,可分为静态偏置、差分输入级和输出级三个部分。

1. 静态偏置部分

静态偏置由VT_1、VT_2、VT_7和外接偏置电阻R构成多路镜像电流源,设VT_1、VT_2参数对称(一致),则$I_{D2} = I_{D1} = I_R$。VT_7与VT_1、VT_2的沟道长宽比不同,所以,I_{D7}与I_R成比例。图 6.11 中电阻R是芯片外接电阻(原因是其阻值较大且要求与工作电源电压和输出端负载能力有关),通过改变它,可以调整镜像电流源电流I_{D2}、I_{D7}的大小。

$$I_R = \frac{V_{DD} + V_{SS} + V_{GS5}}{R} = I_{D2} = KI_{D7} \qquad (6.3.4)$$

式(6.3.4)中 $V_{GS5} \approx 1.5V$，系数 K 与 VT_1、VT_7 的沟道长宽比有关，因为 I_{D7} 是输出级静态偏置电流，通常要求 $I_{D_7} \geqslant I_R$。另外，在 C14573 中四个运放只配置了两个外接电阻的端子，每两个运放合用一个外接电阻。当芯片中四个运放只用一个或者两个时，可将另外两个闲置运放的外接电阻端子直接接 V_{DD}，这样就可以将那两个不用的运放关闭，避免无谓的电能损耗。

2. 输入级

由 VT_3、VT_4 构成源极耦合场效应管差分放大器，VT_5、VT_6 构成的镜像电流源分别作为 VT_3、VT_4 的漏极等效负载。由于 VT_3、VT_4 是 P 沟道 MOS 场效应管，而 VT_5、VT_6 是 N 沟道 MOS 场效应管，把这种 NMOS 场效应管和 PMOS 场效应管配对使用的场效应管放大器称为 CMOS 放大器，这里的 CMOS 指的是互补 MOS（关于 CMOS 电路的特点在数字电子技术基础部分还有详细介绍）。

类似于上一小节的 BJT 运放，VT_5、VT_6 一方面构成镜像电流源，作为差分放大器的有源负载；另一方面，实现差分放大器双端输出转单端输出的功能，将 VT_3、VT_4 的漏极 D 动态信号汇集后交给下一级。

3. 输出级

输出级是高增益共源极放大器。虽然第一级差分放大电路的输出阻抗很高，但是 MOS 场效应管天生超高的输入阻抗，使得纯 FET 放大器内部并不是很需要电压跟随器来作阻抗匹配。因此，第二级 VT_8 构成的共源放大器能够直接接在第一级电路之后，并采用 VT_7 作为有源负载而获得很高的电压增益。这样的高增益放大器输出阻抗也很大，一般需要后面接一级电压跟随器，除非后级仍然是 FET 放大电路。电路中增加补偿电容 C 可以保证运放闭环工作的稳定性，当然也大大降低了放大器的高频放大能力。

这个运放号称"可编程"，是因为改变外接的偏置电阻 R 的阻值可改变整个电路的静态工作点电流大小，从而电路的开环增益等性能参数也会跟着变化；静态电流越大，开环电压增益越高，但信噪比可能会有所下降。

6.4 集成运放的主要性能指标

要用好集成运放，了解其性能参数是非常必要的，限于篇幅，下面介绍集成运放的一些重要参数。

1. 输入失调电压 V_{IO}

一个理想的运放，当输入电压为零时，输出电压也应该为零。但是一般情况下，由于集成运放内部差动放大部分的器件性能不可能完全对称，当输入电压为零时输出电压不为零。在标准室温（25℃）及标准电源电压条件下，输入电压为零时，为了使输出电压也为零而在输入端加入补偿电压的大小，称为输入失调电压 V_{IO}。实际上，输入失调电压是当 $V_I = 0$ 时，输出电压折算到输入端电压的负值，即 $V_{IO} = -(V_O|_{V_I=0})/A_{VO}$。$V_{IO}$ 的大小反映了运放电路内部的对称性，V_{IO} 越大，内部差动放大器的对称性越差，一般运放 V_{IO} 为 $\pm(1 \sim 10)$mV，超低失调电压的运放 V_{IO} 在 μV 级。

2. 输入偏置电流 I_{IB}

由双极型晶体管集成的运算放大器两个输入端是差分对管的基极,正常工作时总是需要静态偏置电流的,该电流分别用 I_{B-}(反相端偏置电流)和 I_{B+}(同相端偏置电流)来表示,如图 6.12 所示。输入偏置电流 I_{IB} 是指输入电压为零时,两个输入端静态电流的平均值,即

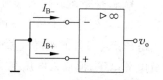

图 6.12 集成运放输入偏置电流示意图

$$I_{IB} = \frac{(I_{B+} + I_{B-})}{2} \quad (6.4.1)$$

输入偏置电流的大小主要与内部电路结构和制作工艺有关。从使用的角度来看,I_{IB} 越小,对信号源的影响就越小,因此是运放的一个非常重要的指标。一般情况下,输入级为双极型晶体管的运放,I_{IB} 为 10nA~1μA;输入级为场效应管的运放(如 TL082),I_{IB} 为 pA 级。

3. 输入失调电流 I_{IO}

在 BJT 集成运放中,输入失调电流 I_{IO} 是指当输入电压为零时,运放两个输入端静态偏置电流之差,即

$$I_{IB} = |I_{B+} - I_{B-}|_{v_i=0} \quad (6.4.2)$$

在实际使用中,由于信号源内阻和运放输入端外接电阻的存在,I_{IO} 会在输入端产生附加的差模输入电压,从而破坏放大器的平衡,使输入电压为零时输出电压不为零。因此,希望 I_{IO} 越小越好,一般为 1nA~0.1μA。

4. 温度漂移

半导体器件具有温度敏感特性,通常将温度每变化 1℃在输出端引起的漂移折合到输入端的大小作为温度漂移指标。温度漂移是集成运算放大器漂移的主要来源,与内部差动放大部分的对称性有关,又与输入失调电压 V_{IO} 和输入失调电流 I_{IO} 密切相关,故以下面几种形式表示。

1) 输入失调电压温漂 $\Delta V_{IO}/\Delta T$

它是指在规定温度范围内 V_{IO} 的温度系数,该系数是衡量器件温度稳定性的重要指标,而且无法用外接调零电位器来补偿。高质量的放大电路常选用低温度漂移的器件来组成,一般运放的温度漂移为 ±(10~20)μV/℃,低于 2μV/℃ 的产品称为精密型运放,如 OP-117。

2) 输入失调电流温漂 $\Delta I_{IO}/\Delta T$

它是指在规定的温度范围内 I_{IO} 的温度系数,也是衡量运放温度稳定性的主要指标,同样不能用外接调零的方式进行补偿。高质量的运放输入失调电流温漂每度只有几个 pA,如 OP-117 的 $\Delta I_{IO}/\Delta T = 1.5$pA/℃。

以上参数是在标称电源电压、室温及零共模输入电压条件下定义的。

5. 最大差模输入电压 V_{idmax}

V_{idmax} 是指集成运放的同相输入端和反相输入端之间能承受的最大电压。集成运放的输入级为差分对管,当输入电压很大时,会出现一个晶体管发射结正偏,而另一个发射结反偏的现象。当输入电压超过 V_{idmax} 时,差分对管反偏的发射结有可能产生击穿,造成运放性能显著下降或永久性损坏。一般利用平面工艺制造的 NPN 三极管发射结反向击穿电压为 5~8V,采用横向 BJT 的发射结反向击穿电压可达 30V。

6. 最大共模输入电压 V_{icmax}

V_{icmax} 是指运放输入端所能承受的对地最大电压,超出 V_{icmax} 可能影响集成电路内部的静态偏置,共模抑制比显著下降或导致电路损坏。一般指运放在作电压跟随器应用时,致使输出电压产生 1‰ 的跟随误差时对应的共模输入电压。对于 CMOS 集成运放,V_{icmax} 可达正、负电源电压,但输入电压绝对不可以超出正、负电源电压范围。

7. 最大输出电流 I_{omax}

I_{omax} 是指运放输出端所能提供的最大正向或负向峰值电流。一般情况下,由于集成运放输出级内部带过流限制,I_{omax} 通常给出的是输出端短路电流。实际上,当 I_o 接近 I_{omax} 时,虽然不会损坏器件,但内部的保护电路开始动作,会造成放大器误差大甚至完全无法工作的现象。

8. 开环差模电压增益 A_{VO}

A_{VO} 是指集成运放工作在线性区,接入规定的负载,无反馈情况下的直流差模电压增益。A_{VO} 与输出电压 V_o 大小有关,通常是在规定的输出电压(如 $V_o=10V$)条件下测得的值。另外,A_{VO} 又是频率的函数,当频率高于 f_H 时,随频率升高,A_{VO} 下降。图 6.13 是 F007 的 A_{VO} 幅频特性曲线。一般运放的 A_{VO} 为 80~130dB,大多数集成运放的 A_{VO} 还与其工作电源电压大小有关。

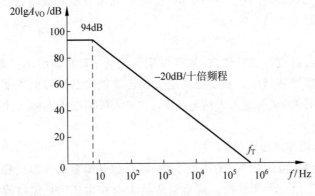

图 6.13 F007 幅频特性曲线

9. 开环带宽 $BW(f_H)$

开环带宽 BW 又称为 $-3dB$ 带宽,由于下限频率 $f_L=0$,因此,$BW=f_H$。F007 的开环上限频率 $f_H \approx 7Hz$,主要是由电路内部集成的补偿电容决定的。

10. 单位增益带宽 $BW_G(f_T)$

它是指开环条件下,差模增益 A_{VO} 为 1 倍(0dB)时对应的频率,即 f_T。F007 的开环增益 $A_{VO} \approx 5 \times 10^4$,它的 $f_T = A_{VO} f_H \approx 5 \times 10^4 \times 7Hz = 350kHz$。目前,宽带运放如 AD5539 的 $f_T = 1400MHz$。

11. 转换速率 S_R

转换速率 S_R 是指运放在闭环状态下,输入大信号(如阶跃信号)时输出电压的最大变化速率,即

$$S_R = \left. \frac{dv_o(t)}{dt} \right|_{max} \tag{6.4.3}$$

转换速率属于大信号动态参数,主要是由内部的补偿电容等因素引起的。为了具体说明转换速率对输出电压变化的影响,将运算放大器接成电压跟随器,如图 6.14(a)所示。在输入阶跃信号条件下,且当输入信号不太大时,由于内部补偿电容的影响,输出电压波形表现出电路具有一阶 RC 电路的特征,见图 6.14(c)。当阶跃输入信号足够大的情况下,输出电压波形如图 6.14(d)所示,输出电压的初始部分不再按指数规律上升,而是以恒定的速率上升,这个最大速率就是转换速率 S_R。

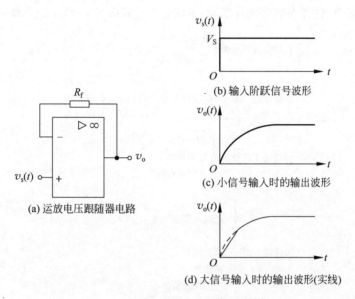

图 6.14　S_R 对输出电压波形的影响

S_R 对放大器在大信号下的高频特性有明显的影响。例如,当输入信号为正弦波,电压过零时正弦波的电压变化率 dv/dt 最大,且与正弦波幅度成正比,当输出正弦波电压 dv/dt 绝对值大于 S_R 时,输出波形将产生失真。因此,集成运算放大器在大信号下的上限工作频率与输出信号的幅度有关。

12. 电源电压抑制比 S_{SVR}

S_{SVR} 是用来衡量电源电压的波动对输出电压影响的,定义为

$$S_{SVR} = \frac{\Delta V_{IO}}{\Delta(V_{CC} + V_{EE})} \tag{6.4.4}$$

就是将单位电源电压变化量引起的输出电压变化量折合到运放输入端的电压大小,一般为 $-80 \sim -120 \text{dB}$。

13. 静态功耗 P_V

当输入信号为零时运放消耗的总功率,即

$$P_V = V_{CC}I_{CO} + V_{EE}I_{EO} \tag{6.4.5}$$

常见集成运放的主要参数见本书附录 B。

6.5 集成运放的使用与注意事项

6.5.1 集成运放分类与选用

实际应用中,信号的幅度大小、频率高低以及对信噪比的要求等差别很大,用某一种集成运放来满足所有的应用要求是不可能的。目前,已生产出的集成运放型号难以计数,但是从其制造工艺、功能特点、性能参数等角度来看,集成运放可有图 6.15 所示的几种分类方法。

$$
\text{按供电方式分类} \begin{cases} \text{单电源供电} \\ \text{双电源供电} \end{cases}
$$

$$
\text{按集成度(即一个芯片中运放个数)分类} \begin{cases} \text{单运放} \\ \text{双运放} \\ \text{四运放} \end{cases}
$$

$$
\text{按制造工艺分类} \begin{cases} \text{双极型} \\ \text{CMOS型} \\ \text{BiCMOS型} \end{cases}
$$

$$
\text{按性能分类} \begin{cases} \text{通用型} \\ \text{低噪声型} \\ \text{高速型} \\ \text{低功耗型} \\ \text{精密型} \\ \text{程控增益型} \\ \text{低电源电压型} \end{cases}
$$

图 6.15 集成运放的分类

如何选用运算放大器?对于一般的应用场合来说,首选通用型集成运放。因为,通用型运放各项性能参数比较均衡,一般能满足大多数应用要求,而且由于使用量大,售价便宜,也容易买到,只有那些有特殊要求的应用场合才需要考虑特殊类型的专用运放。专用运放虽然某个方面的参数很突出,但其他方面可能就比较弱,如低噪声运放的带宽往往设计得比较窄,而高速型与高精度要求常常难以兼顾。

6.5.2 集成电路引脚识别

集成运算放大器的外形封装有金属封装、塑料封装、陶瓷封装等多种形式,图 6.16 是几种常见的外形封装。图 6.16(a)是双列直插式(DIP),其引脚多少由集成电路的性质、功能及集成度等决定。图 6.16(d)是塑封双列直插式集成运放的实物图片,左边是通用四运放 LM324(DIP-14),右边是高输入阻抗型(内部输入级的差分对管是结型场效应管)双运放 TL082(DIP-8)。

集成运放 F007 电路原理图 6.9 中给出了每个端子的引脚序号,这些引脚是如何排列的?从实物图 6.16(d)中可以看出,每个集成电路顶部的左侧都有一个凹陷的缺口,这就是集成电路引脚序号的起始标记,从此处开始以逆时针顺序(顶视图)引脚序号分别为①、②、③……

图 6.16(b)是圆壳式金属封装,外壳边沿有一个突出的标志对应于集成块的最后一个引脚,然后按逆时针方向(顶视图)引脚序号分别为①、②、③……

图 6.16(c)是扁平式封装,这种封装目前已逐渐被贴片封装替代,图中黑点(凹陷)是①脚的标志,然后按逆时针顺序排列。

图 6.16 集成电路外形封装及实物

6.5.3 运放电路的调零与消振

集成运放在制造中由于内部的差分放大器不可能做到绝对对称,因此存在失调电压和失调电压温漂,为了提高放大器的精度,要对放大器外接调零电位器进行调零补偿,如图 6.17 所示。目前,很多对精度要求不高的通用运算放大器为了降低应用电路成本,取消了外接调零端,如 TL082、LM324 等。但是,对于精密放大器调零还是必不可少的,不过现在有些高档的精密型集成运放在集成电路内部已经设置了自动调零机构,使用相对简单一些,如 ICL7650。

集成运算放大器在使用中一般要加入深度负反馈才能作为放大器使用,有可能出现自激振荡,使放大器变得不稳定,尤其是在外围电路中存在电容、电感等可能产生附加相移器件的情况下。图 6.17 中⑧、⑨脚之间外接的电容就是用于放大器的相频特性补偿,消除可能出现自激振荡,不过现在有很多通用型集成运放内部

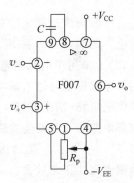

图 6.17 集成运放的调零与消振

已经集成了补偿电容,使用时无须外接。集成运放在使用时是否需要外接调零和相位补偿请参考使用手册。关于负反馈放大器的稳定性问题将在第 7 章介绍。

6.5.4 集成运放的保护

集成电路在使用中若不注意,可能会造成意外损坏。例如,电源电压极性接反或电源电压太高,输入信号过大,超过额定值等。针对以上情况,通常采取以下的保护措施。

1. 输入端保护

输入级的损坏是因为输入的差模或共模信号过大而造成的,可采取图 6.18 所示的利用二极管和电阻构成的限幅电路来进行保护。在图 6.18 所示电路中,由于运放的输入端阻抗很高,正常放大时差模输入电压极小,VD_1、VD_2 是截止的,在电路中的影响可忽略不计。当输入信号异常时,如差模信号过大,则 VD_1 或 VD_2 导通,使运放实际获得的差模电压不会大于一个二极管的正向电压。

2. 电源端保护

在某些应用中为了防止电源极性接反,可利用二极管单向导电性,在电源连接线中串接二极管来实现保护,如图 6.19 所示。有关集成运放的其他保护措施还可参考有关文献。

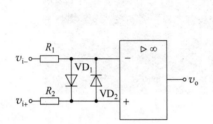

图 6.18 集成运放输入端差模过电压保护电路

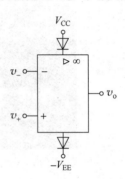

图 6.19 运放电源保护

6.5.5 集成运放的供电问题

一般集成运放采用双电源供电设计,但在实际使用中既可以双电源供电,也可以单电源供电。例如,F007 采用双电源供电的电源电压范围为 $\pm 9 \sim \pm 18\text{V}$;采用单电源供电的电源电压范围为 $18\sim 36\text{V}$。但是,采用单电源供电时输入端电位不能为零,例如,图 6.20 所示的单电源供电电路(图中省略了其他部分,下同),如果对照集成运放的内部电路图 6.9 就会发现当输入电压 v_s 为零时(实际应用中 $v_s \approx 0$),$V_{i+}=V_{i-}=0$,运放内部的差分输入级静态工作点不正常,电路根本无法正常放大。

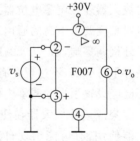

图 6.20 错误的单电源供电电路

图 6.21(a)是标准的双电源供电方式,如果其他部分不变,只是将图 6.21(a)中的参考点移至负电源,则变成图 6.21(b)。在图 6.21(b)中,供电电源 V_{CC} 由双电源 $\pm 15\text{V}$ 合并变成单电源 30V(实际电源电压不变),而同相输入端的电位则变成了 $V_{CC}/2$(在正、负电源对称的情况下)。因此,电路中增加了两个分压电阻 R_1 和 R_2,且 $R_2=R_1$。图 6.21(b)与图 6.21(a)中另一个不同之处就是静态时($v_s=0$),输出端的理想电位不再为零,而是 $V_{CC}/2$。这种问题在第 10 章的功率放大器中也同样存在。

值得注意的是,上述单、双电源供电问题是就大多数集成运放而言的。实际上,集成运放中也有少量产品是为单电源供电设计的,如 CF358,这些产品就不受上述限制,既可以直接使用图 6.20 所示的单电源供电,也可以使用图 6.21(a)所示的标准双电源供电方式。

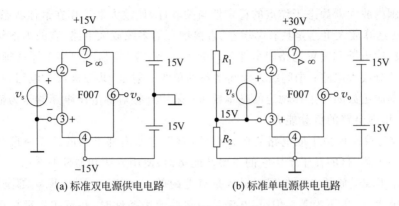

(a) 标准双电源供电电路　　　　(b) 标准单电源供电电路

图 6.21　正确的单、双电源供电电路

6.5.6　集成运放应用电路中外围元件参数的选择

为了简化分析集成运算放大器应用电路,常常把运放理想化,认为：$A_{VO} \to \infty$、$r_i \to \infty$、$K_{CMR} \to \infty$、$r_o \to 0$、$I_{IB} = 0$,…。从附录 B 所列的常见集成运放参数表可以看出,实际运放与理想运放还是有较大差距的,但是只要符合一定的应用条件,并不妨碍理想化分析方法的应用。例如,BJT 集成运放的输入偏置电流在 μA 级,那么在应用电路中,输入端偏置电流流过的主要通路电阻阻值限制在 kΩ 级以下,就可以忽略偏置电流的存在。

总体来说,在集成运放的应用电路中,外围元器件参数的选择应遵循以下原则。

(1) 为了避免偏置电流在输入端产生附加的输入电压和破坏输入级差分放大电路的对称性,同相输入端与反相输入端到地的等效电阻值应保持相同。例如,图 6.22 中,当输入信号 $v_s = 0$,理论上 $v_o = 0$,则反相输入端到地的等效电阻值 $R_n = R_1 \parallel R_2$,在同相输入端也要接入一个电阻 R_3,且 $R_3 = R_1 \parallel R_2$,这个电阻称为平衡电阻。

(2) BJT 集成运放输入端到地的等效直流电阻值应限制在 kΩ 级以下(输入级为场效应管的运放可以大一些),与输入端相连的电阻最好限制在 MΩ 级以下。

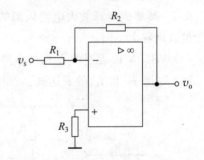

图 6.22　集成运放构成的反相放大电路

(3) 鉴于输出电阻的存在,与输出端相连的电阻阻值应限制在 kΩ 级以上(功率运算放大器除外)。

小结

(1) 集成电路是将一个具有特定功能电子电路中的全部或绝大部分元器件制作在一个硅片上,做成一个独立的器件封装。与分立元件的电子电路相比集成电路具有体积小、成本低、可靠性高等优点,集成电路的出现是现代电子技术飞跃的起点。

(2) 电流源电路是模拟集成电路中的基本单元,它具有直流电阻小、动态电阻大,并具有温度补偿特性;在集成电路中,用电流源提供各级放大器的偏置电流,可以保证在较大的电源电压范围内放大器静态工作点的稳定性与关联性,使放大器工作在最佳状态。

(3) 集成运算放大电路是具有高增益、直接耦合的多级放大电路,它的内部结构包括输入级、中间级、输出级和偏置电路四个部分。为了提高共模抑制比和零点漂移抑制能力,输入级都采用差分放大电路;中间级采用高增益的单级共射极/共源极放大电路,具有简单的频率特性是集成运放闭环工作稳定的基本要求;采用互补对称电压跟随器作为输出级可降低输出阻抗,增强电路的负载能力。

(4) 集成运放是模拟集成电路的典型组件,对于它的内部电路的工作原理和分析方法只要求作定性了解,目的在于掌握它的主要性能指标、使用方法和器件的选用。

(5) 实际集成运放的参数与理想运放是有差距的。例如,A_{VO}、r_i、K_{CMR} 都是有限的,不可能做到无穷大,r_o 也不为零。但是,在满足一定的使用条件时,并不妨碍理想运放分析方法的应用。

习题

6.1 与分立元件电路相比,集成电路有何特点?

6.2 简述集成电路分类;集成运算放大电路内部包括哪几个部分?

6.3 电流源电路在模拟集成电路中可起什么作用?为什么用它作为放大器的有源负载?常见电流源有哪几种?

6.4 定性分析如图 6.23 所示的电路,说明电路中 VT_1、VT_2 的作用。

6.5 某集成运算放大电路内部的局部电路如图 6.24 所示,VT_1、VT_2 特性相同,且三极管的 β 足够大。问:

(1) VT_1、VT_2 是什么结构的电路?在电路中起什么作用?

(2) 写出 I_R 和 I_{C2} 的表达式。设 $|V_{BE}|=0.7\text{V}$,V_{CC} 和 R 均已知。

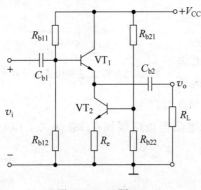

图 6.23 习题 6.4

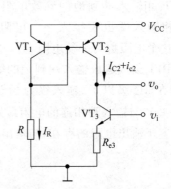

图 6.24 习题 6.5

6.6 电路如图 6.25 所示,$R_2=R_4=R$,$R_3=R_5=5R$,$v_i=V_m\cos\omega t$,$\beta\gg 1$,试求输出电流 i_o 的表达式,设 $V_{BE1}\approx V_{BE2}$,$V_{BE5}\approx V_{BE6}$,各管的 I_B 均忽略不计。

6.7 某运放的内部简化电路如图 6.26 所示。

(1) 试判断两个输入端哪个是同相端,哪个是反相端。

(2) 说明各三极管的工作组态、作用及信号流向。

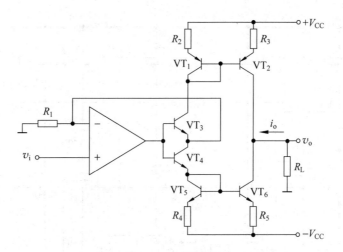

图 6.25 习题 6.6

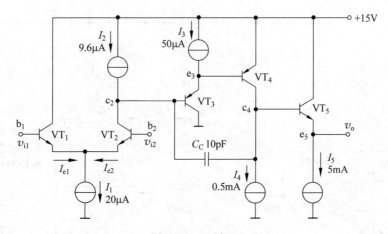

图 6.26 习题 6.7

6.8 德州仪器公司生产的集成 CMOS 四运放 TLC2274 内部的一个运放电路如图 6.27 所示。试分析：

(1) 该电路由哪几部分组成？

(2) 在输入端接入输入信号 v_{id} 时，说明信号流经的路径、各个管子的组态和作用。

6.9 集成运放 LM324 的 $S_R = 0.5\text{V}/\mu\text{S}$，当工作信号频率为 10kHz 时，输出电压最大不失真幅度为多少？

6.10 集成运放输入偏置电流补偿电路如图 6.28 所示。当 $I_{B-} = I_1 + I_f = 100\text{nA}$，$I_{B+} = 80\text{nA}$，使输出误差电压 $V_{or} = 0\text{V}$ 时，平衡电阻 R_2 的阻值应该是多少？

6.11 I_{IO} 和 I_{IB} 的补偿电路如图 6.29 所示，当运放的 $I_{B-} = 90\text{nA}$，$I_{B+} = 60\text{nA}$ 时，在同相端接入一电阻 $R_5 = 9\text{k}\Omega$，当 $v_1 = 0$ 时，要使输出误差电压为零，补偿电路应提供多大的补偿电流 I_C？

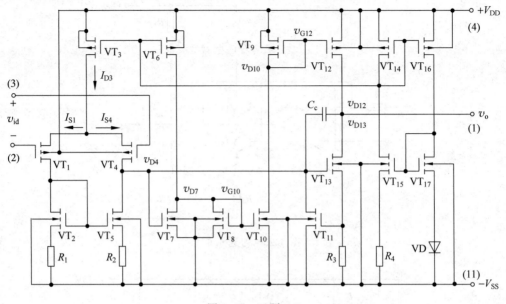

图 6.27 习题 6.8

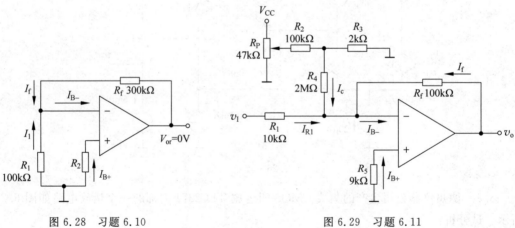

图 6.28 习题 6.10   图 6.29 习题 6.11

第 7 章 负反馈放大电路

CHAPTER 7

本章以接有发射极电阻 R_e 的单管放大电路为例,引出反馈的基本概念。然后介绍反馈的分类,并从负反馈的 4 种基本组态出发,归纳出反馈的一般表达式,由此来讨论负反馈对放大电路性能的影响。对于反馈放大电路的分析方法,本章主要介绍比较实用的深度负反馈放大电路电压放大倍数的近似估算。在本章的最后,提出了负反馈放大电路产生自激振荡的条件以及常用的补偿措施。

7.1 概述

在精度、稳定性或其他性能方面有较高要求的放大电路,大都引入了各种形式的反馈,以改善放大电路某些方面的性能,达到实际工作中提出的技术指标。而且,反馈不仅是改善放大电路性能的重要手段,也是电子技术和自动调节原理中的一个基本概念。

7.1.1 反馈的基本概念

什么是电子电路中的反馈?先看图 7.1 所示的接有发射极电阻 R_e 的单管放大电路,电路中发射极电阻 R_e 两端的电压反映输出回路中电流的大小和变化。例如,由于某种外界因素导致三极管的集电极电流 i_C 增大,电路的稳定过程为

$$i_C \uparrow \;\to\; i_E \uparrow \;\to\; v_E(=i_E R_e) \uparrow \;\to\; v_{BE}(=v_B-v_E) \downarrow \;\to\; i_B \downarrow \;\to\; i_C(i_E) \downarrow$$

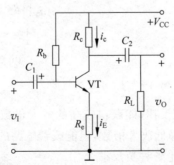

图 7.1 接有发射极电阻的单管放大电路

可见,i_C 和 i_E 基本上不随外界因素的变化而变化,因而比较稳定。

由上面的例子,可以帮助建立反馈的概念。放大电路中的反馈,通常是指将放大电路的输出

量(输电压或输出电流)或输出量的一部分,通过一定的方式,反送到放大电路的输入回路中去。

通常,如欲稳定放大电路中的某一个电量,则应该采取措施将此电量反馈回去。如果由于某些因素引起该电量发生变化时,这种变化将反映到放大电路的输入回路中,从而牵制原来的电量,使之基本保持稳定。

7.1.2 反馈的分类及判断

可以从不同的方面对反馈进行分类。

1. 正反馈和负反馈

根据反馈极性的不同,可以将反馈分为正反馈和负反馈。

可以从输入量或输出量变化来区分正、负反馈。如果反馈放大电路中基本放大电路的输入量增大,则该反馈为正反馈;如果反馈放大电路中基本放大电路的输入量减小,则该反馈为负反馈。或者,如果反馈的结果使输出量的变化增大,则为正反馈;反之,为负反馈。

利用瞬时极性法,可以判断引入的反馈是正反馈还是负反馈。即先假定输入信号为某一个瞬时极性,然后逐级推出电路其他有关各点瞬时信号的相位变化,最后判断反馈到输入端信号的瞬时极性是增强还是削弱了原来的输入信号。

在图 7.2(a)中,输入电压加在集成运放的反相端且设瞬时极性为正(用符号"$\oplus$""$\ominus$"分别表示瞬时极性的正、负,即代表该点瞬时信号的变化为增大或减小),则输出电压的瞬时极性也为负,而反馈电压由输出端通过电阻 R_1、R_3 分压后得到,所以,反馈电压增强了输入电压的作用,使放大倍数提高,因此是正反馈。在图 7.2(b)中,输入电压加在集成运放的同相端且设瞬时极性为正,则输出电压的瞬时极性也为正,而反馈电压由输出端通过电阻 R_3、R_4 分压后反馈电压的瞬时极性为负,集成运放的差模输入电压等于输入电压与反馈电压之差,反馈电压引回到集成运放的反相输入端,此反馈信号起削弱外加输入信号的作用,使放大倍数降低,所以是负反馈。

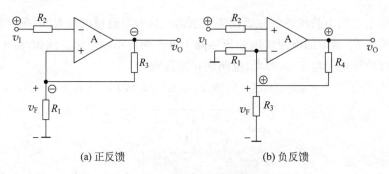

(a) 正反馈   (b) 负反馈

图 7.2 正反馈与负反馈

在放大电路中,如果采用正反馈,能获得较高的放大倍数,但正反馈太强时将会使电路产生振荡;如果采用负反馈会降低放大倍数,但能改善电路的其他各项性能指标,因此在电路中经常被采用。本章重点讨论各种负反馈。

2. 直流反馈和交流反馈

根据反馈量本身的交、直流性质,可以将反馈分为**直流反馈**和**交流反馈**。

如果反馈量只包含直流量,则称为直流反馈;若反馈量中只有交流量,则称为交流反馈。如果反馈量既有直流量又有交流量,则称为交直流反馈。

在图 7.3(a)所示的运放电路中,R_f 和 C_f 串并联网络是通高频、阻低频的网络,网络中 R_2 上只有直流成分,因此是直流反馈;图 7.3(b)所示的运放电路中,R_f 和 C_f 串联反馈网络也是通高频、阻低频的网络反馈,网络中只有交流成分通过,因此,这个反馈是交流反馈。

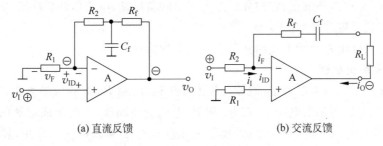

(a) 直流反馈   (b) 交流反馈

图 7.3   直流反馈与交流反馈

直流反馈的作用是稳定静态工作点,而对于放大电路的动态参数(如放大倍数、通频带、输入及输出电阻等)没有影响;而交流负反馈对放大电路的动态参数会产生不同的影响,是改善电路技术指标的主要手段,也是本章要讨论的主要内容。

3. 电压反馈和电流反馈

根据反馈量是取自放大电路输出端的电压或电流,可以将反馈分为电压反馈和电流反馈。

如果反馈量取自输出电压,称为电压反馈;如果反馈量取自输出电流,则称为电流反馈。

为了判断放大电路中引入的反馈是电压反馈还是电流反馈,一般可假设将输出端交流短路(即令输出电压等于零),观察此时是否仍有反馈量。如果反馈量不存在,则为电压反馈;否则就是电流反馈。

在图 7.3(a)中,R_1 上的反馈电压 v_F 是运放的输出电压 v_O,经 R_1 与 R_f 和 C_f 串并联网络分压得到,说明反馈量与取自输出电压 v_O 成正比,为电压反馈。或者,将输出端短路,则 $v_F = 0$,也就是说反馈量不存在。在图 7.3(a)中,R_f 和 C_f 串联反馈网络上流过的电流为 $i_f = i_O$,为电流反馈,或将输出端短路时,反馈信号仍然存在,因此该反馈是电流反馈。

在放大电路中引入电压负反馈,将使输出电压保持稳定,其效果是降低了电路输出电阻;而电流负反馈将使输出电流保持稳定,其效果是提高了电路输出电阻。

4. 串联反馈和并联反馈

根据反馈量与输入量在放大电路输入回路中是以电压量求和还是以电流量求和,可以将反馈分为串联反馈和并联反馈。

如果反馈量与输入量在输入回路中以电压形式求和(即反馈量与输入量串联),称之为串联反馈;如果二者以电流形式求和(即反馈量与输入量并联),则称为并联反馈。

在图 7.3(a)中,运放的净输入电压为 $v_{ID} = v_I - v_F$,说明反馈量与输入量以电压形式求和,因此为串联反馈;在图 7.3(b)中,运放的净输入电流等于输入电流 i_I 与反馈电流 i_F 之差,即 $i_{ID} = i_I - i_F$,说明反馈量与输入量以电流形式求和,因此为并联反馈。

以上给出了几种基本的反馈分类方法。下面将给出由基本反馈所构成的负反馈组态。

7.1.3 负反馈的四种组态

根据以上分析可知,实际放大电路中的反馈形式是多种多样的,本章将着重分析各种形式的交流负反馈。对于负反馈来说,根据反馈信号在输出端采样方式以及在输入回路中求和形式的不同,共有四种组态,它们分别是电压串联负反馈、电流串联负反馈、电压并联负反馈和电流并联负反馈。

下面结合具体电路分析上述四种负反馈组态的特点。

1. 电压串联负反馈

在图 7.4 所示的放大电路中,假设运放为理想运放,则 R_1 上的压降为零,电阻 R_f 引入一个反馈,反馈电压为输出电压 v_O 在 R_2 和 R_f 上的分压而得,于是集成运放的差模输入电压(净输入电压)为 $v_{ID}=v_I-v_F$,可见,反馈电压削弱外加输入电压的作用,使放大倍数降低,所以该组态是电压串联负反馈。

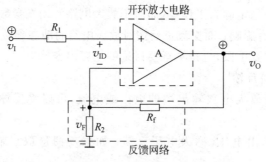

图 7.4 电压串联负反馈

2. 电流串联负反馈

在图 7.5 所示的放大电路中,$v_F=i_O R_f$,即反馈电压取自输出电流,为电流反馈;而放大电路的净输入电压为 $v_{ID}=v_I-v_F$,说明反馈量与输入量以电压形式求和,是串联反馈;另外,由瞬时极性法判断该反馈是负反馈,所以该组态是电流串联负反馈。

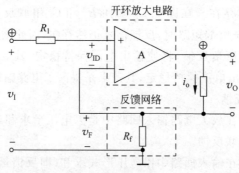

图 7.5 电流串联负反馈

3. 电压并联负反馈

在图 7.6 所示的放大电路中,瞬时电流 i_I、i_{ID} 和 i_F 的流向如图 7.6 中箭头所示。反馈电流 i_F 取自放大电路的输出电压 v_O,为电压反馈。而在输入回路中,净输入电流 $i_{ID}=i_I-i_F$,即输入量与反馈量以电流的形式求和,是并联反馈。根据瞬时极性法,设输入电压的瞬时值升高,由于加在反相输入端,故输出电压的瞬时值将降低,于是流过电阻 R_f 的反馈电流将增大,但这个反馈电流将削弱输入端电流的作用,使净输入电流减少。可见,此组态是电压并联负反馈。

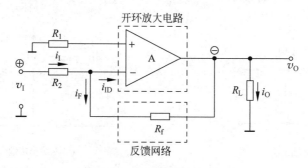

图 7.6　电压并联负反馈

4. 电流并联负反馈

在图 7.7 所示的放大电路中,反馈量取自放大电路输出电流 i_O,故为电流反馈。在输入回路中,净输入电流 $i_{ID}=i_I-i_F$,即外加输入量与反馈量以电流的形式求和,为并联反馈。根据瞬时极性法,设输入电压的瞬时值升高,则输出电压的瞬时值将降低,于是输出电流减少,使输出电流在电阻 R_3 的压降也降低,则流过 R_f 的反馈电流将增大,但是此反馈电流将削弱输入电流的作用,使净输入电流减少。所以,该组态是电流并联负反馈。

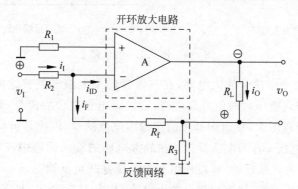

图 7.7　电流并联负反馈

【**例 7.1.1**】　试判断图 7.8 所示各电路中反馈的极性和组态。假设电路中的电容足够大。

解:图 7.8(a)所示为一个射极输出器。设输入电压 $\dot{V}_i$ 的瞬时值升高,则输出电压 $\dot{V}_o$ 也随之升高,而三极管的基极-发射极电压 $v_{BE}=v_I-v_F=v_F-v_O$,即外加输入量与反馈量以电压的形式求和,为串联反馈。此反馈电压 v_F 将削弱输入电压的作用,为负反馈;又反馈电压 $v_F=v_O$,即取自放大电路的输出电压,所以反馈的组态是电压串联负反馈。

图 7.8(b)所示为一个两级直接耦合放大电路,反馈信号由 VT_2 的发射极通过电阻 R_f 引回到 VT_1 的基极。设输入电压的瞬时值升高,则 VT_2 的发射极电位将降低,于是从 VT_1 基极通过 R_f 流向 VT_2 发射极的反馈电流将增大,使流向 VT_1 基极的净输入电流减少。可见,反馈信号削弱了输入信号的作用,因此是负反馈。由图 7.8(b)可见,反馈信号取自输出回路的电流,而在输入回路外加输入信号与反馈信号以电流的形式求和,所以反馈组态是电流并联负反馈。

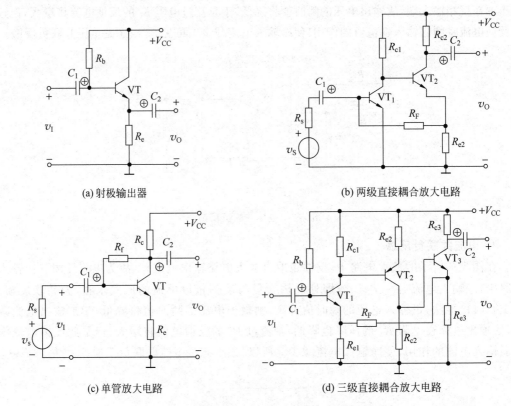

图 7.8　例 7.1.1 的电路

图 7.8(c)所示为一个单管放大电路,在三极管的集电极和基极之间通过电阻 R_f 接入一个反馈支路。设输入电压瞬时值升高,三极管的集电极电位将降低,则从基极通过 R_f 流向集电极的反馈电流将增大,使流向基极的净输入电流减少,因此是负反馈。该电路中的反馈信号 i_F 取自输出电压 v_O,为电压反馈;在放大电路的输入回路中,净输入电流 $i_{ID}=i_I-i_F$,以电流形式求和,为并联反馈,所以该组态是电压并联负反馈。

图 7.8(d)所示为一个三级直接耦合放大电路,其中 VT_1、VT_3 是 NPN 三极管,而 VT_2 是 PNP 三极管。从 VT_3 的发射极到 VT_1 发射极通过电阻 R_f 引回一个反馈信号。设输入电压瞬时值升高,于是 R_{e1} 上的反馈电压也随之升高。但此反馈电压起削弱外加输入电压的作用,则 VT_1 集电极电压降低、VT_2 集电极电压升高,VT_3 发射极电压也升高,使加在 VT_1 发射结的净输入电压减少,是负反馈。由于反馈信号 v_F 取自输出回路的电流 $i_O=i_{R_{e3}}$,为电流反馈;在 VT_1 管放大电路的输入回路中,$v_{BE}=v_I-v_{R_{e1}}$,以电压的形式求和,为串联反馈。因此,该组态是电流串联负反馈。

7.2　负反馈放大电路的框图和一般关系式

7.2.1　负反馈的框图

根据以上讨论可知,对于不同组态的负反馈放大电路来说,都有基本放大电路部分和反馈网络部分。在不同组态的负反馈放大电路中,基本放大电路的放大倍数和反馈网络的反馈系数物理意义和量纲都各不相同,因此,为了便于研究放大电路中反馈的一般规律,将各种不同极性、不同组态的反馈,使用一个统一的框图来表示,如图7.9所示。

为了表示一般情况,框图中的输入信号、输出信号与反馈信号分别用$\dot{X}_i$、$\dot{X}_o$与$\dot{X}_f$表示,它们可能是电压量,也可能是电流量,带箭头的线条表示各组成部分的连线,信号沿箭头方向传输。

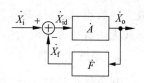

图7.9 反馈放大电路框图

图中上面一个方块表示基本放大电路,即无反馈时的开环放大电路,其放大倍数用复数符号$\dot{A}$表示;下面一个方块表示反馈网络,反馈系数用复数符号$\dot{F}$表示。信号在开环放大电路中为正向传输,在反馈网络中为反向传输;图7.9中的符号⊕表示求和环节,外加输入信号与反馈信号经过求和环节后得到开环放大电路的输入信号$\dot{X}_{id}$。由开环放大电路和反馈网络组成的闭合环路叫反馈环,由一个反馈环组成的放大电路叫单环反馈放大电路。

7.2.2 负反馈放大电路增益

现在来分析引入负反馈后放大电路中各分量之间的关系。由图7.9可见,开环放大倍数和反馈系数分别为

$$\dot{A} = \frac{\dot{X}_o}{\dot{X}_{id}}$$

$$\dot{F} = \frac{\dot{X}_f}{\dot{X}_o}$$

开环放大电路的输入信号为

$$\dot{X}_{id} = \dot{X}_i - \dot{X}_f$$

由以上三式可得

$$\dot{X}_o = \dot{A}\dot{X}_{id} = \dot{A}(\dot{X}_i - \dot{X}_f) = \dot{A}(\dot{X}_i - \dot{F}\dot{X}_o)$$

整理上式,得负反馈放大电路增益的一般关系式为

$$\dot{A}_f = \frac{\dot{X}_o}{\dot{X}_i} = \frac{\dot{A}}{1 + \dot{A}\dot{F}} \tag{7.2.1}$$

式中,$\dot{A}$为无反馈时开环放大电路的放大倍数,也可称之为开环放大倍数;$\dot{A}_f$为反馈放大电路的闭环放大倍数,表示引入反馈后,放大电路的输出信号与外加输入信号之间总的放大倍数;$\dot{A}\dot{F}$称为环路增益,表示在反馈放大电路中,信号沿着开环放大电路和反馈网络组成的环路传递一周以后所得到的放大倍数;$1+\dot{A}\dot{F}$为反馈深度,表示引入负反馈后放大电路的放大倍数与无反馈时相比所变化的倍数。反馈深度是一个十分重要的参数,通过下面的分析将会看到,引入反馈后放大电路各项性能的变化情况,皆与$|1+\dot{A}\dot{F}|$的大小有关。

根据式(7.2.1),还可以得到有关负反馈放大电路的几点一般规律。

1. 正反馈与负反馈

在式(7.2.1)中,若$|1+\dot{A}\dot{F}|>1$,则$|\dot{A}_f|<|\dot{A}|$,说明引入反馈后闭环放大倍数比开环

放大倍数小,这种反馈称为负反馈;反之,若$|1+\dot{A}\dot{F}|<1$,则$|\dot{A}_f|>|\dot{A}|$,即引入反馈后闭环放大倍数比开环放大倍数大,这种反馈称为正反馈。

2. 深度负反馈

在负反馈的情况下,如果反馈深度$|1+\dot{A}\dot{F}|\gg 1$,则称为深度负反馈。此时式(7.2.1)可简化为

$$\dot{A}_f = \frac{\dot{A}}{1+\dot{A}\dot{F}} \approx \frac{\dot{A}}{\dot{A}\dot{F}} = \frac{1}{\dot{F}} \tag{7.2.2}$$

式(7.2.2)表明,在深度负反馈条件下,闭环放大倍数$\dot{A}_f$基本上与反馈系数$\dot{F}$成反比。也就是说,深度负反馈放大电路的闭环放大倍数$\dot{A}_f$几乎与开环放大倍数$\dot{A}$无关,而主要决定于反馈网络的反馈系数$\dot{F}$。因而,即使由于温度等因素变化而导致开环放大倍数$\dot{A}$发生变化,只要$\dot{F}$的值一定,就能保持闭环放大倍数$\dot{A}_f$稳定,这是深度负反馈放大电路的一个突出优点。实际的反馈网络常常由电阻等元件组成,反馈系数$\dot{F}$通常决定于某些电阻值之比,基本上不受温度等因素的影响。在设计放大电路时,为了提高稳定性,往往选用开环电压增益很高的集成运放,以便引入深度负反馈。

3. 自激振荡

在式(7.2.1)中,如果分母$1+\dot{A}\dot{F}=0$,即$\dot{A}\dot{F}=-1$,则$\dot{A}_f=\infty$,说明当$\dot{X}_i=0, \dot{X}_o\neq 0$。此时,放大电路虽然没有外加输入信号,但有一定的输出信号。放大电路的这种状态称为自激振荡。

7.2.3 四种反馈组态电路的框图

若将负反馈放大电路中开环放大电路与反馈网络均视为二端网络,则不同反馈组态中两个网络的连接方式不同。四种反馈组态电路的框图如图7.10所示。

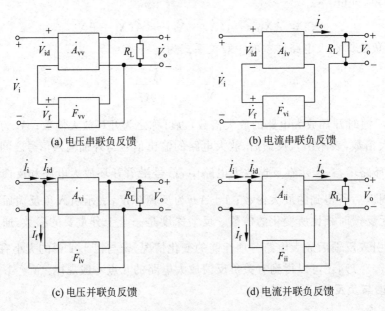

(a) 电压串联负反馈   (b) 电流串联负反馈

(c) 电压并联负反馈   (d) 电流并联负反馈

图7.10 四种反馈组态电路的框图

对于不同组态的负反馈放大电路来说,其中开环放大倍数和反馈网络的反馈系数物理意义和量纲都各不相同,因此,统称之为广义的放大倍数和广义的反馈系数。

为了便于比较,现将四种负反馈组态的放大倍数和反馈系数分别列于表 7.1 中。

表 7.1 四种负反馈组态的 $\dot{A}$、$\dot{F}$ 之比较

参数 组态	输出信号 $\dot{X}_o$	反馈信号 $\dot{X}_f$	开环放大倍数 $\dot{A}$	反馈系数 $\dot{F}$	功能
电压串联 负反馈	$\dot{V}_o$	$\dot{V}_f$	$\dot{A}_{vv}=\dfrac{\dot{V}_o}{\dot{V}_{id}}$ (无量纲) 电压放大倍数	$\dot{F}_{vv}=\dfrac{\dot{V}_f}{\dot{V}_o}$	$\dot{V}_i$ 控制 $\dot{V}_o$ (电压放大)
电压并联 负反馈	$\dot{V}_o$	$\dot{I}_f$	$\dot{A}_{vi}=\dfrac{\dot{V}_o}{\dot{I}_{id}}(\Omega)$ 转移电阻	$\dot{F}_{iv}=\dfrac{\dot{I}_f}{\dot{V}_o}$	$\dot{V}_i$ 控制 $\dot{I}_o$(电压转换为电流)
电流串联 负反馈	$\dot{I}_o$	$\dot{V}_f$	$\dot{A}_{iv}=\dfrac{\dot{I}_o}{\dot{V}_{id}}(S)$ 转移电导	$\dot{F}_{vi}=\dfrac{\dot{V}_f}{\dot{I}_o}$	$\dot{I}_i$ 控制 $\dot{V}_o$(电流转换为电压)
电流并联 负反馈	$\dot{I}_o$	$\dot{I}_f$	$\dot{A}_{ii}=\dfrac{\dot{I}_o}{\dot{I}_{id}}$ (无量纲) 电流放大倍数	$\dot{F}_{ii}=\dfrac{\dot{I}_f}{\dot{I}_o}$	$\dot{I}_i$ 控制 $\dot{I}_o$ (电流放大)

7.2.4 负反馈电路放大倍数计算

1. 电压串联负反馈

由图 7.10(a)知,电压串联负反馈电路的放大倍数就是电压放大倍数,无量纲,且

$$\dot{A}_{vv} = \frac{\dot{V}_o}{\dot{V}_{id}}$$

$$\dot{F}_{vv} = \frac{\dot{V}_f}{\dot{V}_o}$$

$$\dot{V}_i = \dot{V}_{id} + \dot{V}_f$$

在深度负反馈的条件 $|1+\dot{A}_{vv}\dot{F}_{vv}|\gg 1$ 下,有

$$\dot{A}_{vvf} = \frac{\dot{V}_o}{\dot{V}_i} = \frac{\dot{V}_o}{\dot{V}_{id}+\dot{V}_f} = \frac{\dot{A}_{vv}\dot{V}_{id}}{\dot{V}_{id}+\dot{A}_{vv}\dot{F}_{vv}\dot{V}_{id}} = \frac{\dot{A}_{vv}}{1+\dot{A}_{vv}\dot{F}_{vv}} \approx \frac{1}{\dot{F}_{vv}} \quad (7.2.3)$$

2. 电流串联负反馈

由图 7.10(b)知,电流串联负反馈电路的放大倍数实际是转移电导,且

$$\dot{A}_{iv} = \frac{\dot{I}_o}{\dot{V}_{id}}$$

$$\dot{F}_{vi} = \frac{\dot{V}_f}{\dot{I}_o}$$

$$\dot{V}_i = \dot{V}_{id} + \dot{V}_f$$

在深度负反馈的条件 $|1+\dot{A}_{iv}\dot{F}_{vi}| \gg 1$ 下,有

$$\dot{A}_{ivf} = \frac{\dot{I}_o}{\dot{V}_i} = \frac{\dot{I}_o}{\dot{V}_{id}+\dot{V}_f} = \frac{\dot{A}_{iv}\dot{V}_{id}}{\dot{V}_{id}+\dot{A}_{iv}\dot{F}_{vi}\dot{V}_{id}} = \frac{\dot{A}_{iv}}{1+\dot{A}_{iv}\dot{F}_{vi}} \approx \frac{1}{\dot{F}_{vi}} \tag{7.2.4}$$

3. 电压并联负反馈

由图 7.10(c)知,电压并联负反馈电路的放大倍数具有电阻量纲,且

$$\dot{A}_{vi} = \frac{\dot{V}_o}{\dot{I}_{id}}$$

$$\dot{F}_{iv} = \frac{\dot{V}_o}{\dot{I}_f}$$

$$\dot{I}_i = \dot{I}_{id} + \dot{I}_f$$

在深度负反馈的条件 $|1+\dot{A}_{vi}\dot{F}_{iv}| \gg 1$ 下,有

$$\dot{A}_{vif} = \frac{\dot{V}_o}{\dot{I}_i} = \frac{\dot{V}_o}{\dot{I}_{id}+\dot{I}_f} = \frac{\dot{A}_{vi}\dot{I}_{id}}{\dot{I}_{id}+\dot{A}_{vi}\dot{F}_{iv}\dot{I}_{id}} = \frac{\dot{A}_{vi}}{1+\dot{A}_{vi}\dot{F}_{iv}} \approx \frac{1}{\dot{F}_{iv}} \tag{7.2.5}$$

4. 电流并联负反馈

由图 7.10(d)知,电流并联负反馈电路的放大倍数实际是电流放大倍数,无量纲,且

$$\dot{A}_{ii} = \frac{\dot{I}_o}{\dot{I}_{id}}$$

$$\dot{F}_{ii} = \frac{\dot{I}_f}{\dot{I}_o}$$

$$\dot{I}_i = \dot{I}_{id} + \dot{I}_f$$

在深度负反馈的条件 $|1+\dot{A}_{ii}\dot{F}_{ii}| \gg 1$ 下,有

$$\dot{A}_{iif} = \frac{\dot{I}_o}{\dot{I}_i} = \frac{\dot{I}_o}{\dot{I}_{id}+\dot{I}_f} = \frac{\dot{A}_{iv}\dot{I}_{id}}{\dot{I}_{id}+\dot{A}_{ii}\dot{F}_{ii}\dot{I}_{id}} = \frac{\dot{A}_{ii}}{1+\dot{A}_{ii}\dot{F}_{ii}} \approx \frac{1}{\dot{F}_{ii}} \tag{7.2.6}$$

以上讨论了深度负反馈的条件下,四种负反馈组态的放大倍数。从以上分析可知:

(1) 在深度负反馈条件下,电压串联负反馈电路闭环电压放大倍数的估算比较简单,可利用关系式 $\dot{A}_{vvf} \approx \dfrac{1}{\dot{F}_{vv}}$ 或 $\dot{V}_f \approx \dot{V}_i$ 估算闭环电压放大倍数。

(2) 对于电压并联、电流串联和电流并联负反馈,$\dot{A}_{vif}$、$\dot{A}_{ivf}$ 和 $\dot{A}_{iif}$ 的物理意义分别表示负反馈放大电路的闭环转移电阻、闭环转移电导和闭环电流放大倍数。因此,对于这三种组态的负反馈放大电路,先分别求出 $\dot{A}_{vif}$、$\dot{A}_{ivf}$ 和 $\dot{A}_{iif}$,再经过转换才能得到 $\dot{A}_{vvf}$,而不能简单、直接地求得闭环电压放大倍数。此时,可以根据深度负反馈的特点,采用其他更为简捷的估算方法。

(3) $\dot{A}_f \approx \dfrac{1}{\dot{F}}$ 与 $\dot{X}_f \approx \dot{X}_i$ 是等价的。图 7.11 给出了 $\dot{X}_f \approx \dot{X}_i$ 的物理意义示意。

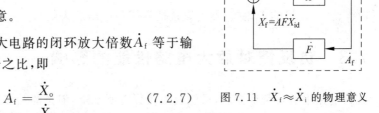

根据定义,反馈放大电路的闭环放大倍数 $\dot{A}_f$ 等于输出信号与外加输入信号之比,即

$$\dot{A}_f = \dfrac{\dot{X}_o}{\dot{X}_i} \qquad (7.2.7)$$

图 7.11 $\dot{X}_f \approx \dot{X}_i$ 的物理意义

而反馈系数 $\dot{F}$ 则是反馈信号与输出信号之比,即

$$\dot{F} = \dfrac{\dot{X}_f}{\dot{X}_o} \qquad (7.2.8)$$

在深度负反馈条件下,将上述两式代入 $\dot{A}_f = \dfrac{1}{\dot{F}}$,得到

$$\dfrac{\dot{X}_o}{\dot{X}_i} \approx \dfrac{\dot{X}_o}{\dot{X}_f}$$

由此可得

$$\dot{X}_f \approx \dot{X}_i \qquad (7.2.9)$$

式(7.2.9)表明,在深度负反馈条件下,放大电路的反馈信号 $\dot{X}_f$ 与外加的输入信号 $\dot{X}_i$ 近似相等。于是开环放大电路的输入信号为

$$\dot{X}_{id} = \dot{X}_i - \dot{X}_f \approx 0 \qquad (7.2.10)$$

现在来考察式(7.2.9)和式(7.2.10)的物理意义。在图 7.11 中,当满足深度负反馈条件时,因 $|1+\dot{A}\dot{F}| \gg 1$,故回路增益 $|\dot{A}\dot{F}|$ 的值很大,通常也能满足 $|\dot{A}\dot{F}| \gg 1$。在图 7.11 中,反馈信号 $\dot{X}_f = \dot{A}\dot{F}\dot{X}_{id}$,此时当开环放大电路的输入信号 $\dot{X}_{id}$ 很小时,可得到很大的 $\dot{X}_f$,使 $\dot{X}_f \approx \dot{X}_i$。因此,负反馈越深,回路增益 $|\dot{A}\dot{F}|$ 的值越大,则 $\dot{X}_f$ 与 $\dot{X}_i$ 越接近相等,$\dot{X}_{id}$ 也越趋近于零。

对于任何组态的负反馈放大电路,只要满足深度负反馈的条件,都可以利用 $\dot{X}_f \approx \dot{X}_i$ 的特点,直接估算闭环电压放大倍数。

但是,对于不同组态的负反馈,式(7.2.9)中的 $\dot{X}_f$ 与 $\dot{X}_i$ 各自代表不同的电量。对于串联负反馈,反馈信号与输入信号以电压的形式求和,因此 $\dot{X}_f$ 与 $\dot{X}_i$ 是电压量;对于并联负反馈,反馈信号与输入信号以电流的形式求和,因此 $\dot{X}_f$ 与 $\dot{X}_i$ 是电流量。所以,式(7.2.9)可以分别表示成为以下两种形式。

串联负反馈,即

$$\dot{V}_\text{f} \approx \dot{V}_\text{i} \tag{7.2.11}$$

并联负反馈,即

$$\dot{I}_\text{f} \approx \dot{I}_\text{i} \tag{7.2.12}$$

由此可知,在估算闭环电压放大倍数之前,必须首先判断负反馈的组态是串联负反馈还是并联负反馈,以便在以上两者中选择一个适当的公式,再根据放大电路的实际情况,给出$\dot{V}_\text{f}$ 和 $\dot{V}_\text{i}$(或 $\dot{I}_\text{f}$ 和 $\dot{I}_\text{i}$)的表达式,然后直接估算闭环电压放大倍数。

7.3 负反馈对放大电路性能的影响

放大电路中引入负反馈后,虽然放大倍数有所下降,但是能从多方面改善放大电路的性能,下面进行分述。

7.3.1 提高放大倍数的稳定性

放大电路引入负反馈以后得到的最直接、最显著的效果就是提高放大倍数的稳定性。例如,当输入信号($\dot{V}_\text{i}$ 或 $\dot{I}_\text{i}$)一定时,电压负反馈能使输出电压基本维持稳定,电流负反馈能使输出电流基本维持稳定,总的来说,就是能维持放大倍数的稳定。现分析引入负反馈后稳定放大倍数的原理。

由式(7.2.1)可知,当 $|1+\dot{A}\dot{F}| \gg 1$ 时,放大电路的闭环放大倍数为式(7.2.2),这表明引入深度负反馈后,放大电路的闭环放大倍数只取决于反馈网络,而与基本放大电路无关。反馈网络一般是由一些性能比较稳定的无源线性元件(如 R、L、C)所组成,因此,引入负反馈后放大倍数是比较稳定的。

如果放大电路工作在中频范围,且反馈网络为纯电阻性,则 $\dot{A}$ 和 $\dot{F}$ 均为实数,式(7.2.2)可表示为

$$A_\text{f} = \frac{A}{1+AF} \tag{7.3.1}$$

将式(7.3.1)对变量 A 求导数,可得

$$\frac{\mathrm{d}A_\text{f}}{\mathrm{d}A} = \frac{1+AF}{(1+AF)^2} - \frac{AF}{(1+AF)^2} = \frac{1}{(1+AF)^2}$$

将上式等号的两边都除以 A_f,则可得

$$\frac{\mathrm{d}A_\text{f}}{A_\text{f}} = \frac{1}{1+AF} \frac{\mathrm{d}A}{A} \tag{7.3.2}$$

式(7.3.2)表明,负反馈放大电路的闭环放大倍数 A_f 的相对变化量等于无反馈时开环放大倍数 A 相对变化量的 $1/(1+AF)$。换句话说,引入负反馈后,放大倍数下降为原来的 $1/(1+AF)$,但放大倍数的稳定性提高了 $1+AF$。

【例 7.3.1】 在图 7.4 所示的电压串联负反馈放大电路中,假设集成运放的开环差模电压放大倍数 $A=5\times 10^4$,$R_2 = 4\text{k}\Omega$,$R_\text{f} = 16\text{k}\Omega$。

(1) 试估算反馈系数 $\dot F$ 和反馈深度 $1+AF$。

(2) 试估算放大电路的闭环电压放大倍数 A_f。

(3) 如果集成运放的开环差模电压放大倍数的相对变化量为 $\pm 10\%$，此时闭环电压放大倍数 A_f 的相对变化量等于多少？

解：反馈系数为

$$F = \frac{V_f}{V_o} = \frac{R_2}{R_2+R_f} = \frac{4}{4+16} = 0.2$$

反馈深度为

$$1+AF = 1+5\times 10^4 \times 0.2 \approx 1\times 10^4$$

闭环放大倍数为

$$A_f = \frac{A}{1+AF} \approx \frac{5\times 10^4}{1\times 10^4} = 5$$

A_f 的相对变化量

$$\frac{dA_f}{A_f} = \frac{1}{1+AF}\frac{dA}{A} = \frac{\pm 10\%}{1\times 10^4} = \pm 0.0001\%$$

结果表明，当开环差模电压放大倍数变化 $\pm 10\%$，闭环电压放大倍数的相对变化量只有 $\pm 0.0001\%$，约为十万分之一。这说明，引入负反馈深度约为 10^4 量级的负反馈以后，放大倍数的稳定性提高了约 10^4 倍，即提高了一万倍。

7.3.2 减小非线性失真和抑制干扰

由于放大器件特性曲线的非线性，当输入信号为正弦波时，输出信号的波形可能不再是一个真正的正弦波，而将产生或多或少的非线性失真。当信号幅度比较大时，非线性失真更为严重。引入负反馈后，可使这种非线性失真减小。例如，电压放大电路的开环传输特性曲线和闭环传输特性曲线如图 7.12 所示。

图 7.12 中曲线 1 是电压放大电路的一种典型的开环传输特性曲线，该曲线的斜率可写为

$$A = \frac{dv_o}{dv_i} \qquad (7.3.3)$$

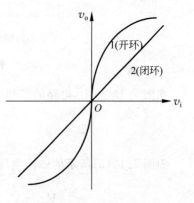

图 7.12 放大电路的传输特性

该式表明，斜率的变化反映放大倍数随输入信号的大小而改变。v_o 与 v_i 之间的这种非线性关系，是放大电路产生非线性失真的来源。

图 7.12 中曲线 2 是深度负反馈条件 $|1+AF| \gg 1$ 下，反馈放大电路的闭环放大倍数，即

$$A_f = \frac{1}{F} \qquad (7.3.4)$$

这表明，在反馈放大电路中，闭环放大倍数与开环放大倍数无关。所以，电压放大电路的闭环传输特性曲线近似为一条直线。

在同样的输出电压幅度下，虽然曲线 2 的斜率比曲线 1 小，但放大倍数因输入信号的大

小而改变的程度却大大减小。这说明,v_o 与 v_i 之间几乎为线性关系,也就是说,减小了非线性失真。

需要说明的是,负反馈减少非线性失真是指反馈环内的失真。如果是输入信号波形本身的失真,即使引入了负反馈,也不能减小失真。

7.3.3 提高反馈环内信噪比

当放大电路受到干扰时,也可以利用负反馈进行抑制。但是,当干扰信号与输入信号同时混入时,引入负反馈也无法抑制干扰,如图 7.13(a)所示。为了抑制噪声电压 $\dot{V}_n$ 的影响,图 7.13(a)中增加一个无噪声的前置放大级,这时构成的负反馈电压如图 7.13(b)所示。

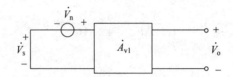

(a) 放大电路的信号电压 $\dot{V}_s$ 与噪声电压 $\dot{V}_n$

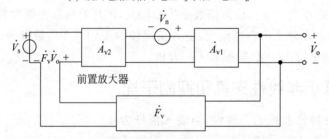

(b) 由无噪声的前置放大级构成的负反馈系统

图 7.13 受干扰的放大电路

在图 7.13(a)中,电路的信噪比为

$$\left(\frac{S}{N}\right)_o = \frac{|\dot{V}_s|}{|\dot{V}_n|} \tag{7.3.5}$$

而图 7.13(b)所示的输出电压为

$$\dot{V}_o = \dot{V}_s \frac{\dot{A}_{v1} \dot{A}_{v2}}{1 + \dot{A}_{v1} \dot{A}_{v2} \dot{F}} + \dot{V}_n \frac{\dot{A}_{v1}}{1 + \dot{A}_{v1} \dot{A}_{v2} \dot{F}} \tag{7.3.6}$$

此系统的信噪比为

$$\frac{S}{N} = \frac{|\dot{V}_s|}{|\dot{V}_n|} |\dot{A}_{v2}| = \left(\frac{S}{N}\right)_o |\dot{A}_{v2}| \tag{7.3.7}$$

可见,它比原来的信噪比增加了 $|\dot{A}_{v2}|$ 倍。

需要注意的是,无噪声放大倍数 $\dot{A}_{v2}$ 在实际中是很难实现的,但可使它的噪声尽可能小,如精选器件、调整参数、改进工艺等。

7.3.4 改善放大电路的频率特性

频率响应是放大电路的重要特征,而通频带是它的重要技术指标。由前面的分析可知,无论何种原因引起放大电路的放大倍数发生变化,通过负反馈都可使放大倍数的相对变化量减小,提高放大倍数的稳定性。由此可知,对于信号频率不同而引起的放大倍数下降,也可以利用负反馈进行改善。所以,引入负反馈可以使放大电路的通频带展宽,改善放大电路的频率特性。

假设无反馈时放大电路在高频段的放大倍数为

$$A_H(f) = \frac{\dot{A}_m}{1 + j\frac{f}{f_H}} \tag{7.3.8}$$

式中,$\dot{A}_m$ 和 f_H 分别是开环放大电路的中频放大倍数和上限频率。

引入负反馈后,设反馈系数是与频率无关的实数 F,此时高频段的放大倍数为

$$A_F(f) = \frac{A_H(f)}{1 + A_H(f)F} = \frac{\frac{A_m}{1 + j\frac{f}{f_H}}}{1 + \frac{A_m}{1 + j\frac{f}{f_H}}F} = \frac{A_m}{1 + A_m F + j\frac{f}{f_H}}$$

$$= \frac{\frac{A_m}{1 + A_m F}}{1 + j\frac{f}{(1 + A_m F)f_H}} \tag{7.3.9}$$

比较式(7.3.8)和式(7.3.9)可知,引入负反馈后的中频放大倍数 A_{mf} 和上限频率 f_{Hf} 分别为

$$A_{mf} = \frac{A_m}{1 + A_m F} \tag{7.3.10}$$

$$f_{Hf} = (1 + A_m F)f_H \tag{7.3.11}$$

可见,引入负反馈后,放大电路的中频放大倍数减小了,等于无反馈时的 $1/(1+A_m F)$,而上限频率提高了,等于无反馈时的 $1+A_m F$ 倍。

同样,假设无反馈时的下限频率为 f_L,根据前面相同的分析方法,得到引入负反馈后的下限频率为

$$f_{Lf} = \frac{f_L}{1 + A_m F} \tag{7.3.12}$$

这说明,引入负反馈后,放大电路的下限频率降低了,等于无反馈时的 $1/(1+A_m F)$。

据此分析可知,引入负反馈后,放大电路的上限频率提高了 $1+A_m F$ 倍,而下限频率降低为原来的 $1/(1+A_m F)$,所以,总的通频带得到了展宽。

对于一般放大电路来说,通常能够满足 $f_H \gg f_L$,$f_{Hf} \gg f_{Lf}$,所以通频带可以近似地用上限频率表示,即认为无反馈时的通频带为

$$BW = f_H - f_L \approx f_H \tag{7.3.13}$$

引入负反馈后的通频带为

$$BW_f = f_{Hf} - f_{Lf} \approx f_{Hf} \tag{7.3.14}$$

则

$$BW_f \approx (1 + A_m F)BW \tag{7.3.15}$$

式(7.3.15)表明,引入负反馈后通频带展宽了 $1+A_m F$ 倍,但同时中频放大倍数下降为无反馈时的 $1/(1+A_m F)$,因此,中频放大倍数与通频带的乘积,也就是增益带宽积将基本不变,即

$$A_{mf} BW_f \approx A_m BW \tag{7.3.16}$$

引入负反馈后通频带和中频放大倍数的变化情况如图 7.14 所示。

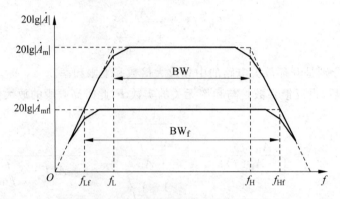

图 7.14 负反馈对通频带和放大倍数的影响

【例 7.3.2】 在图 7.4 所示的电压串联负反馈放大电路中,已知集成运放中频开环差模放大倍数 $A_m = 10^4$,上限频率 $f_H = 10\text{Hz}$,下限频率 $f_L = 1\text{Hz}$。引入负反馈后,闭环电压放大倍数 $A_{mf} = 10$,试问反馈深度等于多少?此时负反馈放大电路的通频带等于多少?增益带宽积又为多少?

解:由式(7.3.10)可知

$$A_{mf} = \frac{A_m}{1 + A_m F}$$

则反馈深度为

$$1 + A_m F = \frac{A_m}{A_{mf}} = \frac{10^4}{10} = 10^3$$

由题意知,$f_H \gg f_L$,故通频带可认为就等于上限频率的值,此负反馈放大电路的通频带为

$$BW_f = f_{Hf} = (1 + A_m F)f_H = 10^3 \times 10\text{Hz} = 100\text{kHz}$$

增益带宽积为 $A_m BW_f = 10^4 \times 100\text{kHz} = 100\text{MHz}$。

7.3.5 改变输入电阻和输出电阻

放大电路引入不同组态的负反馈后,对输入电阻和输出电阻将产生不同的影响。

1. 负反馈对输入电阻的影响

在不同组态的负反馈放大电路中,负反馈对输入电阻的影响是不同的。串联负反馈将增大输入电阻,而并联负反馈将减小输入电阻。

1) 串联负反馈增大输入电阻

图 7.15 是一个串联负反馈放大电路的示意图，由图可见，$\dot{V}_i = \dot{V}_{id} + \dot{V}_f$，即反馈信号与外加输入信号以电压形式求和，而且反馈电压 $\dot{V}_f$ 起削弱输入电压 $\dot{V}_i$ 的作用，使开环放大电路的输入电压 $\dot{V}_{id}$ 减小。可见，在同样的外加输入电压下，输入电流将比无反馈时小，因此输入电阻将增大。

在图 7.15 中，无反馈时的输入电阻为

$$R_i = \frac{\dot{V}_{id}}{\dot{I}_i}$$

引入串联负反馈后，输入电阻为

$$R_{if} = \frac{\dot{V}_i}{\dot{I}_i} = \frac{\dot{V}_{id} + \dot{V}_f}{\dot{I}_i} = \frac{\dot{V}_{id} + \dot{A}\dot{F}\dot{V}_{id}}{\dot{I}_i} = (1 + \dot{A}\dot{F})\frac{\dot{V}_{id}}{\dot{I}_i} = (1 + \dot{A}\dot{F})R_i \qquad (7.3.17)$$

可见，引入串联负反馈后，放大电路的输入电阻为无反馈时输入电阻的 $1+\dot{A}\dot{F}$ 倍。无论电压串联负反馈或电流串联负反馈均如此。

需要注意的是，引入串联负反馈后，只是将反馈环路内的输入电阻增大 $1+\dot{A}\dot{F}$ 倍。而在图 7.15 中，R_b 并不包括在反馈环路内，因此不受影响。引入负反馈后，该电路总的输入电阻为

$$R'_{if} = R_{if} \parallel R_b \qquad (7.3.18)$$

式中，只有 R_{if} 增大了 $1+\dot{A}\dot{F}$ 倍。如果 R_b 阻值不够大，即使 R_{if} 增大很多，总的 R'_{if} 将增大不多。

2) 并联负反馈将减小输入电阻

图 7.16 是并联负反馈放大电路的框图，无反馈时的输入电阻为

$$R_i = \frac{\dot{V}_i}{\dot{I}_{id}}$$

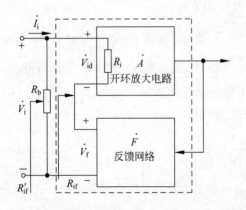

图 7.15　串联负反馈对 R_i 的影响

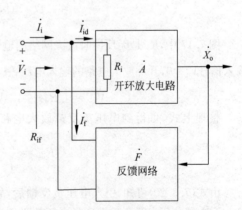

图 7.16　并联负反馈对 R_i 的影响

引入并联负反馈后，反馈信号与外加输入信号以电流形式求和，即开环放大电路的输入电流为

$$\dot{I}_{id} = \dot{I}_i - \dot{I}_f$$

$$\dot{I}_i = \dot{I}_{id} + \dot{I}_f$$

则输入电阻为

$$R_{if} = \frac{\dot{V}_i}{\dot{I}_i} = \frac{\dot{V}_i}{\dot{I}_{id} + \dot{I}_f} = \frac{\dot{V}_i}{\dot{I}_{id} + \dot{A}\dot{F}\dot{I}_{id}} = \frac{1}{1+\dot{A}\dot{F}} \frac{\dot{V}_i}{\dot{I}_{id}} = \frac{1}{1+\dot{A}\dot{F}} R_i \tag{7.3.19}$$

这说明引入并联负反馈后，放大电路的输入电阻为无反馈时的 $1/(1+\dot{A}\dot{F})$ 倍。无论是电压并联负反馈还是电流并联负反馈均如此。

2. 负反馈对输出电阻的影响

输出电阻是从放大电路输出端看进去的等效电阻，电压负反馈与电流负反馈，对输出电阻的影响是不同的。电压负反馈将减小输出电阻，而电流负反馈将增大输出电阻。

1) 电压负反馈将减小输出电阻

电压负反馈的作用是稳定输出电压，使其输出电阻减小。输出电阻的计算方法是令电压负反馈电路的输入电压 $\dot{V}_i = 0$，并在电路的输出端加电压 $\dot{V}_o$（图 7.17），然后求出相应的输出电流 $\dot{I}_o$。

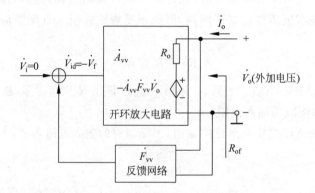

图 7.17 电压负反馈对 R_o 的影响

图 7.17 中，R_o 是无反馈时放大网络的输出电阻，$-\dot{A}_{vv}\dot{F}_{vv}\dot{V}_o$ 是一个等效电压源。因为外加输入信号 $\dot{V}_i = 0$，开环放大电路的输入电压 $\dot{V}_{id} = -\dot{V}_f$。反馈电压 $\dot{V}_f = \dot{F}_{vv}\dot{V}_o$，则由图 7.17 可得

$$\dot{V}_o = \dot{I}_o R_o + \dot{A}_{vv}\dot{V}_{id} = \dot{I}_o R_o - \dot{A}_{vv}\dot{F}_{vv}\dot{V}_o$$

整理上式，可得到电压负反馈放大电路的输出电阻为

$$R_{of} = \frac{\dot{V}_o}{\dot{I}_o} = \frac{R_o}{1+\dot{A}_{vv}\dot{F}_{vv}} \tag{7.3.20}$$

由式(7.3.20)可知，引入电压负反馈后，放大电路的输出电阻为无反馈时的 $1/(1+\dot{A}_{vv}\dot{F}_{vv})$ 倍。无论是电压串联负反馈还是电压并联负反馈均如此。

2) 电流负反馈将增大输出电阻

电流负反馈的作用是稳定输出电流，使其输出电阻增大。图 7.18 是电流负反馈放大电路的框图。输出电阻的计算方法是令电流负反馈电路的输入电压 $\dot{V}_i = 0$，并在电路输出端

断开负载后加电压$\dot{V}_o$,然后求出相应的输出电流$\dot{I}_o$。

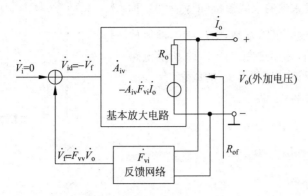

图 7.18 电流负反馈对 R_o 的影响

在图 7.18 中,R_o 是开环放大电路的输出电阻,$-\dot{A}_{iv}\dot{F}_{vi}\dot{I}_o$ 是一个等效电流源。因为外加输入信号 $\dot{V}_i=0$,且为电流负反馈,即反馈信号取自放大电路的输出电流,故开环放大电路的输入电压 $\dot{V}_{id}=-\dot{V}_f$。反馈电压 $\dot{V}_f=\dot{F}_{vi}\dot{I}_o$,如不考虑 $\dot{I}_o$ 在反馈网络输入端的压降,则设

$$\dot{I}_o \approx \frac{\dot{V}_o}{R_o} + \dot{A}_{iv}\dot{V}_{id} = \frac{\dot{V}_o}{R_o} - \dot{A}_{iv}\dot{F}_{vi}\dot{I}_o$$

整理上式,可得到电流负反馈放大电路的输出电阻为

$$R_{of} = \frac{\dot{V}_o}{\dot{I}_o} = (1+\dot{A}_{iv}\dot{F}_{vi})R_o \qquad (7.3.21)$$

由式(7.3.21)可知,引入电流负反馈后,放大电路的输出电阻为无反馈时的 $1+\dot{A}_{iv}\dot{F}_{vi}$ 倍。无论是电流串联负反馈还是电流并联负反馈均如此。

同样需要注意,电流负反馈只是将反馈环路内的输出电阻增大 $1+\dot{A}_{iv}\dot{F}_{vi}$ 倍。在图 7.18 中,电阻 R_L 不包括在电流负反馈环路之内,因此不受影响。引入负反馈后,该电路总的输出电阻为

$$R'_{of} = R_{of} \parallel R_L \qquad (7.3.22)$$

一般情况下,因 $R_L \ll R_{of}$,所以即使由于引入电流负反馈而使 R_{of} 增大很多,但总的 R'_{of} 增加并不多。

综上所述,关于负反馈对放大电路的输入电阻和输出电阻的影响,可以归纳出以下几点结论。

(1) 串联负反馈使输入电阻增大;并联负反馈使输入电阻减小。但是,电压反馈或电流反馈都对输入电阻没有影响。

(2) 电压负反馈使输出电阻减小;电流负反馈使输出电阻增大。但是,并联反馈或串联反馈都对输出电阻没有影响。

(3) 负反馈对输入电阻和输出电阻影响的程度,均与反馈深度 $1+\dot{A}\dot{F}$ 有关,或增大为原来的 $1+\dot{A}\dot{F}$ 倍,或减小为原来的 $1+\dot{A}\dot{F}$ 倍。

【例 7.3.3】 电路如图 7.19 所示,试用虚短与虚断的概念近似计算它的放大倍数,并

定性分析输入电阻与输出电阻。

解：运放两个输入端的虚线短接(即$\dot{V}_{id}=0$)，称为虚短，同时运放的输入电阻很高，则$\dot{I}_{id}=0$，即运放两输入端的虚线断路，称为虚断。图 7.19 所示电路引入了电压并联负反馈，根据"虚短"的概念，有

$$\dot{V}_+ \approx \dot{V}_-$$

根据"虚断"的概念，有

$$\dot{I}_{id} \approx 0$$

因此

$$\dot{I}_i \approx \dot{I}_f \approx -\frac{\dot{V}_o}{R_f}$$

故

$$\dot{I}_i = \dot{I}_f = -\frac{\dot{V}_o}{R_5}, \quad \dot{A}_{vif} = \frac{\dot{V}_o}{\dot{I}_i} = -R_f$$

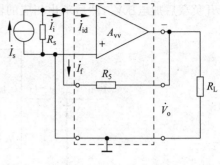

图 7.19 例 7.3.3 的电路

并联负反馈使 R_{if} 下降，电压负反馈使 R_{of} 下降。

【例 7.3.4】 负反馈电路如图 7.20 所示。

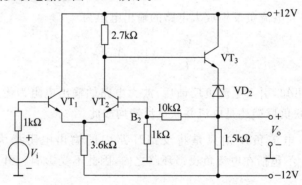

(a) 电压串联负反馈电路

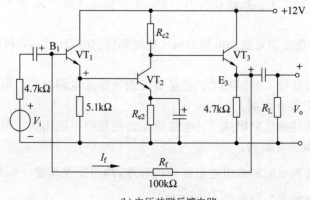

(b) 电压并联反馈电路

图 7.20 例 7.3.4 的电路

试分析:
(1) 定性说明反馈对输入输出电阻的影响。
(2) 求深度负反馈的闭环增益和电压放大倍数。

解: (1) 图 7.20(a) 所示为电压串联负反馈,因此使输入电阻增大、输出电阻减小。图 7.20(b) 所示为电压并联反馈,使输入电阻减小,输出电阻减小,输出电压稳定。

(2) 图 7.20(a) 所示电路的反馈支路从输出端到 B_2 点,因为

$$F_{vv} = \frac{V_f}{V_o} = \frac{\frac{V_o}{10+1} \times 1}{V_o} = \frac{1}{11}$$

所以

$$A_{vvf} = \frac{V_o}{V_i} \approx \frac{1}{F_v} = 11$$

图 7.20(b) 所示电路的反馈支路从 E_3 点到 B_1 点,它为电压并联负反馈。

由于

$$F_{iv} = \frac{I_f}{V_o}, \quad I_f = \frac{V_{B1} - V_{E3}}{R_f} \approx -\frac{V_{E3}}{R_f} = -\frac{V_o}{R_f} = -\frac{V_o}{100}$$

所以

$$F_{iv} = \frac{I_f}{V_o} = -\frac{V_o}{100} \times \frac{1}{V_o} = -\frac{1}{100 \text{k}\Omega}, \quad A_{vif} = \frac{V_o}{I_i} \approx \frac{1}{F_{iv}} = -100 \text{k}\Omega$$

即

$$A_{vvf} = \frac{V_o}{V_i} = \frac{V_o}{I_i(R_s + R_{if})} = A_{vif} \frac{1}{R_s + R_{if}} \approx A_{vif} \frac{1}{R_s} = \frac{-100}{4.7} = -21.3$$

7.4 负反馈放大电路的稳定性

7.4.1 影响负反馈放大电路工作的因素

由前已经知道,负反馈放大电路各项性能的改善,与反馈深度 $|1+\dot{A}\dot{F}|$ 或环路增益 $\dot{A}\dot{F}$ 有关。一般说来,负反馈的深度越深或环路增益越大,改善的效果越显著。然而,对于多级负反馈放大电路而言,负反馈过深可能会出现:在放大电路的输入端不加信号的情况下,其输出端也会出现某个特定频率和幅度的输出信号,即放大电路的自激现象。这种现象破坏了放大电路的正常工作,是需要避免并设法消除的。

以上表明,负反馈放大电路产生自励是影响负反馈放大电路正常工作的因素。现在分析负反馈放大电路产生自励现象的原因。

1. 产生自励振荡的原因

负反馈放大电路的一般表达式为

$$\dot{A}_f = \frac{\dot{A}}{1+\dot{A}\dot{F}}$$

在中频段,$\dot{A}\dot{F} > 0$,故 $\dot{A}$ 与 $\dot{F}$ 的相角 $\arg \dot{A}\dot{F} = 2n\pi$,因此

$$|\dot{X}_{\text{id}}| = |\dot{X}_{\text{i}}| - |\dot{X}_{\text{f}}|$$

在低频段,因为耦合电容、旁路电容的影响,$\dot{A}\dot{F}$ 的相位将超前;在高频段,因为半导体元件极间电容的存在,$\dot{A}\dot{F}$ 的相位将滞后;在中频段相位关系基础上所产生的超前相移或滞后相移,称为附加相移,且表示为 $\arg'\dot{A}\dot{F}$。当某一频率的信号使 $\arg'\dot{A}\dot{F} = n\pi$ 时,反馈量 $\dot{X}_{\text{f}}$ 与中频段相比产生超前或滞后 $180°$ 的附加相移,使

$$|\dot{X}_{\text{id}}| = |\dot{X}_{\text{i}}| + |\dot{X}_{\text{f}}| \tag{7.4.1}$$

于是,输出量 $|\dot{X}_{\text{o}}|$ 也随之增大,反馈结果使放大倍数增大。

当输入信号 $\dot{X}_{\text{i}} = 0$(图 7.21)时,因某种扰动使 $\arg'\dot{A}\dot{F} = \pm\pi$,则产生了输出信号 $\dot{X}_{\text{o}}$,则由式(7.4.1)知,$|\dot{X}_{\text{o}}|$ 将不断增大。

其过程为

$$|\dot{X}_{\text{o}}|\uparrow \to |\dot{X}_{\text{f}}|\uparrow \to |\dot{X}_{\text{id}}|\uparrow \to |\dot{X}_{\text{o}}|\uparrow\uparrow$$

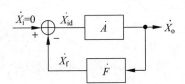

图 7.21 反馈放大电路的自励振荡

由于半导体器件的非线性,若最终达到动态平衡,即 $\dot{X}_{\text{id}}$ 维持着 $\dot{X}_{\text{o}}$,而 $\dot{X}_{\text{o}}$ 又维持着 $\dot{X}_{\text{id}}$,它们相互依存,则称电路产生了自励振荡。而电路一旦产生自励振荡将无法正常放大,称为电路处于不稳定状态。

2. 自励振荡的平衡条件

由图 7.21 可知,电路产生自励振荡时,$\dot{X}_{\text{o}}$ 与 $\dot{X}_{\text{f}}$ 相互维持,所以 $\dot{X}_{\text{o}} = \dot{A}\dot{X}_{\text{id}} = -\dot{A}\dot{F}\dot{X}_{\text{o}}$,即

$$\dot{A}\dot{F} = -1 \tag{7.4.2}$$

可以分别用模和相角表示为

$$|\dot{A}\dot{F}| = 1 \tag{7.4.3a}$$

$$\arg \dot{A}\dot{F} = \varphi_{\text{a}} + \varphi_{\text{f}} = \pm(2n+1)\pi \quad n = 0,1,2,\cdots \tag{7.4.3b}$$

式(7.4.3)表示了负反馈放大电路产生自励振荡的幅度条件和相位条件,只有同时满足上述两个条件,电路才会产生自励振荡。在起振过程中,$|\dot{X}_{\text{o}}|$ 有一个从小到大的过程,故起振条件为

$$|\dot{A}\dot{F}| > 1 \tag{7.4.4}$$

3. 自励振荡的判断方法

在自励振荡的两个条件中,相位条件是主要的。在绝大多数情况下,当相位条件满足后,只要 $|\dot{A}\dot{F}| \geqslant 1$,放大电路就将产生自励振荡。在起振过程中,$|\dot{X}_{\text{o}}|$ 有一个从小到大的过程,当起振条件为 $|\dot{A}\dot{F}| > 1$ 时,输入信号经过放大和反馈,其输出正弦波的幅度要逐步增长,直到由电路元件的非线性所确定的某个限度为止,输出幅度将不再继续增长,而稳定在某一个幅值。

为了判断负反馈放大电路是否自励振荡,可以利用其回路增益 $\dot{A}\dot{F}$ 的波特图,综合考察 $\dot{A}\dot{F}$ 的幅频特性,分析是否同时满足自励振荡的幅度条件和相位条件。

【例 7.4.1】 根据图 7.22(a)、(b)所示的某两个负反馈放大电路 $\dot{A}\dot{F}$ 的波特图,判断哪个负反馈放大电路能产生自励振荡,为什么?

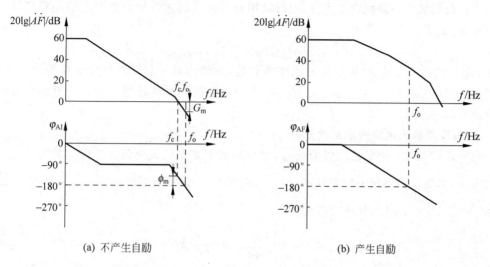

(a) 不产生自励　　　　　　　　(b) 产生自励

图 7.22　用 $|\dot{A}\dot{F}|$ 的波特图来判断自励振荡

解: 图 7.22(a)显示,当 $f = f_0$ 时,$\varphi_a = -180°$,满足相位条件,此频率所对应的对数幅频特性 $20\lg|\dot{A}\dot{F}| < 0$,或 $|\dot{A}\dot{F}| < 1$,不满足幅度条件。这说明,此负反馈放大电路不会产生自励振荡,能够稳定工作。

图 7.22(b)所示的相频特性显示,当 $f = f_0$ 时,$\dot{A}\dot{F}$ 的相位移 $\varphi_a = -180°$,而此频率所对应的对数幅频特性 $20\lg|\dot{A}\dot{F}| > 0$,或 $|\dot{A}\dot{F}| > 1$。这表明,当 $f = f_0$ 时,电路同时满足自励振荡的相位条件和幅度条件,所以该负反馈放大电路将产生自励振荡。

7.4.2　负反馈放大电路的稳定性

1. 负反馈放大电路的稳定裕度

要使所设计的负反馈放大电路能稳定可靠地工作,除了它能在给定的工作条件下满足稳定条件,而且当环境温度、电路参数及电源电压等因素在一定的范围内发生变化时也能满足稳定条件,需引入稳定裕度的概念,并用增益裕度和相位裕度两个指标来表示,如图 7.23 所示。

1) 增益裕度 G_m

当负反馈放大电路稳定工作时,将相移 $\varphi_a = -180°$ 时的 $20\lg|\dot{A}\dot{F}|$ 值定义为增益裕度 G_m,即

$$G_m = 20\lg|\dot{A}_{180}\dot{F}| \quad \text{dB} \qquad (7.4.5)$$

式中,$\dot{A}_{180}$ 是相移 $\varphi_a = -180°$ 时的增益。

对于稳定的负反馈放大电路,其 G_m 应为负值。

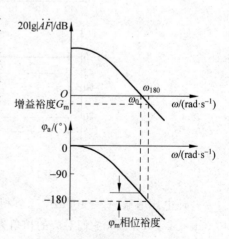

图 7.23　环路增益的频率响应

G_m 值越负,表示负反馈放大电路越稳定。一般的负反馈放大电路要求 $G_m \leqslant -10\text{dB}$。

2）相位裕度

当负反馈放大电路稳定工作时,也可以用相位裕度描述负反馈放大电路的稳定性。相位裕度 φ_m 的定义为

$$\varphi_m = 180° - |\varphi_a|_{f=f_c} \tag{7.4.6}$$

式中,$|\varphi_a|_{f=f_c}$ 是 $f=f_c$ 时基本放大电路的相位,其值为负。负反馈放大电路稳定工作时,$|\varphi_a|_{f=f_c} < 180°$,因此 φ_m 是正值。φ_m 越大,表示负反馈放大电路越稳定。一般的负反馈放大电路要求 $\varphi_m \geqslant 45°$。

2. 负反馈放大电路的稳定性分析

在负反馈放大电路的稳定性分析时,常常是利用基本放大电路开环增益的波特图。为方便起见,假定反馈网络是电阻性的,即 $\varphi_f = 0$,$\dot{F} = F$。这样就可以在同一坐标平面上,绘制 $20\lg|\dot{A}|$ 和 $20\lg\dfrac{1}{F}$ 曲线,开环增益就为

$$20\lg|\dot{A}| - 20\lg\dfrac{1}{F} = 20\lg|\dot{A}F| \quad \text{dB} \tag{7.4.7}$$

通过检验两曲线之差,可分析放大电路的稳定性。

假设某电压放大电路的波特图如图 7.24 所示。

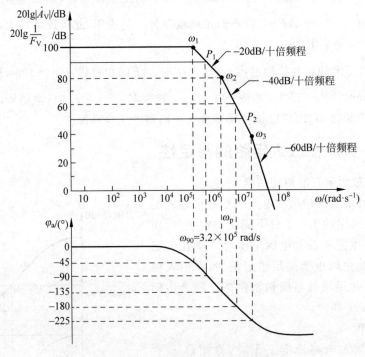

图 7.24 反馈放大电路稳定性图解

开环电压增益 $A_v = 100\text{dB}$,三个相距很近的极点频率 $\omega_1 = 10^5\,\text{rad/s}$（主极点）、$\omega_2 = 10^6\,\text{rad/s}$、$\omega_3 = 10^7\,\text{rad/s}$,它们对应的相角为 $\varphi_{a1} = -45°$、$\varphi_{a2} = -135°$、$\varphi_{a3} = -225°$。而 $\varphi_a = -180°$ 所对应的角频率 ω_{180} 落在 -40dB/十倍频程的线段内,现作负反馈放大电路的稳定性分析。

首先,考察 $20\lg\dfrac{1}{F}=90\text{dB}$ 的水平线。

(1) 在低频段:$20\lg|\dot{A}_v\dot{F}_v|=20\lg|\dot{A}_v|-20\lg\dfrac{1}{|\dot{F}_v|}=100\text{dB}-90\text{dB}=10\text{dB}$。

(2) 两曲线 $20\lg|\dot{A}_v|$ 和 $20\lg\dfrac{1}{|\dot{F}_v|}$ 相交于 P_1 点。此时,$20\lg|\dot{A}_v\dot{F}_v|=0$,$\varphi_a=-90°$。

相位裕度:$\varphi_m=180°-|\varphi_a|_{f=f_0}=180°-90°=90°$

增益裕度:$G_m=20\lg|\dot{A}_{180}\dot{F}_v|=60\text{dB}-90\text{dB}=-30\text{dB}$

故该负反馈放大电路是稳定的。

其次,考察 $20\lg\dfrac{1}{|\dot{F}_v|}=50\text{dB}$ 的水平线。两曲线 $20\lg|\dot{A}_v|$ 和 $20\lg\dfrac{1}{|\dot{F}_v|}$ 相交于 P_2 点。此时,$20\lg|\dot{A}_v\dot{F}_v|=0$,$|\varphi_a|>180°$。

(1) φ_a 到达 $-180°$ 之前及 $\varphi_a=-180°$ 时,$20\lg|\dot{A}_v\dot{F}_v|>0$。因而,放大电路是不稳定的。

(2) 由于 $\varphi_a=-180°$ 所对应的角频率 ω_{180} 常落在 -40dB/十倍频程的线段内,因而 $20\lg\dfrac{1}{|\dot{F}_v|}$ 的取值一般应使其水平线与 $20\lg|\dot{A}_v|$ 曲线的 -20dB/十倍频程的线段相交,使电路稳定。此时相位裕度:$\varphi_m\geqslant 45°$。

低频段增益裕度的最大值:$G_{m\max}=20\lg|\dot{A}_{v180}\dot{F}_v|_{\max}=100\text{dB}-80\text{dB}=20\text{dB}$。

可见,在电阻性反馈网络下,欲使波特图 7.24 所示的放大电路稳定工作,环路增益的极限值只有 20dB,相当于 $|\dot{A}_v\dot{F}_v|=10$,这个数值显然是较小的,不利于改善放大电路的多方面性能。为克服这一不足,需要采用校正措施。

7.4.3 负反馈放大电路的自励消除

对于三级或更多级的负反馈放大电路来说,为了避免产生自励振荡,保证电路稳定工作,通常需要采取适当的补偿措施来破坏产生自励的幅度条件和相位条件。通常的办法是在开环放大电路或反馈网络中,增加一些元件(如 R、C 等),以改变负反馈放大电路的开环频率响应,使在保持一定的增益裕度或相位裕度的条件下,获得较大的开环增益。这种办法称为频率补偿,为频率补偿而构成的电路称为补偿网络。

补偿的指导思想是,人为地将电路的各个极点的间距拉开,特别使主极点与其相近的极点间距拉大,从而可以按预定的目标改变相频响应,并有效地增加环路增益。

1. 电容补偿

比较简单且常用的补偿措施是在负反馈放大电路的适当位置接入一个电容 C,如图 7.25 所示。

接入的电容相当于并联在前一个放大级的负载上。在中频和低频时,由于电容的容抗很大,所以基本不起作用。高频时,由于容抗减小,使前一级的放大倍数降低,则 $|\dot{A}\dot{F}|$ 的值也减小,从而破坏自励振荡的条件,保证电路稳定工作。

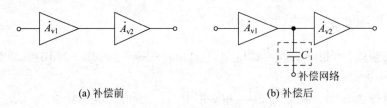

(a) 补偿前　　　　　　　　　(b) 补偿后

图 7.25　电容补偿网络

现说明负反馈放大电路中电容补偿网络,如何消除自励振荡的过程。

由图 7.25(a),设补偿前二级放大电路的电压放大倍数为

$$\dot{A}_v = \dot{A}_{1v} \cdot \dot{A}_{2v} = \frac{A_{1v}A_{2v}}{\left(1+\mathrm{j}\dfrac{f}{f_1}\right)\left(1+\mathrm{j}\dfrac{f}{f_2}\right)} = \frac{A_v}{\left(1+\mathrm{j}\dfrac{f}{f_1}\right)\left(1+\mathrm{j}\dfrac{f}{f_2}\right)}$$

式中,频率 f 的单位为 MHz,f_1 与 f_2 为频率特性中的极点频率,$A_v = A_{1v}A_{2v}$。

由图 7.25(b),补偿后二级放大电路的电压放大倍数为

$$\dot{A}_v' = \dot{A}_v \frac{1}{\left(1+\mathrm{j}\dfrac{f}{f_c}\right)} = \frac{A_v}{\left(1+\mathrm{j}\dfrac{f}{f_1}\right)\left(1+\mathrm{j}\dfrac{f}{f_2}\right)\left(1+\mathrm{j}\dfrac{f}{f_c}\right)}$$

式中,f_c 为增加一电容而得到的补偿极点频率。

显然,$|\dot{A}_v'| < |\dot{A}_v|$。因此,$|\dot{A}_v'\dot{F}_v| < 1$。这就破坏了自励振荡条件,保证了电路稳定工作。

这种补偿方法实质上是将放大电路的主极点频率降低,从而破坏自励振荡的条件,所以也称为**主极点补偿**。

采用电容校正的方法比较简单方便,但主要缺点是放大电路的通频带将严重变窄。由图 7.25 可见,加上校正电容后,放大电路的高频特性比原来降低很多。此外,所需校正电容 C 的容值也比较大。

2. RC 补偿

除了电容补偿以外,还可以利用 RC 串联组成的补偿网络来消除自励振荡,如图 7.26 所示。

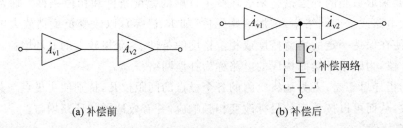

(a) 补偿前　　　　　　　　　(b) 补偿后

图 7.26　RC 补偿网络

利用 RC 补偿网络代替电容补偿网络,将使通频带变窄的程度有所改善。在高频段,电容的容抗将降低,但因有一个电阻与电容串联,所以 RC 补偿网络并联在电路中,对高频电压放大倍数的影响相对小一些,因此,如果采用 RC 补偿网络,在消除自励振荡同时,高频的损失不如仅用电容校正时严重。

补偿网络应加在时间常数最大,即极点频率最低的放大级。通常可接在前级输出电阻和后级输入电阻都比较高的地方。补偿网络中电阻、电容元件的数值,一般应根据实际情况,通过实验调试最后确定。也有一些文献介绍了进行迂腐分析和估算的参考方法。

除了以上介绍的电容补偿和 RC 补偿外,还有很多其他的校正方法,读者如有兴趣,可参阅其他文献。

小结

放大电路中的反馈是模拟电子技术课程中的重点内容之一。本章的主要内容如下。

(1) 在各种放大电路中,人们经常利用反馈的方法来改善各项性能。将电路的输出量(输出电压或输出电流)通过一定方式引回到输入端,从而控制该输出量的变化,起到自动调节的作用,这就是反馈的概念。

(2) 不同类型的反馈对于放大电路产生的影响不同。

正反馈使放大倍数增大;负反馈使放大倍数减小,但其他各项性能可以获得改善。本章主要介绍各种负反馈。

直流负反馈的作用是稳定静态工作点,不影响放大电路的动态性能,所以一般不再区分它们的组态;交流负反馈能够改善放大电路的各项动态技术指标。本章主要讨论各种形式的交流负反馈。

电压负反馈使输出电压保持稳定,因而降低了放大电路的输出电阻;而电流负反馈使输出电流保持稳定,因而提高了输出电阻。

串联负反馈提高输入电阻;并联负反馈则降低输入电阻。

在实际的负反馈放大电路中,有以下四种基本的组态,即电压串联式、电压并联式、电流串联式和电流并联式。

无论何种极性和组态的反馈放大电路,其闭环放大倍数均可写成

$$\dot{A}_f = \frac{\dot{A}}{1+\dot{A}\dot{F}}$$

根据以上反馈的一般表达式,可以得到有关反馈放大电路的一般规律:

(1) 引入负反馈后,放大电路的许多性能得到了改善,如提高放大倍数的稳定性,减小非线性失真和抑制干扰,展宽频带以及根据实际工作的要求改变电路的输入、输出电阻等。改善的程度取决于反馈深度 $|1+\dot{A}\dot{F}|$。一般来说,负反馈越深,即 $|1+\dot{A}\dot{F}|$ 越大,则放大倍数降低得越多,但上述各项性能的改善也越显著。

(2) 负反馈放大电路的分析计算应针对不同的情况采取不同的方法。

如为简单的负反馈放大电路,可以利用微变等效电路法进行分析计算。如为复杂的负反馈放大电路,由于实际上比较容易满足 $|1+\dot{A}\dot{F}|\gg 1$ 的条件,因此大多数属于深度负反馈放大电路。本章主要介绍深度负反馈放大电路闭环电压放大倍数的近似估算。通常可以采用以下两种方法。

① 对于电压串联组态的负反馈放大电路,可以利用关系式 $\dot{A}_\mathrm{f} \approx \dfrac{1}{\dot{F}}$ 直接估算闭环电路放大倍数。

② 对于任何组态的负反馈放大电路,均可以利用关系式 $\dot{X}_\mathrm{f} \approx \dot{X}_\mathrm{i}$ 估算闭环电压放大倍数。但对不同的负反馈组态,上式的具体表现形式有所不同。

串联负反馈:$\dot{V}_\mathrm{f} \approx \dot{V}_\mathrm{i}$。

并联负反馈:$\dot{I}_\mathrm{f} \approx \dot{I}_\mathrm{i}$。

(3) 负反馈放大电路在一定条件下可能转化为正反馈,甚至产生自励振荡,负反馈放大电路产生自励振荡的条件是

$$\dot{A}\dot{F} = -1$$

或分别用幅度条件和相位条件表示为

$$|\dot{A}\dot{F}| = 1$$
$$\arg \dot{A}\dot{F} = \varphi_\mathrm{a} + \varphi_\mathrm{f} = \pm(2n+1)\pi \quad n = 0,1,2,3,\cdots$$

常用的校正措施有电容校正和 RC 校正等,目的都是为了改变放大电路的开环频率特性,使 $\varphi_\mathrm{af} = -180°$ 时 $|\dot{A}\dot{F}| < 1$,从而破坏产生自励的条件,保证放大电路稳定工作。

习题

7.1 判断图 7.27 所示各电路中是否引入了反馈,如果引入了反馈,是直流反馈还是交流反馈、是正反馈还是负反馈。设图中所有电容对交流信号均可视为短路。

7.2 分别判断图 7.27(d)~图 7.27(h)所示各电路中引入了哪种组态的交流负反馈,并计算它们的反馈系数。

7.3 估算图 7.27(d)~图 7.27(h)所示各电路在深度负反馈条件下的电压放大倍数;并分别说明各电路因引入交流负反馈使得放大电路输入电阻和输出电阻所产生的变化。只需说明是增大还是减小即可。

7.4 电路如图 7.28 所示,要求同习题 7.1。

7.5 试判断图 7.29 所示各电路中反馈的极性和组态。试说明哪些反馈能够稳定输出电压,哪些能够稳定输出电流,哪些能够提高输入电阻,哪些能够降低输出电阻。

7.6 假设单管共射放大电路在无反馈时的 $\dot{A}_\mathrm{vm} = -90, f_\mathrm{L} = 30\mathrm{Hz}, f_\mathrm{H} = 30\mathrm{kHz}$。如果反馈系数 $\dot{F}_\mathrm{vv} = -10\%$,问闭环后的 $\dot{A}_\mathrm{vf}$、f_Lf 和 f_Hf 各等于多少?

7.7 在图 7.30 中:

① 电路中共有哪些反馈(包括级间反馈和局部反馈),分别说明它们的极性和组态。

② 如果要求 R_f1 只引入交流反馈,R_f2 只引入直流反馈,应该如何改变?(请画在图上)

③ 在第②小题情况下,上述两种反馈各对电路性能产生什么影响?

④ 在第②小题情况下,假设满足深度负反馈条件,估算电压放大倍数 $\dot{A}_\mathrm{vf}$。

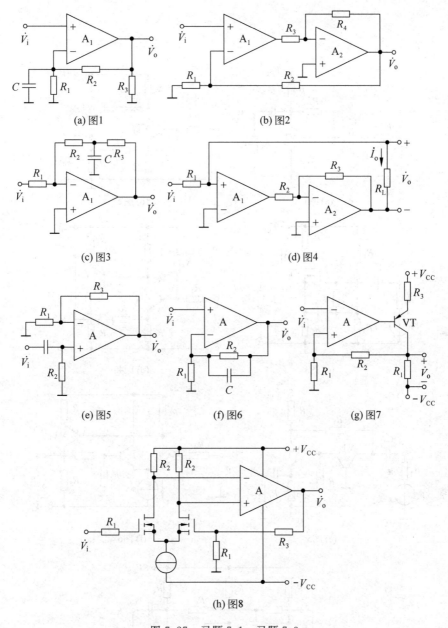

图 7.27 习题 7.1～习题 7.3

7.8 分别判断图 7.31 所示各电路中反馈的极性和组态，如为正反馈，试改接成为负反馈，并估算各电路放大倍数。设其中的集成运放均为理想运放。

7.9 图 7.32 是 MF20 万用表前置放大级的电路原理图。

① 试分析电路中共有几路级间反馈，分别说明各路反馈的极性和交直流性质，如为交流反馈，进一步分析它们的组态。

② 分别说明上述反馈对放大电路产生何种影响。

③ 试估算放大电路的电压放大倍数。

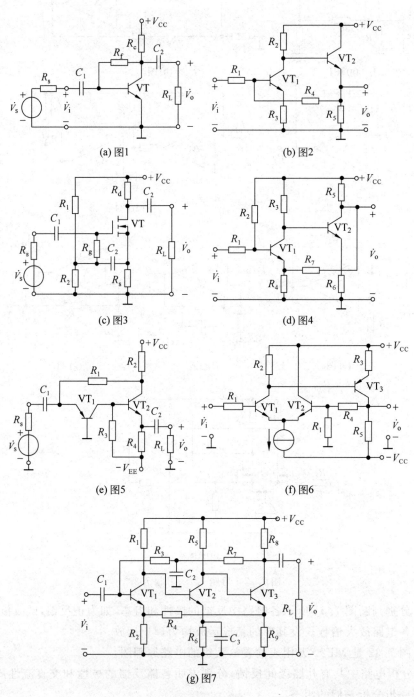

图 7.28 习题 7.4

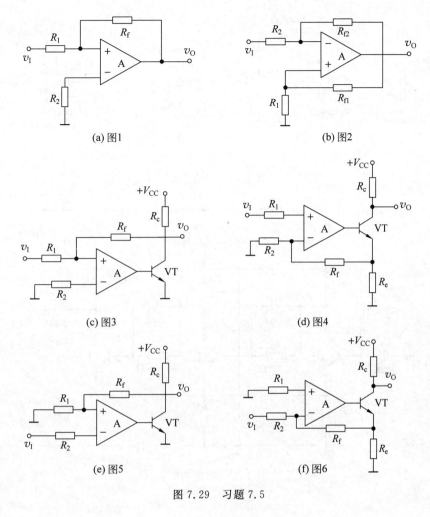

图 7.29 习题 7.5

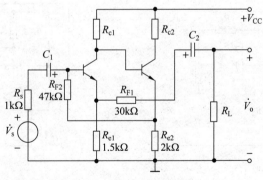

图 7.30 习题 7.7

7.10 试比较图 7.33(a)和图 7.33(b)所示电路中的反馈。
① 分别说明两个电路中反馈的极性和组态。
② 分别说明上述反馈在电路中的作用。
③ 假设两个电路中均为输入端电阻 $R_1=1\text{k}\Omega$,反馈电阻 $R_f=10\text{k}\Omega$,分别估算两个电路

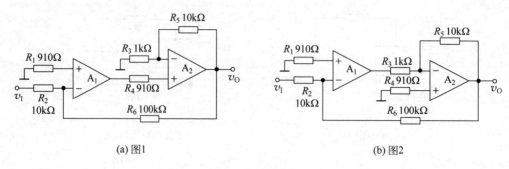

(a) 图1   (b) 图2

图 7.31 习题 7.8

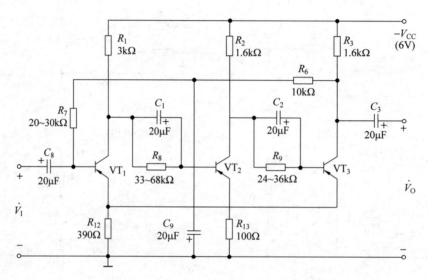

图 7.32 习题 7.9

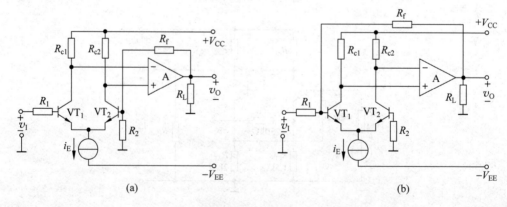

(a)   (b)

图 7.33 习题 7.10

的闭环电压放大倍数 $\dot{A}_{vf} = \dfrac{\dot{V}_o}{\dot{V}_i}$ 各等于多少?

7.11 在图 7.34 所示的电路中：①通过引入一个级间反馈(画在图上)，以提高输出级的带负载能力，减小输出电压波形的非线性失真；②试说明此反馈的组态；③若要求引入负反馈后的电压放大倍数 $\dot{A}_{vf}=\dfrac{\dot{V}_o}{\dot{V}_i}=40$,试选择反馈电阻的阻值。

7.12 在图 7.35 所示电路中:

① 要求 $P_{om} \geqslant 8W$,已知三极管 VT_3、VT_4 的饱和管压降 $V_{CES}=1V$,则 V_{CC} 至少应为多大?

② 判断级间反馈的极性和组态,如为正反馈,将其改为负反馈。

③ 假设最终满足深负反馈条件,估算 $\dot{A}_{vf}=\dfrac{\dot{V}_o}{\dot{V}_i}=?$

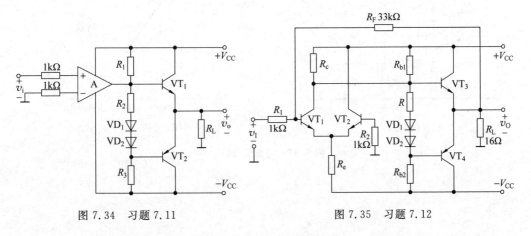

图 7.34 习题 7.11   图 7.35 习题 7.12

7.13 图 7.36 分别是两个负反馈放大电路增益 $\dot{A}\dot{F}$ 的波特图:

① 分别判断两个放大电路是否产生自励振荡;

② 如果振荡则简述理由;如果不振,说明其幅度裕度 G_m 和相位裕度 φ_m 各等于多少。

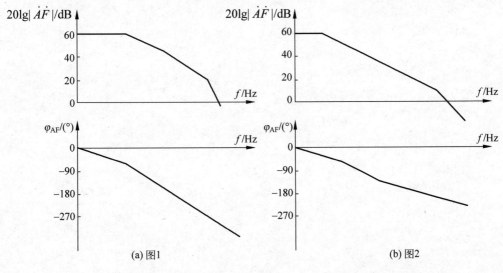

(a) 图1   (b) 图2

图 7.36 习题 7.13

7.14 如图 7.37(a)所示的放大电路 $\dot{A}\dot{F}$ 的波特图如图 7.37(b)所示。

(1) 判断该电路是否会产生自励振荡？简述理由。

(2) 若电路产生了自励振荡，则应采取什么措施消振？要求在图 7.37(a)中画出来。

(3) 若仅有一个 50pF 电容，分别接在三个三极管的基极和地之间均未能消振，则将其接在何处有可能消振？为什么？

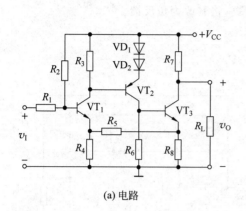
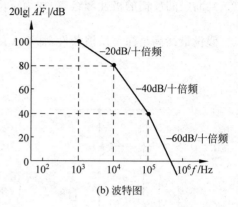

(a) 电路　　　　　　　　　(b) 波特图

图 7.37　习题 7.14

第 8 章 信号运算与处理电路

CHAPTER 8

用集成运算放大器可以组成各种模拟电路,从功能上看,有模拟信号的运算处理与产生电路。本章主要介绍模拟信号运算电路和模拟信号处理电路。模拟信号运算电路包括比例运算、求和运算、微分与积分运算、对数和反对数电路。模拟信号处理电路包括有源滤波器和电压比较器。

8.1 基本运算电路

8.1.1 比例运算电路

比例运算电路有三种基本形式,即反相输入,同相输入以及差动输入比例电路。

1. 反相比例运算电路

反相比例运算电路如图 8.1 所示,输入信号加在反相输入端,为使集成运放的两个输入端对地的直流电阻一致,在同相端应接入 R_p,且 $R_p = R_1 \parallel R_f$。

根据理想运放工作在线性区的"虚断路"的概念,$i_+ = i_- \approx 0$,可知电阻 R_p 上没有压降,则 $v_+ = 0$。又由"虚短路"的概念,可得

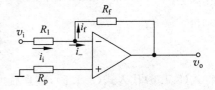

图 8.1 反相比例运算电路

$$v_+ = v_- \approx 0 \tag{8.1.1}$$

式(8.1.1)说明集成运放两个输入端的电位均为零,如同该两点接地一样,而事实上并不是真正接地,故称为"虚地"。"虚地"是反相比例运算电路的重要特征,它表明了运放两输入端基本没有共模信号电压,因此对集成运放的共模抑制比要求较低。

根据 $i_- = 0$,由图 8.1 可见

$$i_i = i_f$$
$$\frac{v_i - v_-}{R_i} = \frac{v_- - v_o}{R_f}$$

因为 $v_- = 0$,所以输出电压与输入电压的关系为

$$v_o = -\frac{R_f}{R_1} v_i \tag{8.1.2}$$

式(8.1.2)表明,电路的输出电压与输入电压成正比,负号表示输出信号与输入信号反

相,故称为反相比例运算电路。

由式(8.1.2)可得电路的电压放大倍数为

$$A_{vf} = \frac{v_o}{v_i} = -\frac{R_f}{R_i} \tag{8.1.3}$$

由式(8.1.3)可见,反相比例运算电路的电压放大倍数仅由外接电阻 R_f 与 R_i 之比来决定,与集成运放参数无关。

由于反相输入端"虚地",根据输入电阻的定义可得

$$R_i = \frac{v_i}{i_i} = R_1 \tag{8.1.4}$$

由式(8.1.4)可知,虽然理想运放的输入电阻为无穷大,但由于电路引入的是并联负反馈,因此反相比例运算电路的输入电阻却不大。因为电路引入的是深度电压负反馈,并且 $1+AF=\infty$,所以输出电阻 $R_o=0$。

2. 同相比例运算电路

同相比例运算电路如图 8.2 所示。输入信号通过 R_p 接入运放的同相输入端,电路引入的是电压串联负反馈,故可认为输入电阻为无穷大,输出电阻为零。

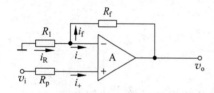

图 8.2 同相比例运算电路

根据"虚短路"和"虚断路"的概念,得

$$v_+ = v_- = v_i \tag{8.1.5}$$

式(8.1.5)表明,集成运放有共模输入电压 v_i,这是同相比例运算电路的主要特征。所以为了提高运算精度,在组成同相比例运算电路时,应选用共模抑制比高的集成运放。

因为净输入电流 $i_-=0$,所以 $i_R=i_F$,得

$$v_i = v_- = \frac{R_1}{R_1 + R_f} v_o \tag{8.1.6}$$

将式(8.1.6)代入式(8.1.5),整理后可得

$$v_o = \left(1 + \frac{R_f}{R_1}\right) v_+ = \left(1 + \frac{R_f}{R_1}\right) v_i$$

由此可得,同相比例运算电路的电压放大倍数为

$$A_{vf} = \frac{v_o}{v_i} = 1 + \frac{R_f}{R_1} \tag{8.1.7}$$

式(8.1.7)表明,输出电压与输入电压成正比,并且相位相同,故称为同相比例运算电路。同相比例运算电路的放大倍数总是不小于1。

将图 8.2 所示电路中的 R_f 短路,R_1 开路,就构成图 8.3 所示的电压跟随器电路。

由图 8.3 可知,$v_o=v_-$,而 $v_-=v_+=v_i$,因此

$$v_o = v_i \tag{8.1.8}$$

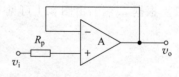

图 8.3 电压跟随器电路

因为理想运放的开环差模增益为无穷大,所以电压跟随器的跟随特性比射极输出器好。

3. 差动比例运算电路

差动比例运算电路如图 8.4 所示。

当反相端输入信号 v_{i1} 单独作用时,令 $v_{i2}=0$,此时电路为反相比例运算电路,输出电压为

$$v_{o1} = -\frac{R_4}{R_1}v_{i1} \tag{8.1.9}$$

当同相端输入信号 v_{i2} 单独作用时,令 $v_{i1}=0$,此时电路为同相比例运算电路。由于 $v_+ = v_-$,且由图 8.4 可得

$$v_+ = \frac{R_3}{R_3+R_2}v_{i2}, \quad v_- = \frac{R_1}{R_1+R_4}v_{o2}$$

则输出电压为

$$v_{o2} = \left(1+\frac{R_4}{R_1}\right)v_- = \left(1+\frac{R_4}{R_1}\right)v_+ = \left(1+\frac{R_4}{R_1}\right) \cdot \frac{R_3}{R_2+R_3}v_{i2} \tag{8.1.10}$$

利用线性叠加定理,当 v_{i1}、v_{i2} 共同作用时,输出电压 v_o 为

$$v_o = v_{o1} + v_{o2} = -\frac{R_4}{R_1}v_{i1} + \left(1+\frac{R_4}{R_1}\right) \cdot \frac{R_3}{R_2+R_3}v_{i2} \tag{8.1.11}$$

为了保证运放的两个输入端对地的电阻平衡,当满足 $R_1=R_2$、$R_3=R_4$,则输出电压可简化为

$$v_o = \frac{R_4}{R_1}(v_{i2}-v_{i1}) \tag{8.1.12}$$

式(8.1.12)表明,输出电压与两输入电压之差成正比,故图 8.4 称为差动比例运算电路。
当 $R_1=R_2=R_3=R_4$ 时,得

$$v_o = v_{i2} - v_{i1} \tag{8.1.13}$$

电路实现了减法运算。

图 8.4 所示减法运算电路结构简单。但存在两个缺点:一是电阻的选取和调整不方便;二是对于每个信号源来说输入电阻较小。在实际应用中,通常采用两级电路实现减法运算,如图 8.5 所示。

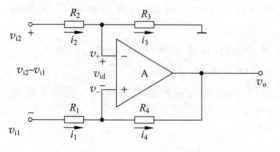

图 8.4 差动比例运算电路

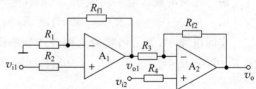

图 8.5 高输入电阻的减法运算电路

电路第一级为同相比例运算电路,因此

$$v_{o1} = \left(1+\frac{R_{f1}}{R_1}\right)v_{i1}$$

利用叠加定理,第二级电路的输出为

$$v_o = -\frac{R_{f2}}{R_3} \cdot v_{o1} + \left(1+\frac{R_{f2}}{R_3}\right)v_{i2}$$

$$v_o = -\frac{R_{f2}}{R_3} \cdot \left(1 + \frac{R_{f1}}{R_1}\right)v_{i1} + \left(1 + \frac{R_{f2}}{R_3}\right)v_{i2}$$

当 $R_1 = R_{f2}$,$R_3 = R_{f1}$ 时,得

$$v_o = \left(1 + \frac{R_{f2}}{R_3}\right)(v_{i2} - v_{i1}) \tag{8.1.14}$$

从电路的组成上看,无论 v_{i1} 还是 v_{i2},均可认为是输入电阻为无穷大。

8.1.2 求和电路

求和运算电路是取决于多个模拟输入量的相加结果,用运算放大器可组成求和运算电路,可采用反相输入方式和同相输入方式。

1. 反相求和运算电路

使用反相比例放大器可构成反相求和运算电路,如图 8.6 所示。

因为运放开环增益很大,且引入并联电压负反馈,Σ 点为"虚地"点,所以

$$i_1 = \frac{v_{i1} - v_\Sigma}{R_1} \approx \frac{v_{i1}}{R_1}$$

$$i_2 = \frac{v_{i2} - v_\Sigma}{R_2} \approx \frac{v_{i2}}{R_2}$$

$$i_3 = \frac{v_{i3} - v_\Sigma}{R_3} \approx \frac{v_{i3}}{R_3}$$

又因为理想运算放大器,$i_+ = i_- = 0$,即运放输入端不取电流,所以反馈电流 i_f 为

$$i_f = i_1 + i_2 + i_3$$

$$v_o = -i_f R_f = -\frac{R_f}{R_1}v_{i1} - \frac{R_f}{R_2}v_{i2} - \frac{R_f}{R_3}v_{i3}$$

若进一步设计各电阻值满足关系 $R_1 = R_2 = R_3 = R$,则

$$v_o = -\frac{R_f}{R}(v_{i1} + v_{i2} + v_{i3}) \tag{8.1.15}$$

【**例 8.1.1**】 试设计一个相加器,完成 $v_o = -(2v_{i1} + 3v_{i2})$ 的运算,并要求 v_{i1} 和 v_{i2} 的输入电阻均大于 $100\text{k}\Omega$。

解:为满足输入电阻均大于 $100\text{k}\Omega$,选 $R_2 = 100\text{k}\Omega$,针对 $v_o = -(2v_{i1} + 3v_{i2})$,选

$$R_f = 300\text{k}\Omega, \quad R_2 = 100\text{k}\Omega, \quad R_1 = 150\text{k}\Omega$$

实际电路中,为了消除输入偏流产生的误差,在同相输入端和地之间接入一直流平衡电阻 R_p,并令 $R_p = R_1 \| R_2 \| R_3 = 50\text{k}\Omega$,如图 8.7 所示。

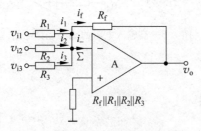

图 8.6 反相求和电路

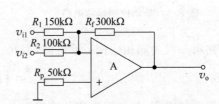

图 8.7 满足例 8.1.1 要求的反相相加器电路

2. 同相求和运算电路

同相求和运算电路,是指其输出电压与多个输入电压之和成正比,且输出电压与输入电压同相,电路如图8.8所示。

根据同相比例放大器原理,运放同相端与反相端可视为"虚短路",即

$$v_+ = v_-$$

式中,v_+ 等于各输入电压在同相端的叠加;v_- 等于 v_o 在反相端的反馈电压 v_f。

$$v_+ = \frac{R_3 \parallel R_2}{R_1 + R_2 \parallel R_3} v_{i1} + \frac{R_1 \parallel R_3}{R_2 + R_1 \parallel R_3} v_{i2}$$

$$v_- = \frac{R}{R + R_f} v_o$$

$$v_o = \left(1 + \frac{R_f}{R}\right) \cdot \left(\frac{R_2 \parallel R_3}{R_1 + R_2 \parallel R_3} v_{i1} + \frac{R_1 \parallel R_3}{R_2 + R_1 \parallel R_3} v_{i2}\right)$$

$$= \left(1 + \frac{R_f}{R}\right) \cdot \left(\frac{R_1 \parallel R_3}{R_2 + R_1 \parallel R_3}\right)(v_{i1} + v_{i2}) \tag{8.1.16}$$

由式(8.1.16)知,图8.8可实现同相求和运算。但是,集成运算放大器同相输入端电压 v_+ 与各个信号源的输入端串联电阻有关,各个信号源互不独立。因此,当调节某一支路的电阻以实现相应的比例关系时,其他支路输入电压与输出电压之间的比值也将随之变化,这样对电路参数值的估算和调试过程比较麻烦。此外,由于不存在虚地现象,集成运算放大器将承受一定的共模输入电压。

8.1.3 积分与微分运算电路

1. 积分运算电路

1) 基本积分电路

积分电路能够完成积分运算,即输出电压与输入电压的积分成正比。积分电路是控制和测量系统中常用的单元电路,利用其充放电过程可以实现延时、定时以及各种波形的产生。基本积分电路如图8.9所示。

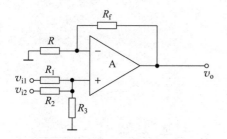

图8.8 同相相加器电路

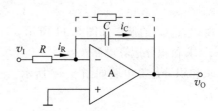

图8.9 基本积分运算电路

由图8.9可知,电容 C 中电流 i_C 等于电阻 R 中电流 i_R,即

$$i_C = i_R = \frac{v_i}{R}$$

$$v_o = -\frac{1}{C}\int i_C \, dt = -\frac{1}{RC}\int v_i \, dt \tag{8.1.17}$$

输出电压与输入电压的积分成正比。习惯上,常令 $\tau = RC$,τ 称为积分器的积分时间常

数,这样式(8.1.17)可写成

$$v_o = -\frac{1}{\tau}\int v_i \, dt$$

在实用电路中,为了防止低频信号增益过大,常在电容上并联一个电阻加以限制,如图 8.9 中虚线所示。

【例 8.1.2】 电路如图 8.10 所示,$R=100\text{k}\Omega$,$C=10\mu\text{F}$。当 $t=0\sim1\text{s}$ 时,开关 S 接 a 点;当 $t=1\sim3\text{s}$ 时,开关 S 接 b 点;而当 $t>3\text{s}$ 后,开关 S 接 c 点。已知运算放大器电源电压 $V_{CC}=|-V_{EE}|=15\text{V}$,初始电压 $v_c(0)=0$,试画出输出电压 $v_o(t)$ 的波形图。

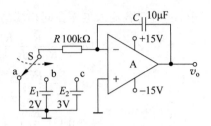

图 8.10 例 8.1.2 的电路图

解:(1) 因为初始电压为零($v_c(0)=0$),在 $t=0\sim1\text{s}$ 间,开关 S 接地,所以 $v_o=0$。

(2) 在 $t=1\sim3\text{s}$ 间,开关 S 接 b 点,电容 C 充电,充电电流为

$$i_C = \frac{E_1}{R} = \frac{2\text{V}}{100\text{k}\Omega} = 0.02\text{mA}$$

输出电压从零开始线性下降。当 $t=3\text{s}$ 时,有

$$v_o(t) = -\frac{1}{RC}\int_{t_1}^{t_2} E_1 \, dt = -\frac{E_1}{RC}(t_2-t_1)$$

$$= -\frac{2\text{V}}{10^5\Omega \cdot 10\times10^{-6}\text{F}} \cdot 2\text{s} = -4\text{V}$$

(3) 在 $t>3\text{s}$ 后,S 接 c 点,电容 C 放电后被反充电,v_o 从 -4V 开始线性上升,一直升至电源电压 V_{CC} 就不再上升了。那么,升到电源电压(+15V)所对应的时间 t_x 为

$$v_o(t_x) = +15\text{V} = -\frac{1}{RC}\int_{t_2}^{t_x} E_2 \, dt + v_o(t_2)$$

$$= -\frac{-3\text{V}}{10^5\times10\times10^{-6}}(t_x-t_2) - 4\text{V}$$

$$t_x = \frac{28}{3} = 9.33\text{s}$$

所以,$v_o(t)$ 的波形如图 8.11 所示。

2) 求和积分运算电路

求和积分运算电路如图 8.12 所示。

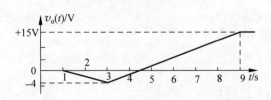

图 8.11 例 8.1.2 电路的输出波形 $v_o(t)$

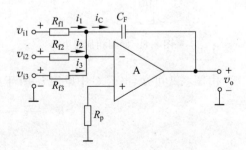

图 8.12 求和积分运算电路

由图 8.12 可知,由于 $i_C = i_1 + i_2 + i_3$,所以输出电压 v_o 和输入电压关系为

$$v_o = -\frac{1}{C_F}\int\left(\frac{v_{i1}}{R_{f1}} + \frac{v_{i2}}{R_{f2}} + \frac{v_{i3}}{R_{f3}}\right)dt$$

当 $R_{f1} = R_{f2} = R_{f3} = R_f$ 时,上式可写成

$$v_o = -\frac{1}{C_F R_f}\int(v_{i1} + v_{i2} + v_{i3})dt \tag{8.1.18}$$

2. 微分电路

将积分电路中 R 和 C 位置互换,并选取比较小的时间常数,即可组成基本微分电路,如图 8.13 所示。

由图 8.13 可知

$$i_C = C\frac{dv_i}{dt} = i_o \tag{8.1.19a}$$

$$v_o = -i_C R = -RC\frac{dv_i}{dt} \tag{8.1.19b}$$

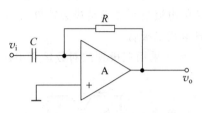

图 8.13 基本微分电路

由式(8.1.19)可见,输出电压与输入电压对时间的导数成正比,RC 称为时间常数。如输入信号 $v_i = \sin\omega t$,则输出电压 $v_o = -RC\omega\cos\omega t$。需要指出的是,微分器的输出幅值随频率增加而线性地增加,所以微分器对输入端噪声中高频分量的增益很高,往往使输出信噪比很低,而且电路可能不稳定,所以微分器很少有直接应用。在需要微分运算之处,也尽量设法用积分器代替。

8.1.4 对数和反对数电路

在实际应用中,有时需要进行对数运算或反对数(指数)运算。例如,在某些系统中,输入信号范围很宽,容易造成限幅状态,通过对数放大器,使输出信号与输入信号的对数成正比,从而将信号加以压缩。又例如,要实现两信号的相乘或相除等,都需要使用对数和反对数运算电路。

1. 对数运算电路

1) 采用二极管的对数运算电路

采用二极管的对数运算电路如图 8.14 所示。

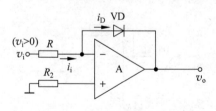

图 8.14 基本对数运算电路

图 8.14 中二极管为反馈元件,跨接于输出端与反相输入端之间。为使二极管导通,v_i 应大于 0。由二极管的伏安特性可知

$$i_D = I_S(e^{\frac{v_D}{V_T}} - 1) \tag{8.1.20}$$

当二极管两端电压大于 100mV(即 $v_D > 4V_T$)时,$e^{\frac{v_D}{V_T}} \gg 1$,则二极管两端的正向电压与电流的关系可近似为

$$i_i = i_D \approx I_S e^{\frac{v_D}{V_T}}$$

$$i_i = \frac{v_i}{R}$$

$$\frac{v_i}{R} = I_S e^{\left(\frac{0-v_o}{V_T}\right)}$$

$$v_o = -V_T \ln \frac{v_i}{I_S R} \tag{8.1.21}$$

由式(8.1.21)可见,输出电压与输入电压成对数关系。

式(8.1.21)表明,运算关系与 V_T 和 I_S 有关,因而运算精度受温度影响;而且二极管在电流较小时内部载流子的复合运动不可忽略,在电流较大时的内阻不可忽略。所以,仅在一定的电流范围才满足指数特性。为扩大输入输出电压的动态范围,实用电路中常采用三极管取代二极管。

2) 采用三极管的对数运算电路

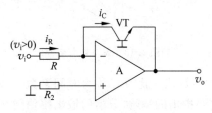

图 8.15 三极管对数运算电路

采用三极管的对数运算电路如图 8.15 所示。

它是将图 8.14 所示电路中的二极管用三极管 VT 来替代。忽略晶体管基区体电阻压降,设共基电路电流放大倍数 $\alpha \approx 1$,$v_{BE} > 4V_T$,则

$$i_C = \alpha i_E \approx I_S e^{\frac{v_{BE}}{V_T}}$$

$$v_{BE} \approx V_T \ln \frac{i_C}{I_S}$$

由电路图可知

$$i_C = i_R = \frac{v_i}{R}, \quad v_{BE} = -v_o$$

所以

$$v_O = -v_{BE} \approx -V_T \ln \frac{v_i}{I_S R} \tag{8.1.22}$$

式(8.1.22)与式(8.1.21)一样,可以实现对数运算。

三极管对数运算电路和二极管对数运算电路一样,对数运算关系均与 V_T 和 I_S 有关,因而两者的运算精度均受温度的影响。但是采用三极管构成的对数运算电路,其输入电压的工作范围较大。

2. 指数运算电路

将图 8.15 所示对数运算电路中的三极管和电阻 R 位置互换,即为指数运算电路,如图 8.16 所示。
由图可知

$$v_i = v_{BE}$$

$$i_R = i_E \approx I_S e^{\frac{v_i}{V_T}}$$

所以输出电压

$$v_o = -i_R R = -I_S R e^{\frac{v_i}{V_T}} \tag{8.1.23}$$

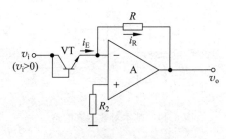

图 8.16 指数运算电路

式(8.1.23)表明,输出电压与输入电压之间满足指数运算关系,实现了指数运算。

综上所述,无论是对数运算还是指数运算,其运算式中都包含 I_S 及 V_T,说明受温度影响较大,运算精度都不是很高。因此,在设计实际的对数/指数运算电路时,总是要采取一定

的措施,以减小温度的影响。通常在集成对数/指数运算电路中,根据差分电路的原理,利用特性相同的两只三极管进行补偿,可部分消除温度对运算的影响。对于具体电路,读者可以参考集成对数/指数运算电路手册,此处不再赘述。

8.2 有源滤波器

8.2.1 滤波器概述

滤波电路是一种能让需要频段的信号顺利通过,而对其他频段信号起抑制作用的电路。在这种电路中,把能顺利通过的频率范围称为"通频带"或"通带";反之,受到衰减或完全被抑制的频率范围,称为"阻带";两者之间幅频特性发生变化的频率范围,称为"过渡带"。其滤波电路的幅频特性如图 8.17 所示。

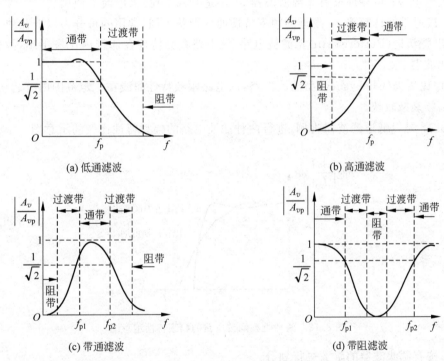

图 8.17 滤波电路的幅频特性示意图

1. 滤波电路的分类

(1) 按照幅频特性的不同,滤波电路可分为以下几种。

① 低通滤波电路(LPF),它允许信号中的直流和低频分量通过,抑制高频分量。幅频曲线如图 8.17(a)所示。

② 高通滤波电路(HPF),它允许信号中高频分量通过,抑制直流和低频信号,幅频曲线如图 8.17(b)所示。

③ 带通滤波电路(BPF),它只允许一定频段的信号通过,对低于或高于该频段的信号,以及干扰和噪声进行抑制。幅频曲线如图 8.17(c)所示。

④ 带阻滤波电路(BEF),它能抑制一段频段内的信号,而使此频段外的信号通过,幅频曲线如图 8.17(d)所示。

(2) 按处理的信号不同,可分为模拟滤波电路和数字滤波电路。

(3) 按使用的滤波元件不同,可分为 LC 滤波电路、RC 滤波电路、RLC 滤波电路。

(4) 按有无使用有源器件分为以下几种。

① 无源滤波电路,它是仅由无源器件(电阻、电容、电感)组成的滤波电路。该电路的优点是电路简单,不需要有直流供电电源,工作可靠。缺点是负载对滤波特性影响较大,无放大能力。

② 有源滤波电路,它是由无源网络(一般含 R 和 C)和放大电路共同组成。这种电路的优点是不使用电感、体积小、重量轻、可放大通带内信号。由于引进了负反馈,可以改善其性能;负载对滤波特性影响不大。缺点是通带范围受有源器件的带宽限制(一般含运放);需有直流供电电源;可靠性没有无源滤波器高,不适合高电压/大电流下使用。

(5) 按通带特征频率 f_0 附近的频率特性曲线形状不同,常用的可分为以下几种。

① 巴特沃斯(Butterworth)型滤波电路,该电路幅频特性在通带内比较平坦,故也称最大平坦滤波器。

② 切比雪夫(Chebyshev)型滤波电路,该电路幅频特性曲线在一定范围内有起伏,但在过渡带幅频衰减较快。

图 8.18 是以低通滤波器为例,进行两种滤波电路的幅频特性比较的示意图。

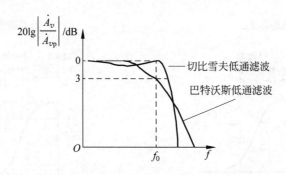

图 8.18 两种类型滤波电路的幅频特性示意图

(6) 按有源滤波器的阶数进行划分。

有源滤波器传输函数分母中"s"的最高次数,即为滤波电路的阶数。因此,有源滤波电路又有一阶、二阶及高阶滤波之分。阶数越高,滤波电路幅频特性过渡带内曲线越陡,形状越接近理想。

2. 有源滤波电路的主要参数

1) 通带电压放大倍数 A_{vp}

通带电压放大倍数 A_{vp} 即通带水平区的电压增益。对于低通滤波器(LPF)而言,A_{vp} 就是当 $f \to 0$ 时,输出/输入电压之比;对于高通滤波器(HPF)而言,A_{vp} 就是当 $f \to \infty$ 时输出/输入电压之比。

2) 通带截止频率 f_p(通带截止角频率 ω_p)

该频率为电压增益下降到 $A_{vp}/\sqrt{2}$(即 $0.707A_{vp}$),或相对于 A_{vp} 分贝值低于 3dB 时所对应的频率值(或角频率值)。通带(带阻)分别有上、下两个截止频率,如图 8.17(c)、(d)所示。

3) 通带(阻带)宽度 BW

通带(阻带)宽度 BW 是指带通(带阻)两个截止频率之差,即 $f_{BW}=f_{p2}-f_{p1}$(设 $f_{p2}>f_{p1}$)。

8.2.2 一阶有源滤波器

1. 一阶有源低通滤波电路

1) 同相输入低通滤波电路

同相输入型一阶有源低通滤波电路如图 8.19(a)所示。

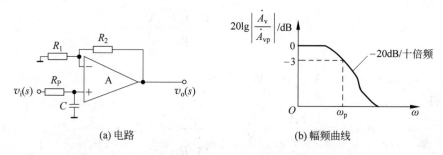

图 8.19 同相输入型一阶有源低通滤波电路及其幅频曲线

在 s 域分析,有

$$V_+(s) = V_i(s) \cdot \frac{\frac{1}{sC}}{R+\frac{1}{sC}}$$

$$V_-(s) = V_o(s) \cdot \frac{R_1}{R_1+R_2}$$

由理想化条件,可知 $V_+(s)=V_-(s)$,则

$$A_v(s) = \frac{V_o(s)}{V_i(s)} = \left(1+\frac{R_2}{R_1}\right) \cdot \frac{1}{1+\frac{s}{\frac{1}{RC}}} = A_{vp} \cdot \frac{1}{1+\frac{s}{\omega_p}}$$

$$A_{vp} = 1+\frac{R_2}{R_1}, \quad \omega_p = \frac{1}{RC} \tag{8.2.1}$$

式(8.2.1)中,ω_p 为低通滤波器的通带截止角频率。当 $\omega=\omega_p$ 时,即 s 用 $j\omega_0$ 代入时有 $|\dot{A}_v|=|\dot{A}_{vp}/\sqrt{2}|$;当 $\omega \gg \omega_p$ 时,$20\lg|\dot{A}_v|$ 按 $-20\text{dB}/$十倍频下降。

图 8.19(b)所示为同相输入型一阶有源低通滤波电路幅频曲线。$\dot{A}_v$ 为同相放大器增益,图中 $20\lg|\dot{A}_v/\dot{A}_{vp}|$ 为增益相对分贝数比值。

2) 反相输入低通滤波电路

反相输入低通滤波电路,如图 8.20(a)所示。同样,不难分析出其传输特性曲线,有

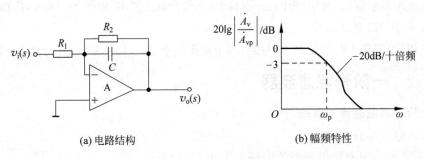

(a) 电路结构 (b) 幅频特性

图 8.20 反相输入型一阶有源低通滤波电路及其幅频曲线

$$\begin{cases} \dfrac{V_i(s)-V_-(s)}{R_1} = \dfrac{V_-(s)-V_o(s)}{R_2 \parallel \dfrac{1}{sC}} \\ V_-(s)-V_+(s)=0 \end{cases}$$

整理后,得

$$A_v(s)=\dfrac{V_o(s)}{V_i(s)}=-\dfrac{R_2}{R_1}\cdot\dfrac{1}{1+\dfrac{s}{1/R_2C}}=A_{vp}\cdot\dfrac{1}{1+\dfrac{s}{\omega_0}} \tag{8.2.2}$$

式(8.2.2)中,$A_{vp}=-R_2/R_1$,为运放反相比例放大倍数,$\omega_p=1/R_2C$ 为低通滤波器上限截止角频率,对应幅频特性曲线如图 8.20(b)所示。

2. 一阶有源高通滤波电路

1) 同相输入型一阶有源高通滤波电路

同相输入型一阶有源高通滤波电路如图 8.21(a)所示。

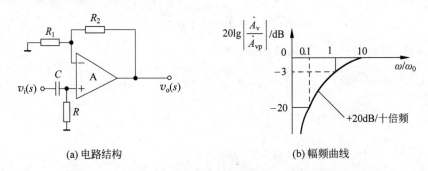

(a) 电路结构 (b) 幅频曲线

图 8.21 同相输入型一阶有源高通滤波电路及其幅频曲线

在 s 域对其分析,得

$$A_v(s)=\dfrac{V_o(s)}{V_i(s)}=\left(1+\dfrac{R_2}{R_1}\right)\cdot\dfrac{1}{1+\dfrac{1/RC}{s}}=A_{vp}\cdot\dfrac{1}{1+\dfrac{\omega_0}{s}} \tag{8.2.3}$$

式(8.2.3)中,$A_{vp}=\left(1+\dfrac{R_2}{R_1}\right)$ 为运放同相放大倍数,同前面低通滤波电路一样,有 $\omega_p=\dfrac{1}{RC}$,ω_p 为该高通滤波电路的下限截止角频率,幅频特性曲线如图 8.21(b)所示。

2) 反相输入型一阶有源高通滤波器

反相输入型一阶有源高通滤波器电路如图 8.22(a)所示。对应幅频特性曲线如图 8.22(b)所示。

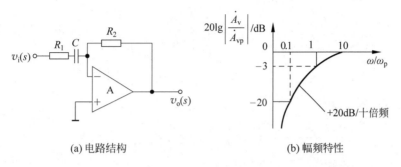

(a) 电路结构　　　　　　　　(b) 幅频特性

图 8.22　反相输入型一阶有源高通滤波电路及其幅频曲线

其传输函数为

$$A_v(s) = \frac{V_o(s)}{V_i(s)} = -\frac{R_2}{R_1} \cdot \frac{1}{1+\frac{1/R_2C}{s}} = A_{vp} \cdot \frac{1}{1+\frac{\omega_0}{s}} \quad (8.2.4)$$

通过对以上两种一阶低通、高通滤波器的电路分析,可得以下结论:

(1) 常用的一阶有源 LPF,传输表达式均为 $K(s) = k \cdot \dfrac{1}{s/\omega_p}$,其中 k 为同相增益或反相增益;ω_p 为电路中 RC 时间常数的倒数,为上限截止角频率。

(2) 常用的一阶有源 HPF,传输表达式均为 $K(s) = k \cdot \dfrac{1}{\omega_p/s}$,其中 k 为同相增益或为反相增益;ω_p 为电路中 RC 时间常数的倒数,为下限截止角频率。

8.2.3　二阶有源滤波电路

二阶有源滤波电路相对于一阶有源滤波电路而言,增加了 RC 环节,滤波器的过渡带变窄,衰减速率增大,即从 -20dB/十倍频变为 -40dB/十倍频。

1. 简单二阶低通滤波电路

简单二阶低通滤波电路如图 8.23(a)所示。

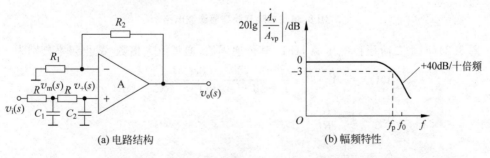

(a) 电路结构　　　　　　　　(b) 幅频特性

图 8.23　简单二阶有源低通滤波电路及其幅频曲线

通过对其作简单分析,得传输函数为

$$A_v(s) = \left(1 + \frac{R_2}{R_1}\right) \cdot \frac{V_+(s)}{V_i(s)} = \left(1 + \frac{R_2}{R_1}\right) \cdot \frac{V_+(s)}{V_m(s)} \cdot \frac{V_m(s)}{V_i(s)} \quad (8.2.5)$$

当 $C_1 = C_2 = C$ 时,有

$$\frac{V_+(s)}{V_m(s)} = \frac{1}{sRC+1}$$

$$\frac{V_m(s)}{V_i(s)} = \frac{\frac{1}{sC} \parallel \left(R + \frac{1}{sC}\right)}{R + \left[\frac{1}{sC} \parallel \left(R + \frac{1}{sC}\right)\right]}$$

代入式(8.2.5),整理得

$$A_v(s) = \left(1 + \frac{R_2}{R_1}\right) \cdot \frac{1}{1 + 3sRC + (sRC)^2}$$

用 $j\omega$ 代替 s,且令 $f_0 = \frac{1}{2\pi RC}$,得

$$\dot{A}_v = \frac{1 + \frac{R_2}{R_1}}{1 + 3j\frac{f}{f_0} - \left(\frac{f}{f_0}\right)^2} = \frac{\dot{A}_{vp}}{1 + 3j\frac{f}{f_0} - \left(\frac{f}{f_0}\right)^2} \quad (8.2.6)$$

令式(8.2.6)分母模为 $\sqrt{2}$,解得

$$f_p \approx 0.37 f_0$$

幅频特性曲线如图 8.23(b)所示,过渡带衰减可达 $-40\text{dB}/$十倍频。

2. 简单二阶高通滤波电路

简单二阶高通滤波电路如图 8.24 所示。

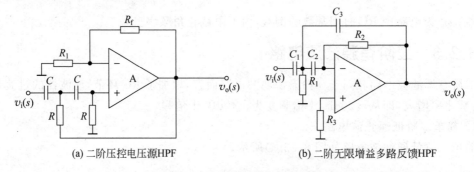

(a) 二阶压控电压源HPF　　　　　　(b) 二阶无限增益多路反馈HPF

图 8.24　二阶有源高通滤波电路

图 8.24(a)是二阶压控电压源 HPF,其传递函数、通带放大倍数、截止频率分别为

$$A_v(s) = A_{vp}(s) \cdot \frac{(sRC)^2}{1 + [3 - A_{vp}(s)] \cdot sRC + (sRC)^2}$$

$$A_{vp} = 1 + \frac{R_f}{R_1}$$

$$f_p = \frac{1}{2\pi RC}$$

图 8.24(b)是二阶无限增益多路反馈 HPF,其传递函数、通带放大倍数、截止频率分别为

$$A_v(s) = A_{vp}(s) \cdot \frac{s^2 R_1 R_2 C_2 C_3}{1 + s\frac{R_2}{C_2 C_3}(C_1 + C_2 + C_3) + s^2 R_1 R_2 C_2 C_3}$$

$$A_{vp} = -\frac{C_1}{C_3}$$

$$f_p = \frac{1}{2\pi \sqrt{R_1 R_2 C_2 C_3}}$$

3. 二阶带通有源滤波电路

带通滤波器的功能是允许某一频带内的信号通过，而处于该频带外的其他信号都不能通过。它可由低通和高通电路结合而成，如图 8.25 所示。

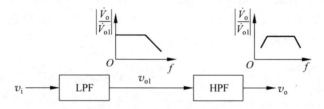

图 8.25　高通滤波电路与低通滤波电路串联共同构成带通

将截止频率为 ω_H 的一个低通滤波电路和一个截止频率为 ω_L 的高通滤波电路"串接"可组成带通滤波电路，其中 RC 组成低通网络，$R_2 C$ 组成高通网络，如图 8.26 所示。

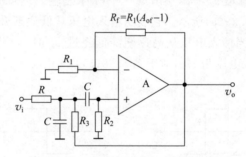

图 8.26　二阶压控电压源带通滤波电路

4. 带阻滤波器

带阻滤波器的功能是在规定的频带内不让信号通过（或受到很大衰减），而在其余频率范围，则让信号能顺利通过。例如，在微弱信号放大器中滤除 50Hz 工频干扰；在电视图像信号通道中滤除伴音干扰等。构建方案读者可查阅相关资料。

8.3　电压比较器

电压比较器是对两个模拟输入电压进行比较，并将比较结果输出的电路。通常两个输入电压一个为参考电压 v_R，另一个为外加输入电压 v_i。比较器的输出有两种可能状态，即高电平或低电平，因此集成运放工作在非线性区。电压比较器可以用集成运算放大器组成，也可采用专用的集成电压比较器。

电压比较器由于输出只有高、低两种状态,是开关量,因此比较器往往是模拟电路与数字电路的接口电路,并广泛用于模拟信号/数字信号变换、数字仪表、自动控制和自动检测等技术领域。另外,它还是波形产生和变换的基本单元电路。

8.3.1 单门限比较器

图 8.27 所示电路为电压比较器。当 $v_i > v_R$ 时,比较器的输出为高电平 V_{OH};当 $v_i < v_R$ 时,比较器的输出为低电平 V_{OL}。当比较器的输出电压由一种状态跳变为另一种状态时,相应的输入电压通常称为阈值电压或门限电压,记作 V_{th}。

单门限比较器是指只有一个门限电压的比较器。当输入电压在增大或减小的过程中通过门限电压 V_{th} 时,输出电压产生跃变,从高电平 V_{OH} 跳为低电平 V_{OL},或从低电平 V_{OL} 跳为高电平 V_{OH},如图 8.28 所示。其中,图 8.28(a)所示为参考电压 v_R 接集成运放的同相输入端,输入信号 v_i 接至反相输入端。

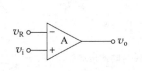

图 8.27 电压比较器电路

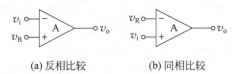

(a) 反相比较　　(b) 同相比较

图 8.28 简单电压比较器

在图 8.28(a)中,当输入 $v_i > v_R$,输出 $v_o = -V_{OL}$;当输入 $v_i < v_R$,输出 $v_o = -V_{OH}$。

它的传输特性如图 8.29(a)所示。它表明输入电压从低逐渐升高经过 v_R 时,v_o 将从高电平变为低电平。相反,当输入电压从高逐渐降低经过 v_R 时,v_o 将从低电平变为高电平。比较器的阈值电压或门限电压为 V_{th},对于图 8.29(a),$V_{th} = v_R$。

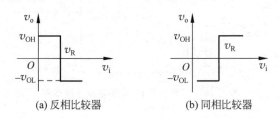

(a) 反相比较器　　(b) 同相比较器

图 8.29 简单电压比较器的传输特性

图 8.28(b)正好相反,v_R 接至反相输入端,v_i 接至同相输入端。它们均为开环运用。同理,可得图 8.28(b)所示的传输特性,如图 8.29(b)所示。

v_R 可为正,也可为负或零。当 $v_R = 0$ 时的比较器又称为过零比较器。

【例 8.3.1】 在图 8.28(a)所示的电路中,输入电压 v_i 为正弦波,画出 $v_R > 0$、$v_R < 0$、$v_R = 0$ 时的输出电压波形。

解:由图 8.28(a),得

$$V_{th} = v_R$$

所以,当 $v_R > 0$ 时,$V_{th} > 0$;$v_R < 0$ 时,$V_{th} < 0$;$v_R = 0$ 时,$V_{th} = 0$。

三种情况下的输出电压波形如图 8.30 所示。

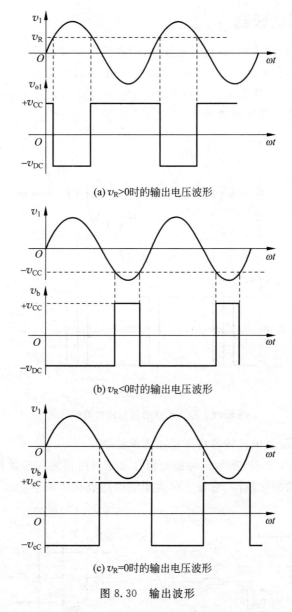

图 8.30 输出波形

有时为了减小输出电压的幅值，以适应某种需要(如驱动数字电路的 TTL 器件)，可以在比较器的输出回路加限幅电路。为防止输入信号过大而损坏集成运放，除了在比较器的输入回路中串接电阻外，还可以在集成运放的两个输入端并联二极管，其电路如图 8.31 所示。

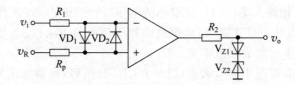

图 8.31 具有输入保护和输出限幅的比较器

8.3.2 滞回比较器

简单电压比较器结构简单,而且灵敏度高,但它的抗干扰能力差,即如果输入信号因受干扰在阈值附近变化,如图 8.32(a)所示,将此信号加进同相输入的过零比较器,则输出电压将反复地从一个电平变化至另一个电平,输出电压波形如图 8.32(b)所示。用此输出电压控制电机等设备,将出现频繁地动作,这是不允许的。

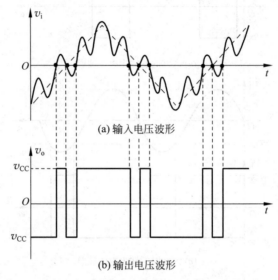

图 8.32 噪声干扰对简单比较器的影响

滞回比较器能克服简单比较器抗干扰能力差的缺点。

滞回比较器如图 8.33(a)所示。将输出信号反馈到同相输入端就构成一个正反馈闭环系统,该电路为反相滞回比较器,它是一种典型的由运放构成的双稳态触发器,又称施密特触发器。

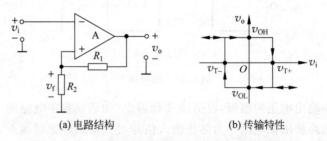

(a) 电路结构   (b) 传输特性

图 8.33 运放构成的反相滞回比较器及其传输特性

在图 8.33 中,R_1、R_2 构成正反馈网络。因为集成运放具有很高的开环电压增益,所以同相输入端(+)与反相输入端(-)只需很小的电压(约±1mV),就能使输出端的电压接近于电源电压。因此,电路一旦接通,输出端就会处于高电位 V_{OH},或者处于低电位 V_{OL},V_{OH} 和 V_{OL} 的值分别接近于运放的供电电源 $\pm E$。

(1) 设输出端处在高电平 V_{OH} 状态,则经 R_1、R_2 分压后,反馈电压为

$$v_f = \frac{R_2}{R_1 + R_2} V_{OH} = V_{T+} \tag{8.3.1}$$

只要输入电压 $v_i < V_{T+}$,输出端就能始终保持在高电平 V_{OH} 状态(稳态之一)。只有当 $v_i > V_{T+}$ 时,才能使输出端由高电平 V_{OH} 跳变到低电平 V_{OL}。通常 V_{T+} 称为上门限电压或关闭电压。

(2) 设输出端处在低电平 V_{OL} 状态,则经 R_1、R_2 分压后,反馈电压为

$$v_f = \frac{R_2}{R_1 + R_2} V_{OL} = V_{T-} \tag{8.3.2}$$

只要输入电压 $v_i > V_{T-}$,输出端就能始终保持在低电平 V_{OL} 状态(稳态之一)。只有当 $v_i < V_{T-}$ 时,才能使输出端由低电平 V_{OL} 跳变到高电平 V_{OH}。通常 V_{T-} 称为下门限电压或开启电压。

根据以上分析,可以得到该电路的传输特性曲线,如图8.33(b)所示,因为该比较器的传输特性曲线形状类似于迟滞回线,故这类比较器又称为迟滞比较器。通常将上门限电压 V_{T+} 与下门限电压 V_{T-} 之差称为回差 ΔV_H,即

$$\Delta V_H = V_{T+} - V_{T-} = \frac{R_2}{R_1 + R_2}(V_{OH} - V_{OL}) \tag{8.3.3}$$

式(8.3.3)表明,如果想减小回差,应当使 R_2 远小于 R_1,但这将使触发电路的可靠性降低。

如将输入电压 v_i 接至同相端,即可构成同相输入滞回比较器。

滞回比较器可用于产生矩形波、锯齿波和三角波等各种非正弦波信号,也可用来组成各种波形变换电路。

【例 8.3.2】 滞回比较器如图 8.33(a)所示,其上、下阈值及输入波形如图 8.34(a)所示,试画出输出波形。

解:根据其传输特性可知,当其输出低电平时,只有在输入电压低于下阈值后,输出才能跳变成高电平;反之,当其输出高电平时,只有在输入电压高于上阈值后,输出才能跳变成低电平。

由波形可看出,滞回比较器具有很强的抗干扰能力。

8.3.3 窗口比较器

窗口比较器用于判断输入电压是否在指定的门限电压之内。电路如图 8.35(a)所示,其传输特性如图 8.35(b)所示。

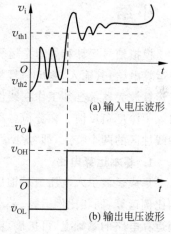

图 8.34 输入及输出电压波形

当 $v_I > V_A$ 时,v_{O1} 为高电平,VD_1 导通;v_{O2} 为低电平,VD_2 截止,即 $v_O = v_{O1} = V_{OH}$。

当 $v_I < V_B$ 时,v_{O1} 为低电平,VD_1 截止;v_{O2} 为高电平,VD_2 导通,即 $v_O = v_{O2} = V_{OH}$。

当 $V_B < v_I < V_A$ 时,$v_{O1} = v_{O2} = -V_{OL}$,二极管 VD_1、VD_2 均截止,$v_O = 0V$。

其传输特性如图 8.35(b)所示。

窗口比较器电路可用于监视数字集成电路的供电电源,以保证集成电路安全正常地工作在典型电压附近。

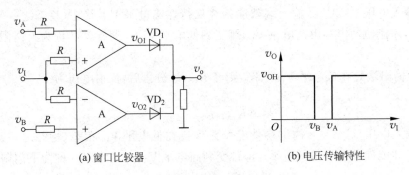

(a) 窗口比较器　　　　　(b) 电压传输特性

图 8.35　窗口比较器电路与传输特性

8.3.4　集成电压比较器

以上介绍的各种类型的电压比较器,可由通用集成运算放大器组成,也可采用单片集成电压比较器实现,集成电压比较器内部电路的结构和工作原理与集成运算放大器十分相似,但由于用途不同,集成电压比较器有其固有的特点。

(1) 集成电压比较器,可直接驱动 TTL 等数字集成电路器件。
(2) 一般集成电压比较器的响应速度比同等价格集成运放构成的比较器的响应速度要快。
(3) 为提高速度,集成电压比较器内部电路的输入级工作电流较大。

小结

模拟信号运算和处理是运算放大器的重要应用领域,由集成运算放大器组成的模拟信号运算电路,其输入、输出信号都是模拟量,且要满足数学运算规律。因此,运算电路中的集成运算放大器都必须工作在线性区。为了使集成运算放大器工作在线性区,运算电路中都引入了深度负反馈。在分析各种运算电路的输入、输出关系时,总是从理想运算放大器工作在线性区的两个特点,即"虚断"和"虚短"出发。

1. 基本运算电路

集成运放引入电压负反馈后,可以实现模拟信号的比例运算,比例运算电路还可分为反相比例运算、同相比例运算、差动比例运算,其中反相比例运算因性能好而应用广泛。在比例运算电路的基础上,可扩展、演变为其他形式的运算电路,如求和电路、微分与积分电路、对数和反对数电路。微分与积分电路是利用电容两端的电压与流过电容的电流之间存在着积分关系,对数和反对数电路是利用半导体二极管(或用半导体三极管等效)的电流与电压之间存在的指数关系。

2. 有源滤波器

滤波器是模拟信号处理电路,其作用是滤除不需要的频率分量、保留所需的频率分量。按滤除频率分量的范围,可分为低通、高通、带通、带阻等类型滤波器。

无源滤波器由电阻和电容元件组成。有源滤波器由电阻、电容和集成运算放大器组成。在有源滤波器中,集成运算放大器主要用于提高通带增益和带负载能力。为了改善滤波器特性,常用一阶和二阶滤波器电路。

3. 电压比较器

电压比较器的输入信号是连续变化的模拟量,而输出信号为高电平、低电平两种状态。电压比较器中的集成运算放大器工作在非线性区,集成运算放大器常处于开环状态或者被引入正反馈。常用的电压比较器有单门限比较器、迟滞比较器和窗口比较器,其中迟滞比较器具有较强的抗干扰能力而得到广泛应用。

习题

8.1 电路如图 8.36 所示,运放是理想运放。
(1) 判断电路的反馈组态。
(2) 通过电路解释概念:虚短路、虚断路、虚地。
(3) 写出电路的电压增益表达式。

8.2 试求图 8.37 所示各电路输出电压与输入电压的运算关系式。

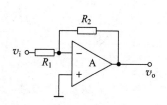

图 8.36 习题 8.1

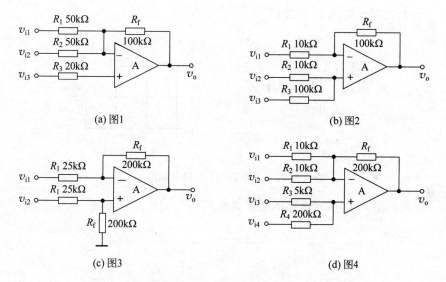

图 8.37 习题 8.2 电路

8.3 电路如图 8.38 所示,已知 $R_2 \gg R_4$,求 $R_1 = R_2$ 时,v_o 与 v_i 的比例关系。

8.4 试求图 8.39 所示各电路输出电压与输入电压的运算关系式。

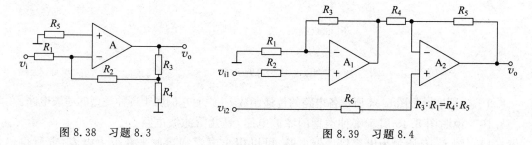

图 8.38 习题 8.3   图 8.39 习题 8.4

8.5 现有一正弦信号变化范围为 $-5\sim+5\mathrm{V}$,如图 8.40(a)所示,试设计一电平抬高电(用双运放设计),将其变化范围变为 $0\sim+5\mathrm{V}$,如图 8.40(b)所示。

8.6 电路如图 8.41 所示。试问:若以稳压管的稳定电压 V_Z 作为输入电压,则当 R_2 的滑动端位置变化时,输出电压 V_o 的调节范围为多少?

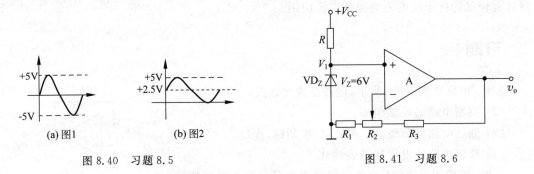

图 8.40 习题 8.5 　　　　图 8.41 习题 8.6

8.7 在图 8.42(a)所示电路中,已知输入电压 v_i 的波形,如图 8.42(b)所示,当 $t=0$ 时,$v_o=0$。试画出输出电压 v_o 的波形。

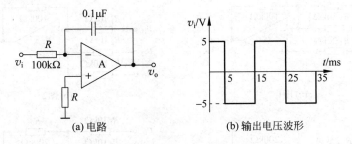

图 8.42 习题 8.7 电路及波形

8.8 试求出图 8.43 所示电路的运算关系。

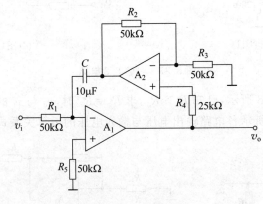

图 8.43 习题 8.8

8.9 分别推导出图 8.44 所示各电路的传递函数,并说明它们属于哪种类型的滤波电路。

8.10 说明图 8.45 属于哪种类型的滤波电路,是几阶滤波电路。

8.11 图 8.46 所示为电容倍增器电路,可以用小电容和运放来获得大电容,求所得倍增电容值的表达式。

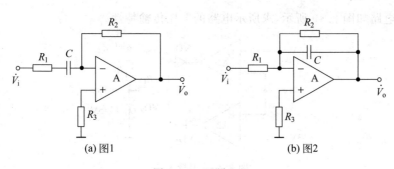

图 8.44 习题 8.9

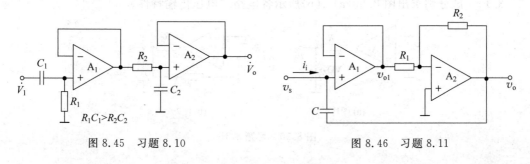

图 8.45 习题 8.10 　　　　　图 8.46 习题 8.11

8.12 已知两个电压比较器的电压传输特性分别如图 8.47(a)、(b)所示，它们的输入电压波形均如图 8.47(c)所示，试画出 v_{o1} 和 v_{o2} 的波形。

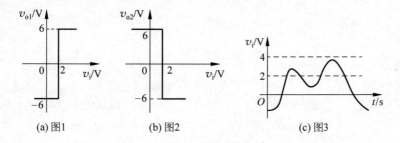

图 8.47 习题 8.12

8.13 电路如图 8.48(a)所示，试求门限电压，画出传输特性和图 8.48(b)所示输入信号下的输出电压波形。

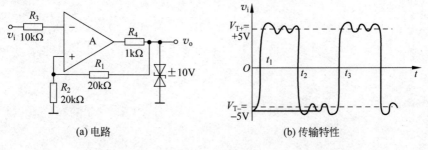

图 8.48 习题 8.13

8.14 电路如图 8.49 所示,求所示电路的电压传输特性。

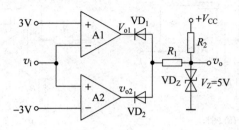

图 8.49 习题 8.14

8.15 试分别求出图 8.50(a)、(b)所示各电路的电压传输特性。

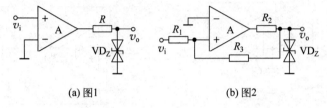

(a) 图1　　　　　　　(b) 图2

图 8.50 习题 8.15

第 9 章 信号产生电路

CHAPTER 9

在实践中,广泛采用各种类型的信号产生电路,就其波形来说,分两大类,即正弦波和非正弦波。在通信、广播、电视系统中,都需要射频(高频)发射,这里的射频波就是载波。要把音频(低频)、视频信号或脉冲信号运载出去,就需要能产生高频信号的振荡器。在工业、农业、生物医学等领域内,如高频感应加热、熔炼、淬火、超声波焊接、超声诊断和核磁共振成像等,都需要功率大小、频率高低都不一的振荡器。可见,正弦波振荡电路在各个科学技术部门的应用是十分广泛的。同样,非正弦信号(方波、锯齿波等)发生器在测量设备、数字系统及自动控制系统中的应用也日益广泛。本章在讨论正弦波振荡电路之后,讨论非正弦波信号产生电路,这需要结合前面讲过的重要单元电路——电压比较器,它不仅是波形产生电路中常用的基本单元,也广泛用于测量电路、自动控制系统和信号处理电路中。

9.1 正弦波产生电路

9.1.1 振荡电路

由第 7 章可知,放大电路中一般引入负反馈,负反馈可以改善电路的性能,但在一定的频率下可能会产生自励振荡,图 9.1 所示为正弦波振荡电路。

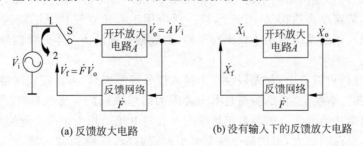

(a) 反馈放大电路　　　　(b) 没有输入下的反馈放大电路

图 9.1　正弦波振荡电路框图

图 9.1(a)所示为一个引入反馈的放大电路,输入信号 $\dot{V}_i$ 经过开环放大电路之后得到输出电压 $\dot{V}_o = \dot{A}\dot{V}_i$,再经过反馈网络后得到反馈信号 $\dot{V}_f = \dot{F}\dot{V}_o$。假如反馈信号和输入信号大小相等、相位相同,且此时如果把开关 S 从 1 快速拨向 2(时间足够短),则在放大电路的输入端反馈信号代替输入信号被送到开环放大电路,这样就仍然可以维持输出信号,而输出信号又维持着反馈信号。通过这种互相依赖的维持关系,电路在没有输入信号的情况下同样

有输出信号,这就形成了自励振荡。

图 9.1(b)所示为自励振荡电路,若$\dot X_f=\dot X_i$,则电路中不需要输入信号就可以稳定振荡,即有输出信号$\dot X_o$。由图中信号的关系可以看出,$\dot X_f=\dot F\dot X_o=\dot F\dot A\dot X_i=\dot X_i$,则

$$\dot A\dot F = 1 \tag{9.1.1}$$

设$\dot A=A\angle\varphi_A$,$\dot F=F\angle\varphi_F$,则

$$\dot A\dot F = AF\angle\varphi_A+\varphi_F = 1$$

也可写成

$$AF = 1 \tag{9.1.2}$$

$$\varphi_A+\varphi_F = 2n\pi \quad n=0,1,2,3,\cdots \tag{9.1.3}$$

式(9.1.1)为振荡电路的平衡条件,式(9.1.2)为幅度条件,式(9.1.3)为相位条件。

在第 7 章也讲到过自励振荡,条件为$\dot A\dot F=-1$。无论是负反馈中的自励振荡还是振荡电路中的振荡本质都是一样的,故振荡的条件应该一样。而这里出现条件不一样是因为它们本身引入的反馈不一致。负反馈电路中引入的是负反馈,反馈信号与输入信号相位是相反的,为了能够达到自励振荡,所以从输入到反馈需再一次反相,故$\dot A\dot F=-1$。而在振荡电路中,引入正反馈,从输入到反馈不需要反相,故$\dot A\dot F=1$。所以这两个条件本质是一致的,在判断振荡条件时要看清楚电路中的反馈性质。

电路的振荡频率 f 由电路中的选频网络来决定,只有在电路中的信号满足某一个频率时电路中的放大倍数和反馈系数才满足平衡条件,所以选频网络可以设置在开环放大电路中,也可以设置在反馈网络中。通过选频网络,"筛选"出振荡信号的频率。选频网络可以由不同的元器件组成,根据选频网络,振荡电路可以分成 RC 振荡电路、LC 振荡电路和石英晶体振荡电路。RC 振荡电路一般用在低于 1MHz 的低频振荡情况,典型的结构是 RC 相移式和 RC 桥式两种。LC 振荡电路主要用来产生 1MHz 以上的高频正弦波信号,电路中的选频网络由电感和电容组成。常见的 LC 正弦波振荡电路有变压器反馈式、电感反馈式和电容反馈式。它们的选频网络均采用 LC 并联谐振回路。石英晶体振荡器属于高精度和高稳定度的振荡器,稳定度高达$10^{-4}\sim10^{-12}$,被广泛应用于彩色电视机、计算机、遥控器等各类振荡电路中,以及通信系统中用于频率发生器、为数据处理设备产生时钟信号和为特定系统提供基准信号。

由上面的分析可以看出,首先假设一个输入信号经放大后,再由反馈网络送回到输入端而形成稳定振荡。事实上,自励振荡是不需要外加信号激励的。那么自励振荡是如何建立的呢?原来,电源接通或元件的参数起伏噪声引起的电扰动相当于一个起始激励信号,它含有丰富的谐波,经选频放大,选出某一特定频率的正弦波,反馈到输入端,再通过"放大—正反馈—再放大"的循环过程,只要这个过程中$|\dot A\dot F|>1$振荡就能逐渐增强起来。因此,仅有平衡条件是不够的,为了使振荡能由弱变强逐渐地建立起来,开始时,应有

$$|\dot A\dot F|>1 \tag{9.1.4}$$

式(9.1.4)为振荡电路的起振条件。

如果振荡建立起来以后,一直保持$|\dot A\dot F|>1$,振荡就会无限制地增强。故在振荡电路中需要一个稳幅环节,在电路建立振荡并达到预设的输出幅度时,通过一定的方式使得环路

增益降低,达到平衡条件 $\dot{A}\dot{F}=1$。

由以上分析可知,振荡电路包括四个组成部分。

(1) 放大电路。提供环路增益中的放大倍数 $\dot{A}$,在从起振到稳定过程中使得信号逐渐增强。

(2) 正反馈网络。使放大电路中的输入信号与反馈信号同相,相当于用反馈信号来代替输入信号。

(3) 选频网络。确定电路的振荡频率,使电路的振荡频率单一,保证电路产生正弦波振荡。

(4) 稳幅环节。非线性环节,使得电路中输出幅度稳定。

判断电路是否可能产生正弦波振荡的步骤如下。

(1) 观察电路中是否具有放大电路、选频网络和反馈网络。

(2) 检查放大电路是否可以正常放大,也即电路中的静态工作点是否合适以及是否可以正常放大动态信号。

(3) 用瞬时极性法判断电路中的反馈网络是否为正反馈网络。

(4) 判断电路是否满足起振条件,也即 $|\dot{A}\dot{F}|>1$,这里要说明的一点是,$|\dot{A}\dot{F}|$ 只能略大于1。如果太大,会给后面的稳幅环节带来压力,如果不能正常稳幅,振荡电路就不能稳定振荡。

(5) 分析电路中的稳幅环节,是否可以正常稳幅,稳定输出幅度是否达到要求。

9.1.2 RC 正弦波振荡电路

RC 正弦波振荡电路的结构有很多种,如文氏桥式振荡电路、移相振荡电路等,这里重点介绍文氏桥式振荡电路。

1. 文氏桥式振荡电路的基本组成

图 9.2 所示为文氏桥式振荡电路。图 9.2(a)中虚线框中的集成运算放大电路 A、电阻 R_1 和电阻 R_f 构成同相比例放大电路,电压放大倍数为

$$\dot{A}_v = \frac{\dot{V}_o}{\dot{V}_+} = 1 + \frac{R_f}{R_1} \tag{9.1.5}$$

电阻 R 和电容 C 构成的串并联网络为选频网络,同时兼作正反馈网络。反馈系数为

$$\dot{F}_v = \frac{\dot{V}_f}{\dot{V}_o} = \frac{\dot{V}_+}{\dot{V}_o} \tag{9.1.6}$$

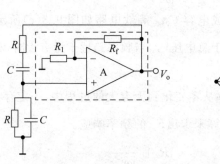

(a) 桥式振荡电路　　　　(b) 桥式振荡电路的四个桥臂

图 9.2　RC 桥式振荡电路

由图 9.2(b)可以看出，RC 串联网路、RC 并联网络、R_1 和 R_f 构成四臂电桥，电桥的其中两个顶点分别为地和运放的输出端，另外两个顶点刚好接在集成运放的同相输入端和反相输入端，因此而得名文氏桥式振荡电路。

2. RC 串并联网络的传输特性分析

电路中的 RC 串联并联网络是如何起到选频作用的，要对图 9.3 所示的 RC 串并联络的性能进行分析，即需要求出 $\dot{F}_v$ 的频率响应。

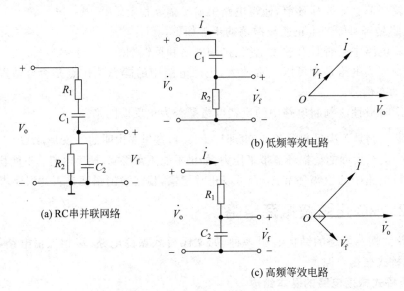

图 9.3　RC 串并联网络特性

首先经过分析得知，当信号频率足够低时，$\frac{1}{\omega C_1} \gg R_1$，$\frac{1}{\omega C_2} \gg R_2$，$R_1$ 和 C_1 组成的串联网络等效成电容 C_1，R_2 和 C_2 组成的并联网络等效成电阻 R_2。等效电路如图 9.3(b)所示，电路等效为电阻 R_2 与电容 C_1 串联。电阻 R_2 上的分压 $\dot{V}_f$ 超前于总电压 $\dot{V}_o$。当频率趋近于零时，相位超前趋近于 $+90°$，且 $\dot{V}_f$ 趋近于零。

相反地，当信号频率足够高时，$\frac{1}{\omega C_1} \ll R_1$，$\frac{1}{\omega C_2} \ll R_2$，$R_1$ 和 C_1 组成的串联网络等效成电阻 R_1，R_2 和 C_2 组成的并联网络等效成电容 C_2。等效电路如图 9.3(c)所示，电阻 R_1 和电容 C_2 串联，电容 C_2 上的分压 $\dot{V}_f$ 滞后于总电压 $\dot{V}_o$。当频率趋近于无穷大时，相位之后趋近于 $+90°$，且 $\dot{V}_f$ 也趋近于零。

由以上分析可以推断，当信号频率从零变化到无穷大的过程中，一定存在一个频率 f_0，使得 $\dot{V}_f$ 与 $\dot{V}_o$ 的相位相同，下面通过计算来求出 $\dot{F}_v$ 的频率响应。

$$\dot{F}_v = \frac{\dot{V}_f}{\dot{V}_o} = \frac{R_2 \parallel \frac{1}{j\omega C_2}}{R_1 + \frac{1}{j\omega C_1} + R_2 \parallel \frac{1}{j\omega C_2}} \tag{9.1.7}$$

经过整理可得

$$\dot{F}_\mathrm{v} = \frac{\dot{V}_\mathrm{f}}{\dot{V}_\mathrm{o}} = \frac{1}{1 + \dfrac{R_1}{R_2} + \dfrac{C_2}{C_1} + \mathrm{j}\left(\omega R_1 C_2 - \dfrac{1}{\omega R_2 C_1}\right)} \tag{9.1.8}$$

由式(9.1.8)可以看出,当 $\omega_0 R_1 C_2 - \dfrac{1}{\omega_0 R_2 C_1} = 0$,即 $\omega_0 = \dfrac{1}{\sqrt{R_1 R_2 C_1 C_2}}$ 时,$\dot{F}_\mathrm{v}$ 为实数,也就是说 $\dot{V}_\mathrm{f}$ 与 $\dot{V}_\mathrm{o}$ 的相位相同。

一般,取 $R_1 = R_2$,$C_1 = C_2$,则

$$\dot{F}_\mathrm{v} = \frac{1}{3 + \mathrm{j}\left(\omega RC - \dfrac{1}{\omega RC}\right)} \tag{9.1.9}$$

把 $\omega_0 = \dfrac{1}{RC}$ 代入式(9.1.9)得

$$\dot{F}_\mathrm{v} = \frac{1}{3 + \mathrm{j}\left(\dfrac{\omega}{\omega_0} - \dfrac{\omega_0}{\omega}\right)} \tag{9.1.10}$$

若采用线频率

$$f_0 = \frac{\omega_0}{2\pi} = \frac{1}{2\pi RC} \tag{9.1.11}$$

把式(9.1.11)代入式(9.1.10),得到

$$\dot{F}_\mathrm{v} = \frac{1}{3 + \mathrm{j}\left(\dfrac{f}{f_0} - \dfrac{f_0}{f}\right)} \tag{9.1.12}$$

由式(9.1.12),得幅频特性为

$$|\dot{F}_\mathrm{v}| = \frac{1}{\sqrt{3^2 + \left(\dfrac{f}{f_0} - \dfrac{f_0}{f}\right)^2}} \tag{9.1.13}$$

相频特性为

$$\varphi_{\dot{F}_\mathrm{v}} = -\arctan\frac{1}{3}\left(\frac{f}{f_0} - \frac{f_0}{f}\right) \tag{9.1.14}$$

根据式(9.1.13)和式(9.1.14)可以画出 $\dot{F}_\mathrm{v}$ 的幅频特性曲线和相频特性曲线,如图9.4所示。当 $f = f_0$ 时,$|\dot{F}_\mathrm{v}|_\max = \dfrac{1}{3}$,即 $|\dot{V}_\mathrm{f}| = \dfrac{1}{3}|\dot{V}_\mathrm{o}|$,且 $\varphi_{\dot{F}_\mathrm{v}} = 0°$,即 $\dot{V}_\mathrm{f}$ 与 $\dot{V}_\mathrm{o}$ 的同相。由图9.2(a)可以看出,输出信号经过反馈网络之后,反馈信号 $\dot{V}_\mathrm{f}$ 与输出信号 $\dot{V}_\mathrm{o}$ 同相位,又输出信号 $\dot{V}_\mathrm{o}$ 与放大电路的输入信号 $\dot{V}_+$ 同相位,所以反馈信号 $\dot{V}_\mathrm{f}$ 与输入端信号 $\dot{V}_+$ 相位相同,为正反馈。反馈系数最大为1/3,从理论上来说,此选频网络只需配上一个放大倍数为3的同相放大电路就可以达到振荡平衡条件。事实上,不是所有放大电路都适合,有些电路可能会影响选频网络的选频特性。这里可以采用同相比例

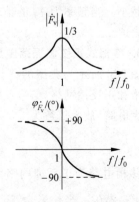

图 9.4 RC 串并联选频网络的特性

放大电路,它具有高输入阻抗和低输出阻抗的特点,从而降低对选频网络的影响,使得振荡频率几乎仅仅由选频网络来决定。

3. 文氏桥式振荡电路中的稳幅环节

由以上分析了选频网络和正反馈网络。为了使得电路能够起振,由同相比例放大电路的放大倍数

$$A_v = \frac{V_o}{V_+} = 1 + \frac{R_f}{R_1} > 3 \tag{9.1.15}$$

得

$$R_f > 2R_1 \tag{9.1.16}$$

式(9.1.16)为振荡电路的起振条件。由于同相比例放大电路的输出与输入有比较好的线性关系,为了能够稳定输出,在电路中应当加入非线性环节进行稳幅。具体的做法可以将电路中的电阻 R_f 改成热敏电阻。起振的时候,R_f 略大于 $2R_1$,环路增益 $|\dot{A}\dot{F}|>1$,输出幅度越来越大,流过电阻 R_f 的电流增加导致温度升高,由于 R_f 采用的是负温系数的热敏电阻,所以随着输出幅度的增加,电阻 R_f 的值下降,环路增益减小、输出幅度降低,当 $R_f = 2R_1$,输出幅度不再增加,达到稳定。当然也可以采用电阻 R_1 为正温度系数的热敏电阻,稳幅过程自行分析。

此外,还可以采用二极管作为非线性环节,如图 9.5 所示。当输出幅度比较小时,二极管都不导通,反馈电阻值为 R_f+R_2。当输出幅度逐渐增加时,二极管可能导通,其等效电阻与电阻 R_2 并联,随着电流的增加,二极管的等效电阻减小,使得反馈阻值变小,从而实现稳幅。放大倍数为

$$\dot{A}_v = 1 + \frac{R_f + R_2 \parallel r_d}{R_1} \tag{9.1.17}$$

4. 文氏桥式振荡电路的工作原理

由以上分析概括一下桥式振荡电路的基本工作原理。当接通电源的瞬间,由于电源接通或元件参数起伏噪声引起的电扰动相当于一个起始激励信号,它含有丰富的谐波。由前面的分析可知,由于选频网络的频率特性不是均匀的,只对频率为 f_0 信号的反馈系数最大,由此可见,信号经同相比例放大电路均衡放大后,再经选频网络和正反馈网络放大,则 f_0 信号的环路增益 $|\dot{A}_v\dot{F}_v|>1$,达到起振条件,其余频率的信号由于达不到起振条件,输出幅度越来越小。当频率为 f_0 的信号输出幅度越来越大时,非线性环节开始起作用进行稳定输出幅度。

5. 移相式正弦波振荡电路

图 9.6 所示为典型的移相式振荡电路。电路中电阻 R 和电容 C 构成的移相电路为选频网络和正反馈网络,信号反馈到集成运放的反相输入端,故电路中的负反馈电路为反相比例放大电路,放大倍数为

$$\dot{A}_v = -\frac{R_f}{R_1} \tag{9.1.18}$$

移相电路为正反馈网络兼选频网络,输出电压经过三级 RC 移相电路后,相位超前范围为 $0°\sim 270°$。当信号频率为某一频率 f_0 时,反馈信号 $\dot{V}_f$ 的相位比输出信号 $\dot{V}_o$ 超前 $180°$,即与其反相,又输出信号 $\dot{V}_o$ 与输入信号 $\dot{V}_i$ 反相,故反馈信号 $\dot{V}_f$ 与输入信号 $\dot{V}_i$ 同相

位,为正反馈。只有当相位满足、幅度也满足条件时,才可以振荡,稳幅环节可借鉴文氏桥式振荡电路。

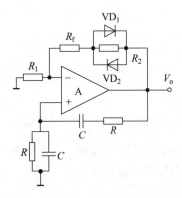

图 9.5 利用二极管作为稳幅环节

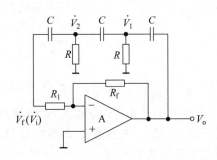

图 9.6 移相式正弦波振荡电路

9.1.3 LC 正弦波振荡电路

LC 振荡电路主要用来产生高频正弦信号,一般在 1MHz 以上。LC 和 RC 振荡电路产生正弦振荡的原理基本相同,只是采用 LC 电路作为选频网络。根据反馈方式的不同,LC 正弦波振荡电路又分为变压器反馈式、电感反馈式和电容反馈式三种。下面首先讨论 LC 网络是如何进行选频的。

1. LC 选频网络

1) LC 并联回路的频率特性

常见的 LC 正弦波振荡电路中的选频网络多采用 LC 并联回路,图 9.7(a)所示为理想网络,不考虑电路中的损耗,谐振频率为

$$f_0 = \frac{1}{2\pi\sqrt{LC}} \quad (9.1.19)$$

当信号频率较低时,电容的容抗很大,网络呈电感性;当信号频率较高时,电感的感抗很大,网络呈电容性;只有当信号频率为某一频率 f_0 时,网络呈纯阻性,且阻抗最大,此时产生电流谐振,电容的电场能转换为电感的磁场能,电感的磁场能再转换为电容的电场能。若不考虑外界损耗,两种能量无止境地互相转换,形成振荡,稳定输出正弦波。

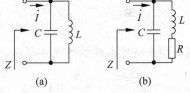

图 9.7 LC 并联网络

实际上 LC 并联网络总是存在损耗的,如电感线圈、导线等都有损耗,若把各种损耗等效为电阻 R,与电感并联,网络如图 9.7(b)所示。

由图 9.7 可得到网络的等效阻抗为

$$Z = \frac{\frac{1}{j\omega C}(R+j\omega L)}{\frac{1}{j\omega C}+R+j\omega L} \quad (9.1.20)$$

一般来讲,有 $R \ll j\omega L$,则式(9.1.20)可以简化为

$$Z = \frac{\frac{1}{j\omega C} \cdot j\omega L}{\frac{1}{j\omega C} + R + j\omega L} = \frac{\frac{L}{C}}{R + j\left(\omega L - \frac{1}{\omega C}\right)} \quad (9.1.21)$$

令 $\omega_0 \approx \frac{1}{\sqrt{LC}}$,代入式(9.1.21),网络呈纯阻抗,即

$$Z_0 = \frac{L}{RC} = Q\omega_0 L = \frac{Q}{\omega_0 C} \quad (9.1.22)$$

式中,$Q = \frac{\omega_0 L}{R} = \frac{1}{\omega_0 RC} = \frac{1}{R}\sqrt{\frac{L}{C}}$,被称为 LC 并联回路的品质因数,是评价回路损耗大小的指标,一般在几十到几百。Q 越大,说明回路的损耗越小,谐振特性越好。在振荡频率相同的情况下,电容越小、电感越大、品质因数越大、回路的选频特性越好。

当处于谐振状态下,有

$$\dot{V}_o = \dot{I}_i Z_0 = \dot{I}_i (Q\omega_0 L) = \dot{I}_i (Q/\omega_0 C) \quad (9.1.23)$$

则电容和电感中的电流为

$$\dot{I}_C = \omega_0 C |\dot{V}_o| = Q\dot{I}_i$$
$$\dot{I}_L = (1/\omega_0 C)|\dot{V}_o| = Q\dot{I}_i \quad (9.1.24)$$

由式(9.1.24)可见,谐振时回路的电流 $\dot{I}_C$ 或 $\dot{I}_L$ 电流比输入电流 $\dot{I}_i$ 大得多,即 $\dot{I}_i$ 对回路的影响可忽略。

由式(9.1.21)可得到回路的阻抗为

$$|Z| = \frac{\frac{L}{C}}{\sqrt{R^2 + \left(\omega L - \frac{1}{\omega C}\right)^2}} \quad (9.1.25)$$

$$\varphi = -\arctan\left[\frac{1}{R}\left(\omega L - \frac{1}{\omega C}\right)\right] \quad (9.1.26)$$

阻抗频率特性曲线如图 9.8 所示。

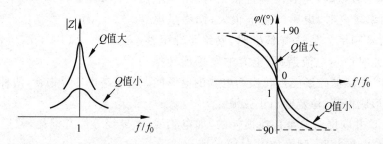

图 9.8 LC 并联网络电抗的频率特性

2) 选频放大电路

选频放大电路如图 9.9 所示。

若把共射电路中的集电极负载电阻 R_c 换成 LC 并联回路,则放大倍数为

$$\dot{A}_v = \frac{\dot{V}_o}{\dot{V}_i} = -\frac{\beta R_c}{r_{be}} = -\frac{\beta Z}{r_{be}} \quad (9.1.27)$$

根据 LC 并联回路的频率特性可知,当信号频率为 f_0 时,并联回路的阻抗 Z 最大,即放大倍数最大,且输出电压与集电极电流之间没有附加相移。对于其余频率的信号,不仅放大倍数会降低,且有附加相移。由此分析可知,电路具有选频功能,称之为选频放大电路。

2. 变压器反馈式振荡电路

LC 正弦波振荡电路中引入正反馈最简单的方法就是采用变压器反馈方式,如图 9.10 所示,电路中 C_b 和 C_e 分别是耦合电容和旁路电容,容量较大,在谐振时视为短路。

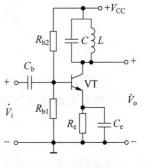

图 9.9 选频放大电路

对于图 9.10 所示的电路,判断能否振荡,具体步骤如下。

(1) 首先进行观察,电路中具有基本放大电路(共射方式)、反馈网络(变压器反馈)、选频网络(LC 并联回路)及稳幅环节(晶体管的非线性特性)。

(2) 放大电路采用分压式静态工作点稳定电路,可以设置合适的静态工作点,交流通路中信号传递过程中无开路或短路现象,能够正常放大。

(3) 判断电路中是否属于正反馈。如图 9.10 所示,基本放大电路是共射方式,信号从基极输入,反馈信号也是送到基极。断开反馈端 P 点,假设在基极输入一个频率为 f_0 的信号,对地瞬时极性为"⊕";由于处于谐振状态,LC 并联回路呈纯阻抗,故共射电路集电极的极性为"⊖";观察变压器 N_1 和 N_2 的同名端可知,反馈电压的极性也为"⊕",与输入信号极性相同,满足振荡的相位条件。

(4) 电路的起振条件需要环路增益 $|\dot{A}\dot{F}|>1$,在这里只需要选用 β 较大的管子(如 $\beta \geqslant 50$)或增加变压器原、副边之间的耦合程度(增加互感 M),或增加副边线圈的匝数,都可使电路易于起振。

(5) 稳幅环节是利用晶体管 β 的非线性来实现的,随着电流变大,晶体管进入饱和区,β 值随之下降,从而使放大倍数降低,达到平衡条件 $\dot{A}\dot{F}=1$。

图 9.11 所示为变压器反馈式振荡电路的交流通路,R 为 LC 谐振回路的总损耗,L_1 为考虑到 N_3 回路的等效电感,L_2 为副边电感,M 为 N_1 和 N_2 间的等效互感,$R_i = R_{b1} \| R_{b2} \| r_{be}$ 为放大电路的输入电阻。由图 9.11 可以推导出振荡频率为

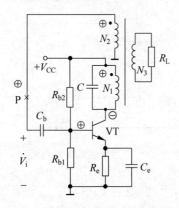

图 9.10 变压器反馈式振荡电路

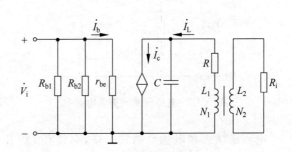

图 9.11 变压器反馈式振荡电路的交流通路

$$f_0 \approx \frac{1}{2\pi \sqrt{L_1' C}} \qquad (9.1.28)$$

式中,$L_1' = L_1 - \frac{\omega_0^2 M^2}{R_i^2 + \omega_0^2 L_2^2} \cdot L_2 (\omega_0 = 2\pi f_0)$。

变压器反馈式振荡电路易于起振,输出波形很好,应用范围广泛。

3. 电感反馈式振荡电路

LC 谐振电路除了变压器反馈式之外,还有电感反馈式和电容反馈式两种。电感反馈式振荡电路如图 9.12 所示,电路中仍采用静态工作点稳定电路作为放大电路,LC 并联回路作为反馈网络和选频网络,起振和稳幅由电路中晶体管 β 的非线性特性实现。此电路也叫哈特莱式(Hartley)或电感三点式。

电感三端的相位关系判断如下:在交流通路中,先假设三端分别为头、中间和尾(头、尾可以互换),若头或尾接地,则中间端与另一端相位相同;若中间端接地,则头尾两端相位相反。依据以上的结论可以分析电感反馈式电路中反馈极性。在交流通路下,先断开 P 点,假设在基极加上频率为 f_0 且极性为"⊕"的信号,则集电极极性为"⊖",由于在交流通路中电感三端中中间抽头 2 接地,故 1、3 两端极性相反,3 端反馈极性为"⊕",与输入信号极性相同,满足振荡的相位条件。

在空载下,电路的谐振频率为

$$f_0 \approx \frac{1}{2\pi \sqrt{(L_1 + L_2 + 2M)C}} \qquad (9.1.29)$$

式中,M 为 N_1 和 N_2 间的互感。

电感反馈式振荡电路的缺点是,反馈电压取自电感,对高频信号具有较大的电抗,输出电压波形中含有高次谐波,输出波形不理想。

4. 电容反馈式振荡电路

为了解决电感反馈式振荡电路中输出波形中含有高次谐波,把电感换成电容,电容换成电感,从电容上取电压,得到图 9.13 所示的电容反馈式振荡电路,也叫科皮兹式或电容三点式。

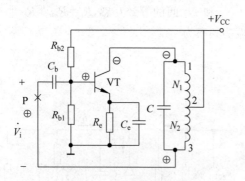

图 9.12 电感反馈式振荡电路

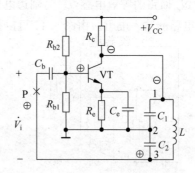

图 9.13 电容反馈式振荡电路

电容反馈式和电感反馈式一样,都具有 LC 并联回路,因此,电容 C_1、C_2 中三个端点的相位关系与电感反馈式相似。设断开反馈端 P 点,同时在基极加入极性为"⊕"的信号,则得晶体管集电极的信号极性为"⊖",因为是 2 端(中间抽头)接地,所以 3 端与 1 端的电位极性相反,则反馈信号 3 端极性为"⊕",与输入同相位,即满足相位平衡条件。至于振幅平衡条件或起振条件,只要将管子的 β 值选得大一些,并恰当选取比值 C_2/C_1,就有利于起振。稳幅仍采用晶体管的非线性特性来实现。

在空载状态下,电路的谐振频率为

$$f_0 \approx \frac{1}{2\pi \sqrt{L \dfrac{C_1 C_2}{C_1 + C_2}}} \tag{9.1.30}$$

电容反馈式振荡电路的反馈电压是从电容 C_2 两端取出,对高次谐波阻抗小,因而可将高次谐波滤除,所以输出波形好。实用中,在谐振回路 L 的两端并联一可调电容,可在小范围内调频。这种振荡电路的工作频率范围可从数百千赫到 100MHz 以上。

若要提高振荡频率,由式(9.1.30)可以看出,势必要减小 C_1、C_2 的电容量和 L 的电感量。实际上,当 C_1、C_2 减小到一定的程度,晶体管的极间电容和电路中的杂散电容将会纳入到 C_1、C_2 中,影响振荡频率的稳定性。由于极间电容受温度影响,杂散电容又难以确定,为了稳定振荡频率,在设计电路时,在电感支路上串联一个小容量的电容,则可以消除极间电容和杂散电容对振荡频率的影响。改进电路如图 9.14 所示,C_i、C_o 为等效的输入、输出电容。

LC 并联回路中总等效电容为 C' 为

$$\frac{1}{C'} = \frac{1}{C} + \frac{1}{C'_1} + \frac{1}{C'_2} \tag{9.1.31}$$

式中,$C'_1 = C_1 + C_o$,$C'_2 = C_2 + C_i$。由于 $C \ll C_1$、$C \ll C_2$,故 $C' \approx C$,等效电容 C' 与 C'_1、C'_2 几乎无关。振荡频率为

$$f_0 \approx \frac{1}{2\pi \sqrt{LC}} \tag{9.1.32}$$

与 LC 回路的其他两个电容 C_1、C_2 无关,则提高振荡频率时,只需要减小电容 C 即可,而不需要减小 C_1 和 C_2。若 C_1 和 C_2 远大于 C_i 和 C_o,则

$$C'_1 = C_1 + C_o \approx C_1$$
$$C'_2 = C_2 + C_i \approx C_2 \tag{9.1.33}$$

由式(9.1.33)可以看出,输入输出电容对 LC 回路的影响可以忽略。

在要求电容式振荡电路中的振荡频率高达 100MHz 以上时,考虑到共射放大电路的频率影响在高频时不理想,放大电路可采用共基方式,电路如图 9.15 所示。工作原理和振荡频率自行分析。

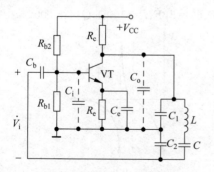

图 9.14 电容反馈式振荡电路改进

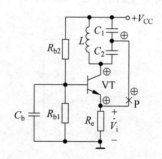

图 9.15 共基放大电路的电容

9.1.4 石英晶体振荡电路

在工程应用中,如在实验用的低频及高频信号产生电路中,往往要求正弦波振荡电路的振荡频率有一定的稳定度;另外有一些系统需要振荡频率十分稳定,如通信系统中的射频振荡电路、数字系统的时钟产生电路等。前面讲过的 RC、LC 振荡电路的稳定度都不够高,最高也只能达到 10^{-5},因此需要采用石英晶体振荡器,振荡频率的稳定度 $\Delta f/f$ 高达 10^{-12}。

1. 石英晶体的特点

石英晶体是一种各向异性的结晶体,它是硅石的一种,其化学成分是二氧化硅(SiO_2)。从一块晶体上按一定的方位角切割成很薄的晶片,然后将晶片的两个对应表面上涂敷银层并装上一对金属板作为管脚引出,就构成石英晶体谐振器。其结构示意如图 9.16 所示。

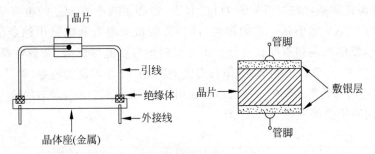

图 9.16 石英晶体结构示意图

石英晶体的谐振特性是基于它的压电效应。若在晶片的两个极板间施加机械力,会在相应的方向上产生电场,这种现象称为压电效应;反之,若在晶片的两个极板间加一电场,又会使晶体产生机械变形,这种现象称为逆压电效应。例如,在极板间所加的是交变电压,就会产生机械变形振动,同时机械振动又会产生交变电场。一般来说,这种机械振动的振幅很小,但当外加交变电压的频率为某一特定的频率时,产生共振,振动幅度骤然增大,这个频率就是石英晶体的固有频率,也称谐振频率,与晶片的尺寸和切割方向有关。

2. 石英晶体的等效电路和振荡频率

石英晶体的符号、等效电路和电抗如图 9.17 所示。C_0 为石英晶体的静态电容,当不振动时所等效的平板电容,其值决定于晶片的几何尺寸和电极面积。晶片振动时的惯性和弹性分别等效成电感 L 和电容 C,电阻 R 则是用来等效晶片振动时因摩擦而造成的损耗。石英晶体的惯性与弹性的比值(等效于 L/C)很高,因而它的品质因数 Q 也很高。例如,一个 4MHz 的石英晶体的典型参数为:$L=100\text{mH},C=0.015\text{pF},C_0=5\text{pF},R=100\Omega,Q=25\,000$。

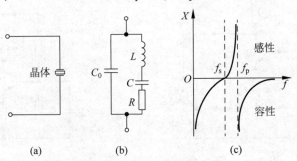

图 9.17 石英晶体结构示意图

由等效电路可以看出,石英晶体有两个谐振频率。

(1) 当 L、C、R 支路产生串联谐振时,该支路呈纯阻性,等效电阻为 R,在不考虑损耗的情况下,谐振频率为

$$f_s = \frac{1}{2\pi \sqrt{LC}} \tag{9.1.34}$$

此谐振频率下,石英振荡器的总等效电抗为静态电容的容抗与电阻 R 并联,由于 C_0 很小,近似认为石英振荡器为纯阻性,等效电阻为 R,且值很小。

(2) 当 $f > f_s$ 时,L、C、R 支路呈感性,与静态电容 C_0 产生并联谐振,石英振荡器又为纯阻性。谐振频率为

$$f_p = \frac{1}{2\pi \sqrt{L \dfrac{C_0 C}{C_0 + C}}} = \frac{1}{2\pi \sqrt{LC}} \sqrt{1 + \frac{C}{C_0}} = f_s \sqrt{1 + \frac{C}{C_0}} \tag{9.1.35}$$

由于 $C \ll C_0$,故 $f_p \approx f_s$。

由以上分析可得到石英振荡器的电抗频率特性,当 $f < f_s$ 或 $f > f_p$ 时,石英振荡器呈容性,只有当 $f_s < f < f_p$ 时,才呈感性。而且 C_0 与 C 差值越悬殊,f_s 与 f_p 越接近,感性频带越窄。

3. 典型振荡电路

1) 串联型石英晶体正弦波振荡电路

图 9.18 所示为石英晶体串联振荡电路。电路中采用两级放大电路,第一级采用共基方式,第二级采用共集方式。利用瞬时极性法判断反馈极性,断开反馈,即断开 P 点,假设输入电压的瞬时极性为"⊕",则 VT_1 的集电极电压的极性为"⊕",VT_2 的发射极极性也为"⊕",如图 9.18 中标注。只有在石英晶体呈纯阻性,即产生串联谐振时,反馈电压才与输入电压同相位,电路才满足振荡的相位条件。调整 R_f 可以调整振荡的幅值条件。

2) 并联型石英晶体正弦波振荡电路

图 9.19 所示为石英晶体并联谐振电路,属于电容三端式,石英晶体等效为电感。电路中的放大电路采用共基放大电路,C_b 为旁路电容,振荡时作为短路处理。由于 $C_1 \gg C_s$、$C_2 \gg C_s$,故经推导振荡频率为

$$f_0 = \frac{1}{2\pi \sqrt{LC}} \sqrt{1 + \frac{C}{C_0 + C_s}} \tag{9.1.36}$$

式中,C_0、L、C 含义如图 9.17 所示。

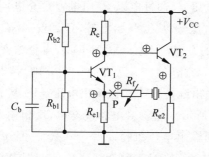

图 9.18 石英晶体串联振荡电路

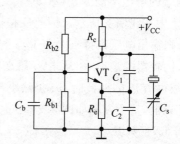

图 9.19 石英晶体并联振荡电路

当 $C_s \to 0$ 时,$f_0 \approx \dfrac{1}{2\pi \sqrt{LC}} \sqrt{1 + \dfrac{C}{C_0}} = f_p$,接近于石英振荡器的并联谐振频率;当

$C_s \to \infty$ 时,$f_0 = \dfrac{1}{2\pi\sqrt{LC}} \approx f_s$,接近于石英振荡器的串联谐振频率,由以上分析可以看出,C_s 在此可以调节石英振荡器的振荡频率。

9.2 非正弦信号产生电路

在实际电路应用中,除了正弦波以外,常见波形还有矩形波、三角波和锯齿波,如图 9.20 所示。本节主要讲述模拟电路中矩形波和锯齿波两种非正弦波发生电路的基本组成、工作原理、波形分析和主要参数。矩形波发生电路是非正弦波产生电路的基础,故下面首先介绍矩形波发生电路。

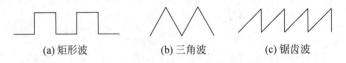

(a) 矩形波　　　　(b) 三角波　　　　(c) 锯齿波

图 9.20　常见非正弦波

9.2.1 矩形波发生电路

1. 方波发生电路

占空比为 50% 的矩形波为方波,是产生非正弦波的基础。由于方波包含极丰富的谐波,故方波发生电路又称为多谐振荡器。方波的电压只有两种状态,即高电平和低电平,所以电压比较器是方波发生电路的重要组成部分;输出的两种状态是自动相互转换,即产生振荡,所以电路中需要有正反馈。另外,波形是按照一定的时间间隔进行交替变化的,即产生一定的周期,所以电路中采用 RC 积分电路作为延迟环节。图 9.21 所示电路由一个反相输入的滞回电压比较器和 RC 延迟电路组成。

图 9.21 中输出采用双向稳压管进行稳压,则输出 $v_O = \pm V_Z$,滞回电压比较器的阈值电压为

$$\pm V_T = \pm \dfrac{R_1}{R_1 + R_2} \cdot V_Z \tag{9.2.1}$$

当接通电源时,假设电压比较器处于正向饱和,输出电压 $v_O = +V_Z$,则 $v_+ = +V_T$。由于电容两端的电压不能突变,故 $v_- = 0$。输出电压 v_O 通过电阻 R_f 向电容 C 充电,电流方向如图 9.21 中实线箭头所示。因此反相输入端电压 v_- 从 0 开始上升,只要当 $v_- < +V_T$,即 $v_- < v_+$,则输出电压维持 $v_O = +V_Z$。随着 v_- 的升高,一旦 v_- 达到 $+V_T$,再稍增大,就出现 $v_- > v_+$,比较器的输出 v_O 从 $+V_Z$ 跳变成 $-V_Z$,与此同时 v_+ 跃变为 $-V_T$。随后,电容 C 通过 R_f 先放电直至 0,而此时,v_- 仍然小于 v_+,输出维持 $-V_Z$。故输出电压 $-V_Z$ 接着对电容 C 进行反充电,整个过程如图 9.21 中虚线箭头所示。随着对电容反充电,反相输入端电压 v_- 逐渐降低,但只要 $v_- > -V_T$,即 $v_- > v_+$,则输出电压维持 $v_O = -V_Z$。一旦 v_- 下降到 $-V_T$,再稍减小,就出现 $v_- < v_+$,比较器的输出 v_O 从 $-V_Z$ 跳变成 $+V_Z$,与此同时 v_+ 又跃变为 $+V_T$,电容又开始按照实线箭头方向先放电再正向充电。上述过程周而复始,电路产生自励振荡,输出按照一定的周期在高电平和低电平之间跳变,实现方波输出。

输出波形如图 9.22 所示。由于电路中电容正向充电和反向充电的时间常数都是 R_fC,

且充电的幅度也一样，故波形上升时间和下降时间是一样的，如图中 $T_1=T_2$，所以周期 $T=2T_1=2T_2$，占空比为 50%，此矩形波通常称为方波。

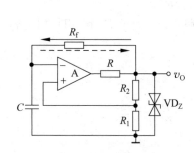

图 9.21 方波发生电路

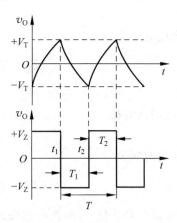

图 9.22 方波发生电路波形图

根据电容上电压波形可知，从 t_1 时刻到 t_2 时刻，电容上的初始电压为 $+V_T$，最终值为 $-V_T$，时间常数为 $R_f C$。利用一阶 RC 电路的三要素法可列出

$$v_O(t) = v_O(\infty) + [v_O(0) - v_O(\infty)] e^{-\frac{t}{\tau}} \tag{9.2.2}$$

则

$$v_O(t_2) = -V_Z + [V_T + V_Z] e^{-\frac{T/2}{R_f C}} = -V_T \tag{9.2.3}$$

将式(9.2.1)代入式(9.2.3)，得

$$T = 2R_f C \ln\left(1 + \frac{2R_1}{R_2}\right) \tag{9.2.4}$$

振荡频率 $f=1/T$。改变式(9.2.4)中的电阻和电容可以改变电路的振荡频率。

2. 占空比可调矩形波发生电路

通过方波发生电路的分析可知，要想改变占空比，就要改变电容上电压的上升时间和下降时间，即改变电容正向充电和反向充电的时间常数。由此，图 9.21 中的实线箭头和虚线箭头的通路需有所区别，利用二极管进行限制电流的方向和流经的通路，电路和波形分别如图 9.23 和图 9.24 所示。

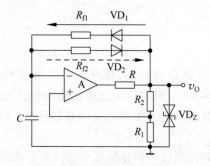

图 9.23 矩形波发生电路

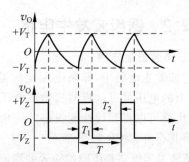

图 9.24 矩形波发生电路波形

由于二极管的单向导电性,当输出 v_O 为 $+V_Z$ 时,VD_1 正向导通,VD_2 反向截止,v_O 通过 R_{f1} 和 VD_1 向电容 C 正向充电,若忽略二极管的正向电阻,正向充电时间常数为

$$\tau_1 \approx R_{f1}C \tag{9.2.5}$$

正向充电时间为

$$T_1 = R_{f1}C\ln\left(1 + \frac{2R_1}{R_2}\right) \tag{9.2.6}$$

当输出为 $-V_Z$ 时,VD_2 正向导通,VD_1 反向截止,v_O 通过 R_{f2} 和 VD_2 向电容 C 反向充电,反向充电时间常数

$$\tau_2 \approx R_{f2}C \tag{9.2.7}$$

反向充电时间为

$$T_2 = R_{f2}C\ln\left(1 + \frac{2R_1}{R_2}\right) \tag{9.2.8}$$

由式(9.2.6)和式(9.2.8)推导出振荡周期为

$$T = T_1 + T_2 = (R_{f1} + R_{f2})C\ln\left(1 + \frac{2R_1}{R_2}\right) \tag{9.2.9}$$

占空比为

$$\delta = \frac{T_1}{T} = \frac{R_{f1}}{R_{f1} + R_{f2}} \tag{9.2.10}$$

改变 R_{f1} 和 R_{f2} 的比值就可以改变占空比。在调节过程中,若只改变其中一个电阻的阻值,则周期和占空比同时被改变,若在改变占空比的同时周期固定,可以采用图9.25所示的形式。

根据分析可知,矩形波的周期和占空比分别为

$$T = (2R_f + R_w)C\ln\left(1 + \frac{2R_1}{R_2}\right) \tag{9.2.11}$$

$$\delta = \frac{T_1}{T} = \frac{R_f + R_{w1}}{2R_f + R_w} \tag{9.2.12}$$

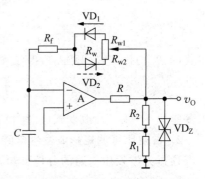

图 9.25 占空比可调矩形波发生电路

此电路形式的缺陷是占空比不是可以任意改变的,只能在范围 $\left[\dfrac{R_f}{2R_f+R_w}, \dfrac{R_f+R_w}{2R_f+R_w}\right]$ 内进行调节。

9.2.2 锯齿波发生电路

1. 三角波发生电路

矩形波发生电路中,如果电压比较器的阈值电压数值较小,且电路对三角波要求不高时,电容上的电压就可以近似三角波电压使用。实际上,只要将方波电压作为积分电路的输入,其输出就可以得到线性度很好的三角波。但是这种电路中存在两个延迟环节,实际电路中可以将其合并,如图9.26所示。

三角波发生电路是由同相输入的滞回电压比较器和反相积分器组成的。对于电压比较器来讲,v_O 作为输入电压,v_{O1} 为输出电压;对于积分电路而言,v_{O1} 作为输入电压,v_O 为输出电压。

同相输入的电压比较器如图9.27所示,根据同相滞回电压比较器的分析得知,阈值电压为

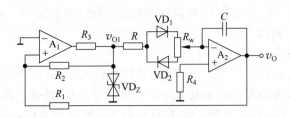

图 9.26 三角波发生电路

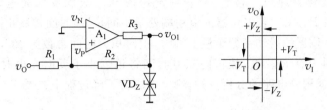

图 9.27 同相滞回比较器以及传输特性曲线

$$\pm V_T = \pm \frac{R_1}{R_2} \cdot V_Z \tag{9.2.13}$$

滞回电压比较器的输入为图 9.26 中的 v_O,则当输出电压 v_O 变化经过 $\pm \frac{R_1}{R_2} \cdot V_Z$ 时,比较器的输出电压 v_{O1} 就会在高、低电平之间跳变,输出为方波。

A_2 构成的是反向积分电路,输入信号是方波 v_{O1},由于电路的正向充电和反向充电时间常数都是 RC。当输入信号 v_{O1} 为 $-V_Z$,电容正向充电,积分后的电压随时间的增加线性上升。当上升到电压比较器的阈值 $+V_T$ 时,电压比较器的输出电压 v_{O1} 从 $-V_Z$ 跳变为 $+V_Z$,此时积分电路中的电容反向充电,输出电压 v_O 随时间的增加而线性下降。当输出电压降低到电压比较器的阈值 $-V_T$ 时,v_{O1} 将从 $+V_Z$ 跳变为 $-V_Z$,电容又转向正向充电,重复上述过程,产生自励振荡。

由以上分析可知,v_O 为三角波,幅值为 $\pm V_T$;v_{O1} 为方波,幅值为 $\pm V_Z$,如图 9.28 所示。因此,电路也被称为方波—三角波发生电路。

根据反向 RC 积分电路的分析可知,输出电压

$$v_O(t_1) = -\frac{1}{RC} v_{O1} \cdot (t_1 - t_0) + v_O(t_0) \tag{9.2.14}$$

由图 9.28,式(9.2.14)可以写成

$$-V_T = -\frac{1}{RC} V_Z \frac{T}{2} + V_T \tag{9.2.15}$$

把式(9.2.13)代入式(9.2.15),则求出振荡周期为

$$T = \frac{4R_1 RC}{R_2} \tag{9.2.16}$$

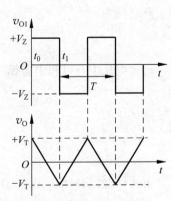

图 9.28 方波—三角波发生电路的输出波形

振荡频率为

$$f = \frac{R_2}{4R_1 RC} \tag{9.2.17}$$

调节电路中 R、R_1/R_2 和电容 C,可以改变振荡周期和振荡频率。而调节 R_1 与 R_2 的比值,可以改变三角波的幅值。

2. 锯齿波发生电路

当锯齿波的上升时间和下降时间相同时,这样的锯齿波又叫三角波。图 9.26 所示的三角波发生电路中,正向充电和反向充电流经的是同一条支路,时间常数一样,故三角波的上升和下降时间一致。如果对此图进行改进,让正向充电时间常数远大于反向充电时间常数,或者反之,则可以得到锯齿波,电路如图 9.29 所示,图中 $R \ll R_w$。

设图中的二极管为理想二极管,则正向充电时间常数和反向充电时间常数分别为 $(R+R_{w1})C$ 和 $(R+R_{w2})C$。若电位器的滑动端处于中间位置,时间常数相同,则电路为三角波发生电路。若电位器的滑动端处于最上端时,正向积分时间常数为 RC,反向积分时间常数为 $(R+R_w)C$,因为有 $R \ll R_w$,故正向充电时间将远远小于反向充电时间。输出波形如图 9.30 所示。根据积分电路的分析可知,输出电压在下降过程中遵循

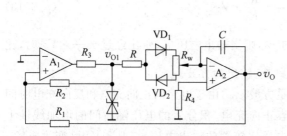
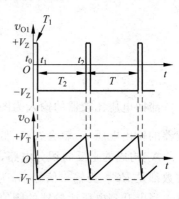

图 9.29 锯齿波发生电路　　　　图 9.30 锯齿波电路波形

$$v_O(t_1) = -\frac{1}{RC} v_{O1} \cdot (t_1 - t_0) + v_O(t_0) \tag{9.2.18}$$

则下降时间为

$$T_1 = t_1 - t_0 = \frac{2R_1 RC}{R_2} \tag{9.2.19}$$

输出电压上升过程中遵循

$$v_O(t_2) = -\frac{1}{(R+R_w)C} v_{O1} \cdot (t_2 - t_1) + v_O(t_1) \tag{9.2.20}$$

则上升时间为

$$T_2 = t_2 - t_1 = \frac{2R_1(R+R_w)C}{R_2} \tag{9.2.21}$$

由式(9.2.19)和式(9.2.21)可以计算出振荡周期为

$$T = T_1 + T_2 = \frac{2R_1(2R+R_w)C}{R_2} \tag{9.2.22}$$

因为 $R \ll R_w$,故周期可以近似为上升时间。

根据以上计算,得到矩形波输出 v_{O1} 的占空比为

$$\delta = \frac{T_1}{T} = \frac{R}{2R+R_w} \tag{9.2.23}$$

调节电路中 R、R_1/R_2 和电容 C，可以改变振荡周期和振荡频率；而调节 R_1 与 R_2 的比值，可以改变三角波的幅值；调节 R_w 的滑动端，可以改变矩形波的占空比。

9.2.3 集成函数发生器简介

前面讨论由分立元件构成的方波、三角波和正弦波产生电路，下面介绍集成函数发生器 ICL8038 的基本构成、工作原理和基本应用。

1. 电路结构

集成函数发生器 ICL8038 内部结构示意图如图 9.31 所示。两个恒流源的电流分别为 I_{S1}、I_{S2}；两个电压比较器均属于单门限同相电压比较器，其阈值电压分别为 $V_{T1}=\frac{1}{3}V_{CC}$ 和 $V_{T2}=\frac{2}{3}V_{CC}$，输入信号来自于电容 C 上的电压 V_C，输出端分别控制 RS 触发器（见数字电路）的 $\overline{R}$ 端和 S 端；RS 触发器的输出 Q 控制模拟开关 S，$\overline{Q}$ 经过缓冲器输出方波，再经过正弦波变换器输出正弦波，电容上的电压 V_C 经过缓冲电路输出三角波。

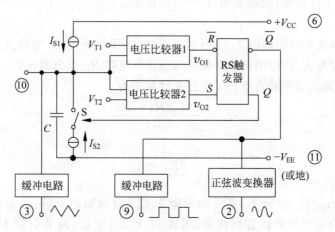

图 9.31 ICL8038 内部结构示意图

2. 工作原理

首先，两个电压比较器均属于单门限同相电压比较器，传输特性如图 9.32 所示。

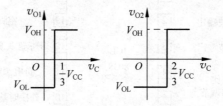

图 9.32 ICL8038 中电压比较器的传输特性

RS 触发器属于双稳态触发器，图 9.31 中 $\overline{R}$ 和 S 分别为置"0"端和置"1"端，$\overline{R}$ 为低电平有效，S 为高电平有效。当两个输入端均为"0"时，触发器置"0"，即 $Q=0$、$\overline{Q}=1$；当两个输入端均为"1"时，触发器置"1"，即 $Q=1$、$\overline{Q}=0$；当 $\overline{R}=1$、$S=0$ 时，触发器保持原来的状态；$\overline{R}=0$、$S=1$ 属于约束项。

当给函数发生器 ICL8038 接通电源时,电容 C 上的电压 v_C 为 0V,根据图 9.32 中电压比较器的传输特性可知,两个电压比较器输出 v_{O1} 和 v_{O2} 均为低电平,则 RS 触发器的输出 $Q=0$、$\bar{Q}=1$;开关 S 断开,电流源 I_{S1} 对电容 C 充电,由于是恒流充电,则 v_C 随时间的增加线性增大。当 v_C 上升到 $\frac{1}{3}V_{CC}$ 时,v_{O1} 跳变为高电平,v_{O2} 保持低电平,则 RS 触发器保持 $Q=0$、$\bar{Q}=1$,电流源 I_{S1} 仍然对电容 C 充电,v_C 继续线性增大。当 v_C 上升到 $\frac{2}{3}V_{CC}$ 时,v_{O1} 保持为高电平,v_{O2} 跳变为高电平,则 RS 触发器的输出 $Q=1$、$\bar{Q}=0$;开关 S 接通,电容通过电流源 I_{S2} 放电,此时放电电流仍为恒流方式,电流为 $I_{S2}-I_{S1}$,电容上的电压 v_C 随时间的增加线性减小。当 v_C 下降到 $\frac{2}{3}V_{CC}$ 时,v_{O1} 仍然为高电平,v_{O2} 跳变为低电平,则 RS 触发器保持 $Q=1$、$\bar{Q}=0$,电容 C 仍处于放电状态,v_C 继续线性减小。当 v_C 下降到 $\frac{1}{3}V_{CC}$ 时,v_{O1} 也跳变为低电平,v_{O2} 仍保持低电平,则 RS 触发器的输出 $Q=0$、$\bar{Q}=1$,开关 S 又回到断开状态,电容 C 又开始充电,重复上述过程,周而复始,产生自励振荡。

3. 基本应用

ICL8038 引脚及其功能如图 9.33 所示。图 9.34 所示为 8038 的典型应用。矩形波输出端为集电极开路形式,所以引脚 9 必须外接一负载电阻 R_L 至电源 $+V_{CC}$。R_A、R_B 可以独立调节,改变矩形波的频率和占空比。电路振荡频率为

$$f = \frac{0.66(2R_A - R_B)}{2R_A^2 C} \tag{9.2.24}$$

占空比为

$$\delta = \frac{2R_A - R_B}{2R_A} \tag{9.2.25}$$

当 $R_A = R_B$,占空比 $\delta = 50\%$,芯片的引脚 9、2、3 分别输出方波、三角波和正弦波;当 $R_A \neq R_B$,矩形波的占空比可以进行调节,用式(9.2.25)表示,调节引脚 12 的电位器可以减小正弦波的失真度,如果需要进一步调节正弦波失真度,可以在引脚 1 加电位器进行调节。

图 9.33 ICL8038 的引脚排列

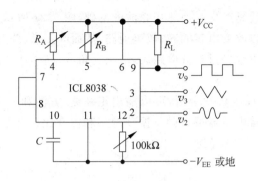

图 9.34　ICL8038 典型应用

小结

本章主要讲述了正弦波振荡电路和非正弦波振荡电路的结构、基本工作原理和应用。

1. 正弦波振荡电路

(1) 正弦波振荡电路由基本放大电路、正反馈网络、选频网络和稳幅环节四个部分组成。正弦波振荡的起振条件为 $|\dot{A}\dot{F}|>1$，平衡条件为 $\dot{A}\dot{F}=1$，即平衡幅值条件 $|AF|=1$，相位条件 $\varphi_A+\varphi_F=2n\pi$（$n$ 为整数）。基本放大电路可以采用单管放大电路或者比例运算电路；正反馈网络和选频网络一般合二为一；稳幅环节可以利用电路中晶体管的非线性特性或热敏电阻进行稳幅。分析判断电路是否可以自励振荡时，首先观察电路是否具有以上四个部分，进而检查放大电路是否正常放大，然后再判断电路中的反馈是否满足振荡的相位条件，接着再分析电路是否满足起振条件，最后电路起振后是否可以进行稳定输出。根据选频网络的不同，正弦波振荡电路可以分成 RC 正弦波振荡电路、LC 正弦波振荡电路和石英晶体振荡电路。

(2) RC 正弦波振荡电路的振荡频率较低，常见的有 RC 桥式振荡电路和 RC 移相式振荡电路。典型的 RC 桥式振荡电路是由 RC 串并联网络和同相比例放大电路构成，如图 9.2(a) 所示，振荡频率为 $f_0=\dfrac{1}{2\pi\sqrt{R_1R_2C_1C_2}}$，反馈系数为 $F\leqslant\dfrac{1}{3}$，因此同相比例放大电路的 $A_v>3$。

(3) LC 正弦波振荡电路的振荡频率较高，常见的有变压器反馈式(图 9.10)、电感反馈式(图 9.12)和电容反馈式(图 9.13)振荡电路三种。变压器反馈式振荡电路易于起振，输出波形很好，应用范围广泛。电感反馈式振荡电路的缺点是，反馈电压取自电感，对高频信号具有较大的电抗，输出电压波形中含有高次谐波，输出波形不理想。电容反馈式振荡电路的反馈电压是从电容 C_2 两端取出，对高次谐波阻抗小，因而可将高次谐波滤除，所以输出波形好。

(4) 石英晶体的振荡频率非常稳定，有串联和并联两个谐振频率，分别为 f_s 和 f_p，且 $f_s\approx f_p$。石英晶体只有在 $f_s<f<f_p$ 极窄的频率范围内呈感性，其余都呈容性。由石英晶体构成的振荡电路有串联谐振电路和并联谐振电路。

2. 非正弦波振荡电路

非正弦波振荡电路只要是由滞回电压比较器和 RC 积分延时电路构成，主要参数是振荡幅度和振荡频率。方波是产生其他非正弦波的基础，图 9.21 所示为方波发生电路。利用二极管的单向导电性可以改变电容的充、放电通路，从而改变充、放电时间，构成矩形波发生电路，如图 9.23 所示。方波经过积分电路后，输出三角波，同样在电路中利用二极管改变积分时间，输出锯齿波。

芯片 ICL8038 为集成函数发生器，可以输出正弦波、方波和三角波，引脚如图 9.33 所示。引脚 4 和引脚 5 外接电位器可以调节振荡频率和占空比；当占空比不是 50% 时，引脚 1 和引脚 12 外接电位器调节正弦波的失真度。

习题

9.1 电路如图 9.35 所示，根据 RC 电路的相移特性，试用相位平衡条件判断哪个电路可能振荡、哪个不能，并简述理由。

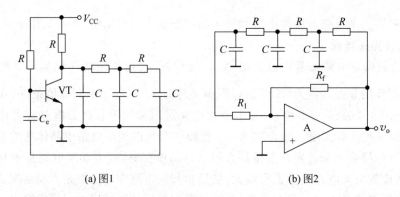

图 9.35 习题 9.1

9.2 电路如图 9.36 所示，根据高通或低通电路的相移特性，试用相位平衡条件判断哪个电路可能振荡、哪个不能，并简述理由，估算振荡频率。

9.3 图 9.37 所示的 RC 桥式正弦波振荡电路中，已知集成运算放大器的电源电压为 $\pm 15\text{V}$。

(1) 分析二极管稳幅电路的稳幅原理。

(2) 设电路已经产生稳定的正弦振荡输出，当输出电压达到峰值时，二极管的正向压降约为 0.7V，试估算输出电压的峰值。

(3) 若不慎将 R_2 短路，输出电压的波形有什么变化？

(4) 若将 R_2 开路，输出电压的波形将出现什么变化？

9.4 分析图 9.38 所示电路是否满足正弦波振荡的相位条件，并说明理由，将不能振荡的电路加以改正，成为可能振荡的电路。

9.5 电路如图 9.39 所示，在各三点式振荡电路中，试用相位平衡条件判断哪个电路可能振荡、哪个不能，并简述理由。

9.6 图 9.40 所示为石英晶体振荡器，试说明石英晶体在其中所呈特性，电路能否振荡。

第9章 信号产生电路

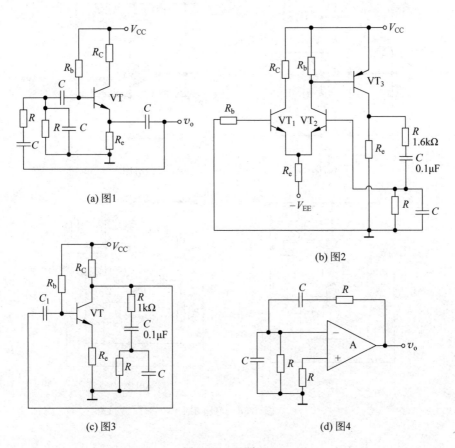

图 9.36　习题 9.2

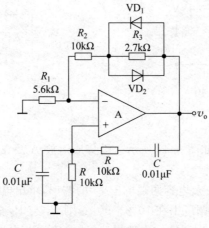

图 9.37　习题 9.3

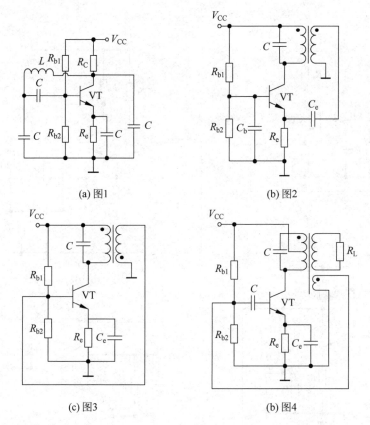

图 9.38 习题 9.4

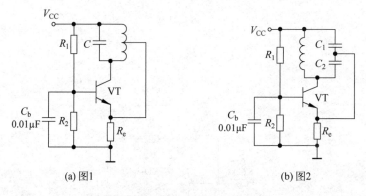

图 9.39 习题 9.5

9.7 一波形产生电路如图 9.41 所示。设集成运放 A 及二极管 VD_1 和 VD_2 均为理想的,稳压管的稳压值为 $\pm 6V$。

(1) 试画出输出电压 v_o 及电容两端电压 v_C 的波形,求出电路的振荡频率。

(2) 若电路占空比的可调范围在 $10\% \sim 90\%$,则 R_4 与 R_P 的取值关系如何?

9.8 图 9.42 所示电路中运放均为理想的,试求该振荡电路的振荡频率和满足起振条件时 R_f 的最小值。

9.9 电路如图 9.43 所示。(1)画出 v_o、v_{o1} 波形;(2)估算振荡频率。

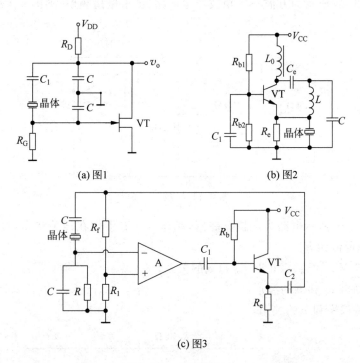

图 9.40 习题 9.6

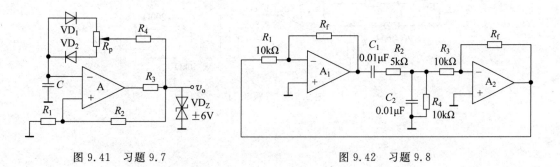

图 9.41 习题 9.7   图 9.42 习题 9.8

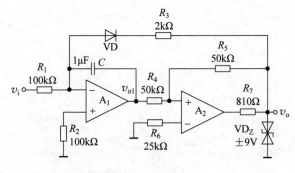

图 9.43 习题 9.9

9.10 图 9.44 所示为方波—三角波产生电路,试求振荡频率,画出 v_{o1}、v_o 的波形。

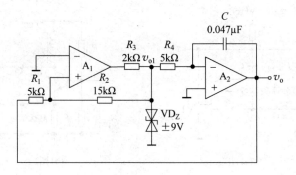

图 9.44 习题 9.10

9.11 图 9.45 所示电路为压控振荡器,晶体管 VT 工作在开关状态,导通时相当于开关闭合,管压降近似为零。

(1) 分别求 VT 导通、截止时 v_{o1} 和 v_i 的关系。
(2) 定性画出 v_o 和 v_i 的波形。
(3) 求振荡频率和 v_i 的关系。

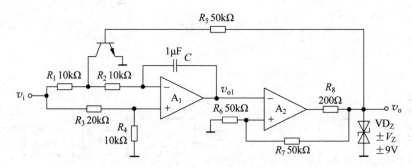

图 9.45 习题 9.11

第 10 章 功率放大电路

CHAPTER 10

功率放大电路是主要用来向负载提供功率的一类放大电路。学习功率放大电路需要了解功率放大电路的类型及特点,理解功率放大电路最大输出功率和转换效率的分析方法,并了解功率放大电路在实际应用中的相关问题。

10.1 功率放大电路概述

功率放大电路是一个以关注输出功率为重点的放大电路。在这种放大电路中,三极管主要起能量转换的作用,即把电源能量转换为由信号控制的输出能量。

对于一个实际的多级放大电路而言,最终的输出都是要送到某一负载,去驱动特定的装置。也就是说,在实际应用中,往往要求多级放大电路的输出级能带动一定的负载,如使扬声器发音、推动电机旋转、使电视机的荧光屏上的光点随图像信号偏转扫描、使蜂窝移动系统中的基站发射机中的天线有较大的辐射功率等。一般的电压放大电路,输出电压最大为十几伏,输出电流约几毫安,输出功率一般在几百毫瓦以下,这是无法推动负载正常运转的。因此,要求多级放大电路除了应有电压放大级外,还要有一个能输出一定信号功率的输出级以驱动负载正常工作。一般将这样的输出级称为功率放大电路,简称功放。

如果单从电路的负载上看过去,功率放大电路和前面讨论的主要用来放大输入信号电压的电路,虽然在电路的负载上都同时存在输出电压、输出电流和输出功率,但功率放大电路与前面讨论的电压放大电路所要完成的任务却是完全不同的。电压放大电路的任务是把微弱的信号电压进行放大,一般输入和输出的电压、电流都较小,输出信号的功率很小,电路消耗能量少,信号失真小,整个电路是工作在小信号放大状态的。而在功率放大电路中不再单纯地考虑负载上的输出电流或输出电压,而是要考虑它们的积,也就是说,功率放大电路的任务是向负载提供足够大的功率。它的输入、输出电压、电流都要尽可能大,才能使输出信号的功率大到足够推动负载运转。功率放大电路消耗的能量大,信号也容易失真,整个电路是工作在大信号放大状态的。所以,与工作在小信号状态下的电压放大电路相比,功率放大电路在输出功率、效率、信号失真以及三极管的管耗和使用等问题方面均有其自身独有的特点。

10.1.1 功率放大电路的特点和分类

1. 功率放大电路的特点

1) 输出功率要足够大

为了获得足够大的输出信号功率,三极管必须工作在大的动态电压和大的动态电流下,实际上,管子往往是在接近于极限参数的状态下运用的。因此,选用功放管时必须考虑管子的各极限参数以保证功率放大电路中的功放管在安全工作区内运行。

2) 效率要高

从能量转换的角度看,功率放大电路是用来实现将直流电源提供的能量转换成交流电能输出给负载的电路。在能量的转换和传输过程中,直流电源提供的能量除了输出给负载一部分有用功率外,还有一部分能量成了三极管的损耗,这就涉及能量转换效率的问题。效率是指负载得到的有用功率(输出功率)和电源供给的直流功率的比值。这个比值越大,效率就越高,说明直流电源提供的能量转化为负载所需的有用功率越多,损耗越少。

3) 非线性失真要小

功率放大电路是在大信号状态下工作的,信号的电压、电流均摆动幅度大,作用范围接近三极管的截止区和饱和区。因此,信号的电压、电流峰值容易超出三极管的线性特性范围,产生非线性失真。同一功率放大电路的输出功率越大,非线性失真往往越严重。非线性失真与输出功率是功率放大电路的一对主要矛盾。然而,由于在不同的场合对非线性失真的要求不同。例如,在测量系统和电声系统中,对非线性失真的要求很严格,而在工业控制等系统中,则对输出功率有较严格的要求,对非线性失真的要求却相对比较低。因此,对于一个实际的功率放大电路,须根据实际需要,在允许的非线性失真限度内获得足够大的输出功率以满足负载的要求。

4) 分析方法采用图解法

由于功率放大电路中的三极管通常工作在大信号状态,因此在进行电路分析时,一般不采用小信号微变等效电路法,而是采用图解法来分析放大电路的静态和动态工作情况。

5) 功放管的散热和保护

(1) 功放管的散热。在功率放大电路中,因为有相当一部分的功率损耗在三极管的集电结上,使三极管的结温和管壳温度升高。当温度超过三极管规定的允许结温时,管子就会损坏。因此,要想在允许的管耗内获得足够大的输出功率,就必须要很好地解决功放管的散热问题。

(2) 功放管的保护。在功率放大电路中,为了得到较大的输出信号功率,功放管就要承受高电压和大电流,在这种情况下工作,功放管损坏的可能性也就比前面讨论的电压放大电路中的三极管要高。因此,采取措施保护功放管也是功率放大电路要考虑的问题。

2. 功率放大电路的分类

功率放大电路类型较多,根据不同的分类标准,可以定义不同类型的功率放大电路。

1) 按工作信号的频率分类

按功率放大电路中工作信号频率的不同,功率放大电路可分为低频功率放大电路和高频功率放大电路。低频功率放大电路中工作信号的频率范围在几十至几十千赫兹。因此,低频功率放大电路也叫音频功率放大电路。高频功率放大电路中工作信号的频率在 MHz

级以上,高频功率放大电路也叫射频功率放大电路。本章主要讨论低频功率放大电路。

2) 按电路中三极管的导通时间分类

功率放大电路按电路中三极管的导通时间不同,也就是按照三极管的工作状态不同,一般可分为甲类功率放大电路(A 类)、乙类功率放大电路(B 类)、甲乙类功率放大电路(AB 类)和丙类功率放大电路(C 类)。

前面讨论的小信号电压放大电路中,若输入为正弦信号,则在输入信号的一个周期里,三极管都处于导通状态,此时定义三极管的导通角 $\theta=360°$,电路中三极管集电极电流波形如图 10.1(a)所示。把三极管在输入信号的一个周期内,集电极均有电流流过的工作状态叫做甲类工作状态,把电路中三极管工作在甲类工作状态的功率放大电路称为甲类功率放大电路。

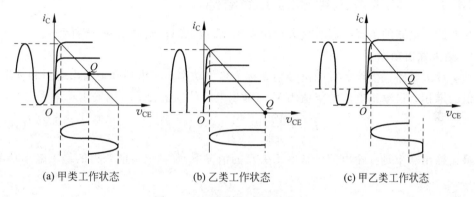

(a) 甲类工作状态　　(b) 乙类工作状态　　(c) 甲乙类工作状态

图 10.1　三极管的各类工作状态

若功率放大电路中三极管只在信号的半个周期内导通,而另一个半周期截止,即此时三极管的导通角 $\theta=180°$,则称该功率放大电路为乙类功率放大电路。电路中三极管集电极电流波形如图 10.1(b)所示。

若功率放大电路中三极管的导通时间介于甲类和乙类功率放大电路中三极管的导通时间之间,则称该电路为甲乙类功率放大电路,即此时三极管的导通角 $180°<\theta<360°$。电路中三极管集电极电流波形如图 10.1(c)所示。

若功率放大电路中三极管的导通时间比半个周期短,即此时三极管的导通角 $\theta<180°$,则称该电路为丙类功率放大电路。此时,集电极电流即使在半个周期内也已严重失真,为消除此种失真,一般会在功率放大电路中加入谐振回路,使负载获得基本不失真的输出信号。丙类功率放大电路主要用于高频信号的功率放大,本章暂不讨论。

3) 按构成功率放大电路的器件不同分类

功率放大电路按构成放大电路的器件不同,可分为分立元件功率放大电路和集成功率放大电路。由分立元件构成的功率放大电路,所用元件较多、电路设计严格、对称性强、对元件各项参数指标的要求较严格。采用集成功率放大芯片构成的功率放大电路,所用外部元件少、电路简洁、调试和生产方便、电路的整体性能比较稳定。但集成功率放大电路的输出功率一般偏小、耐电压和电流的能力也比较弱。集成功率放大电路主要应用于输出功率在50W,特别是 30W 以内的功率放大电路中。输出功率在 50W 以上的电路很少采用由集成功率放大芯片构成的功率放大电路,而是采用由分立元件构成的功率放大电路。

4) 按电路的组成形式不同分类

按电路的组成形式不同,功率放大电路分为变压器耦合功率放大电路和无输出变压器功率放大电路,后者又有无输出电容(Output Capacitorless,OCL)功率放大电路、无输出变压器(Output Transformerless,OTL)功率放大电路和平衡式无输出变压器(Balanced Transformerless,BTL)功率放大电路三种形式。

功率放大电路采用变压器耦合方式可以实现阻抗变换。但是,由于变压器体积庞大、笨重、消耗有色金属,而且在低频和高频段会产生相移,使放大电路引入负反馈时容易产生自励振荡,所以现在多采用无输出变压器的功率放大电路。本章主要以 OTL 和 OCL 功率放大电路为研究重点。

10.1.2 功率放大电路的主要指标

功率放大电路的主要指标有最大输出功率、直流电源供给的功率、管耗和效率。

1. 最大输出功率

功率放大电路提供给负载的信号功率称为输出功率。输出功率为输出电压和输出电流有效值的乘积。设输出电压的幅值为 V_{om},输出电流的幅值为 I_{om},则输出功率为

$$P_o = \frac{V_{om}}{\sqrt{2}} \times \frac{I_{om}}{\sqrt{2}} = \frac{1}{2} V_{om} I_{om} \tag{10.1.1}$$

最大输出功率是在输出信号基本不失真的情况下,负载上可能获得的最大输出功率,即

$$P_{omax} = \frac{1}{2} V_{omax} I_{omax} \tag{10.1.2}$$

式中,P_{omax} 为最大输出功率;V_{omax} 为最大输出电压的幅值;I_{omax} 为最大输出电流的幅值。

2. 直流电源供给的功率

直流电源供给的功率是直流功率,其值等于电源输出电流平均值与电源电压的积,即

$$P_V = V_{CC} \cdot i_{C(AV)} = \frac{1}{2\pi} \int_0^{2\pi} V_{CC} i_C \mathrm{d}(\omega t) \tag{10.1.3}$$

式中,$i_{C(AV)}$ 为 i_C 的平均值,即集电极电流的直流分量,当 i_C 的正、负半周对称时,$i_{C(AV)} = I_{CQ}$,I_{CQ} 是集电极电流的静态值。

3. 管耗

管耗即功放管消耗的功率,它主要发生在集电结上,称为集电极耗散功率 P_T。P_T 可由式(10.1.4)表示,即

$$P_T = \frac{1}{2\pi} \int_0^{2\pi} v_{CE} i_C \mathrm{d}(\omega t) \tag{10.1.4}$$

式中,v_{CE}、i_C 分别为管子集-射电压和集电极电流的瞬时值。

4. 效率

放大电路的输出功率与电源所提供的直流功率之比称为电路的转换效率,简称效率,即

$$\eta = \frac{P_o}{P_V} \times 100\% \tag{10.1.5}$$

式中,P_o 为输出功率;P_V 为直流电源供给的功率。

提高效率对于功率放大电路来说非常重要,而前面所学的基本电压放大电路的效率却十分的低下,一般不会用来做功率放大。

图 10.2(a)是一共射放大电路,电路中负载电阻 R_L 直接接在集电极回路中。为了取得最大的动态范围,将电路的静态工作点设置在负载线的中点,则三极管的静态电压 $V_{CEQ} \approx V_{CC}/2$,集电极静态电流 $I_{CQ} \approx V_{CC}/2R_L$。其图解分析如图 10.2(b)所示。

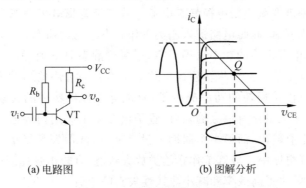

(a) 电路图 (b) 图解分析

图 10.2 甲类共射放大电路

在正弦输入信号 v_i 的驱动下,三极管的集电极电流 i_C 中将出现一个交流分量,集电极与发射极之间的电压 v_{CE} 中也将出现一个交流分量。如果输入信号不超过电路的动态工作范围,则集电极交流电流和集电极与发射极之间的交流电压也为正弦波,如图 10.2(b)所示,集电极与发射极之间的电压 v_{CE} 和集电极电流 i_C 分别可表示为

$$v_{CE} = V_{CEQ} - V_{cem}\sin\omega t \tag{10.1.6}$$

$$i_C = I_{CQ} + I_{cm}\sin\omega t \tag{10.1.7}$$

式中,V_{cem} 为集电极与发射极之间的电压 v_{CE} 的峰值,$V_{cem} \approx V_{CEQ}$;I_{cm} 为集电极电流 i_C 的峰值,$I_{cm} \approx I_{CQ}$。

电路的最大输出功率为

$$P_{omax} = \frac{1}{2}V_{omax}I_{omax} = \frac{1}{2}V_{cem}I_{cm} = \frac{1}{2}V_{CEQ}I_{CQ} \tag{10.1.8}$$

直流电源供给的功率为

$$\begin{aligned} P_V &= \frac{1}{2\pi}\int_0^{2\pi} V_{CC} i_C \mathrm{d}(\omega t) \\ &= \frac{1}{2\pi}\int_0^{2\pi} V_{CC}(I_{CQ} + I_{cm}\sin\omega t)\mathrm{d}(\omega t) \\ &= V_{CC}I_{CQ} \end{aligned} \tag{10.1.9}$$

效率

$$\eta = \frac{P_{omax}}{P_V} = \frac{\frac{1}{2}V_{CEQ}I_{CQ}}{V_{CC}I_{CQ}} = \frac{\frac{1}{2} \times \frac{1}{2} \times V_{CC}I_{CQ}}{V_{CC}I_{CQ}} = \frac{1}{4} = 25\% \tag{10.1.10}$$

该电路中,在输入正弦信号的一个周期里,三极管均处于导通状态,所以若按电路中三极管的导通时间分类,该电路可归为甲类放大电路。通过上面的分析计算可以看出,甲类放大电路的效率非常低下,理想情况下最大也只有 25%。这是因为在甲类功率放大电路中,不管有无输入信号,也不管输入信号的大小,三极管的集电极始终有一静态电流 I_{CQ},直流电源就能一直向放大电路提供一固定的直流功率 $P_V = V_{CC}I_{CQ}$。有输入信号时,电路就将直流电源提供功率的一部分转换成负载上所需要的有用输出功率,另一部分被管子以热量的形式损耗掉。无输入信号时,直流电源所提供的功率则全部消耗在管子和电路元件上了。因此,甲类功率放大电路的效率十分低下,不宜用作功率放大电路。

既然三极管的静态电流是造成管子功率损耗、电路效率低下的根本原因,那么要想提高功率放大电路的效率就要减小集电极静态电流。若三极管集电极静态电流 $I_{CQ}=0$,则静态时管子上将无功率损耗,但此时电路进入乙类工作状态。乙类功率放大电路无输入信号时,静态电流为零,直流电源供给的功率也等于零,三极管静态时不消耗功率。有信号输入时,直流电源提供的功率中的一部分将转换成负载上所需要的有用输出功率,另一部分被三极管损耗掉。总体上三极管损耗的功率减少了,直流电源提供功率的转换效率将得到提升。然而,由于乙类功率放大电路有信号输入时,管子仅在半个周期内导通,所以负载只在管子导通的这半个周期上有输出,而另半个周期上没有输出,波形失真严重。因此,必须通过恰当的电路结构来保证电路中三极管工作在乙类放大状态,有较小管耗的同时,负载上还能得到完整的输出信号,解决提高效率和减小非线性失真的矛盾。

10.2 互补对称功率放大电路

前面讨论的甲类共射放大电路虽然输出信号的失真很小,但效率低下。而乙类功率放大电路虽然能提高电路的效率,但输出波形却出现了严重的失真。因此,如果用两个互补对称的管子,使电路能在保证两个三极管工作在乙类放大状态的前提下,一个管子在输入信号的正半周工作,另一个管子在输入信号的负半周工作,从而在负载上得到一个完整的波形,这样就能解决效率与失真的矛盾。互补对称的概念正是在这一思想下提出的。

目前广泛使用的是无输出电容(OCL)的互补对称功率放大电路和无输出变压器(OTL)的互补对称功率放大电路。本节将对这两类电路的组成、工作原理、最大输出功率和效率的分析计算以及功率放大电路中三极管的选择等问题展开讨论,以完成对功率放大电路的全面解构。

10.2.1 OCL 功率放大电路

1. 乙类 OCL 功率放大电路

1) 电路组成及工作原理

在如图 10.3 所示的电路中,VT_1 和 VT_2 分别为 NPN 型管和 PNP 型管,两管的基极和发射极相互连接在一起,信号从基极输入,从射极输出,R_L 为负载,整个电路采用正、负对称双电源供电。

静态时,由于电路中无偏置且电路对称,故两个三极管的基射极间的电压均为零,基极和集电极电流也为零。因此,此时没有电流流过负载,负载两端的输出电压为零。动态时,假定电路中的两个三极管均为理想三极管,即不考虑三极管的发射结电压,则在输入信号的正半周期 VT_1 导通,VT_2 截止,流过负载的电流是 i_{E1}。而到了输入信号的负半周期,VT_1 截止,VT_2 导通,流过负载的电流是 i_{E2}。可见,两个三极管在输入信号的正、负半周内轮流导通,组成互补推挽式电路,使负载得到一个完整的波形。这样既保证了三极管工作在乙类状态,又保证了输出得到完整的不失真波形。由于该电路没有采用输出电容,所以这种电路通常称为无输出电容互补对称功率放大电路,简记为 OCL 功率放大电路。

2) 分析计算

为了便于分析,将 VT_2 的输出特性曲线倒置在 VT_1 的右下方,由于两只管子的静态电流为零,所以静态工作点均在横轴上,若令二者在 Q 点,即 $v_{CE}=V_{CC}$ 处重合,则 VT_1 和 VT_2 的合成输出特性曲线如图 10.4 所示。图中负载线是通过 $(V_{CC},0)$ 点、斜率为 $-1/R_L$ 的斜线,I_{cm} 表示集电极电流的峰值,集电极与发射极间电压的峰值,也就是输出电压的峰值等于电源电压减去三极管的饱和压降,即 $V_{cem}=V_{om}=V_{CC}-V_{CES}=I_{cm}R_L$,若忽略三极管的饱和压降 V_{CES},则电路的最大输出电压 $V_{omax}=V_{CC}$。

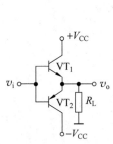

图 10.3 乙类 OCL 功率放大电路

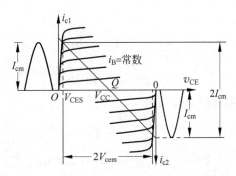

图 10.4 乙类 OCL 功率放大电路的图解分析

根据以上分析,下面来求该电路的输出功率、直流电源供给的功率、功放管的功耗以及电路的转换效率等性能指标。

(1) 输出功率。由式(10.1.1)对输出功率的定义,得

$$P_o = \frac{V_{om}}{\sqrt{2}} \times \frac{I_{om}}{\sqrt{2}} = \frac{1}{2} V_{om} I_{om}$$

$$= \frac{1}{2} V_{om} \frac{V_{om}}{R_L}$$

$$= \frac{1}{2} \frac{V_{om}^2}{R_L} \tag{10.2.1}$$

由前面的分析,电路的最大输出电压 $V_{omax}=V_{CC}$,最大输出功率为

$$P_{omax} = \frac{1}{2} \frac{V_{omax}^2}{R_L} = \frac{1}{2} \frac{V_{CC}^2}{R_L} \tag{10.2.2}$$

(2) 直流电源供给的功率。由式(10.1.3)对直流电源供给功率的定义,得

$$P_V = 2 \times \frac{1}{2\pi} \int_0^\pi V_{CC} i_C \, d(\omega t)$$

$$= \frac{1}{\pi} \int_0^\pi V_{CC} \frac{v_o}{R_L} d(\omega t)$$

$$= \frac{1}{\pi R_L} \int_0^\pi V_{CC} V_{om} \sin\omega t \, d(\omega t)$$

$$= \frac{1}{\pi R_L} V_{CC} 2 V_{om} \tag{10.2.3}$$

直流电源供给的最大功率为

$$P_{Vmax} = \frac{2}{\pi} \frac{V_{CC}^2}{R_L} \tag{10.2.4}$$

(3) 管耗。考虑到 VT_1 和 VT_2 在一个信号周期内各导通半个周期,且由于电路对称,所以两个三极管的集电极电流和集电极与发射极之间的电压在数值上相等。根据三极管管耗的定义式(10.1.4)可知,电路中两个三极管的管耗是一样的。因此,只需先求出一个管子的管耗,即可得电路的总管耗。设输出电压 $v_o = V_{om}\sin\omega t$,则 VT_1 的管耗为

$$P_{T1} = \frac{1}{2\pi}\int_0^{2\pi} v_{CE} i_C \, d\omega t$$

$$= \frac{1}{2\pi}\int_0^{\pi}(V_{CC} - v_o) \cdot \frac{v_o}{R_L} d\omega t$$

$$= \frac{1}{2\pi R_L}\int_0^{\pi}(V_{CC} - V_{om}\sin\omega t) \cdot V_{om}\sin\omega t \, d\omega t$$

$$= \frac{1}{R_L}\left(\frac{V_{CC}V_{om}}{\pi} - \frac{V_{om}^2}{4}\right) \tag{10.2.5}$$

电路的总管耗为

$$P_T = 2P_{T1} = \frac{2}{R_L}\left(\frac{V_{CC}V_{om}}{\pi} - \frac{V_{om}^2}{4}\right) \tag{10.2.6}$$

(4) 效率。由式(10.1.5)对效率的定义,得

$$\eta = \frac{P_o}{P_V} = \frac{\pi}{4} \cdot \frac{V_{om}}{V_{CC}} \tag{10.2.7}$$

可见,电路的效率与输出电压的大小有关,当输出电压达到最大 $V_{om} = V_{CC}$ 时,则

$$\eta = \frac{P_o}{P_V} = \frac{\pi}{4} = 78.5\% \tag{10.2.8}$$

这个结论是假定电路互补对称,三极管处于理想状态,忽略了管子的饱和压降 V_{CES} 和输入信号足够大,输出电压能够达到最大值的情况下得出来的,实际的功率放大电路的效率是低于这一数值的。

3) 功率三极管的选择

在功率放大电路中,为使输出功率尽可能大,要求三极管工作在极限应用状态,即三极管集电极电流最大时接近集电极最大允许电流 I_{CM},集电极和发射极之间能承受的管压降最大时接近集电极和发射极之间的最大允许反向电压 $V_{(BR)CEO}$,集电极耗散功率最大时接近集电极最大允许耗散功率 P_{CM}。因此,在功率放大电路中选择功放管时,要特别注意功放管的这些极限参数的限制,要根据电路中三极管所承受的集电极最大电流、集电极和发射极之间的最大管压降和最大功耗来选择三极管,保证三极管工作在安全区内,三极管受极限参数限制的安全工作区如图 10.5 所示。如果再考虑到给这些参数留有 50% 的余地,则功率放大电路中功放管的安全工作区会更小。

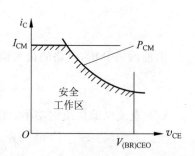

图 10.5 由三极管极限参数限制的安全工作区

(1) 集电极最大允许电流 I_{CM}。通过前面对图 10.3 所示的乙类 OCL 功率放大电路的分析知道,流过三极管的发射极电流即为负载电流,即 $i_o = i_E \approx i_C$。负载电阻上的最大电压为 $V_{CC} - V_{CES1}$,所以,集电极电流的最大值为

$$i_{C\max} = \frac{V_{CC} - V_{CES1}}{R_L} \quad (10.2.9)$$

若忽略 V_{CES} 的影响，集电极电流的最大值一般取

$$i_{C\max} = \frac{V_{CC}}{R_L} \quad (10.2.10)$$

故选择三极管时应保证其集电极的最大允许电流 I_{CM} 应满足

$$I_{CM} \geqslant \frac{V_{CC}}{R_L} \quad (10.2.11)$$

(2) 集电极和发射极之间的最大允许反向电压 $V_{(BR)CEO}$。在图 10.3 所示的乙类 OCL 功率放大电路中，当功放管处于截止状态时其集电极和发射极之间要承受一定的反向压降。如在输入电压的正半周，VT_1 导通，VT_2 截止，这时 VT_2 的集电极和发射极之间承受的反向压降为

$$v_{EC2} = v_E - (-V_{CC}) = v_E + V_{CC} \quad (10.2.12)$$

在输入电压 v_i 从零逐渐增大到峰值的过程中，VT_1 由导通最后进入了饱和导通状态，VT_2 始终处于截止状态，两管的发射极电位 v_E 从零增大到 $V_{CC} - V_{CES1}$。所以，在输入电压 v_i 达到正峰值时，VT_2 管承受的反向管压降达到最大，即

$$v_{EC2\max} = v_{E\max} + V_{CC} = V_{CC} - V_{CES1} + V_{CC} = 2V_{CC} - V_{CES1} \quad (10.2.13)$$

同理，在 v_i 为负峰值时，VT_1 管承受的最大反向管压降为 $2V_{CC} - V_{CES2}$。如果忽略 V_{CES} 的影响，则管子要承受的最大反向管压降为 $2V_{CC}$。

故选择三极管时应保证其集电极和发射极之间的最大允许反向电压 $V_{(BR)CEO}$ 满足

$$|V_{(BR)CEO}| > 2V_{CC} \quad (10.2.14)$$

(3) 集电极最大允许耗散功率 P_{CM}。在图 10.3 所示的乙类 OCL 功率放大电路中，电源提供的功率，除了转换成输出功率外，其余部分主要消耗在三极管上。电路处于静态，即当输入电压 $v_i = 0$ 时，输出电压也等于零，所以静态时输出功率为零。同时由于电路在静态时，管子集电极电流为零，所以静态时管子的损耗也很小；当输入电压增大时，输出和管子集电极电流也随着增大，因此输出功率和管子的损耗也将增大；当输入电压最大时，输出功率达到最大，但由于此时导通的管子管压降很小(等于管子的饱和压降)，管子的损耗就很小。由此可见，管耗最大既没发生在输出电压最小时，也不发生在输出电压最大时，那么在什么情况下管子的损耗会达到最大呢？

由式(10.2.5)可见，管耗是输出电压峰值的函数，因此，可以用求极值的方法找到二者之间的关系。对式(10.2.5)求导，得

$$\frac{dP_{T1}}{dV_{om}} = \frac{1}{R_L}\left(\frac{V_{CC}}{\pi} - \frac{V_{om}}{2}\right) \quad (10.2.15)$$

令 $dP_{T1}/dV_{om} = 0$，则

$$\frac{1}{R_L}\left(\frac{V_{CC}}{\pi} - \frac{V_{om}}{2}\right) = 0$$

故

$$V_{om} = \frac{2V_{CC}}{\pi} \approx 0.6V_{CC}$$

由此可见，当 $V_{om} \approx 0.6V_{CC}$ 时管耗最大，即

$$P_{T1m} = \frac{1}{R_L}\left(\frac{V_{CC}V_{om}}{\pi} - \frac{V_{om}^2}{4}\right)$$

$$= \frac{1}{R_L} \frac{V_{CC}^2}{\pi^2}$$

$$\approx 0.2 P_{omax} \tag{10.2.16}$$

三极管集电极最大管耗发生在 $V_{om} \approx 0.6 V_{CC}$ 时,且最大管耗只有最大输出功率的 1/5。

综合以上各方面的因素,在选择功率放大电路中的功率放大管时应从以上三个方面考虑,即所选功率放大电路中的功放管的极限参数必须满足:管子集电极最大允许电流 I_{CM} 不能低于 V_{CC}/R_L;管子要承受的集电极和发射极之间的最大允许反向电压 $V_{(BR)CEO}$ 要大于 $2V_{CC}$;每只管子的最大允许管耗必须大于功率放大电路的最大输出功率的 1/5。

诚然,上面的分析计算是在理想情况下进行的,实际上在选择管子的额定功耗时,还要留有充分的余地。

【例 10.2.1】 设乙类 OCL 功率放大电路如图 10.3 所示,已知电源电压 $V_{CC}=12V$,负载 $R_L=8\Omega$,输入信号 v_i 为正弦波。试计算:(1)在三极管的饱和压降 V_{CES} 可以忽略不计的条件下,电路的最大输出功率、管耗、直流电源供给的功率和效率;(2)求每个功放管的最大允许管耗 P_{CM} 至少应为多少才能保证功放管的安全工作。

解:(1)输出功率。

由式(10.2.1)得

$$P_o = \frac{V_{om}^2}{2R_L}$$

当 $V_{om} \approx V_{CC}$ 时,最大输出功率为

$$P_{omax} = \frac{V_{CC}^2}{2R_L} = \frac{12^2}{2 \times 8} = 9W$$

电源供给的功率。由式(10.2.3)得

$$P_V = \frac{1}{\pi R_L} \cdot V_{CC} 2V_{om} = \frac{1}{\pi R_L} \cdot V_{CC} 2V_{CC} = \frac{2 \times 12^2}{8\pi} = 11.46W$$

效率为

$$\eta = \frac{P_{om}}{P_V} \times 100\% = \frac{9}{11.46} \times 100\% = 78.5\%$$

总的管耗为

$$P_T = P_V - P_{om} = (11.46 - 9) = 2.46W$$

(2) 每个功放管的最大允许管耗 P_{CM}。

由式(10.2.16),每管的最大管耗为

$$P_{T1m} \approx 0.2 P_{omax} = 0.2 \times 9 = 1.8W$$

因此,所选功放管的最大允许管耗应满足 $P_{CM} > 1.8W$。

【例 10.2.2】 设乙类 OCL 功率放大电路如图 10.3 所示,已知 $V_{CC}=12V$,$R_L=16\Omega$,功放管的极限参数为 $I_{CM}=1.5A$,$|V_{(BR)CEO}|=30V$,$P_{CM}=5W$。求:(1)在三极管的饱和压降 V_{CES} 可以忽略不计的条件下,负载上可能得到的最大输出功率 P_{omax};(2)当输出功率最大时,所给功放管能否安全工作?

解:(1)最大输出功率。

由式(10.2.2)得

$$P_{omax} = \frac{V_{CC}^2}{2R_L} = \frac{12^2}{2 \times 16} = 4.5W$$

(2) 由式(10.2.10)、式(10.2.13)和式(10.2.16)知,通过功放管的最大集电极电流、集电极和发射极之间所承受的最大电压、功放管的最大管耗分别为

$$i_{C\max} = V_{CC}/R_L = 12\text{V}/16\Omega = 0.75\text{A}$$
$$v_{CEm} = 2V_{CC} = 24\text{V}$$
$$P_{Tm} \geqslant 0.2P_{o\max} = 0.2 \times 4.5\text{W} = 0.9\text{W}$$

所求功放管的最大集电极电流 $i_{C\max}$,集电极和发射极之间所承受的最大电压 v_{CEm},功放管的最大管耗 P_{Tm} 均分别小于功放管的极限参数 I_{CM}、$|V_{(BR)CEO}|$、P_{CM},所以功放管能安全工作。

2. 甲乙类 OCL 功率放大电路

1) 乙类功率放大电路存在的问题——交越失真

乙类功率放大电路可以减小三极管的静态损耗、提高效率,但负载上得到的输出波形却不是一个理想的正弦波。因为图 10.3 中负载上得到一个理想正弦波的前提条件是没有考虑三极管基射极之间的阈值电压(NPN 型的硅管阈值电压约为 0.6V)。实际情况是,如果考虑了阈值电压,则当输入电压较小(低于三极管的阈值电压)时,两个三极管均处于截止状态,三极管的集电极电流就基本上等于零,负载上无电流流过,此种情况下负载两端的输出电压波形如图 10.6 所示。这种在两个三极管交替导通的时间段,由于输入电压太小,而导致两个三极管均处于截止状态,从而使负载上无输出电压而引起的输出波形的失真现象称为交越失真。

2) 甲乙类 OCL 功率放大电路

为了消除交越失真,需给电路设置合适的静态工作点,使两只三极管静态时均工作在临界导通或微导通状态,这样当输入信号比较小,即使是小于阈值电压,也能保证三极管处于导通状态,负载 R_L 上有电流流过,从而得到不失真的输出波形。能消除交越失真的功率放大电路如图 10.7 所示。

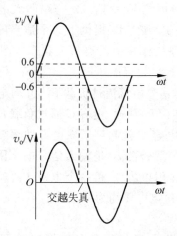

图 10.6 乙类功率放大电路中的交越失真

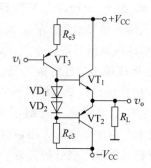

图 10.7 甲乙类 OCL 功率放大电路

图 10.7 中 VT_3 是一级前置放大(图中未画出 VT_3 的偏置电路),VT_1 和 VT_2 组成互补输出级。静态时,VD_1、VD_2 上产生的压降为 VT_1 和 VT_2 两管的基射极之间提供了一个适当的偏置电压,此电压略大于 VT_1 管发射结和 VT_2 管发射结阈值电压之和,从而保证了两只管子在静态时均处于微导通状态,即都有一个微小的基极电流。

当输入信号 v_i 按正弦规律变化时,由于两管基极之间电位差基本是一恒定值(为两个二极管的导通电压),两个基极的电位随输入信号 v_i 产生相同变化。这样,当 $v_i<0$ 且逐渐减小时,v_{be1} 逐渐增大,VT_1 管基极电流随之增大,发射极电流也必然增大,负载电阻上得到正方向的电流;与此同时,v_i 的减小使 v_{eb2} 减小,当减小到一定数值时,VT_2 管才会截止,也就是在输入信号 $v_i<0$ 的初始阶段,VT_2 是导通的。同理,当 $v_i>0$ 且逐渐增大时,使 v_{eb2} 逐渐增大,VT_2 管的基极电流 i_{b2} 随之增大,发射极电流 i_{e2} 也必然增大,负载电阻上得到负方向的电流;与此同时,v_i 的增大,使 v_{be1} 减小,当减小到一定数值时,VT_1 管才会截止,也就是在输入信号 $v_i>0$ 的初始阶段,VT_1 是导通的。由此可见,该电路在输入信号的正半周主要是 VT_1 管发射极驱动负载,而负半周主要是 VT_2 管发射极驱动负载,但两管的导通时间都比输入信号的半个周期长,即在信号电压 v_i 很小时,两只管子同时导通,因此该电路中的三极管是工作在甲乙类状态的。电路克服了乙类 OCL 功率放大电路中的交越失真,最终得到的负载电流和电压波形更接近理想的正弦波。这种电路由于三极管工作在甲乙类状态,所以称为甲乙类 OCL 功率放大电路。

10.2.2 OTL 功率放大电路

OCL 功率放大电路是双电源供电的,下面再来讨论一类由单电源供电的功率放大电路。在这类电路中输出信号要通过电容与负载耦合,而不采用双电源供电电路中的直接耦合方式,也不采用输出变压器耦合方式,所以这种电路通常称为无输出变压器互补对称功率放大电路,简称为 OTL 功率放大电路。

1. 甲乙类 OTL 功率放大电路

1)电路组成及工作原理

图 10.8 是一甲乙类 OTL 功率放大电路,图中 VT_3 组成前置放大级,VT_1 和 VT_2 组成互补对称功率输出级。静态时,调节 R_1 及 R_2,使 K 点电位 $V_K=V_{CC}/2$。这样,大电容 C 上的静态电压即为 $V_{CC}/2$,VD_1、VD_2 上产生的压降为 VT_1 和 VT_2 提供了一个适当的偏置电压,使两只管子静态时处于微导通状态,保证整个电路工作在甲乙类放大状态。图中 K 点电位通过 R_1 和 R_2 分压后为 VT_3 组成的前置放大级提供偏置电压。

当加入输入信号 v_i 时,在 v_i 的负半周 VT_1 导通,信号电流流过负载 R_L,并向电容 C 充电,R_L 上形成输出信号的正半周;到了 v_i 的正半周期 VT_2 导通,电容 C 通过负载 R_L 放电,并在 R_L 上形成输出信号的负半周。此时,已充电的电容 C 就起到了双电源功率放大电路中的 $-V_{CC}$ 的作用。只要选择时间常数 $R_LC>(5\sim10)/2\pi f_L$(f_L 是输入信号的下限频率),就可认为电容 C 两端电压近似不变,为 $V_{CC}/2$。这样用电容 C 和一个电源 V_{CC} 就代替了OCL 电路中的两个电源的作用,只是 VT_1 和 VT_2 的供电电压均为 $V_{CC}/2$ 而不再是 V_{CC}。

2)分析计算及三极管的选择

采用一个电源的互补对称电路,每只管子的工作电压不再是双电源时的 V_{CC},而是 $V_{CC}/2$,因此,单电源供电的功率放大电路输出电压峰值在理想状态,最大就只能达到约 $V_{CC}/2$,而不是双电源供电的功率放大电路的 V_{CC}。但电路的工作过程和工作原理未变。所以,在分析计算单电源 OTL 功率放大电路的输出功率、效率和选择电路中的三极管等时,可以直接运用 OCL 双电源功放电路的计算公式,只是注意将原公式中的 V_{CC} 替换成 $V_{CC}/2$ 即可。

2. 自举升压 OTL 功率放大电路

图 10.8 中的 OTL 功率放大电路，在理想情况下，当输入信号 v_i 为负半周最大值时，VT_2 截止，VT_1 应该是饱和导通，即此时 $v_{CE1} = v_{CES}$，K 点的电位 $v_K = +V_{CC} - v_{CES} \approx +V_{CC}$，则负载 R_L 上得到的最大正向输出电压幅值 $V_{om} \approx V_{CC}/2$。当输入信号 v_i 为正半周最大值时，VT_1 截止，VT_2 应该是饱和导通，即此时 $v_{CE2} = v_{CES}$，K 点的电位 $v_K = -v_{CES} \approx 0$，则负载 R_L 上得到的最大负向输出电压幅值 $V_{om} \approx V_{CC}/2$。但实际上，负载 R_L 上得到最大负向输出电压幅值达不到 $V_{CC}/2$，这是因为当输入信号 v_i 为负半周时，VT_2 截止、VT_1 导通，因而 i_{B1} 增大，但由于 R_{c3} 和 V_{BE1} 的存在，当 K 点电位升高并接近 V_{CC} 时，VT_1 的基极电位不能跟着增大，也就是说 VT_1 的基极电流不能随着 v_K 的升高而升高，VT_1 不能像理想状态时一样进入饱和导通状态，所以 K 点的实际电位 $v_K < V_{CC}$，负载 R_L 上得到的最大负向输出电压幅值将明显小于 $V_{CC}/2$。为了解决这一问题，产生了带自举升压的 OTL 电路，如图 10.9 所示。

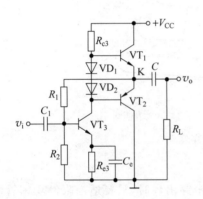

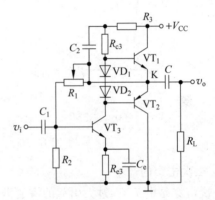

图 10.8　甲乙类 OTL 功率放大电路　　　图 10.9　带自举升压的 OTL 功率放大电路

图 10.9 所示 R_3 及 C_3 构成自举升压电路。静态时，$V_D = V_{CC} - I_{C3}R_3$，$V_K = V_{CC}/2$，电容 C_3 两端电压被充电到 $V_{C3} = V_{CC} - I_{C3}R_3 - V_K = V_{CC}/2 - I_{C3}R_3$。由于 C_3 容量足够大，可以认为其对交流短路，其上电压近似等于它的直流电压 V_{C3}，该电压不随 v_i 变化。这样在 v_i 负半周时，VT_1 导通，当 K 点电位上升并达到最大时，D 点电位 $v_D = V_{C3} + v_K$ 也跟着上升并达到最大。随着 K 点电位的上升，VT_1 的基极推动电压也得到了不断地提高。因此，VT_1 的基极电流就会随着 v_K 的升高而升高，VT_1 就可以进入饱和导通状态，负载 R_L 上就能得到幅值为 $V_{CC}/2$ 的最大负向输出电压。由于上述提高 VT_1 基极电流的供电电压，是通过电容 C_3 取自放大电路自身的输出电压，故这个电路称为自举电路，电容 C_3 称为自举电容。整个电路称为自举升压 OTL 功率放大电路。自举电路同样适用于 OCL 功率放大电路。

10.3　功率放大电路的使用

在功率放大电路中，因为有相当一部分的功率损耗在三极管的集电结上，使三极管的结温和管壳温度升高。当温度超过三极管规定的允许结温时，管子就会因过热而不能正常工作，甚至损坏。因此，要想在允许的管耗内获得足够大的输出功率，就必须要很好地解决功放管的散热问题。另外，在功率放大电路中，功放管既要流过大电流，又要承受高电压。在这种情况下工作，功放管损坏的可能性也就比前面讨论的电压放大电路中的三极管要高。

1. 功放管的二次击穿

1) 二次击穿现象

由三极管的输出特性曲线图 10.10 可以看出,对于某一条输出特性曲线,当集电极与发射极之间电压 v_{CE} 增大到一定数值时,三极管的集电极电流将以比较快的速度增大,即三极管的工作状态将由临界点 A 变化到 B 点,AB 段称为三极管的一次击穿。而且 i_C 越大,击穿电压 v_{CE} 越低。三极管在一次击穿后,集电极电流 i_C 会骤然增大,对此种情况若不加以限制,则工作点将以 ms 甚至 μs 级的高速度从 B 点变化到 C 点,BC 段称为三极管的二次击穿,此时电流猛增,而管压降却减小了。

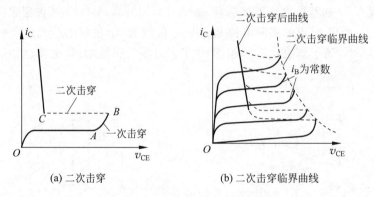

图 10.10 三极管的击穿现象

2) 二次击穿的产生

一次击穿是由于 v_{CE} 过大引起的雪崩击穿,这种击穿出现时,只要适当限制功率管的电流,且进入击穿的时间不长,当外加电压减小或消失后管子可恢复原状,所以,这种击穿是可逆的。二次击穿是由于管子内部结构缺陷(如发射结表面不平整、半导体材料电阻率不均匀等)和制造工艺不良等原因引起的,管子一旦进入二次击穿,即使外加电压消失,管子也不能恢复原状,所以,这种击穿是不可逆的。三极管进入二次击穿的点随基极电流 i_B 的不同而变,通常把进入二次击穿的点连起来就形成了图 10.10 所示的二次击穿临界曲线。正常情况下,三极管的工作状态必须控制在二次击穿临界曲线以内。考虑了三极管的极限参数和二次临界击穿后的安全工作区,如图 10.11 所示。

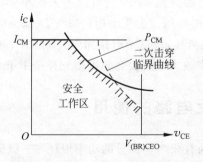

图 10.11 由极限参数和二次临界击穿共同限制的安全工作区

3) 防止二次击穿的措施

(1) 在设计电路时,要保证使三极管工作在安全区以内,而且还要留有余地。例如,增大功率余量,改善散热情况,选用较低的电源电压等。

(2) 使用时要尽量避免产生过压和过流的可能性,不要将负载开路或短路,不要突然加强信号,同时不允许电源电压有很大波动。

(3) 采取适当的保护电路。为了防止由于感性负载而使管子产生过压或过流,可在负载两端并联二极管(或二极管和电容)。此外,也可将稳压管并联在功放管的集电极与发射极两端,以吸收瞬时的过电压等。

2. 功放管的散热问题

功放管损坏的重要原因是当其实际耗散功率超过额定数值时,管子内部的 PN 结(主要是集电结)的结温超过允许值(硅管的结温约为 150℃,锗管的结温约为 90℃),集电极电流急剧增大而烧坏管子。耗散功率等于结温在允许值时集电极电流与管压降之积。管子的功耗越大,结温越高。因而改善功放管的散热条件,可以在同样的结温下提高集电极最大耗散功率,从而实现提高输出功率的目的。

1) 热阻的概念

热在物体中传导时所受到的阻力用"热阻"来表示。当功放管集电结消耗功率时,集电结结温升高,热量要从管芯向外传递。设结温为 T_j,环境温度为 T_a,则温差 ΔT 与集电结耗散功率 P_C 成正比,比例系数称为热阻 R_T,即

$$\Delta T = T_j - T_a = P_C R_T \tag{10.3.1}$$

可见,热阻 R_T 是集电极耗散单位功率使功放管结温升高的度数,单位为 ℃/W。R_T 越大,表明在相同温差下,允许的集电极功耗 P_C 越小,说明管子的散热能力越小;反之,R_T 越小,表明在相同温差下,允许的集电极功耗 P_C 越大,管子的散热能力越强。可见,热阻是衡量功放管散热能力的一个重要参数。

2) 热阻的估算

功放管依靠外壳散热的效果很差,通常在功放管上要加散热装置,这样,结温向环境散热的途径实际上是从集电结到管壳,管壳再到散热片,最后才由散热片到周围空气。因此,前面定义的热阻 R_T 应该是以上三项之和,即

$$R_T = R_{Tj} + R_{Tc} + R_{Tf} \tag{10.3.2}$$

式中,R_{Tj} 为集电结到管壳的热阻;R_{Tc} 为管壳到散热片的热阻;R_{Tf} 为散热片到周围空气的热阻。

R_{Tj} 一般可由手册中查到(如手册上标出 3AD6 的热阻为 2℃/W,即表示集电极损耗功率每增加 1W,结温就升高 2℃)。R_{Tc} 的大小主要由两方面的因素决定:一是功放管和散热片之间是否垫绝缘层(如 0.5mm 厚的绝缘垫片热阻约为 1.5℃/W);另一个是二者之间的接触面积大小和紧固程度。一般 R_{Tc} 在 0.1～3℃/W 之间。R_{Tf} 的大小则完全由散热片自身决定。散热片的散热能力除了与散热片的面积、厚度、形状、放置方式、环境温度有关外,为了得到较好的散热效果,散热片一般要由导热性能良好的金属铝制成,还要保证散热片与管壳有良好的接触,而且有效接触面积要尽可能大(注:散热片的面积按一面算)。

【例 10.3.1】 设一功放管的集电结到管壳的热阻 $R_{Tj}=4$℃/W,在管壳与散热片间,利用一 0.2mm 厚云母垫片进行装配,因此在管壳与散热片间引入的热阻为 $R_{Tc}=1$℃/W,散热片与周围空气的热阻 $R_{Tf}=5$℃/W。如果当 $V_{CE}=10$V 时,流过功放管的平均电流 $I_C=1$A,试求当环境温度 $T_a=25$℃时,功放管的集电结结温 T_j、管壳温度 T_c 和散热片温度 T_f。设功放管发射结的功耗可忽略。

解：功放管消耗的功率为

$$P_C = V_{CE}I_C = 10V \times 1A = 10W$$

功放管的集电结结温 T_j 为

$$\begin{aligned}T_j &= T_a + P_C(R_{Tj} + R_{Tc} + R_{Tf}) \\ &= 25℃ + 100℃ \\ &= 125℃\end{aligned}$$

功放管的管壳温度 T_c 为

$$\begin{aligned}T_c &= T_a + P_C(R_{Tc} + R_{Tf}) \\ &= 25℃ + 60℃ \\ &= 85℃\end{aligned}$$

散热片温度 T_f 为

$$\begin{aligned}T_f &= T_a + P_C R_{Tf} \\ &= 25℃ + 50℃ \\ &= 75℃\end{aligned}$$

10.4 集成功率放大电路

目前生产的集成功率放大电路内部电路的组成基本与集成运算放大电路相似,一般由前置级、中间级、输出级和偏置电路等组成。利用集成电路工艺可以生产出不同类型的集成功率放大电路,集成功率放大电路和分立元件功率放大电路相比,具有体积小、重量轻、调试简单、效率高、失真小和使用方便等优点,因此得到迅猛发展。集成功率放大电路的种类很多,以用途区分,可分为通用型功放和专用型功放;以芯片内部的构成区分,可分为单通道功放和双通道功放;以输出功率区分,可分为小功率功放和大功率功放等。

集成功放使用时不能超过规定的极限参数,主要有功耗和最大允许电源电压。另外,集成功放还要有足够大的散热器,以保证在额定功耗下温度不超过允许值。本节以 LM386 集成功率放大电路为例,介绍其内部电路和典型应用。

LM386 是美国国家半导体公司生产的音频功率放大电路,广泛应用于录音机和收音机之中。

1. LM386 的引脚及外部特性

LM386 采用 8 脚双列直插式塑料封装,其外形和引脚排列如图 10.12 所示。引脚 2 为反相输入端、引脚 3 为同相输入端、引脚 5 为输出端、引脚 6 和引脚 4 分别为电源和地,引脚 1 和引脚 8 为电压增益设定端、引脚 7 和地之间接旁路电容,通常取 $10\mu F$。

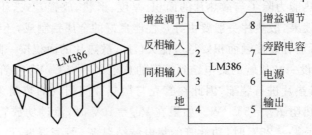

图 10.12 LM386 的外形及引脚排列

LM386 的两个信号输入端的输入阻抗均为 50kΩ,而且输入端对地的直流电位接近于零,即使与地短路,输出直流电平也不会产生大的偏离。LM386 的工作电压范围宽,为 4~12V 或 5~18V 之间,当电源电压为 6V 时,静态工作电流只有 4mA,静态功耗较低。LM386 的频宽约为 300kHz,当负载电阻为 4Ω、8Ω、16Ω 时,输出功率分别为可达 340mW、325mW、180mW。LM386 的电压增益可调,通常在引脚 1 和引脚 8 之间串接一个电阻和电容,改变电阻值可以实现对整个电路增益的自由调整,使电路电压增益在 20~200 之间变化。另外,LM386 失真度较低。上述特性使 LM386 的使用显得灵活方便。

2. LM386 的内部电路

LM386 内部电路组成如图 10.13 所示。这是一个三级放大电路,第一级为差分放大电路,VT_1 和 VT_3、VT_2 和 VT_4 分别构成复合管,作为差分放大电路的放大管,VT_5 和 VT_6 组成镜像电流源,作为 VT_1 和 VT_2 的有源负载。信号从 VT_3 和 VT_4 的基极输入,从 VT_2 的集电极输出,整个电路是一双端输入单端输出的差分电路。使用镜像电流源作为差分放大电路的有源负载,可使单端输出电路的增益近似等于双端输出电路的增益。

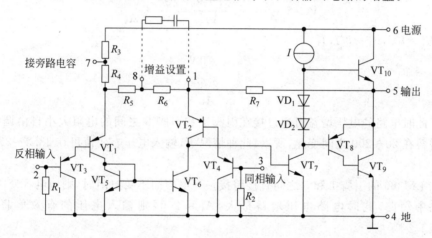

图 10.13 LM386 的内部电路

第二级为共射放大电路,VT_7 为放大管,恒流源作为有源负载,以增大放大倍数。

第三级中的 VT_8 和 VT_9 管复合成 PNP 型管,与 NPN 型管 VT_{10} 构成准互补输出级。二极管 VD_1 和 VD_2 为输出级提供合适的偏置电压,以消除交越失真。

电路由单电源供电,故该电路是一 OTL 功率放大电路。输出端(引脚 5)外接输出电容后再接负载。电阻 R_7 从输出端连接到 VT_2 的发射极,形成反馈通路,并与 R_5 和 R_6 构成反馈网络,从而引入了深度电压串联负反馈,使整个电路具有稳定的电压增益。

3. LM386 的实际应用

LM386 在应用电路中的一般接法如图 10.14 所示。引脚 1 和引脚 8 之间加入的电阻和电容可以改变 LM386 的增益。同时,通过调整引脚 1 和引脚 8 之间电阻的值,还可防止输入信号过强引起的自励啸叫。输入端的滑动变阻器可调节扬声器的音量。电阻 R_2 和电容 C_2 串联,构成校正网络用来对输出信号进行相位补偿。

静态时输出电容 C 上的电压为 $V_{CC}/2$,LM386 的最大不失真输出电压的峰值约为 $V_{CC}/2$。设负载电阻为 R_L,则最大输出功率为

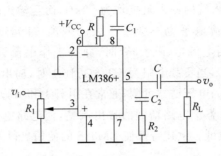

图 10.14　LM386 的应用电路

$$P_{omax} = \frac{(V_{CC}/2)^2}{2R_L} = \frac{V_{CC}^2}{8R_L}$$

此时的输入电压有效值为

$$V_i = \frac{\frac{V_{om}}{\sqrt{2}}}{A_V} = \frac{\frac{V_{CC}/2}{\sqrt{2}}}{A_V} = \frac{\sqrt{2}}{4} \cdot \frac{V_{CC}}{A_V}$$

若 $V_{CC}=8V, R_L=8\Omega$，有

$$P_{omax} = 1W$$

$$V_i = \frac{2\sqrt{2}}{A_V}$$

由于此时电路的电压增益可通过接在引脚 1 和引脚 8 之间的电阻大小自由调整，使电路电压增益在 20~200 之间变化，所以，此种情况下，输入电压有效值可在 28.3~283mV 之间变化。

当在 LM386 的引脚 1 和 8 之间直接跨接一个电容而不要电阻时，则该电容使两引脚在交流通路中短路，此时电路电压增益最大，$A_V \approx 200$，则输入电压的有效值将减小为 28.3mV。

当 LM386 的引脚 1 和 8 之间开路时，电压增益最小，$A_V \approx 20$，则输入电压的有效值为 283mV。

在绝大多数场合或单独使用时，LM386 比较正常，但在与其他电路结合之后，有可能产生自励从而使电路灵敏度降低。为了防止高频自励引起的啸叫，可在信号输入端与地之间、引脚 8 与地之间各接一电容，同时闲置的输入端不要空接而最好接地。对于低频自励引起的啸叫，可在输入端与地之间接一电阻，同时增大引脚 6 的滤波电容即可。

小结

(1) 功率放大电路在大信号条件下工作，通常采用图解法进行分析。研究的重点是如何在非线性失真允许的范围内，尽可能提高输出功率和效率。

(2) 重点介绍互补对称功率放大电路。与以前学过的甲类放大电路相比，乙类功率放大电路的主要优点是效率高，理想情况下，最高可达 78.5%。但由于三极管的输入特性存在死区电压，工作在乙类的互补对称电路将出现交越失真，克服交越失真的方法是采用甲乙类互补对称电路。同时从实际应用角度考虑，进一步介绍了用复合管构成的准互补对称功率放大电路。

(3) 在单电源互补对称电路中,计算输出功率、效率、管耗和电源供给的功率时,可借用双电源互补对称电路的计算公式,其中,只需要用 $V_{CC}/2$ 代替原公式中的 V_{CC}。

(4) 集成功率放大电路主要由输入级、中间级和输出级组成。此外,还有偏置电路、负反馈、自举等措施。由于集成功率放大电路具有体积小、重量轻、安装调试简单以及使用方便的特点,所以在电子设备、家用电器、微机接口、测量仪表和控制电路中得到了广泛应用。

(5) 功率放大电路中功放管的散热与保护也是一个不容忽视的重要问题。

习题

10.1 在甲类、乙类和甲乙类放大电路中,放大管的导通角分别等于多少?它们中哪一类放大电路效率最高?

10.2 在图 10.15 所示电路中,设三极管的 $\beta=100, V_{BE}=0.7\text{V}, V_{CES}=0.5\text{V}, V_{CC}=12\text{V}, R_C=8\Omega, I_{CEO}=0\text{A}$。输入信号 v_i 为正弦波。求:(1)负载上可能得到的最大输出功率 P_{omax};(2)要得到最大输出功率,R_b 的阻值应为多大?(3)此时电路的效率 η 是多大?

10.3 现有一输出级采用图 10.15 所示电路。有人说,当电源接通后,无信号输出(即喇叭不响)时,功放管的损耗最小,你认为这种说法对吗?为什么?

10.4 一双电源功率放大电路如图 10.16 所示,设已知 $V_{CC}=12\text{V}, R_L=16\Omega, v_i$ 为正弦波。求:(1)在三极管的饱和压降 V_{CES} 可以忽略不计的条件下,负载上可能得到的最大输出功率 P_{omax};(2)每个管子允许的管耗 P_{CM} 至少应为多少?(3)每个管子的耐压 $|V_{(BR)CEO}|$ 应大于多少?

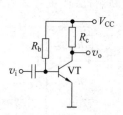

图 10.15 习题 10.2 与习题 10.3

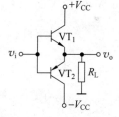

图 10.16 习题 10.4 与习题 10.5

10.5 设电路如图 10.16 所示,管子在输入正弦信号 v_i 作用下,在一周期内 VT_1 和 VT_2 轮流导电约 $180°$,电源电压 $V_{CC}=20\text{V}$,负载 $R_L=8\Omega$,试计算:(1)在输入信号 $V_i=10\text{V}$(有效值)时,电路的输出功率、管耗、直流电源供给的功率和效率;(2)当输入信号 v_i 的幅值 $V_{im}=V_{CC}=20\text{V}$ 时,电路的输出功率、管耗、直流电源供给的功率和效率。

10.6 一 OCL 功放电路如图 10.17 所示,设 $V_{CC}=15\text{V}, R_{e1}=R_{e2}=120\Omega, R_{e3}=R_{e4}=1\Omega, R_L=8\Omega$,输入信号 v_i 为正弦波,管子的饱和压降 $V_{CES}=2\text{V}$。试求:(1)VT_3、VT_4 承受的最大电压 v_{CEmax};(2)VT_3、VT_4 上流过的最大电流 i_{Cmax};(3)VT_3、VT_4 每个管子的最大管耗 P_{T1max}。

10.7 电路如图 10.18 所示,在电路中的元件出现下列故障时,电路将出现什么现象?(1)R_1 开路;(2)VD_1 开路;(3)R_2 开路;(4)VT_1 集电极开路;(5)R_1 短路;(6)VD_1 短路。

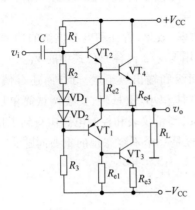

图 10.17　习题 10.6

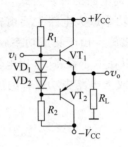

图 10.18　习题 10.7

10.8　一单电源功放电路如图 10.19 所示,设输入信号 v_i 为正弦波,$R_L=8\Omega$,管子的饱和压降 V_{CES} 可忽略不计。试求最大不失真输出功率 P_{omax}(不考虑交越失真)为 9W 时,电源电压 V_{CC} 至少应为多大?

10.9　一单电源功放电路如图 10.19 所示,设 $V_{CC}=12V$,$R_L=8\Omega$,电容 C 的容量足够大,输入信号 v_i 为正弦波,管子的饱和压降 V_{CES} 可忽略不计。试求最大不失真输出功率 P_{omax}。

10.10　一单电源功放互补对称电路如图 10.20 所示,设 VT_1、VT_2 的特性完全对称,输入信号 v_i 为正弦波,$V_{CC}=12V$,$R_L=8\Omega$。试回答下列问题:(1)静态时,电容 C_2 两端电压应达到多大?调整哪个电阻能满足这一要求?(2)动态时,若输出电压 v_o 出现交越失真,应调整哪个电阻?如何调整?(3)若 $R_1=R_2=1.1k\Omega$,VT_1 和 VT_2 的 $\beta=40$,$|V_{BE}|=0.7V$,$P_{CM}=400mW$,假设 VD_1、VD_2、R_2 中任意一个开路,将会产生什么后果?

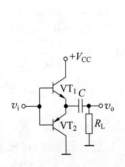

图 10.19　习题 10.8 与习题 10.9

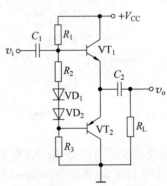

图 10.20　习题 10.10

10.11　某集成电路的输出级如图 10.21 所示。试说明:(1)R_1、R_2 和 VT_3 组成什么电路?在电路中起什么作用?(2)恒流源 I 在电路中起什么作用?(3)说明 VD_1 和 VD_2 是如何起到过载保护作用的?

10.12　一个用集成功放 LM386 组成的功率放大电路如图 10.22 所示。已知电路在通带内的电压增益为 40dB,在 $R_L=8\Omega$ 时不失真的最大输出电压(峰-峰值)可达 6V。当输入 v_i 为正弦波信号时,求:(1)最大不失真输出功率 P_{omax};(2)输出功率最大时的输入电压有效值。

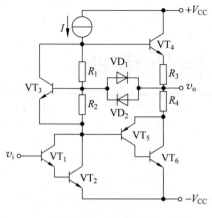
图 10.21 习题 10.11

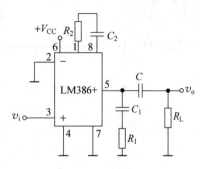
图 10.22 习题 10.12

10.13 现有一 OTL 功率输出电路,电路的最大输出功率为 20W,该电路的负载(阻抗为 8Ω 的扬声器)损坏。现想用 16Ω、10W 或 4Ω、20W 的音箱之一替换扬声器,请问选哪个规格的更好?为什么?

10.14 一种应用电路如图 10.23 所示,输入信号 v_i 为正弦波,$V_{CC}=18V$,$R_L=8Ω$,$R_1=1kΩ$,VT_1 和 VT_2 管子的饱和压降 $V_{CES}=2V$。试问:(1)R_3、R_4 和 VT_3 在电路中起什么样的作用?(2)负载上可获得的最大输出功率 P_{omax} 和电路的输出效率各是多少?(3)设最大输入电压的有效值为 1V,为使电路的最大不失真电压的峰值达到 16V,求电阻 R_6 至少应该有多大?

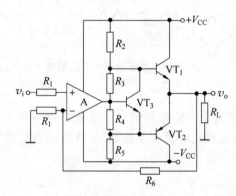
图 10.23 习题 10.14

第 11 章 直流稳压电源

CHAPTER 11

前面几章介绍的各种电子电路,通常都需要直流电源来供电,一般电子设备中最常用的直流稳压电源是通过把交流电源经过降压、整流、滤波和稳压电路变换后获得的。

11.1 直流稳压电源概述

11.1.1 直流稳压电源的组成

直流稳压电源的作用是能够将频率为 50Hz、有效值为 220V 的交流电转换成输出幅值稳定的直流电压。直流稳压电源是由变压器、整流电路、滤波电路和稳压电路四部分组成,如图 11.1 所示,这四个部分主要的功能介绍如下。

图 11.1 直流稳压电源的组成

1. 变压器

电网提供的交流电一般是 220V,而各种电子设备需要的直流稳压电源幅值各不相同。因此,常常需要将电网电压先经过电源变压器,然后将变换以后的二次电压再去整流、滤波和稳压,最后得到所需要的直流电压幅值。

2. 整流电路

整流电路的作用是利用具有单向导电性能的整流元件,一般是二极管,将正负交替的正弦交流电压整流为单方向的脉动电压。但是,这种单向脉动电压往往包含着很大的脉动成分。

3. 滤波器

滤波器主要由电容、电感等储能元件组成。它的作用是尽可能地将单向脉动电压中的脉动成分滤掉,使输出电压成为比较平滑的直流电压。

4. 稳压电路

当电网电压或负载电流发生变化时,滤波器输出直流电压的幅值也将随之改变,因此需要采取相应的措施,使输出的直流电压保持稳定。

11.1.2 直流稳压电源的主要指标

直流稳压电源的主要指标分为两种：一种是特性指标，包括输出电压、输出电流及输出电压调节范围等；另一种是质量指标，用来衡量输出直流电压的稳定程度，包括稳压系数、输出电阻、温度系数及纹波电压等。

1. 特性指标

1) 输出电压范围

符合直流稳压电源工作条件情况下，能够正常工作的输出电压范围。

2) 最大输入－输出电压差

该指标表征在保证直流稳压电源正常工作条件下，所允许的最大输入－输出之间的电压差值，其值主要取决于直流稳压电源内部调整晶体管的耐压指标。

3) 最小输入－输出电压差

该指标表征在保证直流稳压电源正常工作条件下，所需的最小输入－输出之间的电压差值。

4) 输出电流调节范围

输出电流范围又称为输出负载电流范围，在这一电流范围内，稳压器应能保证符合指标规范中所给出的指标。

2. 质量指标

1) 稳压系数 S_r

用输出电压和输入电压的相对变化量之比来表征电源的稳压性能，称之为稳压系数。按定义可记为

$$S_r = \frac{\frac{\Delta V_o}{V_o}}{\frac{\Delta V_I}{V_I}}, \quad \Delta T = 0; \quad \Delta I = 0 \tag{11.1.1}$$

2) 输出电阻 R_O

在输入电压和温度不变的情况下，输出电压变化量和负载电流变化量之比，定义为输出电阻，记为

$$R_O = -\frac{\Delta V_O}{\Delta I_O}, \quad \Delta T = 0; \quad \Delta V_I = 0 \tag{11.1.2}$$

式中，负号表示 ΔV_O 与 ΔI_O 变化方向相反。

3) 温度系数 S_T

在输入电压和负载电流均不变的情况下，单位温度变化引起的输出电压变化就是稳压电源的温度系数或称温度漂移，记为

$$S_T = -\frac{\Delta V_O}{\Delta T}, \quad \Delta V_I = 0; \quad \Delta I_O = 0 \tag{11.1.3}$$

4) 纹波电压 V_{OP}

在额定工作电流的情况下，输出电压中的交流分量值，称为纹波电压。

11.2 整流电路

将正弦交流电变为脉动直流电的过程叫作整流。利用二极管的单向导电性可以组成整流电路。在小功率直流电源中,经常采用单相半波、单相全波和单相桥式整流电路。下面分别介绍单相半波整流电路、单相全波整流电路和单相桥式整流电路的组成、工作原理、工作波形和主要参数。

1. 单相半波整流电路

单相半波整流电路如图 11.2(a)所示。其中 Tr 为变压器,VD 为整流二极管,设其为理想二极管,即正向导通时电阻为 0,反偏时电阻无穷大,R_L 为负载电阻,v_2 为变压器副边电压,设 $v_2=\sqrt{2}V_2\sin\omega t$,$v_D$ 为二极管两端电压,v_L 为负载两端电压,i_D 为流过二极管的电流,v_O 为输出电压,i_O 为输出电流。

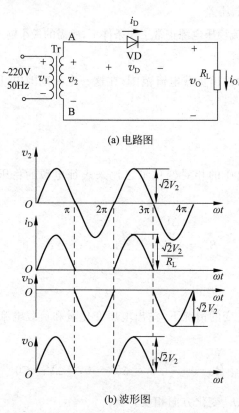

(a) 电路图

(b) 波形图

图 11.2 单相半波整流电路

1) 工作原理

当 v_2 处于正半周时,其极性为上正下负,即 A 点为正,B 点为负,此时二极管外加正向电压,处于导通状态,电流方向是从 A 点经过二极管 VD,负载电阻 R_L 回到 B 点。又因为 VD 为理想二极管,所以有

$$v_D = 0, \quad v_L = v_2, \quad i_O = i_D = \frac{v_O}{R_L}$$

当 v_2 处于负半周时,其极性为下正上负,即 B 点为正,A 点为负,此时二极管外加反向电压,处于截止状态,电路断开,$i_O=i_D=0$,所以 v_2 全部加在二极管两端,$v_O=0$,工作波形如图 11.2(b)所示。

2)主要参数

通常用于描述整流电路性能好坏的主要参数为输出电压平均值 $V_{O(AV)}$、输出电流平均值 $I_{O(AV)}$、脉动系数 S 和二极管承受的最大反向电压 V_{Rmax}。

(1) 输出电压平均值 $V_{O(AV)}$。输出电压在一个周期内的平均值,即

$$V_{O(AV)} = \frac{1}{2\pi}\int_0^\pi \sqrt{2}V_2\sin\omega t\, d(\omega t) = \frac{\sqrt{2}}{\pi}V_2 \approx 0.45V_2 \tag{11.2.1}$$

(2) 输出电流平均值 $I_{O(AV)}$。输出电流在一个周期内的平均值,即

$$I_{O(AV)} = \frac{V_{O(AV)}}{R_L} \approx \frac{0.45V_2}{R_L} \tag{11.2.2}$$

在图 11.2 所示的单相半波整流电路中,由于二极管 VD 和负载电阻串联,所以流过二极管的电流平均值与输出电流平均值相等,即

$$I_{D(AV)} = I_{O(AV)} = \frac{V_{O(AV)}}{R_L} \approx \frac{0.45V_2}{R_L} \tag{11.2.3}$$

(3) 脉动系数 S。脉动系数 S 是用于衡量整流电路输出电压平滑程度的参数,其定义为整流输出电压的基波峰值 V_{O1M} 与输出电压平均值 $V_{O(AV)}$ 之比。如图 11.2(b)所示,输出电压 v_O 为非正弦周期信号,其傅里叶展开式为

$$V_O = \sqrt{2}V_2\left(\frac{1}{\pi} + \frac{1}{2}\sin\omega t - \frac{2}{3\pi}\cos\omega t + \cdots\right) \tag{11.2.4}$$

由式(11.2.1)可得

$$V_{O1M} = \frac{\sqrt{2}V_2}{2} \tag{11.2.5}$$

所以

$$S = \frac{V_{O1M}}{V_{O(AV)}} = \frac{\frac{\sqrt{2}V_2}{2}}{\frac{\sqrt{2}V_2}{\pi}} = \frac{\pi}{2} \approx 1.57 \tag{11.2.6}$$

(4) 二极管承受的最大反向电压 V_{Rmax}。在图 11.2(a)所示的电路中,当 v_2 处于负半周时,二极管 VD 外加反向电压,二极管所承受的最大反向电压就是变压器副边电压 v_2 的最大值,即

$$V_{Rmax} = \sqrt{2}V_2 \tag{11.2.7}$$

半波整流电路的优点是结构简单,使用的元件少。但也有明显缺点:输出波形脉动大、直流成分比较低、变压器有半个周期不导电、利用率低。往往此种电路只用在输出电流较小,要求不高的场合。

2. 单相全波整流电路

单相全波整流电路如图 11.3(a)所示。其中 Tr 为变压器,VD_1、VD_2 为整流二极管,设其为理想二极管,R_L 为负载电阻,v_1 为变压器原边电压,v_2 为变压器副边电压,设 $v_2 = \sqrt{2}V_2\sin\omega t$,$v_{D1}$、$v_{D2}$ 为二极管两端电压,i_{D1}、i_{D2} 为流过二极管的电流,v_O 为输出电压,i_O 为输

出电流。

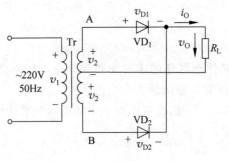

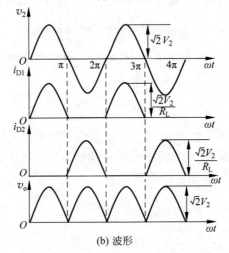

(a) 电路

(b) 波形

图 11.3 单相全波整流

1) 工作原理

单相全波整流电路的原理是利用中间抽头变压器和两个二极管,获取正、负半周信号。当输入波形在正半周时,变压器次级电压极性 A 点"正"B 点"负",二极管 VD$_1$ 导通,VD$_2$ 截止,负载 R_L 上得到由上至下的电流;当输入波形在负半周时,变压器次级电压极性 A 点"负"B 点"正",二极管 VD$_2$ 导通,VD$_1$ 截止,负载 R_L 上仍然得到由上至下的电流,由此利用了负半周的信号,使整流效率提高。

2) 主要参数

(1) 输出电压平均值 $V_{O(AV)}$。

全波整流电路的整流输出电压是半波整流电路的两倍,因此有

$$V_O = \frac{2\sqrt{2}V_2}{\pi} \approx 0.9V_2 \tag{11.2.8}$$

(2) 输出电流平均值 $I_{O(AV)}$,即

$$I_{O(AV)} = \frac{V_{O(AV)}}{R_L} \approx \frac{0.9V_2}{R_L} \tag{11.2.9}$$

(3) 脉动系数 S。全波整流电路输出电压 v_O 为非正弦周期信号,其傅里叶展开式为

$$v_O = \frac{\sqrt{2}}{\pi}V_2\left(2 - \frac{4}{3}\cos2\omega t - \frac{4}{15}\cos\omega t - \cdots\right) \tag{11.2.10}$$

基波频率为 2ω，基波最大值是 $V_{O1m}=4\sqrt{2}V_2/3\pi$，则脉动系数为

$$S = \frac{V_{O1m}}{V_O} = \frac{\frac{4\sqrt{2}V_2}{3\pi}}{\frac{2\sqrt{2}V_2}{\pi}} \approx 0.67 \quad (11.2.11)$$

(4) 二极管承受的最大反向电压 V_{Rmax}。在正半周 VD_1 导通，VD_2 此时承受的反向电压为 $2\sqrt{2}V_2$，同理负半周，VD_2 导通，VD_1 承受的反向电压也为 $2\sqrt{2}V_2$。

全波整流的优点是整流效率比半波整流提高了，缺点是整流二极管的耐压要求提高了，并且需要中间抽头变压器。

3. 单相桥式整流电路

为了提高电源利用率，降低输出电压的脉动，引入单相桥式整流电路，如图 11.4(a)所示。其中 Tr 为变压器，VD_1、VD_2、VD_3、VD_4 为整流二极管，并设它们均为理想二极管，R_L 为负载电阻，v_1 为变压器原边电压，v_2 为变压器副边电压，设 $v_2=\sqrt{2}V_2\sin\omega t$，$v_o$ 为输出电压，i_o 为输出电流。

1) 工作原理

当 v_2 处于正半周时，其极性为上正下负，即 A 点为正，B 点为负，此时二极管 VD_1 和 VD_3 导通，VD_2 和 VD_4 截止，电流方向是从 A 点经过二极管 VD_1、负载电阻 R_L、二极管 VD_3 回到 B 点，又因为 VD_1 和 VD_3 均为理想二极管，所以 $v_o=v_2$，$i_o=v_o/R_L$，且 i_o 是从上至下流经负载电阻 R_L。

当 v_2 处于负半周时，其极性为下正上负，即 B 点为正，A 点为负，此时二极管 VD_2 和 VD_4 导通，VD_1 和 VD_3 截止，电流方向是从 B 点经过二极管 VD_2、负载电阻 R_L、二极管 VD_4 回到 A 点，又因为 VD_2 和 VD_4 均为理想二极管，所以 $v_o=v_2$，$i_o=v_o/R_L$，且 i_o 仍是从上至下流经负载电阻 R_L 的。可见，在 v_2 的整个周期内，VD_1、VD_3 和 VD_2、VD_4 轮流导通，所以整个周期都有同一方向的电流流过负载电阻 R_L，即能够在负载电阻 R_L 获得单向脉动的直流电，其工作波形如图 11.4(b)所示。

2) 主要参数

(1) 输出电压平均值 $V_{O(AV)}$，即

$$V_{O(AV)} = \frac{2\sqrt{2}V_2}{\pi} \approx 0.9V_2 \quad (11.2.12)$$

(2) 输出电流平均值 $I_{O(AV)}$，即

$$I_{O(AV)} = \frac{V_{O(AV)}}{R_L} \approx \frac{0.9V_2}{R_L} \quad (11.2.13)$$

在 v_2 的整个周期内，由于 VD_1、VD_3 和 VD_2、VD_4 轮流导通，所以流过每个二极管电流的平均值为输出电流平均值的一半，即

$$I_{D(AV)} = \frac{1}{2}I_{O(AV)} \approx \frac{0.45V_2}{R_L} \quad (11.2.14)$$

(3) 脉动系数 S。单相桥式整流电路的脉动系数与单相全波整流电路的脉动系数相同，即

$$S = \frac{V_{O1m}}{V_O} = \frac{4\sqrt{2}V_2/3\pi}{2\sqrt{2}V_2/\pi} \approx 0.67 \quad (11.2.15)$$

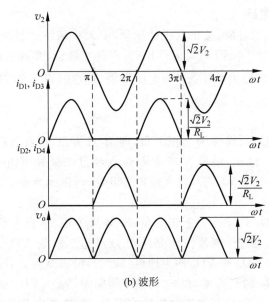

(a) 电路

(b) 波形

图 11.4 单相桥式整流电路

(4) 二极管承受的最大反向电压 V_{Rmax}。图 11.4(a) 所示的电路中，当 v_2 处于正半周时，二极管 VD_1 和 VD_3 导通，VD_2 和 VD_4 截止，二极管 VD_2 和 VD_4 加反向电压，它们所承受的反相电压就是变压器副边电压 v_2 的最大值。同理，当 v_2 处于负半周时，二极管 VD_2 和 VD_4 导通，VD_1 和 VD_3 截止，二极管 VD_1 和 VD_3 加反向电压，它们所承受的反向电压也是变压器副边电压 v_2 的最大值。可见，图 11.4(a) 所示的单相桥式整流电路中，每个二极管所承受的最大反向电压均为变压器副边电压 v_2 的最大值，即

$$V_{Rmax} = \sqrt{2} V_2 \tag{11.2.16}$$

【例 11.2.1】 某电子装置要求电压值为 15V 的直流电源，已知负载电阻 $R_L = 100\Omega$，试问：

(1) 如果选用单相桥式整流电路，则变压器副边电压 V_2 应为多大？整流二极管的正向平均电流 $I_{D(AV)}$ 和最大反向峰值电压 V_{Rmax} 等于多少？输出电压的脉动系数 S 等于多少？

(2) 如果改用单相半波整流电路，则 V_2、$I_{D(AV)}$、V_{Rmax} 和 S 各等于多少？

解：(1) 由式 (11.2.12) 可知

$$V_2 = \frac{V_{O(AV)}}{0.9} = \frac{15V}{0.9} = 16.7V$$

根据给定条件，可得输出直流电流为

$$I_{O(AV)} = \frac{V_{O(AV)}}{R_L} = \frac{15\text{V}}{100\Omega} = 0.15\text{A} = 150\text{mA}$$

(2) 由式(11.2.14)和式(11.2.16)可得

$$I_{D(AV)} = \frac{1}{2}I_{O(AV)} = \frac{1}{2} \times 150\text{mA} = 75\text{mA}$$

$$V_{R\max} = \sqrt{2}V_2 = \sqrt{2} \times 16.7\text{V} = 23.6\text{V}$$

此时脉动系数为

$$S = 0.67 = 67\%$$

如果改用单相半波整流电路,则

$$V_2 = \frac{V_{O(AV)}}{0.45} = \frac{15}{0.45}\text{V} = 33.4\text{V}$$

$$I_{D(AV)} = I_{O(AV)} = 150\text{mA}$$

$$V_{R\max} = \sqrt{2}V_2 = \sqrt{2} \times 33.4\text{V} = 47.2\text{V}$$

$$S = 1.57 = 157\%$$

11.3 滤波电路

经过整流后所得到的输出波形虽然是单相脉动直流电压,但由于其脉动过大,不能直接作为直流稳压电源使用。需要将整流后的输出送到滤波电路,以获得比较平滑的直流电压。滤波电路的作用是能够滤去整流后所得到的单向脉动直流电压中的交流成分,使输出电压平滑。

电容和电感都是基本的滤波元件,利用它们的储能作用,在二极管导电时将一部分能量储存在电场或磁场中,然后再逐渐释放出来,从而在负载上得到比较平滑的波形。从另一个角度看,电容和电感对于交流成分和直流成分呈现的阻抗是不同的,如果把它们合理地安排在电路中,可以达到降低交流成分、保留直流成分的目的,实现滤波作用。常用的滤波电路有电容滤波电路、电感滤波电路和复式滤波电路等。

1. 电容滤波电路

在整流电路负载电阻的两端并联一个电容就能构成电容滤波电路,如图11.5(a)所示。电容滤波电路主要是利用电容的充放电作用,使输出电压趋于平滑。

1) 电容滤波原理

没有接电容时,整流二极管 VD_1、VD_3 在 v_2 的正半周导电,负半周时 VD_2、VD_4 导电,输出电压的波形如图 11.5(b)中虚线所示。并联电容以后,在 v_2 的正半周 VD_1、VD_3 导通时,流过二极管的电流一部分 i_o 流过负载 R_L,另外一部分电流 i_C 向电容充电,电容电压 v_C 的极性为上正下负。若忽略二极管两端压降,则在二极管导通时,v_C 等于变压器副边电压 v_2。当 v_2 达到最大值以后开始下降,此时电容上的电压 v_C 也将由于放电而逐渐下降。当 $v_2 < v_C$ 时,二极管 VD_1、VD_3 被反向偏置,于是 v_C 以一定的时间常数按指数规律下降,直到下个半周,当 $|v_2| > v_C$ 时,二极管 VD_2、VD_4 导通,v_2 再次对电容充电,v_C 上升到 v_2 的峰值后又开始下降,下降到一定数值时,VD_2、VD_4 变为截止,电容对负载 R_L 放电,v_C 按指数规律下降,放电到一定数值时 VD_1、VD_3 导通,重复上述过程。输出电压的波形如图 11.5(b)中实线所示。

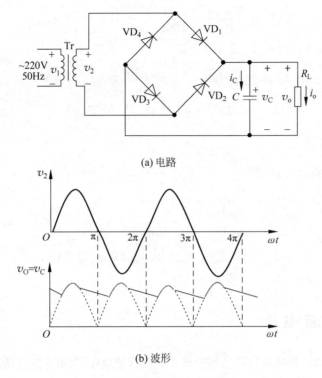

(a) 电路

(b) 波形

图 11.5 电容滤波电路

2) 输出电压平均值

加了电容滤波电路以后，输出电压的直流成分提高了。不接电容时，桥式整流电路的输出电压为半个正弦波的形状。在负载上并联电容以后，输出电压波形包围的面积比原来虚线部分包围的面积增大了，所以输出电压的平均值提高了。若将图 11.5(b) 所示的输出电压 v_o 的波形用锯齿波近似，可以推导出滤波电路输出电压平均值的估算公式为

$$V_{o(AV)} = \sqrt{2}V_2\left(1 - \frac{T}{4R_LC}\right) \tag{11.3.1}$$

式中，T 为电网电压的周期。由于电网电压的频率为 50Hz，所以 $T=0.02\text{s}$。

由式 (11.3.1) 可以看出，滤波电路的输出电压平均值 $V_{o(AV)}$ 的大小与 R_LC 有关，R_LC 越大，$V_{o(AV)}$ 越大。当负载开路，即 $R_LC=\infty$ 时，$V_{o(AV)}=\sqrt{2}V_2$，此时输出电压平均值 $V_{o(AV)}$ 最大；当电容 C 开路，即无电容时，图 11.5 所示的电路为单相桥式电路，$V_{o(AV)}=0.9V_2$，此时输出电压平均值 $V_{o(AV)}$ 最小。当 $R_LC=(3\sim5)T/2$ 时，$V_{o(AV)}\approx1.2V_2$。

实际滤波电路中，所选择的滤波电容的容值要尽量满足

$$R_LC \geqslant \frac{(3\sim5)T}{2} \tag{11.3.2}$$

以便获得合理的性价比，本书在无特别说明时，出现的电容滤波电路都是满足此条件的。电容滤波电路简单，输出电压平均值高，适用于负载电流较小且其变化也较小的场合。

3) 脉动系数 S

若将图 11.5 所示输出电压 v_o 的波形用锯齿波近似，可以推导出滤波电路脉动系数的估算公式为

$$S = \frac{1}{\frac{4R_\text{L}C}{T} - 1} \tag{11.3.3}$$

若满足条件 $R_\text{L}C \geqslant (3 \sim 5)T/2$,则 S 为 $20\% \sim 10\%$。

【例 11.3.1】 已知桥式整流电容滤波电路(图 11.5(a))中负载电阻 $R_\text{L} = 20\Omega$,交流电源频率为 50Hz,要求输出电压 $V_{\text{O(AV)}} = 12\text{V}$,试求变压器二次电压有效值 V_2,并选择整流二极管和滤波电容。

解:变压器二次电压的有效值为

$$V_2 = \frac{V_{\text{O(AV)}}}{1.2} = \frac{12}{1.2}\text{V} = 10\text{V}$$

通过二极管的平均电流为

$$I_{\text{D(AV)}} = \frac{1}{2}\frac{V_{\text{O(AV)}}}{R_\text{L}} = \frac{12}{2 \times 20}\text{A} = 0.3\text{A}$$

二极管承受的最高反向电压为

$$V_{\text{Rmax}} = \sqrt{2}V_2 = \sqrt{2} \times 10\text{V} = 14\text{V}$$

所以,可选择 $I_\text{D} \geqslant 2 \sim 3\text{A}$, $I_{\text{D(AV)}} = 0.5 \sim 1\text{A}$, $V_{\text{Rmax}} > 14\text{V}$ 的二极管,查手册知,可用 4 只 1N4001 二极管组成桥式整流电路。

由于一般要求 $R_\text{L}C \geqslant (3 \sim 5)T/2$,现取 $R_\text{L}C \geqslant 4T/2$,所以有

$$C \geqslant \frac{4T/2}{R_\text{L}} = \frac{4/(2 \times 50)}{20}\text{F} = 0.002\text{F} = 2000\mu\text{F}$$

由于滤波电容 C 承受的最大电压为 $\sqrt{2}V_2 = 14\text{V}$,因此可选用 $2200\mu\text{F}$、耐压值 25V 的铝电解电容器。

2. 电感滤波电路

电感滤波电路如图 11.6 所示。根据电感的特点,当输出电流发生变化时,电感中将感应出一个反电势,此电势将阻止输出电流发生变化。在半波整流电路中,这个反电势将使整流管的导电角大于 $180°$。但是,在桥式整流电路中,虽然电感 L 上的反电势有延长整流管导电角的趋势,但是 VD_1、VD_3 和 VD_2、VD_4 不能同时导电。例如,当 v_2 的极性由正变负后,L 上的反电势有助于 VD_1、VD_3 继续导电,但是,由于此时 VD_2、VD_4 导电,变压器副边电压全部加到 VD_1、VD_3 两端,其极性将使 VD_1、VD_3 反向偏置,因此 VD_1、VD_3 截止。所以在桥式整流电路中,虽然采用电感滤波,整流管仍然每管导电 $180°$,图中 A 点的电压波形就是桥式整流的输出波形,与纯阻负载时相同。

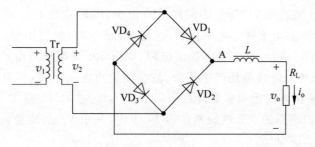

图 11.6 电感滤波电路

经过桥式整流后所得到的单向脉动直流电中既有直流成分,又有交流成分。电感滤波电路是利用电感通直隔交来实现滤波作用的。由于电感对交流呈现一定的阻抗,整流后所得到得单向脉动直流电中的交流成分将降落在电感上。感抗越大,降落在电感上的交流成分越多。若忽略电感的电阻,电感对于直流没有压降,所以整流后所得到的单相脉动直流电中的直流成分经过电感,全部落在负载电阻上,从而使得负载电阻上得到的输出电压的脉动减小,达到滤波目的。

若忽略电感线圈的电阻,电感滤波电路的输出电压平均值 $V_{o(AV)} \approx 0.9V_2$。电感滤波电路的导通角较大,对于整流二极管来说,没有电流冲击。由于感抗越大,降落在电感上的交流成分越多,滤波效果越好。为了使感抗大,须选用 L 值大的铁芯电感,但铁芯电感的体积大且笨重,容易引起电磁干扰,且输出电压平均值低。

3. 复式滤波电路

采用单一的电容或电感滤波时,电路虽然简单,但滤波效果欠佳,为了进一步减小输出电压的脉动程度,可以用电容和铁芯电感组成各种形式的复式滤波电路,最简单的形式如图 11.7 所示,即 LC 滤波电路。图 11.7 中整流输出电压中的交流成分绝大部分降落在电感上,电容 C 又对交流接近于短路,故输出电压中的交流成分很少,几乎是一个平滑的直流电压。由于整流后先经电感 L 滤波,总特性与电感滤波电路相近,故又称为电感型 LC 滤波电路,若将电容 C 平移到电感 L 之前,则为电容型 LC 滤波电路。LC 滤波电路的直流输出电压和电感滤波电路一样,$V_o = 0.9V_2$。与电容滤波电路比较,LC 滤波电路的优点是:外特性比较好,输出电压对负载影响小,电感元件限制了电流的脉动峰值,减小了对整流二极管的冲击。它主要适用于电流较大、要求电压脉动较小的场合。

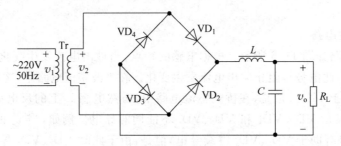

图 11.7 LC 滤波电路

为了进一步减小输出的脉动成分,可在 LC 滤波电路的输出端再加一只滤波电容就组成了 LC-π 型滤波电路,如图 11.8(a)所示,整流输出电压先经电容 C_1,滤除了交流成分后,再经电感 L 上滤波电容 C_2 上的交流成分极少,因此这种 LC-π 型滤波电路的输出电流波形更加平滑。但由于铁芯电感体积大、笨重、成本高、使用不便,当负载电阻 R_L 值较大,负载电流较小时,可将铁芯电感换成电阻,组成 RC-π 型滤波电路,如图 11.8(b)所示。电阻 R 对交流和直流成分均产生压降,故会使输出电压下降,但只要 $R_L \gg 1/(\omega C_2)$,电容 C_1 滤波后的输出电压绝大多数降在电阻 R_L 上,R_L 越大,C_2 越大,滤波效果越好。

最后将各种滤波电路的主要性能列在表 11.1 中,其中 $V_{o(AV)}$ 指整流电路输出端、滤波电路输入端的平均直流电压。

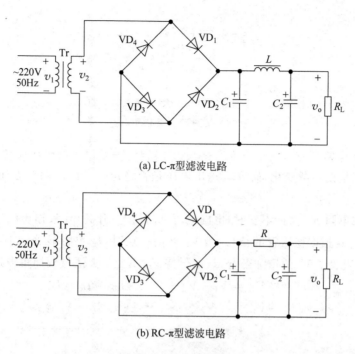

(a) LC-π型滤波电路

(b) RC-π型滤波电路

图 11.8 π型滤波电路

表 11.1 各种滤波电路的性能比较

序号	性能 类型	$V_{o(AV)}/V$	适用场合	整流管的 冲击电流
1	电容滤波	≈1.2	小电流	大
2	电感滤波	0.9	大电流	小
3	LC 滤波	0.9	适应性强	小
4	LC-π 滤波	≈1.2	小电流	大
5	RC-π 滤波	≈1.2	小电流	大

11.4 稳压管稳压电路

虽然整流滤波电路能将正弦交流电压变换成较为平滑的直流电压,但是当电网电压波动或负载电流变化时,输出电压会随之改变。电子设备一般都需要稳定的电源电压。如果电源电压不稳定,将会引起直流放大器的零点漂移、交流噪声增大、测量仪表的测量精度降低。为了获得稳定性好的直流电压,必须采取稳压措施。

11.4.1 稳压管稳压电路及稳压原理

图 11.9 所示为硅稳压管稳压电路的原理图。其输入电压 V_I 是整流滤波后的电压,稳压管 VD_Z 与负载电阻 R_L 并联。为了保证工作在反向击穿区,稳压管要处于反向接法。限流电阻 R 也是稳压电路必不可少的组成元件,当电网电压波动或负载电流变化时,通过调节 R 上的压降来保持输出电压基本不变。

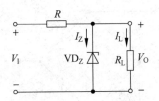

图 11.9 硅稳压管稳压电路

对任何稳压电路都应从两个方面考察其稳压特性,一是设电网电压波动,研究其输出电压是否稳定;二是设负载变化,研究其输出电压是否稳定。下面从两个方面来分析其稳压原理。

(1) 当负载电阻 R_L 保持不变时,电网电压升高使 V_I 升高,导致输出电压 V_O 也将随之升高,而 $V_O=V_Z$。根据稳压管的特性,当 V_Z 升高一点时,I_Z 也将显著增加,这样使电阻 R 上的压降增大,吸收了 V_I 的增加部分,从而保持 V_O 不变。上述过程简单表述如下。

$$V_O = V_I - V_R \qquad I_R = I_L + I_Z$$

$$V_I \uparrow \rightarrow V_O \uparrow = V_Z \uparrow \rightarrow I_Z \uparrow \rightarrow I_R \uparrow \rightarrow V_R \uparrow$$
$$V_O \downarrow$$

反之亦然。

(2) 当稳压电路的输入电压 V_I 保持不变,当负载电阻 R_L 阻值增大时,I_L 减小,限流电阻 R 上压降 V_R 将会减小。由于 $V_O=V_Z-V_R$,所以导致 V_O 升高,即 V_Z 升高,这样必然使 I_Z 显著增加。由于流过限流电阻 R 的电流为 $I_R=I_Z+I_L$,这样可以使流过 R 上的电流基本不变,导致压降 V_R 基本不变,则 V_O 也就保持不变。上述过程简单表述如下。

$$I_R = I_L + I_Z \qquad V_Z = V_I - V_R$$

$$R_L \uparrow \rightarrow I_L \downarrow \rightarrow I_R \downarrow \rightarrow V_R \downarrow \rightarrow V_Z \uparrow (V_O) \rightarrow I_Z \uparrow$$

反之亦然。

在实际使用中,这两个过程是同时存在的,而两种调整也同样存在。因而,无论电网电压波动还是负载变化,都能起到稳压作用。

11.4.2 性能指标与参数选择

1. 性能指标

通常用以下两个主要指标来衡量稳压电路的质量。

1) 内阻 R_O

稳压电路内阻的定义为,经过整流滤波后输入到稳压电路的直流电压 V_I 不变时,稳压电路的输出电压变化量 ΔV_O 与输出电流变化量 ΔI_O 之比,即

$$R_O = -\left.\frac{\Delta V_O}{\Delta I_O}\right|_{V_I=\text{常数}} \tag{11.4.1}$$

2) 稳压系数 S_r

稳压系数的定义是当负载不变时,稳压电路输出电压的相对变化量与输入电压的相对变化量之比,即

$$S_r = \left.\frac{\Delta V_O/V_O}{\Delta V_I/V_I}\right|_{R_L=\text{常数}} = \left.\frac{\Delta V_O}{\Delta V_I} \cdot \frac{V_I}{V_O}\right|_{R_L=\text{常数}} \quad (11.4.2)$$

2. 参数选择

稳压管是在反向击穿时自动调节自身电流 I_Z 的大小,通过限流电阻 R 上的压降 V_R 和电流 I_R 调整输出电压的。即稳压管是稳压电路的核心器件,而合适的限流电阻是实现输出电压稳定的保证。

在图 11.9 所示的硅稳压管稳压电路中,如限流电阻 R 的阻值太大,则流过 R 的电流 I_R 很小,当 I_L 增大时,稳压管的电流可能减小到临界值以下,失去稳压作用;如 R 的阻值太小,则 I_R 很大,当 I_L 很大或开路时,I_R 都流向稳压管,可能超过其允许定额而造成损坏。

设稳压管允许的最大工作电流为 $I_{Z\max}$、最小工作电流为 $I_{Z\min}$;电网电压最高时的整流输出电压为 $V_{I\max}$,最低时为 $V_{I\min}$;负载电流的最小值为 $I_{L\min}$,最大值为 $I_{L\max}$,则要使稳压管能正常工作,必须满足下列关系。

(1) 当电网电压最高和负载电流最小时,I_Z 的值最大,此时 $I_{Z\max}$ 不应超过允许的最大值,即

$$\frac{V_{I\max} - V_Z}{R} - I_{L\min} < I_{Z\max} \quad (11.4.3)$$

或

$$R > \frac{V_{I\max} - V_Z}{I_{Z\max} + I_{L\min}} \quad (11.4.4)$$

式中,V_Z 为稳压管的标称稳压值。

(2) 当电网电压最低和负载电流最大时,I_Z 的值最小,此时 I_Z 不应低于其允许的最小值,即

$$\frac{V_{I\min} - V_Z}{R} - I_{L\max} > I_{Z\min} \quad (11.4.5)$$

或

$$R < \frac{V_{I\min} - V_Z}{I_{Z\min} + I_{L\max}} \quad (11.4.6)$$

如果以上两式不能同时满足,如既要求 $R > 500\Omega$ 又要求 $R < 400\Omega$,则说明在给定条件下已超出稳压管的工作范围,需限制输入电压 V_I 或负载电流 I_L 的变化范围,或选用更大容量的稳压管。

【例 11.4.1】 在图 11.9 所示电路中,已知 $V_I = 12\text{V}$,电网电压允许波动范围为 $\pm 10\%$;稳压管的稳压电压 $V_Z = 5\text{V}$,最小稳定电流 $I_{Z\min} = 5\text{mA}$,最大稳定电流 $I_{Z\max} = 30\text{mA}$,负载电阻 $R_L = 250 \sim 350\Omega$。试求解:

(1) R 的取值范围;

(2) 若限流电阻短路,将产生什么现象?

解:(1) 首先求出负载电流的变化范围,即

$$I_{L\max} = V_Z/R_{L\min} = (5/250)\text{A} = 0.02\text{A}$$

$$I_{L\min} = V_Z/R_{L\max} = (5/350)\text{A} \approx 0.0143\text{A}$$

再求出 R 的最大值和最小值,即

$$R_{\max} = \frac{V_{I\min} - V_Z}{I_{Z\min} + I_{L\max}} = \frac{0.9 \times 12 - 5}{0.005 + 0.02}\Omega = 232\Omega$$

$$R_{\min} = \frac{V_{\text{Imax}} - V_Z}{I_{Z\max} + I_{L\min}} = \frac{1.1 \times 12 - 5}{0.03 + 0.0143}\Omega \approx 185\Omega$$

所以，R 的取值范围是 $185 \sim 232\Omega$。

(2) 若限流电阻短路，则 V_I 全部加在稳压管上，使之因电流过大而烧坏。

11.4.3 稳压管稳压电路的特点

稳压管稳压电路简单，工作可靠，稳压效果也较好。缺点是输出电压的大小要由稳压管的稳压值来决定，不能根据需要加以调节；负载电流 I_O 变化时，要靠 I_Z 的变化来补偿，而 I_Z 的变化范围仅在 $I_{Z\min}$ 和 $I_{Z\max}$ 之间，负载变化小。另外，稳压管稳压电路动态内阻还比较大（约几欧到几十欧姆）。

11.5 串联型稳压电路

串联型直流稳压电路，实际上就是在输入直流电压与负载之间串联一个调整管，当 V_I 或 R_L 波动引起输出电压 V_O 变化时，V_O 的变化将反映到三极管的输入电压 V_{BE}，于是 V_{CE} 也随之改变，从而调整 V_O，保持输出电压基本稳定。

11.5.1 电路组成

串联型直流稳压电路如图 11.10 所示，电路包括采样电阻、放大电路、基准电压和调整管四部分。其中，电阻 R_1、R_2 和 R_3 组成采样电阻，当输出电压发生变化时，采样电阻对变化量进行采样，并传达到放大电路的反相输入端；放大电路 A 的作用是将采样电阻送来的变化量进行放大，然后送到调整管的基极；基准电压由稳压管 VD_Z 提供，接在放大电路的同相输入端，采样电压与基准电压进行比较，得到的差值再由放大电路进行放大；调整管 VT 接在输入直流电压 V_I 和输出端的负载电阻 R_L 之间，当输出电压 V_O 发生波动时，调整管的集-射电压产生相应的变化，使输出电压基本保持稳定。

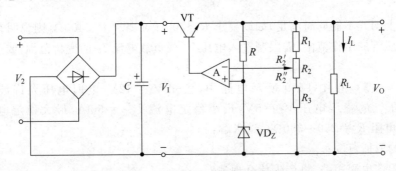

图 11.10 串联型直流稳压电路

11.5.2 电路分析

下面分析串联型直流稳压电路的稳压原理。假设由于 V_I 增大或 I_L 减小而导致输出电压 V_O 增大，则通过采样以后反馈到放大电路反相输入端的电压 V_F 也按比例地增长，但同相输入端的基准电压 V_Z 保持不变，故放大电路的差模输入电压 $V_{Id} = V_Z - V_F$ 将减小，于是放大电路的输出电压减小,使调整管的基极输入电压 V_{BE} 减小,则调整管的集电极电路 I_C 随之减小,同时集电极电压 V_{CE} 增大,最后使输出电压 V_O 保持基本不变。

以上稳压过程可简明表示为

$$V_I \uparrow 或 I_L \downarrow \to V_F \uparrow \to V_{Id} \downarrow \to V_{BE} \downarrow \to I_C \downarrow \to V_{CE} \uparrow$$
$$V_O \downarrow$$

由此可以看出,串联型直流稳压电路稳压过程,实质上是通过电压负反馈使输出电压保持基本稳定的过程。

【例 11.5.1】 设图 11.10 所示串联型直流稳压电路中,稳压管为 2CW14,其稳定电压为 $V_Z=7V$,采样电阻 $R_1=3k\Omega, R_2=2k\Omega, R_3=3k\Omega$,试估算输出电压的调节范围。

解:假设放大电路 A 是理想运放,且工作在线性区,则可以认为其两个输入端"虚短",即 $V_+=V_-$,在本电路中 $V_+=V_Z$,而且两个输入端不取电流,则由图可得

$$V_Z = \frac{R_2''+R_3}{R_1+R_2+R_3}V_O$$

所以

$$V_O = \frac{R_1+R_2+R_3}{R_2''+R_3}V_Z$$

当 R_2 的滑动端调至最上端时,$R_2'=0, R_2''=R_2, V_O$ 达到最小值,此时

$$V_{Omin} = \frac{R_1+R_2+R_3}{R_2+R_3}V_Z = \left(\frac{3+2+3}{2+3}\times 7\right)V = 11.2V$$

而当 R_2 的滑动端调至最下端时,$R_2'=R_2, R_2''=0, V_O$ 达到最大值,得

$$V_{Omax} = \frac{R_1+R_2+R_3}{R_3}V_Z = \left(\frac{3+2+3}{3}\times 7\right)V = 18.7V$$

因此,稳压电路输出电压的调节范围是 11.2~18.7V。

11.6 集成三端稳压电路及应用

11.6.1 集成三端稳压器

三端集成稳压器有 3 个引脚,即输入端、输出端和公共端。按照功能不同可分为三端固定稳压器和三端可调稳压器。三端固定稳压器的输出电压是固定的,不能进行调节;三端可调稳压器是可以通过外接元件使输出电压能够在很宽的范围内调节。

1. 三端固定稳压器

三端固定稳压器有 W7800 和 W7900 两种系列。W7800 系列集成稳压器的外形和符号,如图 11.11(a)所示。W7800 系列塑料封装集成稳压器引脚 1 为输入端,引脚 2 为公共端,引脚 3 为输出端。W7800 系列集成稳压器能够输出正电压,分别可输出 5V、6V、8V、12V、15V、18V、24V 七种电压,型号后面的两位数字表示输出电压的幅值。三端固定稳压器的输出电流分为 1.5A、0.5A 和 0.1A 三挡,按照输出电流的不同,又分为 W7800、W78M00、W78L00 三个系列。W7800 系列的输出电流为 1.5A,W78M00 系列的输出电流为 0.5A,W78L00 系列的输出电流为 0.1A。例如,W7805 型号的三端固定稳压器的输出电压为+5V,输出电流为 1.5A;W78M06 型号的三端固定稳压器的输出电压为+6V,输出电

流为 0.5A。W7900 系列集成稳压器的外形和符号如图 11.11(b) 所示。W7900 系列塑料封装集成稳压器引脚 1 为公共端,引脚 2 为输出端,引脚 3 为输入端。W7900 系列集成稳压器能够输出负电压,分别可输出 −5V、−6V、−8V、−12V、−24V 电压,型号后面的两位数字表示输出电压的幅值。按照三端固定式稳压电路的输出电流的不同,又可分为 W7900、79M00、79L00 三个系列。W79M00 系列的输出电流为 0.5A,W79L00 系列的输出电流为 0.1A。如 W7905 型号的三端固定稳压器的输出电压 −5V,输出电流为 1.5A。W78L06 型号的三端固定稳压器的输出电压为 −6V,输出电流为 0.1A。

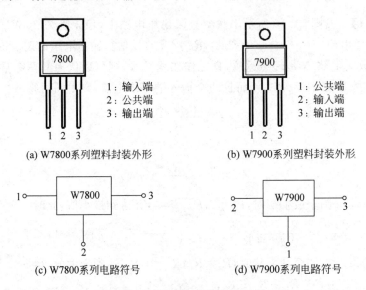

图 11.11 三端固定集成稳压器

2. 三端可调稳压器

三端可调稳压器也分为三端可调正电压输出稳压器和三端可调负电压输出稳压器。三端可调正电压输出稳压器有 W117、W217 和 W317 三个系列,这三个系列具有相同的引出端、相同的基准电压和相似的内部电路。图 11.12 示出了 W117 系列塑料封装稳压器的外形及其电路符号。

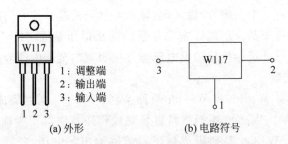

图 11.12 三端输出可调稳压器外形及电路符号

与 W7800 系列产品一样,W117、W117M 和 W117L 的最大输出电流分别为 1.5A、0.5A 和 0.1A。W117、W217 和 W317 具有相同的引出端、相同的基准电压和相似的内部电路,它们的工作温度范围依次为 −55～150℃、−25～150℃、0～125℃。它们的主要参数如表 11.2 所示。

表 11.2　W117/W217/W317 的主要参数

参数名称	符号	测试条件	单位	W117、W217			W317		
				最小值	典型值	最大值	最小值	典型值	最大值
输出电压	V_O	$I_O=1.5\text{A}$	V			1.2~37			
电压调整率	S_V	$I_O=500\text{mA}$ $3\text{V}\leqslant V_I-V_O\leqslant 40\text{V}$	%/V		0.01	0.02		0.01	0.04
电流调整率	S_I	$10\text{mA}\leqslant I_O\leqslant 1.5\text{A}$	%		0.1	0.3		0.1	0.5
调整端电流	I_{Adj}		μA		50	100		50	100
调整端电流变化	ΔI_{Adj}	$3\text{V}\leqslant V_I-V_O\leqslant 40\text{V}$ $10\text{mA}\leqslant I_O\leqslant 1.5\text{A}$	μA		0.2	5		0.2	5
基准电压	V_R	$I_O=500\text{mA}$ $25\text{V}\leqslant V_I-V_O\leqslant 40\text{V}$	V	1.2	1.25	1.30	1.2	1.25	1.30
最小负载电流	I_{Omin}	$V_I-V_O=40\text{V}$	mA		3.5	5		3.5	10

对表 11.2 作以下说明。

(1) 对于特定的稳压器，基准电压 V_R 是 1.2~1.3V 中的某一个值，在一般分析计算时可取典型值 1.25V。

(2) W117、W217 和 W317 的输出端和输入端电压之差为 3~40V，过低时不能保证调整管工作在放大区，从而使稳压电路不能稳压；过高时调整管因管压降过大而击穿。

(3) 调整端电流很小，且变化也很小。

(4) 与 W7800 系列产品一样，W117、W217 和 W317 在电网电压波动和负载电阻变化时，输出电压非常稳定。

11.6.2　集成三端稳压器的应用

1. W7800 的应用

1) 基本应用电路

三端集成稳压器最基本的应用电路如图 11.13 所示。整流滤波后得到的直流输入电压 V_I 接在输入端和公共端之间，在输出端即可得到稳定的输出电压 V_O。为了改善纹波电压，常在输入端接入电容 C_1。同时，在输出端接上电容 C_O，以改善负载的瞬态响应。一般 C_1 容量为 0.33μF，C_O 的容量为 0.1μF。两个电容均应直接接在集成稳压器的引脚处。若输出电压比较高，应在输入端和输出端之间跨接一个保护二极管 VD。如图 11.13 中的虚线所示。其作用是在输入端短路时，使 C_O 通过二极管放电，以便保护集成稳压器内部的调整管。

2) 扩大输出电流

三端式集成稳压器的输出电流有一定限制，如 1.5A、0.5A 或 0.1A 等，如果希望在此基础上进一步扩大输出电流则可以通过外接大功率三极管的方法实现，电路接法如图 11.14 所示。

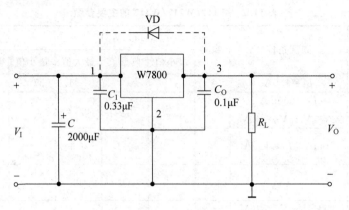

图 11.13 集成三端稳压器的基本应用

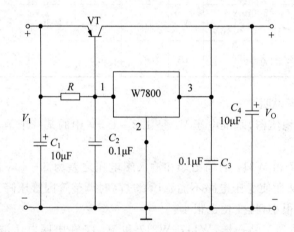

图 11.14 扩大集成三端稳压器的输出电流

2. W117 的应用

1) 基准电压源电路

图 11.15 所示是由 W117 组成的基准电压源电路,输出端和调整端之间是非常稳定的电压,其值为 1.25V。输出电流可达 1.5A。图中 R 为泄放电阻,根据表 11.2 中的最小负载电流(取 5mA)可以计算出 R 的最大值。$R_{max}=(1.25/0.005)\Omega=250\Omega$,实际取值可略小于 250Ω,如 240Ω。

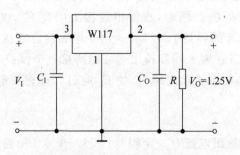

图 11.15 基准电压源电路

2) 典型应用电路

可调式三端稳压器的主要应用是要实现输出电压可调的稳压电路。值得注意的是，可调式三端稳压器的外接采样电阻是稳压电路不可缺少的组成部分，其典型电路如图 11.16 所示。

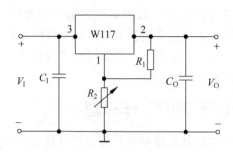

图 11.16 W117 典型应用电路

图 11.16 中 R_1 的取值原则与图 11.15 所示电路中的 R 相同，可取 240Ω。由于调整端的电流可忽略不计，输出电压为

$$V_O = \left(1 + \frac{R_2}{R_1}\right) \times 1.25 \text{V} \tag{11.6.1}$$

11.7 开关式稳压电路

随着电子技术的发展，电子系统的应用领域越来越广泛，电子设备的种类也越来越多，对电源的要求更加灵活多样。电子设备的小型化和低成本化使电源以轻、薄、小和高效率为发展方向。传统的晶体管串联调整稳压电源是连续控制的线性稳压电源，这种稳压电源技术比较成熟，并且已有大量集成化的线性稳压电源模块，具有稳定性能好、输出纹波电压小、使用可靠等特点。但其通常都需要体积大且笨重的工频变压器作隔离之用，其中滤波器的体积和重量也很大。而调整管工作在线性放大状态，为了保证输出电压稳定，其集电极与发射极之间必须承受较大的电压差，从而导致调整管功耗较大，电源效率很低，一般只有 45% 左右。另外，由于调整管上消耗较大的功率，所以需要采用大功率调整管并装有体积很大的散热器，因此，它很难满足电子设备发展的要求，但却促成了高效率、体积小、重量轻的开关电源的迅速发展。

11.7.1 开关稳压电路的特点和分类

1. 开关稳压电路的特点

开关型稳压电源就是采用功率半导体器件作为开关，通过控制开关的占空比调整输出电压。当开关管饱和导通时，集电极和发射极两端的压降接近零；在开关管截止时，其集电极电流为零。所以其功耗小，散热器也随之减小，效率可高达 70%~95%。开关型稳压电源直接对电网电压进行整流滤波调整，并由开关调整管进行稳压，不需要电源变压器。此外，开关管工作频率在几十千赫，滤波电容、电感数值较小。因此开关电源具有重量轻、体积小等特点。由于功耗小，机内温度低，整机的稳定性和可靠性以及对电网的适应能力也有较大的提高。

一般串联稳压电源允许电网波动的范围为±10%,而开关型稳压电源在更大范围内波动时,都可获得稳定的输出电压。由于开关型稳压电源在电路的可靠性和稳定性上具有的优势,近年来得到了广泛的运用。

2. 开关稳压电路的分类

开关型稳压电路的分类方式很多。按调整管与负载的连接方式可分为串联型和并联型;按稳压的控制方式可分为脉冲宽度调制型(PWM)、脉冲频率调制型(PFM)和混合调制型(即脉宽—频率调制);按调整管是否参与振荡可分为自励式和他励式;按使用开关管的类型可分为晶体管、VMOS管和晶闸管型。

11.7.2 开关稳压电路的工作原理

图 11.17 给出了串联型他励脉宽控制式开关稳压电路结构示意图。调整管 VT 始终工作在开关状态。电感 L 和电容 C 组成滤波电路,用于削减输出电压中的纹波量。二极管 VD 为电感 L 的续流二极管,也是滤波电路的一部分。电阻 R_1 和 R_2 实现对输出电压的采样。运放 A 实现对采样电压 V_F 与基准电压的 V_{REF} 比较放大,产生信号 V_A。比较器 C 在自励信号 v_T 和 V_A 的作用下,实现对脉冲宽度的控制,从而调整三极管 VT 的开关时间。把调整管 VT 和滤波电路统称为开关电源的主回路,把采样电路、基准电压、运放 A、比较器 C 和自励振荡器统称为开关电源的控制电路。

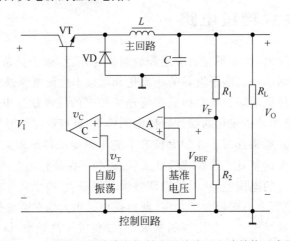

图 11.17　串联型自励脉宽控制式开关稳压电路结构示意图

开关稳压电路是利用调整管的饱和导通时间 t_{on} 与通断的工作周期 $T(t_{on}+t_{off})$ 的比值来实现稳压的。在控制电路的作用下,若输出电压 V_O 因负载电阻减小而降低,则比较器 C 的输出电压 v_C 呈高电平 V_H 的时间 t_{on} 变长,即 v_C 脉冲的占空比 $D=t_{on}/T$ 也就变大,从而稳定了输出电压 v_O 值;反之亦然。主回路是开关电路的核心。调整管在脉冲波 v_C 的作用下,作为滤波电路的开关,抑制输出电压的变化。

当调整管 VT 的基极电压为高电平 V_H 时,管子饱和导通,发射极电流 i_E 即为电感电流 i_L。此电流一方面给负载 R_L 提供功率,另一方面对电容充电。这就是图 11.18(a)所示的情况。

当调整管 VT 的基极电压为低电平 V_L 时,管子截止,电感 L 产生反电动势,使二极管 VD 导通,为电感电流 i_L 继续向负载供电和向电容充电提供了通路。这一通路在图 11.18(b)中表

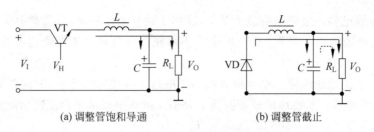

(a) 调整管饱和导通 (b) 调整管截止

图 11.18　串联型开关电路主回路工作原理分析

示为实线。随着反电动势的降低,二极管不再导通,电容 C 会向负载 R_L 放电,以补充负载所需电流。这一通路在图 11.18(b)中用虚线表示。

由以上分析可知,尽管调整管始终工作在开关状态,但利用电感和电容的储能作用,即使在调整管截止时,也能在输出得到连续的直流电压。调整管饱和导通的时间 t_{on} 越长,电感和电容获得的能量越多,输出电压越高。上述过程可描述为

$$V_O \downarrow \to V_F \downarrow \to t_{on} \uparrow \to V_Z \uparrow$$
$$V_O \uparrow \longleftarrow$$

这一负反馈过程是利用输出电压变化量来控制调整管的导通时间 t_{on},从而抑制输出电压的变化,达到稳定输出电压的目的。在深度负反馈条件下,有

$$V_O = \left(1 + \frac{R_1}{R_2}\right) V_{REF} \tag{11.7.1}$$

并联型开关稳压电路的主回路如图 11.19 所示,其工作原理与串联型基本相同,读者可自行分析。

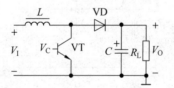

图 11.19　并联型开关电路的主回路

小结

各种电子设备通常都需要有直流电源供电。比较经济实用的获得直流电流的方法,是利用电网提供的交流电流经过整流、滤波和稳压得到。

(1) 利用二极管的单向导电性可以组成整流电路。在单相半波、单相全波和单相桥式三种基本整流电路中,单相桥式整流电路输出的直流电压较高,输出波形的脉动成分相对较低,整流管承受的反向峰值电压不高,而变压器的利用率较高,因此应用比较广泛。

(2) 滤波电路的主要任务是尽量滤掉输出电压中的脉动成分,同时,尽量保留其中的直流成分。滤波电路主要由电容、电感等储能元件组成。电容滤波适用于小负载电流,而电感滤波适用于大负载电流。在实际工作中常常将二者结合起来,以便进一步降低脉动成分。

(3) 稳压电路的任务是在电网电压波动或负载电流变化时,使输出电压保持基本稳定。常用的稳压电路有以下几种。

① 硅稳压管电路。电路结构最为简单,适用于输出电压稳定,且负载电流较小的场合。主要缺点是输出电压不可调节;当电网电压不可调节和负载电流变化范围较大时,电路无法适应。

② 串联型直流稳压电路。串联型直流稳压电路主要包括四部分,即调整管、采样电阻、放大电路和基准电压。其稳压的原理实质上是引入电压负反馈来稳定输出电压。串联型稳压电路的输出电压可以在一定的范围内调节。

③ 集成稳压器。集成稳压器由于其体积小、可靠性高以及温度特性好等优点,得到了广泛的应用,特别是三端集成稳压器,只有三个引出端,使用更加方便。

三端集成稳压器的内部,实质上是将串联型直流稳压电路的各个组成部分,再加上保护电路和启动电路,全部集成在一个芯片上而做成的。

④ 开关型稳压电路。与线性稳压电路相比,开关型稳压电路的特点是调整管工作在开关状态,因而具有效率高、体积小、重量轻以及对电网电压要求不高等突出优点,被广泛用于计算机、电视机、通信及空间技术等领域。但也存在调整管的控制电路比较复杂、输出电压中纹波和噪声成分较大等缺点。

习题

11.1 如图 11.20 所示整流电路中,已知电网电压波动范围是 $\pm 10\%$,变压器副边电压有效值 $V_2=30\text{V}$,负载电阻 $R_L=100\Omega$,试问:

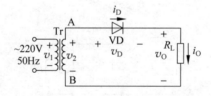

图 11.20 习题 11.1

(1) 负载电阻 R_L 上的电压平均值和电流平均值各为多少?
(2) 二极管承受的最大反向电压和流过的最大电流平均值各为多少?
(3) 若不小心将输出端短路,则会出现什么现象?

11.2 在图 11.21 所示电路中,已知电网电压的波动范围为 $\pm 10\%$,$V_{O(AV)} \approx 1.2V_2$。要求输出电压平均值 $V_{O(AV)}=15\text{V}$,负载电流平均值 $I_{L(AV)}=100\text{mA}$,试选择适合的滤波电容。

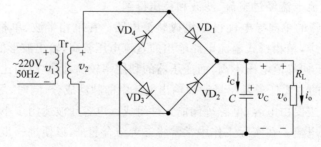

图 11.21 习题 11.2

11.3 在图 11.22 所示的桥式整流、电容滤波电路中，$V_2=20\text{V}$（有效值），$R_L=40\Omega$，$C=1000\mu\text{F}$。试问：

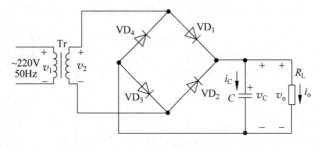

图 11.22 习题 11.3

(1) 求正常时的 $V_{O(AV)}$。
(2) 如果电路中有一个二极管开路，$V_{O(AV)}$ 值是否为正常的一半？
(3) 如果测得 $V_{O(AV)}$ 为下列数值，可能出了什么故障？
① $V_{O(AV)}=18\text{V}$。
② $V_{O(AV)}=28\text{V}$。
③ $V_{O(AV)}=9\text{V}$。

11.4 分别判断图 11.23 所示各电路能否作为滤波电路，简述理由。

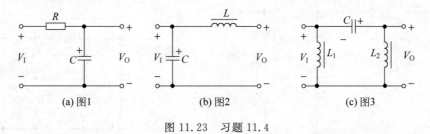

图 11.23 习题 11.4

11.5 整流稳压电路如图 11.24 所示。试改正图中错误，使其能正常输出正极性电压 V_O。

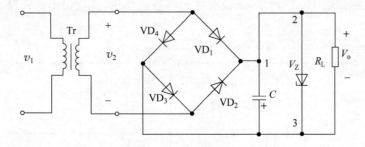

图 11.24 习题 11.5

11.6 在图 11.25 所示稳压电路中，已知稳压管的稳定电压 V_Z 为 6V，最小稳定电流 I_{Zmin} 为 5mA，最大稳定电流 I_{Zmax} 为 40mA；输入电压 V_I 为 15V，波动范围为 $\pm 10\%$；限流电阻 R 为 200Ω。
(1) 电路是否能空载？为什么？

(2) 作为稳压电路的指标,负载电流 I_L 的范围为多少?

11.7 在图 11.26 所示的串联型稳压电路中,现假设输入电压 V_I 一定,负载电阻 R_L 减小,使得输出电压 V_O 减小,试分析该稳压电路的稳压原理。

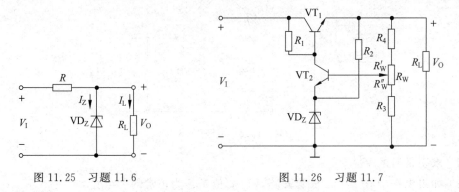

图 11.25 习题 11.6　　　　图 11.26 习题 11.7

11.8 三极管串联稳压电路如图 11.27 所示。已知 $R_1=1\text{k}\Omega, R_2=2\text{k}\Omega, R_P=1\text{k}\Omega, R_L=10\Omega, V_Z=6\text{V}, V_I=15\text{V}$。试求输出电压的调节范围以及输出电压为最小时调整管所承受的功耗。

11.9 电路如图 11.28 所示,试求输出电压 V_O 的调节范围。

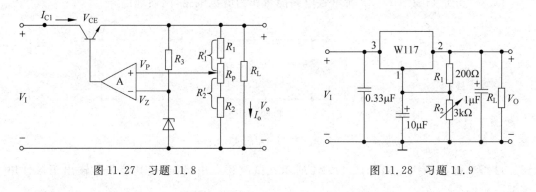

图 11.27 习题 11.8　　　　图 11.28 习题 11.9

11.10 电路如图 11.29 所示,试说明各元器件的作用,并指出电路正常工作时的输出电压值。

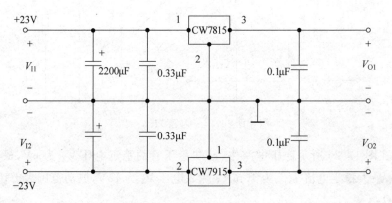

图 11.29 习题 11.10

第 12 章 电子电路识图

CHAPTER 12

电子设备是由电子元器件等连接组装而成的。电子设备图纸包括系统结构框图、系统流程图、电路原理图、印制电路板图、工艺接线图等几种。在这些图纸中电路原理图(简称电路图)对工程技术人员来说最为重要,因为实际工作中,要对电子设备和系统进行分析研究、使用维护或修理改进等,首先需要看懂它的电路图(简称读图或识图)。对于没有图纸的设备,只有通过元器件的识别和电路板的连线来复原其电路图。在设备调试、维修中,必须熟练掌握电子元器件的性能参数和检测方法,才能准确地判断元器件的种类和好坏,找到问题的根源,彻底解决问题。本章首先介绍分立半导体元器件的识别与检测方法,然后介绍电子电路识图方法。

12.1 半导体分立元器件的识别与检测

半导体器件种类很多,一般用万用表就可以大致判断器件的类型和好坏,但首先要熟悉器件的外形、内部结构和特点;否则容易出现误判。

12.1.1 半导体二极管的检测与识别

1. 二极管种类及外形封装

二极管的种类较多,在电子设备中常见的有低频整流二极管、高频整流(快恢复)二极管、稳压二极管、瞬变二极管、检波/开关二极管、发光二极管(LED)及红外发射二极管等。

外形封装:整流二极管由于正向电流大,功耗比较大,所以 3A 及以下的一般采用塑封(少数玻封),无需加散热器,器件引脚比较粗(用较粗引脚的目的主要是为了增强散热能力);5A 以上常见的有塑封和金封两种,一般都有固定散热器的机构;发光二极管类采用透明或带颜色的树脂封装,比较好分辨;开关类二极管因为是点接触工艺,属于高频小电流,因此个头小、引脚细。常见二极管的外形封装如图 12.1 所示。

图 12.1 二极管实物

图 12.1 中左起分别为发光二极管（LED，透明）、玻封小电流开关二极管、1A 和 3A 塑封整流二极管、快恢复二极管半桥（共阴半桥，TO-220 封装）、单个快恢复二极管（肖特基，15A/60V，TO-220 封装）、塑封低频整流桥（内部有四个整流二极管）、金封大电流低频整流二极管。

2. 二极管的检测与选用

二极管的检测比较简单，使用一般的万用表就可以大致判断其引脚和好坏。以普通数字万用表为例，数字万用表一般都有直接测量二极管的挡位，只要用万用表正、反向各测量一次，就可判断二极管的正、负极及好坏。因为数字万用表红表笔为正极，红表笔接阳极那次万用表的读数就是二极管的正向压降（在小电流条件下）。下面对不同类型二极管测量数据的特点分别进行说明。

1）整流二极管

整流二极管有低频整流管和高频整流管两类。低频整流二极管正向电压较低，为 0.5~0.6V，反向电阻大。高频整流（快恢复）二极管有几种：肖特基二极管正向压降小，为 0.2~0.4V，反向电阻也比较小（相对于其他类型二极管），反向击穿电压较低，目前常见的电压等级为 35~60V。其他类型快恢复二极管的正向压降略大于低频整流管。

值得注意的是，很多快恢复二极管是做成半桥结构，外形封装（TO-220、TO-3P）极像三极管，千万不要把它与三极管搞混了。例如，图 12.1 中左起第 5 个，型号是 MBR1545，它就是 15A/45V 的肖特基共阴极半桥（两边是阳极，中间是阴极）。

在二极管的选用方面，低频整流管只能用于低频电路，如 50~60Hz 的电源整流电路，如果用在高频开关电源中，即使没有过压和过流，也会在短时间内烧毁，甚至还会损坏其他器件。快恢复二极管主要用于高频开关电源中，如果用于低频电路，由于其正向压降较大，会降低效率。在需要输出低电压、大电流的开关电源中输出端整流管优先选用肖特基二极管，如 PC 主机开关电源的 +3.3V/+5V 输出整流等。

整流二极管在使用中，除了要有足够的电压和电流参数富余量外，大电流电路中还要加适合的散热器，才能保障不会因为结温过高而损坏。

2）稳压二极管

稳压二极管大多是小功率的，正向特性与普通整流管相同；用数字万用表反向测量时一般不能使其导通，但用指针式万用表的×10kΩ 电阻挡可以使大多数稳压管击穿。稳压二极管中有一种双向稳压管，结构分两脚和三脚两种，这种稳压管的稳压值具有对称性（一致性）。两脚的双向稳压管用数字万用表测量时一般两个方向均不导通。

3）瞬变二极管

瞬变二极管在电子电路中用于过电压保护，在电路中与被保护元器件或模组并联，伏安特性与稳压管大致相同，但引脚较粗，多为双向稳压，个头稍大一些。瞬变二极管在极短的时间内可承受较大的浪涌电流，如果因过热损坏，则变成短路状态。

4）发光二极管（LED）

LED 的品种也比较多，从用途方面来看可分为三类，即信息传输类、信息显示（指示灯）类和照明类。

信息传输类主要是红外发射二极管和激光二极管，如各类家用电器的红外遥控器中用的红外发射管、影碟机和光盘驱动器中用的激光器等。

信息显示类就是常见的 LED 指示灯，有红、橙、黄、绿、青、蓝、白等几种颜色的单色和双色（变色）管，如各类电气设备面板上的指示灯。单色 LED 只有两脚的，变色二极管是在一个封装内有两个不同颜色的LED,有两脚和三脚两种。LED常见外形有长方形和圆形,常见的圆形有 $\phi3mm$、$\phi5mm$、$\phi8mm$ 等多种规格。此类LED的正向电流最大约为20mA,正常使用电流2～10mA即可达到需要的亮度。

照明类发光二极管是近几年才开始流行的器件,功率相对较大,目前单管可做到1W以上,如LED手电筒用的LED灯泡、可拍照手机的闪光灯和液晶显示器的背光灯。

发光二极管的伏安特性曲线与普通二极管相似,只是参数不同。正向压降方面各种颜色的LED按发出光的波长依次排列:红外1.3～1.6V,红色:1.6～2.0V,黄/绿色:2.0～2.6V,青/蓝色:2.5～3.2V,白色:2.8～3.5V。用数字万用表检测正向连接时大多会发出微弱的光。

LED的反向击穿电压一般都比较低,只有几伏,击穿易损坏,但少数高压型的LED击穿电压可达400V以上。

12.1.2 半导体三极管的检测与识别

1. 三极管的外形封装与识别

双极型晶体三极管的型号多到难以计数,从外形和功率来看可以分为小功率管和大功率管两类,功率以1W为界,也有的书上把功率为1～10W的称为中功率管。常见三极管外形如图12.2所示,实物如图12.3所示。

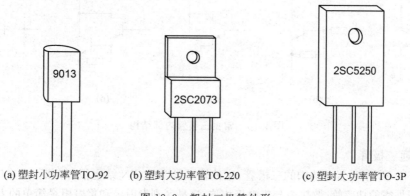

(a) 塑封小功率管TO-92　　(b) 塑封大功率管TO-220　　(c) 塑封大功率管TO-3P

图12.2　塑封三极管外形

小功率三极管除少数高频管采用金属封装外,大多采用小型塑封,外形如图12.2(a)所示,使用中一般无须外加散热器。大功率三极管现在也越来越多地采用塑封,外形如图12.2(b)、(c)所示。其中TO-220型封装适合于80W以下的大功率管,TO-3P适合于50～150W的大功率管,使用中一般都要加足够大的散热器。目前,大功率管中也有少数采用金属封装,如TO-3。

图12.3中左起分别为塑封小功率管(TO-92)、金封小功率管(TO-18或国标A3-01B)、塑封大功率管(TO-220)、塑封大功率管(TO-3P)、金封大功率管(TO-3,反面和正面);TO-3型功率管的金属外壳是三极管的集电极。

TO-220和TO-3P封装的功率三极管与同样封装的半桥结构快恢复二极管外形几乎一模一样,因此,如果不看型号单凭外观是无法区分它们的。有的设备生产厂商为了技术上的保密将电路中元器件上的型号除去,就会给维修人员识别元器件带来困难。区别此类快恢复二极管半桥与塑封功率三极管的方法是:塑封功率三极管的中间引脚为集电极。

部分TO-220、TO-3P封装的大功率三极管可以看到部分外露的金属散热板,该散热板

图 12.3　三极管实物

内部直接接三极管集电极,在使用中一般需要在三极管与散热器之间加绝缘垫片,并且涂抹适量的导热硅脂以提高导热性能。

2. 三极管的内部结构与检测

三极管的引脚识别比较简单,主要是检测和判断 PN 结的极性。但是,由于三极管的种类和型号很多,内部不一定就是普通三极管的两个 PN 结结构。常见的三极管内部结构如图 12.4 所示。三极管内部结构不同,用万用表检测时的表现也不同,如果考虑不周就可能出现误判。下面分别说明这些类型的三极管的特点和用途。

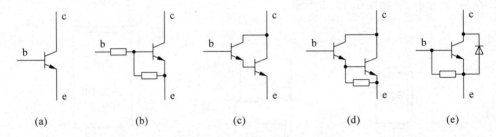

图 12.4　常见三极管内部结构

1) 普通三极管

图 12.4(a)所示为普通结构的三极管,这种管子最常见,PN 结也很好判断,用途广泛。对于金属散热板外露的功率管,散热板与集电极相连,这是区别发射极和集电极最简单的方法。

2) 带阻三极管

图 12.4(b)所示为带阻三极管的内部结构,一般是小功率三极管,在电路中主要作为开关管使用,检测时由于发射结正、反向都导通,不要误判管子已损坏。

3) 达林顿晶体管

图 12.4(c)和图 12.4(d)所示都是达林顿晶体管,一般是大功率管,用在要求 β 较高的场合,因为高反压($BV_{CEO} \geqslant 300V$)的大功率管 β 都不高,所以要用复合管。检测时图 12.4(c)所示的发射结是两个 PN 结的正向压降,而图 12.4(d)所示在用数字万用表(流过的电流很小)检测时只能测出一个 PN 结的压降,所以容易误判成普通三极管。这类三极管主要用作大功率开关,如电源逆变器等。

4) 带阻逆的三极管

图 12.4(e)所示是带阻逆的三极管,这是一类特殊但很常见的高压大功率管,主要用在彩色电视机中的行输出级,所以又简称"行管",其中的电阻为 $20\sim50\Omega$。这种三极管由于内部的电阻小,数字万用表无法检测到发射结,发射结只有在较大电流下才能表现出正、反向电阻的不同。

12.1.3 功率 MOS 场效应管的检测与识别

高频小功率的 MOS 场效应管由于易受静电等侵袭,分立元件电路中应用很少。但是,大功率 MOS 管对静电不敏感,近年应用越来越多,尤其是在高保真(Hi-Fi)级别的大功率音频功率放大器中作互补功率输出管以及 DC-DC 电源变换器中作开关管。

功率 MOS 管的外形封装 BJT 与功率三极管一样,常见的封装有 TO-220 和 TO-3P 两种,中间的引脚是漏极;也有少量的采用 TO-3 封装,其外壳为漏极。

图 12.5 是曾经在第 4 章介绍过的 N 沟道增强型 MOSFET 内部结构示意图,功率 MOS 管在内部都已将衬底 B 和源极 S 短接,只有 S、G、D 三个引出脚。由于结构原因,功率 MOS 管具有以下特点:

(1) 栅极和衬底之间存在等效(寄生)电容,由于功率 MOS 管的管芯面积比较大,寄生电容的容量也比较大,一般在 nF 数量级。

(2) 衬底和漏极存在寄生二极管(体二极管)。

MOS 管内部等效电路如图 12.6 所示,用万用表检测 PN 结的结构可以比较容易地将 MOS 管与双极型三极管区分开。但是,MOS 管有一种特殊现象:用指针式万用表×10kΩ 电阻挡去测量 G、S 之间的电阻,就会对 MOS 管内部的寄生电容 C_{GS} 充电且电压比较高 ($|V_{GS}| \geqslant 5V$),对于 N 沟道增强型 MOS 管,如果测量时是黑表笔接 G,由于指针式万用表电阻挡时黑表笔是正极性(这点与数字万用表相反),则充电后 MOS 管处于导通状态。寄生电容充电后即使移开表笔,如果不人为提供放电途径,管子的导通状态会保持很长时间,这时只要用手同时触摸 G 和 S,寄生电容就被放电,管子恢复截止状态。利用这一特点,可判断 MOS 管是 N 沟道还是 P 沟道,也可测量 MOS 管的导通电阻 R_{DS}。数字万用表电阻挡的开路电压太低,通常不能使 MOS 管导通。

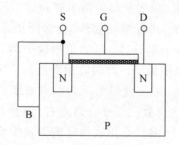

图 12.5 MOS 管内部结构示意图

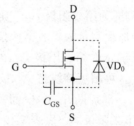

图 12.6 MOS 管等效电路

12.1.4 晶闸管的检测

1. 晶闸管损坏原因判别

(1) 电压击穿。晶闸管因不能承受电压而损坏,其芯片中有一个光洁的小孔,有时需用放大镜才能看见。其原因可能是管子本身耐压下降或被电路断开时产生的高电压击穿。

(2) 电流损坏。电流损坏的痕迹特征是芯片被烧成一个凹坑,且粗糙,其位置远离门极。

(3) 电流上升率损坏。其痕迹与电流损坏相同,而其位置在门极附近或就在控制极上。

(4) 边缘损坏。它发生在芯片外圆倒角处,有细小光洁小孔。用放大镜可看到倒角面上有细细金属物划痕，这是制造厂家安装不慎所造成的，会导致电压击穿。

2. 晶闸管的检测方法

图 12.7 给出了单向和双向检测符号示意图。这两种晶闸管的检测方法分别介绍如下。

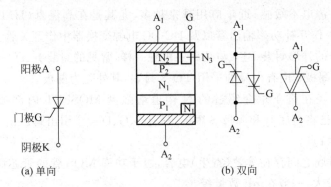

图 12.7　晶闸管的检测

1) 单向晶闸管的检测方法

取万用表选电阻 $R\times 1\Omega$ 挡，红、黑两表笔分别测任意两引脚间正反向电阻，直至找出读数为数十欧姆的一对引脚。此时，黑表笔的引脚为门极 G，红表笔的引脚为阴极 K，另一空脚为阳极 A。此时将黑表笔接已判断的阳极 A，红表笔仍接阴极 K，此时万用表指针应不动；用短线瞬间短接阳极 A 和门极 G，此时万用表电阻挡指针应向右偏转，阻值读数为 10Ω 左右。如阳极 A 接黑表笔、阴极 K 接红表笔时，万用表指针发生偏转，说明该单向晶闸管已被击穿损坏。

2) 双向晶闸管的检测

取万用表电阻 $R\times 1\Omega$ 挡，用红、黑两表笔分别测任意两引脚间正反向电阻，结果是其中两组读数为无穷大。若一组为数十欧姆时，该组红、黑表所接的两引脚为第一阳极 A_1 和门极 G，另一空脚即为第二阳极 A_2。确定 A_1、G 极后，再仔细测量 A_1、G 极间正、反向电阻，读数相对较小的那次测量的黑表笔所接的引脚为第一阳极 A_1，红表笔所接引脚为控制极 G。将黑表笔接已确定的第二阳极 A_2，红表笔接第一阳极 A_1，此时万用表指针不应发生偏转，阻值为无穷大。再用短接线将 A_2、G 极瞬间短接，给 G 极加上正向触发电压，A_2、A_1 间阻值为 10Ω 左右。随后断开 A_2、G 间短接线，万用表读数应保持 10Ω 左右；互换红、黑表笔接线，红表笔接第二阳极 A_2，黑表笔接第一阳极 A_1。同样万用表指针应不发生偏转，阻值为无穷大。A_2、G 极间再次瞬间短接，给 G 极加上负的触发电压，A_1、A_2 间的阻值也是 10Ω 左右。随后断开 A_2、G 极间短接线，万用表读数应不变，保持在 10Ω 左右。符合以上规律，说明被测双向晶闸管未损坏，且三个引脚极性判断正确。

检测功率较大的晶闸管时，需要在万用表黑表笔中串接一节 1.2V 干电池，以提高触发电压。

12.1.5　半导体器件检测注意事项

（1）数字万用表由于其电阻挡的工作电流小，输出端电压也比较低，有时测量半导体器件不太准确，尤其是大功率器件。

（2）虽然目前的发展趋势是数字万用表取代指针式万用表，但是，在检测半导体器件方面有时用指针式万用表会更方便。例如，测稳压二极管的击穿电压，指针式万用表的电阻×

10kΩ 挡内部有 15V(有的是 9V)电池,可以使稳压值较低的稳压管击穿,直接读出稳压值,这一方法还可以用来找出普通三极管的发射极(基极很容易找),因为一般三极管的发射结击穿电压通常只有 5~8V(采用这种方法检测三极管的发射结时即使击穿 PN 也不会损坏器件,因为击穿后电流很小)。

(3) 对于型号不清楚的器件,由于管子内部不一定是单个器件,检测出现异常时判断要谨慎,避免出现误判;因为外形相同的器件(如 TO-220)除上述二极管、BJT、MOSFET 等种类外,还有晶闸管、集成三端稳压器等。

(4) 检测单个大功率 MOS 管时最好先对其寄生电容放电,即用手同时触摸管子的三个脚,这样可以避免误判。

(5) 万用表测出的半导体器件电阻值只具有定性分析价值,无定量意义,而且不同型号的万用表或不同挡位测得的结果会相差很大。

(6) 因为二极管和三极管的耐压比较高,所以只有用专用仪器才能测得出来,如用晶体管图示仪。

12.2 电子线路识图方法

"识图"就是对电路图进行分析。识图能力体现了读者对所学知识的综合应用能力。通过识图,开阔视野,可以提高评价电路性能优劣的能力和系统集成的能力,为电子电路在实际工程中的应用提供有益的帮助。

要读懂一台设备或一个系统的电路图除需要掌握电子元器件的基本知识外,还要具有对单元电路的理解分析能力,对整个系统的分解与综合能力等。

对于初学者来说,看到一个实际系统的电路图往往会感到电路错综复杂,不知从何处下手。但是,无论多么复杂的电路都是由简单电路组合而成的,只要具有一定的电子电路基础知识,掌握识图的基本方法,按照一般的识图步骤,是能够逐步熟悉识图规律的。经过反复的练习和实际经验的积累,必然会迅速提高电路图的理解能力。

在分析电子电路时,首先将整个电路分解成具有独立功能的几个部分,进而弄清每一部分电路的工作原理和主要功能,然后分析各部分电路之间的联系,从而得出整个电路所具有的功能和性能特点,必要时再进行定量估算;为了得到更细致的分析,还可借助各种电子电路计算机辅助分析和设计软件。详细思路和步骤如下。

1. 了解用途

在具体分析一个电路之前,先要了解电路或系统的主要用途。弄清楚电路的功能和作用,具有什么特点,能达到的技术指标,以便从总体上掌握电路的设计思想,了解各部分电路的安排以及可能的电路改进措施。

2. 化整为零

任何复杂的电路系统或电子设备,都是由若干个简单的基本单元或功能电路组合而成的。因此,识图时要善于把总电路图化整为零,分成若干基本单元,每个基本单元可能是单元电路、集成器件,也可能是功能模块。

3. 局部分析

利用学过的电路知识和分析方法定性分析每个基本单元的功能,必要时可就局部电路做一些定量计算。由于实际电路比原理电路复杂,需要把电路进行必要的简化,找出信号通路和影响电路功能的主要元器件,掌握该基本单元的工作原理。在分析各单元电路时,首先要弄清楚电路中每个元器件的功能特点和性能参数,对于某些不熟悉的元器件,必须先查找有关的技术资料再进行分析。

4. 统观整体

将各个基本功能模块进行综合,找出它们之间的分工和联系,画出总体结构框图。分析输入信号经过各功能块的变化,对总体电路的功能形成完整认识。

5. 性能估算

为了对系统整体做出定量的分析,需要对主要单元电路进行工程估算。运用学过的定量估算方法,着重计算影响电路性能的主要环节,定量求出相应的技术指标,了解整个电路的性能和质量。

当然,不同的电路设备看图分析的方法也有所不同,因此分析步骤应根据具体电路的不同灵活运用。另外,不同的识图水平和分析要求,所采用的读图步骤也不完全一样,千万不要生搬硬套,拘泥于上述方法。

12.3 识图举例

本节通过三个实际电路图分析的例子,详细说明识图的具体方法与步骤,希望能够起到举一反三的效果。

12.3.1 简易信号发生器

图 12.8 是一种可以输出多种波形的简易信号发生器电路图,试分析电路结构特点和性能参数。

1. 了解用途

信号发生器主要用于电子电路测试时作为标准信号源。常见的标准信号有正弦波、方波、三角波/锯齿波、脉冲波等。作为信号源,要求可以方便地调整输出波形的参数,如波形幅度、频率、占空比等。

2. 化整为零

对于一个比较复杂的电路,需要对其进行分块细化。一般以有源器件为核心,将整个电路分为若干个基本单元,这些有源器件可以是单个三极管/场效应管或功能单一的集成块,如单个运算放大器等。但也有不可分割的组合电路,如差分放大器、功率放大器的互补输出级,这些电路中的两个三极管就不可单独分块。

图 12.8 所示电路中共有四个运算放大器,每个运放就是一个基本单元,并各自具有特定的功能。因此,整个电路分为正弦波振荡器(IC_1)、施密特触发器(IC_2)、积分器(IC_3)和输出电路(IC_4)四个模块。

3. 局部分析与计算

1) 正弦波振荡器

正弦波振荡局部电路如图 12.9(a)所示,图 12.9(b)是其简化等效电路,很明显,电路结构就是常见的 RC 串并联(又称文氏电桥)正弦波振荡器。

第12章 电子电路识图

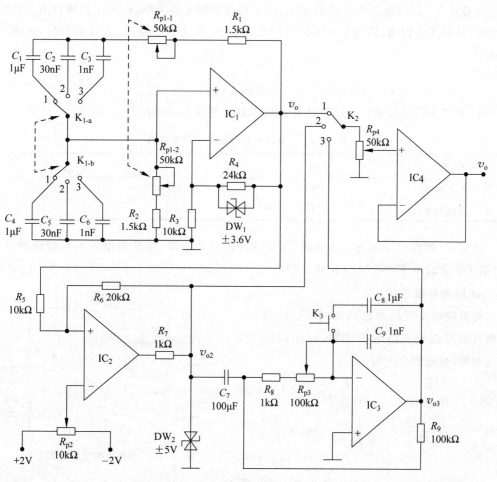

图 12.8 简易信号发生器电路

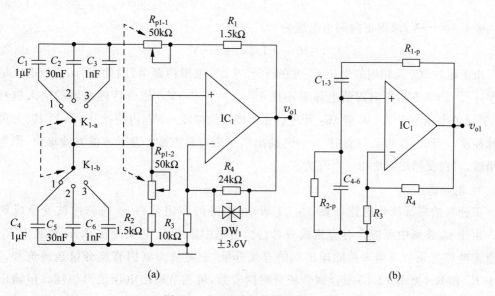

(a)   (b)

图 12.9 正弦波振荡器局部电路

电路中 K_1 是两组 3 挡位联动开关,用于切换谐振电容大小,作为正弦波分波段频率粗调。R_{p1} 是双连电位器,其两个电阻值是同步调节的,作为频率细调(连续调节)。正弦波振荡频率为

$$f = \frac{1}{2\pi R_{1\text{-}p} C_{1\text{-}3}} \tag{12.3.1}$$

K_1 在各个挡位按式(12.3.1)计算的对应频率调节范围如表 12.1 所示。

表 12.1 正弦波振荡器的频率调节范围

K_1 挡位	1	2	3
最高频率	106Hz	3.5kHz	106kHz
最低频率	3Hz	103Hz	3kHz

当 DW_1 两端电压接近 3.6V 时,其等效电阻就会下降,使输出电压不再继续增大,因此,输出正弦波电压的峰值约等于 5.4V。

2) 施密特触发器

施密特触发器局部电路如图 12.10 所示。施密特触发器的阈值电压计算,对于运放 IC_2 的同相端,按叠加原理有

$$v_+ = v_i \frac{R_6}{R_5 + R_6} + v_{o2} \frac{R_5}{R_5 + R_6} \tag{12.3.2}$$

$$v_i = v_+ \frac{R_5 + R_6}{R_6} - v_{o2} \frac{R_5}{R_6} = \frac{3}{2} v_+ - \frac{1}{2} v_{o2} \tag{12.3.3}$$

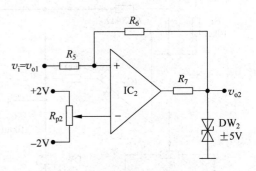

图 12.10 施密特触发器局部电路

令 $v_+ = v_-, v_{o2} = +5V$,求得负向阈值电压为

$$v_{T-} = 1.5 v_- - 2.5V \tag{12.3.4}$$

令 $v_{o2} = -5V$,求得正向阈值电压为

$$v_{T+} = 1.5 v_- + 2.5V \tag{12.3.5}$$

由于运放 IC_2 反相端的电位 v_- 可在 $-2 \sim +2V$ 范围内调节,因此,正向阈值电压最大值 $V_{T+\max} = +5.5V$,负向阈值电压最小值 $V_{T-\min} = -5.5V$。施密特触发器的输入信号为 v_{o1},其峰值电压小于 5.5V,经 IC_2 处理后输出波形为幅度 $\pm 5V$,占空比从 0% 到 100% 可调的脉冲波。当 R_{P2} 在中心位置时 $v_- = 0$,输出电压为对称方波;为了方便方波输出,作为改进措施,可在反相端到地加一个开关。

3) 积分器

积分器的局部简化电路如图 12.11 所示,电路的作用是将 v_{o2} 的脉冲波变换成锯齿波。由于 v_{o2} 波形中可能含有直流成分,因此,电路中采用 C_7 进行交流耦合,并且由 R_9 引入直流电压并联负反馈来消除输出端的直流分量,避免放大器因直流分量造成饱和。电路中 R_{p3} 和 K_3(见图 12.8)配合调节积分时间常数,可调节输出电压波形幅度。但输出电压幅度还与工作频率有关,当频率很高时,输出电压幅度可能较小。输出锯齿波电压波

形的斜率由 R_{p2} 调节。

4) 输出电路

输出电路比较简单,局部电路见图 12.12。电压跟随器在这里是为了进行阻抗匹配,增强负载能力;R_{p4} 用于调节输出电压幅度,K_2 进行输出波形选择。

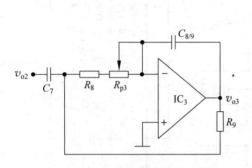 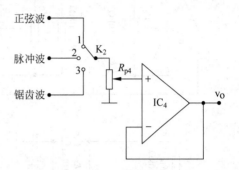

图 12.11 积分器局部简化电路　　　　图 12.12 输出部分电路

4. 统观整体及性能评价

综合上述分析,简易信号发生器的整体结构可用图 12.13 所示的框图表示。系统的核心部分是正弦波振荡器,其振荡频率决定了其他波形的频率。而锯齿波变换器的输入来自脉冲波,那么脉冲波频率和占空比的变化都会影响锯齿波的波形参数,可见锯齿波的参数调节起来比较麻烦。

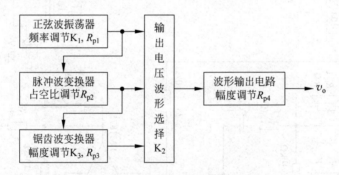

图 12.13 简易信号发生器结构框图

主要性能参数:信号发生器的输出频率范围是 3Hz～106kHz,分三个波段,每个波段覆盖约 34 倍频程。输出波形的幅度:正弦波为 0～5.4V,脉冲波为 0～5V,锯齿波的幅度调节范围与频率有关。

12.3.2　某品牌 2.1 声道多媒体有源音箱电路分析

整机电路如图 12.14 所示,这是一个完整的产品电路图。图中有五个集成块,即 IC_1～IC_5,分为两种型号,为了看懂电路图,有必要先搞明白这两种集成块的性能和用途。

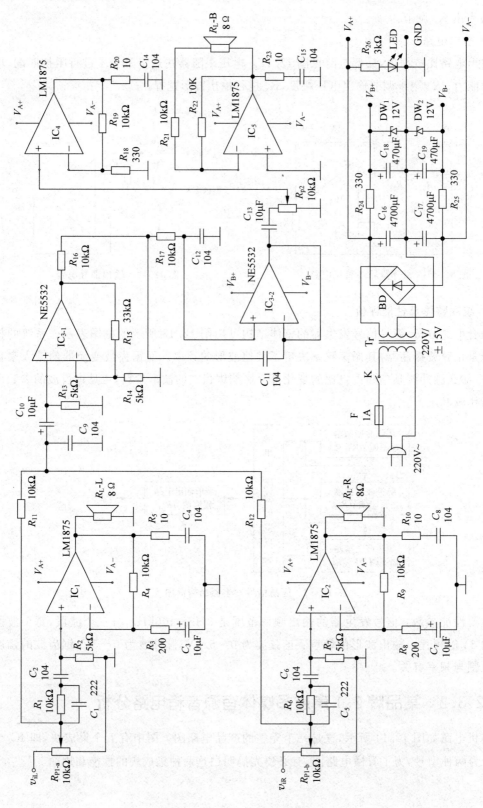

图 12.14 某品牌 2.1 声道多媒体有源音箱电路

经查阅相关集成电路手册,得知 NE5532 是美国仙童公司生产的高性能、低噪声双运放,通常用于音频功率放大器中作前置放大器,主要参数如表 12.2 所示。

表 12.2　NE5532 主要参数

参数范围 \ 参数名称	工作电压 V_+/V_-	小信号功率带宽 GB	全功率带宽 W_{PG}	输入噪声电压 e_n	电压转换速率 S_R	失调电压 V_{IO}	开环增益 A_{VD}	共模抑制比 K_{CMRR}
Max	±20V					4mV		
Typ		10MHz	140kHz	5nV/$\sqrt{Hz}$	8V/μS	0.5mV	100dB	100dB
Min	±3V						67dB	70dB

LM1875 是美国国家半导体公司生产的低失真单声道集成音频功率放大器,属于 OCL 结构,也可以归类于集成功率运算放大器,主要参数如表 12.3 所示。

表 12.3　LM1875 主要参数

参数范围 \ 参数名称	工作电压 V_+/V_-	静态电流 I_{C+}/I_{C-}	输出功率 P_{OM}	输出电流 I_O	功率带宽 W_{PG}	输入噪声电压 e_n	电压转换速率 S_R	失调电压 V_{IO}	开环增益 A_{VD}	电源抑制比 P_{SRR}
Max	±30V	100mA	30W	4A						
Typ		70mA	25W			3μV/$\sqrt{Hz}$	8V/μS	15mV	90dB	95dB
Min	±8V				70kHz					52dB

下面按照前面介绍的几个步骤对图 12.14 所示电路进行详细分析。

1. 了解用途

多媒体有源音箱通常用于家用计算机等场合,目前常见的有标准双声道(2.0)书架式有源音箱、2.1 声道有源音箱、5.1 声道有源音箱等,输出功率范围从几瓦到几十瓦。驳接的音源可以是计算机、MP3、iPod 等设备的音频输出。2.1 声道多媒体有源音箱的输入一般是标准的双声道立体声信号。系统的音量控制通常设有主音量旋钮和重低音补偿旋钮,有的还有高音补偿调节。

2. 化整为零

整个电路包括两个完全相同的主声道功率放大器、一个重低音功率放大器、一个重低音前置滤波器和电源供电电路等几个部分。其中,主声道放大器的核心部件是 LM1875(IC$_1$ 和 IC$_2$);重低音放大器也是由 LM1875(IC$_4$ 和 IC$_5$)构成 BTL 功率放大器;重低音前置滤波器的核心部件是双运放 NE5532(IC$_3$)。

3. 局部电路分析与计算

1) 主声道放大器

主声道的两个功率放大器完全相同,由 LM1875 构成标准的 OCL,属于同相比例器,局部电路如图 12.15 所示。

图 12.15 中 R_{p1-a} 是双连主音量电位器,R_1、R_2、C_1、C_2 构成频率补偿电路,将中低频部分适当压缩,R_2 同时还为 LM1875 提供输入级差分放大器偏置电流。

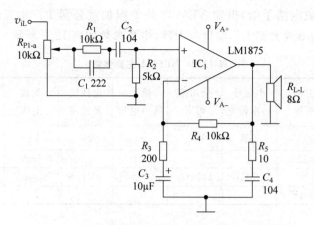

图 12.15　2.1 声道多媒体有源音箱主声道电路

LM1875、R_3、R_4、C_3 构成同相比例器，属于电压串联负反馈；其中 C_3 对直流相当于开路，因此属于直流电压全反馈，可降低输出端的直流分量。C_3 对交流相对于短路，交流电压放大倍数为

$$A_{VM} = 1 + \frac{R_4}{R_3} = 51 \tag{12.3.6}$$

电路中加入 R_5、C_5 是为了补偿扬声器的电感特性，避免因 R_L 产生的附加相移导致放大器自励振荡。

2) 重低音放大器

重低音放大器由两个 LM1875（IC_4 和 IC_5）构成 BTL 功放，其局部电路如图 12.16 所示。

图 12.16 中 R_{p2} 为重低音音量控制旋钮，用于调节低音与中高音的比例。IC_4 为标准的同相比例器，电压增益为

$$A_{VD4} = 1 + \frac{R_{19}}{R_{18}} \approx 31 \tag{12.3.7}$$

IC_5 为标准反相比例器，$A_{VD5} = -\dfrac{R_{22}}{R_{21}} = -1$，所以，$v_{o5} = -v_{o4}$，$v_o = v_{o4} - v_{o5} = 2v_{o4}$，BTL 功放的实际增益为 A_{VD4} 的 2 倍，即 62 倍。

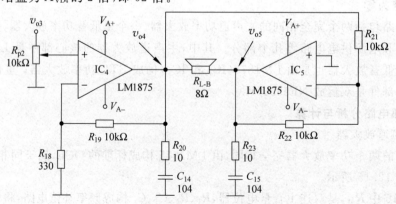

图 12.16　重低音 BTL 功率放大器电路

3) 重低音前置滤波器

重低音前置滤波器由双运放 NE5532 及相关元件组成,局部电路如图 12.17 所示。

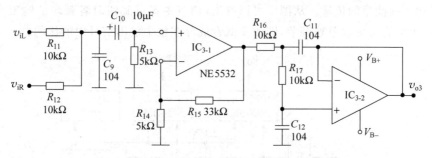

图 12.17　重低音输入滤波器电路

v_{iL} 和 v_{iR} 是两路受主音量旋钮控制的立体声输入信号,经 R_{11}、R_{12} 叠加变成单路信号,并与 C_9 构成第一节 RC 一阶低通无源滤波器。本节滤波器的转折频率为

$$f_{L1} = \frac{1}{2\pi \cdot (R_{11} \parallel R_{12}) \cdot C_9} \approx 318\,\text{Hz} \tag{12.3.8}$$

IC_{3-1} 是标准的同相比例器,其电压增益为

$$A_{V3-1} = 1 + \frac{R_{15}}{R_{14}} = 7.6 \tag{12.3.9}$$

IC_{3-2} 及相关电阻和电容构成第二节滤波器——二阶压控电压源低通滤波器。其通带增益 $A_{V3-2}=1$,品质因数 $Q=\frac{1}{2}$,转折频率为

$$f_{L2} = \frac{1}{2\pi R_{17} C_{12}} \approx 159\,\text{Hz} \tag{12.3.10}$$

4) 电源电路部分

电源部分的局部电路如图 12.18 所示。220V 交流电经 1A 保险管和总电源开关接入电源变压器 Tr;整流桥 BD 与 C_{16}、C_{17} 构成双全波整流、电容滤波电路,输出正负对称的直流电压 V_{A+} 和 V_{A-} 给集成功率输出级供电。在额定功率状态下 $V_A \approx \pm(1.1 \sim 1.2) \cdot V_I \approx \pm 17\text{V}$,在轻载状态下,$V_A \approx \pm 1.4 V_I - 1 \approx \pm 20\text{V}$。

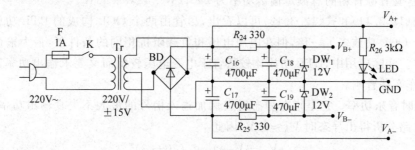

图 12.18　供电部分局部电路

R_{24}、DW_1 等元件是简单稳压管稳压电路,产生 V_{B+} 和 V_{B-},给 NE5532 提供 ±12V 电源,这样可以避免小信号部分的供电电源受到功率输出级的影响,消除因电源耦合带来的干扰,LED 为电源指示灯。

4. 统观整体

经过上述分析，整个电路的结构可用图 12.19 表示。图 12.19 中细线表示信号的传输，粗线表示功率或能量的传输。从图中可以看出，调节主音量旋钮时各频段的输出音量成比例变化，而重低音又可以单独调节，即改变低音成分在整个输出信号中的比例。

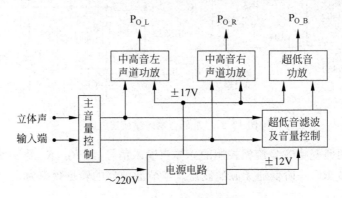

图 12.19　2.1 多媒体有源音箱整机电路结构框图

5. 性能估算

对于多媒体音箱主要参数就是最大不失真输出功率，包括长期连续输出功率（额定功率）、瞬时音乐功率和低音提升幅度等。

(1) 额定输出功率。它是指输入连续正弦波信号激励，在失真度 10% 的条件下测得的输出功率有效值，对于 OCL 架构的集成功放 LM1875，电源电压 $V_A = \pm 17\text{V}$，在 8Ω 负载条件下 $V_{CES} \approx 3\text{V}$，左、右主声道的输出功率均为

$$P_{om(L/R)} = \frac{(V_A - V_{CES})^2}{2R_L} = \frac{(17-3)^2}{2\times 8} \approx 12\text{W} \tag{12.3.11}$$

重低音放大器是 BTL 架构，对于单个 LM1875 等效负载阻抗为 4Ω，$V_{CES} \approx 4\text{V}$，输出最大电压是单个 LM1875 的两倍，所以有

$$P_{om(B)} = \frac{[2(V_A - V_{CES})]^2}{2R_L} \approx 42\text{W} \tag{12.3.12}$$

因此，这套有源音箱的总额定输出功率为 $2\times 12\text{W} + 42\text{W} = 66\text{W}$。

比较式(12.3.11)和式(12.3.12)可以看出，尽管由两个 OCL 构成的 BTL 功放元器件数量比单个 OCL 功放多了一倍，但在电源电压和负载阻抗相同的条件下，最大输出功率增大不止一倍。实际应用中，BTL 功放比较适合于电源电压较低而又要求输出功率比较大的场合，如轿车车载音响。

(2) 瞬时音乐功率。它是指在静态时突然加输入信号的最大不失真输出功率有效值。从前面的电路分析得出静态时 $V_A \approx 20\text{V}$，因此

$$P_{om(L/R)} = \frac{(V_A - V_{CES})^2}{2R_L} = \frac{(20-3)^2}{2\times 8} \approx 18\text{W}$$

$$P_{om(B)} = \frac{[2(V_A - 4)]^2}{2R_L} \approx 64\text{W}$$

这里计算的输出功率是理论数据，实际是否能够达到，还与电源变压器的功率储备和散热系统的设计有关。不过音响在实际使用中，由于音乐信号的连续平均功率远小于最大音

乐功率,音频功率放大器的功率储备大一些有助于提高播放大动态音乐节目的保真度,避免产生破音。电路中增大主电源滤波电容 C_{16} 和 C_{17} 的容量可以适当提高功放的峰值音乐功率,实际上,高保真音响功放中的主电源滤波电容都选得很大,可达万 μF 级别。

（3）重低音提升幅度。中高频总增益约为 $A_{VM}=51$ 倍,而低频的增益包括第一节滤波器 7.6 倍、第二节滤波器 1 倍、BTL 功放 62 倍,因此,总的电压增益 $A_{VL} \approx 471$ 倍；低频相对于中高频的最大提升量

$$\frac{A_{VL}}{A_{VM}} = \frac{471}{51} \approx 9.2 \text{ 倍} \quad （约 19dB）$$

（4）总体性能评价。本系统额定输出功率约 66W,从电路中所使用元器件的型号和参数来看,属于多媒体有源音箱中档次较高的产品,因为 LM1875 本身就是为中小功率的 Hi-Fi 级产品设计的。当然,音响产品的整体效果如何还与扬声器本身的质量以及扬声器与音箱箱体的配合等许多因数有关。

12.3.3 触摸路灯开关

图 12.20 是一种触摸路灯开关,试分析其电路结构、工作原理和性能特点。

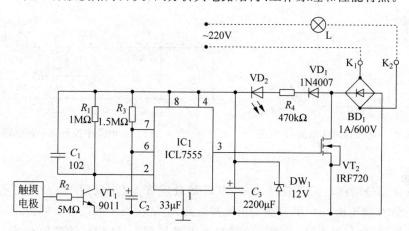

图 12.20 触摸路灯开关电路

经查手册,图 12.20 中的 IC_1 是 CMOS 工艺集成 555 定时器（该集成电路将在数字电子技术部分详细介绍）。

1. 了解用途

触摸路灯开关一般用于公共场合的走廊、楼梯口等的路灯控制,平时灯不亮,当有人触摸开关的电极时灯被点亮,并延时一定时间后自动熄灭。与声控延时开关不同的是触摸延时开关不需要光控功能,因为白天没人会去点亮路灯。

2. 化整为零

触摸路灯开关包括触摸输入检测、定时器、主控开关和供电等几个部分。

3. 局部分析与计算

1) 定时器

定时器局部电路如图 12.21 所示,这是一个标准的单元电路——由集成 CMOS 定时器 7555 构成的单稳态触发器。一般情况下,v_i 为高电平（$v_i \approx V_{CC}$）,v_o 为低电平（$v_o \approx 0V$）。当

输入电压 $v_i < \frac{1}{3}V_{CC}$ 时启动定时器，v_o 变成高电平（$v_o \approx V_{CC}$），C_2 从 0 开始充电，当电压达到 $V_{C2} > \frac{2}{3}V_{CC}$ 时，v_o 变成低电平，C_2 放电，定时器复位。

v_o 高电平的持续时间为

$$T_W = 1.1 R_3 C_2 \approx 54\text{s} \tag{12.3.13}$$

定时器由于采用了低功耗的 CMOS 集成电路，这部分总的电源电流小于 0.1mA，在定时器启动期间的供电电源靠 C_3 维持，V_{C3} 会有一定幅度的下降，但在允许范围内（亮灯时间略微缩短）。

2）供电部分

当路灯不亮时，灯泡几乎没有压降（参考图 12.22），交流 220V 经整流桥 BD_1 输出直流电压平均值 $V_{AB} \approx 200V$，通过 VD_1、R_4、VD_2 对 C_3 充电，电流约 0.4mA，稳压管击穿后 V_{C3} 稳定在 12V 左右。当灯被点亮后 $V_{AB} \approx 0$，VD_1 截止，靠 C_3 维持供电。

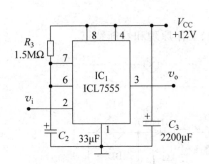

图 12.21 定时器单元电路

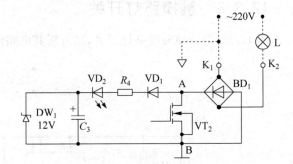

图 12.22 供电及主控开关局部电路图

3）主控开关部分

主控开关部分的核心元件就是功率 MOS 场效应管 VT_2，见图 12.22。当定时器被启动、VT_2 导通时，整流桥 BD_1 的直流输出侧被短路，也就相当于触摸开关的接线端 K_1 与 K_2 中间发生了短路，电灯被点亮，负载允许的最大电流与 VT_2 和 BD_1 的参数有关。在亮灯期间，$V_{AB} \approx 0$，停止向 C_3 供电，LED 熄灭。

4）触摸检测电路

触摸检测电路由安装在开关表面的金属触摸电极、R_2、VT_1、R_1、C_1 构成共射极反相器，参考图 12.20。没有人触摸电极时，VT_1 截止。当有人触摸电极时，VT_1 会在截止与饱和之间不停转换。

同样参考图 12.22，假设灯不亮且 K_1 接零线（K_2 接零线分析方法相同，因为整流桥的两个交流输入端具有对称性），当交流电正半周时 A 点相当于接火线，B 点接零线。负半周时则 A 点接零线，B 点接火线，这时检测电路中 VT_1 发射极相对于地面（零线）有峰值约 -300V 的半个正弦波电压，当有人触摸电极就可以使 VT_1 饱和导通；由于 R_2 的隔离，触摸的人不会有触电的感觉。实际上，即使触摸的人不直接与地面连通，触摸时注入的干扰信号也足以使 VT_1 饱和导通，启动（触发）定时器。

电路中 LED 安装在触摸电极的圆孔中，夜晚路灯不亮时可以看到 LED 发出的微弱亮光以指示触摸开关的位置。

4. 系统整体结构与性能评价

整个触摸延时开关的结构框图可用图 12.23 表示。综合上面的分析可以看出以下几点。

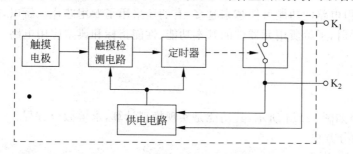

图 12.23　触摸延时开关整体结构框图

(1) 由于是两线开关,只有开关断开时控制电路才能获得供电。

(2) 触摸电极是靠一个高阻值电阻 R_2 与电力系统隔离的,这个隔离电阻必须要能够承受高压;否则有安全隐忧。

(3) 路灯点亮后的延时时间会随着 V_{C3} 的下降提前结束,因此,延时精度不高。

(4) 开关断开(路灯熄灭)时,依然有约 0.4mA 的电流消耗,因此每个开关长期耗电功率约 88mW,虽然路灯可节电,但开关长期的电能浪费也不小。

从以上几个电路分析实例可以看出,对于一个较复杂的电路图,读懂该图的前提是要熟悉电路中每个元器件的特性和功能。如果图中有陌生的器件,则应先查阅相关资料,搞清楚每个器件的性能、参数和主要用途,然后再分解电路图,才能逐步理清头绪,读懂电路。至于分析步骤和方法,因为有的电路以功能为主(如第三例),有的电路以性能参数为主(如第二例),可以有所区别。

上述三个例子中,第一个最简单,因为图中各部分都是已学过的标准电路结构。第二个电路虽然要复杂一些,但各部分依然是相对独立的,信号流向简单,各集成块也是标准的应用电路。第三个虽然电路简单,元器件最少,但分析的难度要比前两个更大一些,因为电路中不仅有陌生的器件,而且各部分相互关联,涉及的知识面也比较广。

小结

(1) 要读懂电路图首先要熟悉电路中的各个元器件。本章首先介绍了半导体分立器件的特点和检测、识别方法。至于集成电路则主要是查阅有关的使用手册。

(2) 电子电路种类繁多,千差万别,要能够看懂实用电路,必须综合运用所学知识。本章介绍的"了解用途、化整为零、局部分析、统观整体、性能估算"的基本识图方法和步骤适用于一般电路。通过范例,使读者的电路识别能力、电路性能评估能力和电子系统集成能力得到训练。

(3) 在识图时还应注意以下几点。

① 本章所介绍的识图方法只是一般方法,使用时应视具体电路灵活应用。

② 了解所分析电路的用途,以及根据"用途"研究对电路性能的要求,对于真正读懂电路图有指导性意义。特别是读者不太熟悉的应用领域,"了解用途"是关键步骤;否则可能无从下手。

③ "化整为零"时应以"能够识别"为原则,因而掌握基本电路的组成、原理和性能是识

图的基础,同时还要不断丰富基本知识,拓宽知识面。

④ 随着电子技术的发展,集成电路的功能越来越强,因而实用电路中所用芯片的数量也就越来越少,但电路的功能可能越来越多,有的还采用了专用芯片。所以,在分析电路时,需要查阅有关手册,了解所用元器件的基本功能、性能指标和典型应用电路。

习题

12.1 电路如图 12.24 所示,其功能是实现模拟计算,求解微分方程。
(1) 求出微分方程。
(2) 简述电路原理。

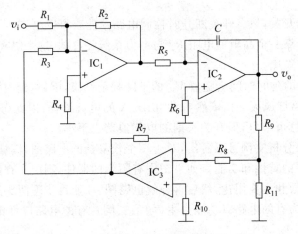

图 12.24 习题 12.1

12.2 某电子设备中的供电电源电路部分如图 12.25 所示,试分析该电路的结构及性能参数。

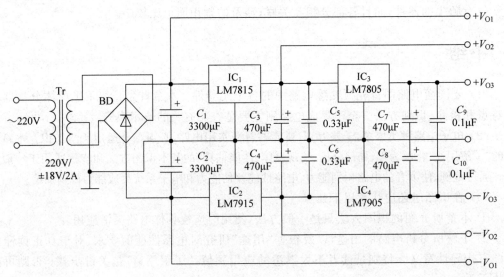

图 12.25 习题 12.2

12.3　对称跟踪直流稳压电源,如图 12.26 所示。

(1) 用框图描述电路各部分功能及相互关系。

(2) 设电源变压器副边电压 v_{i2} 有效值为 14V,LM317 输出电压为 1.25V;计算输出电压 V_{O1} 调节范围,并说明输出电压保持对称跟踪的原理。

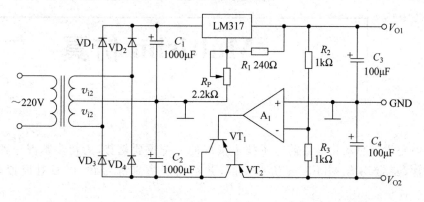

图 12.26　习题 12.3

12.4　某音频功率放大器的简化等效电路如图 12.27 所示。试分析该电路的结构和工作原理,并说明电路中各主要元件的作用。

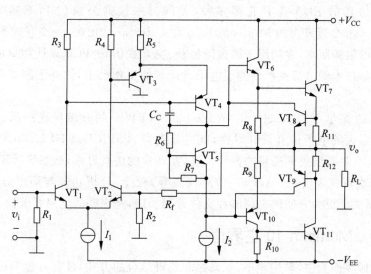

图 12.27　习题 12.4

第 13 章 模拟电子线路的 Multisim 仿真

电子电路设计自动化是目前电子技术发展的一个重要趋势,为初步掌握一种 EDA 工具使用方法,每章均有 Multisim 仿真实例,并给出了仿真练习题,以便对模拟电路进行仿真。

13.1 Multisim 10 简介

用于电路仿真的 EDA 工具有很多种,美国国家仪器公司(NI)下属的 Electronics Workbench Group 最近发布的 Multisim 10.0 和 Ultiboard 10.0——交互式 SPICE 仿真和电路分析软件的最新版本,专门用于原理图捕获、交互式仿真、PCB 设计和集成测试。这个平台将虚拟仪器技术的灵活性扩展到了电子设计者的工作台上,弥补了测试与设计功能之间的缺口。

Multisim 10 是早期的 Electronic Work Bench(EWB)的升级换代产品。Multisim 10 提供了功能更强大的电子仿真设计界面,能进行射频、PSPICE、VHDL、MCU 等方面的仿真。Multisim 10 具有所见即所得的设计环境,互动式的仿真界面,动态显示元件,仿真电路具有 3D 效果,虚拟仪表(包括 Agilent 仿真仪表等)较全,分析功能与图形显示窗口丰富。Multisim 10 提供了更为方便的电路图和文件管理功能,是完整的电路系统设计、仿真工具。

13.1.1 Multisim 10 主界面

软件以图形界面为主,采用菜单、工具栏和热键结合的方式,具有一般 Windows 软件的界面风格,用户可以根据自己的习惯和熟悉程度自如使用,如图 13.1 所示。

界面由多个区域构成,包括菜单栏、系统工具栏、设计工具栏、电路图编辑窗口、项目管理窗口等。通过对各部分的操作可以实现电路图的输入、编辑,并根据需要对电路进行相应的观测和分析。用户可以通过菜单或工具栏改变主窗口的视图内容。

1. 菜单栏

菜单栏位于界面的上方,如图 13.2 所示。通过菜单可以对 Multisim 的所有功能进行操作。

可以看出菜单中有一些与大多数 Windows 平台的应用软件一致的功能选项,如 File、Edit、View、Options、Help。此外,还有一些 EDA 软件专用的选项,如 Place、Simulate、

第13章 模拟电子线路的Multisim仿真

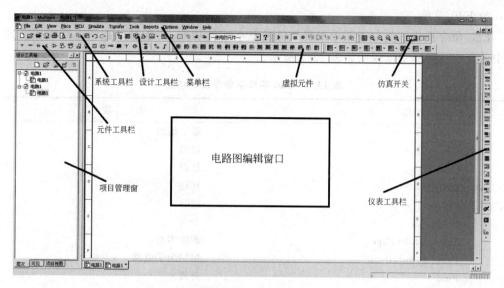

图 13.1 主界面

图 13.2 菜单栏

Transfer 以及 Tools 等。

1) File 菜单

File 菜单中包含了对文件和项目的基本操作以及打印等命令。此菜单中的命令及对应的功能说明如表 13.1 所示。

表 13.1 File 菜单的命令及其功能

命 令	功 能
New	建立新文件
Open	打开文件
Close	关闭当前文件
Save	保存
Save As	另存为
Save All	全部保存
New Project	建立新项目
Open Project	打开项目
Save Project	保存当前项目
Close Project	关闭项目
Version Control	版本管理
Print Circuit	打印电路
Print Report	打印报表
Print Instrument	打印仪表
Recent Files	最近编辑过的文件
Recent Project	最近编辑过的项目
Exit	退出 Multisim

2) Edit 菜单

Edit 命令提供了类似于图形编辑软件的基本编辑功能,用于对电路图进行编辑。此菜单中的命令及对应功能说明如表 13.2 所示。

表 13.2　Edit 菜单中命令及其功能

命　令	功　能
Undo	撤销编辑
Cut	剪切
Copy	复制
Paste	粘贴
Delete	删除
Select All	全选
Delete Multi-Page	删除多页
Paste as Subcircuit	粘贴为子电路
Find	查找
Graphic Annotation	图形注释
Order	次序
Assign to Layer	分配层
Layer Settings	层设置
Orientation	方向
Title Block Position	标题块位置
Edit Symbol/Title Block	编辑符号/标题栏
Font	字体
Comment	注释
Properties	属性
Flip Horizontal	将所选的元件左右翻转
Flip Vertical	将所选的元件上下翻转
90 ClockWise	将所选的元件顺时针 90°旋转
90 ClockWiseCW	将所选的元件逆时针 90°旋转

3) View 菜单

通过 View 菜单可以决定使用软件时的视图,对一些工具栏和窗口进行控制。此菜单中的命令及对应功能说明如表 13.3 所示。

表 13.3　View 菜单中的命令及其功能

命　令	功　能
Full Screen	全屏
Parent Sheet	父图纸
Zoom In	放大
Zoom Out	缩小
Zoom Area	缩放范围
Zoom Fit to Page	缩放到页
Zoom to magnification	缩放到扩大
Zoom selection	缩放选择

续表

命令	功能
Show Grid	显示网格
Show Border	显示边框
Show page Bounds	显示页边界
Rule Bars	表尺条
Statusbar	状态栏
Circuit Description Box	电路描述框
Toolbars	工具栏
Show Comment/Probe	显示器件/探针
Grapher	记录仪

4) Place 菜单

通过 Place(放置功能)命令输入电路图。此菜单中的命令及对应的功能说明如表 13.4 所示。

表 13.4 Place 菜单中的命令及其功能

命令	功能
Component	元器件
Junction	节点
Wire	导线
Bus	总线
Connectors	连接器
New Hierarchical Block	新的层次块
Replace by Hierarchical Block	替代层块
New subcircuit	新建子电路
Replace by Subcircuit	以子电路替换
Mult-page	多页
Merge Bus	合并总线
Bus Vector Connect	公交载体连接
Comment	注释
Text	文本
Graphics	图形
Title Block	标题栏

5) Simulate 菜单

通过 Simulate 菜单执行仿真分析命令。此菜单中的命令及对应的功能说明如表 13.5 所示。

表 13.5 Simulate 菜单中的命令及其功能

命令	功能
Run	运行
Pause	暂停
Stop	停止
Instruments	仪器
Interactive simulate settings	交互仿真设置

续表

命令	功能
Digital Simulate Settings	数字放置设置
Analyses	分析
Postprocessor	后处理
Simulate Error Log/Audit Trail	仿真错误日志/检查跟踪
XSpice Command Line Interface	XSpice 命令行接口
Auto Fault Option	自动故障设置
VHDL Simulation	VHDL 仿真
Clear Instrument Data	清除仪器数据

6) Transfer 菜单

Transfer 菜单提供的命令可以完成 Multisim 对其他 EDA 软件需要的文件格式的输出。此菜单中的命令及对应的功能说明如表 13.6 所示。

表 13.6 Transfer 菜单中的命令及其功能

命令	功能
Transfer to Ultiboard 10	将所设计的电路图转换为 Ultiboard 10（Multisim 中的电路板设计软件）的文件格式
Transfer to Ultiboard 9 or earlier	将所设计的电路图转换为 Ultiboard 9 或更早版本的文件格式
Export to PCB layout	输出电路板设计图
Export Netlist	输出电路图网表文件

7) Tools 菜单

Tools 菜单主要针对元器件的编辑与管理的命令。此菜单中的命令及对应的功能说明如表 13.7 所示。

表 13.7 Tools 菜单中的命令及其功能

命令	功能
Components Wizard	元件向导
Database	数据库
Variant Manager	变量管理
Set Active Variant	设置活动变量
Circuit Wizards	器件向导
Rename/Renumber Component	重命名/重编号元件
Replace Components	替代元件
Updata Circuit Components	更新元器件
Update HB/SC Symbols	更新 HB/SC 符号
Electrical Rules Check	电气规则检查
Clear ERC Markers	清除 ERC 标记
Toggle NC Marker	切换未连接标记
Capture Screen Area	捕捉屏幕范围

8) Report 菜单

Report 菜单中的命令主要用于生成报表。此菜单中的命令及对应的功能说明如表 13.8 所示。

表 13.8 Report 菜单中的命令及其功能

命 令	功 能
Bill of Material	材料清单
Components Detail Report	元件详细报告
Netlist Report	网络表报告
Cross Reference Report	对照报告
Schematic Statistics	原理图统计
Spare Gates Report	多余门报告

9) Options 菜单

通过 Options 菜单可以对软件的运行环境进行定制和设置。此菜单中的命令及对应的功能说明如表 13.9 所示。

表 13.9 Options 菜单中的命令及其功能

命 令	功 能
Global Preference	设定软件整体环境参数
Sheet Properties	图纸参数
Customize User Interface	用户自定义界面

10) Window 菜单

通过 Window 命令设置窗口位置。此菜单中的命令及对应的功能说明如表 13.10 所示。

表 13.10 Window 菜单中的命令及其功能

命 令	功 能
New Window	新建窗口
Close	关闭
Close All	全部关闭
Cascade	层叠
Tile Horizontal	上下排列
Tile Vertical	并排排列

11) Help 菜单

Help 菜单提供 Multisim 的在线帮助和辅助说明。此菜单中的命令及对应的功能说明如表 13.11 所示。

表 13.11 Help 菜单中的命令及其功能

命 令	功 能
Multisim Help	Multisim 帮助
Component Reference	元件参考
Release Notes	版本注释
Check For Updates	检查更新

2. 系统工具栏

系统工具栏如图 13.3 所示，提供了一些快捷操作，如新建、打开、保存、复制、粘贴和打印等。

图 13.3　系统工具栏

3. 设计工具栏

设计工具栏提供了一些方便设计的快捷操作按钮，如分成项目栏按钮、分成电子数据表按钮、数据库管理按钮、分析按钮和后处理按钮等，如图 13.4 所示。

图 13.4　设计工具栏

4. 元件工具栏

设计电路时，使用元件工具栏可以方便取元件，如图 13.5 所示。

图 13.5　元件工具栏

5. 仿真开关

仿真控制的快捷按钮如图 13.6 所示。

图 13.6　仿真开关

6. 仪表工具栏

仪表工具栏为设计提供仿真仪表的快捷按钮，如图 13.7 所示。

图 13.7　仪表工具栏

13.1.2　Multisim 10 环境参数设定

1. 设置整体环境参数

在主菜单的 Options 下选取 Global Preference 命令，可弹出如图 13.8 所示的对话框。

其中包括 4 个选项卡：Paths(路径)、Save(保存)、Parts(零件)和 General(常规)，这里主要介绍常用的两个部分，即 Paths 和 Parts。

2. Paths 选项卡

在 Paths(路径)里面主要配置包括保存文件默认路径、界面配置文件路径和数据库路径,如图13.8所示。其中的各选项(或选项组)说明如下。

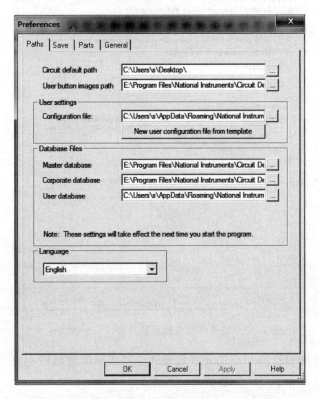

图 13.8 整体环境参数设置界面(Path 选项卡)

(1) Circuit default path(电路默认路径),为打开和保存文件的默认路径。

(2) User button images path(用户按钮图形路径),在 Multisim 中,用户可以自己更改按钮的图形,此为修改图形配置文件的路径。

(3) Configuration file(配置文件),保存界面配置等的文件(Multisim 的界面是可以由用户自己更改配置的)。

(4) Master database(基本数据库),软件自带的元件数据信息库。

(5) Corporate database(公司数据库),软件中自带的相关器件公司信息库。

(6) User database(用户数据库),Multisim 允许用户自己修改元件的参数,及建立用户自己的元件数据库。

(7) Language(语言),可以选择相应的界面语言(默认为英语)。

3. Parts 选项卡

Parts(零件)里面主要配置放置元件的方式、元件符号的标准、示波器相位移动方向和仿真设置,如图13.9所示。其中的几个选项组及包含的选项说明如下。

(1) Place Component mode(放置元件模式)选项组中选项说明如下。

① Return to Component Browser after Placement(放置元件后返回元件浏览):即选

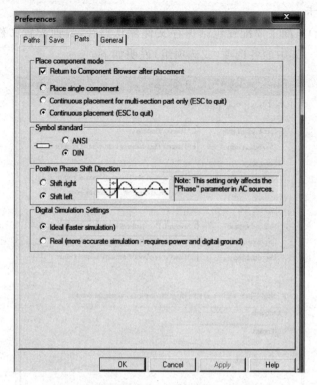

图 13.9　整体环境参数设置界面(Parts 选项卡)

择此项后,在元器件库中选取相应的元件放置到电路图编辑窗口后,会自动打开元器件库。

② Place single Component:放置单一元件。

③ Continues placement for multi-section part only(Esc to quit):仅对多单元元件连续放置(Esc 退出)。

④ Continuous placement(Esc to quit):连续放置元件(Esc 退出)。

(2) Symbol standard(符号标准)选项组中有两种标准,即 DIN(欧洲标准)、ANSI(美国标准)。可以根据自己设计要求选取相应的标准。

(3) Positive Phase Shift Direction(正相位移动方向)。

正相位移动方向分为左移和右移,在示波器中可以看到波形移动的方向是左移还是右移。

(4) Digital Simulation Setting(数字仿真设置)。

数字仿真设置也分为两种,即理想仿真(ideal)和真实仿真(real)。

4. 电路图设置

在主菜单里 Options 下选取 Sheet Properties 命令,可以弹出如图 13.10 所示的对话框。

其中设置包括 6 个选项卡:Circuit(电路)、Workspace(工作区)、Wiring(配线)、Font(字体)、PCB、Visibility(可见)。这里主要介绍与电路图相关的 4 个选项卡,即电路、工作区、配线和字体。

1) Circuit 选项卡

Circuit(电路)设置内容有两部分:一是 Show(显示);二是 Color(颜色)。

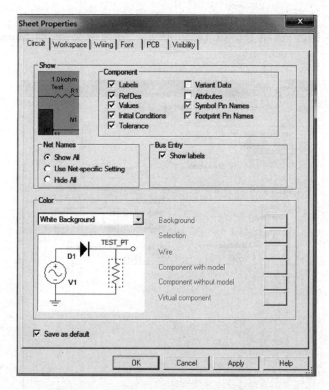

图 13.10　电路图设置界面(Circuit 选项卡)

(1) Show(显示)选项组含有三个方面内容。

① Component(元件)选项组中可设置以下选项。

Label(标签)——可以在电路图中更改,选中此项时为显示标签。

RefDes(参考标识)——与器件相对应,如电阻一般为 R? 等,选中此项为显示标识。

Values(数值)——表示对应元件的大小。

Initial Conditions(初始条件)——元件初始值或初始状态等。

Tolerance(公差)——多用于 real 仿真。

Variant Data——不同数据。

Attributes——特性。

Symbol Pin Names——元件符号引脚名。

Footprint Pin Names——元件封装引脚名。

② Net Names(网络名字)选项组中可设置以下选项。

Show All(显示全部)——显示全部网络标号。

Use Net-specific Setting——使用网络详细设置。

Hide All——隐藏所有网络标号。

③ Bus Entry(总线入口)选项组中为选中显示标签。

(2) Color(颜色)选项组。通过这里可以自己设置电路图上的元件颜色、导线颜色及背景颜色。

2) Workspace 选项卡

Workspace(工作区)选项卡如图 13.11 所示。分为两部分,即 Show(显示)和 Sheet size(图纸大小)。

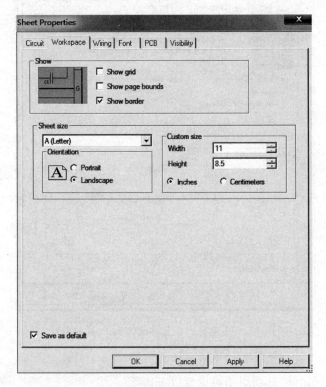

图 13.11　电路图设置界面(Workspace 选项卡)

(1) Show(显示)选项组包括以下选项。

显示网格(Show grid)——图纸中显示网格;显示页面边界(Show page bounds);显示边框(Show border)。通过 Show 选项组中的这几个选项可以调整图纸小环境。

(2) Sheet size 选项组可以定义图纸规格(如 A4、A1 等)和自定义图纸大小。

3) Wiring 选项卡

Wiring(配线)选项卡如图 13.12 所示。可以通过 Wiring 选项卡配置电路的线宽和总线宽。它包括两方面,即 Drawing Option(画面选项)和 Bus Wiring Mode(总线配置模式)。

Drawing Option 选项组包括改变线宽(Wire Width)和改变总线线宽(Bus Width)。Bus Wiring Mode 选项组可用来选择总线模式是网络名(Net)还是总线连线(Busline)。

4) Font 选项卡

Font(字体)选项卡如图 13.13 所示,可以通过此选项卡配置更改电路图中的各项的字体,如 Component RefDes(元件标识)、Component Values and Labels(元件参数和标签)、Component Attributes(元件属性)、Net Names(网络名称)、Schematic Texts(原理图文本)、Busline Name(总线名称)等。并且可以通过 Apply to(应用于)选项组控制修改字体范围,如 Selection(选择区域)和 Entire Circuit(整个电路)。

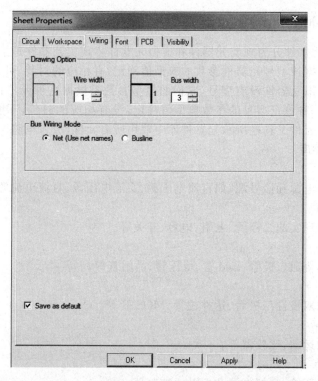

图 13.12　电路图设置界面（Wiring 选项卡）

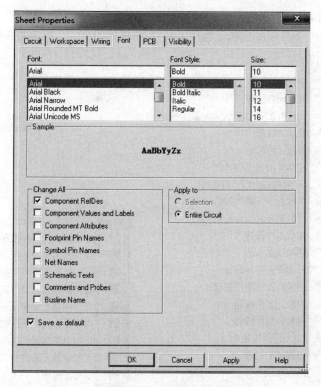

图 13.13　电路图设置界面（Font 选项卡）

13.1.3 Multisim 10 元器件库

Multisim 10 元器件分为现实元器件和虚拟元器件。现实元器件是给出了具体的型号，它们的模型参数根据该型号元器件参数的典型值确定，有相应的封装，可以传送到印制电路板设计软件中；虚拟元器件没有型号，它们的模型参数是根据这种元器件各种型号参数的典型值，而不是某一种特定型号的参数典型值确定，没有相应的封装，不能传送到印制电路板设计软件中。从元件工具栏所示元器件库中取用所需元件，放入电路图编辑窗口。

1. 现实元器件库

1）电源库

它包括常用的电源和信号源，如直流电压源、交流电压源、直流电流源以及受控电源等。

2）基本元件库

它包括常用的现实的二极管、电阻、电容、开关等。

3）二极管库

它包含常用的普通二极管、Led 管、稳压管、晶闸管等。

4）晶体管库

它包含常用的双极性三极管、达林顿管、MOS 管等。

5）模拟元件库

它包含常用的运放、比较器等。

6）功率器件库

它包含三端稳压管、微控电源和 PWM 控制器。

元件工具栏如图 13.14 所示。

2. 虚拟元器件库

打开 Multisim 10 主界面的虚拟元器件工具栏，将提供图 13.15 所示的 9 种虚拟元器件。

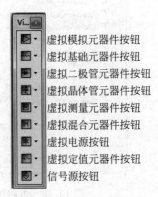

图 13.14　元件工具栏　　　图 13.15　虚拟元器件工具栏

13.1.4 Multisim 10 虚拟仪表

Multisim 10 的虚拟仪表工具栏如图 13.16 所示。

图 13.16 虚拟仪表工具栏

1．数字万用表（Multimeter）
该虚拟仪表用于测量仿真电路直流或交流电压和电流。

2．函数信号发生器（Function Generator）
该虚拟仪表用于仿真电路产生正弦波、方波和三角波信号。

3．瓦特表（Wattmeter）
该虚拟仪表用于测量仿真电路交流功率。

4．示波器（Oscilloscope）
该虚拟仪表有两个通道，用于观察仿真电路某点波形。

5．频率计数器（Frequency counter）
该虚拟仪表用于信号的频率计数。

6．波特图仪（Bode Plotter）
该虚拟仪表用于测量仿真电路幅频特征曲线。

7．IV 特性分析仪（IV-Analysis）
该虚拟仪表用于测量二极管或三极管的伏安特性曲线。

13.1.5 Multisim 10 分析工具

1．直流工作点分析——DC Operating Point Analysis
该分析工具用于分析仿真电路的静态工作点。

2．交流分析——AC Analysis
该分析工具用于分析仿真电路的频率响应，并测量电路的幅频特性。

3．瞬态分析——Transient Analysis
该分析工具用于分析仿真电路的响应与时间的关系，测量给定时间的电路波形图。

4．失真分析——Distortion Analysis
该分析工具用于分析仿真电路的小信号谐波失真和互调失真。

5．直流扫描分析——DC Sweep Analysis
该分析工具用于分析仿真电路中给定输出点的参数随着直流源变化的关系曲线。

6．参数扫描分析——Parameter Sweep Analysis
该分析工具用于分析仿真电路某些参数变化对电路的影响。

7．灵敏度分析——Sensitivity Analysis
该分析工具用于分析仿真电路中某一直流源对电路中元件参数变化的灵敏度。

13.1.6　Multisim 10 的基本操作

在 Multisim 10 中对电路进行仿真的步骤如下。

1. 取用元器件

配置图纸及电路参数,如图纸大小、元件符号标准等(前面所讲)。之后,依据电路原理图,从"元件工具栏"中选择所需的库和所需元件,摆放到电路图编辑窗口。

2. 设置元器件的参数

双击元器件,之后弹出该元件属性对话窗。更改其参数框中的值,以满足电路需求。

3. 放置虚拟仪器

同样,在"仪表工具栏"中选取相应的测量仪表或信号源等,摆放到电路编辑窗口中。

4. 调整元器件的布局

为了方便电路连线,可以适当调整电路编辑窗口中的元件位置和方向(调整位置时直接用鼠标拖动即可;方向可以通过选中元件,右击,通过弹出的快捷菜单选择水平镜像、垂直镜像以及顺时针或逆时针旋转 90°,也可以用主菜单中的 Edit 中 Orientation 来调整方向)。

5. 连接电路

单击所需连接不同元件的引脚,即可完成连线。把所有的元件连接起来,仿真电路就算完成了。

6. 分析仿真

通过上面的步骤,完成图 13.17 所示电路的连接,然后进行仿真。

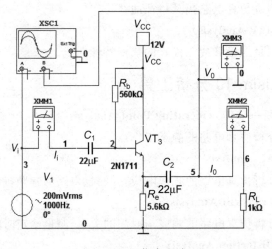

图 13.17　仿真电路

1) 静态分析

通过主菜单 Simulate→Analyses→DC Operating Point(直流工作点分析)命令测出放大电路的静态工作点。具体流程如下。

步骤①:选取 Simulate→Analyses→DC Operating Point(直流工作点)命令。

步骤②:执行直流工作点分析命令后,弹出图 13.18 所示的对话框。

步骤③:选择输出点,如图 13.19 右侧所示。

第13章 模拟电子线路的Multisim仿真

图 13.18 "直流工作点分析"对话框

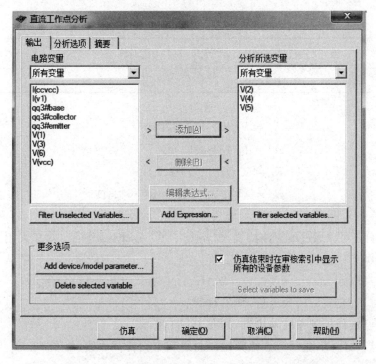

图 13.19 添加输出项的"直流工作点分析"对话框

步骤④：启动仿真，显示节点电压。

2) 动态分析（测量放大倍数 A_v、输入阻抗 R_i、输出阻抗 R_o）

直接用行仿真，读取 XMM3、XMM2、XMM1。测量结果如图 13.20 和表 13.12 所示。其中 V_o' 为负载 R_L 开路时的输出电压值（输入电压为信号源电压 $V_i = 200\text{mV}$）。

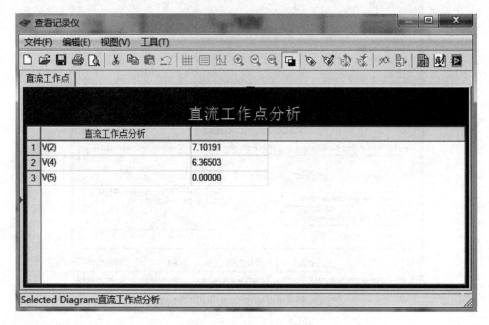

图 13.20 直流工作点结果

表 13.12 直流工作点结果

$I_i/\mu A$	V_o/mV	$I_o/\mu A$	V_o'/mV
2.11	194.032	194.055	198.777

$$A_v = V_o/V_i = 0.97016$$
$$A_i = I_o/I_i = 91.969$$
$$R_i = V_i/I_i = 94\text{k}\Omega$$
$$R_o = (V_o'/V_o - 1) \times R_L = 24\Omega$$

3) 频率特性分析

频率特性分析可以通过虚拟波特仪，或者使用 AC Analyses 进行。这里采用 AC Analyses。流程与静态点分析一样。

步骤①：选取 Simulate→Analyses→AC Analyses（交流分析）命令。

步骤②：执行交流分析命令后，弹出对话框。

步骤③：设置分析频率和输出点，如图 13.21 所示。

步骤④：启动仿真，显示节点幅频特征曲线和相频特征曲线，如图 13.22 所示。

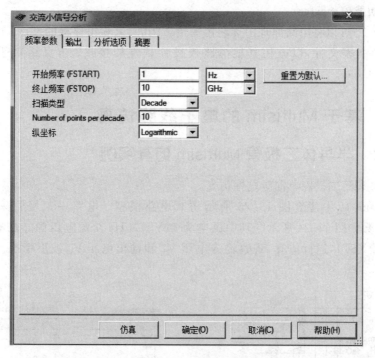

图 13.21 "交流小信号分析"对话框

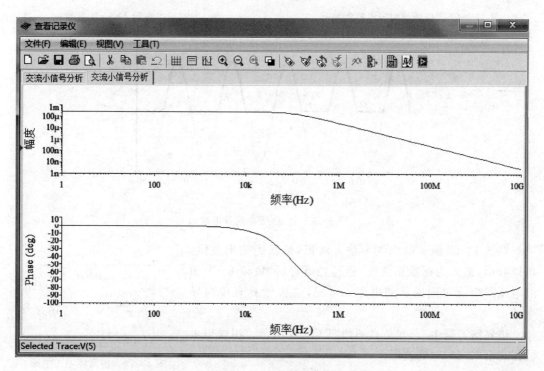

图 13.22 交流分析结果

7. 传输功能（Transfer）

Multisim 10 可以将电路原理图资料传输给 Ultiboard 做电路板的设计；可以将电路原理图转换为网络表文件，以方便其他电路板设计软件的接收；仿真结果还可以传输给 MathCAD 或 Excel。

13.2 基于 Multisim 的电子线路仿真

13.2.1 半导体二极管 Multisim 仿真实例

【例 13.2.1】 二极管单向导电性仿真。

在 Multisim 10 中建立图 13.23 所示仿真电路模型。电路中二极管采用实际器件 1N4001，其参数如图 13.24 所示。其中供电为 12V、100Hz 交流电压源。在电路上接入一个虚拟示波器 XSC1，运行仿真，观察输入电压 V_i 和输出电压 V_o 波形情况。输出波形如图 13.25 所示。

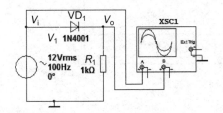

图 13.23 二极管单向导电性电路

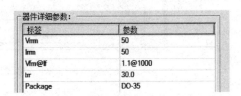

图 13.24 二极管 1N4001 参数

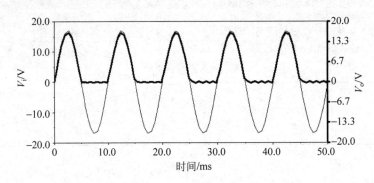

图 13.25 二极管单向导电性

在图 13.25 所示的细线为输入波形，粗线为输出波形。可以看出，输入为标准正弦波，经过二极管后，负载 R_1 上面的电压则变成单向的脉动电压。可见，二极管具有单向导电性。

仿真练习题 1：已知仿真图如图 13.26 所示。用虚拟示波器观察 V_i 和 V_o 的波形。

【例 13.2.2】 稳压二极管稳压特性仿真。

在 Multisim 中建立图 13.27 所示仿真实验电路模型。其中主要器件稳压管选用 BZV90C12，参数如图 13.28 所示，稳定电压 $V_z = 12V$。

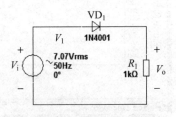

图 13.26 仿真练习 1 电路

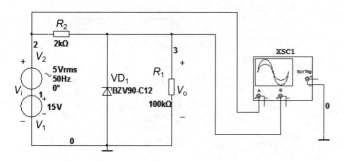

图 13.27 测量稳压二极管稳压特性电路 　　图 13.28 稳压管 BZV90C12 参数

其中供电为两个电源,V_1 为 15V 直流电压源,V_2 为 5V、50Hz 的交流电压源。XSC1 双踪示波器,分别接到输入端和输出负载 R_1 上。运行仿真,结果如图 13.29 所示,输入电压是以 15V 为中心上下波动的正弦波。由于输出负载电阻较大,当输入电压大于 12V,稳压管反向雪崩击穿,电压稳定在 12V。当输入电压低于 12V 时稳压管呈反向截止状态,负载上的电压与输入电压较接近。

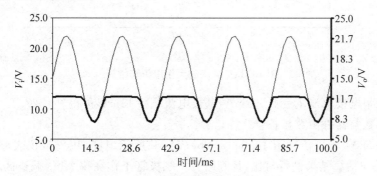

图 13.29 稳压二极管稳压特性波形

仿真练习题 2:在图 13.30 中,已知电源电压为 $V_1=10\text{V}$,$R_1=200\Omega$,$R_2=1\text{k}\Omega$,稳压管的 $V_z=6\text{V}$,通过仿真,测量:

(1) 稳压管的电流 I_z 为多少?

(2) 当电源电压 V_1 升高到 12V 时,I_z 将变为多少?

(3) V_1 仍为 10V,当 R_L 改为 $2\text{k}\Omega$ 时,I_z 将变为多少?

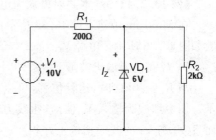

图 13.30 仿真练习题 2 电路

13.2.2 半导体三极管及其放大电路 Multisim 仿真实例

【例 13.2.3】 双极型三极管的电流放大作用仿真。

在 Multisim 中建立图 13.31 所示仿真实验电路模型。三极管采用实际器件 2N4286。

其参数如图 13.32 所示,电路中三极管基极回路接一个电流源,集电极接一个 12V 电压源。保证集电极电压不变的情况下,改变基极电流源的大小,来测试集电极的电流的变化。使用仿真分析中的 DC Sweep。

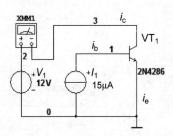

图 13.31 双极型三极管的电流放大作用仿真　　图 13.32 2N4286 元件参数

此实验得到仿真结果如图 13.33 所示。从曲线上可以看出三极管对电流的放大作用。

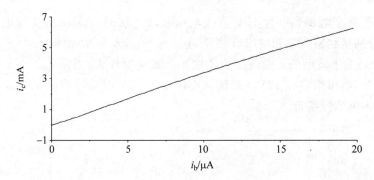

图 13.33　电流放大作用仿真结果

通过读表集电极电流 $I_c=4.908\text{mA}$,基极电流 $I_b=15\mu\text{A}$,可得 $\beta=327.2$。
故放大倍数与器件参数相符合。

仿真题练习 3:分别仿真图 13.34(a)(b)(c)(d)所示电路,用虚拟仪表测出三极管的 I_B、I_C、V_{CE},并与估算结果进行对比,且判断各个三极管工作在哪个区(截止区、放大区或饱和区)。

【例 13.2.4】 基本共射极放大电路仿真。

在 Multisim 中建立图 13.35 所示仿真实验电路模型。主要器件三极管选用 2N2218,其参数如图 13.36 所示。电源 $V_{CC}=12\text{V}$,信号源 U_i 为 1000Hz、40mV 的正弦波。R_3 为负载。

1) 观察输入输出波形

当 $R_1=20\text{k}\Omega$ 时,运行仿真,可以从虚拟示波器观察到 V_i 和 V_o 的波形如图 13.37 所示。图中细线为输入 V_i 波形,粗线为输出 V_o 波形。图中可见 V_o 没有明显的非线性失真,而且 V_o 与 V_i 的波形相位正好相反。也就是说,三极管正工作在线性放大区。

当 $R_1=50\text{k}\Omega$ 时,同样仿真结果如图 13.38 所示。波形明显失真,分析可得三极管工作在饱和区,故有明显的非线性失真产生。

2) 测量 A_v、R_i、R_o

从已经连接的虚拟数字万用表读出 $V_i=39.998\text{mV}$,$I_i=569.979\mu\text{A}$ 和断开负载 R_3 时 $V_o'=4.304\text{V}$,接上负载是 $V_o=2.734\text{V}$。

$$A_v = V_o/V_i = 68.35$$
$$R_i = V_i/I_i = 70\Omega$$
$$R_o = (V_o'/V_o - 1)R_3 = 114\Omega$$

第13章 模拟电子线路的Multisim仿真 | 343

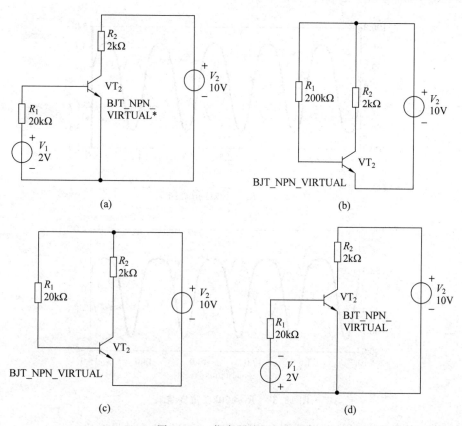

图 13.34 仿真题练习 3 电路

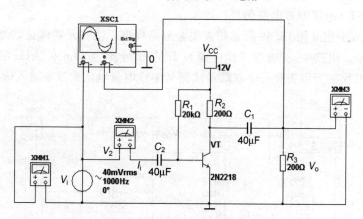

图 13.35 基本共射极放大电路

标签	参数
Vceo	30
Vcbo	60
Ic(max)	0.5
hFE(min)	20
hFE(max)	120
Ft	250
Pd	3
Package	TO-39

器件详细参数：

图 13.36 三极管 2N2218 参数

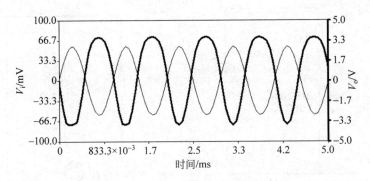

图 13.37　$R_1=20\text{k}\Omega$ 仿真结果

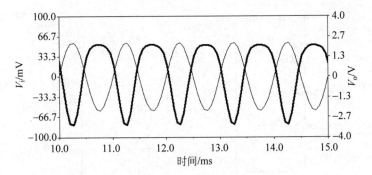

图 13.38　$R_1=50\text{k}\Omega$ 仿真结果

可以自行用前面学过的知识估算电路的参数,而后与仿真结果对比。

【例 13.2.5】　射极偏置电路仿真。

在 Multisim 中建立图 13.39 所示仿真实验电路模型。主要元器件是 2N2222A,其参数如图 13.40 所示。电路中,三极管工作电源为 15V,信号源为 20mV、2kHz 的正弦波,并且接入了四个虚拟数字万用表和一个双踪示波器来测量电流电压的观察输入输出波形。

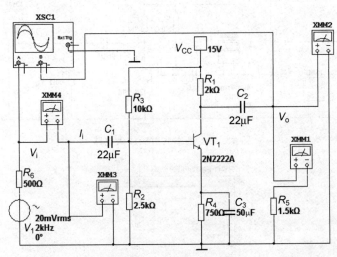

图 13.39　射极偏置电路

1) 测量静态工作点

依据图 13.41 所示电路构建仿真模型,其中电路中 XMM2、XMM3、XMM4 三个万用表,分别设置为直流电压挡或电流挡。运行仿真测得 I_{BQ}、I_{CQ} 和 V_{CEQ},如表 13.13 所示。

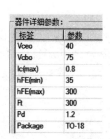

图 13.40　2N2222A 的参数

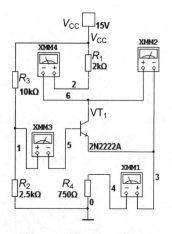

图 13.41　静态工作点测量电路

表 13.13　仿真结果

$I_{BQ}/\mu A$	I_{CQ}/mA	V_{CEQ}/V
17.764	3.066	6.557

2) 输入输出波形图

通过 XSC1 虚拟示波器观察电路波形,如图 13.42 所示。粗线为输出 V_o 波形,细线为输入 V_i 波形。与实验一相比较,波形更接近正弦波,没有明显的非线性失真,并且输入输出波形相位相差 180°。

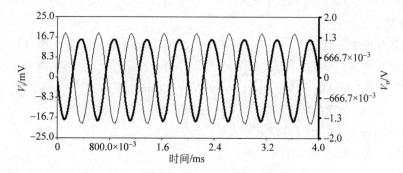

图 13.42　射极偏置电路仿真波形

3) 测量放大倍数 A_v、输入阻抗 R_i 和输出阻抗 R_o。

运行仿真,读取 XMM4、XMM3、XMM2、XMM1。测量结果如表 13.14 所示。

表 13.14　测量结果

V_i/mV	$I_i/\mu A$	V_o/mV	$I_o/\mu A$	V_o'/V
13.327	13.393	973.094	648.641	1.918

其中 V_o' 为负载 R_5 开路时的输出电压值（由于电路中只有电阻，故不用考虑相位问题）。

$$A_v = V_o/V_i = -70.315$$
$$R_i = V_i/I_i = 995\Omega$$
$$A_i = I_i/I_o = 48.43$$
$$R_o = (V_o'/V_o - 1) \times R_5 = 1456\Omega$$

通过上面实际的器件仿真，可以更清楚地了解到共射极放大电路的电压和电流增益都大于1，输入输出电压反向。

【例 13.2.6】 共集电极电路仿真。

在 Multisim 中建立图 13.43 所示仿真实验电路模型。主要元器件是 2N1711，其参数如图 13.44 所示。模型中，三极管工作电源为 12V，信号源为 200mV、1kHz 的正弦波。并且接入了三个虚拟数字万用表和一个双踪示波器来测量电压、电流和观察输入输出波形。

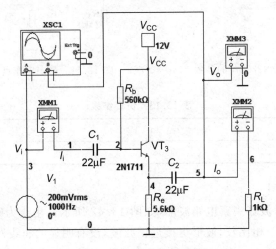

图 13.43 共集电极电路

1）测量静态工作点

通过仿真分析中的直流工作点分析，可以测量出放大电路的静态工作点。分析结果如图 13.45 所示。

$$V_{BEQ} = V_{BQ} - V_{EQ} = 7.10191\text{V} - 6.36503\text{V} = 0.73688\text{V}$$
$$V_{CEQ} = V_{CQ} - V_{EQ} = 12\text{V} - 6.36503\text{V} = 5.63497\text{V}$$
$$I_{CQ} \approx I_{EQ} = 1.12787\text{mA}$$
$$I_{BQ} = 8.74657\mu\text{A}$$

图 13.44 2N1711 参数   图 13.45 静态工作点测量结果

2) 输入输出波形图

通过 XSC1 虚拟示波器观察电路波形,如图 13.46 所示。粗线为输出 V_o 波形,细线为输入 V_i 波形。通过波形图可以直观地看出,输入输出波形同相,且电压基本相同,即共集电极放大电路没有对电压放大作用(波形图中由于两组曲线基本重合,为了更直观地观察输入输出电压同相,把输出电压坐标扩大)。

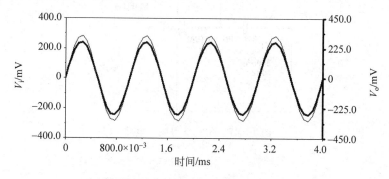

图 13.46　共集电极电路仿真波形

3) 测量放大倍数 A_v、输入阻抗 R_i、输出阻抗 R_o。

运行仿真,读取 XMM3、XMM2、XMM1。测量结果如表 13.15 所示。其中 V_o' 为负载 R_L 开路时的输出电压值(输入电压为信号源电压 $V_i=200\text{mV}$)。

表 13.15　测量结果

$I_i/\mu\text{A}$	V_o/mV	$I_o/\mu\text{A}$	V_o'/mV
2.11	194.032	194.055	198.777

$$A_v = V_o/V_i = 0.970\,16$$
$$A_i = I_o/I_i = 91.969$$
$$R_i = V_i/I_i = 94\text{k}\Omega$$
$$R_o = (V_o'/V_o - 1) \times R_L = 24\Omega$$

综上可得,与理论分析共集电极放大电路特性一致,即共集电极放大电路只有电流放大作用,没有电压放大,有电压跟随作用,在三种组态中输入电阻高,输出电阻小。

仿真练习题 4:在 Multisim 中建立图 13.47 所示 NPN 型单管共射放大电路。三极管采用虚拟 NPN 型三极管,其参数为 $\beta=40$, $r_{bb}=300\Omega$。

(1) 利用 Multisim 的直流工作点分析功能测量电路的静态工作点。

(2) 在仿真电路中接入虚拟仪表测量三极管的 V_{BEQ}、I_{BQ}、I_{CQ} 和 V_{CEQ}。

(3) 加上正弦电压,利用虚拟示波器观察 V_i 和 V_o。

(4) 测量放大电路的 A_v、R_i 和 R_o。

(5) 用电位器充当 R_2,改变 R_2 的大小,观察 Q 点和 V_o 的波形变化情况。

仿真练习题 5:在 Multisim 中建立图 13.48 所示 NPN 型分压式工作点电路。三极管采用虚拟 NPN 型三极管,其参数为 $\beta=30$, $r_{bb}=300\Omega$。

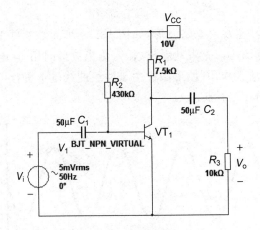

图 13.47 仿真练习题 4 电路

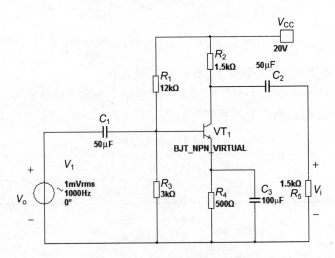

图 13.48 仿真练习题 5 电路

(1) 测量电路的静态工作点。

(2) 加上正弦电压,利用虚拟示波器观察 V_i 和 V_o。

【例 13.2.7】 长尾式差分电路仿真。

在 Multisim 中,根据图 13.49 所示电路构建仿真电路模型。电路由两个 NPN 型三极管构造成。直流电压源为 12V,信号源为 1V、1kHz 的交流信号。XSC1 为二通道虚拟示波器。XMM1、XMM4、XMM5 是虚拟数字万用表。

通过调节电位器用交流万用表检测节点 4、8 的电压使之相等,此时差分电路正常工作。

通过调节 V_1 和 V_2 交流信号源的相位来改变差分电路的工作模式。当 V_1、V_2 相位差 180°时,为差模输入;反之,当 V_1、V_2 相位相同时,为共模输入。

1) 差模输入,测量差模电压放大倍数

运行仿真,通过虚拟示波器 XSC1 观察差模输入,如图 13.50 所示。相位相差 180°,通过 XMM1 万用表测量差模输入输出的电压差为 25.615mV,故此电路的差模电压放大倍数为 0.025 615。

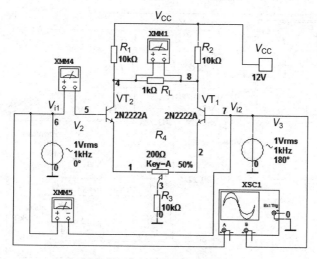

图 13.49　长尾式差分电路

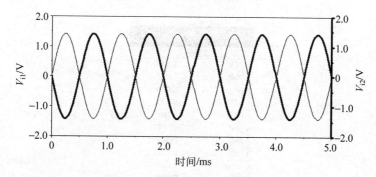

图 13.50　长尾式差分电路仿真波形

2) 共模输入,测量共模电压放大倍数

调整 V_3 信号源的相位,使两个信号源相位相同,运行仿真,通过 XMM1 万用表测量共模输入输出的电压差为 946.62V,故此电路的共模电压放大倍数为 $0.920\,357 \times 10^{-12}$。

3) 共模抑制比 CMRR

$$CMRR = 0.025\,615/(0.920\,357 \times 10^{-12}) = 27.83 \times 10^9$$

【例 13.2.8】　恒流源式差分放大电路仿真。

在 Multisim 中,根据图 13.51 所示电路构建仿真电路模型。电路由三个 NPN 型三极管构造而成。直流电压源为 6V,信号源为 20mV、50Hz 的交流信号。XSC1 为四通道虚拟示波器;XMM1、XMM4、XMM5 是虚拟数字万用表。

(1) 利用仿真分析中的直流工作点,分析功能测量电路的静态工作点,结果如图 13.52 所示。

计算得

$$V_{CQ1} = V_{CQ2} = 2.508\,78\text{V}$$
$$I_{CQ1} = I_{CQ2} = (V_{CC} - V_{CQ1})/R_2 = 0.450\,48\text{A}$$

(2) 运行仿真,读取万用表的测量数值,如表 13.16 所示(测量 V'_o 时应该断开负载 R_{L1})。

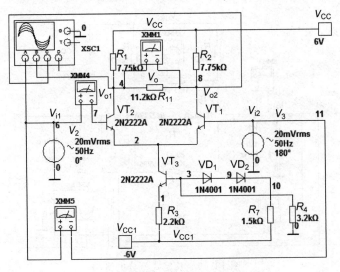

图 13.51 恒流源式差分放大电路

	直流工作点分析	
1	V(1)	-3.98429
2	I(v2)	-4.01825 u
3	V(4)	2.50878
4	V(2)	-604.33749 m
5	V(3)	-3.36041
6	I(v3)	-4.01825 u
7	V(8)	2.50878
8	V(9)	-3.89803
9	V(10)	-4.43566
10	V(7)	-0.00402 p
11	V(11)	0.00000

图 13.52 静态工作点测量结果

表 13.16 测量结果

V_o/V	V_o'/V	$I_i/\mu A$
1.566	3.404	2.093

则

$$A_d = -V_o/V_i = -78.3$$
$$R_i = V_i/I_i = 9.55\text{k}\Omega$$
$$R_o = (V_o'/V_o - 1) \times R_{11} = 13.14\text{k}\Omega$$

其中 V_i 为信号源电压 $V_i=20\text{mV}$,R_{11} 为负载。

读者可以自行估算与本仿真结果进行比较。

仿真练习题 6:在 Multisim 中建立图 13.53 所示电路,利用比例电流源提供偏置电流的恒流源式差分放大电路。

(1) 测量放大电路的静态工作点。
(2) 加正弦输入电压,观察 V_{i1}、V_{i2}、V_{o1} 和 V_{o2}。

(3) 测量 A_v、R_{id} 和 R_o。

(4) 调整电阻 R_3 的阻值,使静态时 $V_{CQ1}=V_{CQ2}=12\text{V}$(对地)。

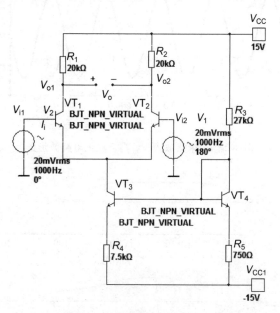

图 13.53 仿真练习题 6 电路

【例 13.2.9】 单级放大 RC 耦合放大电路频率响应仿真。

观察频率特性有两种方法。

(1) 通过波特仪观察。

(2) 通过仿真分析里面的交流分析观察。

在 Multisim 中建立图 13.54 所示仿真实验电路模型。电源为 20mV、5kHz 的交流信号。XBP1 为虚拟波特仪,XSC1 为虚拟示波器。

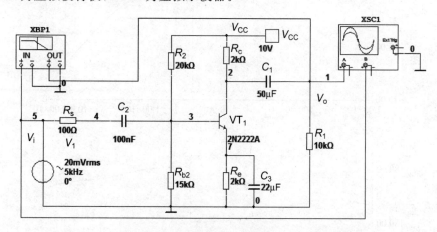

图 13.54 单级放大 RC 耦合放大电路

(1) 运行仿真,通过虚拟示波器观察放大电路的输入输出波形,可以看出输出波形无明显失真,且输入输出相位相差 180°,如图 13.55 所示。

(2) 通过仿真分析可以得到频率响应,如图 13.56 所示。

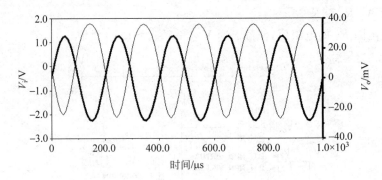

图 13.55　单级放大 RC 耦合放大电路波形图

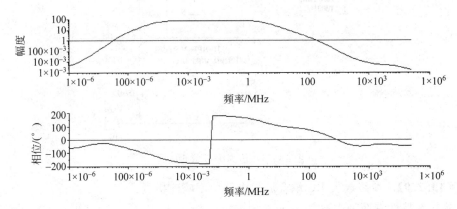

图 13.56　使用仿真分析的频率响应结果

（3）利用波特图分别测量放大电路的幅频特性和相频特性，如图 13.57 所示（可以通过"设计工具栏"里面的"记录仪"查看波特仪详细结果）。

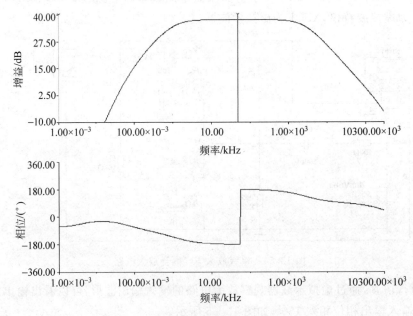

图 13.57　波特仪测量频率响应结果

波特结果	
x1	47.4172k
y1	37.6768
x2	1.0000
y2	-47.4964
dx	-47.4162k
dy	-85.1732
1/dx	-21.0899µ
1/dy	-11.7408m
min x	1.0000
max x	1000.0000M
min y	15.8320n
max y	76.5323
offset x	0.0000
offset y	0.0000

波特结果	
x1	1.0656k
y1	34.6700
x2	1.0000
y2	-47.4964
dx	-1.0646k
dy	-82.1664
1/dx	-939.3454µ
1/dy	-12.1704m
min x	1.0000
max x	1000.0000M
min y	15.8320n
max y	76.5323
offset x	0.0000
offset y	0.0000

波特结果	
x1	2.6133M
y1	34.6700
x2	1.0000
y2	-47.4964
dx	-2.6133M
dy	-82.1664
1/dx	-382.6546µ
1/dy	-12.1704m
min x	1.0000
max x	1000.0000M
min y	15.8320n
max y	76.5323
offset x	0.0000
offset y	0.0000

图 13.57 （续）

可见，RC耦合单管放大电路的中频对数数增益为37.67dB，-3dB下限频率 $f_L=1.0656$kHz，上限频率 $f_H=2.6133$MHz。读者可以结合计算分析的方法分析电路与仿真结果并做个对比。

【例 13.2.10】 多级放大电路频率响应仿真。

在Multisim中建立图13.58所示仿真实验电路模型。电路由两级共发射极放大电路构造成，级间采用的是阻容耦合方式。直流电压源为9V，信号源为1mV、1kHz的交流信号。XBP1为虚拟波特仪，XSC1为四通道虚拟示波器。

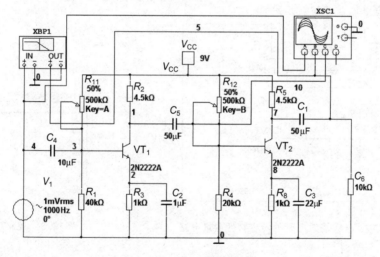

图 13.58 多级放大电路

运行仿真，可得到多级放大电路的幅频特性曲线，如图13.59所示。

从图13.59中可以看出，与单级放大器比较，两级放大电路的通频带变窄了。读者可以自己分析其原因和特性。

13.2.3 场效应管及其放大电路 Multisim 仿真实例

【例 13.2.11】 MOS场效应管的转移特征曲线仿真。

在Multisim中，根据图13.60所示构建实验电路模型。场效应管采用2N7002，其参数如图13.61所示。场效应管的转移特性曲线描述的是栅源电压 v_{GS} 对漏极电流 i_D 的控制作用。在此仿真中采用对电阻 R_1 上面的电压变化来间接得到转移曲线。

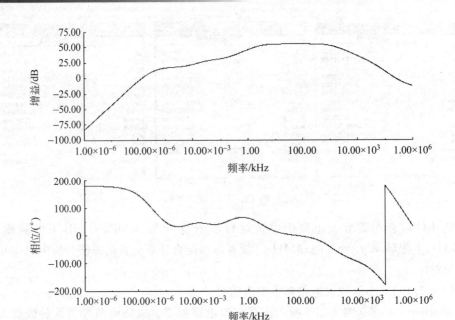

图 13.59 多级放大电路频率响应

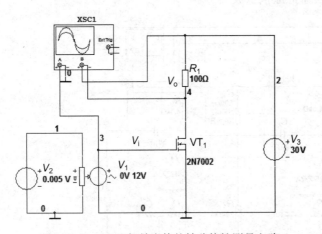

图 13.60 MOS 场效应管的转移特性测量电路

图 13.61 2N7002 参数

图 13.60 中左边电路在 700ms 内可以产生斜坡电压,即在 700ms 内 V_i 电压由 0V 开始线性增加。管子源漏电压为 $V_3=30V$。XSC1 为双踪虚拟示波器,A 通道测量的是栅极电压 V_i,B 通道测量的是 R_1 上的电压 V_o。仿真结果如图 13.62 所示。由图可以估计出该处的跨导。其中粗线是输入 V_o 的波形,细线是输出 V_i 波形。

可见,仿真结果与理论相符合。

【**例 13.2.12**】 场效应管放大电路仿真。

以共源极放大电路为例,在 Multisim 中,根据图 13.63 所示实验电路模型。主要元器件是 2N3370,其参数如图 13.64 所示。模型中,场效应管工作电源为 20V,信号源为 20mV、100Hz 的正弦波,并且接入了三个虚拟数字万用表和一个双踪示波器来测量电压、电流和观察输入输出波形。

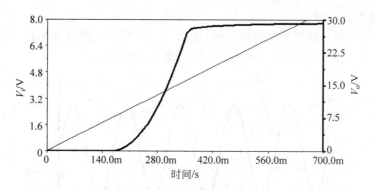

图 13.62 测量结果

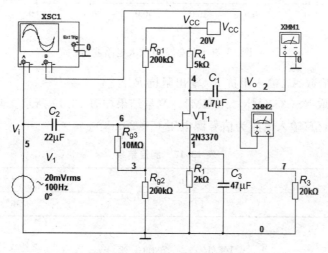

图 13.63 场效应管放大电路

1）测量静态工作点

通过仿真分析中的直流工作点分析，可以测量出放大电路的静态工作点。分析结果如图 13.65 所示。

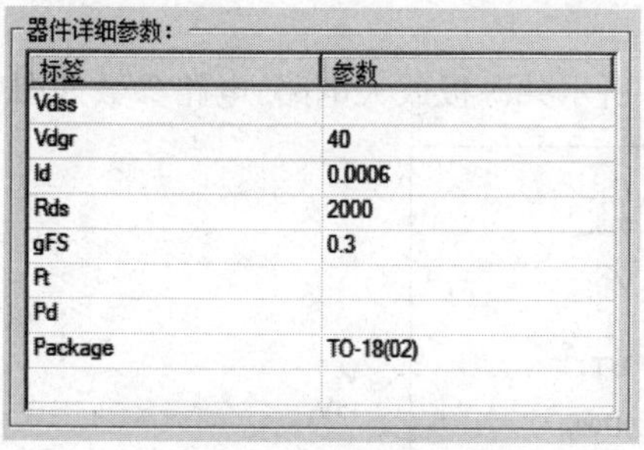

器件详细参数：

标签	参数
Vdss	
Vdgr	40
Id	0.0006
Rds	2000
gFS	0.3
Ft	
Pd	
Package	TO-18(02)

图 13.64 2N3370 参数

直流工作点分析

	直流工作点分析	
1	V(vcc)	20.00000
2	V(3)	9.92400
3	V(1)	1.91728
4	V(4)	15.21059
5	V(6)	2.32452
6	I(ccvcc)	-1.00826 m
7	I(q1[id])	957.88178 u

图 13.65 静态工作点测量结果

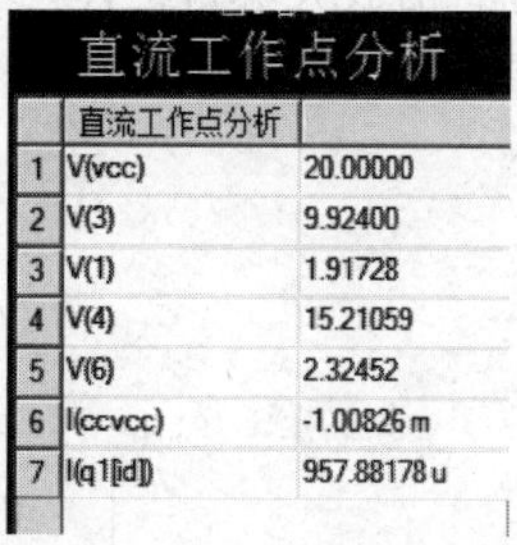

$$V_{GS} = V_{GQ} - V_{SQ} = 2.32452\text{V} - 1.91728\text{V} = 0.40724\text{V}$$

$$V_{DS} = V_{DQ} - V_{SQ} = 15.21059\text{V} - 1.91728\text{V} = 13.29331\text{V}$$

$$I_{DQ} = 957.88178\mu\text{A}$$

2) 输入输出波形图

通过 XSC1 虚拟示波器观察电路波形,如图 13.66 所示。粗线为输出 V_o 波形,细线为输入 V_i 波形。从波形图中可以直观地看出输入输出波形反向。

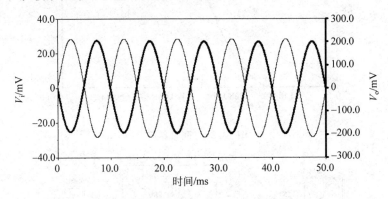

图 13.66　场效应管放大电路波形

3) 测量放大倍数 A_v、输入阻抗 R_i、输出阻抗 R_o。

运行仿真,读取 XSC3、XMM2、XMM1。测量结果如表 13.17 所示。其中 V_o' 为负载 R_L 开路时的输出电压值(输入电压为信号源电压 $V_i=20\text{mV}$)。

表 13.17　测量结果

V_o/mV	V_o'/mV	I_i/nA
140.315	173.753	567.202

$$A_v = V_o/V_i = -7.01575$$
$$R_o = (V_o'/V_o - 1) \times R_3 = 24.8\text{k}\Omega$$
$$R_i = V_i/I_i = 35.26\text{k}\Omega$$

综上可得,共源放大电路特点电压增益大,输入电压与输出电压反相,输入电阻高,输出电阻主要由负载电阻 R_3 决定。读者可以自行计算分析结果与仿真结果对比,更能深刻地了解长效应管的放大电路特性。

仿真练习题 7:在 Multisim 中建立图 13.67 所示共源极放大电路,电路参数如图中所示。

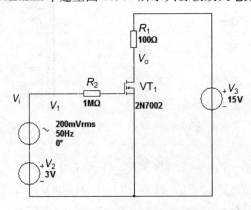

图 13.67　仿真练习题 7 电路

(1) 利用 Multisim 的直流工作点分析功能测量放大电路的静态工作点。
(2) 加正弦输入电压,观察 V_i 和 V_o 的波形图。
(3) 测量放大电路的 A_v。

13.2.4 负反馈放大电路 Multisim 仿真实例

负反馈放大电路的主要特点:稳定性高,负反馈的深度越大,放大器的稳定越高;增益可调,调节负反馈的深度即可调节放大器的增益,负反馈越深增益越小;非线性失真小;噪声大幅度减少,信噪比显著提高;频率特性得到改善;有效地调节输入阻抗。

【例 13.2.13】 用电压串联负反馈仿真。

在 Multisim 中,根据图 13.68 所示构建仿真电路模型。电路由 LM307H 集成运算放大器构成,其参数如图 13.69 所示。集成运放供电为∓18V,信号源为 2V、50Hz 的交流信号。XSC1 为二通道虚拟示波器。XMM1、XMM2、XMM3、XMM4 是虚拟数字万用表。

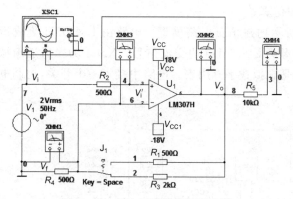

图 13.68 用电压串联负反馈电路

图 13.69 LM307H 参数

电路中用一个开关来控制电路反馈电阻的大小。运行仿真后,控制开关,改变反馈电阻,观察示波器波形图变化,如图 13.70 所示。其中细线为输入电压、粗线为输出电压。

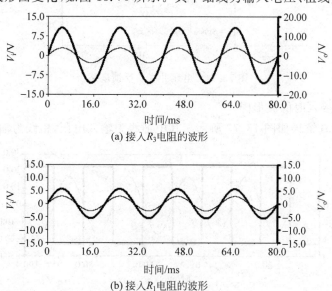

(a) 接入 R_3 电阻的波形

(b) 接入 R_1 电阻的波形

图 13.70 改变反馈深度的波形图变化

运行仿真读取万用表测量值,如表 13.18 所示。

表 13.18 测量结果

接入电阻	V_f/V	$V_i'/\mu V$	V_o/V
R_3	1.999	575.728	9.996
R_1	1.999	238.77	3.999

$$A_{vv} = \frac{V_o}{V_i}$$

$$F_{vv} = \frac{V_f}{V_o}$$

显然,当接入 R_3 电阻时反馈系数大于接入 R_1,结合波形图可以验证调节负反馈的深度,即可调节放大器的增益,负反馈越深增益越小。

【例 13.2.14】 电压并联负反馈仿真。

在 Multisim 中,根据图 13.71 所示构建仿真电路模型。电路由 LM307H 集成运算放大器。集成运放供电为∓24V,信号源为 2V、60Hz 的交流信号。XSC1 为二通道虚拟示波器。XSC1、XMM2、XMM3、XMM4 是虚拟数字万用表。电路中接入一个开关,控制电路是否接入反馈。

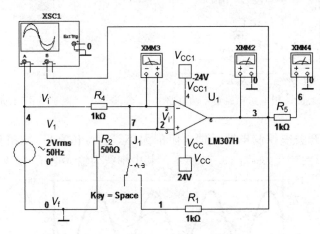

图 13.71 电压并联负反馈电路

1) 当无反馈接入时的波形图

运行仿真,仿真结果如图 13.72 所示。其中细线为输入电压,粗线为输出电压。

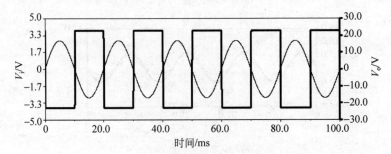

图 13.72 无反馈接入时电路波形

2) 当反馈接入时的波形图

运行仿真,仿真结果如图 13.73 所示。细线为输入电压,粗线为输出电压。

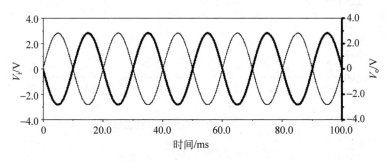

图 13.73 接入反馈后电路波形

比较两组波形图可知,在没有接入反馈时波形严重失真。当接入反馈时波形没有出现非线性失真,且输出信号幅值减小了。这与反馈理论相符合。

【例 13.2.15】 电流串联负反馈仿真。

在 Multisim 中,根据图 13.74 所示构建仿真电路模型。电路主要由 NPN 型三极管 2N2222A 构成。电源为 15V,信号源为 20mV、2kHz 的交流信号。XSC1 为二通道虚拟示波器。XMM3、XMM4 是虚拟数字万用表。XBP1 为波特仪。电路中皆有一个开关,控制电容的接入和移除。

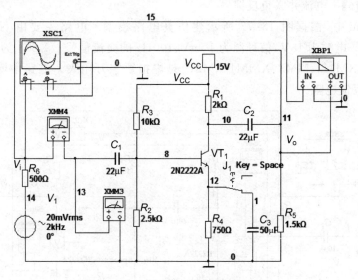

图 13.74 电流串联负反馈电路

此电路主要对比测试电容的交流负反馈的作用。

(1) 控制开关把电容 C_3 移除。运行仿真,观察波特仪,如图 13.75 所示。电压增益最大只有 1dB 左右。

(2) 控制开关把电容 C_3 接上。运行仿真,观察波特仪,如图 13.76 所示。电压增益最大为 37dB 左右,接上电容幅频特性明显改善。

对比两组波特图可知,加入交流负反馈后,电路的频带宽度明显增加。通过增加负反馈对,则可对频带的展宽具有一定作用。

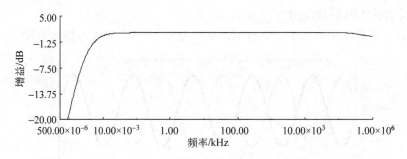

图 13.75 没有交流负反馈电路波特图

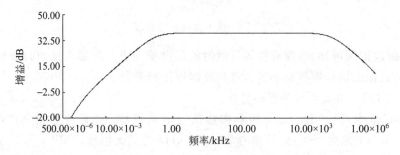

图 13.76 带有交流负反馈的电路波特图

【例 13.2.16】 电流并联负反馈。

在 Multisim 中,根据图 13.77 所示建仿真电路模型。电路主要由 NPN 型三极管 2N2222A 构成。电源为 18V,信号源为 10mV、100Hz 的交流信号。XSC1 为二通道虚拟示波器。XMM1、XMM2、MM3、XMM4 XMM5 是虚拟数字万用表。电路中皆有一个开关,控制是否接入反馈电阻。

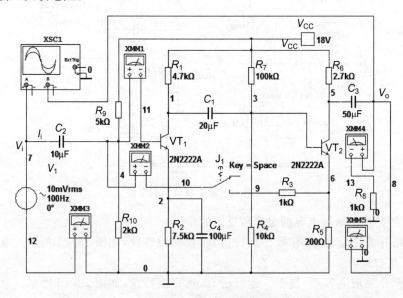

图 13.77 电流并联负反馈电路

此电路主要是通过仿真实验数据进一步了解反馈放大电路输入输出阻抗变化。

(1) 电路中不接入反馈电阻。运用直流工作点仿真分析静态工作点,如图 13.78 所示。

直流工作点分析	
1 V(10)	5.13715
2 V(11)	5.13715
3 V(9)	783.23730 m
4 V(5)	7.48378
5 V(1)	15.17231
6 V(3)	1.44282
7 V(6)	783.23730 m
8 V(4)	5.13715
9 V(2)	4.53803

图 13.78 静态工作点分析

可见

$$V_{BQ1} = 5.137\,15\text{V}$$
$$V_{EQ1} = 4.538\,03\text{V}$$
$$V_{CQ1} = 15.172\,31\text{V}$$
$$V_{BQ2} = 1.442\,82\text{V}$$
$$V_{EQ2} = 783.237\,30\text{mV}$$
$$V_{CQ2} = 7.483\,78\text{V}$$

通过直流工作点可以看出,三极管处在正常放大区。

(2) 运行仿真,观察虚拟示波器,波形没有明显失真。读出各个万用表,得数据如表 13.19 所示。

表 13.19 测量数据

$I_i/\mu A$	V_i/mV	V_o/V	V_o'/V
7.618	10	1.76	5.752

所以

$$A_v = V_o/V_i = 176$$
$$R_i = V_i/I_i = 1.312\text{k}\Omega$$
$$R_o = (V_o'/V_o - 1) \times R_8 = 2.268\text{k}\Omega$$

(3) 把反馈电阻接上,运行仿真,观察示波器可以发现同样的输入电压之下,输出波形幅值明显下降,但波形更好。读取各个万用表得到测量数据如表 13.20 所示。

表 13.20 测量数据

$I_i/\mu A$	V_i/mV	V_o/mV	V_o'/mV
59.181	10	242.511	891.874

所以

$$A_v = 24.2511$$

$$R_i = 168\Omega$$
$$R_o = 2.678\text{k}\Omega$$

综上可得,引入电流并联反馈输入电阻变小,输出电阻增大。读者可以自行对电阻与反馈系数之间关系进行仿真测量。

仿真练习题 8:在 Multisim 中建立图 13.79 所示反馈放大电路。加上正弦波观察输入、输出电压波形,测量电路的 A_{vi} 和 R_{if}。

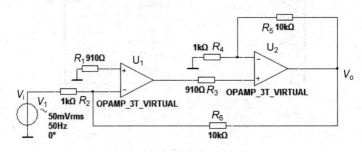

图 13.79 反馈放大电路

13.2.5 信号运算与处理电路 Multisim 仿真实例

【例 13.2.17】 三运放数据放大器仿真。

在 Multisim 中,根据图 13.80 所示构建仿真电路模型。电路主要由三个运算放大器构成,运放供电为 $\pm 18\text{V}$,V_{i1S} 和 V_{i2S} 为信号源,XMM1 为虚拟数字万用表。此电路图由两个比例放大器和一个差分比例放大器组成,数据放大器实现 $V_o = -4(V_{i1} + V_{i2})$。

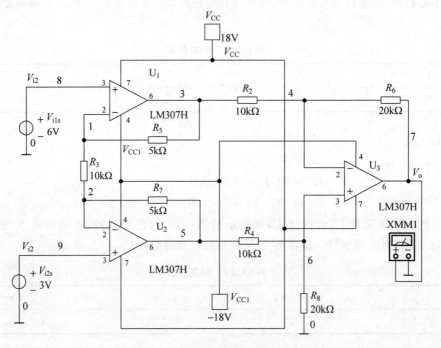

图 13.80 三运放数据放大器电路

采用不同的 V_{i1} 和 V_{i2},运行仿真,读取万用表测量结果如表 13.21 所示。

表 13.21 万用表测量结果

V_{i1}/V	5	3	0.9	0.03
V_{i2}/V	1	2	2.9	0.08
V_o/V	−15.993	−3.994	8.006	0.206 132

可见,实验数据满足 $V_o = 4(V_{i1}+V_{i2})$,即电路实现了 $V_o = -4(V_{i1}+V_{i2})$ 功能,也进一步了解比例放大器功能。

【例 13.2.18】 求和电路仿真。

在 Multisim 中,根据图 13.81 所示构建仿真电路模型。电路主要由一个运算放大器构成,运放供电为 ±18V。V_1、V_2、V_3 为信号源,XMM1 为虚拟数字万用表。此电路图由单运放实现 $V_o = V_1 + V_2 + V_3$。

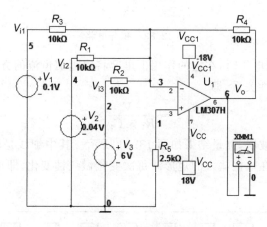

图 13.81 求和电路

采用不同的 V_1、V_2、V_3 运行仿真,读取万用表测量结果如表 13.22 所示。

表 13.22 万用表测量结果

V_{i1}/V	2	0.1	0.1
V_{i2}/V	1	3	0.04
V_{i3}/V	6	0.6	6
V_o/V	−8.992	−3.692	−6132

可见,实验数据满足 $V_o = -(V_{i1}+V_{i2}+V_{i3})$ 即电路实现了 $V_o = -(V_{i1}+V_{i2}+V_{i3})$ 功能。

仿真练习题 9:在 Multisim 中建立图 13.82 所示求和电路,电路参数如图 13.82 所示。在电路上 V_{i1} 和 V_{i2} 分别加上矩形波和正弦波,利用虚拟示波器观察 V_o。

【例 13.2.19】 积分电路仿真。

在 Multisim 中,根据图 13.83 所示构建仿真电路模型。电路主要由一个运算放大器构成,运放供电为 ±18V。XFG1 是函数信号发生器,在本仿真中产生 100Hz、5V 峰值的矩形波。XSC1 是虚拟数字万用表。

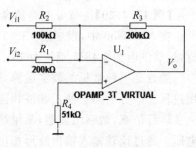

图 13.82 仿真练习题 9 电路

在图 13.83 电路中,有

$$V_o = -\frac{1}{R_1 \times C_1}\int V_i dt$$

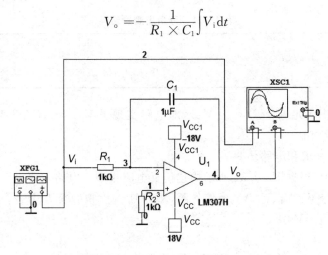

图 13.83 积分电路

当输入信号为阶跃电压时,在它的作用下电容将以近似恒流的方式进行充电,输出电压 V_o 与时间 T 成近似线性关系,即

$$V_o = \frac{-V_i}{R_1 \times C_1} \times T$$

运行仿真,观察示波器,测量结果如图 13.84 所示。其中细线是输入电压,粗线是输出电压。可见,输出电压在根据输入的矩形波每次变化做线性变化,即可证明积分电路实现了积分功能。

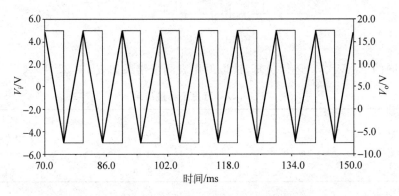

图 13.84 积分电路输出波形

【例 13.2.20】 微分电路仿真。

在 Multisim 中,根据图 13.85 所示构建仿真电路模型。电路主要由一个运算放大器构成,运放供电为±18V。V_1 为 1V、50Hz 的交流信号源。XSC1 是虚拟数字万用表。

微分是一种常见的数学运算,这里对其进行仿真实验,真实地建立模拟微分的产生和作用过程。微分电路会使正弦波相位滞后 90°。

运行仿真,观察示波器,测量结果如图 13.86 所示。其中,细线是输入电压,粗线是输出电压。通过比较输入输出波形相位差,电路实现了微分功能。

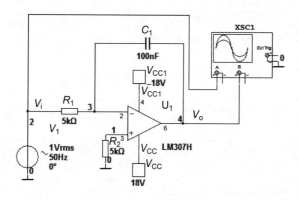

图 13.85 微分电路

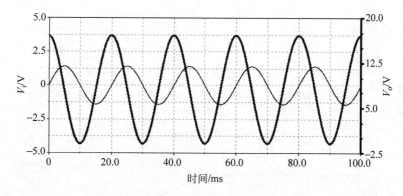

图 13.86 微分电路波形

【例 13.2.21】 低通滤波电路的频率响应仿真。

为了直观地了解频率响应特性及波特图,以低通为例,在 Multisim 中,根据图 13.87 所示构建仿真电路模型。电源为 12V、1kHz 的交流信号。XBP1 为虚拟波特仪,XSC1 为虚拟示波器。

观察频率特性有两种方法。

(1) 通过波特仪观察。运行仿真,从波特仪上面可以观察到图 13.88 所示的波特图。

(2) 通过仿真分析里面的交流分析观察。运行仿真可以得到图 13.89 所示的频率响应。

波特图分为两部分,即幅频图和相频图。由幅频图可知,此 RC 电路具有低通特性,即当 $f<f_H$ 时,低频信号通过;而对于 $f>f_H$ 时,高频信号则不能通过。f_H 为低通电

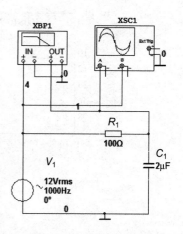

图 13.87 低通滤波电路

路的上限频率。由相频图可知,在高频段低通电路将产生 0°～−90°之间的滞后的相位移动。

仿真题练习 10:在 Multisim 中,根据图 13.90 所示构建一个 RC 高通电路。其参数如图 13.90 所示。测量电路的波特图,并测量出 $|A_{vm}|$ 和 f_L。

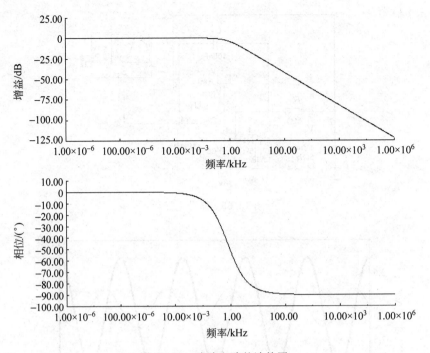

图 13.88 滤波电路的波特图

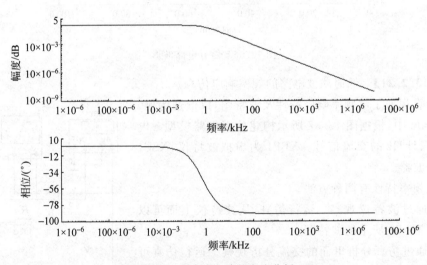

图 13.89 滤波电路的交流分析

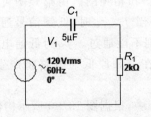

图 13.90 仿真题练习 10 电路

【例 13.2.22】 二阶低通滤波电路仿真。

在 Multisim 中,根据图 13.91 所示建立仿真电路模型。电路主要由一个运算放大器构成,运放供电为 $\pm 18\text{V}$。V_1 为 10mV、2kHz 的信号源。XBP1 是虚拟波特仪,XSC1 是虚拟数字万用表。

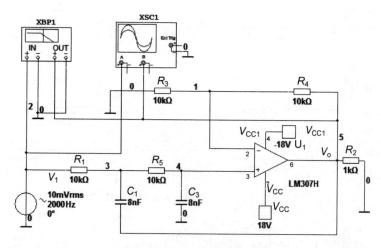

图 13.91 二阶低通滤波电路

运行仿真,通过仿真分析得到交流分析测量电路频率特性,如图 13.92 所示;或者通过波特仪观察电路频率特性,如图 13.93 所示。

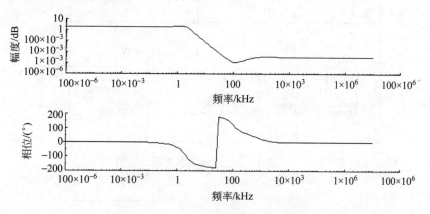

图 13.92 二阶低通滤波电路交流分析

根据电路可知,通带电压放大倍数 $A_{vp}=2$,等效品质因数 $Q=1$。由波特图可得,此低通滤波器通带截止频率 $f_0=1.9889\text{kHz}$。

通过前面所学,计算该电路的频率参数,得通带截止频率 $f_0=2\text{kHz}$。

这与仿真数据非常接近。

【例 13.2.23】 高通滤波电路仿真。

高通电路与低通相似,把电阻电容位置交换即可。在 Multisim 中,根据图 13.94 所示构建仿真电路模型。

仿真结果如图 13.95 和图 13.96 所示。

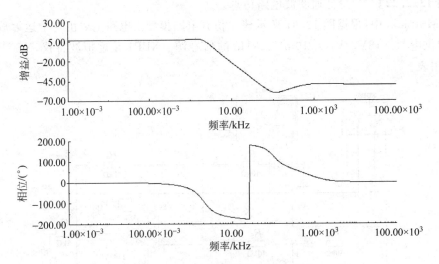

图 13.93 二阶低通滤波电路波特图

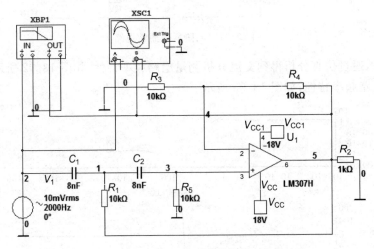

图 13.94 高通滤波电路

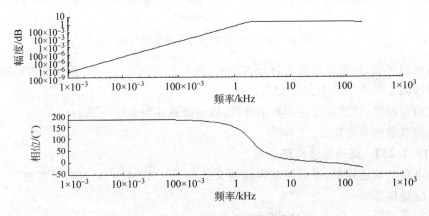

图 13.95 高通滤波电路交流分析

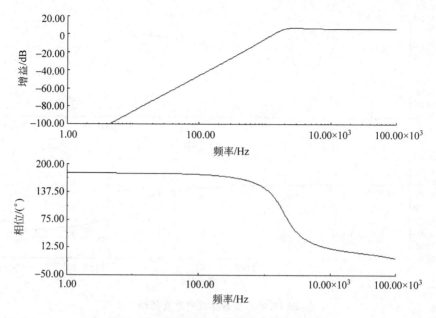

图 13.96 高通滤波电路交流分析和波特图

【例 13.2.24】 带通滤波电路仿真。

在 Multisim 中,根据图 13.97 所示构建仿真电路模型。电路主要由一个运算放大器构成,运放供电为 ±18V。V_1 为 10mV、2kHz 的信号源。XBP1 是虚拟波特仪,XSC1 是虚拟数字万用表。

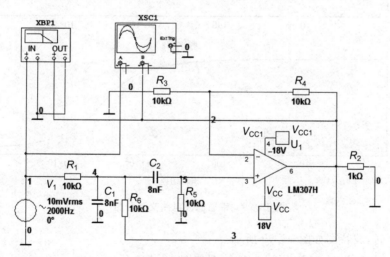

图 13.97 带通滤波电路

(1) 运行仿真,通过仿真分析下的交流分析观察电路频率特性,如图 13.98 所示;或者通过波特仪观察电路频率特性,如图 13.99 所示。

根据电路可知,通带电压放大倍数 $A_{vp}=2$,等效品质因数 $Q=1$。由波特图可得,此低通滤波器通带中心频率 $f_0=2.8184\text{kHz}$。

(2) 通过改变 R_2、R_4 来改变 Q 值,观察幅频特性曲线。

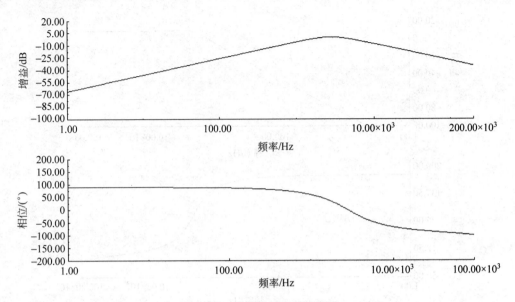

图 13.98 带通滤波电路波特图

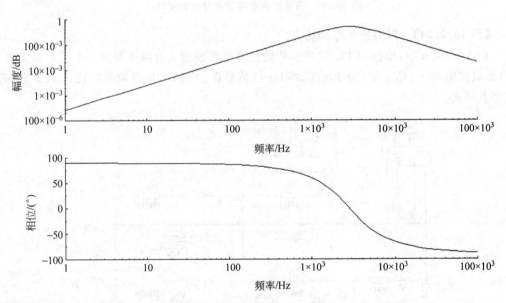

图 13.99 带通滤波电路交流分析

当 $Q=1$ 时,波特图如图 13.99 所示。

当 $Q=5$ 时,$R_4=9\text{k}\Omega$,$R_3=5\text{k}\Omega$,波特图如图 13.100 所示。

当 $Q=10$ 时,$R_4=19\text{k}\Omega$,$R_3=10\text{k}\Omega$,波特图如图 13.101 所示。

由图可见,Q 值越大,则通频带越窄,选择性越好。这与前面理论分析是一致的。

【例 13.2.25】 单门限比较器仿真。

在 Multisim 中,根据图 13.102 所示构建仿真电路模型。电路主要由一个运算放大器构成,运放供电为 $\pm 18\text{V}$。V_1 为 5V 参考电压源,V_2 为输入电压源。1N4461 为稳压二极管,其参数如图 13.103 所示。

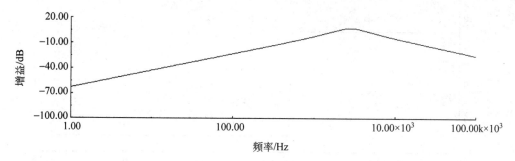

图 13.100　当 $Q=5$ 时，$R_4=9\text{k}\Omega$、$R_3=5\text{k}\Omega$ 电路的波特图

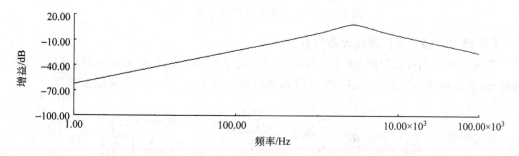

图 13.101　当 $Q=10$ 时，$R_4=19\text{k}\Omega$、$R_3=10\text{k}\Omega$ 电路的波特图

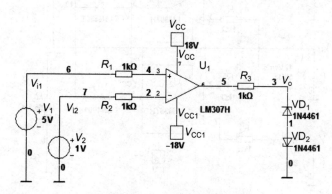

图 13.102　单门限比较器电路

标签	参数
Vz	6.80
Zz@Iz	3.50@37.00
Pd	1.50
Package	DO-41

图 13.103　LM307 参数

仿真使用仿真分析中的直流扫描分析（DC Sweep），测量结果如图 13.104 所示。

可见，单限比较器的门限电平为 V_1，即 5V。当输入电压大于 5V 时，输出被稳压管稳压到 6.8V 左右。同样，当电压小于 5V 时，则输出电压被稳压到 -6.8V 左右。

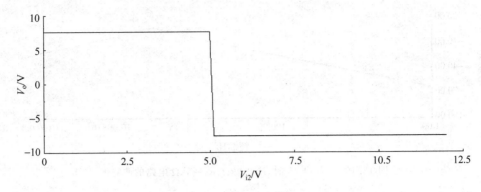

图 13.104 单门限比较器直流扫描分析

【例 13.2.26】 双门限比较器仿真。

在 Multisim 中,根据图 13.105 所示构建仿真电路模型。电路主要由两个运算放大器构成,运放供电为 $\pm 18V$。V_2、V_3 为比较器的两个门限电平。XSC1 为虚拟示波器。

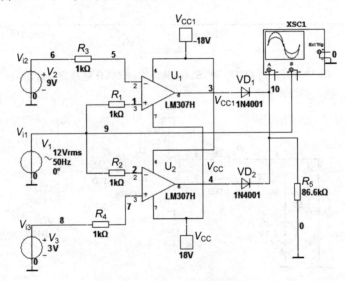

图 13.105 双门限比较器电路

仿真仍然使用直流扫描分析功能,测量结果如图 13.106 所示。

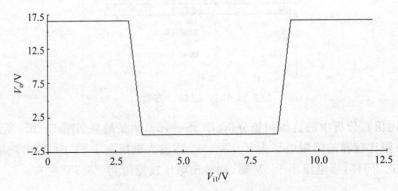

图 13.106 双门限比较器直流扫描分析

由图 13.106 可知,当输入电压小于 V_3 电压或大于 V_2 电压时输出为高电平。只有输入电压在 V_2、V_3 中间时,输出电压才为 0V。

读者如有兴趣,可以观察 V_1 为正弦波时输出的波形。

仿真练习题 11:在 Multisim 中,根据图 13.107 所示构建滞回比较器电路。在输入端加上 5V 有效值的正弦电压,利用 Multisim 的瞬态分析功能测得输入、输出电压变化情况。

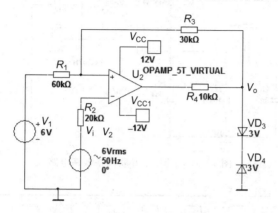

图 13.107 仿真练习题 11 电路

仿真练习题 12:在 Multisim 中,根据图 13.108 所示构建由集成电压比较器组成的单限比较电路,具体参数如图 13.108 所示。利用 Multisim 的直流扫描功能测量放大电路的传输特性。

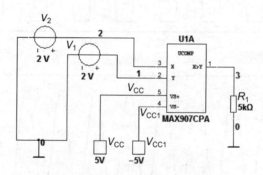

图 13.108 仿真练习题 12 电路

在 Multisim 中,根据图构建仿真电路模型。电路使用现实比较器 MAX907CPA,比较器输出电压分别为 V_{CC} 和 V_{CC1}。比较电压分别为 V_1、V_2。

13.2.6 信号产生电路 Multisim 仿真实例

【例 13.2.27】 RC 串并联网络振荡电路仿真。

在 Multisim 中,根据图 13.109 所示构建仿真电路模型。电路主要由一个运算放大器构成,运放供电为 ±18V。XSC1 为虚拟示波器,包括一个电位器。

运行仿真,改变电位器阻值,同时观察示波器波形变化。由示波器可见,当电位器减少到一定值时,则电路不能起振。随着电位器阻值增加到一定值时,则电路起振,且输出波形较好。继续增加阻值,波形出现失真。图 13.110 所示为失真的波形图和较好的波形图。

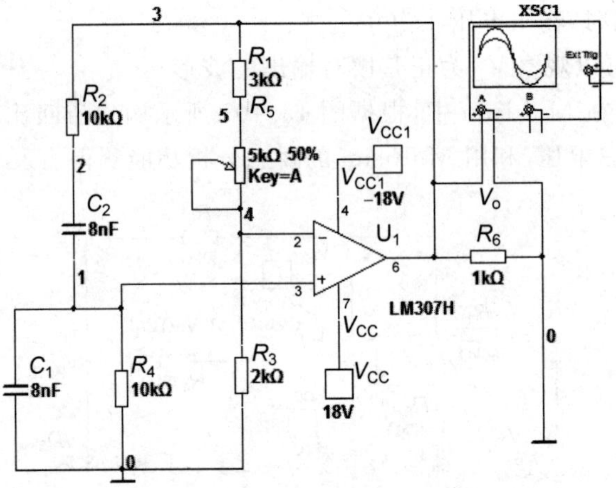

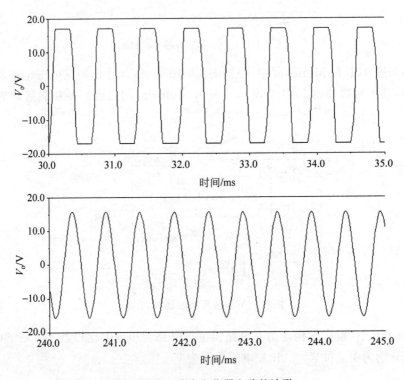

图 13.109　RC 串并联网络振荡电路

图 13.110　改变电位器电路的波形

【例 13.2.28】 电感三点式振荡电路仿真。

在 Multisim 中,根据图 13.111 所示构建仿真电路模型。电路主要由一个三极管和两个电感及电容组成。以 12V 直流电压源供电。XSC1 为虚拟示波器,XFC1 为频率计。

运行仿真,观察示波器,查看输出电压波形,如图 13.112 所示。输出电压为正弦波,其频率可以通过频率计测得,如图 13.113 所示,该正弦波频率为 6.933kHz。

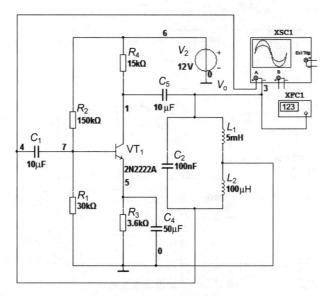

图 13.111 电感三点式振荡电路

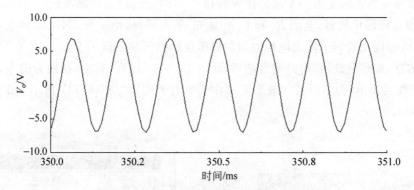

图 13.112 电感三点式振荡电路波形

图 13.113 电感三点式振荡产生的正弦波频率

【例 13.2.29】 矩形波发生电路仿真。

在 Multisim 中,根据图 13.114 所示创建仿真电路模型。电路主要由运放、稳压管、电阻电容构成。以±18V 为运放供电。XSC1 为虚拟示波器,XFC1 为频率计。

稳压管参数如图 13.115 所示。

图 13.114 矩形波发生电路

矩形波发生器实际上由一个滞回比较器和一个 RC 充、放电回路组成。其中,运放和电阻 R_2、R_4 组成滞回比较器,电阻 R_1 和 C_1 构成充、放电回路,稳压管 1N4466 和电阻 R_3 的作用是钳位,将滞回比较器的输出电压限制在稳压管的稳压电压值 11V。

运行仿真,观察示波器,得到测量结果,如图 13.116 所示。其中,细线为输入,为 RC 振荡波形;粗线为输出,为矩形波。波形频率由频率计测得,如图 13.117 所示。矩形波频率为 1.012kHz。

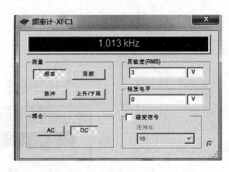

图 13.115 1N4466 参数　　　　　图 13.116 矩形波发生电路的频率

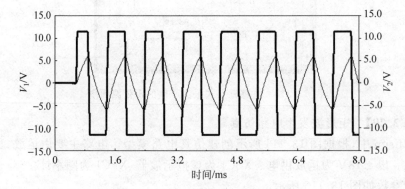

图 13.117 矩形波发生电路波形

13.2.7 功率放大电路 Multisim 仿真实例

【例 13.2.30】 OTL 乙类互补对称电路仿真。

通过 OTL 乙类互补对称电路仿真来观察非线性失真情况。在 Multisim 中，根据图 13.118 所示构建仿真电路模型。电路由两个三极管构成分别为 NPN 型和 PNP 型构造成，其参数如图 13.119 所示。直流电压源为 12V，信号源为 4V、50Hz 的交流信号。XSC1 为二通道虚拟示波器。

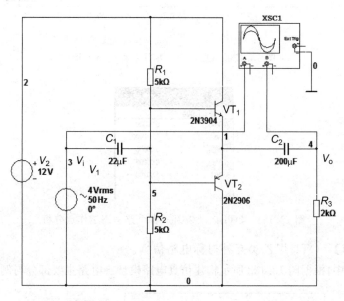

图 13.118 OTL 乙类互补对称电路

器件详细参数：2N2906

标签	参数
Vceo	40
Vcbo	60
Ic(max)	0.6
hFE(min)	20
hFE(max)	
Ft	200
Pd	1.2
Package	TO-18

器件详细参数：2N3904

标签	参数
Vceo	40
Vcbo	60
Ic(max)	0.2
hFE(min)	30
hFE(max)	300
Ft	300
Pd	0.625
Package	TO-92

图 13.119 2N2906 和 2N3904 的参数

(1) 运行仿真。通过示波器观察仿真结果，如图 13.120 所示。其中，细线为输入电压 V_i，粗线为输出电压 V_o。同时，显示在 0V 线上出现明显的失真。

(2) 分析失真原因。利用仿真分析中的直流工作点分析，测量电路静态工作点，如图 13.121所示。

静态时两管的基极电压都为 6V，集电极电压为 5.807 80V，$V_{BE}=0.1922V$。

此时两管都处在三极管放大死区范围，即两管都处在截止状态。故在放大电路运行时出现交越失真。

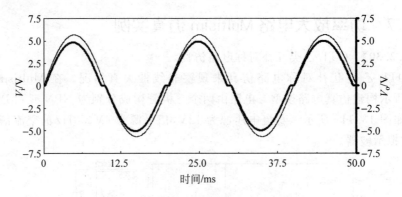

图 13.120　OTL 乙类互补对称电路波形

直流工作点分析	
直流工作点分析	
1　V(4)	0.00000
2　V(2)	12.00000
3　V(3)	0.00000
4　V(5)	6.00000
5　V(1)	5.80780

图 13.121　OTL 乙类互补对称电路静态工作点分析

【例 13.2.31】 OTL 甲乙类互补对称电路仿真。

在 Multisim 中,根据图 13.122 所示构建仿真电路模型。电路主要部分与例 13.2.30 一样。

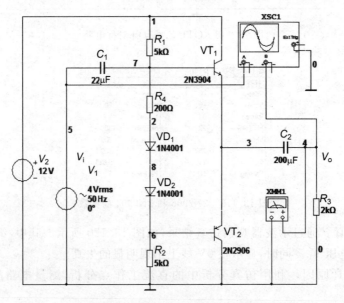

图 13.122　OTL 甲乙类互补对称电路

(1) 运行仿真。通过示波器观察仿真结果,如图 13.123 所示。其中,细线为输入电压 V_i,粗线为输出电压 V_o。与例 13.2.30 中 OTL 乙类功率放大相比,OTL 甲乙类功率放大电路波形得到明显改善,基本消除交越失真。

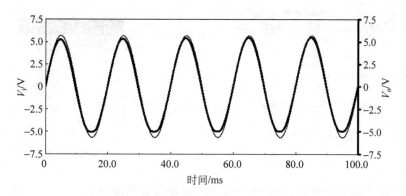

图 13.123　OTL 甲乙类互补对称电路波形

(2) 通过静态工作点来分析其波形图。图 13.124 所示是直流工作点分析仿真结果。对于 NPN 型三极管 $V_{BE}=0.65357\text{V}$，此时三极管处于微导通阶段，故功放电路波形明显改善。

【例 13.2.32】 采用复合管 OCL 甲乙类互补对称电路仿真。

在 Multisim 中，根据图 13.125 所示构建仿真电路模型。电路由两个达林顿三极管 NPN 型和 PNP 型构造成，其参数如图 13.126 所示。直流电压源为 12V，信号源为 5V、50Hz 的交流信号。XSC1 为二通道虚拟示波器。

图 13.124　OTL 甲乙类互补对称电路静态工作点分析

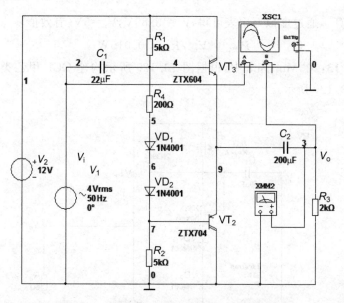

图 13.125　复合管 OCL 甲乙类互补对称电路

(1) 通过静态工作点来分析其波形图。图 13.127 所示为直流工作点分析仿真结果。对于 ZTX604 达林顿管 $V_{BE}=0.6338\text{V}$，此时两个达林顿管处于微导通阶段，故功放电路波形较好。

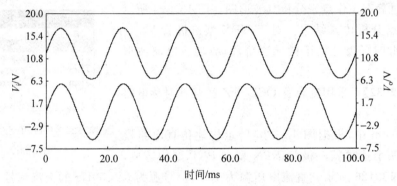

器件详细参数：ZTX604

标签	参数
Vceo	100
Vcbo	120
Ic(max)	1
hFE(min)	500
hFE(max)	100000
Ft	150
Pd	1
Package	TO-92

器件详细参数：ZTX704

标签	参数
Vceo	-100
Vcbo	-120
Ic(max)	-1
hFE(min)	3000
hFE(max)	30000
Ft	160
Pd	1
Package	TO92

图 13.126　达林顿管参数

直流工作点分析

	直流工作点分析	
1	V(6)	5.89292
2	V(7)	5.35393
3	V(5)	6.43191
4	V(1)	12.00000
5	V(9)	6.01227
6	V(4)	6.64607

图 13.127　复合管 OCL 甲乙类互补对称电路静态工作点分析

(2) 观察输出输入波形图。图 13.128 所示波形非常平滑。

仿真输入输出电压曲线重合非常好，曲线图像做了分割后如图 13.128 所示。

图 13.128　复合管 OCL 甲乙类互补对称电路波形

(3) 功率计算。通过虚拟万用表可得，$V_o=3.89\text{V}$，$V_i=5\text{V}$(有效值)

$$P_{OM}=V_o^2/R_3=0.015\text{W}$$

仿真练习题 13：在 Multisim 中，根据图 13.129 所示构建 OCL 甲乙类互补对称电路。具体参数如图 13.129 所示。

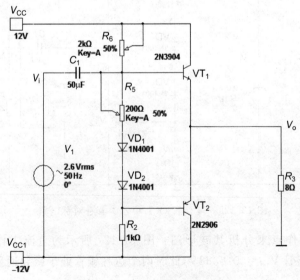

图 13.129　仿真练习题 13 电路

(1) 利用 Multisim 的直流工作点分析功能，测量电路的静态工作点，并分析结果判断电路工作是否正常。

(2) 加上正弦输入电压 V_i，利用虚拟示波器观察 V_i 和 V_o 的波形，并测量电路的最大输出功率 P_{OM}。

13.2.8 直流稳压电路 Multisim 仿真实例

【例 13.2.33】 单向桥整流电路仿真。

在 Multisim 中，根据图 13.130 所示构建仿真电路模型。电路主要由四个整流二极管组成的电桥。XSC1 为虚拟双踪示波器，XMM2 虚拟数字万用表。

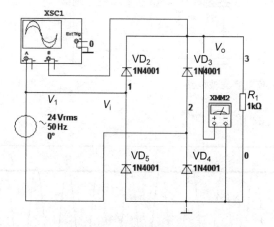

图 13.130 单向桥整流电路

电路工作主要靠二极管单向导电性来完成。在 V_i 的正半周，二极管 VD_2、VD_4 导通，VD_3、VD_5 截止，电流通 VD_2、VD_4 流过负载 R_1，R_1 上面的电压极性上正下负。在 V_i 的负半周，二极管 VD_2、VD_4 截止，VD_3、VD_5 导通，电流通 VD_3、VD_5 流过负载 R_1，R_1 上面的电压极性上正下负。故负载上面得到一个单向电压。

运行仿真，观察示波器测量结果，如图 13.131 所示。

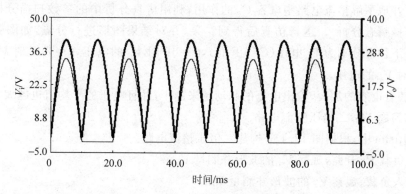

图 13.131 单向桥整流电路波形

由 V_i 可以看出，在每半个周期只有两个二极管导通，输出为一个单向脉动电压。

【例 13.2.34】 桥式整流电容滤波电路仿真。

在 Multisim 中,根据图 13.132 所示构建仿真电路模型。电路主要由四个整流二极管组成的电桥。这里用的整流模块 3N246,其参数如图 13.133 所示。

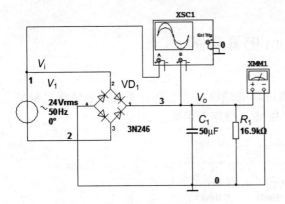

图 13.132 桥式整流电容滤波电路　　　　　图 13.133 3N246 参数

仿真结果如图 13.134 所示。

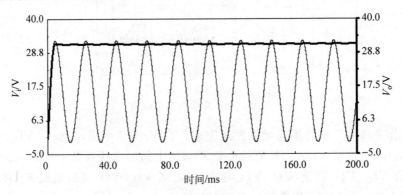

图 13.134 桥式整流电容滤波电路波形

为了更好地了解整流电路中电容 C_1 的作用,利用仿真分析中的参数扫描分析功能(参数扫描中选择瞬态分析)。运行仿真后得到结果,并对结果图形进行分隔,如图 13.135 所示。曲线从下往上分别为 V_i 电压($C=0$F 时),$C=0$F 时 V_o 的电压,$C=2\mu$F 时 V_o 的电压,$C=500\mu$F 时 V_o 的电压。

可见,随着电容的加大,输出电压的脉动越来越小,并且电压的平均值也越大。

仿真练习题 14:二倍压整流电路。

在 Multisim 中,根据图 13.136 构建二倍压整流电路。

(1) 使负载 R_1 开路,观察 V_o 的波形并测量 V_o。

(2) 接入负载,观察 V_o 的波形并测量 V_o'。

【例 13.2.35】 串联型直流稳压电路仿真。

在 Multisim 中,根据图 13.137 构建仿真电路模型。电路主要由整流模块 3N246、运放 LM307H、三个三极管及两个稳压管组成。

串联直流稳压电路,实际上就是在输入直流电压与负载之间串联一个调整三极管,当输

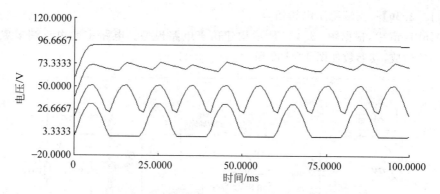

图 13.135　桥式整流电容滤波电路参数扫描分析

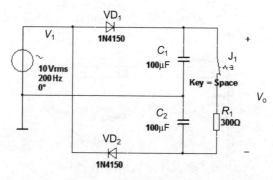

图 13.136　仿真练习题 14 电路

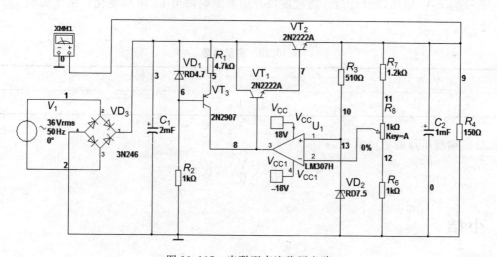

图 13.137　串联型直流稳压电路

入电压或负载变化时,引起输出电压 V_o 变化,V_o 变化将反映带三极管的输入电压 V_{BE},于是 V_{BE} 也随之变化,从而调整输出电压基本不变。

串联型直流稳压电路是可以通过 R_8 调整电压在一定范围内调节。

此电路可调范围为 12～16V,运行仿真,调整电位器读取测量结果为 12.049～15.70V,基本满足要求。

【例 13.2.36】 三端稳压电路仿真。

在 Multisim 中,根据图 13.138 所示构建仿真电路模型。电路主要由三端集成稳压器 LM7805KC 构成,其参数如图 13.139 所示。

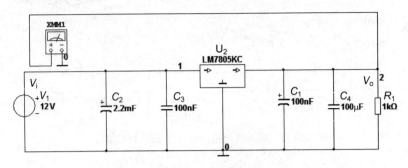

图 13.138 三端稳压电路

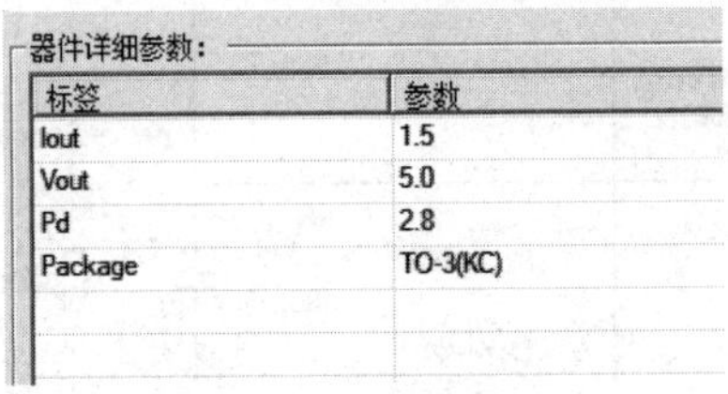

图 13.139 LM7805KC

改变输入 V_i 电压,运行仿真,通过虚拟万用表测量输出 V_o 电压变化。结果如表 13.23 所示。

表 13.23 测量结果

V_i/V	7	20
V_o/V	5.001	5.004

故三端稳压器的稳压系数为

$$S_r = \frac{\Delta V_o}{\Delta V_i} \times \frac{V_i}{V_o} = 0.9\%$$

小结

电子电路设计自动化是目前电子技术发展的一个重要趋势,Multisim 10 提供了功能更强大的电子仿真设计界面,能进行射频、PSpice、VHDL、MCU 等方面的仿真。本章的主要内容如下。

(1) 主要介绍了 Multisim 10 主界面、环境参数设定、元器件库、虚拟仪表、分析工具及其基本操作。

(2) 采用 Multisim 10 软件对二极管单向导电性与稳压二极管稳压特性进行了仿真,理论分析和仿真结果相符。

(3) 采用 Multisim 10 软件对双极型三极管的电流放大作用和 MOS 场效应管的转移特征曲线进行了仿真验证，构建了基本共射极放大电路、射极偏置电路、共集电极电路长尾式差分电路、恒流源式差分放大电路、单级放大 RC 耦合放大电路、频率响应多级放大电路和场效应管放大电路等电路模型，给出了仿真结果。

(4) 负反馈放大电路 Multisim 仿真，主要包括电压串联负反馈、电压并联负反馈、电流串联负反馈和电流并联负反馈等电路的仿真。

(5) 构建了三运放数据放大器、求和电路、积分电路和微分电路等电路的仿真模型，列出了虚拟仪表的显示值；搭建了低通滤波电路的频率响应、二阶低通滤波电路、高通滤波电路、带通滤波电路的仿真模型，给出了它们的波特图和交流分析图；通过仿真得到单门限比较器、双门限比较器的直流扫描分析图；对 RC 串并联网络振荡电路、电感三点式振荡电路、矩形波发生电路运行仿真，观察示波器，得到测量结果。

(6) 对 OTL 乙类互补对称电路和 OTL 甲乙类互补对称电路进行了仿真，利用仿真分析中的直流工作点分析，测量电路静态工作点，给出了仿真结果波形。

(7) 对单向桥式整流电路和桥式整流电容滤波电路给出了仿真波形；对串联型直流稳压电路和三端稳压电路，通过虚拟万用表测量输出电压。

第 14 章 基于模拟器件的电子电路设计

CHAPTER 14

电子系统是指电子元件和电子单元电路相互连接、相互作用而形成的电路整体,能按特定的控制信号去执行所设想的功能。电子单元电路或功能单元电路是电子系统的重要组成部分。电子系统设计是基于电子单元电路设计。而电子系统通常分为模拟电子系统、数字电子系统和混合电子系统。限于模拟电子技术课程的教学内容,本章仅介绍基于模拟器件的电子系统设计与应用,重点是单元电路及其应用设计。

组成模拟电子系统的主要单元电路有放大电路、滤波电路、信号变换电路、驱动电路等。模拟电子系统的主要功能是对模拟信号进行检测、处理、变换和产生。模拟信号可以是电量(如电压与电流),也可以是来自传感器的非电量(如应变、温度、压力、流量等)。

14.1 基于模拟器件的电子系统设计概述

14.1.1 基于模拟器件的电子系统设计流程

1. 总体方案设计

在全面分析电子系统设计任务书所描述的系统功能、技术指标基础上,根据已掌握的知识和资料,将系统功能合理地分解成若干个子系统或电路单元后,画出由各个子系统或电路单元组成的、相互连接形成的系统原理框图。电子系统总体方案的选择,直接决定了电子系统设计的质量。在进行总体方案设计时,要多思考、多分析、多比较;主要从性能稳定、工作可靠、电路简单、成本低、功耗小、调试维修方便等方面加以考虑,以选择出最佳方案。

2. 单元电路设计

在设计单元电路时,必须明确各单元电路的具体要求,拟定出单元电路性能的详细指标,通盘考虑各单元之间的相互联系、前后级单元之间信号的传递方式和匹配情况;尽量少用或不用电平转换之类的接口电路;各单元电路的供电电源尽可能统一,以确保整个电子系统简单可靠。尽量选择现有的、成熟的电路来实现单元电路的功能。如果现成电路没有能完全满足要求的,可以对现有电路进行适当改进,或选择比较接近设计要求的某个电路,或自己进行创造性设计。所设计的电路单元尽可能采用集成电路,以利于电子系统的体积尽可能小、可靠性高。

3. 元器件参数计算

在设计电子电路时，应根据电路的性能指标要求选择电路元器件的参数。例如，根据电压放大倍数的大小，可决定反馈电阻的阻值；根据振荡器要求的振荡频率，利用公式计算决定振荡频率的电阻和电容值等。由于一般满足电路性能指标要求的理论参数值不是唯一的，设计者应根据元器件性能、价格、体积、通用性和货源等方面综合考虑，灵活选择。计算电路参数时应注意以下几点。

（1）参数计算。在计算元器件工作电流、电压和功率等参数时，应充分考虑工作条件最恶劣的情况，并留有适当的余量。

（2）极限参数确定。对于元器件的极限参数必须留有足够的裕量，通常取 1.5～2 倍的额定值。

（3）电阻电容参数确定。对于电阻、电容参数的取值，注意选择计算值附近的标称值。电阻值一般在 1MΩ 内选择；非电解电容器一般在 $100pF$～$0.47\mu F$ 选择；电解电容一般在 1～$2000\mu F$ 范围内选用。

（4）元器件的性价比。在保证电路达到功能指标要求的前提下，尽量减少元器件的品种、价格和体积等。

4. 元器件选择

电子电路的设计就是选择最合适的元器件，并把它们有机地组合起来。在确定电子元件时，应根据电路处理信号的频率范围、环境温度、空间大小、成本高低等诸多因素全面考虑。具体表现如下。

（1）一般优先选择集成电路。由于集成电路体积小、功能强，可增强电路可靠性，安装调试方便，能大大简化电路结构。例如，随着模拟集成技术的不断发展，适用于各种场合下的集成运算放大器层出不穷，只要外加极少量的元器件，利用运算放大器就可构成性能良好的放大器。又如，在设计直流稳压电源时，已很少采用分立元器件进行设计，取而代之的是性能更稳定、工作更可靠、成本更低廉的集成稳压器。

（2）电阻器和电容器的选择。电阻器和电容器是两种最常用的元器件，它们的种类很多，性能相差也比较大，应用场合也不同。因此，对于设计者来说，应该熟悉各种电阻器和电容器的主要性能指标和特点，以便根据电路要求正确选择元件。

（3）分立半导体元件选择。首先要熟悉它们的功能，掌握它们的应用范围；再根据电路的功能要求和元器件在电路中的工作条件，如通过的最大电流、最大反向工作电压、最高工作频率、最大消耗功率等确定元器件型号。

5. 模拟仿真

目前，电子设计自动化（Electronic Design Automation，EDA）技术已成为现代电子系统设计的必要手段。在计算机工作平台上，利用 EDA 软件，能够对各种电子电路进行调试、测量、修改，大大提高了电子设计的效率和精确度，同时缩短了产品开发周期，降低了设计费用。

目前常用的电子电路辅助分析、设计软件有 PSpice、Protel、Ewb、Multisim、Proteus 等。

6. 实验

电子设计要考虑的因素和问题相当多，有些情况难以预料。由于电路在计算机上进行模拟时采用元器件的参数和模型与实际器件有差别，所以对经计算机仿真过的电路，通常还要进行实际试验。通过试验可以发现问题、分析问题并解决问题。如果性能指标不能满足设计要求,则应深入分析出现问题的原因,再次进行重新设计和元器件选择,直到完全满足性能指标为止。

7. 电路图绘制

系统具体电路图是在总框图、单元电路设计、参数计算和元器件选择的基础上绘制的,它是组装、调试、印制电路板设计和维修的依据。目前,绘电路图一般是在计算机上利用绘图软件完成。绘制电路图时主要注意以下几点。

(1) 总体电路图绘制。尽可能画在同一张图纸上;同时注意信号的流向,一般从输入端画起,由左至右或由上至下按信号的流向依次画出各单元电路;如果电路图比较复杂,可以先将主电路图画在一张图纸上,然后将其余的单元电路画在一张或数张图纸上,并在各图纸所有端口两端标注标号,依次说明各图纸之间的连线关系。

(2) 总体电路图布局。注意总体电路图的紧凑和协调,要求布局合理、排列均匀。图中元器件的符号应标准化,元件符号旁边应标出型号和参数。集成电路通常用框表示,在框内标出它的型号,在框的边线两侧标出每根连线的功能和引脚号。

(3) 连线原则。一般画成水平线和垂直线,并尽可能减少交叉和拐弯;对于交叉连接的线,应在交叉处用圆点标出;对于连接电源正极的连线,仅需标出电源的电压值;对于连接电源负极的连线,一般用接地符号表示即可。

14.1.2 通用型电子系统的安装和调试

1. 电子系统的安装

设计电路完成后,就要进行电路的安装。一般采用印制电路板、通用电路板和面包板进行安装,安装时应注意以下几个方面。

(1) 准备工具和材料。装配各种各样的电子元器件及结构各异的零部件。

(2) 元器件装配前处理。安装前,所有电子元器件都需进行测试或老化处理,以保证元器件的质量。正确使用基本工具,以提高工作效率,保证装配质量。

(3) 元器件布放方向。有极性的电子元器件安装时其标志最好方向一致,以便于检查和更换。集成电路的方向要保持一致,以便正确布线和查线。

(4) 面包板上电路组装。为了便于查线,可根据连线的不同作用选择不同颜色的导线。如正电源采用红色导线、负电源采用蓝色导线、地线采用黑色导线、信号线采用黄色导线等。

(5) 导线及布线要求。导线粗细要适中,避免导线与面包板插孔之间接触不良;布线要按信号的流向有序连接,做到横平竖直,不允许跨接在集成电路上。

(6) 印制电路板的设计原则。性质相同的电路安排在一块板上是设计原则。例如,模拟电路或小信号电路安排在一块板上;大功率电路、高压电路、发射电路单独配置,甚至要安排必要的屏蔽盒、绝缘盒、散热装置等。

2. 电子系统的调试

(1) 调试电路的常用仪器。

① 万用表。用万用表测量交直流电压、交直流电流、电阻、电容及半导体二极管和晶体管等,具有准确度高、简单方便、应用广泛等特点。

② 示波器。用示波器可以对电路中的各点电位进行测量和波形观测,可以比较任意两

点波形的相位关系。使用示波器应注意所用示波器的频带一定要大于被测信号的频率。

③ 信号发生器。电子系统调试,往往要在信号发生器中加信号,如多功能函数发生器能够产生正弦波、三角波、方波等波形。

(2) 调试电路前的检查。电路安装完毕后,不要急于通电,首先要根据电路原理图认真检查电路接线是否正确。主要直观检查电源、地线、信号线、元器件引脚之间有无短路,连线有无接触不良,元器件有无漏焊,二极管、晶体管和电解电容极性有无错误。查线时最好用指针式万用表"W×1"挡,或用数字万用表的"W"挡的蜂鸣器来测量。

(3) 调试步骤。电子系统的调试原则是"化整为零、分块调试"。

① 通电观察。在确认电路连接没有错误的情况下,接通电源。电源接通后不要急于测量数据,而应先观察有无异常现象,如有无冒烟、是否闻到异常气味、手摸元器件是否发烫、电源是否有短路现象等。如果有异常,应立即关断电源,待故障排除后方可重新通电。

② 分块调试。把电路按功能分成不同的模块,分别对各模块进行调试。通常调试顺序是按照信号的流向进行,这样可把前级测试过的输出作为后一级的输入信号,为最后联调创造条件。分块调试包括静态测试和动态调试。静态测试是在没有外加信号的条件下测量电路各点电位,通过静态测试可以及时发现已经损坏的元器件或其他故障。动态测试是在信号源的作用下,借助示波器观察各点波形,进行波形分析,测量动态指标。把静态测试和动态测试的结果与设计的指标加以比较,经深入分析后对电路与参数提出合理的修整。调试电路过程应对测试结果作详尽记录。

③ 整机联调。各单元电路调试好以后,还要将它们连接成整机进行统调。整机统调主要观察和测量动态特性,把测量的结果与设计指标逐一对比,找出问题并分析问题,再给出解决问题的办法,然后对电路及参数进行修正,直到整机的性能完全符合设计要求为止。

14.2 晶体管开关电路设计及其应用

14.2.1 晶体管的开关

图 14.1 是一个发射极接地放大电路,这种电路能够通过输入信号(电压)连续地模拟控制流过集电-发射极间电流,获得输出电压。图 14.2 所示为一种计数地接通/断开晶体管的集电极-发射极间的电流作为开关使用的电路。

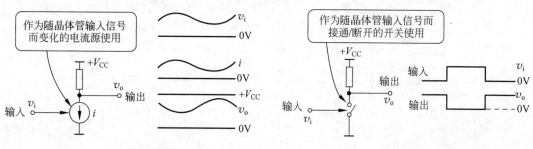

图 14.1　放大电路的考虑方法　　　　图 14.2　开关电路的考虑方法

图 14.3 是电压增益(放大倍数)$A_v = 10$ 时发射极接地型放大电路,电源是 +5V。图 14.4 是给图 14.3 所示电路输入 1kHz、电压峰峰值 1V 的信号时的输入输出波形。由于

输入波形是正弦波,这时从集电极电位取出输出波形(未通过耦合电容)。由于 $A_v=10$,所以输出电压峰峰值应该是 10V。但由于电源电压以及发射极电阻上电压降的缘故,故图 14.4 所示波形的上下部分均被截去(输出饱和)。

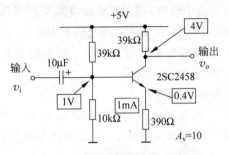

图 14.3　发射极接地放大电路

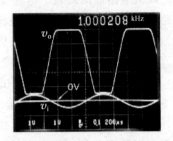

图 14.4　发射极接地放大电路输入输出
　　　　 波形($200\mu s$/div、1V/div)

输出波形的上半周被截去是由于输出电平与电源电压相等,所以集电极电阻上没有了电压降,也就是说,晶体管的集电极-发射极间没有电流流过(集电极电流为零)。换句话说,晶体管处于截止状态。相反,输出波形的下半周被截去是因为输出电平处于更接近 GND 电平的电位(集电极电阻上的电压降非常大),晶体管的集电极电流处于最大值。也就是说,晶体管处于导通状态。这样的开关电路只要利用输入信号使输出波形被限幅就可以实现(使晶体管处于接通/断开状态就可以),所以可以认为只要放大电路具有非常大的放大倍数,或者加上很大的输入信号就可以。但是,这样的开关电路必须是直流的接通/断开状态(这样的用途非常多),所以必须具有一定的直流放大倍数。

1. 从放大电路到开关电路的演变过程

图 14.5 是从发射极放大电路演变为开关电路的示意图。首先为了获得直流增益(放大倍数),从图 14.5(a)所示一般发射极放大电路中去掉输入输出耦合电容 C_1、C_2,得到图 14.5(b)所示直流电路;为了进一步提高放大倍数,去掉发射极电阻 R_E 变成图 14.5(c)所示电路;再去掉基极偏置电阻 R_1,也就没有必要加基极偏置电压。当输入信号为 0V 时,晶体管处于截止状态,所以集电极就没有必要流过无用的电流-空载电流。因此,如图 14.5(d)所示,去掉偏置用的 R_1。

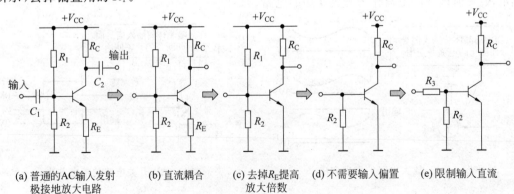

图 14.5　发射极放大电路演变为开关电路的过程

为了确保没有输入信号时晶体管处于截止状态,需要保留使基极处于 GND 电位的电阻 R_2。但是,若图 14.5(d)所示电路中的输入信号超过+0.6V,晶体管基极-发射极间的二极管将处于导通状态,就开始有基极电流流过。也就是说,这样的状态不能限制电流,会有非常大的基极电流流过。因此,还需要插入限制基极电流的电阻 R_3,如图 14.5(e)所示。这样就可以将发射极接地放大电路变形成开关电路。

2. 开关电路波形观测

图 14.6(a)是图 14.5(e)所示电路的实际开关电路,图 14.6(b)是给图 14.6(a)所示电路的输入是 1kHz、电压峰峰值 2V 的正弦波时的输入输出波形。虽然输入信号是正弦波,但由于电路的放大倍数足够大,所以输出波形就变成了方波。当输入信号电平在+0.6V 以下时晶体管处于截止状态,输出电平是+5V(电源电压)。当超过+0.6V 时,晶体管处于导通状态,输出基本上是 GND 电平。

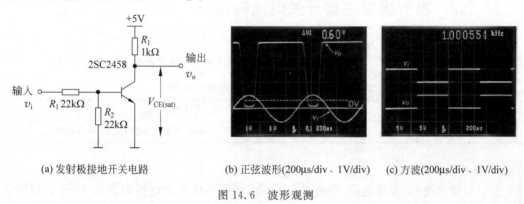

(a) 发射极接地开关电路　　(b) 正弦波形(200μs/div、1V/div)　　(c) 方波(200μs/div、1V/div)

图 14.6　波形观测

通常开关电路的输入信号只是控制开关的接通/断开,所以采用与接通/断开电平相对应的二值信号,即方波。经常用 TTL 或 CMOS 等数字电路的输出直接控制开关电路。图 14.6(c)是给图 14.6(a)所示电路输入 1kHz、0V/+5V 方波时的输入输出波形。由于用 0V/+5V 的方波使晶体管处于接通/断开状态,所以输出波形也是+5V/0V 的方波。这个电路可以认为是发射极接地放大电路的变形,所以与放大电路一样,输入输出信号的相位是反转的。由图 14.6(c)知,这个电路可以作为倒相器使用。如果该电路电源设置为+15V,由于输入信号是 0V/+5V 的 CMOS(TTL)电平,所以可以作为向 0V/+15V 的 CMOS 电平变换的逻辑电平变换电路。当然,反过来也可以由 0V/+15V 变换为 0V/+5V。

3. 集电极开路的情况

如果图 14.6(a)所示电路中集电极接上负载电阻 R_L,就得到图 14.7 所示电路。当不连接负载电阻时这个电路的集电极就原封不动地变成输出端,把这个电路叫作开路集电极,它广泛应用于以继电器或灯泡等为外部负载的开关电路。如果是 NPN 型三极管则在输入为零时截止;如果是 PNP 型三极管则在输入为零时导通。

如图 14.7 所示,在使用 NPN 型晶体管的电路中,如果在电位高于 GND 的电源与集电极(输出端)之间连接负载,这时就像是吸入负载电流。在使用 PNP 晶体管的电路中,如果在比正电源电位低的电源(在图 14.7(b)中是 GND)与集电极间连接负载,这时就像负载电流在流出。因此,这个开路集电极能够接通/断开负载电流而与负载连接几伏的电源没有关系,所以是一个对于开关外部负载非常方便的电路。

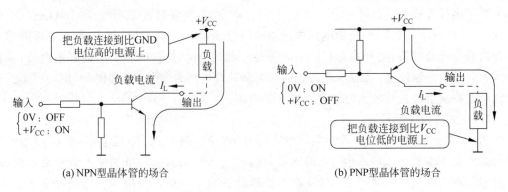

图 14.7 集电极开路电路

14.2.2 发射极接地型开关电路的设计

图 14.6(a) 所示电路的设计指标如表 14.1 所示。输入采用 0V/+5V 的 4000B 系列 CMOS 逻辑电路的信号,接通/断开 5mA 的负载电流(+5V 电源上连接 $R_L=1k\Omega$)。

表 14.1 发射极接地型开关电路设计指标

负载电流(集电极电流)	5mA(给+5V 连接 1kΩ 的负载电阻)
输入信号	$V_{IL}=0V,V_{IH}=+5V$(4000B 系列 CMOS 逻辑电路的输出)

1. 开关晶体管选择

由于负载电流(集电极电流)的指标是 5mA,所以晶体管集电极电流 I_C 的最大额定值必须大于 5mA。当晶体管处于截止状态时,连接负电源的电压(这里是+5V)加在集电极-发射极之间和集电极-基极之间。因此,应选择集电极-发射极间和集电极-基极间电压最大额定值 V_{CEO}、V_{CBO} 大于连接负载的电源电压的晶体管。

这里按照 $V_{CEO}>+5V,V_{CBO}>+5V,I_C>5mA$ 的条件,选择 2SC2458。表 14.2 给出了 2SC2458 器件的特性。使用 PNP 晶体管时的电路如图 14.8 所示。当然,使用时并不介意选择 NPN 型晶体管还是 PNP 型晶体管。

表 14.2 2SC2458 器件的特性

(典型的通用小信号晶体管,用于放大或开关。按 β_0 细分为 0～BL 共 4 个档次)

(a) 最大额定值($T_a=25$℃)

项 目	符 号	额 定 值	单 位
集电极-基极间电压	V_{CBO}	50	V
集电极-发射极间电压	V_{CEO}	50	V
发射极-基极间电压	V_{EBO}	5	V
集电极电流	I_C	150	mA
基极电流	I_B	50	mA
集电极损耗	P_C	200	mW
结区温度	T_j	125	℃
存储温度	T_{stg}	−55～125	℃

续表

(b) 电学特性($T_a = 25℃$)

项 目	符 号	测定条件	最小	标准	最大	单位
集电极截止电流	I_{CBO}	$V_{CB}=50V, I_E=0$	—	—	0.1	μA
发射极截止电流	I_{EBO}	$V_{EB}=5V, I_C=0$	—	—	0.1	μA
直流电流放大倍数	β_0	$V_{CE}=6V, I_C=2mA$	70	—	700	
集电极-发射极间饱和电压	$V_{CE(sat)}$	$I_C=100mA, I_B=10mA$	—	0.1	0.25	V
特征频率	f_T	$V_{CE}=10V, I_C=1mA$	80	—	—	MHz
集电极输出电容	C_{cb}	$V_{CB}=10V, I_E=0,$ $f=1MHz$	—	2.0	3.5	pF
噪声系数	NF	$V_{CE}=6V, I_C=0.1mA,$ $f=1kHz, R_g=10k\Omega$	—	1.0	10	dB

注:β_0 分类 O:70~140,Y:120~240,GR:200~400,BL:350~700。

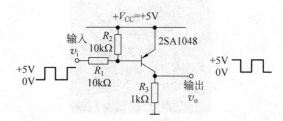

图 14.8 NPN 型管的发射极接地型开关电路

图 14.6(a)所示电路已经在集电极与+5V 电源间连接了负载($R_L=1k\Omega$),所以是根据这个电源电压和负载电流来决定晶体管的。在开路集电极的场合选择的方法也完全相同。由外部负载连接的电源电压和从输出端(集电极)吸入或流出的最大负载电流共同选择晶体管。

2. 达林顿管开关

发射极接地型开关电路的负载电流就是集电极电流,所以必须能够从输入端提供大于 $1/\beta_0$ 的基极电流。对于图 14.6(a)所示电路,由于负载电流小,只有 5mA,所以没有什么问题。但是当负载电流达数百毫安以上时,驱动基极的电路(接续输入端的电路)就有可能无法提供足够的基极电流。

在这种情况下,需要采用称为"超 β 晶体管"的 β_0 非常大的晶体管(如 2SC3113 的 β_0 可达到 600~3600),或者采用图 14.9(a)所示达林顿连接的开关电路。由于晶体管是达林顿连接,所以用 0.5mA 的基极电流可获得 0.9A 的负载电流。在设计大负载电流的电路时,还需要注意晶体管的集电极-发射极间饱和电压 V_{CES}。尽管晶体管处于导通状态时的集电极-发射极间电阻值非常小,但还不是零,所以当集电极电流流过时会产生电压降。这就是集电极饱和电压 V_{CES}。图 14.9(b)是 2SC2458 的集电极流过 100mA 的负载电流时的开关电路。图 14.9(c)是给图 14.9(b)所示电路输入 1kHz、0V/+5V 控制信号时的集电极波形

v_c。这个电路中,$V_{CES}=0.16V$。晶体管处于导通状态时的功率损耗是V_{CES}与集电极电流之积,它们全部变成热损耗。所以当负载电流大时,必须注意晶体管的发热问题。

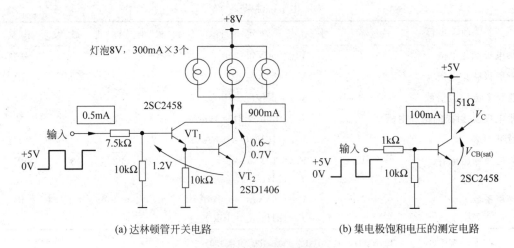

(a) 达林顿管开关电路　　　　　　(b) 集电极饱和电压的测定电路

(c) 加1kHz、0V/+5V方波

图14.9　达林顿管开关电路及测试

另外,如图14.9(a)所示,当发射极接地型开关电路中采用达林顿管连接时,VT_2的集电极-发射极间电压并不是V_{CES}而是VT_2的V_{BE}($=0.6\sim 0.7V$)。这是因为VT_2的集电极电位如果不是与VT_1的发射极($=VT_2$的基极电位)同电位,那么VT_1的基极-集电极间的PN结将处于导通状态。因此,采用达林顿连接处理大电流时,特别要注意晶体管的热损耗问题($0.6\sim 0.7V\times$集电极电流=热损耗)。

3. 确定偏置电路 R_1、R_2

如果能使基极电流达到集电极电流的$1/\beta_0$倍,晶体管将处于导通状态。考虑到β_0的分散性或者基极电流受温度影响而变化等因素(因为V_{BE}具有温度特性,所以基极电流也随温度变化),应该使流过的基极电流稍大些。这叫作过驱动,通常设定为按所使用晶体管β_0的最低值计算得到的基极电流的$1.5\sim 2$倍以上。

由表14.2知,2SC2458的β_0最低值是70,图14.6(a)中电路的负载电流为5mA,所以可以设定流过的基极电流大于$0.1mA((5mA/70)\times 1.5)\sim 0.14mA((5mA/70)\times 2)$。

如图14.10所示,由于基极电位是$+0.6V$,所以输入信号为$+5V$时R_1上产生的电压降为4.4V(但是要注意,达林顿管连接时基极电位为$+1.2V$)。

按照上述条件,为使晶体管处于导通状态要求流过的基极电流为 0.2mA,所以 $R_1=22\text{k}\Omega(=4.4\text{V}/0.2\text{mA})$(但是忽略了流过 R_2 的电流)。R_2 是输入端开路时确保晶体管处于截止状态的电阻。如果 R_2 过大,将容易受噪声的干扰,过小则在晶体管处于导通状态时会有无用电流流过 R_2。这里设定 $R_2=22\text{k}\Omega$(与 R_1 值相同)。

图 14.11 是内藏有偏置电阻的晶体管,R_1、R_2 电阻也有各种取值。如果使用内藏电阻的晶体管将会减少电路的元件数目,这对于开关电路是很方便的。

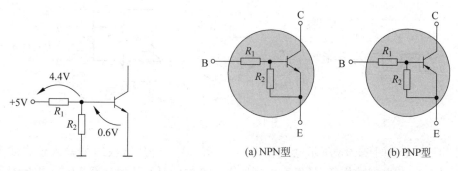

图 14.10　R_1 的压降　　　　图 14.11　内有电阻的晶体管

4. 开关速度慢

图 14.12 是给图 14.6(a)所示电路输入 100kHz、0V/+5V 方波时的输入输出波形。当输入信号 v_i 从 0 变化到 +5V 时,晶体管立即由截止状态变化到导通状态,输出信号 v_o 也立即响应,从 +5V 变化到 0V。但是,当 v_i 从 +5V 变化到 0V 时,晶体管从导通状态变化到截止状态时却花费时间,v_o 从 0V 变化到 +5V 时间滞后了 2.8μs。也就是说,晶体管导通时(v_o:H→L)速度快,但由导通到截止时(v_o:L→H)需要约 2.8μs。

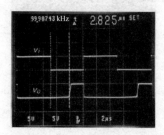

图 14.12　图 14.6(a)的电路输入 100kHz、0V/+5V
方波时的输入输出波形(2μs/div、5V/div)

晶体管处于导通状态时有基极电流流过,所以在基区内积累有电子。因此,在这种状态下即使输入信号变成了 0V,基区中的电子并不能立即消失(电荷存储效应)。而且在基极限流电阻 R_1 的作用下,也不可能立即从基区取出全部电子,这就是造成时间滞后的原因。在开关调节器之类使负载高速开关的应用电路中,这种时间滞后是很不利的。

5. 提高开关速度

使用晶体管开关时,前述图 14.6(a)所示电路的开关速度往往不能满足要求。许多应用需要高的开关速度。这里就提高开关速度的基本技术进行实验。

1) 使用加速电容

图 14.13 是给基极限流电阻 R_1 并联小容量电容器的电路。这样,当输入信号上升、下降时能够使 R_1 电阻瞬间被旁路并提供基极电流,所以在晶体管由导通状态变化到截止状态时能够迅速从基区取出电子(因为 R_1 被旁路),消除开关的时间滞后,这个电容器的作用是提高开关速度,所以称为加速电容。

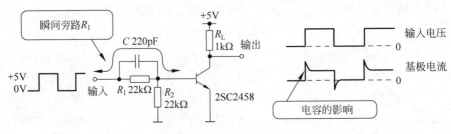

图 14.13　加速电容

图 14.14 是给图 14.13 所示电路输入 100kHz、0V/+5V 方波时的输入输出波形。可以看出,由于加速电容的作用,已经看不到图 14.12 中的时间滞后。图 14.14 中还看得不很清楚,实际上晶体管由截止状态到导通状态的时间也缩短了。由于所使用的晶体管以及基极电流、集电极电流等因素,加速电容的最佳值是各不相同的。因此,加速电容的值要通过观测实际电路的开关波形决定。对一般的晶体管来说,容量为数十皮法至数百皮法。

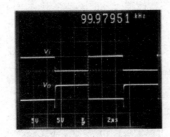

图 14.14　图 14.13 的电路输入 100kHz、0V/+5V
方波时的输入输出波形($2\mu s/div$、$5V/div$)

2) 肖特基箝位

提高晶体管开关速度的另一个方法是利用肖特基二极管箝位。肖特基二极管箝位就是在三极管基极-集电极之间接入肖特基二极管,如图 14.15 所示。肖特基二极管由金属与半导体接触形成具有整流作用的二极管,具有开关速度快、正向电压降 V_F 比硅 PN 结小的特点,准确地说叫作肖特基势垒二极管,这里采用 1SS286,其特性如图 14.16 所示。图 14.17 是给图 14.15 所示电路输入 100kHz、0V/+5V 方波时的输入输出波形,其效果与接入加速电容(参见图 14.14)时相同,晶体管从导通状态变化到截止状态时没有看到时间滞后。图 14.18 是图 14.15 所示电路中晶体管处于导通状态(输出为 0V)时,本来应该流过晶体管的大部分基极电流现在通过 VD_1 被旁路掉了。这时流过晶体管的基极电流非常小,所以可以认为这时晶体管的导通状态很接近截止状态。因此,图 14.17 所示从导通状态变化到截止状态时的时间滞后非常小(基极电流小,所以电荷存储效应的影响小)。在图 14.17 中,输出波形由 0V 变化到 +5V 时之所以波形上升沿不很陡,是由于 R_1 与晶体管密勒效应构成低通滤波器的影响,与电荷存储效应没有关系。

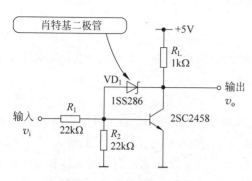

图 14.15　肖特基箍位电路

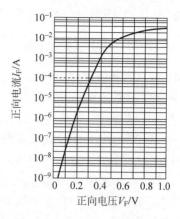

图 14.16　1SS286 的特性曲线

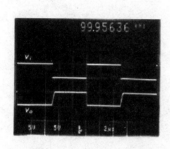

图 14.17　给图 14.15 所示电路输入 100kHz、
　　　　0V/+5V 方波时的输入输出波形
　　　　($2\mu s/div$、$5V/div$)

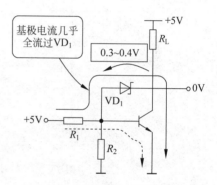

图 14.18　晶体管导通状态

3) 如何提高输出波形的上升速度

图 14.19 是图 14.15 所示电路中 $R_1 = 1k\Omega$ 时的开关波形(输入信号是 100kHz、0V/+5V 的方波)。该图表明,当 R_1 小时,由于低通滤波器的截止频率升高,所以输出波形从 0V 变化到 +5V 时的上升速度加快了。加速电容是一种与减小 R_1 值等效的提高开关速度的方法(减小 R_1 值,也会加快输出波形的上升速度)。肖特基箍位可以看作是改变晶体管的工作点,减小电荷存储效应影响,提高开关速度的方法。

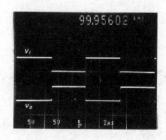

图 14.19　图 14.15 中 $R_1 = 1k\Omega$ 时的
　　　　开关波形($2\mu s/div$、$5V/div$)

由于肖特基箍位电路不像接入加速电容那样会降低电路的输入阻抗,所以当驱动开关电路的前级电路的驱动能力较低时,采用这种方法很有效。

在设计这种电路时需要注意肖特基二极管的反向电压 V_R 的最大额定值。肖特基二极管中某些器件的 V_R 最大额定值非常低(高频电路中应用的某些器件仅为 3V)。图 14.15

所示电路中因为晶体管截止时电源电压原封不动地加在 VD_1 上,所以必须使用 V_R 的最大额定值大于 5V 的器件(1SS286 是 25V)。

14.2.3 射极跟随器开关的设计

1. 输入大振幅

射极跟随器是电压放大倍数为 1 的放大电路。这种电路具有直流增益,利用输入大振幅的方波可以起到与开关电路相同的作用。

图 14.20 给出了将射极跟随器演变为开关电路的过程。首先,为了获得直流增益,从图 14.20(a)所示的一般射极跟随器中去掉输入输出耦合电容 C_1 和 C_2,变成图 14.20(b)所示的电路。由于没有必要给基极加偏置电压(因为输入信号为 0V 时晶体管处于截止状态),所以如图 14.20(c)所示再去掉 R_1。但是,为了确保没有输入信号时晶体管处于截止状态,所以保留使基极处于 GND 电位的电阻 R_2,这样就把射极跟随器变成了开关电路。

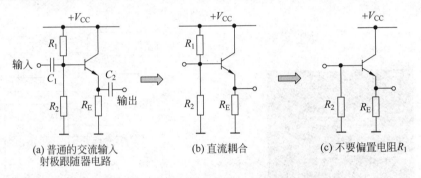

(a) 普通的交流输入射极跟随器电路　　(b) 直流耦合　　(c) 不要偏置电阻 R_1

图 14.20　射极跟随器演变为开关电路的过程

图 14.21 所示电路是给 14.20(c)所示电路的实际电路。图 14.22 是给图 14.21 所示电路输入 1kHz、电压峰峰值 4V 的正弦波时的输入输出波形。当输入信号 v_i 的振幅在 +0.6V 以下时晶体管处于截止状态,所以只有 v_i 的正半周波形作为输出波形 v_o 出现,而且 v_o 的振幅值总比 v_i 低 0.6V(晶体管的 V_{BE})。

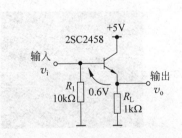

图 14.21　射极跟随器型开关电路

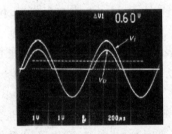

图 14.22　加 1kHz、电压峰峰值 4V 的正弦波时输入输出波形

图 14.23 是给图 14.21 所示电路输入 1MHz、0V/+5V 方波时的输入输出波形。因为输出波形就是晶体管的发射极电位,所以它追随输入信号,输出为 0V/+4.4V 的方波。也就是说,由于这个电路是射极跟随器的变形,所以输入输出信号的相位也与放大电路的情况相同,都是同相的。

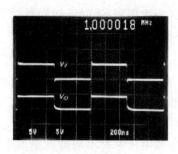

图 14.23　图 14.21 电路中输入 1MHz、0V/+5V
方波时的输入输出波形（200ns/div、5V/div）

射极跟随器型开关电路继承了射极跟随器频率特性好的优点，如图 14.24 所示。即使 1MHz 的频率也很容易地实现开关。尽管图 14.6(a) 与图 14.21 中使用的晶体管是相同的。射极跟随器型开关电路的特点是实现高速开关。与发射极接地型开关相比，由于不需要限制基极电流的电阻，所以它的优点是元件少。

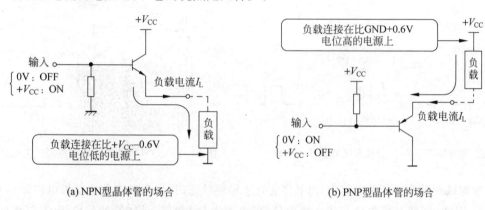

(a) NPN型晶体管的场合　　　　　　　　(b) PNP型晶体管的场合

图 14.24　开路发射极电路

与发射极接地型开关电路的开路集电极相对应，把这种电路叫作开路发射极电路。它应用于高速开关外部负载的场合。

2. 开关电路的设计指标

图 14.24 所示电路的设计指标，如表 14.3 所示。

表 14.3　射极跟随器型开关的指标

负载电流（发射极电流）	5mA(V_{CC}=+5V,负载电阻 1kΩ)
输入信号	V_{IL}=0V,V_{IH}=+5V(4000 系列 CMOS 逻辑电路的输出)

3. 晶体管的选择

负载电流（发射极电流）的指标是 5mA，所以晶体管的集电极电流（=发射极电流）的最大额定值必须大于 5mA。因为必须由 4000B 系列 CMOS IC 提供基极电流，所以为了将基极电流抑制在 0.1mA（一般不怎么能够从 4000B 系列 CMOS IC 中取出电流），而负载电流是 5mA，所以 β_o 必须在 50（=5mA/0.1mA）以上。

另外，晶体管处于截止状态时电源电压（在这里是+5V）是加在集电极-发射极间和集电极-基极间,所以所选择晶体管的集电极-发射极间和集电极-基极间的最大额定值 V_{CEO}、V_{CBO} 必须大于电源电压。

按照 $I_C>5mA$、$\beta_0>50$、$V_{CEO}>5V$、$V_{CBO}>5V$ 的条件,与发射极接地时情况相同,选择 2SC2458。当然使用 PNP 晶体管也无妨,不过这时的电路变成图 14.25 所示的那样。

开路发射极的设计也完全相同,以加在外部负载上的电压以及从输出端(发射极)流出或者吸入的最大负载电流为根据,选择晶体管。

射极跟随器型开关电路的负载电流原封不动地就是发射极电流,所以必须给输入端提供它的 $1/\beta_0$ 倍基极电流。但是当负载电流大时,有可能无法提供驱动输入端电路所必要的基极电流。

在这种情况下,仍然和发射极接地时做法一样,或者采用超 β 晶体管,或者如图 14.26 所示将晶体管达林顿连接使用。但是,达林顿连接时需要注意发射极电位要比基极电位低 1.2~1.4V(两个 V_{BE})。

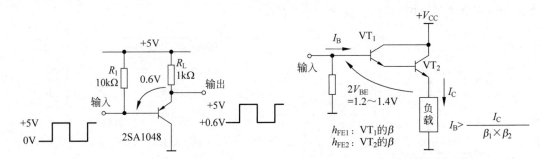

图 14.25　PNP 射极跟随器型开关电路　　　图 14.26　达林顿管射极跟随器型开关电路

在射极跟随器型开关电路中,当晶体管处于导通状态时,发射极电位比基极电位低 0.6~0.7V。因此,即使基极电位与集电极电位(即电源电压)相等,晶体管的集电极-发射极间电压 V_{CE} 还是 0.6~0.7V(达林顿连接时是 1.2~1.4V)。这个 V_{CE} 与集电极电流(=发射极电流)之积就是晶体管的热损耗,所以当负载电流大时,应该注意晶体管的发热问题。

4. 偏置电阻 R_1 的确定

R_1 是当输入端开路时为确保晶体管处于截止状态所使用的电阻。当 R_1 值大时容易受噪声的影响;反之,当 R_1 值小时将有无用电流从输入端流入 R_1。这里设定 $R_1=10k\Omega$。

14.2.4　晶体管开关电路的应用

1. 继电器驱动电路

图 14.27 是用晶体管驱动继电器的电路。它是将图 14.6(a)所示电路中的负载电阻置换为继电器的开关电路。这个电路在继电器线圈上并联了二极管。

当开关的负载为电动机或者继电器等电感性负载时,在截断流过负载的电流时(晶体管进入截止状态时)会产生反电动势(楞次定律),这时产生的电压非常大。当这种电压超过晶体管的集电极-基极间、集电极-发射极间电压的最大额定值 V_{CBO}、V_{CEO} 时,晶体管将会被击穿。因此需给负载(线圈)并联接续二极管,但要注意二极管的方向必须严格按图 14.27 所示方向相反。这样一来,由于开关截止时产生的反电动势,当集电极的电位变为电源电压(图 14.27 中为+12V)+0.6V(二极管的正向电压降)时,二极管处于导通状态,使反电动势闭合(也可以认为集电极电位被箝位在电源电压+0.6V)。也就是说,由于集电极的电位不高于电源电压+0.6V,所以能够防止晶体管被击穿。这个晶体管叫作续流二极管或者闭合二极管。

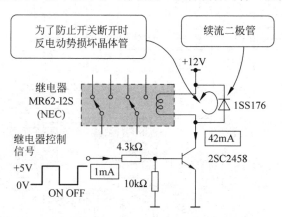

图 14.27 继电器驱动电路

图 14.28 是图 14.27 所示电路中没有接续流二极管时的集电极波形(控制信号是 150Hz、0V/+5V 的方波)。继电器线圈产生的反电动势电压达到了 140V,大大超过 2SC2458 的最大额定值 $V_{CBO}=V_{CEO}=50V$。在这种状态下,开关晶体管难免会被击穿。

图 14.29 是接续了续流二极管时(参见图 14.27)的集电极波形,这个续流二极管采用硅二极管 1SS176(最大反向电压是 35V,最大正向电流是 300mA)。可以看出,由于续流二极管使反电动势闭合,所以没有产生高于电源电压的电压(照片中看不清楚,实际上继电器断开时的瞬间电压是电源电压+0.6V)。

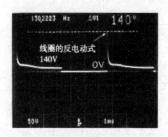

图 14.28 继电器上没有二极管
(1ms/div、50V/div)

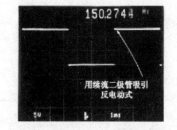

图 14.29 继电器上并联有二极管
(1ms/div、50V/div)

2. LED 显示器动态驱动电路(射极跟随器)

图 14.30 是 7 段 LED 的动态驱动电路。数字一侧的驱动电路是达林顿连接的发射极接地型开关。段驱动电路采用 NPN 型晶体管射极跟随器型开关。这个电路采用射极跟随器型开关,所以没有必要给基极插入限流电阻,从而减少了电路的元件数目。流过 LED 段的电流也设定为 30mA。由于射极跟随器型开关晶体管的 V_{CE} 是 0.6V,所以 $R_1 \sim R_7$ 的值小了($R_1 \sim R_7 = (5V-2V-0.6V-0.6V)/30mA \approx 62\Omega$)。

3. 光耦合器的传输电路

如图 14.31 所示,光耦合器是由 LED(发光二极管)与光敏二极管(接收光并将光转换

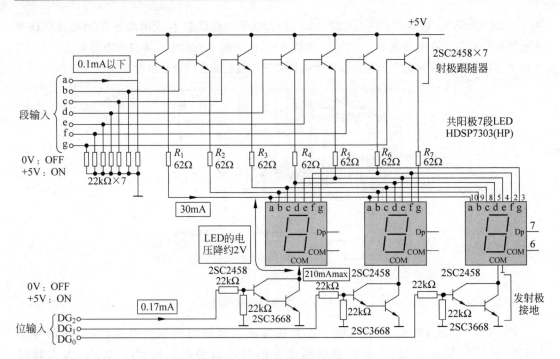

图 14.30 LED 驱动电路

为电流的二极管)以及晶体管组合起来的放大/开关器件(也有用光敏晶体管(利用光进行接通/断开的晶体管)替代光敏二极管和晶体管的器件)。

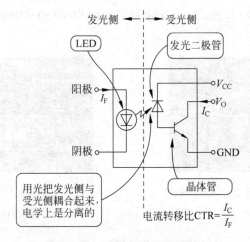

图 14.31 光耦合器的传输电路

光耦合器是通过电流流过 LED 使之发光,再用光敏二极管接收这个光并转换为基极电流使晶体管工作的器件。它可以成为晶体管开关电路的一部分。由于晶体管的基极电流是由光转换提供的,所以光耦合器的最大特点是 LED 部分与晶体管部分能够实现电学分离。这样一来,在发光的 LED 与受光的晶体管之间不论存在多么大的电位差都能够实现信号的交接。因此光耦合器应用于电位差不同的电路间的信号交接、数字电路与模拟电路的 GND 分离等场合。这表征光耦合器的重要特性是电流转移比 CTR(也叫作转移效率)。CTR 是流过输入端 LED 的电流 I_F 与相应的输出端晶体管的集电极电流 I_C 之比 I_F/I_C,用"%"表示。一般的光耦合器中 CTR 的值为百分之几至百分之几百。CTR 相当于是光耦合器的 β_0,所以在电路设计中必须充分予以考虑。

图 14.32 是使用高速光耦合器 6N136(HP)的 CMOS 数字电路间的连接电路。由于数字电路中间用光耦合器连接,所以可以把电路间的 GND 线分离,从而截断 GND 线的电位差和噪声。

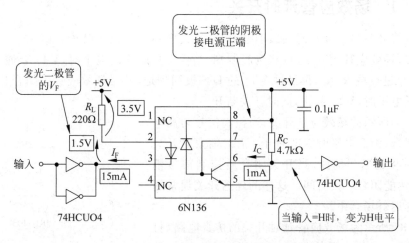

图 14.32 CMOS 数字电路间的分离

电路设计时,首先求光耦合器集电极电阻 R_C 的值。光耦合器的集电极中,即使晶体管处于截止状态,仍然有 μA 量级的暗电流流动。所以如果 R_C 值不是小到某种程度的话,就会降低晶体管在截止状态的输出电压。这里设定 $R_C=4.7$kΩ,所以 $I_C\approx 1$mA。

其次是确定流过 LED 的电流 I_F。这需要在考虑 CTR 后才能求得。6N136 的 CTR 是 20%(可以设定 $I_F=5$mA,即 1mA/20%)。由于 CTR 随温度和使用时间的变化较大,所以通常留有 2 至数十倍的余量。图 14.32 所示的电路中,留有 3 倍的余量,设定 $I_F=15$mA。

LED 的正向电压降 V_F 是 1.5V,所以 $R_L=220$Ω(为 $(5\sim1.5\text{V})/15\text{mA}$)(假定 CMOS 倒相器的输出电压是 0V)。由于流过 LED 的电流大(15mA),所以可以并联接续 CMOS 倒相器,以提高负载的驱动能力。

图 14.32 所示电路是用 CMOS 倒相器驱动 LED 阴极的,所以当输入处于高电平时,光耦合器的晶体管处于导通状态,输出高电平。希望反逻辑时,如图 14.33 所示,可以用 CMOS 倒相器驱动 LED 的阳极(这样一来,当输入为高电平时,光耦合器的晶体管处于截止状态,所以输出低电平)。

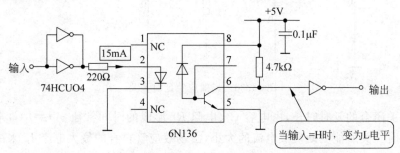

图 14.33 LED 驱动一侧逻辑反转的电路

14.3 场效应管延时开关应用电路设计

下面讨论场效应管的开关特性。

14.3.1 场效应管延时开关

场效应管开关与三极管开关属于电子开关,其中不涉及机械结构。图 14.34 是一个场效应管开关,场效应管 VT_1 的 G 极为控制端,当信号控制为高电平时,VT_1 导通,于是电流可从 $+V_{DD}$ 经过负载 R_{LOAD},再经过 VT_1 的 D-S 极回到地,此时场效应管为闭合状态。当控制信号为低电平时,VT_1 截止,此时开关断开。

图 14.34 所示的场效应管开关,当控制信号为高电平时马上闭合,为低电平时立即断开。有时需要对开关的操作有一些延迟。例如,当开关闭合后控制信号消失,开关仍然能闭合一段时间。这样的延迟开关通常用在楼道的延迟灯场合中。

图 14.35 所示为场效应管延时开关的仿真电路(打开文件"Multisim 仿真文件"→"12 场效应管"→"场效应管延时开关"),当开关闭合时,场效应管 VT_1 导通,电动机开始工作,同时,电容 C_1 很快就能充满电。开关

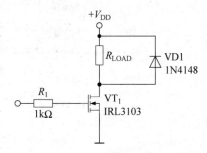

图 14.34 场效应管开关

断开时,由于 C_1 储存有电荷,VT_1 的 G 极电压仍保持着,于是场效应管维持闭合,电动机继续转动。由于场效应管的输入电阻非常大,电容 C_1 只会通过 R_1 下缓慢放电。当放电使 VT_1 的 G 极电压下降到不足以维持场效应管导通时开关断开,电动机停止转动。

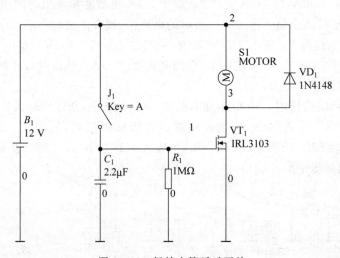

图 14.35 场效应管延时开关

至于开关闭合的延时时长,由电容 C_1、电阻 R_1 形成的时间常数 $\tau(\tau=RC)$ 来决定。而场效应管延时开关所能驱动负载电流的大小,由场效应管自身的最大电流 I_D 来决定。

14.3.2 场效应管延时开关应用电路

1. 场效应管混音器电路

场效应管的高输入阻抗与三极管具有相似的特性,常常被用来设计放大器以及相关电路。有时使用场效应管可以获得非常简洁的电路结构。

混音器在混合电影、电视中是声音效果不可缺少的工具。例如,在听到的电视节目中,可以使用混音器把歌曲切入,使广播信号中时而出现说话声和音乐声。

除了电台里,在录音室、舞台音响、校内广播站、电视台、影视制作室等一切专业地与声音打交道的地方,都会使用混音器把各类声音进行合成。混音器的原型是类似于图14.36所示的简单电路。不同的声音信号分别输入到混音器的不同通道中。例如,图14.36中通道A可以是说话者的说话声,而通道B可以是音乐。这两个通道的信号由电容耦合并通过电位器控制音量进入到场效应管VT_1的G极,经过VT_1合成之后,由S极输出。在混音输出端已经形成了说话声和音乐合成的信号,经过广播后,就成了收音机里听到的电台节目。

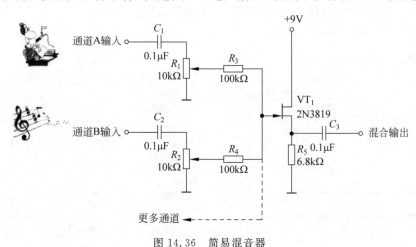

图14.36 简易混音器

2. 场效应管控制直流电动机电路

1) 直流电动机控制模型

电动机简称电机,是一种最常用的电能—机械能转换装置,图14.37是直流电动机控制模型的两种状态。给直流电动机的两个引脚(+、-)供电,其转轴就会以一定的速度转动,如果交换供电极性,可以使电动机反转。电动机的两个引脚(+、-)和电源之间由四个开关A、B、C、D控制着。在图14.37(a)中,开关A和D闭合,开关B和C断开,这样电流从电动机的+极流向-极,于是电动机正转。在图14.37(b)中,开关A和D断开,开关B和C闭合,则电流方向与刚才正好相反,电流从电动机的-极流向+极,于是电动机反转。

2) 场效应管控制电动机

图14.37中的4个开关实现了直流电动机的转向控制。这4个开关在实际中由场效应管充当,得到了场效应管控制电动机电路如图14.38(a)所示,场效应管VT_1与VT_4共G极,被置为高电平,同时场效应管VT_2与VT_3共G极,被置为低电平。于是VT_1与VT_4导通而VT_2与VT_3截止,电流从电动机的+极流向-极(图中箭头所示),于是电动机正转。

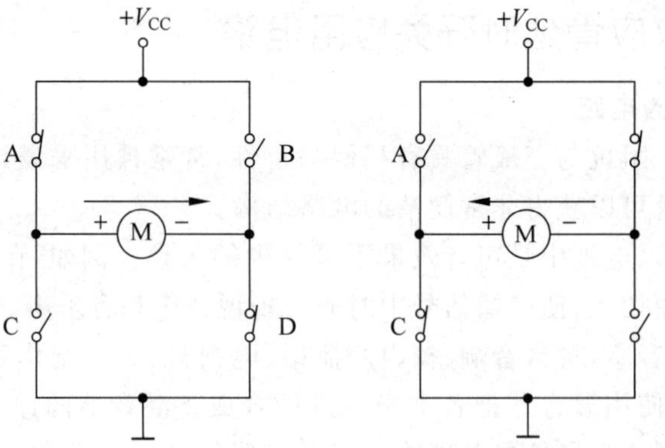

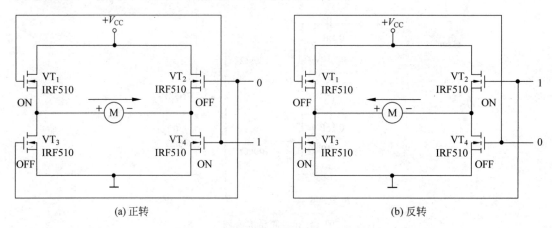

图 14.37 直流电动机控制模型

类似地,在图 14.38(b)中,场效应管 VT_1 与 VT_4 截止而 VT_2 与 VT_3 导通,于是电流从电动机的一极流向+极(图中箭头所示),电动机反转。

图 14.38 场效应管控制直流电动机

由于直流电动机里有线圈,因此就有电感存在。对于场效应管来说,它所控制的器件存在的电感在场效应管截止时可能会产生高压将场效应管击穿。因此,在场效应管的 D 极和 S 极之间并联一个二极管,如图 14.39 所示。这样一来,当直流电动机的电感产生高压形成电流时,可以通过二极管放电而不会进入场效应管,从而保护了场效应管。

有了图 14.39 所示的电路,只要控制共 G 极的电平,就可以实现直流电动机的正、反转控制。

3. 场效应管电磁辐射检测仪

在生活中存在着各种电磁辐射源,如手机、微波炉、电磁炉,这些电磁辐射是否能对人体造成伤害,可以用图 14.40 所示的电磁辐射检测仪来检测电磁辐射的强度。例如,把图 14.40 中检测仪的传感器放到手机旁边,就可以读出手机的电磁辐射强度。

电磁辐射检测仪是一个典型的传感器信号放大系统,其核心部件是传感器和放大器。传感器首先把电磁波转化成电信号,由于电磁波能量比较低,生成的电信号非常微弱,需要放大器把信号的幅度放大到一定范围才好进行量化。由于电信号非常微弱,所以,在电子系

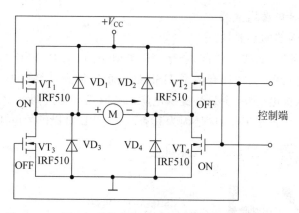

图 14.39　用二极管保护场效应管的直流电动机控制电路

图 14.40　电磁辐射检测仪

统中常常会使用一个具有高输入阻抗的场效应管放大器来放大微弱信号。

利用场效应管设计的一个简易电磁辐射检测仪电路,如图 14.41 所示,L_1 是一个线圈,当其附近有电磁辐射时会感应出电流,从而在场效应管 VT_1 的 G 极上产生电压信号。由于 VT_1 的输入阻抗很大,所以这个由电磁辐射所产生的微弱电信号不会有损耗。经过 VT_1 的放大之后,信号经过电容 C_1 的耦合被三极管 VT_2 进一步放大,最后再由电容 C_2 耦合到三极管 VT_3,以驱动发光二极管 VD_1。VT_3 的 B 极由电阻 R_6、R_7 和电位器 R_8 偏置,调节 R_8 可以设定检测电磁辐射的阈值。当 L_1 附近的电磁辐射达到阈值时,发光二极管 VD_1 就会点亮。

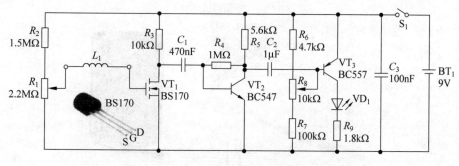

图 14.41　简易的场效应管电磁辐射检测仪

4. 场效应管 USB 电源增强器

1) USB 电源增强器的必要性

在一些 USB 设备中,如移动硬盘,会有一根类似于图 14.42(a)所示的 USB 线,该线的一头插到移动硬盘上,另一头往往有两个 USB 插头可以插到计算机的 USB 口上。其中一个既负责数据也负责供电,另一个只是提供电源。有时需要把这两个 USB 插头都插到计算机的 USB 口,硬盘才会正常工作,这是因为只有一个 USB 口提供的电流不够大。

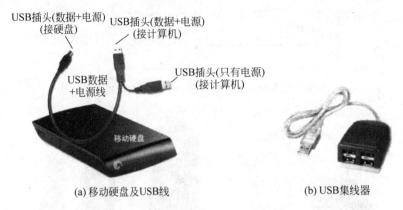

图 14.42 USB 设备的数据+电源线

如果计算机的 USB 口有限,常常可以接一个称为 USB 集线器的设备来扩展 USB 口的数量,如图 14.42(b)所示。然而,从一个 USB 口扩展出来的多个 USB 口往往会出现驱动能力不够的情况,使一些 USB 设备无法正常工作。

解决这个问题就需要利用 USB 电源增强器给 USB 设备供电。USB 插头由四根引线组成,如图 14.43(a)所示,分别是+5V、D-、D+、GND。其中+5V 和 GND 是 USB 口的供电端,D+ 和 D- 不变,这样就能实现通过外部提供稳定+5V 电源使 USB 设备正常工作。如何用场效应管设计一个 USB 电源增强器呢?

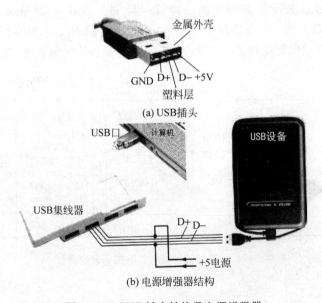

图 14.43 USB 插头结构及电源增强器

2) USB 电源增强器电路

USB 电源增强器电路的方案之一如图 14.44 所示,电源适配器(9V DC)通过插座 J_1 向电路供电,这也是 USB 电源增强的"源动力"。

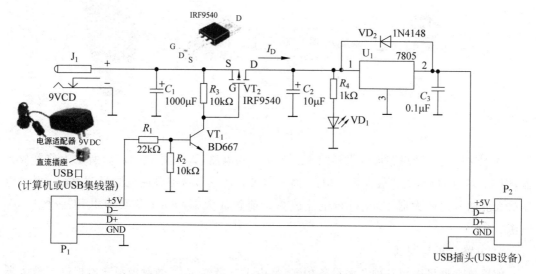

图 14.44 USB 电源增强电路

当 P_1 与计算机或 USB 集线器的 USB 口连接时,USB 口上的 +5V 电压会使三极管 VT_1 导通,这样场效应管 VT_2 的 G 极电位接近 0,而 S 极为 +9V,所以 $V_{GS}<0$,根据 P 型 E-MOSFET 的传输特性曲线(图 14.45(b)),于是 VT_2 导通,电流从 S 极流向 D 极形成电流 I_D。I_D 经过 U_1 稳压之后,从 U_1 的 2 脚输出一个稳定的 +5V 电压;之后由 P_2 口向 USB 设备供电。

当 P_1 与计算机或 USB 集线器的 USB 口断开时,则 VT_1 截止而 VT_2 导通,U_1 的 2 脚没有输出电压。在图 14.44 所示的 USB 电压增强器中,场效应管 VT_2 相当于一个开关,当它导通时,从电源增强器 P_2 口输出的电源就能给 USB 设备供电。

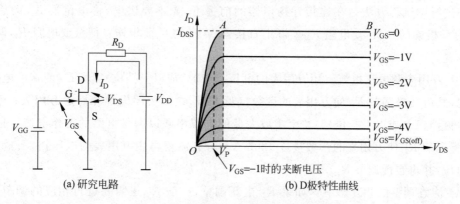

图 14.45 JFET(P 型)特性研究电路

5. 场效应管多媒体音箱

1) 多媒体音箱系统

多媒体音箱系统结构如图 14.46 所示,即音源信号先经过前置放大器(小信号放大器)

的初步放大,实现信号的放大之后再由主放大器(功率放大器)进行电流放大,最后驱动扬声器。

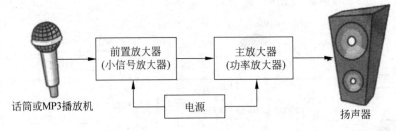

图 14.46　音响放大器系统框图

基于这样的设计思路可以得到图 14.47 所示的电路,其中图 14.47(a)所示为前置放大器,图 14.47(b)所示为主放大器。MP3 播放器等音源信号从前置放大器 V_{in} 端输入,经过电压放大后输入主放大器 V_{in} 端进行电流放大。前置放大器与主放大器可共用一个 +40V 电源。

2) 电路分析与调试

前置放大器可以与各种音源设备相连,是由于三极管 VT_1 的射极跟随器提高了放大器的输入阻抗。利用负反馈,电路中的电位器 R_5 和 R_{10} 还可以分别实现高音、低音的均衡调节,之后的场效应管 VT_2 与三极管 VT_3 形成二级放大器,实现了低噪声的电压放大(约 5.6 倍),同时形成了较低的输出阻抗,以便与后级主放大器(功率放大器)实现阻抗匹配。

主放大器比较简单,是一个典型的由场效应管组成的甲乙类功率放大器。当扬声器的阻抗为 4Ω 时,可实现 30W 的功率输出。在制作和调试时需注意以下几个问题。

(1) 安装散热器。推挽放大的两只场效应管 VT_5、VT_6 必须安装散热器,每一个散热器的体积不应小于 80mm×40mm×25mm。

(2) 分开测试。先不要把前置放大器与主放大器连接在一起,而是让主放大器的输入端开路进行调试。方法是在连接好扬声器的前提下,先不要供电,将电位器 R_{24} 的旋钮向 VT_4 的 C 极旋转到头,使电阻 R_{27} 实际上直接与 VT_4 的 C 极相连。把可变电阻 R_{22} 调节到中间位置。

(3) 万用表测电压电流。用万用表的电压挡(50V 或以上挡位)测量 C_{16} 两端的电压,接通电源,然后缓慢调节 R_{22} 使万用表的读数接近 23V,之后关闭电源并撤走万用表;用万用表的电流挡(1A 或以上挡位)与整个主放大器的电源串联以测量电路的工作电流。接通电源,缓慢调节 R_{24} 使万用表的读数接近 120mA。若有需要再用万用表的电压挡,测量 C_{16} 两端的电压,并再缓慢调节 R_{22}。

(4) 注意调整的相互影响。如果 R_{22} 重新调整,一般 R_{24} 也需要进行相应的调节,而且 R_{22} 和 R_{24} 的调节要非常缓慢,因为它们一个很小的变化都会极大地影响 C_{16} 两端的电压或主放大器的电源。

(5) 调节完毕之后约 15min,看看电流有没有明显的变化。如果一切正常,再把前置放大器与主放大器相连,此时场效应管放大器就可以实现多媒体音箱的放大功能了。

第14章 基于模拟器件的电子电路设计 411

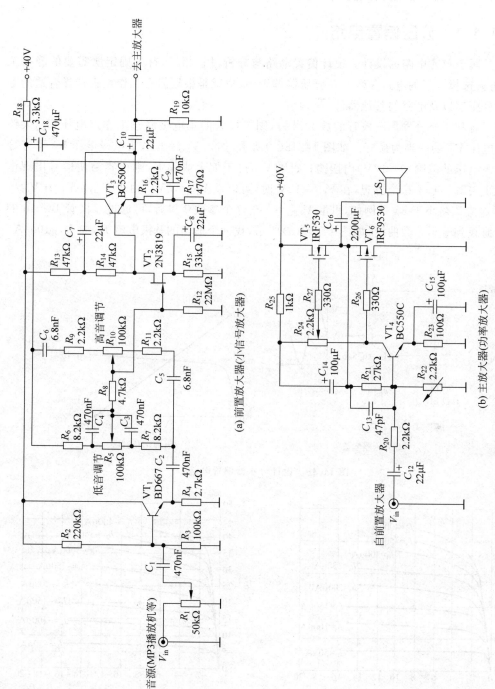

图 14.47 场效应管多媒体音箱电路（只显示一个声道，另一个声道的电路与此相同）

14.4 偏置电路设计与其应用

14.4.1 分压偏置电路

这是属于单元电路的设计。设计偏置电路与分析过程相反,首先确定所需要的静态工作点,再去选择合适的电路参数。在分压器偏置中,也就是根据静态工作点去选择合适的电阻构成分压器以及电路的其他器件。

为了有利于充分发挥三极管的放大潜力,则三极管的集电极静态工作点电压 V_{CQ} 大约为电源电压 V_{CC} 的一半为最好。如图 14.48(a)所示,如果 $V_{CQ}=6V$,集电极电压 V_C 可充分地在电源电压的范围(0~12V)内摆荡;如果 V_{CQ} 过于偏上或偏下,则很容易使信号出现饱和或截止失真。基于这个思想,在 $V_{CC}=12V$ 时,可以设 $V_{CQ}=6V$。由于 $V_{CQ}=V_{EQ}+V_{CEQ}$,所以 V_{CEQ} 应该略小于 6V。例如,可取 $V_{CEQ}=5V$,这个参数获得后,可通过三极管 BC546 的技术手册找到输出参数曲线,如图 14.49(a)所示,找一个适当的基极电流 I_B,如 $I_B=100\mu A$。

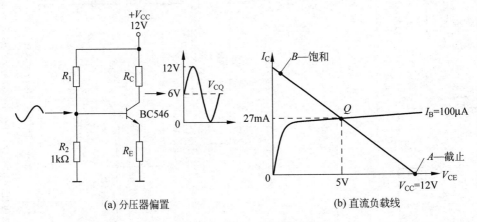

图 14.48 设计分压器偏置电路

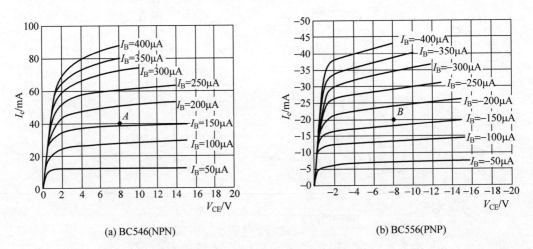

图 14.49 互补三极管的 I_C-V_{CE} 关系曲线

注:互补三极管常常指一对 NPN 型和 PNP 型三极管,它们之间有相同的封装和引脚分布、相似的极限参数和电气特性,图中 BC546 和 BC556 是一对互补三极管。

这样就可以从图 14.49(a)中的输出参数曲线上找到当 $V_{CEQ}=5\text{V}$ 时的集电极静态工作点电流大约为 $I_{CQ}=27\text{mA}$，如图 14.48(b)所示。

以上 V_{CEQ}、I_B、I_{CQ} 的选取并不唯一，选择不同的静态工作点会得到不一样的点。如果信号经过放大之后并不需要充分地在电源电压的范围内摆荡，则静态工作点也不是一定要选在直流负载线的中间位置。

根据从图 14.49(a)输出参数曲线上找到的参数 $I_B=100\mu\text{A}$，$I_{CQ}=27\text{mA}$，$V_{CEQ}=5\text{V}$，另外，$V_{EQ}=V_{CQ}-V_{CEQ}=6\text{V}-5\text{V}=1\text{V}$，结合 $V_{CQ}=6\text{V}$，则分压器偏置电路参数能被计算出来。发射极-基极间的电压为

$$V_{EQ} = V_{CQ} - V_{CEQ} = 6\text{V} - 5\text{V} = 1\text{V}$$

$$V_{BQ} = V_{EQ} + V_{BE} = 1\text{V} + 0.7\text{V} = 1.7\text{V}$$

于是发射极电阻 R_E 的阻值为（第二个 ≈ 后的阻值为 E24 基准的电阻阻值）

$$R_E = \frac{V_{EQ}}{I_{EQ}} \approx \frac{V_{EQ}}{I_{CQ}} = \frac{1\text{V}}{27\text{mA}} = 37\Omega \approx 36\Omega$$

此时三极管的直流增益 β_0 为

$$\beta_0 = \frac{I_E}{I_B} = \frac{27\text{mA}}{100\mu\text{A}} = 270$$

这样，三极管的基极输入阻抗为

$$R_{\text{IN(base)}} \approx \beta_0 R_E = 270 \times 36\Omega = 9.7\text{k}\Omega$$

假设 R_2 的阻值为 $1\text{k}\Omega$（当然也可以假设为其他的阻值），基极输入阻抗 $R_{\text{IN(base)}}$ 与分压器电阻 R_2 是并联关系，所以有

$$V_{BQ} = 1.7\text{V} = \frac{R_2 \parallel R_{\text{IN(base)}}}{R_2 \parallel R_{\text{IN(base)}} + R_1} V_{CC} = \frac{1\text{k}\Omega \parallel 9.7\text{k}\Omega}{1\text{k}\Omega \parallel 9.7\text{k}\Omega + R_1} \times 12\text{V}$$

从而解得 $R_1 \approx 5.6\text{k}\Omega$。最后得到集电极电阻 R_C 的阻值为

$$R_C = \frac{V_{CC} - V_{CQ}}{I_{CQ}} = \frac{12\text{V} - 6\text{V}}{12\text{mA}} = 222\Omega \approx 220\Omega$$

这样，在 Multisim 中仿真分压器偏置电路如图 14.50 所示，选用三极管 BC546BP，设置四个电阻：$R_1=5.6\text{k}\Omega$、$R_2=1\text{k}\Omega$、$R_C=220\Omega$、$R_E=36\Omega$。运行后，从添加的电压、电流表中就得到了接近于要求的设计：$I_B=100\mu\text{A}$、$I_{CQ}=27\text{mA}$、$V_{CEQ}=5\text{V}$。

14.4.2 集电极负反馈偏置电路

与分压器设计一样，在利用集电极负反馈设计偏置电路时，首先要确定静态工作点。如图 14.51(a)所示，电源电压 $V_{CC}=18\text{V}$，所以可取 $V_{CQ}=V_{CC}/2=9\text{V}$。$V_{CEQ}$ 应该略小于 9V，可取 $V_{CEQ}=8\text{V}$。用这个参数到图 14.49(a)所示的输出特性曲线中找到一个适当的基极电流 I_B，如 $I_B=200\mu\text{A}$。这样就可以找到当 $V_{CEQ}=8\text{V}$ 时集电极的静态工作点电流大约为 $I_{CQ}=51\text{mA}$，如图 14.51(b)所示。

根据这些设计要求，首先得到发射极-基极间的电压为

$$V_{EQ} = V_{CQ} - V_{CEQ} = 9\text{V} - 8\text{V} = 1\text{V}$$

$$V_{BQ} = V_{EQ} + V_{BE} = 1\text{V} + 0.7\text{V} = 1.7\text{V}$$

然后得到发射极电阻 R_E 的阻值为（第二个 ≈ 后的阻值为 E24 基准的电阻阻值）

$$R_E = \frac{V_{EQ}}{I_{EQ}} \approx \frac{V_{EQ}}{I_{CQ}} = \frac{1\text{V}}{51\text{mA}} = 19.6\Omega \approx 20\Omega$$

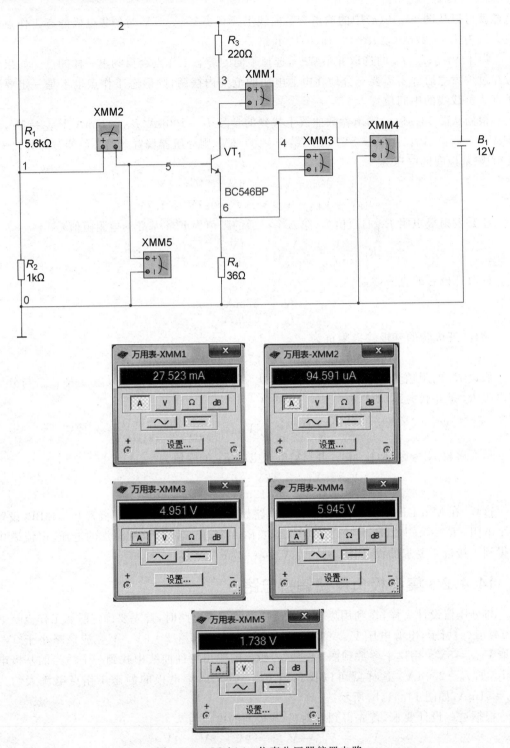

图 14.50　Multisim 仿真分压器偏置电路

集电极电阻 R_C 的阻值为

$$R_C = \frac{V_{CC} - V_{CQ}}{I_{CQ}} = \frac{18\text{V} - 9\text{V}}{51\text{mA}} = 176\Omega \approx 180\Omega$$

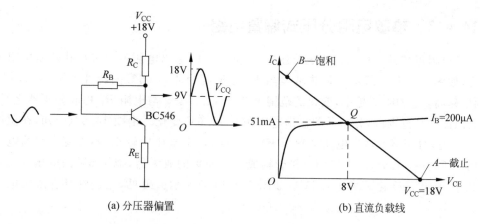

(a) 分压器偏置　　　　　　　　(b) 直流负载线

图 14.51　集电极负反馈偏置电路

基极电阻 R_B 为

$$R_B = \frac{V_{CQ} - V_{BQ}}{I_{BQ}} = \frac{9V - 1.7V}{200\mu A} = 36.5\text{k}\Omega \approx 36\text{k}\Omega$$

这样,在 Multisim 中仿真 C 极负反馈偏置电路,如图 14.52 所示,设置 3 个电阻:$R_B = 36\text{k}\Omega$、$R_C = 180\Omega$、$R_E = 20\Omega$,运行后,从添加的电压、电流表中就得到了接近要求的设计。

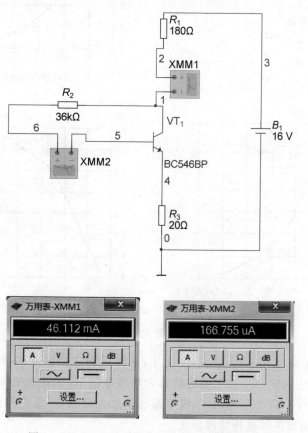

图 14.52　Multisim 仿真集电极负反馈偏置电路

14.4.3 热敏电阻分压式偏置电路

热敏电阻可与另一外电阻构成分压器,而分压器的输出电压就可以反映热敏电阻实测的温度,如图 14.53(a)所示。某热敏电阻 R_2 在温度为 44~56℃ 的特性如图 14.53(b)所示,温度越高,R_2 的阻值越小,变化的范围是 2.7~1.2kΩ。与电阻 R_1 构成分压器之后,在同样的温度变化范围内,分压器的输出电压在 3~1.6V 变化。由图 14.53(c)知,在温度变化了 10℃ 时,分压器的输出电压变化只有约 1.6V,这个电压比较小,不方便让后续电路处理使用。所以图 14.53(a)中使用三极管构成一个简单的放大器,把 1.6V 的电压变化放大成约 2.8V 的电压变化(7.1~4.3V),如图 14.53(d)所示。可见,三极管具有放大电压的作用。

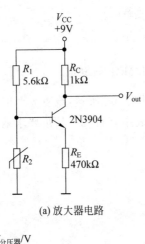

(a) 放大器电路

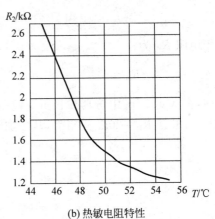

(b) 热敏电阻特性

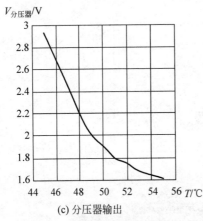

(c) 分压器输出

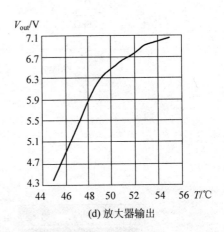

(d) 放大器输出

图 14.53 放大热敏电阻的输出信号

热敏电阻 R_2 的阻值在 2.7~1.2kΩ 变化,这样得到这个区间的静态工作点的范围如图 14.54 所示。图中,Q_1~Q_2 点之间的状态为热敏电阻 R_2 的阻值在 2.7~1.2kΩ 变化所带来的工作点。由于在这个范围内,三极管都处于放大状态,所以电路设计是合理的,可以把热敏电阻 R_2 的输出信号进行线性放大。

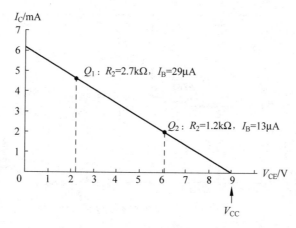

图 14.54　直流负载线与静态工作点

14.4.4　基于偏置电路的昆虫搜索器

大自然中充满了许多在人耳听阈以下的声音,如昆虫、鱼发出的声音。有时远方传来的声音因为传播过程中的衰减,人耳也会听不清楚。下面将设计一个昆虫搜索器,将微弱的声音进行采集并放大。

1. 声音的放大

昆虫搜索器的外观如图 14.55 所示,使用时先戴上耳机,手持搜索器朝向某个方向,如果远处有昆虫等声音传来,聚焦盆可以把声音集中到话筒上,经过放大后就可以从耳机中听到声音。搜索器还有一个望远镜,从中可以观察到是什么昆虫发出的声音。

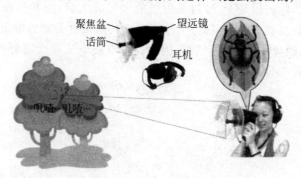

图 14.55　昆虫搜索器

2. 昆虫搜索器电路

昆虫搜索器的电路其实是一个话筒放大器,如图 14.56 所示,话筒MK_1把聚焦盆采集到的声音转成电信号,电阻R_1给话筒MK_1一个合适的工作电压;也可以将R_1和MK_1看成是一个分压器,这与热敏电阻分压器非常相似。分压器的输出(P点)为声音信号,是交流的,所以能通过电容C_1达到由三极管VT_1构成的集电极负反馈偏置的放大器中被放大。

电容C_1与C_2分别为输入与输出耦合电容,只负责耦合声音信号,因为直流信号是无法通过两个电容的。利用前面的知识,可以分析得到图 14.56 中集电极负反馈偏置的静态工作点:$V_{BQ}=2V,I_{CQ}=1.3mA$。

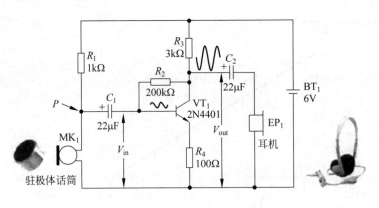

图 14.56　昆虫搜索器电路

此时三极管已经工作在放大状态,所以话筒输出的信号经过电容 C_1 而形成输入信号 V_{in} 进入三极管放大器,并在三极管的集电极 C 输出,形成经过放大的输出信号 V_{out}。输出信号 V_{out} 是一个与输入信号 V_{in} 反相且幅度较大的交流信号,经过电容 C_2 耦合,耳机 EP_1 还原出远处昆虫的声音。

14.5　达林顿管射极跟随器实现阻抗匹配电路

共集电极电流放大器的输出阻抗比较低,可以在一个具有较大输出阻抗的信号源与低阻抗负载之间实现阻抗匹配。换句话说,共集电极电流放大器具有电流放大的功能,而其电压放大并不明显。

如图 14.57 所示,输入信号 V_{in} 经过共射极放大器放大后,由共集电极电流放大器进行电流放大,驱动低阻抗负载 R_L(扬声器)工作。由于共射极放大器的输出阻抗与集电极电阻 R_C 一般比较大,与低阻抗负载 R_L 不匹配,因此共集电极电流放大器处其中,可以成为一个良好的"纽带"(阴影部分)。

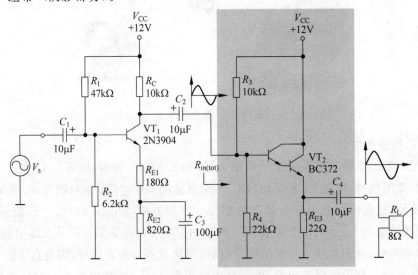

图 14.57　达林顿管射极跟随器实现阻抗匹配

图 14.57 表明，共集电极放大器的输出信号从达林顿管 VT_2 的发射极输出，如果向图 14.57 所示的射极跟随器中输入一个正弦信号，将在输出端获得一个几乎相同的正弦信号。所以共集电极电流放大器的输出信号跟随输入信号。虽然表面上看射极跟随器的输入与输出信号相同，但是它已经实现了阻抗的匹配和电流的放大，现分析有关射极跟随器的输入、输出阻抗和电流放大倍数等参数。

对于射极跟随器的直流等效电路，有

$$V_{BQ} = \frac{R_4}{R_3+R_4}V_{CC} = \frac{22\text{k}\Omega}{10\text{k}\Omega+22\text{k}\Omega} = 8.25\text{V}$$

由于射极跟随器中达林顿管相当于两个三极管，故基-射极间电压为单个三极管的 2 倍，即 $V_{BE(Dar)} = 2 \times 0.7 = 1.4\text{V}$，所以达林顿管 VT_2 的发射极电压为

$$V_{EQ} = V_{BQ} - V_{BE(Dar)} = 8.25\text{V} - 1.4\text{V} = 6.58\text{V}$$

于是

$$I_{CQ} \approx I_{EQ} = \frac{V_{EQ}}{R_{E3}} = \frac{6.85\text{V}}{22\Omega} = 311\text{mA}$$

可得达林顿管的交流内阻为

$$r'_{e(Dar)} = \frac{25\text{mA}}{I_E} = \frac{25\text{mA}}{311\text{mA}} = 0.08\Omega$$

达林顿管基极输入阻抗为

$$R_{in(base)} = \beta(r'_{e(Dar)} + R_{E3} \| R_L) = 10\,000 \times (0.08\Omega + 22\Omega \| 8\Omega) = 59.5\text{k}\Omega$$

射极跟随器的总输入阻抗为

$$R_{in(tot)} = R_3 \| R_4 \| R_{in(base)} = 10\text{k}\Omega \| 22\text{k}\Omega \| 59.5\text{k}\Omega \approx 6.2\text{k}\Omega$$

射极跟随器的总输入阻抗即是共射极放大器的负载，所以共射极放大器的电压增益为（在不确定 $R_{E1} > 10r'_e$ 是否成立时，需要把交流内阻也考虑进去）

$$A_{v(CE)} = \frac{R_C \| R_{in(tot)}}{r'_e + R_{E1}}$$

式中，射极放大器的数据代入上式可得共射极放大器的电压增益为

$$A_{v(CE)} = \frac{10\text{k}\Omega \| 6.2\text{k}\Omega}{53\Omega + 180\Omega} = 16.4$$

射极跟随器的电压增益为

$$A_{v(CC)} = \frac{R_{E3} \| R_L}{r'_{e(Dar)} + R_{E3} \| R_L} = \frac{22\Omega \| 8\Omega}{0.08\Omega + 22\Omega \| 8\Omega} = 0.987$$

两级放大器的总电压增益为

$$A'_v = A_{v(CE)}A_{v(CC)} = 16.4 \times 0.987 = 16.2$$

下面看看如果没有达林顿管射极跟随器，负载 R_L（阻抗为 8Ω 的扬声器）直接接到共射极放大器的输出端，可得此时共射极放大器的电压增益为

$$A'_{v(CE)} = \frac{R_C \| R_L}{r'_e + R_{E1}} = \frac{10\text{k}\Omega \| 8\Omega}{53\Omega + 180\Omega} = 0.03$$

可见，如果没有达林顿管射极跟随器实现阻抗匹配，或者说放大电流，共射极放大器直接驱动 8Ω 的负载 R_L 时电压增益远小于 1，没有任何放大的效果，这都"归罪于"共射极放大器的输出阻抗与负载阻抗不匹配。

而如果加上了达林顿管 E 极跟随器进行阻抗匹配，情况会有本质的改善，图 14.57 所示的两级放大电路可成功地驱动低阻抗的负载（$R_L = 8\Omega$）工作，且具有较大的电压增益。

14.6 功率放大器设计及其应用

这里介绍的是能驱动作为负载的喇叭或者绘图仪或电动机等电气—机械转换装置，具有供给较大电能的功率放大器，也称为功率放大器或主放大器。例如，要对 MP3 播放机的音频信号进行放大，并驱动扬声器发声，这个音箱放大器系统示意如图 14.58 所示。图中，前置放大器为共射极放大器；主放大器为甲乙类放大器或其他类功率放大器。

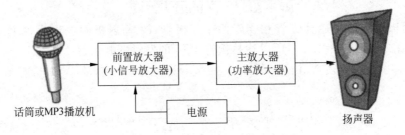

图 14.58　音响放大器系统框图

这种功率放大器提供给负载的交流功率与从电源供给的直流功率之比是个重要指标。这是因为，例如对负载即便能供给充分的交流功率，如果需要其几倍的直流电源能量时，不仅要求放大元件有很高的电压和电流能力，由于放大器的发热量很大，也增大了散热的费用。

下面介绍达林顿管甲乙类功放电路和乙类推挽功率放大器设计及应用。

14.6.1　达林顿管甲乙类功率放大器

在 14.5 节中利用达林顿管射极跟随器实现了阻抗匹配，达林顿管可以获得非常高的输入阻抗增益——这对于功率放大器是非常有益的。接下来就来研究如何用达林顿管来提高甲乙类功率放大器的性能。

1. 达林顿管甲乙类功率放大器结构

普通甲乙类功率放大器结构如图 14.59 所示。其直流、交流通路如图 14.60 所示。

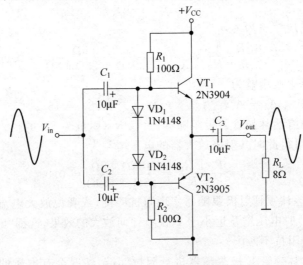

图 14.59　甲乙类放大器结构

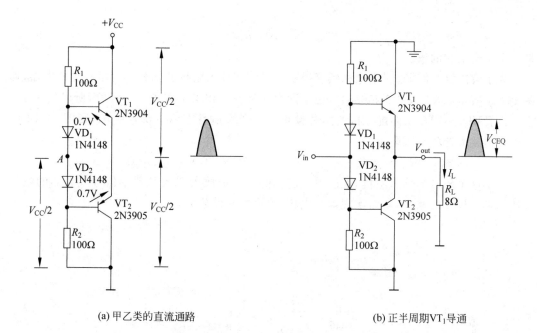

(a) 甲乙类的直流通路　　　　(b) 正半周期VT₁导通

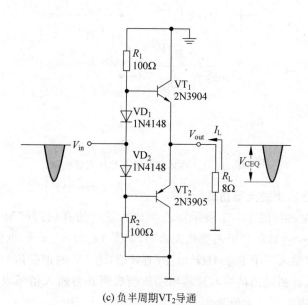

(c) 负半周期VT₂导通

图 14.60　甲乙类的直流、交流通路

若扬声器的阻抗为 8Ω，$\beta=100$、$r'_e=5\Omega$，则甲乙类放大器的输入阻抗为

$$R_{in} = \beta(r'_e + R_L) = 100 \times (5\Omega + 8\Omega) = 1.3\text{k}\Omega$$

如果把这个甲乙类放大器与共射极放大器相连接,组成一个类似于图 14.58 所示的音箱放大器系统。甲乙类放大器的输入阻抗就成了共射极放大器的负载。然而,令人失望的是,由于甲乙类的输入阻抗只有 $1.3\text{k}\Omega$,会造成共射极放大器电压增益难以达到很高,因为作为负载 R_L 的 $1.3\text{k}\Omega$ 会使增益

$$A_v = \frac{R_C \parallel R_L}{r'_e + R_{E1}}$$

是一个不会很大的值。

为了解决这个问题,利用达林顿管得到具有较高输入阻抗的达林顿管甲乙类放大器,如图 14.61 所示(2N6038+2N6035)。由于两个达林顿管相当于有 4 个三极管,所以使用了 4 个二极管 $VD_1 \sim VD_4$ 来匹配。因为达林顿管有较高的 β,且 $\beta = 6500$,$r'_e = 5\Omega$,则图 14.61 所示甲乙类放大器的输入阻抗为

$$R_{in} = \beta(r'_e + R_L) = 6500 \times (5\Omega + 8\Omega) = 84.5 \text{k}\Omega$$

有了这个较高的输入阻抗,就能保证前级的共射极放大器或其他小信号放大器的电压增益达到比较高的水平,从而实现信号电压、电流的有效放大。

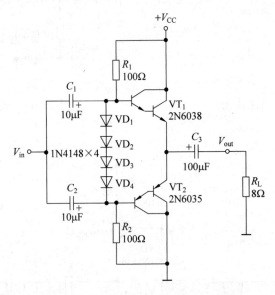

图 14.61 达林顿管甲乙类放大器电路

2. 达林顿管甲乙类放大器仿真

在 Multisim 中进行图 14.61 所示甲乙类放大器的仿真(打开"Multisim 仿真文件"→"11 功率放大器"→"达林顿管甲乙类放大器"),如图 14.62(a)所示,电源电压 $V_{CC} = 20\text{V}$,使用信号源向放大器输入一个 500MHz、电压(有效值)为 6V 的正弦信号(可以把信号源看成是一级小信号放大器的输出信号),从输出端就能观测到与输入信号电压相同的正弦信号。如图 14.62 所示,输出端最大值约为 20V,满足实验要求。

图 14.62 所示甲乙类放大器的最大输出功率为

$$I_{c(sat)} \approx \frac{V_{CEQ}}{R_L} = \frac{20\text{V}/2}{8.2\Omega} = 1.22\text{A}$$

$$P_{out} = 0.25 I_{c(sat)} V_{CC} = 0.25 \times 1.22\text{A} \times 20\text{V} = 6.1\text{W}$$

3. 基于达林顿管甲乙类放大器的手持式扩音器

1) 扩音器及其电路

手持式扩音器(Bullhorn)常常在导游、指挥中使用,如图 14.63 所示,它可以把说话人的声音进行一定的放大。在扩音器的后方有一个话筒,对着这个话筒说话,声音就可以从前

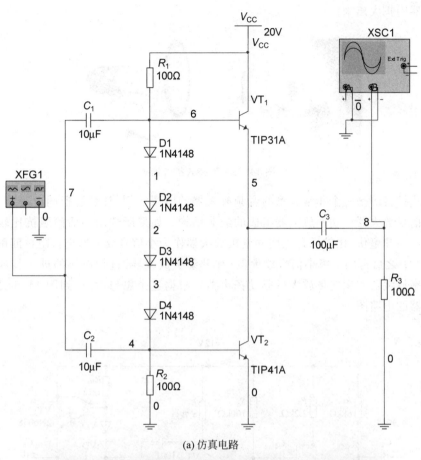

(a) 仿真电路

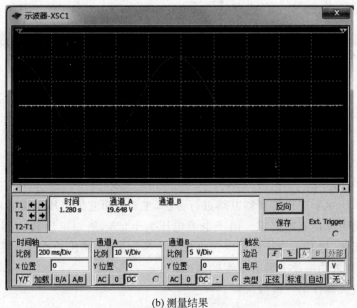

(b) 测量结果

图 14.62 达林顿管甲乙类放大器的仿真

方的扬声器中扩大出来。

图 14.63　手持式扩音器

手持式扩音器是一个非常典型的音频放大器的应用实例,其系统框图就是图 14.58 所示的由小信号放大器+功率放大器组成的经典结构。如果所选用的话筒阻抗比较低,输出信号的电压为几毫伏,比较适合先用共基极放大器作为小信号放大器进行阻抗匹配,并进行第一级放大;之后再用一级小信号放大器(如共射极放大器)进行电压的进一步放大,交由甲乙类功率放大器实现能量放大后驱动扬声器。根据这个思想,可得到图 14.64 所示的手持式扩音器的电路图。

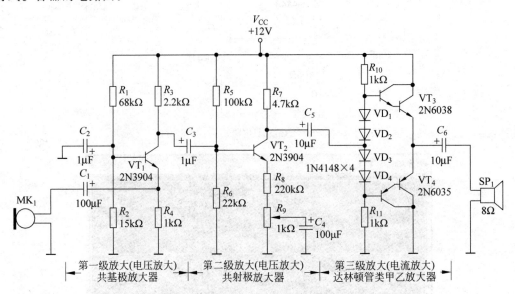

图 14.64　手持式扩音器电路图

2) 扩音器电路分析

对图 14.64 所示手持式扩音器电路进行分析,主要分析它的电压增益和输出功率,从而判断电路参数是否满足实际要求。由于电源电压为 +12V,所以电压放大器应该把话筒的信号放大到若干伏,但是不应该超过电源电压的一半。另外,输出功率应该能够驱动小功率的扬声器,这就要求功率放大器有数瓦的输出。

由共基极放大器作第一级放大器,有

$$V_{BQ} = \frac{R_2}{R_2 + R_1} V_{CC} = \frac{15 \text{k}\Omega}{15 \text{k}\Omega + 68 \text{k}\Omega} \times 12\text{V} = 2.17\text{V}$$

$$V_{EQ} = V_{BQ} - V_{BE} = 2.17\text{V} - 0.7\text{V} = 1.47\text{V}$$

$$I_{CQ} \approx I_{EQ} = \frac{V_{EQ}}{R_4} = \frac{1.47\text{V}}{1\text{k}\Omega} = 1.47\text{mA}$$

$$r'_e = \frac{25\text{mV}}{I_E} = \frac{25\text{mV}}{1.47\text{mA}} = 16.3\Omega$$

$$R_{\text{in(tot)}} = R_4 \parallel r'_e = 1\text{k}\Omega \parallel 16.3\Omega = 16\Omega$$

$$R_{\text{out}} = R_3 \parallel R_L = 2.2\text{k}\Omega \parallel R_{\text{in(tot)第二级}}$$

为了获得第一级的电压增益,需要知道由共射极放大器作第二级放大电路的输入阻抗等参数,即

$$V_{BQ} = \frac{R_6}{R_6 + R_5}V_{CC} = \frac{22\text{k}\Omega}{22\text{k}\Omega + 100\text{k}\Omega} \times 12\text{V} = 2.16\text{V}$$

$$V_{EQ} = V_{BQ} - V_{BE} = 2.16\text{V} - 0.7\text{V} = 1.46\text{V}$$

$$I_{CQ} \approx I_{EQ} = \frac{V_{EQ}}{R_8 + R_9} = \frac{1.46\text{V}}{220\Omega + 1\text{k}\Omega} = 1.2\text{mA}$$

$$V_{CQ} = V_{CC} - I_{CQ}R_7 = 12\text{V} - 1.2\text{mA} \times 4.7\text{k}\Omega = 6.36\text{V}$$

$$r'_e = \frac{25\text{mV}}{I_E} = \frac{25\text{mV}}{1.2\text{mA}} = 20.8\Omega$$

$$R_{\text{in(tot)}} = R_5 \parallel R_6 \parallel [\beta \cdot (r'_e + R_8 + R_9)]$$
$$= 100\text{k}\Omega \parallel 22\text{k}\Omega \parallel [200 \times (20.8\Omega + 220\Omega + R_9)]$$

由于 R_9 是一个电位器,它在交流分析中接入电路的阻值根据人为调整可以在 $0\sim1\text{k}\Omega$ 之间变化,所以 $R_{\text{in(tot)}}$ 的变化区间为 $13\sim16.8\text{k}\Omega$。这样根据 $A_v = \frac{R_C \parallel R_L}{r'_e \parallel R_E}$ 就得到了第一级放大器的电压增益范围为 $117.5\sim121.9$。由于电位器 R_9 对第一级放大器的电压增益影响不大,可粗略认为第一级放大器的电压增益为120。

由于第三级达林顿管甲乙类放大器具有非常高的输入阻抗,所以可以忽略它对第二级共射极放大器电压增益的影响,根据共射极放大器电压增益计算公式 $A_v = \frac{R_C \parallel R_L}{R_8 + R_9}$,得到第二级放大器的电压增益范围为 $3.9\sim21.4$。

由于第三级放大器的电压增益接近1,所以图14.64所示电路的总电压增益为第一、第二级放大器电压增益的乘积,范围为 $468\sim2568$,具体的值由电位器 R_9 调整决定,电位器 R_9 实现了手持式扩音器的音量调整。

整个电路的输出功率主要由达林顿管甲乙类放大器提供,其最大输出功率为

$$I_{CS} \approx \frac{V_{CEQ}}{R_L} = \frac{\frac{12\text{V}}{2}}{8\Omega} = 0.75\text{A}$$

$$P_{\text{out}} = 0.25 I_{CS} V_{CC} = 0.25 \times 0.75\text{A} \times 12\text{V} = 2.25\text{W}$$

手持式扩音器的输出功率会随着电位器 R_9 的调整而改变,但最大不会超过 2.25W。输出功率越高,手持式扩音器的音量也就越大。

14.6.2 乙类推挽功率放大器设计

图14.65所示为一般用的乙类推挽功率放大器,输出晶体管VT_3、VT_4采用相互对称形的晶体管对。电源 V_{CC} 仅采用一种,输出通过大容量耦合电容器 C_4 供给负载 R_L。VT_2 按

照甲类功放设计,能进行电压放大。VT_3、VT_4 的集电极电流在 100mA 以上,基极电流为 10mA 以上,VT_2 所需的集电极电流只能供给 VT_3、VT_4 的基极电流。因此,VT_2 的负载电阻因受电源电压的限制电阻值较低,不能得到电压增益。于是利用自举电路来提高等效负载阻抗。图 14.65 中 C_3 是自举电容器,将输出通过 C_3 给 VT_2 的负载电阻 R_8 及 R_9 的接点进行反馈。

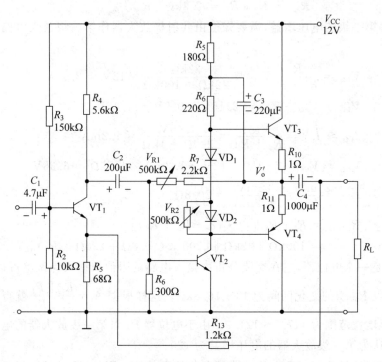

图 14.65　车载立体声用 1W 功率放大器(例)

图 14.65 作为整体而言,采用并串联反馈方式的 CR 耦合放大器结构,其增益由 $A_{vf} = R_{13}/R_5$ 来决定的。现按下列顺序进行设计。输入阻抗 $r_i = 7.5\text{k}\Omega$,允许最大输入电压 $V_{imax} = 0.2V_{rms}$,电源电压 $V_{CC} = 12\text{V}$,负载阻抗为 8Ω。

1. 由 $R_{10} = R_{11} = 1\Omega$ 进行输出电路设计

(1) 求最大输出及输出晶体管的集电极损耗,最大输出为

$$P_{Lmax} = \frac{(kV_{CC})^2}{8R_L} \tag{14.6.1}$$

式中,k 为电源利用率系数,一般为 0.8,即 $k=1$ 时为理想利用系数,但实际上电源电压 V_{CC} 不可能全部有效利用,考虑降到 80% 左右。

(2) 计算输出晶体管的集电极电流峰值 I_{Cpmax} 及平均直流电流 I_{DC},但是作为最大输出的公式同样考虑用式(14.6.1),所以有

$$I_{Cpmax} = \frac{kV_{CC}}{2R_L} \tag{14.6.2}$$

(3) 确定空载电流 I_{C0} 为平均直流电流 I_{DC} 的 $1/30 \sim 1/20$。

2. 设计驱动级

(1) VT_3 的 β_0 最小值为 $\beta_{0min} = 60$ 时,求 VT_3 的最大基极电流 I_{b3max}。

(2) VT_2 的集电极电流为

$$I_{C2} = \frac{V_{CC}/2 - V_{BE3}}{R_8 + R_9} \qquad (14.6.3)$$

确定：$I_{C2} = (1.2 \sim 1.4) I_{b3max}$ 时的 $R_8 + R_9$，$V_{BE3} = 0.7V$。

(3) R_8 和 R_9 之比大约为 1∶1 时，确定 R_8 及 R_9。

(4) VT_2 的 β_{02} 最小值 $\beta_{02min} = 100$ 时，求 VT_2 的最大基极电流 I_{b2max}；流经 R_6、R_7、V_{B1} 等偏置电流的 I_{Bias} 值为 $(5 \sim 10)I_{b2max}$ 时，求 I_{Bias}。

(5) 在(4)的结果等基础上确定 R_6、R_7、V_{R1} 的值，$V_{BE2} = 0.6V$。

(6) 计算 VT_2 的等效负载电阻 r_L 的值，求驱动级的电压增益。

3. 进行输入级设计

(1) VT_1 的集电极电流 $I_{C1} \approx 5I_{b2max}$ 时决定 I_{C1}。

(2) $V_{CE1} = 6V$ 时求 R_4 的值。

(3) 计算 VT_1 的等效负载电阻值，求输入级的增益 A_{v1} 的最大值。

(4) 求 $A_{v1} \approx 1$ 时的 R_5 值，其最接近的低值从 E6 系列选定。

(5) 反馈电阻 R_{13} 取消时，计算开环增益 A_{vo}。

(6) 输入电压 $V_i = 0.2V_{rms}$ 时，求驱动级的输出电压最大时的反馈增益 A_{vf}。

(7) 决定 R_{13} 的值。

(8) 取消 R_1、R_2 时计算输入阻抗 r_{i1}。

(9) 有 R_1、R_2 时从输入阻抗 r_i 的公式决定 R_1 及 R_2（已给 $r_{i1} = 7.3k\Omega$ 的条件）。

4. 确定电容器 C_1、C_2、C_3、C_4 等的值

根据上述设计思路，可确定电路中各元件参数

1) 输出电路的设计

(1) 最大输出功率 P_{Lmax}。将 $k = 0.8$，$V_{CC} = 12V$，$R_L = 8\Omega$ 代入式(14.6.1)，得

$$P_{Lmax} = \frac{(0.8 \times 12)^2}{8 \times 8} = \frac{92.16}{64} W = 1.44W$$

此时的集电极损耗为

$$P_{Cmax} = 0.2 P_{Lmax} = 0.2 \times 1.44 W = 0.3W$$

(2) 集电极电流峰值将与(1)相同数值代入式(14.6.2)，得

$$I_{Cpmax} = \frac{0.8 \times 12}{2 \times 8} A = 0.6A$$

平均直流电流为

$$I_{DC} = \frac{I_{Cpmax}}{\pi} = \frac{0.6}{3.14} A = 0.191A$$

(3) 空载电流为

$$I_{CO} = \frac{I_{DC}}{20} = \frac{0.191}{20} A = 9.55 \times 10^{-3} A = 10mA$$

从以上的结果可知，VT_3、VT_4 采用 $|V_{CEO}| > 12V$，$|I_C| > 0.6A$，$P_{Cmax} > 0.3W$ 的晶体管时就可以，如 VT_3 选 2SD-468、VT_4 选 2SB-562。

2) 驱动级的设计参数

(1) 因为 VT_3 的 $\beta_{0min} = 60$，其最大基极电流为

$$I_{b3max} = \frac{I_{Cpmax}}{\beta_{0min}} = \frac{0.6}{60} A = 0.01A = 10mA$$

(2) 在图 14.65 所示电路,为得到正负对称的正弦波输出,将 VT_3 及 VT_4 的中点电位取 $V'_o = V_{CC}/2$,于是有

$$I_{C2} = \frac{V_{CC} - V_{BE3} - V'_o}{R_8 + R_9} = \frac{V_{CC}/2 - V_{BE3}}{R_8 + R_9}$$

因此根据条件 $I_{C2} = 1.3 I_{b3max}$ 时

$$R_8 + R_9 = \frac{V_{CC}/2 - V_{BE3}}{1.3 I_{b3max}} = \frac{6 - 0.7}{1.3 \times 0.01} = 407.7(\Omega)$$

取 $R_8 + R_9 = 400\Omega$。而且 $I_{C2} = 1.3 I_{b3max}$ 条件是为能驱动 VT_2 输出晶体管的条件。

(3) 为使 R_8 及 R_9 之比为 1:1,从 E 系列的表选择 $R_8 = 180\Omega$、$R_9 = 220\Omega$ 的值。此时的 VT_2 的集电极电流为

$$I_{C2} = \frac{V_{CC}/2 - V_{BE}}{R_8 + R_9} = \frac{6 - 0.7}{400}\text{A} = 1.325 \times 10^{-2}\text{A} = 13.25\text{mA}$$

适合此电流水平的晶体管可选用 2SC-458。

(4) VT_2 的集电极电流的峰值 I_{C2P} 由(3)得出

$$I_{C2P} = 2 \times 1.325 \times 10^{-2}\text{A} = 2.65 \times 10^{-2}\text{A} = 26.5\text{mA}$$

VT_3 的基极电流最大值 I_{b2max} 为

$$I_{b2max} = \frac{I_{C2P}}{\beta_{02min}} = \frac{26.5 \times 10^{-3}}{100}\text{A} = 2.65 \times 10^{-4}\text{A} = 0.265\text{A}$$

因偏置电流 I_{Bias} 为

$$I_{Bias} \approx 8 I_{b2max} = 8 \times 2.65 \times 10^{-4}\text{A} = 2.12 \times 10^{-3}\text{A} = 2\text{mA}$$

(5) 关于从电阻 R_{10}、R_{11} 的接点到 R_7、V_{R1}、VT_2 的基极的路径,运用基尔霍夫定律,有

$$R_7 + V_{R1} = \frac{V'_o - V_{BE2}}{I_{Bias} + \dfrac{I_{C2}}{\beta_2}}$$

因

$$V'_o = \frac{V_{CC}}{2}$$

$$R_7 + V_{R1} = \frac{6 - 0.6}{\left(2 + \dfrac{13.25}{100}\right) \times 10^{-3}}\Omega = 2.53 \times 10^3 \Omega$$

于是取 $R_7 = 2.2\text{k}\Omega$,V_{R1} 采用 500Ω 的可变电阻器,于是

$$R_6 \approx \frac{V_{BE2}}{I_{Bias}} = \frac{0.6}{2 \times 10^{-3}}\Omega = 300\Omega$$

(6) VT_2 的负载考虑 VT_3 在导通状态时,假定二极管 VD_1、VD_2 的交流电阻很小,则等效负载电阻 r_L 为

$$r_L = \frac{\beta_3(R_L \| R_8 + r_{e3} + R_{11})}{1 + \beta_3 \dfrac{r_{e3} + R_{11}}{R_9}} \tag{14.6.4}$$

式中

$$r_{e3} = \frac{0.026}{I_E} \approx \frac{0.026}{I_{DC}} = \frac{0.026}{0.191}\Omega = 0.14\Omega$$

将迄今为止求得各数值代入式(14.6.4),得

$$r_L = \frac{60 \times (8 \parallel 180 + 0.14 + 1)}{1 + 60 \times \frac{0.14 + 1}{220}} = \frac{528}{1.311}\Omega = 403\Omega$$

驱动级的电压增益 A_{v2} 为

$$A_{v2} \approx \frac{r_L}{r_{e2}} \tag{14.6.5}$$

式中

$$r_{e2} = \frac{0.026}{13.25 \times 10^{-3}}\Omega = 1.96\Omega$$

$$A_{v2} = \frac{403}{1.96} = 206 = 46.25 \text{dB}$$

3) 输入级设计

(1) 从 2)(4)因

$$I_{b2max} = 0.265 \text{mA}$$

$$I_{C1} \approx 5 I_{b2max} = 5 \times 0.265 \text{mA} = 1.325 \text{mA}$$

故取

$$I_{C1} = 1 \text{mA}$$

(2) 因 $V_{CE1} = 6\text{V}$

$$R_4 \approx \frac{V_{CC} - V_{CE1}}{I_{C1}} = \frac{12 - 6}{1 \times 10^{-3}}\Omega = 6 \times 10^3 \Omega$$

按 E 系列取 $R_4 = 5.6\text{k}\Omega$。

在驱动级因得到充分的增益,输入级的增益如有 1~2 倍足够了。因此,VT_1 集电极的输出振幅也不很大,所以 V_{CE1} 无须严格考虑最佳偏置条件,在某种程度上可以任意选定。

(3) 将 VT_1 的交流等效负载阻抗取为 r_{L1},驱动级的输入阻抗作为 r_{i2} 时,则

$$r_{L1} = R_4 \parallel R_6 \parallel (R_7 + V_{R1}) \parallel r_{i2} \tag{14.6.6}$$

$$r_{i2} \approx \beta_2 r_{e2} = 100 \times \frac{0.026}{13 \times 10^{-3}}\Omega = 200\Omega$$

将已求得各常数代入式(14.6.6),得

$$r_{L1} = 6\text{k}\Omega \parallel 300\Omega \parallel 2.5\text{k}\Omega \parallel 200\Omega = 112\Omega$$

输入级的电压增益为 A_{v1} 时

$$A_{v1} \approx \frac{r_{L1}}{r_{e1} + R_5} \tag{14.6.7}$$

此值成为最大值是在 $R_5 = 0$ 时

$$A_{v1max} \approx \frac{r_{L1}}{r_{e1}} = 112 \times \frac{1 \times 10^{-3}}{0.026} = 4.31$$

(4) 为了使 $A_{v1} \approx 1$,R_5 值由式(14.6.7),得

$$R_5 = \frac{r_{L1}}{A_{v1}} - r_{e1} = 112 - \frac{0.026}{1 \times 10^{-3}}\Omega = 86\Omega$$

按 E 系列取 $R_5 = 68\Omega$,此时 A_{v1} 的值为

$$A_{v1} = \frac{112}{68 + 26} = 1.19$$

(5) 开环增益为 A_{vo} 时,则
$$A_{vo} = A_{v1}A_{v2} = 1.19 \times 205 = 245 = 47.8 \text{dB}$$

(6) 驱动级的最大输出电压为 V_{2P} 时
$$V_{2P} = \frac{kV_{CC}}{2} = \frac{0.8 \times 12}{2}\text{V} = 4.8\text{V}$$

反馈增益为 A_{vf} 时
$$A_{vf} \approx \frac{V_{2P}}{\sqrt{2}V_i} = \frac{4.8}{\sqrt{2} \times 0.2} = 17.14 = 24.7\text{dB}$$

(7) 图 14.65 所示的反馈增益 A_{vf} 为
$$A_{vf} \approx \frac{R_{13}}{R_5}$$

所以
$$R_{13} = 17.14 \times 68\Omega = 1162\Omega, 取 R_{13} = 1.2\text{k}\Omega$$

(8) 取消 R_1、R_2 输入级的输入电阻 r_{i1} 为
$$r_{i1} = \beta_1 r_{e1}\left(1 + \frac{R_5}{R_5 + R_{13}}A_{vo}\right) = 100 \times 26 \times \left(1 + \frac{68 \times 245}{68 + 1200}\right)\Omega$$
$$= 2600 \times 14.14\Omega = 3.68 \times 10^4\Omega = 36.8\text{k}\Omega \tag{14.6.8}$$

(9) 有 R_1、R_2 时的输入电阻为
$$r_i = r_{i1} \parallel R_1 \parallel R_2 \tag{14.6.9}$$

代入 $r_i = 7.5\text{k}\Omega, r_{i1} = 36.8\text{k}\Omega$,得
$$R_1 \parallel R_2 = \frac{r_{i1}r_i}{r_{i1} - r_i} = \frac{36.8 \times 7.5}{36.8 - 7.5}\Omega = 9.42\text{k}\Omega$$

另一方面,关于 VT_1 的集电极电流 I_{C1},根据分压偏置电路,得
$$I_{C1} = \frac{\frac{R_2}{R_1+R_2}V_{CC} - V_{BE1}}{R_5 + \frac{R_1 \parallel R_2}{\beta_{01}}} \tag{14.6.10}$$

将此式与式(14.6.9)联立求出 R_1、R_2。
即将 $I_{C1}=1\text{mA}, V_{CC}=12\text{V}, V_{BE1}=0.6\text{V}, R_5=68\Omega, \beta_{01}=100$ 等数值代入式(14.6.10),得
$$R_1 = 14.7R_2$$

由于 $R_1 \parallel R_2 = 9.42\text{k}\Omega$,则
$$R_2 = 10.1\text{k}\Omega, R_1 = 141\text{k}\Omega$$

按 E 系列,取 $R_2 = 10\text{k}\Omega, R_1 = 150\text{k}\Omega$。

4) 计算耦合电容器的容量值

计算的方法省略,其选择结果比计算值稍微大一点,即
$$C_1 = 4.7\mu\text{F}, \quad C_2 = C_3 = 220\mu\text{F}, \quad C_4 = 1000\mu\text{F}$$

用电解电容器,需要注意不要将极性弄错。

14.7 自举电路设计及其应用

14.7.1 自举电路

对于反馈方式应用实例之一,而且作为比较常用的自举电路加以说明。

在图 14.66 所示的自举电路中,VT_1 的负载电阻分为 R_1、R_2,VT_2 的输出用自举电容器 C_B 进行反馈,其目的是在没有 C_B 时与 VT_1 的负载电阻 R_1+R_2 比较能有很大的等效负载电阻可提高增益。图 14.66 所示的交流等效电路如图 14.67 所示。图中假定有电流流通,则

$$v_i = R_2 i_f + R_p(i_f + \beta i_b) \tag{14.7.1a}$$

$$R_p = R_E \parallel R_1 \tag{14.7.1b}$$

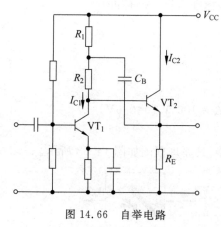

图 14.66　自举电路

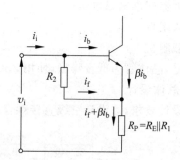

图 14.67　自举电路的交流等效电路

以及

$$\beta r_e i_b = R_2 i_f \tag{14.7.2}$$

将式(14.7.2)代入式(14.7.1),得

$$v_i = (R_2 + R_p) i_f + \beta R_p i_b = \left\{ \frac{\beta r_e (R_2 + R_p)}{R_2} + \beta R_p \right\} i_b \tag{14.7.3}$$

因此,图 14.67 所示电路的输出阻抗,即图 14.66 所示电路的等效负载阻抗 r_L 为

$$r_L = \frac{v_i}{i_i} = \frac{v_i}{i_b + i_f} \tag{14.7.4}$$

将式(14.7.2)及式(14.7.3)代入式(14.7.4),得

$$r_L = \frac{\beta R_p \left(1 + \dfrac{r_e}{R_2}\right) + \beta r_e}{1 + \dfrac{\beta r_e}{R_2}} \approx \frac{\beta(R_p + r_e)}{1 + \dfrac{\beta r_e}{R_2}} \tag{14.7.5}$$

如果图 14.66 所示电路的 $I_{C1}=10\text{mA}$,$I_{C2}=100\text{mA}$,$R_1=R_2=270\Omega$,$R_E=60\Omega$,$\beta_0=50$ 时,则

$$r_L = \frac{50 \times \left(60 \parallel 270 + \dfrac{0.026}{100 \times 10^{-3}}\right)}{1 + \dfrac{50}{270} \times \dfrac{0.026}{100 \times 10^{-3}}} \Omega = \frac{50 \times (49.1 + 0.26)}{1 + \dfrac{50 \times 0.26}{270}} \Omega$$

$$= \frac{50 \times 49.4}{1.05}\Omega = 2.35 \times 10^3 \Omega = 2.35 \text{k}\Omega$$

另外,在没有 C_B 时,有

$$r'_L = (R_1 + R_2) \| \beta(r_e + R_E) = 540 \| (50 \times 60.26) = 540 \| 3013 = 458(\Omega)$$

这说明,VT_1 的等效负载阻抗,与取消自举电容器时相比,自举电路得到了约 5 倍的等效负载阻抗。此自举电器采用正反馈方式,在增益为 0dB(1 倍)以上的放大器上一般必须避免,但本方式在增益 0dB 以下的发射极输出器因将输出反馈,电路的稳定性是没有问题的。

14.7.2 三级直接耦合反馈放大器设计

现设计一个三级直接耦合反馈放大器,以用作话筒的前置放大器。设计要求如下。

话筒输出电压　　　　　　　$v_s = 1\text{mV}$(标准),15mV(标准)
话筒输出阻抗　　　　　　　$r_s = 600\Omega$
放大器标准输出电压　　　　$v_{os} = 0.2\text{V}$
输入阻抗　　　　　　　　　$r_i > 20\text{k}\Omega$
负载阻抗　　　　　　　　　$r_L = 10\text{k}\Omega$

但是,晶体管为低音噪型,使用 2SC-458-LG,$\beta_0 = 100$,$V_{BE} = 0.6\text{V}$。

1. 总体设计

按设计要求,需设计三级直接耦合反馈放大器,其原理框图如图 14.68 所示。

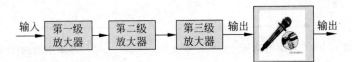

图 14.68　话筒的前置放大器框图

图 14.68 中第三级输出为放大器标准输出电压 $v_{os} = 0.2\text{V}$,该放大器标准输出电压作为话筒的输入,话筒的输出为 $v_s = 1\text{mV}$(标准)、15mV(标准)。

2. 参数计算

1) 设定电压增益

根据条件,将标准 1mV 的话筒信号放大为 0.2V,则电压放大倍数为

$$A_{vf} = \frac{0.2}{1 \times 10^{-3}} = 200$$

也就是 46dB 的增益。

无反馈时电压增益为比 A_{vf} 有更大倍数,即

$$A_{vo} = 64\text{dB}$$

也就是 1600 倍。

故无须反馈 64dB − 46dB = 18dB。

设计的次序是将图 14.69 所示电路的反馈电阻 R_5 去掉,从无反馈时开始设计。设计时首先要确定 A_{vo} 在各级怎样分配？第三级确定为射极跟随器,其输出电压增益是 0dB,所以只考虑第一级及第二级的增益分配,这里取 $A_{v1} = A_{v2} = 32\text{dB}$(40 倍)。

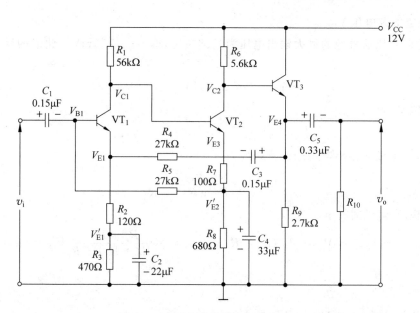

图 14.69 三级直接耦合反馈放大器

2) 设定晶体管的电流值

前置放大器中重点之一是输入信号由于是几 mV 的微小值,输入级的晶体管必须用低噪声的晶体管。低噪声晶体管有各种型号,在型号手册中为使低噪声给出集电极电流与信号源的等效电阻的关系,以此为基础决定集电极电流。

例如,使用 2SC-458-LG 晶体管,在本设计中信号源电阻为 600Ω,流经 VT_1 的集电极电流 I_{C1} 为 0.2mA 左右,这里取 $I_{C1} = 0.2$mA。

因 I_{C2} 可选为 $I_{C2} = 5I_{C1} \sim 10I_{C1}$,这里 $I_{C2} = 1$mA。

另外,I_{C3} 是射极跟随器的输出电流,与负载电阻 $r_L = R_{10}$ 的大小有关,在 R_{10} 低时 I_{C3} 的值也需很大数值,本设计中因 $r_L = 10$kΩ,故 $I_{C3} = (1 \sim 3)I_{C2}$ 即可,于是取 $I_{C3} = 0.2$mA。

3) 决定 VT_1 的偏置条件

VT_1 由于 $I_{C2} \approx I_{E2}$ 在电阻 R_8 的压降为

$$V'_{E2} = I_{E2}R_8 = I_{C2}R_8 \tag{14.7.6}$$

由电压通过直流反馈电阻 R_5 供给基极电流 I_{B1},在 2)解中 $I_{C1} = 0.2$mA,故

$$I_{B1} = \frac{I_{C1}}{\beta_0} = \frac{0.2 \times 10^{-3}}{100}\text{A} = 2 \times 10^{-6}\text{A} = 2\mu\text{A}$$

此电流经 R_5 产生的压降可以忽略,即

$$V'_{E2} \approx V_{B1} \tag{14.7.7}$$

而

$$V_{B1} \approx V_{BE1} + I_{C1}(R_2 + R_3)$$

因为 $V_{BE1} = 0.6$V,$V_{B1} \approx 0.7$V,$I_{C2} = 1$mA,由此得

$$R_8 = \frac{V'_{E2}}{I_{C2}} = \frac{V_{B1}}{I_{C2}} = \frac{0.7}{1 \times 10^{-3}}\Omega = 700\Omega$$

从 E 系列选择 $R_8 = 680\Omega$。

4) 决定电源电压 V_{CC}

V_{CC} 的值是以信号源的最大输出电压为基础决定,即 $v_{smax}=15\text{mV}$。此值的反馈增益倍数,即

$$v_{omax} = A_{vf}v_{smax} = 200 \times 15 \times 10^{-3}\text{V} = 3\text{V} \tag{14.7.8}$$

尖峰值 v_{op} 为

$$v_{op} = \sqrt{2}v_{omax} = \sqrt{2} \times 3 = 4.24 v_p \tag{14.7.9}$$

但是,给出最大输出电压的偏置条件为

$$I_{C2} = \frac{V_{CC}}{2(R_6+R_7)+R_8} \tag{14.7.10}$$

集电极-发射极间的电压为

$$V_{CE2} = V_{CC} - I_{C2}(R_6+R_7+R_8) = \frac{R_6+R_7}{2(R_6+R_7)+R_8}V_{CC} \tag{14.7.11}$$

因而

$$v_{op} \leqslant V_{CE2} \tag{14.7.12}$$

则可满足所给条件,由此 V_{CC} 的条件为

$$v_{op} \leqslant \frac{R_6+R_7}{2(R_6+R_7)+R_8}V_{CC}$$

$$V_{CC} \geqslant \left(2+\frac{R_8}{R_6+R_7}\right)v_{op} \tag{14.7.13}$$

决定 $R_8=680\Omega$,但二级的增益 A_{v2},是发射极输出器的输入阻抗 r_{i3},如果满足 $R_6 \ll r_{i3}$,则得

$$A_{v2} \approx \frac{R_6}{R_7} = 40 \tag{14.7.14}$$

VT_2 的集电极电压为

$$V_{C2} = V_{CC} - I_{C2}R_6 \approx \frac{V_{CC}}{2} \tag{14.7.15}$$

将式(14.7.14)、式(14.7.15)代入式(14.7.13),得

$$2I_{C2}R_6 \geqslant \left(2+\frac{R_8}{R_6+\frac{R_6}{40}}\right)v_{op} \approx \left(2+\frac{R_8}{R_6}\right)v_{op} \tag{14.7.16}$$

将 $I_{C2}=1\text{mA}$,$R_8=680\Omega$,$v_{op}=4.24\text{V}$ 代入式(14.7.16),得 R_7 的不等式,解之得 $R_6 \geqslant 4.56\text{k}\Omega$。取 $R_6=4.56\text{k}\Omega$ 时,有

$$V_{CC} \geqslant \left(2+\frac{R_8}{R_6}\right)v_{op} = \left(2+\frac{680}{4.56 \times 10^3}\right) \times 4.24\text{V} = 9.11\text{V}$$

考虑余量后,取 $V_{CC}=12\text{V}$。

5) 决定 R_6、R_7、R_8

由式(14.7.14),将 $R_7 \approx \frac{R_6}{40}$ 代入式(14.7.10),得

$$R_8 = 680\Omega$$

根据

$$1 \times 10^{-3} = \frac{12}{2\left(R_6 + \frac{R_6}{40}\right) + 680}$$

求得 $R_6 = 5.5\text{k}\Omega$，决定 $R_6 = 5.6\text{k}\Omega$。式(14.7.14)写为

$$|A_{v2}| = \frac{R_6}{r_{e2} + R_7} \tag{14.7.17}$$

将 $|A_{v2}| = 40, r_{e2} = 0.026/1 \times 10^{-3} = 26\Omega, R_6 = 5.6\text{k}\Omega$ 代入式(14.7.17)，得

$$R_7 = \frac{5.6 \times 10^3}{40}\Omega - 26\Omega = 114\Omega$$

在此取 $R_7 = 100\Omega$，由此二级的增益比设计的多少大些，但无不良影响。

上述决定了VT_2周围的电阻值，现求电阻 R_9。

$$V_{E3} = V_{C2} - V_{BE3} = V_{CC} - I_{C2}R_6 - V_{BE3}$$
$$= (12 - 1 \times 10^{-3} \times 5.6 \times 10^3 - 0.6)\text{V} = 5.8\text{V}$$

由于

$$I_{C3} = 2\text{mA}, R_9 = \frac{V_{E3}}{I_{C3}} = \frac{5.8}{2 \times 10^{-3}}\Omega = 2.9 \times 10^3\Omega$$

取 $R_9 = 2.7\text{k}\Omega$，由此得 $I_{C3} = 2.15\text{mA}$。

6) 决定 R_1、R_2、R_3

从已取得的常数，则VT_1的集电极电压为

$$V_{C1} = V_{BE2} + I_{C2}(R_7 + R_8) = 0.6 + 1 \times 10^{-3} \times (100 + 680)\text{V} = 1.38\text{V}$$

对 R_1，有

$$V_{CC} - V_{C1} = I_{C1}R_1$$

由此得

$$R_1 = \frac{12 - 1.38}{0.2 \times 10^{-3}}\Omega = 53.1\text{k}\Omega$$

取 $R_1 = 56\text{k}\Omega$，然后，计算VT_1的负载阻抗。二级的输入阻抗 r_{i2} 为

$$r_{i2} = \beta_2(r_{e2} + R_7) = 100 \times (26 + 100)\Omega = 12.6\text{k}\Omega$$

VT_1的负载阻抗 r_{iL} 为

$$r_{iL} = R_1 \parallel r_{i2} = 56\text{k}\Omega \parallel 12.6\text{k}\Omega = 10.3\text{k}\Omega$$

因此，第一级的电压增益 A_{v1} 为

$$|A_{v1}| = \frac{r_{iL}}{r_{e1} + R_2}$$

$$R_2 = \frac{r_{iL}}{|A_{v1}|} - r_{e1} = \frac{10.3 \times 10^3}{40}\Omega - \frac{0.026}{0.2 \times 10^{-3}}\Omega = 130\Omega$$

取 $R_2 = 120\Omega$。

对 R_3，有

$$V'_{E1} = V_{B1} - V_{BE1} - R_2 I_{C1} = (0.7 - 0.6 - 120 \times 0.2 \times 10^{-3})\text{V} \approx 0.1\text{V}$$

$$R_3 = \frac{V'_{E1}}{I_{C1}} = \frac{0.1}{0.2 \times 10^{-3}}\Omega = 500\Omega$$

取 $R_3 = 470\Omega$。

7) 决定 R_4

由于反馈增益为

$$A_{vf} = \frac{R_4}{R_2}$$

由此得
$$R_4 = A_{vf} R_2 = 200 \times 120 \Omega = 2.4 \times 10^4 \Omega$$

取 $R_4 = 27 \text{k}\Omega$。

8) 决定 R_5

将此放大器的输入阻抗 r_i 作为 VT_1 的输入阻抗 r_{i1} 时，得
$$r_i = r_{i1} \| R_5 \tag{14.7.18}$$
$$r_{i1} = \beta_1 (r_{e1} + R_2) \left(1 + \frac{R_2}{R_2 + R_4} A_{vo}\right) \tag{14.7.19}$$

计算得
$$r_{i1} = 100(130 + 120)\left(1 + \frac{120 \times 1600}{120 + 27 \times 10^3}\right)\Omega = 200 \text{k}\Omega$$

给定条件是 $r_i > 20 \text{k}\Omega$，有
$$R_5 > \frac{r_{i1} r_i}{r_{i1} - r_i} = \frac{200 \times 10^3 \times 20 \times 10^3}{200 \times 10^3 - 20 \times 10^3}\Omega = 22.2 \times 10^3 \Omega$$

取 $R_5 = 27 \text{k}\Omega$。

9) 决定 C_1、C_2、C_3、C_4、C_5

确定了截止频率 $f_c = 50\text{Hz}$ 后，可计算这些电容参数。
$$C_1 = \frac{1}{2\pi f_c r_i} = \frac{1}{2\pi \times 50 \times (27 \times 10^3 \| 220 \times 10^3)}\text{F} = 1.34 \times 10^{-7}\text{F}$$

取 $C_1 = 0.15 \mu\text{F}$。
$$C_2 = \frac{1}{2\pi f_c (r_{e1} + R_2) \| R_3} = \frac{1}{2\pi \times 50 \times (130 + 120) \| 470}\text{F} = 1.95 \times 10^{-5}\text{F}$$

取 $C_1 = 22 \mu\text{F}$。

同样，C_3、C_4、C_5 也可以决定
$$C_3 \approx \frac{1}{2\pi f_c R_4} = \frac{1}{2\pi \times 50 \times 27 \times 10^3}\text{F} = 1.18 \times 10^{-7}\text{F} = 0.15 \mu\text{F}$$
$$C_4 = \frac{1}{2\pi f_c (r_{e2} + R_7) \| R_8} = \frac{1}{2\pi \times 50 \times (26 + 100) \| 680}\text{F} = 3.0 \times 10^{-5}\text{F} = 33 \mu\text{F}$$
$$C_5 = \frac{1}{2\pi f_c R_{10}} = \frac{1}{2\pi \times 50 \times 10 \times 10^3}\text{F} = 3.18 \times 10^{-7}\text{F} = 0.33 \mu\text{F}$$

根据上述将所有电路常数确定，但其结果需进行验算。

14.8 直流稳定电源设计与应用

现以负反馈的电源电路为实例，来设计输出电压在 3～15V 范围内可变的串通型直流稳定电源。

14.8.1 稳定电源结构

1. 射极跟随器

图 14.70 所示为简单的串通型直流电源，是一种在射极跟随器上输入直流电压的结构，

该电路中的晶体管在电源与负载之间是串联连接的；该电路的输出电压 V_o 是仅比基极电位低一个晶体管基极-发射极间电压 V_{BE}（$=0.6 \sim 0.7V$）的低电压。由于射极跟随器的输出阻抗是非常低的，所以，即使取出发电流（负载电流），输出电压也几乎保持稳定值。

图 14.71 是图 14.70 的具体电路图，是一种在小负载电流时（数十毫安以下）作简易电源的电路。由于射极跟随器的基极电位是用齐纳二极管固定在 5.6V 的，所以输出电压约为 5V（$=5.6V-0.6V$）。根据射极跟随器的特点，即使负载变动，而输出电压值几乎不变。因此，在基极上加上一定电压，则输出电压也稳定。如果挑选齐纳二极管，就能得到任意的输出电压。为了消除齐纳二极管的噪声，在齐纳二极管上并联接上 $10\mu F$ 的电容器。

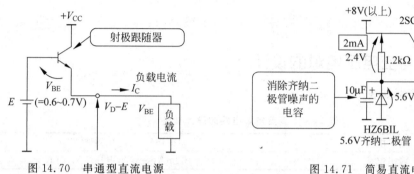

图 14.70　串通型直流电源　　　　图 14.71　简易直流电源

2. 负反馈对输出电压的稳定作用分析

解决因负载变动引起输出电压变动的电路是图 14.72 所示的负反馈型直流电源电路。该电路是将输出电压 V_o 与基准电压 V_R 作比较，然后将其差再次返回到射极跟随器的基极（负反馈）。如果加上负反馈，不管比较放大器处于什么状况，都起着输出电压 V_o=基准电压 V_R 的作用，进而驱动射极跟随器。即使负载发生变动，输出电压也不发生变化。

现在，假设输出电压 V_o 比基准电压 V_R 稍低，其差为 $V_R - V_o$，则射极跟随器的基极电位仅提高 $V_R - V_o$。V_o 立刻变得与 V_R 相等。

这样，由于负载电流的变动而产生输出电压的变化，因负反馈而得到补偿，从而能够经常保持一定值的输出电压。

负反馈型直流电源可采用运算放大器，直接按图 14.72 所示电路来实现。如图 14.73 所示，作为误差放大器也可用一只晶体管的共发射极放大电路替代。

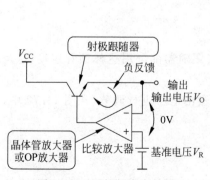

图 14.72　反馈型直流电源

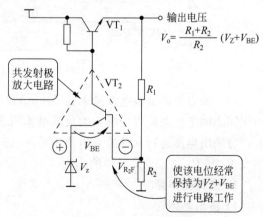

图 14.73　由晶体管组成的负反馈型直流电源

在图 14.73 所示电路中,VT_2 的基极相当于图 14.72 的比较放大器的(一)端,发射极相当于(+)端。

输出电压 V_o 由 R_1 与 R_2 进行分压,然后加到 VT_2 的基极上。VT_2 的发射极上连接的齐纳二极管的压降 V_Z,加上 VT_2 的基极-发射极间的压降 V_{BE} 的值成为该电路的基准电压。

因此,在该电路中,VT_2 的基极电位(即将 V_o 用 R_1 与 R_2 进行分压后的值)经常为 $V_Z + V_{BE}$ 控制输出电压。

此时,V_o 值是 VT_2 的基极电位乘以 $(R_1+R_2)/R_2$ 的值,即

$$V_o = \frac{R_1 + R_2}{R_2} \cdot (V_Z + V_{BE}) \tag{14.8.1}$$

14.8.2 可变电压电源的设计

电源的主要指标如表 14.4 所示。

表 14.4 直流电源电路的设计规格

输出电压	3~15V,用电压器来调节
输出电流	500mA(在输出电压 15V 时)

按表 14.4 所示的指标设计的直流电源电路如图 14.74 所示。由于输出电压是可变的,故可作为实验用电源,交流 14V 可以由变压器得到,也可以由交流 15V 的变压器得到。

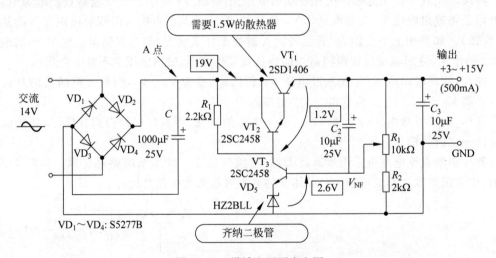

图 14.74 设计电压可变电源

由于该电路的负载电流最大达 500mA,所以将射极跟随器部分用达林顿管连接,这是由于用小的基极电流可控制大的负载电流的缘故。

将输出电压进行反馈的电阻使用可变电阻,就能对输出电压进行调节(在图 14.73 中,改变 R_1 与 R_2 之比也是一样的)。

1. 选择晶体管

1) 输出晶体管

对于射极跟随器部分的晶体管 VT_1,由于流过 500mA 的负载电流及交流整流后的电压

为19V,所以应选择 $I_C>500\text{mA}$, $V_{CBO}=V_{CEO}>19\text{V}$ 的最大额定值的晶体管。这里选择低频功率放大晶体管 2SD1406。其特性参数如表 14.5 所示。

表 14.5 低频功率放大晶体管 2SD1406 的参数指标

(该晶体管与 2SB1015 是互补的。$I_C=3\text{A}$,饱和电压也只有 0.4V(标准),这是一大特点。显然封装是采用全塑模绝缘型)

(a) 最大规格($T_a=25℃$)

项 目	符 号	额 定 值	单 位
集电极-基极间电压	V_{CBO}	60	V
集电极-发射极电压	V_{CEO}	60	V
发射极-基极间电压	V_{EBO}	7	V
集电极电流	I_C	3	A
基极电流	I_B	0.5	A
集电极损耗	P_C	2.5	W
结温	T_j	150	℃
存储温度	T_{mg}	$-55\sim150$	℃

(b) 电特性($T_a=25℃$)

项 目	符 号	测定条件	最小	标准	最大	单位
集电极截止电流	I_{CBO}	$V_{CB}=60\text{V}, I_E=0$	—	—	100	μA
发射极截止电流	I_{EBO}	$V_{EB}=7\text{V}, I_C=0$	—	—	100	μA
集电极-发射极间击穿电压	$V_{(BR)CEO}$	$I_C=50\text{mA}, I_E=0$	60	—	—	V
直流电流放大倍数	$\beta_1^{(注)}$	$V_{CE}=5\text{V}, I_C=0.5\text{A}$	60	—	300	
	β_2	$V_{CE}=5\text{V}, I_C=3\text{A}$	20	—	—	
集电极-发射极间饱和电压	$V_{CE(sat)}$	$I_C=3\text{A}, I_B=0.3\text{A}$	—	0.4	1.0	V
基极-发射极间电压	V_{BE}	$V_{CE}=5\text{V}, I_C=0.5\text{A}$	—	0.7	1.0	V
过渡频率	f_T	$V_{CE}=5\text{V}, I_C=0.5\text{A}$	—	0.3	—	MHz
集电极输出电容	C_{ob}	$V_{CB}=10\text{V}, I_E=0$, $f=1\text{MHz}$	—	7.0	—	pF

注:β_1 分类 O:60~120,Y:100~200,GR:150~300。

另外,输出电压是 15V、500mA 的集电极电流流动时的 VT_1 的集电极-发射极间电压为 4V(=19V-15V),可以算出有 2W(=500mA×4V)的热损耗。在实际电路中,图 14.74 所示的 A 点电压为脉冲电压(峰值为 19V),所以 VT_1 的热损耗为 1.5W 左右。因此,在 VT_1 上有必要安装 1.5W 的散热器。在该电路中,VT_1 用的散热器是 MC24L20。然而,在电源输出电压下降时,VT_1 的集电极-发射间电压变大,所以即使取出相同的输出电流,VT_1 的热损耗也变大。当输出电压设定在 3V 时,为了抑制 VT_1 的热损耗在 1.5W 以下,输出电流必须限制在 100mA 以下,换言之,如果安装散热量为 7W 的散热器,即使输出电压为 3V,电路也能取出 500mA 的电流。

2) 其他控制用的晶体管

对于驱动输出晶体管VT_1的VT_2,由于电流最大8.3mA的集电极电流(=500mA/60,即最大负载电流VT_1的β_0最小值来除)及集电极上加上与VT_1相同的电压,选择$I_C>$8.3mA,$V_{CBO}=V_{CEO}>$19V的最大额定值晶体管,这里选2SC258。

在输出电压为3V(最低值)时,能流过最大的集电极电流(由于R_1的电压降为最大)。此时,VT_3的集电极电位为4.2V(=3V+(VT_1与VT_2的V_{BE})),所以R_1的电压降为14.8V(=19V−4.2V)。VT_3的集电极电流(即R_1上流动的电流)为6.7mA(=14.8/2.2kΩ)。

另外,在输出电压为15V时,VT_3的集电极电位为16.2V(=15V+(VT_1与VT_2的V_{BE}))。

因此,对于VT_3,要选择$I_C>$6.7mA,$V_{CBO}=V_{CEO}>$16V的最大额定值晶体管。这里选择2SC2458。

2. 误差放大器设计

对于VT_2,最大0.1mA的基极电流是必需的(≈500mA/60/70,即最大输出电流被VT_1与VT_2的β_0最小值除)。

该电流是由共射极放大器VT_2的负载电阻R_1提供给VT_2基极的。所以,R_1的值太大,则不能给VT_2提供基极电流。

在输出电压为15V时,R_1的压降为2.8V(2.8V=19V−15V−1.2V)。为了流过0.1mA以上的电流,R_1必须在28kΩ以下,这里设定为它的1/10,即R_1=2.2kΩ(设定得太小,电流就浪费了)。

如图14.75所示,R_1的滑动头位置放在最上端时(图14.75(a)),输出电压为最小值,这个值为VD_5的压降V_Z加上VT_3的V_{BE}值。VT_3的基极电位为2.6V,即使旋转电位器也不变化,这是关键。旋转电位器,则改变反馈量。

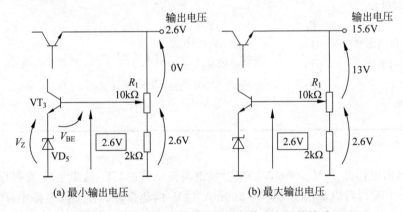

图14.75 电位器滑动头的位置与输出电压的关系

最小输出电压由设计规格可知必须为3V,所以对于VD_5,使用齐纳电压为2V的齐纳二极管HZ2BLL。

另外,如图14.76(a)所示,也可以用三个串联连接的硅二极管代替齐纳二极管。进而,如图14.76(b)所示,去掉齐纳二极管,仅用VT_3的V_{BE}作基准电压也能工作。但是,这两种电路的输出电压的温度稳定性和负载电流引起的电压下降率等都会变差。

R_1是改变反馈到误差放大器的电压,进而调整输出电压的可变电阻。但是,该电阻值取得过大,则不能提供VT_3的基极电流;如果过小,则无用电流变大。这里,取R_1=10kΩ。

如图 14.76(b)所示,R_2 的作用是当 R_1 的滑动头位置在最下端时,使得输出电压不要过大。为了使最大输出电压在 15V 以上,R_2 必须小于 $2.1\text{k}\Omega$($15\text{V}=(10\text{k}\Omega+R_2)/R_2\times 2.6\text{V}$)。因此,取 $R_2=2\text{k}\Omega$。

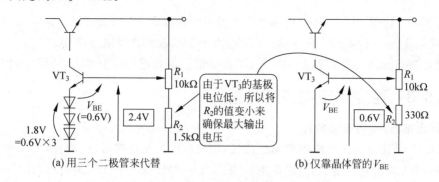

图 14.76 二极管来代替齐纳二极管的电路

3. 电容器的稳定作用

C_2 是减少输出端与 VT_3 之间的交流阻抗(将 VR_1 交流地短路)、稳定地加负反馈而使用的电容器。C_2 的值如果在几微法以上,则不管多大都可以。不过,过大也是浪费的。

在这里,取 $C_2=10\mu\text{F}$。即使没有 C_2,电路也工作,但是为了保证稳定度和性能,这个电容器是必不可少的。

C_3 是为减少输出端的交流输出阻抗而使用的电容器。由于电源电路加上负反馈而使输出阻抗下降,所以 C_3 本来是不必要的,但在没有充分加反馈的高频范围,为了降低输出阻抗,也接上 $1\sim10\mu\text{F}$ 的电容器。在该电路中,取 $C_3=10\mu\text{F}$。

4. 整流电路的设计

在电源电路中,从交流得到直流电压的整流电路是非常重要的。

首先,在 VT_1 的集电极(Ⓐ点)必要的电压为 16.5V。这是输出电压的最大值 15V 加上 VT_1 与 VT_2 的 V_{BE}($\approx 0.6\text{V}$)和 VT_2 的基极电流流过 R_1 所产生压降的($16.5\text{V}\approx 15\text{V}+0.6\text{V}\times 2+2.2\text{k}\Omega\times 0.1\text{mA}$)。但是,如图 14.77 所示,该值不是波纹的最大值,而是表示Ⓐ点波纹的最低值,必须在 16.5V 以上。需要说明的是,在串通型直流电源中,重要的是确保串通用晶体管的 V_{CE}(集电极-发射极间电位)。通常必须设定在比最大输出电压高 1.5V,特别要注意波纹。

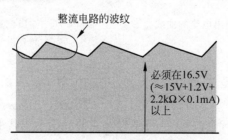

图 14.77 Ⓐ点(VT_1 的集电极)必需的电压

在整流电路中,波纹的最大值为输入交流电压的峰值减去二极管上的压降;波纹的最小值则由输入的交流电压、滤波电容器的值、变压器的线圈电阻以及负载电流等多种因素决定。

在该电路中，设输入电压为 14V，用四个二极管进行全波整流。

因此，波纹的最大值是输入电压的峰值减去两个二极管上的压降，所以约为 19V（≈ $14V \times \sqrt{2} - 0.6V \times 2$）。

对于整流二极管 $VD_1 \sim VD_4$，选择关断时的耐压在 20V 以上，能流过正向电流为 500mA（最大负载电流）以上的器件。在这里，使用 100V 耐压、1A 的普及型塑封 S5277(B)。

对波纹进行滤波的电容器 C_1，取为 $100\mu F$。滤波电容器的数值越大，波纹就越小。

14.8.3 可变电压电源的性能

1. 输出电压/输出电流特性

图 14.78 是输出电压与输出电流的曲线（输出电压在无负载时，已调整到 15.00V）。

在 500mA 输出电流流动时，输出电压为 14.8V，要比此时的无负载电压（15V）低 0.2V（1.3%）。因此，对该电源的等效输出阻抗进行计算，则为 0.4Ω（$=0.2V/500mA$）。

由于射极跟随器的输出阻抗为数欧，故该电路加上负反馈就能够大大地减少电源的输出阻抗。

另外，要超过这个负载稳定度，有必要提高放大电路的增益（提高净增益就增大负反馈量，由此能够更加降低输出阻抗）。

2. 波纹与输出噪声

图 14.79 是输出电压 $V_O = 5V$、输出电流 $I_O = 100mA$（输出端接 50Ω 的负载）时，Ⓐ点（VT_1 的集电极）与输出端的波形。在Ⓐ点的波形中，可以看到交流输入整流之后的波纹。但电源电路的输出波形，则为没有波纹的直流电压。

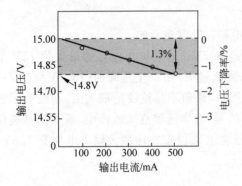

图 14.78 输出电压与输出电流的曲线

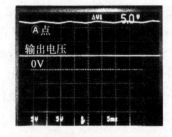

图 14.79 输出电压 5V 时的输出波形与 VT_1 的集电极波形（5V/div、5ms/div）

图 14.80 与图 14.81 是 $V_O = 5V$、$I_O = 100mA$ 时，图 14.74 的Ⓐ点与输出端的频谱（注意纵轴的刻度不同）。

由于是对交流输入进行全波整流，可见到Ⓐ点的频谱为电源频率的 2 倍（即 100Hz）及其整数倍的谐波成分（可见到 50Hz 及其谐波）。

相反，在输出端，虽然频谱的整体形状与Ⓐ点相同，但各成分的电平要低 40dB。如图 14.79 所示，其原因是用示波器不能观察到其波纹。这可以认为是共发射极放大部分（VT_3）的增益全部被反馈，仅仅其增益部分用来降低波纹各频率成分的缘故。

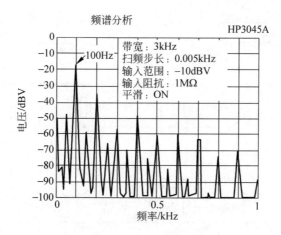

图 14.80　图 14.74 Ⓐ 点的频谱

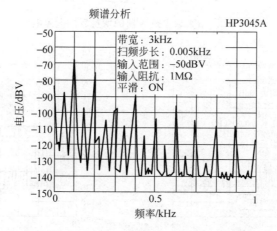

图 14.81　$V_o=5V$、$I_o=100mA$ 时输出端的频谱

如果认为齐纳二极管 VD_5 的交流阻抗为 0，则与 VT_3 的发射极接地相等效，所以共发射极放大部分的放大倍数应该几乎等于 VT_3 的 β_0，为 40dB（=100 倍）。

因此，误差放大器的放大度提得越多，输出电压的波纹成分就越能够变小。

图 14.82 是作为误差放大器，将放大电路两级（差动放大＋PNP 共射极电路）进行渥尔曼连接的电路。当提高误差放大器的放大倍数时，则输出电压的波纹几乎完全消失（该电路过于复杂）。

为了确认 C_2 的作用，将 C_2 取掉之后的输出频端谱表示在图 14.83(a)中（$V_o=5V$，$I_o=$ 100mA）。条件是相同的，有 C_2 时（即图 14.74 的电路）的频谱，如图 14.83(b)所示。

由图 14.83(b)与图 14.83(a)可知，将 C_2 去掉的电路由于没有稳定地加反馈，波纹成分整体的增大 10dB；波纹以外的噪声成分也增加。

3. 正负电源的组成方法

该电路是作为正电源来考虑的，但是将图 14.74 所示的正输出端（VT 的发射极）接到负载的 GND 上，图 14.74 所示的 GND 的输出端接到负载的负电源端上，就能够作为 -3 ～ $-15V$ 输出的可变电源。进而，将两个同样电路的电源按图 14.84 所示连接，则为正负双电源电路。但是，如图 14.84 所示，必须将各自的电源变压器线圈分离开。

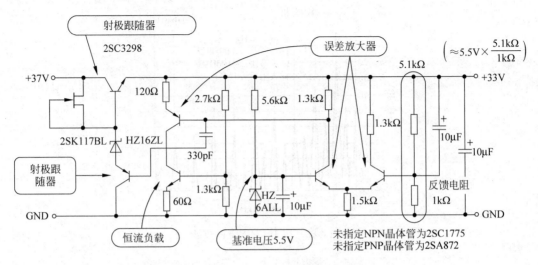

图 14.82 增大误差放大器的增益后的电源电路

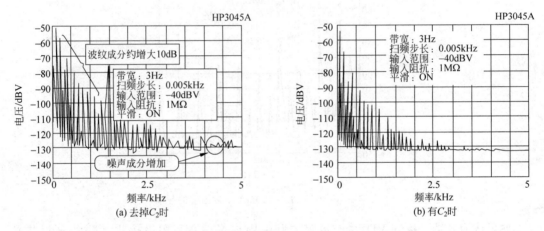

图 14.83 输出端的频谱 ($V_0=5\text{V}$、$I_0=100\text{mA}$)

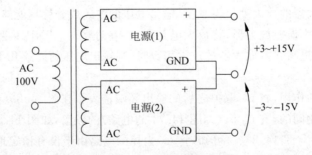

图 14.84 正负电源的组成方法

另外,如图 14.85 所示,将使用 PNP 晶体管的负电源(仅晶体管的极性不同,晶体管的工作点和其他元件的常数等完全与图 14.74 一样)组合起来,也能够实现正负输出的直流电源。此时整流电路的二极管电桥可以在正负电源中兼用。

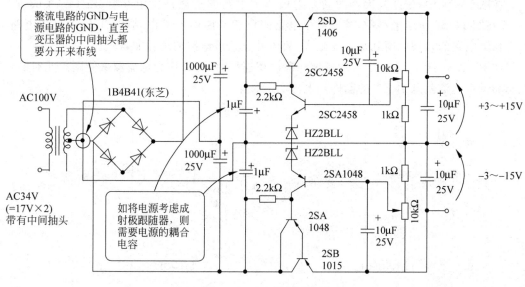

图 14.85 正负电源实例

14.8.4 直流稳定电源应用电路

1. 低残留波纹电源电路

图 14.86 所示为提高误差放大器的增益,使得残留波纹进一步减少的电源电路。当增大误差放大器的增益时,增益变大的分量全部变成负反馈,能够将输出电压的波纹成分减少同样大小值。

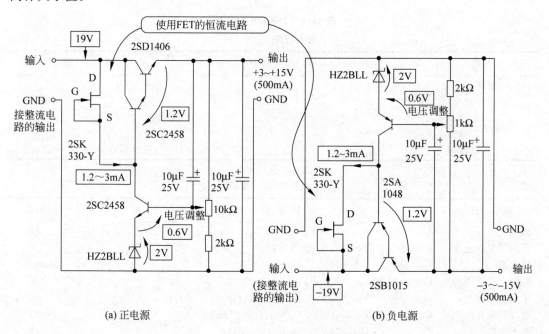

图 14.86 低残留波纹的直流电源

在图 14.74 中,误差放大器的共发射极放大电路的负载是使用电阻(图 14.74 的 R_1)的,而在图 14.86 所示电路中,共发射极电路的负载是使用 JFET(结型 FET)的稳流电路。由于稳流电路的内部电阻几乎是无限大,故该共发射极电路的增益非常大。

如图 14.87 所示,当 JFET 的栅极与源极相连接时,可以作为稳流源来使用。此时的稳流源的设定电流就是 JFET 的漏饱和电流 I_{DSS} 本身。

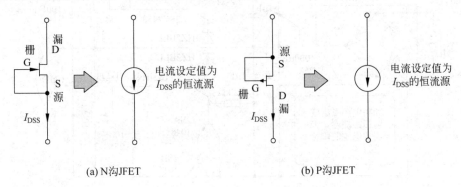

(a) N沟JFET (b) P沟JFET

图 14.87 使用 JFET 的恒流电路

通常,JFET 是根据 I_{DSS} 的大小进行分挡的(即使是同一品种,JFET 的 I_{DSS} 也有很大的分散性,所以可进行分挡),选择与稳流源设定电流值相当的 I_{DSS} 的 JFET 即可。

除了选择 JFET 之外,图 14.86 所示电路的设计方法均与图 14.74 完全相同(除了 JFET 之外,图 14.86(a) 所示电路中其余的常数均与图 14.74 相同)。

该电路使用的 JFET,如果在 I_{DSS} 挡上有所希望取的值,则不管哪种都可以。在这里选择通用 N 沟 JFET 管 2SK330。2SK330 的特性如表 14.6 所示。

表 14.6 2SK330 的特性

(a) 最大规格($T_a = 25℃$)

项 目	符 号	规 格	单 位
栅漏间电压	V_{GDS}	-50	V
栅电流	I_G	10	mA
允许损耗	P_D	200	mW
结温	T_j	125	℃
储存温度	T_{sig}	$-55 \sim 125$	℃

(b) 电特性($T_a = 25℃$)

项 目	符 号	测试条件	最小	标准	最大	单位
栅截止电流	I_{GSS}	$V_{GS}=-30V, V_{DS}=0$	—	—	-1.0	nA
栅漏间击穿电压	$V_{(BR)GDS}$	$V_{DS}=0, I_G=-100\mu A$	-50	—	—	V
漏电流	I_{DSS}(注)	$V_{DS}=10V, V_{GS}=0$	1.2		14	mA
栅源间截止电流	$V_{GS(OFF)}$	$V_{DS}=10V, I_D=0.1\mu A$	-0.7		-6.0	V
正向转移导纳	$|Y_{fs}|$	$V_{DS}=10V, V_{GS}=0, f=1kHz$	1.5	4		mS
漏源间断开电阻	$R_{DS(ON)}$	$V_{DS}=10mV, V_{GS}=0, I_{DSS}=5mA$	—	320		Ω
输入电容	C_{iss}	$V_{DS}=10V, V_{GS}=0, f=1MHz$		9.0		pF
反馈电容	C_{rss}	$V_{DG}=10V, I_D=0, f=1MHz$		2.5		pF

注:I_{DSS} 分类 Y:$1.2 \sim 3.0$ mA, GR:$2.6 \sim 6.5$ mA, BL:$1.6 \sim 14$ mA。

如查使用 P 沟 JFET 则连接方法如图 14.87(b)所示。

对于 I_{DSS} 挡次的选择,依照误差放大器的共射极电路上流动的集电极设定值来选择挡次。在图 14.86 所示电路中,共发射极电路的集电极电流设定在 1mA 以上(设定在比输出晶体管必要的基极电流更大的值),所以 I_{DSS} 选择在 1.2～3.0mA 的 Y 挡(参考表 14.6 的 I_{DSS} 分类)。

但是,稳流源的电流设定值影响到电路的直流电位和工作点时,就不能使用 JFET,而应该使用晶体管的稳流源。

在该电路中,为了进一步减少输出的残留波纹,在误差放大器中晶体管用 β_0 大的超 β 晶体管 2SC3113 代替 2SC2458。由于超 β 晶体管的 β_0 大,误差放大器的净增益变大,所以残留波纹进一步减少。

2. 低噪声输出可变电源电路

图 14.88 是使用运算放大器的输出电压可变电源电路。

由于运算放大器的净增益非常大(100～140dB),如将它作为误差放大器来使用,因强大的负反馈作用使输出残留波纹完全消失。

不仅波纹全消失,而且由于负反馈的优点,输出的残留噪声也会变小。在图 14.88 所示电路中,输出的残留噪声可以低到 $10\mu V$,它比常用的三端稳压 IC 低 20dB。

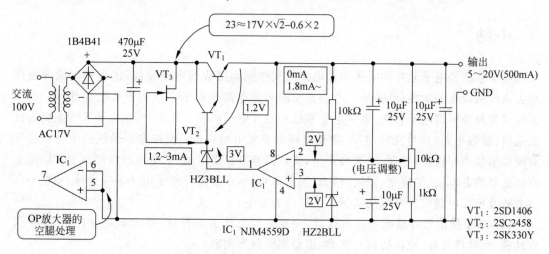

图 14.88 低噪声输出

电源结构为图 14.72 所示,图中的误差放大器被换成 OP 放大器的形式。

运算放大器是在两个输入端之间的电位差为 0 而进行工作的。在图 14.88 所示电路中,基准电压是用 2V 的齐纳二极管 HZ2BLL 来产生的,所以运算放大器的反转输入端(第 2 条腿)的电压也经常被控制在 2V。因此,利用调整 $10k\Omega$ 的可变电阻,就能够改变输出电压。

另外,因为从齐纳二极管产生微小的噪声,所以在图 14.88 所示电路中,为了低噪声,在作为基准电压使用的齐纳二极管上并联连接上 $10\mu F$ 的电容器,用来吸收它的噪声(通常使用 $1\mu F$ 以上的电容器)。

VT_3 是用来提供 VT_2 基极电流的稳流源。该电流减去 VT_2 的基极电流后的电流全部流进运算放大器的输出端(因基极电流非常小,所以在 VT_3 上流动的电流几乎全部流进运算放大器)。

在使用一般的运算放大器时,其输出电流必须控制在±数毫安以内(由于不能取出输出电压)。为此,在该电路中,VT_3采用2SK330Y,稳流电路的设定值在1.2~3mA内。

在运算放大器的输出上串联接入的齐纳二极管,是为了将运算放大器的输出端电压向GND侧进行电平移位作用的。

在图14.88所示电路中,VT_2的基极电位要比输出电压高出两个晶体管的V_{BE},即1.2V。然而,运算放大器的正电源(第8条腿)是直接使用电路的输出电压,所以当没有齐纳二极管时,运算放大器的输出电压要比电源电压高。由此,运算放大器不能很好地工作。

在图14.88所示电路中,因为用3V的齐纳二极管HZ3BLL直接接运算放大器的输出上,所以运算放大器的输出电压比电源电压(=电路的输出电压)低1.8V(=3V−1.2V),运算放大器能够正常地工作。

在这样的电路中,不管使用哪种运算放大器都可以,只要电源电压的最大额定值为20V以上(为了从电路的输出取出运算放大器的电源)。在这里,使用通用运算放大器NJM4559D(JRC)。

还有,对于整流二极管,使用四个二极管已经在内部桥接的桥式二极管1B4B41。使用桥式二极管,能减少元件数,连线也方便,所以很有好处。

小结

电子系统是电子元件和电子单元电路相互作用而形成的电路整体,能按特定的控制信号去执行所设想的功能,电子单元电路或功能单元电路是电子系统的重要组成部分。电子系统通常分为模拟电子系统、数字电子系统和混合电子系统。其中,模拟电子系统主要由放大电路、滤波电路、信号变换电路、驱动电路等单元电路构成;模拟电子系统的主要功能是对模拟信号进行检测、处理、变换和产生,模拟信号可以是电量(如电压与电流),也可以是来自传感器的非电量(如应变、温度、压力、流量等)。本章主要介绍了电子系统设计、安装与调试方法及单元电路设计与应用实例。主要内容如下:

(1) 基于模拟器件的电子系统设计,主要介绍总体方案设计、单元电路设计、元器件参数计算、元器件选择、模拟仿真与实验、电路图绘制等内容。

(2) 通用型电子系统的安装和调试,主要包括电子系统的安装(准备工具和材料、元器件装配前处理、元器件布放方向、面包板上电路组装、导线及布线要求、印制电路板的设计原则等)及电子系统的调试(调试电路的常用仪器、调试电路前的检查及调试步骤等)。

(3) 电子电路设计及其应用。

① 晶体管开关电路设计,主要包括晶体管的开关原理、发射极接地型开关及射极跟随器开关设计、继电器驱动电路、LED显示器动态驱动电路及光耦合器传输电路等开关电路应用实例。

② 场效应管延时开关应用电路设计,主要包括场效应管延时开关原理、场效应管混音器电路、场效应管控制直流电动机电路、场效应管电磁辐射检测仪、场效应管USB电源增强器、场效应管多媒体音箱等内容。

③ 偏置电路设计,主要包括分压偏置电路、集电极负反馈偏置电路设计及热敏电阻分

压式偏置电路、基于偏置电路的昆虫搜索器等应用实例。

④ 功率放大器设计,在介绍达林顿管射极跟随器实现阻抗匹配电路设计之后,重点介绍了达林顿管甲乙类功率放大器及其手持式扩音器设计、车载立体声用乙类推挽功率放大器设计等。

⑤ 自举电路设计,主要在反馈方式的自举电路设计基础上,着重介绍了可用作话筒前置放大器的三级直接耦合反馈放大器设计方法。

⑥ 直流稳定电源设计,主要内容为稳定电源、可变电源、正负电源设计及低残留波纹电源电路、低噪声输出可变电源电路等。

附录 A 半导体分立器件命名规则
APPENDIX A

1. 我国半导体命名规则

中国半导体分立器件型号命名方法在国家标准《半导体分立器件型号命名方法》(GB 249—89)中进行了规定,如表 A.1 所示。该标准于 1990 年 4 月 1 日开始实施,并取代了原国家标准(GB 249—74)。

表 A.1 半导体分立器件型号命名方法

第一部分		第二部分		第三部分				第四部分	第五部分
用数字表示器件的电极数目		用汉语拼音字母表示器件的材料和极性		用汉语拼音字母表示器件的类型				用数字表示器件的序号	用汉语拼音字母表示规格号
符号	意义	符号	意义	符号	意义	符号	意义		
2	二极管	A	N 型,锗材料	P	小信号管	FH	复合管		
		B	P 型,锗材料	V	混频检波管	PIN	PIN 型管		
		C	N 型,硅材料	W	电压调整管	ZL	整流管阵列		
		D	N 型,锗材料	C	变容管	QL	硅桥式整流管		
				Z	整流管	SX	双向三极管		
				L	整流堆	DH	电流调整管		
				S	隧道管	SY	瞬态抑制二极管		
				K	开关管	GS	光电子显示器		
3	三极管	A	PNP 型,锗材料	X	低频小功率管	GF	发光二极管		
		B	NPN 型,锗材料	G	高频小功率管	GR	红外发射二极管		
		C	PNP 型,硅材料	D	低频大功率管	GJ	激光二极管		
		D	NPN 型,硅材料	A	高频大功率管	GD	光敏二极管		
		E	化合物材料	T	闸流管	GT	光敏晶体管		
				Y	体效应管	GH	光耦合管		
				B	雪崩管	GK	光开关管		
				J	阶跃恢复管	GL	摄像器阵器件		
				BT	半导体特殊器件	GM	摄像面阵器件		
						CS	场效应晶体管		

注:低频 $f_a<3\text{MHz}$,高频 $f_a\geq3\text{MHz}$。小功率 $P_C<1\text{W}$,大功率 $P_C\geq1\text{W}$。

例如：

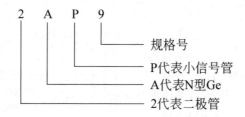

2. 部分国外半导体分立器件命名

自改革开放以来，大量国外电子元器件进入国内市场，其中以日、美、欧洲产品最多。命名方法分别见表 A.2。

表 A.2　日本半导体分立器件型号命名方法

第一部分		第二部分		第三部分		第四部分		第五部分	
用数字表示器件有效电极数或类型		日本电子工业协会（JEIA）注册标志		用数字表示器件使用材料极性和类型		器件在日本电子工业协会（JEIA）的登记号		同一型号的改进产品标志	
符号	意义	符号	意义	符号	意义	符号	意义	符号	意义
0	光电二极管或三极管及包括上述器件的组合管	S	已在日本电子工业协会（JEIA）注册登记的半导体器件			多位数字	这一器件在日本电子工业协会（JEIA）的注册登记号，但不同厂家生产的器件可以使用同一个登记号	A B C D	表示这一器件是原型号的改进型
1	二极管			A	PNP 高频晶体管				
				B	PNP 低频晶体管				
2	三极管或具有三个电极的其他器件			C	NPN 高频晶体管				
				D	NPN 低频晶体管				
				F	P 控制极可控硅				
3	具有四个有效电极的器件			G	N 控制极可控硅				
				H	N 基极单结晶体管				
．				J	N 沟道场效应管				
．				K	P 沟道场效应管				
n	具有 n 个有效电极的器件			M	N 双向可控硅				

日本半导体分立器件在管体上标注时，有时采用简化方法。即将型号前两部分省略，如 2SD746 简化为 D746、2SC502A 简化为 C502A 等。但也有时除第五部分外，还附加有后缀字母及符号，以便进一步说明该器件的特点。后缀的第一个字母一般是说明器件的特定用途，常用的有以下几种。

M：表示该器件符合日本防卫厅海上自卫队参谋部标准。

N：表示该器件符合日本广播协会（NHK）的标准。

H：是日立公司为通信工业制造的器件，且采用塑料外壳封装。

Z：是松下公司专门为通信设备制造的高可靠性器件。

G：是东芝公司为通信设备制造的器件。

S：是三洋公司为通信设备制造的器件。

后缀的第 2 个字母是器件的某个参数的分档标志，如日立公司生产的一些半导体器件，用 A、B、C、D 等标志该器件的分档值。

例如：

美国半导体分立器件型号命名法如表 A.3 所示。

表 A.3 美国半导体分立器件型号命名法

第一部分		第二部分		第三部分		第四部分		第五部分	
用符号表示器件类别		用数字表示 PN 结数目		美国电子工业协会(EIA)注册标记		美国电子工业协会(EIA)登记号		用字母表示器件分档	
符号	意义	符号	意义	符号	意义	符号	意义	符号	意义
JAN 或 J 不标	军用品 非军用品	1 2 3 n	二极管 三极管 三个 PN 结器件 n 个 PN 结器件	N	该器件已在美国电子工业协会(EIA)注册标记	多位数字	该器件已在美国电子工业协会(EIA)的登记号	A B C D	同一型号的不同档别

例如：

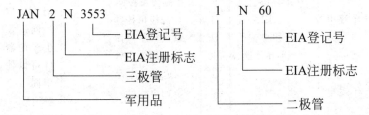

从标注内容只能判断美国半导体器件是二极管、三极管还是多个 PN 结器件，其他参数无法确定。

附录 B 典型集成运算放大器参数表
APPENDIX B

典型集成运算放大器参数如表 B.1 所示。

表 B.1 典型集成运算放大器参数表

参数	符号	单位	型号	LM324	LM741	TL082	OP-27	OP-07A	LF356	LFT356	μA253
总电源电压	$V_{CC}-$ (V_{EE})	V	min	±1.5	10	±4.5	8	6		10	±3
			max	±16	44	±18	44	44	±15	44	±18
电源电流	I_{CC}	mA		1.5~3	2.8	1.4		4		7	
最大输出电压	V_{omax}	V			±13			±3~±20		±13	±13.5
最大差模输入电压	V_{idmax}	V		±32	±30	±11		30	±30	30	±30
最大共模输入电压	V_{icmax}	V		$V_{CC}-2$	±12				+15~-12		±15
输入电阻	r_{id}	kΩ			1000	10^9			10^9		6×10^3
输出电阻	r_o	Ω			200						
开环差模电压增益	A_{VO}	dB	min	88	86	88	110	110		50	90
			Typ	100	106	106	120	114	106	200	110
共模抑制比	K_{CMR}	dB	min	65	≥70	80		110		95	
			Typ	85	90	86	<126	126	100		100
电源电压抑制比	K_{SVR}	dB	min	65	76	80		100			1~8
			Typ	100	90	86		110			
输入失调电压	V_{IO}	mV	Typ	3	2	3	≤0.03	0.01	3		1~8
			max	9	6	15		0.025		0.5	
失调电压温漂	$V_{IO}/\Delta T$	mV/℃	Typ	7	20	0.018	0.2	0.2	5	3	3
			max	30				0.6		5	
输入失调电流	I_{IO}	nA	Typ	2	20	5	≤12	0.3	3	0.003	
			max	150	200	100		2		0.02	3×10^{-3}
偏置电流	I_{IB}	nA		20~250		0.03		<2		0.07	
转换速率	S_R	V/μS		0.5	0.3~0.5	13	2.8	0.17	12	12	
开环带宽	BW	Hz			7						7

续表

参数	符号	单位	型号	LM324	LM741	TL082	OP-27	OP-07A	LF356	LFT356	μA253
单位增益带宽	BW_G	MHz		1.2	1.2	3	9	0.6	5	4.5	
噪声电压	V_n	$nV/\sqrt{Hz}$		35	76~90	18	3		15		
功耗	P_{CO}	mW			<120		≤140		<500		≤0.6
备注				通用型四运放	通用型	JFET输入双运放	精密型	精密型	高输入电阻型	低偏置	低功耗

参数	符号	单位	型号	μA715	LH0032	HA2645	C14573	ICL7650	LM1416	CA3080	AD522
总电源电压	$V_{CC}-$ (V_{EE})	V	min		10	20	±1.5	±3			±10
			max	±15	36	80	±7.5	±18	±15	±15	±36
电源电流	I_{CC}	mA			22	4.5					
最大输出电压	V_{omax}	V					V_{DD} −0.05				
最大差模输入电压	V_{idmax}	V				37					
最大共模输入电压	V_{icmax}	V					V_{DD} −1.5				
输入电阻	r_{id}	kΩ						10^8	1000	26	10^9
输出电阻	r_o	Ω								15×10^6	70~100
开环差模电压增益	A_{VO}	dB	min		1	100	86	120		$g_m=$	0~60
			Typ	90	2.5	200	100	143	120	9600μs	
共模抑制比	K_{CMR}	dB	min		50	74	54				
			Typ	≤92	60	100	75	120	100	110	
电源电压抑制比	K_{SVR}	dB	min		50	74	54				
			Typ		60	90	67				
输入失调电压	V_{IO}	mV	Typ		5	2	±10	7×10^{-4}	0.5	0.4	
			max	≤5	15	6	±30				
失调电压温漂	$V_{IO}/\Delta T$	mV/℃	Typ		25	15	15	0.01		2	6
			max								
输入失调电流	I_{IO}	nA	Typ	≤250	0.01	12		6.5×10^{-3}	2	1.4×10^{-4}	20
			max		0.05	30					
偏置电流	I_{IB}	nA		0.025		15 30	0.001				
转换速率	S_R	V/μS		500	5		0.8	2.5	0.4	50~70	10
开环带宽	BW	Hz									
单位增益带宽	BW_G	MHz		70	4	1~3	8	1.2	2	2~0.04	
噪声电压	V_n	$nV/\sqrt{Hz}$						2×10^3	28		
功耗	P_{CO}	mW						2×10^3		40	
备注				FET高速	高压型	可编程低功耗	自调零	程控	互导型	仪表用放大器	

附录 C 几种国产 KP 型晶闸管元件主要额定值

APPENDIX C

几种国产 KP 型晶闸管元件主要额定值如表 C.1 所示。

表 C.1 几种国产 KP 型晶闸管元件主要额定值

参数\单位\系列	通态平均电流 $I_{T(AV)}$	断态重复峰值电压、反向重复峰值电压 V_{DRM}, V_{RBM}	断态不重复平均电流、反向不重复平均电流 $I_{DS(AV)}, I_{RS(A)}$	额定结温 T_{iM}	门极触发电流 I_{GT}	门极触发电压 V_{GT}	断态电压临界上升率 dv/dt	通态电流临界上升率 di/dt	浪涌电流 I_{TSM}
	A	V	mA	℃	mA	V	V/μs	A/μs	A
序号	1	2	3	4	5	6	7	8	9
KP1	1	100～3000	≤1	100	3～30	≤2.5			20
KP5	5	100～3000	≤1	100	5～70	≤3.5			90
KP10	10	100～3000	≤1	100	5～100	≤3.5			190
KP20	20	100～3000	≤1	100	5～100	≤3.5			380
KP30	30	100～3000	≤2	100	8～150	≤3.5			560
KP50	50	100～3000	≤2	100	8～150	≤3.5			940
KP100	100	100～3000	≤4	115	10～250	≤4	25～1000	25～500	1880
KP200	200	100～3000	≤4	115	10～250	≤4			3770
KP300	300	100～3000	≤8	115	20～300	≤5			5650
KP400	400	100～3000	≤8	115	20～300	≤5			7540
KP500	500	100～3000	≤8	115	20～300	≤5			9420
KP600	600	100～3000	≤9	115	30～350	≤5			11 160
KP800	800	100～3000	≤9	115	30～350	≤5			14 920
KP1000	1000	100～3000	≤10	115	40～400	≤5			18 600

参 考 文 献

[1] 汪惠,王志华.电子电路的计算机辅助分析与设计方法[M].北京:清华大学出版社,1996.
[2] 冯民昌.模拟集成电路系统[M].2版.北京:中国铁道出版社,1998.
[3] 康华光.电子技术基础(模拟部分)[M].4版.北京:高等教育出版社,1999.
[4] 谢嘉奎.电子线路[M].4版.北京:高等教育出版社,1999.
[5] 陈大钦,杨华.模拟电子技术基础[M].北京:高等教育出版社,2000.
[6] 雨宫好文,小柴典居.图解放大电路[M].商福昆,译.北京:科学出版社,2000.
[7] 童诗白,华成英.模拟电子技术基础[M].3版.北京:高等教育出版社,2001.
[8] 李雄杰.模拟电子技术教程[M].北京:电子工业出版社,2004.
[9] 铃木雅臣.晶体管电路设计(上)[M].周南生,译.北京:科学出版社,2004.
[10] 周跃庆.模拟电子技术基础教程[M].天津:天津大学出版社,2005.
[11] 杨素行.模拟电子技术基础简明教程[M].3版.北京:高等教育出版社,2006.
[12] 杨素行.模拟电子技术基础简明教程教学指导书[M].3版.北京:高等教育出版社,2006.
[13] 童诗白,华成英.模拟电子技术基础[M].4版.北京:高等教育出版社,2006.
[14] 华成英.模拟电子技术基础习题解答[M].4版.北京:高等教育出版社,2007.
[15] 康华光.电子技术基础(模拟部分)[M].5版.北京:高等教育出版社,2008.
[16] 王卫东.现代模拟集成电路原理及应用[M].北京:电子工业出版社,2008.
[17] 王冠华.Multisim 10电路设计及应用[M].北京:国防工业出版社,2008.
[18] 郭锁利,刘延飞,李琪,等.基于Multisim 9的电子系统设计、仿真与综合应用[M].北京:人民邮电出版社,2008.
[19] 袁小平.电子技术综合设计教程[M].北京:机械工业出版社,2008.
[20] 刘刚,雷鑑铭,高俊雄,等.微电子器件与IC设计基础[M].2版.北京:科学出版社,2009.
[21] 张明金.模拟电子技术教程[M].北京:北京师范大学出版社,2009.
[22] 华成英.模拟电子技术基本教程[M].北京:清华大学出版社,2010.
[23] 蒋黎红.电子技术基础实验 & Multisim 10仿真[M].北京:电子工业出版社,2010.
[24] 程勇.实例讲解Multisim 10电路仿真[M].北京:人民邮电出版社,2010.
[25] 杨欣,胡文锦,张延强.实例解读模拟电子技术完全学习与应用[M].北京:电子工业出版社,2013.
[26] 李月乔.模拟电子技术基础[M].北京:中国电力出版社,2015.
[27] 王兆安,刘进军.电力电子技术[M].5版.北京:机械工业出版社,2015.
[28] 曾云,杨红宫.微电子器件[M].北京:机械工业出版社,2016.